Modern Wireless Communication Systems
From Theory To Practice

现代移动通信
原理与应用

崔盛山 ◎ 编著

人民邮电出版社
北京

图书在版编目（ＣＩＰ）数据

现代移动通信原理与应用 / 崔盛山编著. -- 北京：
人民邮电出版社，2017.10（2021.12重印）
ISBN 978-7-115-45583-3

Ⅰ. ①现… Ⅱ. ①崔… Ⅲ. ①移动通信 Ⅳ.
①TN929.5

中国版本图书馆CIP数据核字(2017)第092787号

内 容 提 要

本书以一个工程从业人员的视角介绍无线通信系统，共分 10 章。全书包括概率论、随机过程与无线通信、无线信道、调制与解调、线性调制与信道均衡、正交频分复用调制（OFDM）、信道编码、多天线技术、同步技术、衰落信道中的分集技术和调度机制与链路适应。本书的重点主要聚焦在无线通信系统，将用有限的篇幅将无线系统设计中的核心技术讲解透彻。

◆ 编　　著　崔盛山
　　责任编辑　王建军
　　责任印制　彭志环
◆ 人民邮电出版社出版发行　　北京市丰台区成寿寺路 11 号
　　邮编　100164　　电子邮件　315@ptpress.com.cn
　　网址　http://www.ptpress.com.cn
　　北京七彩京通数码快印有限公司印刷
◆ 开本：800×1000　　1/16
　　印张：29.75　　　　　　　　　　　2017 年 10 月第 1 版
　　字数：575 千字　　　　　　　　　2021 年 12 月北京第 3 次印刷

定价：118.00 元
读者服务热线：**(010)81055493**　印装质量热线：**(010)81055316**
反盗版热线：**(010)81055315**

前　言

写作的初衷

从二十年前入行至今，我时不时地去各种技术论坛逛逛，从中获益良多，但同时也看到许多刚入行的学弟学妹们有时会提出一些基本的通信概念的问题，这使我萌发了将自己平时的学习笔记加以整理的念头。当我决定更认真地考虑这个写作计划时，在如何定位的问题上思考了很长一段时间，最终的选择表现在以下方面。

- **内容的选取**

  本书面向在校学生和工业界的从业人员，讨论的范围局限于无线通信系统中的基带处理 / 算法。在这个过程中，我们偶尔会引用《信息论》中最基本的信道容量这个"高大上"的概念，但更多时候我们把自己当作一个基带算法工程师，从最基本的算法来学习如何设计接收机。

- **写作风格的定位**

  对于任何一个知识点，我们首先讨论"为什么需要它"，然后我们将会去寻求"理论上如何做才是最优的"的答案，最后转向"实际系统中又是如何实现"的讨论。因此，相比于只是平淡地穷举很多可能的实现案例，我们更希望能够给读者提供一个"更系统"的理解这些知识点的可能。

总而言之，作者本着"走心"的原则，精心地选择讨论内容，并在消化、理解的基础上试图用更容易理解的方式讲述一些最基本的通信概念。在这个过程中，为了帮助读者对概念的理解，我们选取了上百个 2G/3G/4G 系统的例子，并精心地绘制了上百幅插图。如果读者在阅读完本书之后，在某一两个知识点上有了答疑解惑的效果，那就达到了我们的写作目的。

然而，坦白地说，本书很可能还存在下列"缺点"。

- **过多的数学公式**

  普通大众早已开始"想当然"地享受无线通信所带来的服务，但是对于从业人员来说，这些成果却"来之不易"，需要相当规模的理论技术知识以及工程实现。尽管人们把通信系统的研发工作称为通信工程，但是在这个工程中，很多问题却有很明确的、可以用数学语言描述的最优准则。因此，在我们不断寻求提高系统性能的过程中，离不开理论分析，因此必然涉及一些数学推导。在本书中，我们力求给出数学推导过程中所有关键步骤的推导过程，以便于读者理解。过多的数学公式可能会吓退部分读者，但是根据作者多年的工作／学习经验，看书可能让你觉得自己已经懂了，但是如果亲手完成推导过程，甚至进一步亲自实现这些算法的仿真实现之后，可能会让您实现从"似懂非懂"到"真正掌握"的转变。举个例子，在我读硕士时，Turbo 码是一个非常火的研究题目，听了学术报告之后反而对其有一种"异常神秘"的感觉；多年后，当自己照着教科书完成一遍公式的推导和仿真代码的编写之后，才发现尽管 Turbo 码的发明绝对是天才的灵光闪现，但是具体到译码过程的实现无非是一个后验概率的具体计算过程而已，根本就没有什么神秘可言。

- 内容取舍上的个人偏见

在很多知识点上，可能存在多种实现方式。以 MIMO 接收机算法为例，尽管历史不长，但相信我们可以找到上千篇文献。在我们有限的篇幅中，作者不得不作出一些取舍，在这个过程中难免存在一些个人的喜好所带来的偏见，请谅解。

- 可能存在的错误

最后需要特别说明的是，本书涉及的内容都是前人的学术成果，作者只是试图用更通俗的语言转述而已。然而，作者水平有限，文中错漏之处在所难免，因此如果读者发现书中存在概念性的错误等，恳请读者批评指正。

涵盖内容以及本书结构

如图1所示：完整的通信系统包括诸多方面。我们在本书中将只讨论无线传输技术方面。更具体地说，我们将侧重于讨论无线通信系统中的基带处理／算法。

本书分为 10 章，按"功能"划分则准备知识、物理层概念和 MAC 层概念三部分。

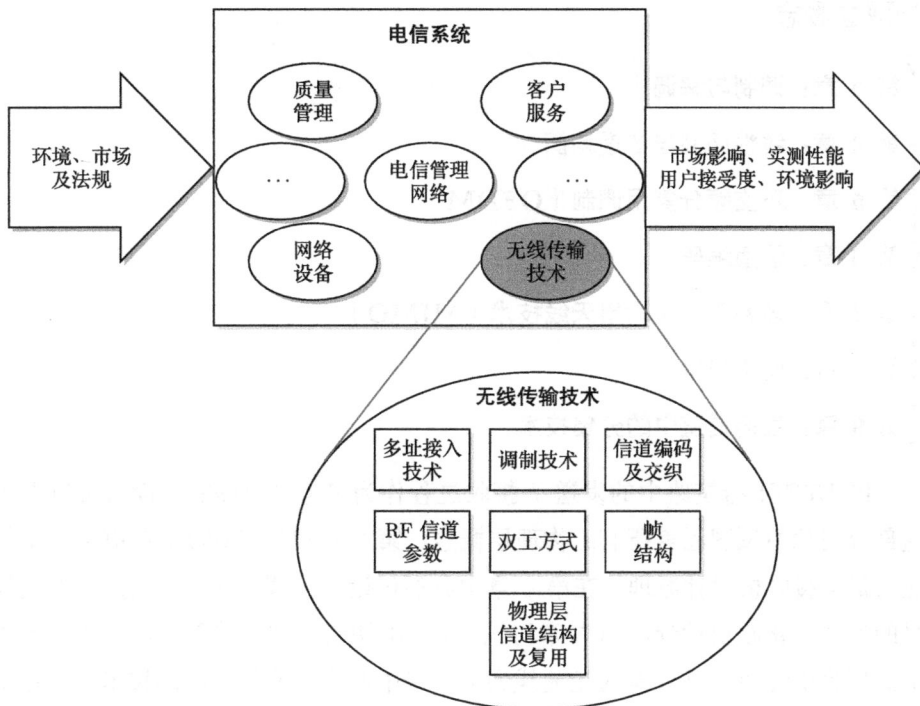

图 1　我们在本书中的讨论范围将只限于无线传输技术

准备知识

{
第 1 章：概率论、随机过程与无线通信

第 2 章：无线信道
}

　　无线通信理论有一定的学习曲线，根据面向的对象不同，需要不同基础学科的支撑。具体到物理层的算法讨论，可能应用最多的就是《概率论与随机过程》了。这其中的许多概念（例如后验概率、线性最小均方误差估计等）将在余下章节中出现，因此我们首先复习概率论和随机过程的基本概念，并着重突出它与无线通信理论中诸多关键概念之间的联系。

　　无线通信是工作在无线环境中的通信系统。无线信道是把双刃剑，一方面它使通信变得不如有线通信可靠，但另一方面也使得无线通信更加有挑战性。一个好的无线通信系统必然是针对相应的无线传播环境设计的，因此深刻理解无线信道是必不可少的。在第 2 章中，我们详细讨论了无线传播信道对信号接收所带来的可能影响。

物理层概念

以 LTE 下行链路中的发送／接收过程作为参考（见图2），读者可以看出我们在这部分讨论中试图涵盖所有的物理层概念。第 3 章讨论 AWGN 信道下单个符号的发送与最佳接收机设计原理。在第 4 章中我们讨论线性调制在多径信道下的连续发送符号的发送与接收机设计。第 5 章讨论 OFDM 调制方式，并重点讨论非理想工作条件下的接收机性能。第 6 章讨论无线通信系统中所采用的信道编码技术，通过引入冗余来提高系统的可靠性。第 7 章将讨论范围扩展到空间域，了解多天线是如何帮助我们提高系统传输效率的。应该指出：除了第 8 章的内容，其他部分都是"有章可循"的；换句话说，每一个操作都是有"最佳接收"原理作为支撑的。在第 8 章同步技术的讨论中，我们会看到一个"百花齐放"的世界。抛砖引玉，我们在这章中将以最大似然准则为例来了解时间同步和频率同步。第 9 章将了解无线通信系统设计中是如何通过分集技术来抵抗信道深衰落，从而提高可靠性的。

MAC 层概念

如果我们把一个好的物理层算法设计理解为"如何提高一个点到点的传输链路的可靠性"的问题，在多用户传输情形下，系统设计者多了一个设计灵活性——我们可以共享的（时间和频率等）资源如何在不同用户间分配的策略问题。我们将会看到：调度机制与链路适应有着深厚的理论基础，因此也就不难理解它为什么出现在当今所有

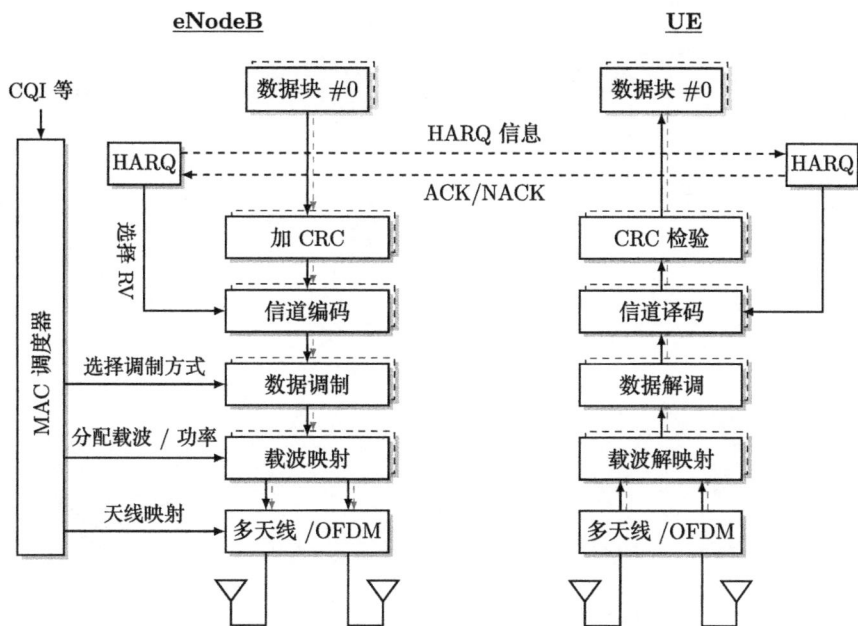

图 2　无线传输技术在 LTE 下行链路中的具体过程

流行的无线系统设计中了。

致　谢

　　从业二十多年，我有幸结识了众多在学习、工作上给予我指导、帮助的前辈和朋友。首先感谢北京邮电大学的杨大成和常永宇教授，除了感谢老师在科研上的指导之外，还要感谢老师培养了我对这个领域的兴趣。在博士学习期间，有幸从师A. M. Haimovich 教授（新泽西理工学院），与著名学者 H. V. Poor 教授（普林斯顿大学）、S. Shamai 教授（以色列理工学院）以及 G. Foschini 博士（贝尔实验室）在学术上合作，从他们身上学习到科学研究的严谨态度。

　　在工作期间，亲身体验了理论到实际产品的转化过程。这当中有幸与一些专业人士一起工作，获益匪浅。对我影响比较大的人很多，其中首推高通公司的同事D. Bressaneli。尽管他隶属于测试部门，但却是一个精通 2G 到 4G、核心网到物理层、软件工程到算法推导的不折不扣的通信达人；不仅如此，他更是对通信技术研究有着发自内心的热爱。可以说，作为一名通信工程师，D. Bressaneli 的榜样作用一直"激励"我完成日常工作，希望我能够一直保持这样的心态。此外，还特别感谢凌复云博士和倪俊博士，他们在本书的写作过程中不但给予了精神上的支持和鼓励，更帮助我加深理解了许多重要概念。

　　特别感谢信道编码专家陈晶沪博士在百忙之中参与第 6 章的写作，极大地提高了书稿的质量。感谢人民邮电出版社王建军编辑对本书的出版所作出的种种努力。最后需要感谢的是我的家人，正是家人的付出和支持，才使得我有时间和精力完成写作。

崔盛山

2017 年 6 月于加州圣地亚哥

符号标记

随机变量、概率分布相关的符号

Ω	样本空间
$\varnothing$	空集
$P(\cdot)$	离散随机变量的概率
$p_X(x),\ f_X(x)$	连续随机变量的概率
$\sim$	表示服从概率分布，比如 $X \sim \mathcal{N}(\mu,\sigma^2)$ 表示 X 服从 $\mathcal{N}(\mu,\sigma^2)$ 分布
$\boldsymbol{x}$	小写粗体表示向量
$\boldsymbol{X}$	大写粗体表示矩阵
$\mathcal{N}(\mu,\sigma^2)$	均值为 μ、方差为 σ^2 的高斯分布
$\mathcal{CN}(0,\sigma^2),\ \mathcal{CN}(\boldsymbol{0},\boldsymbol{\Sigma})$	复高斯分布
$\mathcal{U}(a,b)$	(a,b) 间的均匀分布

调制／解调相关的符号

$g_{TX}(t)$	发送滤波器
$g_{RX}(t)$	接收滤波器
$\Re\{\cdot\}$	实部
$\Im\{\cdot\}$	虚部
$\mathrm{LPF}\{\cdot\}$	低通滤波操作

矩阵符号

$a_{i,j}$	表示矩阵 $\boldsymbol{A}$ 的第 i 行、第 j 列的元素
$\det(\boldsymbol{A})$	矩阵 $\boldsymbol{A}$ 的行列式
Toeplitz 矩阵	矩阵中每条自左上至右下的斜线上的元素相同，即有 $a_{i+1,j+1}=a_{i,j}$ 性质成立
循环矩阵	一种特殊形式的 Toeplitz 矩阵，其行向量的每个元素都是前一个行向量各元素依次右移一个位置得到的结果

其他符号

$:=$	定义式，比如 $\lambda := c/f$
$\propto$	正比于，比如 $a \propto b$ 表示 b 正比于 a
e	自然常数 e（约为 2.71828）
i	$\mathrm{i} = \sqrt{-1}$
$\delta_{i,j}$	当 i 和 j 取值相等时，$\delta_{i,j} = 1$；否则 $\delta_{i,j} = 0$
$(\cdot)^*$	复数 x 的共轭，例如 x^*
$(\cdot)^{\top}$	向量的转置，例如 $\boldsymbol{x}^{\top}$
$(\cdot)^{\mathsf{H}}$	向量的共轭转置，例如 $\boldsymbol{x}^{\mathsf{H}}$
$\star$	卷积操作，比如 $f(t) \star g(t) = \int_{-\infty}^{+\infty} f(t-\tau)g(\tau)\,\mathrm{d}\tau$
$\arg\max_i X_i$	对于所有可能的 i 的取值，比较所有的 X_i 并找到最大值所对应的 i 的取值
$\mathcal{F}\{\cdot\}, \mathcal{F}^{-1}\{\cdot\}$	傅立叶变换及逆变换
$\mathcal{L}\{\cdot\}, \mathcal{L}^{-1}\{\cdot\}$	拉普拉斯变换及逆变换

目　录

概率论、随机过程与无线通信

信息论的创始人香农在 1948 年那篇具有划时代意义的论文《通信的数学理论》（A Mathematical Theory of Communication）中告诉我们：在概念层面上，通信系统可以由以下 5 个组成要素，如图1-1所示。

- **信源**：任何发送方想要接收方知道的信息。比如张三想通过 LTE 网络发送一条短消息给李四，那么张三就是信源，而短消息的内容则是信息本身。
- **发射机**：对待发送信息进行操作，使其适合于信道传输。张三的 LTE 终端将把信息进行一系列的操作，最终以 LTE 的信号格式由天线发往空口。
- **信道**：发射机和接收机之间的传输媒质，在无线通信中表现为发射天线和接收天线之间的无线传播环境。
- **接收机**：对接收信号进行操作，以求对发送信息进行正确的判决。
- **信宿**：信息的最终目地（李四）。

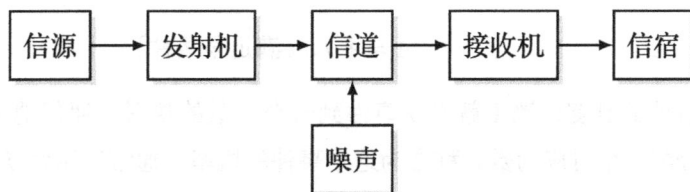

图 1-1 通信系统的基本组成要素[1]

香农的贡献之一就是建立了通信系统的概率模型——无论是信息本身还是信道，都具有随机特性。显然，对于通信的双方而言，如果信息是确定性的，也就失去了通信的必要性；类似的，如果传输过程中信道对信号的作用是确定性的，那么我们就可以有针对性地设计发射机和接收机，取得可靠通信。

因此，我们可以说：通信的本质就是在不确定因素中对信号的检测与估计。在数学领域，《概率论和随机过程》就是用于描述不确定性（随机）的一门学科。在接下来的篇幅中，我们对概率论和随机过程理论做一简单的总结，并在这个过程中着重介绍这些数学概念是如何与通信理论相联系的。

在本书后面的章节中，我们将会经常用到本章的知识。那些对概率和随机过程比较熟悉的读者可以跳过这一章。

1.1　概率论

1.1.1　概率系统的基本元素

概率系统有以下三个基本的组成元素。

- **采样空间 Ω**：采样空间 Ω 是所有采样点 ω_i 的集合。举例说：如果一个发送端产生的符号有 M 个可能，那么我们可以定义 $\Omega = \{\omega_0, \cdots, \omega_{M-1}\}$。采样空间也可能是含有无穷多个采样点的，比如说接收机接收到的信号幅度可能是一段区间上的任意值。

- **事件**：事件是一些满足某个条件的采样点的集合。通常用大写字母来表示事件，比如 $A, B, \cdots$ 或 $A_1, A_2, \cdots$。根据定义，

$$A = \{\omega : \omega \text{ 满足某条件}\}$$

- **每个事件的测度**：测度就是从事件到一个实数的映射。通俗地讲，就是为每一个事件分配一个对应的数，称之为这个事件的概率。通常表示为 $P(A)$。

我们希望上面的数学定义能够和现实生活中的"某件事情发生的可能性有多大"联系起来。比如说按常理我们会认为任何事情发生的可能性都是介于 0% 和 100% 之间

的。为此我们需要让上面定义的测度满足下面的三个条件：

1. 对任一事件 A_i，$0 \leqslant P(A_i) \leqslant 1$
2. $P(\Omega) = 1$
3. 对于两个无交集的事件 $A_i A_j = \varnothing, i \neq j, P(A_i + A_j) = P(A_i) + P(A_j)$

下面让我们学习概率论中的第一个重要概念——**条件概率**，其数学定义为：在 $P(B) \neq 0$ 时，

$$P(A|B) = \frac{P(AB)}{P(B)} \tag{1.1}$$

让我们花些功夫来理解条件概率。在最初的概率的定义中，我们的观察空间为整个采样空间 Ω。当事件 B 已知后，事实上我们的观察空间从 Ω 缩小到 B，如图 1-2所示。

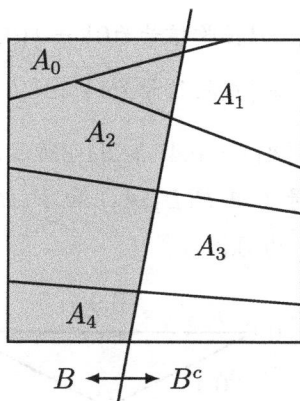

图 1-2　条件概率示意

由式(1.1)我们可以得到（假设 $P(A) \neq 0$）：

$$P(AB) = P(A|B)\,P(B) = P(B|A)\,P(A) \tag{1.2}$$

另外一个经常用到的概念就是**全概率公式**：

$$P(B) = \sum_{\text{所有}i} P(A_i B) \tag{1.3}$$

将式(1.1)到式(1.3)结合起来，就得到著名的贝叶斯准则（Bayes' rule）：

$$P(A_j|B) = \frac{P(A_jB)}{P(B)} = \frac{P(B|A_j)\,P(A_j)}{\sum_{\text{所有}i} P(B|A_i)\,P(A_i)} \tag{1.4}$$

下面通过一个例子来看看条件概率和全概率公式是如何在通信系统的设计中应用的。

例子 1.1　先验概率和后验概率

让我们来考虑下面这样一个通信系统。信源产生的数据在 0 或 1 两种可能之间选择，类似的，接收端也只看到 0 或 1 两个可能。如果我们将 (输入, 输出) 定义为一个采样点，那么可以定义采样空间为 $\Omega = \{(0,0),(0,1),(1,0),(1,1)\}$；可以定义事件 A_0 为 {发射信号为0}。根据式(1.3)，有：$A_0 = \{(0,0),(0,1)\}$。类似的，

$$A_1 = \{\text{发射信号为}1\} = \{(1,0),(1,1)\}$$
$$B_0 = \{\text{接收信号为}0\} = \{(0,0),(1,0)\}$$
$$B_1 = \{\text{接收信号为}1\} = \{(0,1),(1,1)\}$$

假设 $P(A_0) = 0.6$，$P(A_1) = 0.4$；如图1-3所示，假设由于某种干扰，10% 的情况下接收端会收到错误的信号（即 $P(B_1|A_0)$ 和 $P(B_0|A_1)$ 都为 0.1）。正确接收的概率（$P(B_0|A_0)$ 和 $P(B_1|A_1)$）为 0.9。

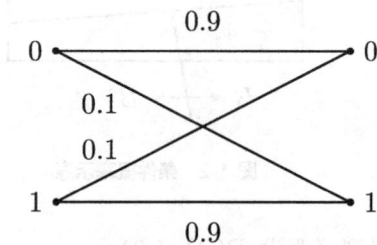

图 1-3　二进制对称信道

从通信的角度看，如果接收端收到了 0，接收机该如何判断发送端更有可能发射了哪一个信号呢？条件概率 $P(A_0|B_0)$ 可以告诉我们发送的是 0 有多大可能。为了计算 $P(A_0|B_0)$，首先由式(1.3)可得：

$$P(B_0) = P(A_0)\,P(B_0|A_0) + P(A_1)\,P(B_0|A_1) = 0.58$$

再由式(1.4)：

$$P(A_0|B_0) = \frac{P(B_0|A_0)\,P(A_0)}{P(B_0)} = \frac{0.9 \cdot 0.6}{0.58} = 0.931$$

相应的，$P(A_1|B_0) = 1 - P(A_0|B_0) = 0.069$。因此可以说，当收到了 0 之后，发送符号是 0 的可能性更大。经过类似的计算，我们可以得到 $P(A_1|B_1) = 0.857$，$P(A_0|B_1) = 0.143$。

在这个例子中我们看到：尽管信道本身是对称的，但由于 $P(A_0)$ 和 $P(A_1)$ 不等，从接收方的角度讲，它们的可信度也不一样。在通信理论中，我们将发送符号的概率称之为**先验概率**，而把 $P(A_1|B_1)$ 这样的条件概率称之为**后验概率**。这两个概念可以说是很多通信理论的核心。比如，我们会在信号的最佳检测、多天线、Turbo 码以及迭代接收机等章节中不断看到它们。

在我们开始介绍随机变量之前，首先来了解关于事件的另一个概念——独立性。其定义如下：对于事件 A 和 B，如果 $P(AB) = P(A)\,P(B)$，那它们是独立的。对于独立事件，我们可以得到 $P(A|B) = P(A)$。也就是说若 A 和 B 相互独立的话，那么是否知道 B 并不影响我们对 A 的认知。

1.1.2 随机变量

在概率论应用到研究通信系统时，更多的时候随机试验的输出都是数值，比如接收机接收到的信号幅度等。在数学上，我们可以把采样空间里的采样点映射到实数轴，即 $\omega_i \mapsto X(\omega_i), i = 0, 1, \cdots$。我们称 X 为随机变量。随机变量的概念如图1-4所示。

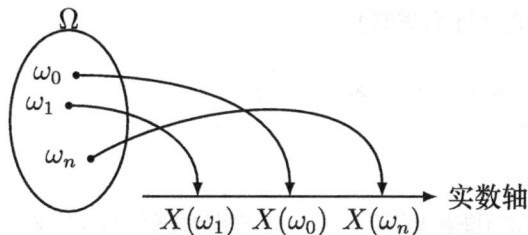

图 1-4　随机变量的概念：X 为 Ω 到实数轴的映射

需要指出的是：在实际应用中，通常我们会省略具体的映射关系，而去直接地研

究定义在 X 上的概率。比如：$P(a \leqslant X \leqslant b)$ 实为 $P(\{\omega : a \leqslant X(\omega) \leqslant b\})$，但我们很少会使用后面那种表达方式[†]。

随机变量的取值范围可以是离散的（比如说信源经过信源编码后可能只会是 0 或 1），也有可能是连续的（比如说接收信号的相位可能在 $[0, 2\pi]$ 间取任何值）。相应的，我们可以把随机变量分为离散随机变量和连续随机变量两类。

1.1.2.1 离散随机变量

离散随机变量 X 可以用概率质量函数（PMF: probability mass function）来表示[‡,§]：

$$P_X(x_i) = P(X = x_i), \quad i = 0, 1, \cdots$$

比如在通信理论的研究中，我们经常假设信源所产生的数据只有 0 或 1 两种可能，这时我们就可以把它一般性的表示为 $P(X = 0) = p, \quad P(X = 1) = 1 - p$。

对于离散随机变量我们还可以用累计分布函数（CDF: cumulative distribution function）来描述它：

$$F_X(x) = P_X(X \leqslant x) = \sum_{i:x_i \leqslant x} P_X(x_i) \tag{1.5}$$

1.1.2.2 连续随机变量

连续随机变量 X 可以用累计分布函数来表示：

$$F_X(x) = P(X \leqslant x) \tag{1.6}$$

CDF 具有下列性质（证明省略）：

1. $F_X(x) \geqslant 0, \ -\infty < x < +\infty$
2. $F_X(-\infty) = 0$

[†]事实上，大多时候我们很难去定义 $\omega \to X(\omega)$ 映射到底是什么。比如说，我们用手机去测量基站的信号强度，由于受到各种干扰，每次测量的结果都不一样。我们可以对测量到的信号强度定义一个概率模型（比如指定某个概率分布）。这里的 ω 是什么？我们很难定义。幸运的是，从应用的角度讲，我们根本不需要定义它。

[‡]按照通用的标记，在表示随机变量时，大写的 X 表示随机变量本身，小写的 x 表示某一个具体的数值。在不会引起歧义的时候，有时人们会省略 $P_X()$ 的下标，而记为 $P()$。

[§]请把下面的表达式理解为 $P_X(x_i) = P(\{\omega : X(\omega) = x_i\})$ 的简化版本。

3. $F_X(+\infty) = 1$

4. 若 $b < a$，则 $F_X(a) - F_X(b) = P(\{\omega : b < X(\omega) < a\})$

5. 若 $b < a$，则 $F_X(b) \leqslant F_X(a)$

对于我们将要用到的那些分布，$F_X(x)$ 都是连续的、单调递增的。通常，我们会更加偏向于使用概率密度函数（PDF: probability density function）来表示连续随机变量。PDF 的定义为

$$f_X(x) = \frac{\mathrm{d}F_X(x)}{\mathrm{d}x} \tag{1.7}$$

根据 CDF 的性质，我们不难得到 PDF 的下列性质：

1. $f_X(x) \geqslant 0,\ -\infty < x < +\infty$

2. $\int_{-\infty}^{+\infty} f_X(x)\,\mathrm{d}x = 1$

在定义"概率密度函数"中，重要的是"密度"二字。日常生活中，我们可以说某地区的人口密度是多大，但是要想知道这个地区的总人口数目，还需要乘以该地区的面积。事实上，"概率密度函数"的概念和这个例子完全一致——必须对概率密度函数在某一区间的积分才得到概率，比方说：

$$P(a < X \leqslant b) = F_X(b) - F_X(a) = \int_a^b f_X(x)\,\mathrm{d}x$$

我们可以理解 $f_X(x)\,\mathrm{d}x$ 为 X 在 $(x, x + \mathrm{d}x)$ 区间的概率。

下面我们罗列出来一些重要的连续随机变量（如图1-5所示）：

- 均匀分布 $\mathcal{U}(a, b)$

$$F_X(x) = \begin{cases} 0 & \text{当} x \leqslant a \\ \frac{x-a}{b} & \text{当} a < x \leqslant b \\ 1 & \text{当} x > b \end{cases}, \quad f_X(x) = \begin{cases} \frac{1}{b-a} & \text{当} a \leqslant x < b \\ 0 & \text{其他} \end{cases} \tag{1.8}$$

- 指数分布

$$F_X(x) = \begin{cases} 0 & \text{当} x < 0 \\ 1 - \mathrm{e}^{-x/b} & \text{当} x \geqslant 0 \end{cases}, \quad f_X(x) = \begin{cases} \frac{1}{b}\mathrm{e}^{-x/b} & \text{当} x \geqslant 0 \\ 0 & \text{其他} \end{cases} \tag{1.9}$$

- 瑞利分布

$$F_X(x) = \begin{cases} 0 & \text{当}x < 0 \\ 1 - e^{-x^2/2b} & \text{当}x \geqslant 0 \end{cases}, \quad f_X(x) = \begin{cases} \dfrac{x}{b}e^{-x^2/2b} & \text{当}x \geqslant 0 \\ 0 & \text{其他} \end{cases} \quad (1.10)$$

- 高斯分布 $\mathcal{N}(\mu, \sigma^2)$

$$F_X(x) = 1 - Q\left(\frac{x - \mu}{\sigma}\right), \quad f_X(x) = \frac{1}{\sqrt{2\pi}\sigma}e^{-(x-\mu)^2/2\sigma^2} \quad (1.11)$$

其中 $Q(x) = \frac{1}{\sqrt{2\pi}}\int_x^{+\infty} e^{-t^2/2}\,\mathrm{d}t$。

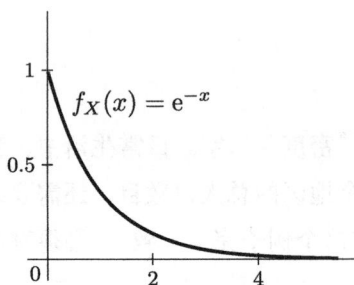

(a) 指数分布

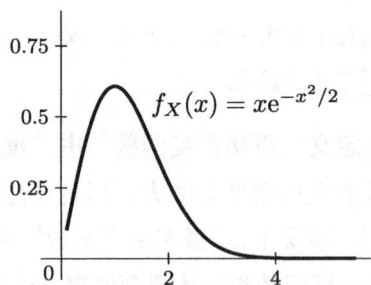

(b) 瑞利分布

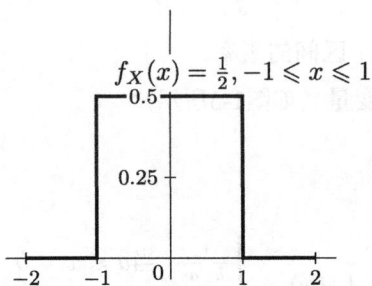

(c) 均匀分布

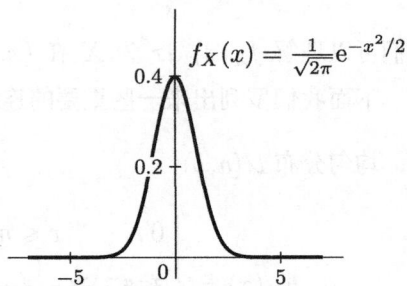

(d) 高斯分布

图 1-5　连续随机变量分布举例。（a）指数分布；（b）瑞利分布；（c）均匀分布；（d）高斯分布

1.1.2.3 多维随机变量

在通信应用中，往往会有多于一个的观测值。比如说，在 MIMO 通信中，接收机在一个符号时间内会收到 n_r 个天线上的数据。类似这种多个观测值的情况还会出现在多次重复试验（比如对某一信号的功率的多次测量）。这时我们可以对单个随机变量的概念加以推广，得到多维随机变量。

数学上我们定义 n 维的向量 $\boldsymbol{X} = (X_1, \cdots, X_n)$ 的联合概率分布为：

$$F_{X_1, \cdots, X_n}(x_1, \cdots, x_n) = P(X_1 \leqslant x_1, \cdots, X_n \leqslant x_n) \tag{1.12}$$

和单个随机变量类似，多维随机变量的联合概率分布也满足非负、积分为 1 等性质。

在应用中，我们更多使用的是联合概率密度函数：

$$f_{X_1, \cdots, X_n}(x_1, \cdots, x_n) = \frac{\partial^n [F_{X_1, \cdots, X_n}(x_1, \cdots, x_n)]}{\partial x_1 \cdots \partial x_n} \tag{1.13}$$

如果我们有联合概率分布或者联合概率密度函数，可以得到边缘分布。比如对二维分布 $F_{X_1, X_2}(x_1, x_2)$，有：

$$\begin{aligned} F_{X_1}(x_1) = P(X_1 \leqslant x_1) &= P(X_1 \leqslant x_1, X_2 \leqslant +\infty) \\ &= F_{X_1, X_2}(x_1, +\infty) \end{aligned}$$

对应的边缘密度函数为：

$$f_{X_1}(x_1) = \int_{-\infty}^{+\infty} f_{X_1, X_2}(x_1, x_2) \, \mathrm{d}x_2 \tag{1.14}$$

在通信理论中，最常使用的联合概率密度函数就是高斯分布了。对于 k 维的高斯随机变量 $\boldsymbol{X} = (X_1, X_2, , X_k)$，其联合概率密度函数可以表示为：

$$f_{\boldsymbol{X}}(\boldsymbol{x}) = \frac{1}{\sqrt{(2\pi)^k |\boldsymbol{\Sigma}|}} \exp\left(-\frac{1}{2}(\boldsymbol{x} - \boldsymbol{\mu})^\top \boldsymbol{\Sigma}^{-1}(\boldsymbol{x} - \boldsymbol{\mu})\right) \tag{1.15}$$

其中 $\boldsymbol{\mu} = \mathbb{E}[\boldsymbol{X}]$ 表示 $\boldsymbol{X}$ 的均值、$\boldsymbol{\Sigma} = \mathrm{Cov}[\boldsymbol{X}]$ 为协方差矩阵（稍后会讲到它们的具体定义）。

对于二维的分布，可以把式(1.15)更明确的表示为：

$$f_{X_1,X_2}(x_1,x_2) = \frac{1}{2\pi\sigma_{X_1}\sigma_{X_2}\sqrt{1-\rho^2}}$$
$$\cdot \exp\left(-\frac{1}{2(1-\rho^2)}\left[\frac{(x_1-\mu_{X_1})^2}{\sigma_{X_1}^2} + \frac{(x_2-\mu_{X_2})^2}{\sigma_{X_2}^2} - \frac{2\rho(x_1-\mu_{X_1})(x_2-\mu_{X_2})}{\sigma_{X_1}\sigma_{X_2}}\right]\right)$$

$$(1.16)$$

如果把式(1.16)带入到式(1.14)，可以验证：$f_{X_i}(x_i) = \frac{1}{\sqrt{2\pi}\sigma_{X_i}}\exp\left(-\frac{(x_i-\mu_{X_i})^2}{2\sigma_{X_i}^2}\right)$，$i = 1, 2$，这与前面讲到的一维高斯分布（式(1.11)）的形式一致。

一维随机变量有离散随机变量和连续随机变量两种，在多维随机变量中我们还可能会遇到混合模式。比如：发射端以等概率产生 $X = +1$ 或 $X = -1$，接收端的信号为 $Y = X + N$，其中 N 为 $\mathcal{N}(0,1)$ 的高斯分布。如果我们关心 $f_{X,Y}(x,y)$，它将包括离散随机变量 X 和连续随机变量 Y，这时，可以用 $\delta(\cdot)$ 函数来描述离散随机变量，即

$$f_{X,Y}(x,y) = \sum_{i=\{+1,-1\}} \frac{1}{2}\delta(x-i)\frac{1}{\sqrt{2\pi}}\exp\left(-\frac{(y-i)^2}{2}\right)$$

1.1.2.4 条件概率

考虑随机变量 X 和 Y。在 $y < Y \leqslant y + \delta y$ 的前提下，X 的 CDF 可以表示为：

$$F_{X|y<Y\leqslant y+\delta y}(x) = \frac{P(X\leqslant x, y<Y\leqslant y+\delta y)}{P(y<Y\leqslant y+\delta y)}$$
$$= \frac{\int_{-\infty}^{x}\int_{y}^{y+\delta y} f_{XY}(u,v)\,\mathrm{d}u\,\mathrm{d}v}{\int_{y}^{y+\delta y} f_Y(v)\,\mathrm{d}v}$$

对应的 PDF 为

$$f_{X|y<Y\leqslant y+\delta y}(x) = \frac{\int_{y}^{y+\delta y} f_{XY}(x,v)\,\mathrm{d}v}{\int_{y}^{y+\delta y} f_Y(v)\,\mathrm{d}v} \approx \frac{f_{XY}(x,y)\delta y}{f_Y(y)\delta y}$$

在上面的推导中，约等号成立的条件是 $f_{XY}(x,y)$ 和 $f_Y(y)$ 在 $(y, y+\delta y)$ 区间内可以假设是定值。在极限情况 $\delta y \to 0$ 时，就得到 $Y = y$ 条件下，X 的条件密度函数（假设 $f_Y(y) \neq 0$）：

$$f_{X|Y=y}(x) = \frac{f_{XY}(x,y)}{f_Y(y)}$$

在上面的式子中，$f_{X|Y=y}(x)$ 的写法比较繁琐。通常，人们更习惯使用 $f_{X|Y}(x|y)$ 来表示条件密度函数：

$$f_{X|Y}(x|y) = \frac{f_{XY}(x,y)}{f_Y(y)} \tag{1.17}$$

在理解条件密度函数时，需要注意：

1. 对于连续随机变量 Y，$Y = y$ 总该理解为 $y < Y \leqslant y + \delta y$ 的符号简化。比方说去测量某个信号的强度，由于受仪器的精度、噪声等因素的影响，我们永远不能精确地测量出真值。我们应该把"这个信号的功率是 $-100\,\mathrm{dBm}$"理解为"这个信号的功率在 $-100\,\mathrm{dBm}$ 左右的范围内"。

2. 式(1.17)是条件于一个固定的 $Y = y$ 值的。换句话说，对于其他的 y 值，会得到不同的条件密度函数。但是，无论 y 是多少，条件密度函数对 X 的积分等于 1。

3. 式(1.17)并不是概率的比值，而是密度函数的比值。

下面举一个二维高斯分布的例子来计算条件密度函数。假设 X_1 和 X_2 的联合密度函数可以表示为：

$$f_{X_1, X_2}(x_1, x_2) = \frac{1}{2\pi\sqrt{1 - \rho^2}} \exp\left(-\frac{x_1{}^2 - 2\rho x_1 x_2 + x_2{}^2}{2(1 - \rho^2)}\right), \quad |\rho| < 1$$

我们可以计算边缘密度函数 $f_{X_2}(x_2) = \int_{-\infty}^{+\infty} f_{X_1, X_2}(x_1, x_2)\,\mathrm{d}x_1 = \frac{1}{\sqrt{2\pi}}\mathrm{e}^{-x_2{}^2/2}$，然后根据式(1.17)有：

$$f_{X_1|X_2}(x_1|x_2) = \frac{f_{X_1, X_2}(x_1, x_2)}{f_{X_2}(x_2)} = \frac{1}{\sqrt{2\pi(1 - \rho^2)}} \exp\left(-\frac{(x_1 - \rho x_2)^2}{2(1 - \rho^2)}\right), \tag{1.18}$$

可以看出，当 x_2 给定后，X_1 的条件密度函数为 $\mathcal{N}(\rho x_2, 1 - \rho^2)$ 的高斯分布。显然它的具体形式取决于 x_2 的取值，如图1-6所示。

1.1.2.5 相互独立的随机变量

我们之前在介绍"事件"的概念时提到过独立事件。如果我们把 $\{X_i \leqslant x_i\}$ 看作一个事件，那么独立事件的概念就很自然地推广到独立分布了，即：

$$F_{X_1, \cdots, X_n}(x_1, \cdots, x_n) = F_{X_1}(x_1) F_{X_2}(x_2) \cdots F_{X_n}(x_n)$$

$$f_{X_1|X_2}(x_1|x_2) = \frac{1}{\sqrt{2\pi(1-\rho^2)}} e^{-\frac{(x_1-\rho x_2)^2}{2(1-\rho^2)}}$$

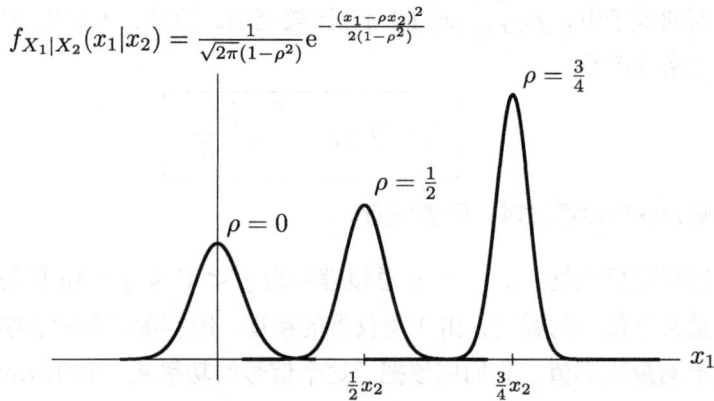

图 1-6 条件概率

相应的，当下面的等式成立时，我们说随机变量 $X_1, \cdots, X_n$ 是相互独立的。

$$f_{X_1,\cdots,X_n}(x_1,\cdots,x_n) = f_{X_1}(x_1)f_{X_2}(x_2)\cdots, f_{X_n}(x_n) \tag{1.19}$$

事实上，如果 $X_1, \cdots, X_n$ 是相互独立的，通过式(1.14)可以知道 $\{X_1, \cdots, X_n\}$ 的任何子集也一定相互独立。

对于二维随机变量 X, Y，如果它们相互独立，则我们可以从式(1.17)得到：

$$f_{X|Y}(x|y) = f_X(x) \tag{1.20}$$

也就是说：当 X 和 Y 相互独立时，知道 $Y = y$ 与否，并不改变 X 的分布。

例子 1.2　随机变量的函数的分布

下面通过一个实际例子来了解如何通过条件分布来帮助我们计算随机变量函数的分布。给定两个相互独立的随机变量 X 和 Y，并假设其分布分别为 $f_X(x)$ 和 $f_Y(y)$，那么随机变量 $Z = X + Y$ 的分布 $f_Z(z)$ 具有什么样的形式呢？

给定 $Y = y$，那么随机变量 $X + y$ 的概率分布函数为 $f_X(x - y)$。为了得到 $X + Y$ 的分布，需要在 $f_X(x - y)$ 基础上考虑所有 Y 取值，即

$$f_Z(z) = \int_{-\infty}^{+\infty} f_X(x-y)f_Y(y)\,\mathrm{d}y$$

也就是说，两个相互独立的随机变量 X 和 Y 的和的分布是相应的两个概率密度函数的卷积。

1.1.2.6 均值、方差与相关系数

顾名思义，随机变量的本质是随机的，因此我们无法预先知道它的取值。尽管如此，我们还是可以对它的一些"平均"属性有所认识的。这些属性包括单个随机变量的均值和方差，以及两个随机变量之间的相关系数。

均值

均值描述了随机变量的平均值。对离散随机变量 X，它的定义为：

$$\mathbb{E}[X] = \sum_{\text{所有}i} x_i P(x_i) \tag{1.21}$$

相应的，对于连续随机变量，它的定义为：

$$\mathbb{E}[X] = \int_{-\infty}^{+\infty} x f_X(x) \, \mathrm{d}x \tag{1.22}$$

均值操作是线性的——假设随机变量 X 和 Y 的均值分别是 $\mathbb{E}[X]$ 和 $\mathbb{E}[Y]$，那么新的随机变量 $Z = aX + bY$ 的均值为

$$\mathbb{E}[Z] = a\mathbb{E}[X] + b\mathbb{E}[Y] \tag{1.23}$$

从均值的定义出发可以很容易证明这个性质（此处省略）。需要特别指出的是："均值是线性的"的成立并不依赖于 X 和 Y 的任何关系（比如是否相互独立）。当 X 和 Y 相互独立时，我们依据定义可以很容易证明 $\mathbb{E}[XY] = \mathbb{E}[X]\mathbb{E}[Y]$，但是这只在 X 和 Y 相互独立时才成立。

例子 1.3　量化噪声的功率计算

在通信系统的设计过程中我们总会和量化操作（quantization）打交道。比如说对于基带设计人员来说，其输入信号（通常是模 / 数转换器的输出）本身就是量化之后的结果；另外在基带信号处理中为了简化硬件实现复杂度，人们往往用定点（fixed point）的方式来表示数据，这也是一种量化操作。简单地说，量化就是用有限精度来表示数据。因为精度有限，所以可能会带来量化噪声。

下面就以一个具体的例子来计算量化噪声的平均功率。假设用 $N = 3$ 比特来表示输入信号 $x(t)$（其中 V_p 为信号的峰值）。由于 N 比特只能表示 2^N 个取值，因此这

里只有 8 个可能的输出值。具体地说，$[-V_p, +V_p]$ 间无数种取值可能的实数根据具体取值"映射"到 $2^3 = 8$ 个离散取值中的一个（如图1-7所示），相邻两个输出值之间的距离为

$$\Delta = \frac{2V_p}{2^N} \tag{1.24}$$

在数字信号世界里，2^N 个输出值通常由二进制表示。比如在图1-7中，作为一个例子我们就用 $000, 001, \cdots, 111$ 来表示 8 个输出值。

让我们把原始信号记作 $x(t)$、量化后的输出记为 $x_q(t)$（下标 q 表示量化操作），相应的量化误差为 $n_q(t) = x(t) - x_q(t)$。图1-7以 $x(t) = V_p \sin 2\pi t$ 为例，给出 $x(t)$，$x_q(t)$ 和 $n_q(t)$ 的图形表示。

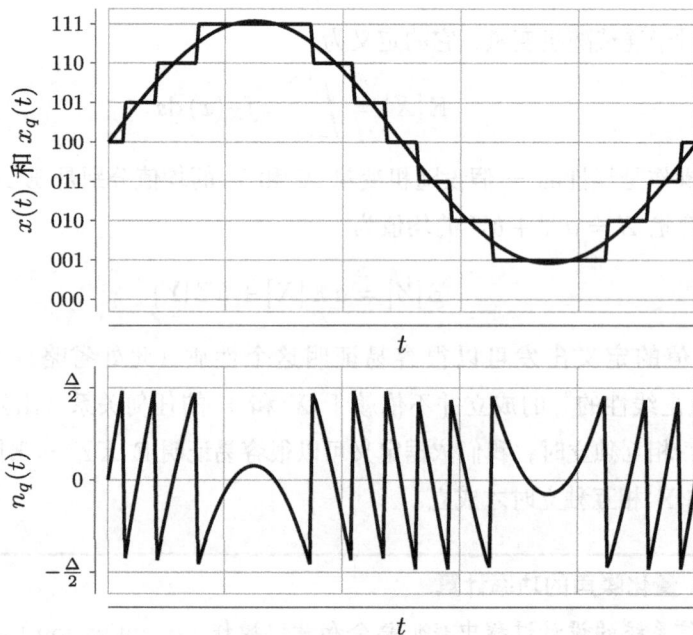

图 1-7　（上图）模拟正弦波的 3 比特量化表示；（下图）量化误差

当 N 足够大时，$n_q(t)$ 趋近 $[-\frac{\Delta}{2}, +\frac{\Delta}{2}]$ 间的均匀分布，因此量化噪声的均值和方差分别为：

$$\mu_q = \int_{-\frac{\Delta}{2}}^{+\frac{\Delta}{2}} x \frac{1}{\Delta} \, \mathrm{d}x = 0$$

$$\sigma_q^2 = \int_{-\frac{\Delta}{2}}^{+\frac{\Delta}{2}} (x - \mu_q)^2 \frac{1}{\Delta} \, \mathrm{d}x = \frac{\Delta^2}{12}$$

假设原始信号 $x(t)$ 的功率为 σ_x^2，若我们定义信号——量化噪声比 $\mathrm{SNR}_q = 10 \log_{10} \left(\frac{\sigma_x^2}{\sigma_q^2} \right)$，那么根据式(1.24)并经过简单计算可得：

$$\mathrm{SNR}_q = 4.8 + 6.02N - 20 \log_{10} \left(\frac{V_p}{\sigma_x} \right) \tag{1.25}$$

可见，量化输出每增加一个比特，SNR_q 将提高 $6\,\mathrm{dB}$。

均值的定义可以推广到随机变量函数的均值。假设随机变量 Y 是随机变量 X 的函数 $Y = g(X)$，那么 Y 的均值为

$$\mathbb{E}\,[Y] = \int_{-\infty}^{+\infty} g(x) f_X(x) \, \mathrm{d}x \tag{1.26}$$

我们在1.1.2.4节中介绍过条件概率。当知道 $Y = y$ 之后，X 仍然是一个随机变量，有分布 $f_{X|Y}(x|y)$。自然地，此时 X 也有它（条件在 $Y = y$ 上）的均值，成为条件均值。当 X 是离散随机变量时，

$$\mathbb{E}\,[X|Y = y] = \sum_{\text{所有}i} x_i P(X = x_i | Y = y) \tag{1.27}$$

类似的，当 X 是连续随机变量时，

$$\mathbb{E}\,[X|Y = y] = \int_{-\infty}^{+\infty} x f_{X|Y}(x|y) \, \mathrm{d}x \tag{1.28}$$

在稍后的最小均方误差估计（MMSE: minimum mean square error）的学习中（第1.1.2.7节），我们将会看到条件均值在统计估值理论中的意义。

方差

随机变量的方差描述它的动态范围。数学定义为：

$$\mathrm{Var}[X] = \mathbb{E}\left[(X - \mathbb{E}\,[X])^2\right] \tag{1.29}$$

如果我们将等号右边的平方项展开，依据式(1.23)，可以得到 $\mathrm{Var}[X] = \mathbb{E}\,[X^2] - (\mathbb{E}\,[X])^2$。

举例来说，对于高斯随机变量 $f_X(x) = \frac{1}{\sqrt{2\pi}\sigma}\mathrm{e}^{-(x-\mu)^2/2\sigma^2}$，通过定义可以验证：$\mathbb{E}[X] = \mu, \mathrm{Var}[X] = \sigma^2$。通常用符号 $\mathcal{N}(\mu, \sigma^2)$ 来表示它。

协方差和相关系数

均值和方差用于描述单个随机变量，协方差和相关系数则用于描述两个随机变量之间的关系。对于随机变量 X 和 Y，它们的协方差定义为

$$\mathrm{Cov}[X,Y] = \mathbb{E}[(X - \mathbb{E}[X])(Y - \mathbb{E}[Y])]$$

由式(1.23)，可以得到 $\mathrm{Cov}[X,Y] = \mathbb{E}[XY] - \mathbb{E}[X]\mathbb{E}[Y]$。$\mathbb{E}[XY]$ 为 X 和 Y 的相关值。往往当 $\mathbb{E}[XY] = 0$ 时我们称 X 和 Y 相互正交（orthogonal）。

随机变量 X 和 Y 的相关系数定义为：

$$\rho = \frac{\mathrm{Cov}[X,Y]}{\sqrt{\mathrm{Var}[X]}\sqrt{\mathrm{Var}[Y]}}$$

相关系数 ρ 的取值范围为 $-1 \leqslant \rho \leqslant 1$。相关系数的大小可以描述 X 和 Y 在多大程度上具有线性关系。比如，当 Y 和 X 满足线性关系 $Y = aX + b, a > 0$ 时，$\rho = 1$。

随机变量间的独立性很重要。当 X 和 Y 相互独立时，有 $\mathrm{Cov}[X,Y] = 0$，因此 $\rho = 0$。也就是说，当两个随机变量相互独立时，它们也是不相关的。读者可能会好奇：如果两个随机变量是不相关的，它们是不是一定相互独立呢？我们可以轻松地找出一个反例证明这是个伪命题[†]，但是对于高斯分布，这个性质却是成立的（证明略）。

1.1.2.7 概率论在信号检测与估值中的应用：最小均方误差估计

最小均方误差准则

在通信理论中，会经常接触到最小均方误差估计。让我们从一个简单情形开始对最小均方误差估计的讨论。已知随机变量 X 的分布为 $f_X(x)$，均值为 $\mathbb{E}[X]$，方差为 $\mathrm{Var}[X]$。现在的问题是：假设在没有任何观测值的条件下要对 X 的具体取值作出一个估计，并且在对 X 的所有可能估计值 $\hat{X}$ 中，我们的准则是寻找那个可以最小化均方

[†]假设 Θ 是服从在 $[0, 2\pi]$ 间均匀分布的随机变量。我们可以证明 $X = \cos(\Theta)$ 和 $Y = \sin(\Theta)$ 是不相关，但是非独立的。

误差[†]

$$\mathbb{E}_X\left[(X-\widehat{X})^2\right]=\int(x-\widehat{X})^2 f_X(x)\,\mathrm{d}x \tag{1.30}$$

的那个 $\widehat{X}$，符号记作 $\widehat{X}_{\mathrm{MMSE}}$。那么 $\widehat{X}_{\mathrm{MMSE}}$ 该如何取值呢？

将式(1.30)对 $\widehat{X}$ 取导，并令其结果为 0：

$$-2\int(x-\widehat{X})f_X(x)\,\mathrm{d}x=0$$

因此

$$\widehat{X}\int f_X(x)\,\mathrm{d}x=\int x f_X(x)\,\mathrm{d}x=\mathbb{E}\left[X\right]$$

即

$$\widehat{X}_{\mathrm{MMSE}}=\mathbb{E}\left[X\right] \tag{1.31}$$

若式(1.30)式对 $\widehat{X}$ 两次求导，其结果为 $2\int f_X(x)\,\mathrm{d}x=2$，因此式(1.30)确实在 $\widehat{X}_{\mathrm{MMSE}}$ 取得最小值。对应的均方误差为：

$$\mathrm{MSE}=\int(x-\mathbb{E}\left[X\right])^2 f_X(x)\,\mathrm{d}x=\mathrm{Var}[X] \tag{1.32}$$

式(1.31)的结果告诉我们：当只知道概率分布时，最小均方误差意义下最好的估计就是随机变量的均值。

现在我们考虑另外一个稍微复杂点的问题：随机变量 X 的分布为 $f_X(x)$，随机变量 Y 与 X 的关系通过条件概率 $f_{Y|X}(y|x)$ 表示。那么，在给定观测值 $Y=y$ 的条件下，最小均方误差意义下的对 X 的最佳估计 $\widehat{X}(y)$ 又是什么呢[‡]？如果我们把上面简单例子的结论加以推广，那么得到相应的最小均方误差估计为条件均值[§]：

$$\widehat{X}_{\mathrm{MMSE}}(y)=\mathbb{E}\left[X|Y=y\right] \tag{1.33}$$

对应的均方误差为：

$$\mathrm{MSE}=\int(x-\mathbb{E}\left[X|Y=y\right])^2 f_{X|Y}(x|y)\,\mathrm{d}x=\mathrm{Var}[X|Y=y] \tag{1.34}$$

[†]方便起见，在介绍 MMSE 时考虑 X 为实数的情形。当应用到通信系统的研究时，我们大多接触的是复数的输入／输出模型。此时我们可以将本节所得到的结论加以推广即可。

[‡]这里用符号 $\widehat{X}(y)$ 来表示 $\widehat{X}$ 是 $Y=y$ 的函数。

[§]我们可以仿照上面的公式推导来证明下述结论的正确性。为了突出概念的理解，我们省略这些数学推导。

进一步，若我们所要估计的量是一个向量，而观测值也有多个 $\boldsymbol{Y} = \boldsymbol{y} = (y_0, \cdots, y_L)$，则 MMSE 估计为

$$\boxed{\widehat{\boldsymbol{X}}_{\mathrm{MMSE}}(\boldsymbol{y}) = \mathbb{E}\left[\boldsymbol{X}|\boldsymbol{Y} = \boldsymbol{y}\right]} \tag{1.35}$$

其中 $\mathbb{E}\left[\boldsymbol{X}|\boldsymbol{Y} = \boldsymbol{y}\right] = \int \cdots \int \boldsymbol{x} f_{\boldsymbol{X}|\boldsymbol{Y}}(\boldsymbol{x}|\boldsymbol{y}) \,\mathrm{d}\boldsymbol{x}$。对应于式(1.34)，均方误差为

$$\boxed{\mathrm{MSE} = \int \cdots \int (\boldsymbol{x} - \mathbb{E}\left[\boldsymbol{X}|\boldsymbol{Y} = \boldsymbol{y}\right])^2 f_{\boldsymbol{X}|\boldsymbol{Y}}(\boldsymbol{x}|\boldsymbol{y}) \,\mathrm{d}\boldsymbol{x} = \mathrm{Var}[\boldsymbol{X}|\boldsymbol{Y} = \boldsymbol{y}]} \tag{1.36}$$

下面通过两个例子来把式(1.33)具体化。

例子 1.4　BPSK 信号通过 AWGN 信道

考虑下面的模型：

$$Y = X + N$$

其中信号 $X \in \{-1, +1\}$，在 ± 1 间等概率取值；噪声 $N \sim \mathcal{N}(0, \sigma_N^2)$，而且 X 和 N 相互独立。给定发送符号 $x = \pm 1$，Y 为高斯分布，即：

$$f_{Y|X}(y|x = \pm 1) = \frac{1}{\sqrt{2\pi}\sigma_N} \exp\left(\frac{-(y \mp 1)^2}{2\sigma_N^2}\right)$$

为了计算式(1.33)，需首先计算 $P_{X|Y}(X = i|Y = y), i = \pm 1$：

$$\begin{aligned}
P_{X|Y}(X = i|y) &= \frac{f_{Y|X}(y|X = i)P(X = i)}{f_Y(y)} \\
&= \frac{f_{Y|X}(y|X = i)P(X = i)}{\frac{1}{2}(f_{Y|X}(y|X = -1) + f_{Y|X}(y|X = +1))} \\
&= \frac{f_{Y|X}(y|X = i)}{f_{Y|X}(y|X = -1) + f_{Y|X}(y|X = +1)}, \quad i = \pm 1
\end{aligned}$$

因此有：

$$\begin{aligned}
\widehat{X}_{\mathrm{MMSE}}(y) &= \mathbb{E}\left[X|Y = y\right] \\
&= 1 \cdot P(X = +1|Y = y) + (-1) \cdot P(X = -1|Y = y) \\
&= \frac{\mathrm{e}^{-\frac{(y-1)^2}{2\sigma_N^2}} - \mathrm{e}^{-\frac{(y+1)^2}{2\sigma_N^2}}}{\mathrm{e}^{-\frac{(y-1)^2}{2\sigma_N^2}} + \mathrm{e}^{-\frac{(y+1)^2}{2\sigma_N^2}}} \\
&= \tanh(y/\sigma_N^2)
\end{aligned} \tag{1.37}$$

让我们看看如图1-8所示的 $\widehat{X}_{\mathrm{MMSE}}(y)$ 曲线。我们知道真正的发射数据是 $\{-1, +1\}$，当接收到某一个 $Y = y$ 之后，如何判决发射端到底发射的是哪一个呢？接收端可以根据 y 的正负号来判定 X 的取值，要么 -1，要么 $+1$。相比于这种"爱憎分明"的判决方式（这在通信理论中被称为**"硬"判决**），式(1.37)给出的是一种"更温和"的判决方式——判决输出随着可信度的增大（这里表现为 y 值变大）而增大。在通信理论中这常被称之为**"软"判决**输出。

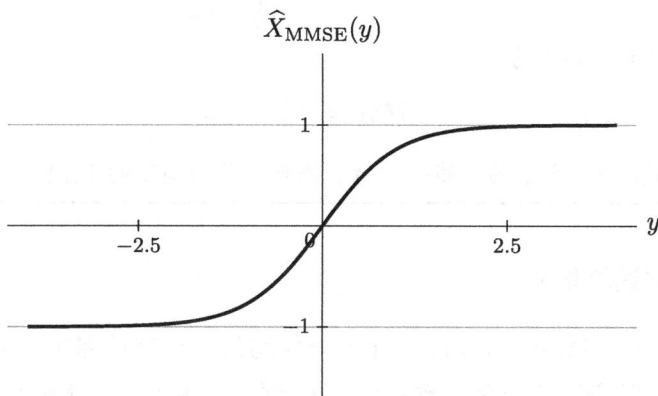

图 1-8　BPSK 在 AWGN 信道下的 MMSE 估计（$\sigma_N^2 = 1$）

软判决输出在实际的通信系统设计中经常被采用。举个例子，在设计具有干扰消除（interference cancellation）功能的接收机时，当人们对干扰符号的具体取值不是十分确定的情形下，通常会选择干扰符号的软判决作为干扰消除的输入。特别的，基于 MMSE 准则的软判决是尤其常见的[2]。

例子 1.5　高斯信号通过 AWGN 信道

考虑下面的模型

$$Y = X + N$$

其中 $X \sim \mathcal{N}(0, \sigma_X^2)$ 为高斯信号，$N \sim \mathcal{N}(0, \sigma_N^2)$，而且 X 和 N 相互独立。通过之前的学习我们知道 $Y \sim \mathcal{N}(0, \sigma_Y^2)$，其中 $\sigma_Y^2 = \sigma_X^2 + \sigma_N^2$，并且我们有：

$$f_{X|Y}(x|y) = \frac{1}{\sqrt{2\pi(1-\rho^2)}\sigma_X} \exp\left(-\frac{\left(x - \rho(\sigma_X/\sigma_Y)y\right)^2}{2\sigma_X^2(1-\rho^2)}\right), \qquad (1.38)$$

其中 $\rho = \mathrm{Cov}[X,Y]/(\sigma_X \sigma_Y) = \sigma_X/\sigma_Y$。上面的式子告诉我们:在 $Y = y$ 的条件下,X 的分布为高斯分布 $\sim \mathcal{N}(\rho(\sigma_X/\sigma_Y)y, \sigma_X^2(1-\rho^2))$。

因此,

$$
\begin{aligned}
\widehat{X}_{\mathrm{MMSE}}(y) &= \mathbb{E}\left[X|Y=y\right] \\
&= \rho(\sigma_X/\sigma_Y)y \\
&= \frac{\sigma_X^2}{\sigma_X^2 + \sigma_N^2}y
\end{aligned}
\tag{1.39}
$$

而对应的均方误差为

$$
\mathrm{MSE} = \sigma_X^2(1-\rho^2)
$$

相比于式(1.37)是 y 的非线性函数,高斯信号模型下的 MMSE 估计是线性的。

线性最小均方误差准则

我们看到:MMSE 估计需要计算条件均值,计算过程不但需要知道条件概率 $f_{X|Y}(x|\boldsymbol{y})$,可能还需要计算多重积分。然而在实际应用中,人们往往为了简单起见而将估计局限在 $Y = y$ 的线性函数上,我们把相应的估计称作线性最小均方误差估计(LMMSE: linear minimum mean square estimate)。不失一般性,让我们把 LMMSE 估计表示为 $\widehat{X}_{\mathrm{LMMSE}}(y) = \omega^* y$,其中 ω^* 表示当 ω 为复数时对 ω 的共轭操作[†]。进一步,对于 LMMSE,优化准则也简化为最小化均方误差:

$$
\mathbb{E}_{X,Y}\left[\left(X - \widehat{X}_{\mathrm{LMMSE}}(Y)\right)^2\right] = \mathbb{E}_{X,Y}\left[(X - \omega^* Y)^2\right]
\tag{1.40}
$$

其中均值是针对于 X, Y 的联合概率密度函数。

从上面的定义式可以看出:LMMSE 的“最优”含义是建立在对所有可能的 X 和 Y 取平均才能实现的。对比式(1.30),MMSE 的最优则适用于任何一个 $Y = y$ 的取值。相应的,在计算过程中 LMMSE 估计只依赖于 X 和 Y 的二阶统计特性,而不像 MMSE 那样依赖于 $f_{X|Y}(x|y)$。

尽管可以按照定义式(1.40)来计算 $\widehat{X}_{\mathrm{LMMSE}}(y)$,但是利用 LMMSE 的正交原理的性质可以更容易地求解 $\widehat{X}_{\mathrm{LMMSE}}(y)$。

[†]通常人们在提到线性估计时,允许 $\widehat{X}_{\mathrm{LMMSE}}(y) = \omega^* y + c$(其中 c 为常数向量)的形式。在本书讨论的无线通信应用中,信号都是零均值的。此时 $c = 0$,因此我们只考虑 $\widehat{X}_{\mathrm{LMMSE}}(y) = \omega^* y$ 的情况。

概念 1.1　正交原理（orthogonality principle）

LMMSE 的估计误差与观测值相互正交，即

$$\mathbb{E}\left[(\widehat{X}_{\mathrm{LMMSE}}(y) - X)Y^*\right] = 0 \tag{1.41}$$

为了节省篇幅，我们省略正交原理的推导[3]。下面通过一个例子来试着更直观的理解为什么正交原理是正确的。如图1-9所示，在接收到 $Y = y$ 并将估计限制于线性估计时，那么估计值 $\widehat{X}$ 只可能在直线 αY 上取值。很显然，当取得最小的误差时，误差必然"垂直"于直线 αY。

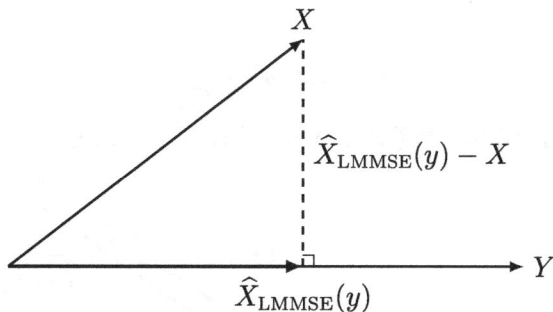

图 1-9　正交原理的图形解释

将上面的单个随机变量的例子加以推广：假设我们感兴趣的 $\boldsymbol{X}$ 通过某关系与 $\boldsymbol{Y}$ 联系，并且有接收向量 $\boldsymbol{Y} = \boldsymbol{y}$，那么，对 $\boldsymbol{X}$ 的 LMMSE 估计 $\widehat{\boldsymbol{X}}_{\mathrm{LMMSE}}(\boldsymbol{y}) = \boldsymbol{W}^{\mathsf{H}}\boldsymbol{y}$ 必然满足：

$$\boxed{\mathbb{E}\left[(\boldsymbol{W}^{\mathsf{H}}\boldsymbol{Y} - \boldsymbol{X})\boldsymbol{Y}^{\mathsf{H}}\right] = 0} \tag{1.42}$$

由式(1.42)出发，可以得到：

$$\boldsymbol{W}^{\mathsf{H}}\mathbb{E}\left[\boldsymbol{Y}\boldsymbol{Y}^{\mathsf{H}}\right] = \mathbb{E}\left[\boldsymbol{X}\boldsymbol{Y}^{\mathsf{H}}\right] \Longleftrightarrow \boldsymbol{W}^{\mathsf{H}} = \boldsymbol{\Sigma}_{\boldsymbol{XY}}\boldsymbol{\Sigma}_{\boldsymbol{YY}}^{-1}$$

$$\boxed{\widehat{\boldsymbol{X}}_{\mathrm{LMMSE}}(\boldsymbol{y}) = \boldsymbol{W}^{\mathsf{H}}\boldsymbol{y} = \boldsymbol{\Sigma}_{\boldsymbol{XY}}\boldsymbol{\Sigma}_{\boldsymbol{YY}}^{-1}\boldsymbol{y}} \tag{1.43}$$

其中 $\boldsymbol{\Sigma}_{\boldsymbol{YY}}$ 为 $\boldsymbol{Y}$ 的协方差矩阵（假设 $\boldsymbol{\Sigma}_{\boldsymbol{YY}}$ 可逆）；$\boldsymbol{\Sigma}_{\boldsymbol{XY}}$ 为 $\boldsymbol{X}$ 和 $\boldsymbol{Y}$ 的互协方差矩阵。

由式(1.40)可以看出：LMMSE 估计只依赖于信号的一阶（在我们的讨论中均值为零）和二阶统计特性。相比于 MMSE（式(1.35)）所需要的条件概率和多重积分，LMMSE 简单了许多。

当只考虑单个 X 和 Y 时，式(1.43)简化为

$$\widehat{X}_{\text{LMMSE}}(y) = \frac{\sigma_{XY}}{\sigma_Y^2} y \tag{1.44}$$

例子 1.6　BPSK 信号通过 AWGN 信道

考虑模型 $Y = X + N$，其中 $X \in \{-1, +1\}$ 为 BPSK 信号，± 1 等概率取值；$N \sim \mathcal{N}(0, \sigma_N^2)$，而且 X 和 N 相互独立。此处我们有 $\sigma_{XY} = \sigma_X^2$、$\sigma_Y^2 = \sigma_X^2 + \sigma_N^2$，因此由式(1.44)得：

$$\widehat{X}_{\text{LMMSE}}(y) = \frac{\sigma_X^2}{\sigma_X^2 + \sigma_N^2} y \tag{1.45}$$

图1-10给出了 BPSK 信号的 MMSE 估计与 LMMSE 估计的图形比较。

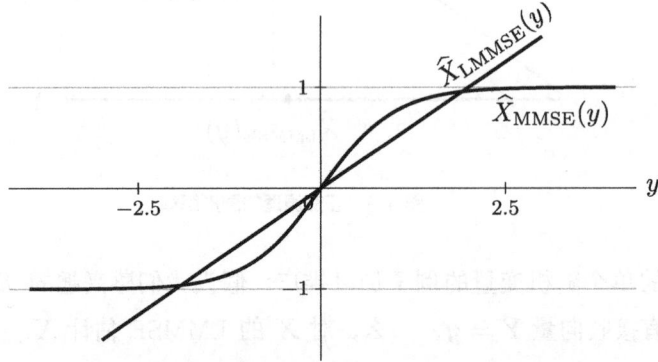

图 1-10　BPSK 在 AWGN 信道下的 MMSE 估计与 LMMSE 估计的比较（$\sigma_N^2 = 1$）

我们看到对于 BPSK 信号而言，LMMSE 与 MMSE 的估计结果是不一样的。那对于高斯信号又会如何呢？

例子 1.7　高斯信号通过 AWGN 信道

考虑下面的模型 $Y = X + N$，其中 $X \sim \mathcal{N}(0, \sigma_X^2)$ 为高斯信号，$N \sim \mathcal{N}(0, \sigma_N^2)$，

而且 X 和 N 相互独立。此处我们有 $\sigma_{XY} = \sigma_X^2$、$\sigma_Y^2 = \sigma_X^2 + \sigma_N^2$，因此由式(1.44)得：

$$\widehat{X}_{\text{LMMSE}}(y) = \frac{\sigma_X^2}{\sigma_X^2 + \sigma_N^2} y \tag{1.46}$$

这里 LMMSE 估计和 MMSE 估计是一样的。事实上，对于联合高斯分布，其条件概率还是高斯分布。而我们知道，高斯分布可以通过其一阶和二阶统计属性所完全描述。因此，高斯信号下的 MMSE 估计等效于 LMMSE 也就不奇怪了。

在无线通信中，最重要的系统模型恐怕莫过于线性模型[†]

$$\boldsymbol{y} = \boldsymbol{H}\boldsymbol{x} + \boldsymbol{n} \tag{1.47}$$

此处 $\boldsymbol{x}$ 为发送符号序列 $(\boldsymbol{\Sigma}_{\boldsymbol{xx}} = \mathbb{E}\left[\boldsymbol{xx}^{\mathsf{H}}\right])$，$\boldsymbol{H}$ 为信道，$\boldsymbol{n}$ 为接收机噪声 $(\boldsymbol{\Sigma}_{\boldsymbol{nn}} = \mathbb{E}\left[\boldsymbol{nn}^{\mathsf{H}}\right])$。如果假设 $\boldsymbol{H}$ 为确定的（即不是随机的），那么根据式(1.43)可得：

$$\boxed{\widehat{\boldsymbol{x}}_{\text{LMMSE}}(\boldsymbol{y}) = \boldsymbol{W}^{\mathsf{H}}\boldsymbol{y} = \boldsymbol{\Sigma}_{\boldsymbol{xx}}\boldsymbol{H}^{\mathsf{H}}\left(\boldsymbol{H}\boldsymbol{\Sigma}_{\boldsymbol{xx}}\boldsymbol{H}^{\mathsf{H}} + \boldsymbol{\Sigma}_{\boldsymbol{nn}}\right)^{-1}\boldsymbol{y}} \tag{1.48}$$

而其对应的估计误差 $\boldsymbol{\epsilon} = \boldsymbol{x} - \widehat{\boldsymbol{x}}$ 的协方差矩阵为（对于 $\boldsymbol{x}$ 中的任意第 k 个元素，其估计误差的方差为误差协方差矩阵的第 k 个对角线元素）：

$$\begin{aligned}
\boldsymbol{\Sigma}_{\boldsymbol{\epsilon\epsilon}} &= \mathbb{E}\left[(\boldsymbol{x} - \widehat{\boldsymbol{x}})(\boldsymbol{x} - \widehat{\boldsymbol{x}})^{\mathsf{H}}\right] \\
&= \mathbb{E}\left[(\boldsymbol{x} - \widehat{\boldsymbol{x}})\boldsymbol{x}^{\mathsf{H}}\right] - \mathbb{E}\left[(\boldsymbol{x} - \widehat{\boldsymbol{x}})\boldsymbol{y}^{\mathsf{H}}\boldsymbol{W}^{\mathsf{H}}\right] \\
&= \boldsymbol{\Sigma}_{\boldsymbol{xx}} - \boldsymbol{W}^{\mathsf{H}}\boldsymbol{H}\boldsymbol{\Sigma}_{\boldsymbol{xx}}
\end{aligned} \tag{1.49}$$

其中我们在最后一步中用到正交定理 $\mathbb{E}\left[(\boldsymbol{x} - \widehat{\boldsymbol{x}})\boldsymbol{y}^{\mathsf{H}}\right] = 0$。

在实际工程应用中，人们可能会更倾向于 LMMSE 的另外一种等效形式[4][‡]：

$$\boxed{\widehat{\boldsymbol{x}}_{\text{LMMSE}}(\boldsymbol{y}) = \left(\boldsymbol{H}^{\mathsf{H}}\boldsymbol{\Sigma}_{\boldsymbol{nn}}^{-1}\boldsymbol{H} + \boldsymbol{\Sigma}_{\boldsymbol{xx}}^{-1}\right)^{-1}\boldsymbol{H}^{\mathsf{H}}\boldsymbol{\Sigma}_{\boldsymbol{nn}}^{-1}\boldsymbol{y}} \tag{1.50}$$

$$\boldsymbol{\Sigma}_{\boldsymbol{\epsilon\epsilon}} = \left(\boldsymbol{H}^{\mathsf{H}}\boldsymbol{\Sigma}_{\boldsymbol{nn}}^{-1}\boldsymbol{H} + \boldsymbol{\Sigma}_{\boldsymbol{xx}}^{-1}\right)^{-1} \tag{1.51}$$

[†]在本章的叙述中，我们在符号的表示方法上使用了随机变量、随机过程理论的惯用标记。例如在研究随机变量时，我们会用大写 X 来表示随机变量；用小写 x 表示 X 的某一个具体的取值。但是，在通信理论的研究中，我们总是会看到类似 $\boldsymbol{y} = \boldsymbol{H}\boldsymbol{x} + \boldsymbol{n}$ 的公式来表示离散通信系统的输入／输出模型。也就是说我们不再严格区分 X 和 x 了。尽管如此，通信的本质是不确定的（随机的），因此上面的 $\boldsymbol{x}, \boldsymbol{n}, \boldsymbol{y}$ 还是随机变量，只不过我们在概率论的具体应用过程中入乡随俗地采用通信理论的符号标记。

[‡]上面两种 LMMSE 之间的等效性可以通过矩阵等式证明（此处忽略）。

概念 1.2 LMMSE 的两种等效表达形式 (1.48) 与式 (1.50)

假设 H 的维数为 $M \times N$。在无线通信应用中通常接触到的系统矩阵 H 都是"高瘦"形状的，即 $M \geqslant N$，如图1-11所示。

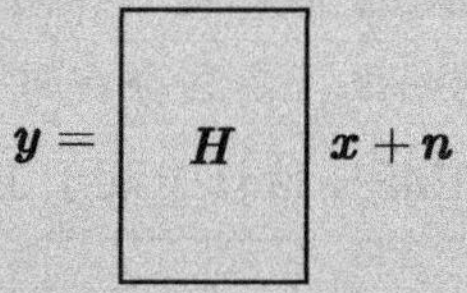

$$y = \boxed{\quad H \quad} x + n$$

图 1-11 无线通信应用中我们通常接触到的系统矩阵 H 都是"高瘦"形状的

式(1.48)与式(1.50)中分别需要做 $M \times M$ 和 $N \times N$ 的矩阵求逆。因此，尽管两者从数学／性能上是等效的，但从算法复杂度的角度看，式(1.50)更简单。举例来说，在 TD-SCDMA 系统中基于 LMMSE 准则的联合检测算法中，人们就采用了式(1.50)的形式以降低计算复杂度[5]。

LMMSE 在无线通信系统的设计中非常的"流行"，因此读者会发现我们将在后面的章节中多次引用本节内容。

1.1.2.8 中心极限定理

假设 n 个随机变量 $X_1, X_2, \cdots, X_n$ 相互独立、且具有相同的概率分布，并假设均值 μ 和方差 σ^2 都是有限值，那么不难看出，这些随机变量的平均值

$$S_n = \frac{X_1 + \cdots + X_n}{n}$$

也是一个随机变量。概率论中的中心极限定理告诉我们：

$$\boxed{\sqrt{n}\,(S_n - \mu) \sim \mathcal{N}(0, \sigma^2)} \tag{1.52}$$

也就是说，无论 X_i 的分布如何，多个这样的相互独立的 $\{X_i\}$ 的和将呈现出高斯分布的形式。下面通过一个例子来定性的理解中心极限定理。如图1-12所示，尽管原始的分布为均匀分布，随着 n 的增大，S_n 的分布趋近于高斯分布的形状。

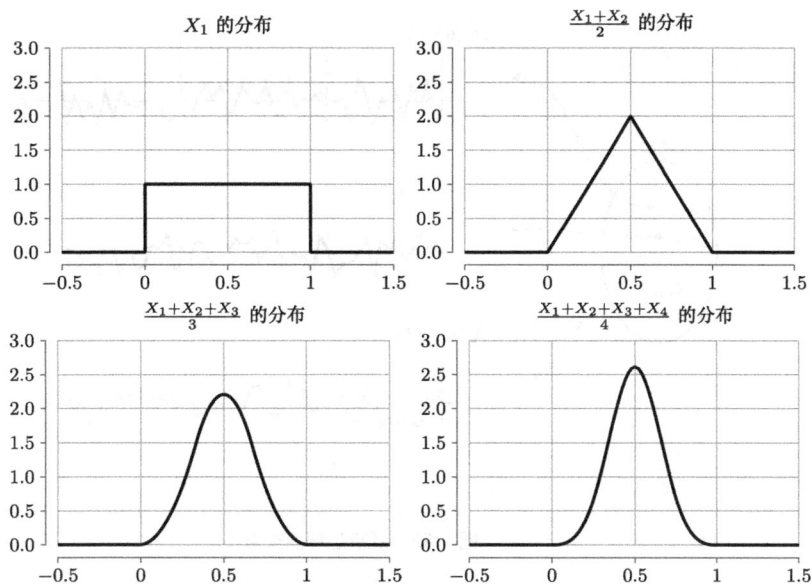

X_1 的分布

$\frac{X_1+X_2}{2}$ 的分布

$\frac{X_1+X_2+X_3}{3}$ 的分布

$\frac{X_1+X_2+X_3+X_4}{4}$ 的分布

图 1-12　中心极限定理的图形解释

1.2　随机过程

在第1.1.2节中我们说随机变量可以看作是采样空间中每一个采样点（$\omega \in \Omega$）到实数轴的映射，即 $\omega \mapsto X(\omega)$。随机过程可以看作是对随机变量的一个推广。具体说在随机过程中，每一个采样点 $\omega \in \Omega$ 将被映射到一个时间域的波形，即 $\omega \mapsto X(\omega, t)$，如图1-13所示。

读者可能会有这样的疑惑：为什么要引入时间轴（或为什么要学习随机过程呢）？如图1-14所示：尽管信息的本质是离散的，但是在空中接口（或其他传输媒质）中传送的却是连续时间信号。如图1-14所示：在发送端，数据流在经过一系列操作之后通过数 / 模转换器（DAC: digital-to-analog converter）得到一个时间波形 $X(\omega, t)$ 并发往接收端。通信的过程往往受到各种干扰，比方说接收端会带来噪声 $N(\omega, t)$。因此接收端收到的信号可以表示为 $Y(\omega, t) = X(\omega, t) + N(\omega, t)$[†,‡]。

[†]在这个模型里，ω 可以理解为某一次通信。对于任一个 ω，我们定义了三个时间函数 $Y(\omega, t), X(\omega, t), N(\omega, t)$。

[‡]因为这个等式对任何的 ω 都成立，人们往往使用简化版本 $Y(t) = X(t) + N(t)$。

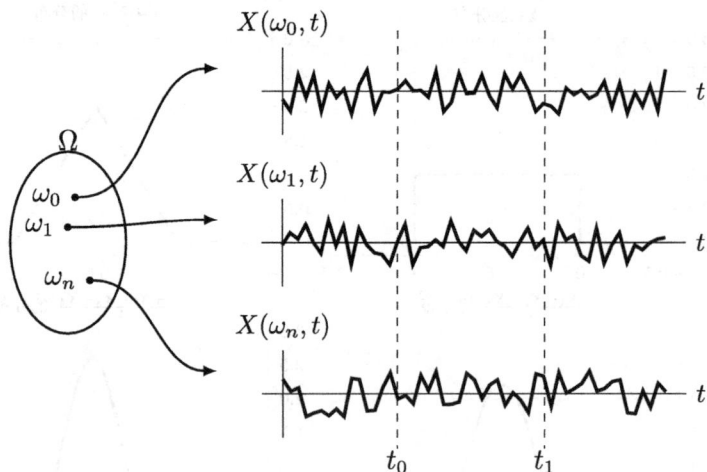

图 1-13　随机过程的概念

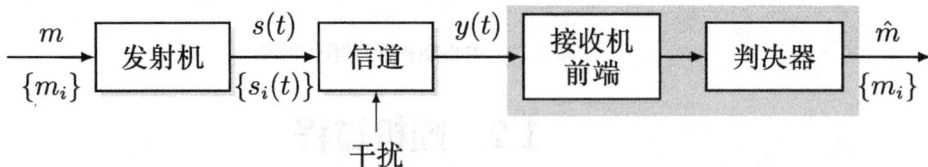

图 1-14　通信系统与随机过程

　　接收机的目的就是在接收信号的基础上，尽可能地正确判断发送端信源所产生的数据。在这个过程中，为了保证接收机的设计是"最优的"，我们必须考虑如何对 $Y(\omega, t)$ 进行处理以达到"最佳判决"的目地。换句话说：需要对 $Y(\omega, t)$ 进行操作，并且操作过程不能对信息的判决产生不可恢复的影响。由此可见，在通信中，我们需要处理连续时间信号；由于信号具有随机特点，我们需要对付的是随机过程。

　　现在让我们回到数学定义上看看如何来描述一个随机过程。首先从随机过程的定义我们知道，如果给定一个观测时间点 $t = t_0$，则得到一个随机变量（每一个 $X(\omega_i, t_0), i = 0, 1, \cdots$ 都是该随机变量的一个实现），并且这个随机变量的属性有可能随 t_0 的不同而不同。数学上我们可以用 $F_{X_0}(x_0; t_0)$ 来突出 X_0 的分布函数是依赖于 t_0 的取值的。在理解了给定 t_0 下随机过程的性质（退化为一个随机变量）之后，现在的问题是如何从一个时间上的采样点扩展到整个时间轴。为了完整地描述一个随机过程

$X(t)$，必须能给出有限个（$n < \infty$）任意采样时间集合 $(t_1, t_2, \cdots, t_n)$ 的联合分布函数 $F_{X_1, X_2, \cdots, X_n}(x_1, x_2, \cdots, x_n; t_1, t_2, \cdots, t_n)$ 方可。这看似是一个无解的定义（比如对 $(t_1, t_2, \cdots, t_n)$ 的依赖性带来了无穷多的可能），幸运的是：对于通信理论而言，我们可以只关心一类相对简单的随机过程——广义平稳的随机过程（wide-sense stationary random process）。

1.2.1 广义平稳随机过程

如果 $X(t)$ 的均值和自相关函数不依赖于 t，我们称之为广义平稳（WSS: wide-sense stationary）的随机过程。也就是说，对任意的 t 和 τ 取值，广义平稳随机过程都将满足：

$$\mathbb{E}\left[X(t)\right] = \int x f_X(x; t)\, \mathrm{d}x = m_X \tag{1.53}$$

$$\mathbb{E}\left[X(t)X(t+\tau)\right] = \iint x_0 x_1 f_{X_0, X_1}(x_0, x_1; t, t+\tau)\, \mathrm{d}x_0\, \mathrm{d}x_1 = R_X(\tau) \tag{1.54}$$

例子 1.8 二进制随机波形

如图1-15所示：假设信源以 T 时间间隔产生一输出。假设这个输出是一随机变量，等概率地产生 A 或 $-A$ 中的某一个，并且假设信源在不同时刻的输出是相互独立的。在发送端，数据流经过了成形滤波器变成时间波形。假设成形滤波器是方波，并假设滤波器有一个随机时延 $\tau \sim \mathcal{U}(0, T)$。

在这些假设下，我们可以把滤波器的输出表示为

$$X(t) = \sum_{-\infty}^{+\infty} X_n \operatorname{rect}\left(\frac{t - nT - \tau}{T}\right) \tag{1.55}$$

其中 $\operatorname{rect}(t)$ 在 $0 \leqslant t \leqslant T$ 间取值为 1，其他为 0。

对于这个模型，经过计算有（在此省去推导过程）：

$$\mathbb{E}\left[X(t)\right] = 0$$

$$\mathbb{E}\left[X(t)X(t+\tau)\right] = \begin{cases} A^2 \left(1 - \frac{|\tau|}{T}\right) & \text{当 } |\tau| < T, \\ 0 & \text{其他.} \end{cases}$$

可见，二进制随机波形的均值和自相关函数都和 t 无关，且自相关函数只是 τ 的函数。因此，二进制随机波形是广义平稳的随机过程。

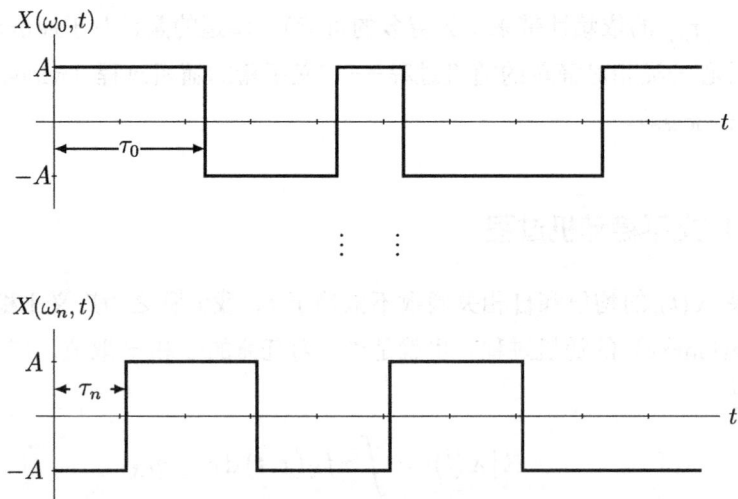

图 1-15 二进制随机波形

1.2.2 功率谱密度

在无线通信中，除了信号的时域特性之外，人们还会尤其关心信号在频域的特性。比方说，人们可能会说"这是一个 $20\,\mathrm{MHz}$ 的 LTE 系统。"这里的 $20\,\mathrm{MHz}$ 指的就是信号在频域上的带宽。

从《信号与系统》的学习中我们知道：对于一个确定的时域信号 $x(t)$，它的傅立叶变换 $X(f) = \mathcal{F}\{x(t)\} = \int_{-\infty}^{+\infty} x(t)\mathrm{e}^{-\mathrm{i}2\pi ft}\,\mathrm{d}t$ 就可以来描述 $x(t)$ 在频域的特性[†]。对于一个随机波形 $x(\omega, t)$ 来说，会遇到下面两个问题：（1）对通信信号而言，往往 $x^2(\omega, t)$ 有可能不可积，因此它的傅立叶变换不存在；（2）即使傅立叶变换存在，由于 $x(\omega, t)$ 是随机的，其傅立叶变换也是随机的。为了解决这个问题，为了描述随机信号在频率上的能量分布，人们对随机过程给出了功率谱密度（PSD: power spectral

---

[†]这里暂且假设它的傅立叶变换是存在的。

density）的定义。数学上其定义为 $S_X(f) = \lim_{T \to \infty} \frac{1}{T} \mathbb{E}\left[|X_T(f)|^2\right]^\dagger$，不难看出在这个定义中通过取极限和取均值解决了上面提到的问题。对这个数学定义加以推导（此处略）可得：

$$S_X(f) = \lim_{T \to \infty} \frac{1}{T} \mathbb{E}\left[|X_T(f)|^2\right] = \int_{-\infty}^{+\infty} R_X(\tau) e^{-i2\pi f\tau} \, d\tau \tag{1.56}$$

从式(1.56)可以得到下面的关系式：

$$R_X(0) = \mathbb{E}\left[X^2(t)\right] = \int_{-\infty}^{\infty} S_X(f) \, df$$

假设 $X(t)$ 的单位是电压（伏特），当作用在单位电阻上时，$\mathbb{E}\left[X^2(t)\right]$ 的单位为功率。由上式可以看出，可以由 $S_X(f)$ 在 f 上的积分得到功率，因此 $S_X(f)$ 可以理解为功率谱密度。我们还可以这样理解功率谱密度的物理意义：给定两个频率 $f_1 < f_2$，信号 $x(t)$ 的总功率在 f_1 和 f_2 之间的部分可以表示为 $\int_{f_1}^{f_2} S_X(f) \, df$。

以例子1.8中的二进制随机波形为例，它的的功率谱密度如图1-16所示。

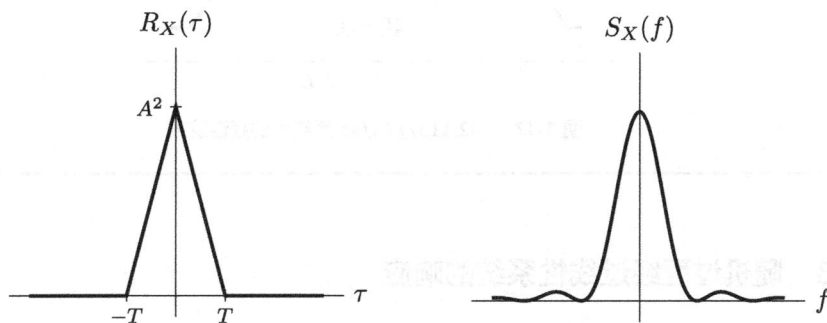

图 1-16　二进制随机波形的功率谱密度

例子 1.9　802.11a/g/n/ac 系统中的频谱遮罩

从数学角度我们可以通过类似上面的计算来计算信号在频率上的分布，然而从实际应用的角度来说真正的信号频谱不但取决于基带的成型滤波器的选择（见第 4 章的讨论），更依赖于射频器件的实现过程（尤其是实现过程当中的非理想性对不同频率信

$\dagger$这里 $X_T(f)$ 为信号 $x(\omega,t)$ 在区间 $(-T/2, T/2)$ 上的傅立叶变换：$X_T(f) = \mathcal{F}\{x_T(t)\} = \int_{-\frac{T}{2}}^{+\frac{T}{2}} x(t) e^{-i2\pi ft} \, dt$。

号的影响）。无线频率是一种共享资源，不同系统可能占用不同的频段，相互之间也可能带来干扰，因此我们有必要"规范"空口信号在频率上的能量分布，实际应用中标准规范会通过定义频谱遮罩（spectral mask）来达到这个目的。频谱遮罩实际上定义了系统在载频附近各处所必须满足的发射功率的限制，决定了系统对临界系统的干扰（adjacent channel interference）。

以 Wi-Fi 系统为例，图1-17给出了 802.11a/g/n/ac 系统中所定义的频谱遮罩（图中的 A, B, C, D 的具体取值取决于系统的带宽，比如当系统带宽是 20 MHz 时，$A = 9, B = 11, C = 20, D = 30\text{MHz}$）。

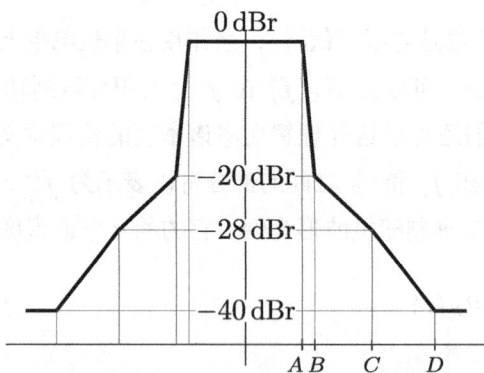

图 1-17   802.11a/g/n/ac 系统中的频谱遮罩

1.2.3   随机过程经过线性系统的响应

我们在《信号与系统》中学习过线性时不变系统[†]可以用冲击响应函数 $h(t)$ 来描述，并且其傅立叶变换 $H(f) = \mathcal{F}\{h(t)\}$ 被定义为频率响应函数。如果线性时不变系统的输入为 $x(t)$，则输出为 $x(t)$ 和 $h(t)$ 的卷积：

$$y(t) = \int_{-\infty}^{+\infty} x(t-\tau)h(\tau)\,\mathrm{d}\tau \tag{1.57}$$

[†]让我们复习一下线性系统和时不变系统的定义。让我们用 $T[\cdot]$ 来表示系统传递函数。当输入信号为 $x_1(t)$ 时，输出为 $y_1(t) = T[x_1(t)]$；当输入为 $x_2(t)$ 时，输出表示为 $y_2(t) = T[x_2(t)]$。如果 $T[ax_1(t) + bx_2(t)] = ay_1(t) + by_2(t)$ 对任何的 a、b 和任何的 $x_1(t)$、$x_2(t)$ 都成立，那么我们说 $T[\cdot]$ 是线性系统。如果是 $y(t - \tau) = T[x(t - \tau)]$ 对任何的 $x(t)$ 和任何 τ 都成立，那我们称 $T[\cdot]$ 是时不;变系统。

对应的频率表达式为：

$$Y(f) = X(f)H(f)$$

下面我们把关于线性时不变系统的讨论推广到随机过程。如图1-18所示：如果线性时不变系统的输入是随机过程 $X(\omega, t)$，那么其输出 $Y(\omega, t)$ 也为随机过程。我们已经知道怎么计算输入 $X(\omega, t)$ 的统计特性，这里我们关心的是其输出信号 $Y(\omega, t)$ 的统计特性，比如均值、自相关函数和功率谱密度。特别的，我们的讨论假设输入为广义平稳的随机过程。

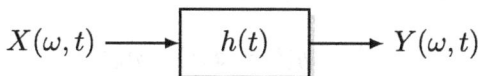

$$X(\omega, t) \longrightarrow \boxed{h(t)} \longrightarrow Y(\omega, t)$$

图 1-18 广义平稳随机过程通过线性系统的响应

首先看看均值：

$$
\begin{aligned}
\mathbb{E}\left[Y(\omega, t)\right] &= \mathbb{E}\left[\int_{-\infty}^{+\infty} X(\omega, t - \tau)h(\tau)\, d\tau\right] \\
&= \int_{-\infty}^{+\infty} \mathbb{E}\left[X(\omega, t - \tau)\right] h(\tau)\, d\tau \\
&= m_X H(0)
\end{aligned}
\tag{1.58}
$$

其中式(1.58)用到了输入为广义平稳的随机过程的假设（见式(1.53)）。

自相关函数 $R_Y(t, t + \tau)$ 为（在此省略其推导过程）：

$$R_Y(t, t + \tau) = R_X(\tau) \star h(\tau) \star h(-\tau) = R_Y(\tau) \tag{1.59}$$

与 t 也无关。因此，当输入 $X(\omega, t)$ 为广义平稳随机过程时，输出 $Y(\omega, t)$ 也是输入为广义平稳的随机过程。

最后看看功率谱密度。由式(1.56)：

$$S_Y(f) = \mathcal{F}\{R_Y(\tau)\} = S_X(f)H(f)H^*(f) = S_X(f)|H(f)|^2 \tag{1.60}$$

式(1.60)告诉我们：滤波器会改变输入信号的功率谱密度。因此，在通信系统中，我们会经常看到通过设计 $H(f)$ 来对信号或噪声进行操作的例子（比如信道均衡滤波器、白化滤波器、防混叠（anti-alising）低通滤波器等等都可理解为式(1.60)的应用）。另外，有时候需要产生服从某 $S_Y(f)$ 的随机过程（比如产生服从某多普勒频谱的衰落信道），从式(1.60)知道，可以通过设计 $S_X(f)$ 和 $H(f)$ 来达到目的（我们将在下一章讨论如何用计算机仿真衰落信道）。

到目前为止，我们介绍了随机变量、随机过程以及平稳随机过程通过线性系统后的响应。终于，现在应该有了足够的准备来讨论一个很有意思（同时也是通信理论中一个非常重要的）概念——加性白高斯噪声（AWGN: additive white Gaussian noise）。

加性高斯白噪声的概念

在通信系统中的设计／分析中，我们经常看到这样的模型：

$$y(t) = x(t) + n_w(t) \tag{1.61}$$

其中 $x(t)$ 用于表示发射信号、$y(t)$ 用于表示接收信号，而 $n_w(t)$ 则用于表示叠加在有用信号上的高斯白噪声（$n_w(t)$ 的下标中的 w 是英文 white 的缩写，表示该噪声的功率在频率轴上均匀分布）。

为了理解加性高斯白噪声的概念，让我们从高斯随机过程的数学描述开始。如果 $X(t)$ 的均值为 0、自相关函数为 $R_X(\tau) = (N_0/2)\delta(\tau)$、且任意时间点上（可以多个）对应的随机变量为（联合）高斯分布（见式(1.15)），那我们称 $X(t)$ 为高斯随机过程。因为自相关函数为冲击函数，不同采样时刻对应的随机变量不相关。又因为它们是高斯随机变量，因此它们实际上是独立的。由定义不难看出式(1.61)中的 $n_w(t)$ 就是一高斯随机过程。

可能已经有读者发现了用高斯随机过程来描述接收机噪声的一个"实际"问题：根据定义高斯随机过程的功率 $\mathbb{E}[X^2(t)] = \int_{-\infty}^{\infty} S_X(f)\,\mathrm{d}f$ 等于 ∞。现实中的噪声是不可能具有无限大的功率的，因此读者可能会有下面这样两个疑问：

1. 现实条件下的噪声分布是什么样的呢？
2. 为什么人们会广泛采用高斯白噪声这个模型呢？

(1) 噪声模型

任何电子器件在温度不等于零时由于电子随机运动都会产生噪声，通常被称作热噪声。依据中心极限定理，热噪声的概率分布被认定服从高斯分布，这不难理解。针对热噪声的功率谱密度，贝尔实验室的科学家 H. Nyquist 给出这样的结论：在温度为

T 时，热噪声 $n(t)$ 的可用功率谱密度（单位：W/Hz）可以表示为[†]：

$$S_N(f) = \frac{hf}{\mathrm{e}^{hf/kT} - 1}, \quad f > 0 \tag{1.62}$$

其中：

- T 为温度，单位为 Kelvin。Kelvin = 摄氏温度 $+ 273$；
- f 为频率；
- k 为 Boltzmann 常数（$\approx 1.38 \times 10^{-23}$ J/Kelvin）；
- h 为 Planck 常数（$\approx 6.63 \times 10^{-34}$J·s）。

可以把式(1.62)图形化：考虑室温条件（$T = 290°\mathrm{K}$），得到图1-19。为了便于比较，我们在图中用阴影区域表示出 4G LTE 系统的工作区域。从图中不难看出：在当今主流的无线系统的工作频带范围内，噪声的频谱几乎是恒定的，等于常数 $S_N(f) \approx kT$（读者若将 $\mathrm{e}^{h|f|/kT} \approx 1 + h|f|/kT$ 代入到(1.62)中的分母中就可以很轻易地得到这个结果）。事实上，在 $|f| < 6000$ GHz 这个区域内，都可以认为噪声的功率谱密度是平坦的。

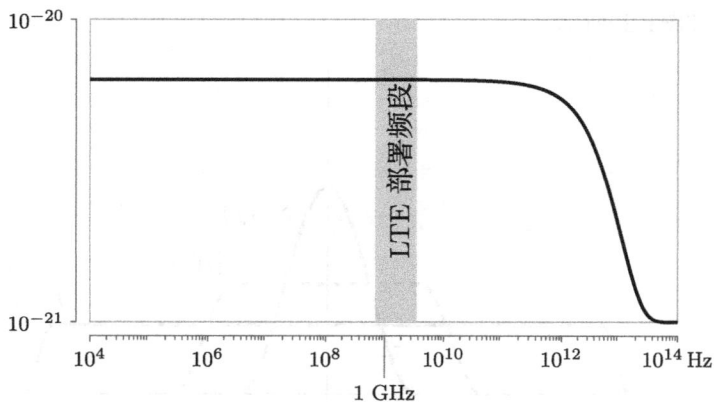

图 1-19　现实中的噪声功率谱密度

[†] "可用"的功率谱密度指的是当我们把产生噪声的器件当作噪声源，当外部电路的阻抗与之匹配时，外部电路所看到的功率谱密度。

(2) 数学符号之 N_0

在通信理论中，人们习惯用符号标记 $S_N(f) = \frac{N_0}{2}, -\infty < f < +\infty$ 来表示接收机所看到噪声的**双边功率谱密度**。我们将在后面的章节中讲到，在通信领域，人们习惯把信号的带宽"约定为"信号频谱在正频率方向上的宽度。因此，在这样的定义下，人们也相应地把 N_0 称之为接收机噪声的**单边带噪声功率谱密度**。结合式(1.62)不难看出：$N_0 = kT$，在室温下为 4.0×10^{-21}。

(3) 白噪声

回到第二个问题上。在所有的接收机的设计中，如图1-14所示，在接收机的前端（其英文术语被称之为 front-end），总会有一个滤波器。这个滤波器的作用是在保证有用信号可以无损地通过滤波器的前提下，滤除其他频率上的噪声和干扰。从式(1.60)知道：尽管输入的高斯噪声的功率谱延伸到正负无穷，但由于滤波器的作用，其输出噪声的功率总是有限的。因此，噪声具有平坦功率谱密度这个"看似大胆"的假设大大简化了数学推导，也不影响到我们对接收机的设计。从数学上说，低通滤波一个 $S_N(f) = N_0/2, |f| < 6000 \text{ GHz}$ 的噪声和滤波一个 $S_N(f) = N_0/2, |f| < \infty$ 的噪声是一样的，如图1-20所示。

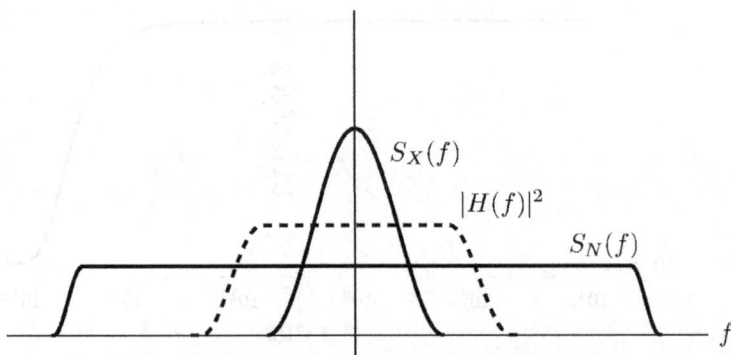

图 1-20　把输入噪声建模为白高斯噪声不会影响分析结果，却会大大简化分析过程

既然提到了接收机的低通滤波器，就来看看其输出噪声的统计特性。为方便起见，

如图1-21所示，假设低通滤波器是理想的：

$$H(f) = \begin{cases} 1 & 当 \ |f| \leqslant W, \\ 0 & 其他 \end{cases}$$

当输入噪声为白噪声 $S_{N_w}(f) = N_0/2$ 时，从式(1.60)可知滤波器的输出噪声的功率谱密度为：

$$S_N(f) = \begin{cases} N_0/2 & 当 \ |f| \leqslant W, \\ 0 & 其他 \end{cases}$$

其对应的自相关函数为：

$$R_N(\tau) = \mathcal{F}^{-1}\{S_N(f)\} = N_0 W \frac{\sin(2\pi W \tau)}{2\pi W \tau} \tag{1.63}$$

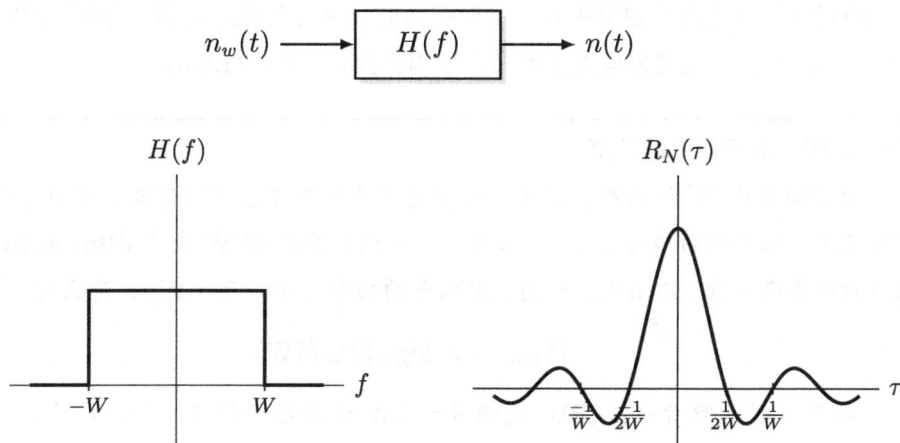

图 1-21 接收机噪声的自相关函数

如果我们在接收机对数据的操作是在采样点 $t = \pm k/2W, k = 1, 2, \cdots$ 上进行的，那么这些采样点上的噪声的相关函数为 0。因为噪声是服从高斯分布的，因此这些不同采样点上的噪声是相互独立的，并具有零均值，方差为 $N_0 W$。相信对数字通信理论有一定了解的读者对这个离散模型下的噪声并不陌生。

因为加性白高斯噪声（随机过程）的概念是如此的重要（也相当容易引起误解），

下面对它做一个简单的总结：

- 何为"加性"？

  噪声和信号的关系是相加的，即 $Y(t) = X(t) + N(t)$。这有别于有用信号通过滤波器（见式(1.57)）所进行的卷积操作。

- 何为"白"？

  噪声的功率谱密度在 $(-\infty, +\infty)$ 间是均匀分布的。对应到时域，任何两个采样点上的噪声都是不相关的。

- 何为"高斯"？

  任何采样点上的噪声分布都是高斯分布。从不相关可知，不同采样点上（无论采样间隔）的噪声是相互独立的。

- 何为"噪声"？

  顾名思义，噪声就是噪声了。

最后还请读者区分白高斯噪声（随机过程）和经过低通滤波、采样后的噪声分布的区别（比如只在某些采样点上的噪声才相互独立，见式(1.63)）。

例子 1.10　噪声功率的计算

对于带宽为 W 的系统，根据上面单边噪声功率谱密度的定义，不难得到在信号带宽范围内噪声的功率为 $N_0 W$。工程上，人们习惯用 dBW 或者 dBm 来描述信号和噪声的功率绝对值。以 dBW 为例，若信号的功率为 P_W 瓦（W），那么有

$$P_{\mathrm{dBW}} = 10 \log_{10}(P_{\mathrm{W}}/1\mathrm{W})$$

从定义式不难看出，dBW 是相对于 1W 作为参考值定义的，$1\,\mathrm{W} = 0\,\mathrm{dBW}$。dBm 的定义形式与 dBW 类似，只不过参考单位从瓦（W）换成了毫瓦（mW），即：

$$P_{\mathrm{dBm}} = 10 \log_{10}(P_{\mathrm{mW}}/1\mathrm{mW})$$

比较两个定义式，不难看出 $P_{\mathrm{dBm}} = P_{\mathrm{dBW}} + 30$。

若以 dBm 为单位来计算噪声功率，那么带宽为 W 的系统所看到的噪声功率为：

$$10 \log_{10}(N_0 W \cdot 1000) = 10 \log_{10}(N_0 \cdot 1000) + 10 \log_{10}(W)$$
$$= -174\,\mathrm{dBm} + 10 \log_{10}(W)$$

带宽	噪声功率	注释
1 Hz	−174 dBm	
200 kHz	−121 dBm	GSM 系统
3.84 MHz	−108 dBm	UMTS 系统
15 kHz	−132.24 dBm	一个 LTE 载波
180 kHz	−121.45 dBm	一个 LTE 资源块

上面的表格中，我们列举了一些比较典型的移动通信系统的噪声功率。

1.3 本章小结

本章主要为后续章节提供参考。我们在这里简要地复习了概率论与随机过程，以及它们在通信理论研究中的应用。由于篇幅所限，不得不省略掉很多重要的概念，例如离散随机过程等。请读者参考《概率论与随机过程》方面的专著以更全面地学习概率论与随机过程。

本章重要概念

概率论和随机过程的应用将贯穿本书。在后续章节中，会不断用到它们。

- **条件概率在通信理论中的重要性**

   在本书中，下面条件概率的公式可能会是出现频率最高的公式：

$$P(A_j|B) = \frac{P(A_jB)}{P(B)} = \frac{P(B|A_j)\,P(A_j)}{\sum_{\text{所有}\,i} P(B|A_i)\,P(A_i)}$$

   在通信理论中，人们称 $P(A_i)$ 为先验概率，称 $P(A_j|B)$ 为后验概率。我们将会在第 3 章看到：在所有的检测算法当中，最大后验概率准则算法将得到最小的误码率。正因为如此，条件概率将成为通信理论研究中最重要的工具之一。

- **条件均值与 MMSE**

   最小均方误差估计（MMSE: minimum mean square error）是检测与估计理

论中最重要的概念之一。在接收到信号 $Y = y$ 时，对 x 的最小均方误差估计就是 $\mathbb{E}[X|Y = y]$。

实际应用中，MMSE 可能不易计算。因此，在无线通信中，我们会经常看到线性 MMSE 估计。对于通信中广为适用的线性模型

$$y = Hx + n$$

x 的 LMMSE 估计为：

$$\widehat{x}_{\mathrm{LMMSE}}(y) = W^{\mathsf{H}}y = \Sigma_{xx}H^{\mathsf{H}}(H\Sigma_{xx}H^{\mathsf{H}} + \Sigma_{nn})^{-1}y$$

而其对应的估计误差 $\epsilon = X - \widehat{X}$ 的协方差矩阵为：

$$\Sigma_{\epsilon\epsilon} = \Sigma_{xx} - W^{\mathsf{H}}H\Sigma_{xx}$$

● 白高斯噪声

白高斯噪声是对接收机热噪声的一个近似。这个近似大大方便了数学推导。但是对于实际系统来说，接收端都会经过滤波和采样的操作，因此我们还是要分析采样后的噪声分布。

2 无线信道

无线通信中通信的目的是在发送机和接收机之间进行信息的传输；而传输过程所经过的媒质是无线信道。就好比一个汽车设计者在设计汽车时必须考虑路况条件一样，在无线通信系统的设计中，我们有必要首先对我们的工作环境（即无线信道）的特点有所掌握，以便确保系统设计是"因地制宜"的。

无线信道所能承载的信号传输范围很大，如表2-1所示，根据应用场合的不同，我们所工作的无线频率从几百 Hz 到几百 GHz。当前主流的移动通信系统工作在几百 MHz 到几个 GHz 之间。以 FDD 方式的 LTE 系统为例，表2-2给出了全球范围对 LTE 频段的划分。以频段 13 为例，上行链路的工作频率在 777 ～ 787 MHz 之间，而下行链路的工作频率在 746 ～ 756 MHz 之间[†]。以下行链路为例，可以从频率范围中得到

表 2-1　无线频率范围及其应用

频率范围	应用举例
300 Hz ～ 30 kHz	水下通信
30 ～ 300 kHz	无线广播
300 ～ 3000 kHz	AM 广播
3 ～ 30 MHz	大区域广播、业余爱好者无线电通信等
30 ～ 300 MHz	电视广播、FM 广播等
300 ～ 3000 MHz	GPS、卫星电视、移动通信、Wi-Fi 等
3 ～ 30 GHz	移动通信、Wi-Fi、卫星通信等
30 ～ 300 GHz	短距离通信、高清晰卫星电视广播等

[†]在移动通信中，人们把从基站到移动终端之间的通信俗称为下行链路；相反的（从移动终端到基站）称为上行链路。

39

表 2-2　LTE FDD 的频段分配[6]

频段	上行频率范围（MHz）	下行频率范围（MHz）	双工方式
1	$1920 \sim 1980$	$2110 \sim 2170$	FDD
2	$1850 \sim 1910$	$1930 \sim 1990$	FDD
3	$1710 \sim 1785$	$1805 \sim 1880$	FDD
4	$1710 \sim 1755$	$2110 \sim 2155$	FDD
⋮	⋮	⋮	
13	$777 \sim 787$	$746 \sim 756$	FDD
⋮	⋮	⋮	
31	$452.5 \sim 457.5$	$462.5 \sim 467.5$	FDD

下面两个信息：

- 带宽 W：下行链路最多可以占据 $W = 756 - 746 = 10\,\mathrm{MHz}$ 带宽。
- 载频 f_c：下行链路的中心工作频率 $f_c = 761\,\mathrm{MHz}$。

我们在对无线信道的学习过程中，**载频 f_c 和系统带宽 W 是两个要首先了解的重要参数**。

通过本章余下的篇幅的叙述读者将会看到无线传播信道是一个非常复杂的环境，远不止了解 f_c 和 W 两个参数这么简单。理论上，如果我们知道发送端和接收端的传播媒介的特性（比如发送端和接收端的建筑的尺寸、方向和材料属性等），可以通过电磁场理论来定量地分析无线电波在传输过程中的散射、折射和反射，从而计算出接收端的接收信号。尽管有商用软件可以完成这种功能，但系统设计者却很难从这个费时费力的过程中得到一般性的指导意义。换句话说，从系统设计者的角度出发我们更倾向于从物理信道中"提炼"出一些具有代表性的统计特性。事实上在当今的无线系统的设计和标准化过程中，人们往往在深刻理解信道的统计变化特定基础上更进一步，"标准化"一些信道模型作为系统性能评估的基础。在下面的篇幅中，我们就将讨论这些通信模型和标准化模型。在这个过程中我们的目标就是帮助读者**理解系统参数**（例如载频 f_c、系统带宽 W、移动终端的速度 v 等）**和无线传播环境**（例如传输时延扩展、角度扩展等）**是如何共同作用以影响通信系统的设计的。**

2.1 无线传播环境概述

在众多影响到通信性能的因素中，接收功率的大小在某种程度上直接决定了通信成败与否。比如说，如果接收信号的强度很低，那么就无法通信，用通俗的说法就是没有网络覆盖了。如图2-1所示，我们给出了一个无线信号经传播后所经历的信号强度损耗与发射机和接收机之间的距离 d 的关系。

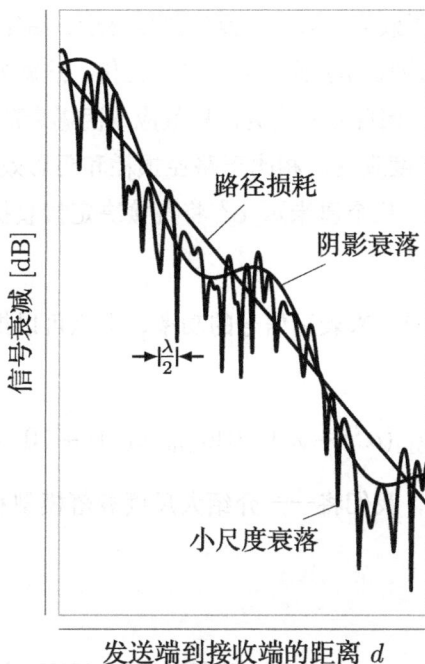

图 2-1　典型的无线传播环境中包含的路径损耗、阴影效应和小尺度衰落

为了定量地衡量无线信号经传播后所经历的信号强度损耗，人们对发送信号的功率 P_T 和接收信号的功率 P_R 之间的关系做了大量的实地测量。通过对这些实测数据的分析，人们发现无线传播环境中 P_T 和 P_R 的关系可以用公式（2.1）来描述：

$$P_R(d) = \alpha^2 \, 10^{x/10} \, g(d) \, G_T \, G_R \, P_T \tag{2.1}$$

在公式（2.1）中：

- P_T 为发射信号的功率（单位为 W）。

- G_T 和 G_R 分别表示发送天线和接收天线的功率增益。

- $P_R(d)$ 表示接收功率，它是发送端与接收机之间的距离 d 的函数（其具体的依赖关系由 $g(d)$ 表示）。

- $g(d)$ 通常被称为路径损耗。顾名思义，它表示 P_T 由于信号传播距离所带来的损失。给定通信距离 d，接收端的平均功率为 $\overline{P}_R = g(d)\, G_T\, G_R\, P_T$。路径损耗有时被称为大尺度衰落，意为只有当距离 d 发生很大变化时信号功率才会发生变化。

- $10^{x/10}$ 被称为阴影效应。大量的测量数据显示，给定通信距离 d，以平均功率 $\overline{P}_R$ 为均值，实际的接收功率显示出一定的变化。这就好比日常生活中太阳光偶尔被云朵遮掩的现象，因此被称之为阴影效应或阴影衰落。

- α^2 被称之为小尺度衰落。相比于路径损耗和阴影效应，α^2 的变化可以发生在一个波长的量级上（几个厘米）。α^2 将直接决定接收机的设计，也将是本章讨论的重点。

若我们选择用 dBW 来表示信号的功率，那么可以把式(2.1)转化为简单的加法形式：

$$P_{R,\mathrm{dBW}}(d) = 10\log_{10}(\alpha^2) + x + 10\log_{10}\left(g(d)\right) + 10\log_{10}(G_T\, G_R) + P_{T,\mathrm{dBW}} \quad (2.2)$$

在下面的篇幅中，我们将一一介绍大尺度衰落模型和小尺度模型，并给出相应的标准化模型的出处。

2.2　路径损耗与阴影效应

2.2.1　路径损耗

顾名思义，路径损耗 $g(d)$ 指的是信号功率的衰减与传播距离的关系，即

$$g(d) = \frac{P_T}{P_R}$$

或用 dB 单位来表示[†]:

$$L(d) = 10 \log_{10} \left(\frac{P_T}{P_R} \right)$$

在 20 世纪 60 年代人们就开始研究、测量室外环境下的信号功率的衰减。Okumura 等人在 1968 年发表了大量的实测数据[7]。在这些实测数据的基础上，Hata 详细分析了这样一组数据[8]:

- 载频 f_c: $150 \leqslant f_c \leqslant 1500$（MHz）
- 距离 d: $1 \leqslant d \leqslant 20$ 公里
- 移动台天线高度 h_{MS}: $1 \leqslant h_{MS} \leqslant 10$（m）
- 基站天线高度 h_{BS}: $30 \leqslant h_{BS} \leqslant 200$（m）

并对城市环境的传输损耗 $10 \log_{10}(P_T/P_R)$（单位为 dB）的中值给出了下面的拟合公式[‡]:

$$L_{50,城区} = 69.55 + 26.16 \log_{10}(f_c) - 13.82 \log_{10}(h_{BS}) - a(h_{MS}) \\ + (44.9 - 6.55 \log_{10}(h_{BS})) \log_{10}(d) \tag{2.3}$$

其中 f_c 的单位为 MHz; d 的单位为 km; 天线高度的单位为 m。当 $h_{MS} = 1.5$m 时, $a(h_{MS}) = 0$。否则 $a(h_{MS})$ 的取值依赖于载频及传播环境，比如在大城市且 $f_c > 300$MHz 时, $a(h_{MS}) = 3.2(\log_{10}(11.75 h_{MS}))^2 - 4.97$。对于郊区环境，Hata 模型为

$$L_{50,郊区} = L_{50,城区} - 2[\log_{10}(f_c/28)]^2 - 5.4 \tag{2.4}$$

式(2.3)中的那些数字是 Hata 对 Okumura 的实测数据的拟合结果。我们大可不必花精力去记住这些数字，但是需要记住并理解式(2.3)中所传达的一些概念:

[†]在通信理论的学习中，相信读者必定接触过 dB 的概念。相比于 dBW 或 dBm 这些描述绝对信号功率的单位，dB 实际上用于描述相对关系。给定具有相同单位的两个物理量 P_1 和 P_2，定义:

$$\mathrm{dB} := 10 \log_{10} \left(\frac{P_1}{P_2} \right)$$

[‡]中值（median）是随机变量中的一个概念。假设随机变量 X 的 CDF 表示为 $F_X(x), 0 \leqslant F_X(x) \leqslant 1$，中值就是对应着 $F_X(x) = 0.5$ 的那个 x。

表 2-3　不同传播环境的路径损耗指数的代表值

传播环境	路径损耗指数
自由空间	2
城市环境	$2.7 \sim 3.5$
室内（有直达路径）	$1.6 \sim 1.8$
室内（无直达路径）	$4 \sim 6$

- 路径损耗指数（path loss exponent）

  $\log_{10}(d)$ 前面的系数除以 10 被称之为路径损耗指数，习惯用 n 来表示。路径损耗指数决定了路径损耗和传播距离的关系：n 越大，损耗越大。在 Hata 模型中

  $$n = 4.49 - 0.655 \log_{10}(h_{BS}) \tag{2.5}$$

  当 $h_{BS} = 20\text{m}$ 时，$n = 3.64$。表2-3中列出了不同传播环境的路径损耗指数[9]。

- 路径损耗是载频的函数

  式(2.3)中还隐藏着另外一个重要的概念：路径损耗是载频的函数†。从式(2.3)可知，在 Hata 模型中（$150 \leqslant f_c \leqslant 1500\text{MHz}$），载频越高衰减越大。事实上这种趋势不但在模型中成立，在移动通信系统所应用的更宽的频段上都体现着这种趋势。

讨论：　载频是大好还是小好呢？

　　路径损耗是载频的函数这一事实对网络优化具有一定的指导意义。比如说，某运营商想开通一个新的 LTE 网络，在站址数目和位置已经给定的条件下，如果该运营商的目的是尽可能实现网络覆盖，那么它该选择频率高的频段，还是频率低的频段呢？

　　我们可以想见，在网络建设的初期，选择低频频段意味着更小的路径损耗，也就是更大的网络覆盖（如图2-2的左图所示）；反之，高载频意味着更大的路径损耗、更小的网络覆盖（如图2-2的右图所示）。那是不是载频越低越好呢？未必。以图2-2的左图为例，不同基站覆盖范围有重叠，意味着处于该区域的用户会看到不同基站的信号，彼此干扰。再比如，当采用了 MIMO 多天线技术时（第 7 章）希望天线间的相关性尽量小，这时从天线相关性的角度出发，我们希望工作在更高的载频上。

---

†或许式(2.1)的定义为 $P_R(d, f_c)$ 更为准确。在式(2.1)中，我们按照习惯在定义式中省略了 f_c。

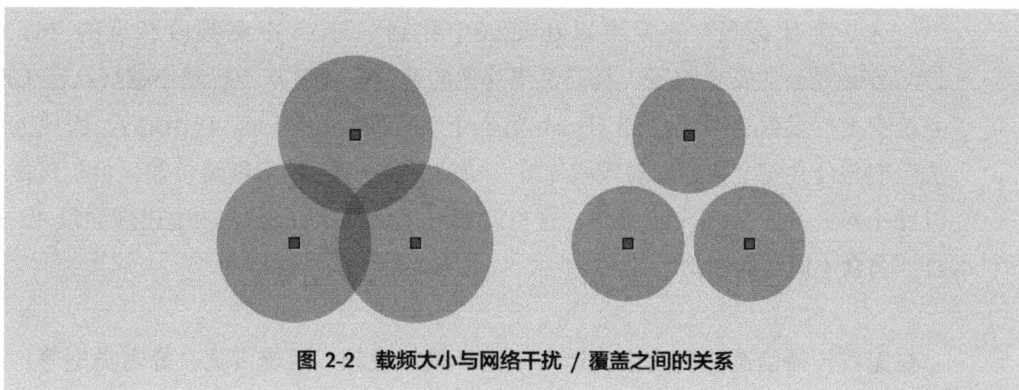

图 2-2 载频大小与网络干扰 / 覆盖之间的关系

讨论: 上行链路和下行链路的载频选择

有人说无线频谱比石油还贵，让我们看个例子。图2-3所示为美国在 700MHz 频段的频谱分配，其中的 C 为一总计 22MHz 的频谱（746 ~ 757 和 776 ~ 787 MHz）。

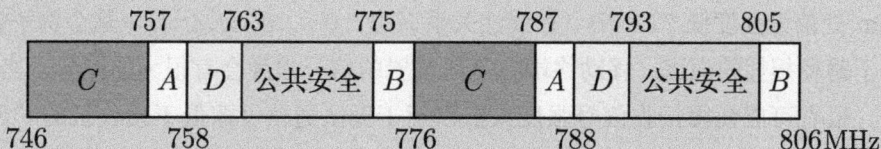

图 2-3 美国 700MHz 频段分配

在美国，该段频谱以牌照的形式进行拍卖，其中美国最大的运营商 Verizon 花费了约 47 亿美元获得的所有 10 个牌照中的 7 个，用以在美国的 48 个州以及夏威夷铺设 LTE 网络。

从表2-2可以看出，这段频谱属于频段 13。如果我们仔细观察上、下行频率的大小关系，可以看出该频段和其他 FDD 频段有一个显著的不同：其他 FDD 频段都是上行载频比下行载频小，而频段 13 的上行载频却比下行载频要大。一般而言在蜂窝网络所采用的频率范围内路径损耗随着载频的增加而增加，因此在接收功率相同的情况下，选择小的载频意味着可以采用更小的发射功率；对于移动终端而言，这也意味着更加省电。从这个角度看，我们应该希望上行链路采取尽量小的载频（事实上很多时候人们也是这么做的）。然而频段 13 并没有遵循这种思想。

这是为什么呢？答案可以在图2-3中找到：与 C 中高频段相近的 763 ～ 775 MHz 是公共安全频段，我们希望其他的通信系统对其干扰越小越好。在 LTE 系统中上行发射功率（≤ 23 dBm）远低于下行发射功率（≤ 43 dBm），因此人们决定把与公共安全相邻的高频段 776 ～ 787 MHz 用于上行链路传输，希望这样可以减小对公共安全频段的影响。这也就解释了为什么在表格2-2中出现频段 13 这样"与众不同"的情形。

在无线传播信道的研究中，针对不同环境（载频、系统带宽、蜂窝类型等）往往会有不同的信道模型。比如用于 LTE 系统性能评估时针对不同环境下的路径损耗模型就在[10]中定义。为了节省篇幅，在此就不重复这些模型的具体取值了。

在我们结束对路径损耗的讨论之前，简单聊聊路径损耗对接收机的设计有什么影响。作为一个例子，让我们考虑距离基站 1km 和 100km 的两个移动终端，以 Hata 模型为例并假设 $n = 3.64$，不难计算这两个移动终端所对应的接收信号功率的差异 $10n \log_{10}(100/1) = 72.8$ dB。也就是说，100km 处的移动终端接收到的信号强度比 1km 处信号强度低 72.8 dB（在线性关系下为 2.0×10^7 分之一）。这个例子告诉我们：由于路径损耗的原因，移动终端在不同位置的信号强度会有很大的差异。当距离太远时，很有可能使得接收信号强度太低以至于无法通信（即低于接收机的"灵敏度"）；在可通信的范围内，在实际中，人们往往会通过自动功率控制（AGC: automatic gain control）来补偿输入信号的巨大动态范围以便简化基带处理。

2.2.2 阴影效应

在信道测量中，人们发现不同的接收机，即使它们和发送端之间的传播距离相同，实测数据显示它们的平均接收功率并不总是 $\overline{P}_R = g(d) G_T G_R P_T$。真正的接收功率在 dB 域可以用一个均值为 $10 \log_{10}(\overline{P}_R)$dB、方差为 σ^2 的高斯分布来表示。也就是说，式(2.1)中的 x 在 dB 域的分布为

$$x \sim \mathcal{N}(0, \sigma^2) \tag{2.6}$$

其中 σ^2 在 8 ～ 10 之间。这个衰落被称为阴影衰落。

为什么高斯分布可以很好地对阴影效应建模呢？阴影衰落主要由物体（建筑物、

树木等）的阻挡衰减造成。当无线电波穿过厚度为 w 的物体时，其衰减近似为 e^{-aw}，其中 a 是和障碍物材料和介电性质相关的衰减常数。如图2-4所示，假设无线电波是经过某个区域很多个障碍物之后才到达接收端的，那么总的衰减为 $\mathrm{e}^{-\sum_i a_i w_i}$。当障碍物很多时，根据中心极限定理，$\sum_i a_i w_i$ 近似为高斯分布，因此阴影衰落在 dB 单位上 $(:= 10\log_{10}\mathrm{e}^{-\sum_i a_i w_i})$ 就是一个高斯分布了。

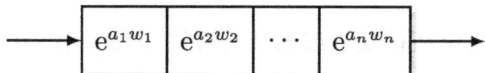

图 2-4　阴影效应的物理解释

如果空间有两个位置相距很近，我们可以想象它们见到的障碍物很可能有交集，这样，它们的接收信号应该有一定的相关性。不错，在阴影衰落的模型中，除了高斯分布的方差是个很重要的参数之外，相关距离 d_{corr} 也是一个重要的参数[10]。

2.3　小尺度衰落

尽管路径损耗和阴影衰落很大程度上决定了最大通信距离，但它们的影响归根结底只是对发送信号幅度上的衰减。因为它们的变化较慢（在几十个波长的量级上变化），接收机可以相对容易地补偿这种变化。如图2-1所示，除了大尺度衰落之外，接收机的信号强度还呈现出一种快速变化，也就是俗称的小尺度衰落。某种意义上说，小尺度衰落是移动通信区别于有线通信的关键。读者将会看到小尺度衰落无论是在时域上还是频域上都有可能对发送信号的正确接收带来困难，一个好的接收机设计离不开对小尺度衰落的深刻理解。

在本节中我们将按照信道的物理模型—数学模型—仿真模型的逻辑进行叙述。物理模型的意义在于对实际传输环境的物理抽象（比如将传播环境中的散射体／反射体的作用参数化）。通过物理模型在等效基带表示的推导，读者将会理解无线信道的一些基本属性（比如时延扩展、多普勒扩展、角度扩展）对发送信号的影响。数学模型是在物理模型的基础上，对信道本质机理的一个数学建模，方便理论分析。仿真模型即仿真器（可以用软件或硬件实现），它的目的是在可控运算复杂度之下实现数学模型。

2.3.1 物理模型

我们将在第 3 章中讲述调制与解调。现在请允许作者"跳跃"一下思维,先睹为快。比如发射机想要发送一封电子邮件给接收机,下面是在概念层面上通过图2-5来描述整个的发送以及接收过程[†]。

在发送端:

- 电子邮件的内容就将被映射成离散符号流 $\Re\{x[m]\}$ 和 $\Im\{x[m]\}$,这是信息数据。
- 离散符号经过一系列的操作之后最终得到基带连续时间信号 $x_{\mathrm{BB}}(t)$,在频率 $[-\frac{W}{2}, \frac{W}{2}]$ 内。
- 基带信号 $x_{\mathrm{BB}}(t)$ 通过调制得到带通信号 $x_{\mathrm{RF}}(t)$ 由天线发出,频率范围 $[f_c - \frac{W}{2}, f_c + \frac{W}{2}]$。

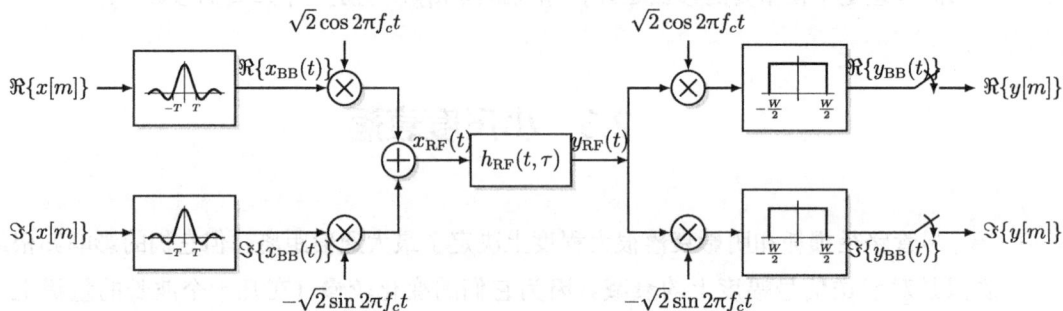

图 2-5 信号的调制与解调过程

发射信号 $x_{\mathrm{RF}}(t)$ 离开发射天线后,经由无线传播最终抵达接收机天线。可以想象,发送端和接收机之间可能有各种障碍物,发送信号经过每一个障碍物之后都会有不同的损耗,这些传播路径的传播距离不同会造成不同的传播时延。从这些不同路径来的信号在接收机相互叠加(如图2-6所示),因此可以把接收信号表示为:

$$y_{\mathrm{RF}}(t) = \sum_i a_i x_{\mathrm{RF}}(t - \tau_i) + n(t) \tag{2.7}$$

其中 $n(t)$ 用于表示接收机带来的加性噪声。

[†]需要指出的是:这里的叙述以概念为主,实际系统的实现可能会有所不同。

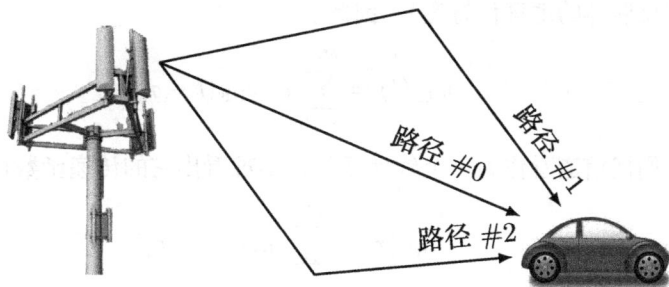

图 2-6　无线信号经过多径传播到达接收机

再来看看接收机是如何工作的，如图2-5所示：

- 在接收到 $y_{\mathrm{RF}}(t)$ 之后，首先经过下变频操作把带通 $y_{\mathrm{RF}}(t)$ "搬移" 到基带得到 $y_{\mathrm{BB}}(t)$。
- 和发送端的基带信号 $x_{\mathrm{BB}}(t)$ 一样，$y_{\mathrm{BB}}(t)$ 也是复信号，具有实部和虚部。它们通过采样后得到 $\Re\{y[m]\}$ 和 $\Im\{y[m]\}$。
- 接收机的终极目标则为通过对 $\Re\{y[m]\}$ 和 $\Im\{y[m]\}$ 的处理才得到对发送数据的估计值 $\widehat{\Re\{x[m]\}}$ 和 $\widehat{\Im\{x[m]\}}$。如果判决正确，接收机就可以完美地收到电子邮件的内容了。

从上面的发送 / 接收操作流程看，需要了解三个不同的信道：

1. $x_{\mathrm{RF}}(t)$ 和 $y_{\mathrm{RF}}(t)$ 之间的信道 $h_{\mathrm{RF}}(t, \tau)$；
2. $x_{\mathrm{BB}}(t)$ 和 $y_{\mathrm{BB}}(t)$ 之间的信道 $h_{\mathrm{BB}}(t, \tau)$；
3. $x[m]$ 和 $y[m]$ 之间的信道 $h_\ell[m]$。

下面我们就逐一讨论这些不同的信道表示。

2.3.1.1　物理（连续时间）信道 $h_{\mathbf{RF}}(t, \tau)$

发送信号 $x_{\mathrm{RF}}(t)$ 离开发送天线后，通过反射 / 折射 / 散射等方式最后抵达接收天线。不失一般性，假设总共存在 N 条这样的路径。对于每一条路径，都有自己的衰减系数 a_n（比如反射物的材质、尺寸不同等）和自己的时延 τ_n（无线电波的实际传输

距离取决于反射体的地理位置等)。因此有:

$$y_{\mathrm{RF}}(t) = \sum_{n=0}^{N-1} a_n x_{\mathrm{RF}}(t - \tau_n) \tag{2.8}$$

如果我们把信道看作为一个线性系统，不难看出它的传递函数可以表示为:

$$h_{\mathrm{RF}}(\tau) = \sum_{n=0}^{N-1} a_n \delta(\tau - \tau_n) \tag{2.9}$$

若采用线性系统所常采用的卷积形式的输入／输出关系，式(2.8)可以表示为:

$$y_{\mathrm{RF}}(t) = \int_{-\infty}^{+\infty} h_{\mathrm{RF}}(\tau) x_{\mathrm{RF}}(t - \tau)\,\mathrm{d}\tau \tag{2.10}$$

但是我们在上面提到无论是 a_n 还是 τ_n（甚至 N）都取决于传播环境。在移动环境中（比如接收机在移动），传播环境将随时间发生变化，因此，有必要在式(2.9)的基础上引入时间参数 t:

$$\boxed{h_{\mathrm{RF}}(t, \tau) = \sum_{n=0}^{N(t)-1} a_n(t) \delta(\tau - \tau_n(t)) \tag{2.11}}$$

这个系统是线性时变系统（满足线性叠加关系，但依赖 t），其输入／输出关系可以表示为

$$\boxed{y_{\mathrm{RF}}(t) = \int_{-\infty}^{+\infty} h_{\mathrm{RF}}(t, \tau) x_{\mathrm{RF}}(t - \tau)\,\mathrm{d}\tau \tag{2.12}}$$

对于式(2.11)中的 $a_n(t)$，需要指出:

- 根据在2.2节对大尺度衰落的讨论，$a_n(t)$ 本身随距离的变化是很慢的。
- 读者还应该从2.2节中了解到 $a_n(t)$ 实际上还依赖于 f_c。
- $a_n(t)$ 具有对称性质。如果下行链路中存在 $a_n(t)$，那么 $a_n(t)$ 也存在于上行链路。这个性质意味着对于时分双工（TDD）系统来说理论上基站可以通过上行链路中的信道估计得到下行链路的信道信息。

信道 $h(t, \tau)$ 的频率响应被定义为 $h(t, \tau)$ 以 τ 为变量的傅立叶变换:

$$\boxed{H(f, t) := \mathcal{F}_\tau\{h(t, \tau)\} = \int_{-\infty}^{+\infty} h(t, \tau)\mathrm{e}^{-\mathrm{i}2\pi f\tau}\,\mathrm{d}\tau \tag{2.13}}$$

在这个定义下，我们来看看信道中的传播时延是如何影响信道的频域属性的。

例子 2.1 频率选择性衰落

考虑一个简单的模型 $h_{\mathrm{RF}}(\tau) = \delta(\tau) + \delta(\tau - \tau_0)$，根据定义不难得到 $H_{\mathrm{RF}}(f) = 1 + e^{-i2\pi f \tau_0}$。如图2-7所示，信道的幅频响应 $|H_{\mathrm{RF}}(f)| = 2|\cos \pi f \tau_0|$ 呈现周期性的衰落，周期为 $1/\tau_0$。

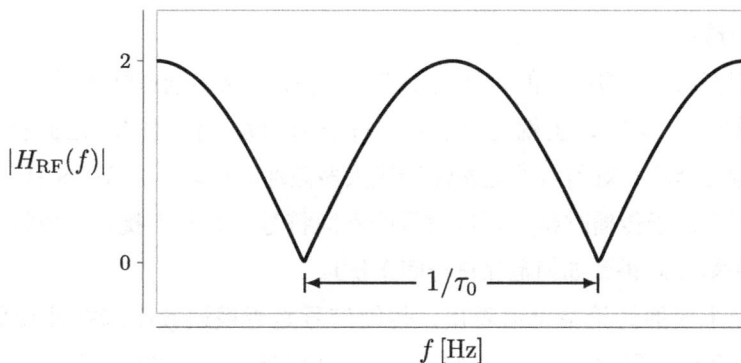

图 2-7 $h_{\mathrm{RF}}(\tau) = \delta(\tau) + \delta(\tau - \tau_0)$ 的幅频响应

概念 2.1 时延扩展与相关带宽

上面的例子中，由于时延 τ_0 的存在，$|H_{\mathrm{RF}}(f)|$ 在频域呈现出频率上的选择性衰落（即不同频率的衰落不同）。在无线通信中，相关带宽的概念用以定义信道响应相对恒定的频率范围。在之前的例子中，τ_0 表示信道不同径的传输时延的最大差值，学术名称为信道的**时延扩展**。在更一般化的信道模型中，如果用符号 T_d 来表示时延扩展，那么相关带宽通常被定义为

$$W_c = \frac{1}{4T_d} \tag{2.14}$$

上式分母中的常数 4 多少有些随意，事实上不同的无线信道专著中的定义都可能有不同的常数。但是重要的是：**相关带宽与时延扩展成反比**。时延扩展是物理信道的属性（由传播环境中反射物的地理位置等决定），因而信道的相关带宽也是信道本身的属性。

那么，当发送信号经过信道时是如何与相关带宽的概念联系起来的呢？我们可以从频域和时域两方面来解释。

- **频域：**

当信号带宽 $W < W_c$ 时，信号的不同频率成分经过相同的衰落，对这个信号来说信道在频率上是非选择性衰落的；相反，当 $W > W_c$ 时，信道对发送信号呈现出频率选择性衰落。

- **时域：**

带宽为 W 的信号的符号周期 $T = 1/W$。频率选择性信道中的 $W < W_c$ 对应于 $T > T_d$，也就是说信号的符号周期大于信道的时延扩展；此时多径传输时延不会对信号的完整性造成太多破坏。反之，当 $W > W_c$（即 $T < T_d$）时，由于传播时延，发送信号的不同符号将相互干扰，造成符号间干扰（将在第 4 章讲到如何消除符号间干扰）。

在上面的讨论中可以看出：传输信号是否遭遇频率选择性衰落由信道属性（W_c）和信号属性（W）共同决定。如图2-8所示，同样的信道，对于窄带系统就是频率非选择性信道，而对于宽带系统就是频率选择性信道了。

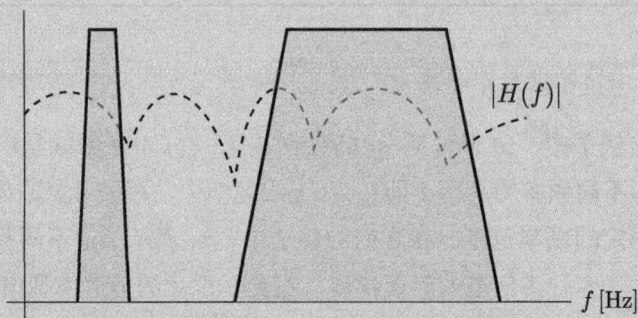

图 2-8 发送信号是否经历频率选择性衰落取决于物理信号本身的带宽与信道属性（相关带宽）的大小关系

2.3.1.2 物理（连续时间）信道的等效基带表示 $h_{BB}(t, \tau)$

射频带通信号 $x_{RF}(t)$ 到 $y_{RF}(t)$ 的变换发生在 f_c 附近。但是如图2-5所示，接收端通过下变频把信号从 f_c "搬移" 到基带，因此我们需要理解 $x_{BB}(t)$ 和 $y_{BB}(t)$ 是如何联系起来的。这当中涉及无线通信理论中的一个重要概念——带通信号的等效基带表示。我们将在本章附录中对等效基带的概念给出介绍，这里将通过例子来直接推导物理信道（式(2.11)）在基带的特性（希望这样更直观些）。

首先考虑一个最简单的例子：$h_{\mathrm{RF}}(t,\tau) = \delta(\tau - \tau_0(t))$。如图2-5所示，可得：

$$
\begin{aligned}
y_{\mathrm{RF}}(t) &= \sqrt{2}\Re\{x_{\mathrm{BB}}(t - \tau_0(t))\mathrm{e}^{\mathrm{i}2\pi f_c(t - \tau_0(t))}\} \\
&= \sqrt{2}\Re\{x_{\mathrm{BB}}(t - \tau_0(t))\}\cos 2\pi f_c(t - \tau_0(t)) \\
&\quad - \sqrt{2}\Im\{x_{\mathrm{BB}}(t - \tau_0(t))\}\sin 2\pi f_c(t - \tau_0(t))
\end{aligned}
$$

同样如图2-5所示，有：

$$
\begin{aligned}
\Re&\{y_{\mathrm{BB}}(t)\} \\
&= \mathrm{LPF}\Big(y_{\mathrm{RF}}(t)\sqrt{2}\cos 2\pi f_c t\Big) \\
&= \mathrm{LPF}\Big(2\Re\{x_{\mathrm{BB}}(t - \tau_0(t))\}\cos 2\pi f_c(t - \tau_0(t))\cos 2\pi f_c t \\
&\quad - 2\Im\{x_{\mathrm{BB}}(t - \tau_0(t))\}\sin 2\pi f_c(t - \tau_0(t))\cos 2\pi f_c t\Big) \\
&= \Re\{x_{\mathrm{BB}}(t - \tau_0(t))\}\cos 2\pi f_c\tau_0(t) + \Im\{x_{\mathrm{BB}}(t - \tau_0(t))\}\sin 2\pi f_c\tau_0(t) \\
&= \Re\{x_{\mathrm{BB}}(t - \tau_0(t))\mathrm{e}^{-\mathrm{i}2\pi f_c\tau_0(t)}\}
\end{aligned}
\tag{2.15}
$$

其中在上面的推导过程中，$\mathrm{LPF}(\cdot)$ 表示理想低通滤波，消除掉所有 $[-W/2, +W/2]$ 频率之外的信号。类似于上面的推导，还可得到：

$$
\Im\{y_{\mathrm{BB}}(t)\} = \Im\{x_{\mathrm{BB}}(t - \tau_0(t))\mathrm{e}^{-\mathrm{i}2\pi f_c\tau_0(t)}\}
$$

结合上面两个结果，有：

$$
y_{\mathrm{BB}}(t) = x_{\mathrm{BB}}(t - \tau_0(t))\mathrm{e}^{-\mathrm{i}2\pi f_c\tau_0(t)}
\tag{2.16}
$$

在讨论物理信道时，我们用式(2.12)来表示输入 / 输出关系。这里如果对等效基带系统做类似的定义：

$$
\boxed{y_{\mathrm{BB}}(t) = \int_{-\infty}^{+\infty} h_{\mathrm{BB}}(t,\tau)x_{\mathrm{BB}}(t - \tau)\,\mathrm{d}\tau}
\tag{2.17}
$$

那么从式(2.16)中可知：

$$
h_{\mathrm{BB}}(t,\tau) = \mathrm{e}^{-\mathrm{i}2\pi f_c\tau_0(t)}\delta(\tau - \tau_0(t))
\tag{2.18}
$$

对比于物理信道 $h_{\mathrm{RF}}(t,\tau) = \delta(\tau - \tau_0(t))$，我们发现基带信道多出一个相位分量 $\mathrm{e}^{-\mathrm{i}2\pi f_c \tau_0(t)}$。由于移动通信中的载频 f_c 都是在 GHz（10^9）量级上，因此微小的 $\tau_0(t)$ 变化都会产生很大的相位变化。

至此的讨论只是局限于一条传播路径，如果我们将其推广到 $N(t)$ 条路径，就得到对应于式(2.11)的等效基带（连续时间）信道：

$$h_{\mathrm{BB}}(t,\tau) = \sum_{n=0}^{N(t)-1} a_n(t)\mathrm{e}^{-\mathrm{i}2\pi f_c \tau_n(t)}\delta(\tau - \tau_n(t)) \qquad (2.19)$$

移动通信的特点之一就是移动性，让我们看看移动条件下式(2.19)的特点。

例子 2.2　多普勒频移

考虑一个最简单的移动传播模型（如图2-9所示）：移动台匀速移动，速度为 v 米／秒。无线环境中只有一条传播路径到达移动台，到达角度和移动方向夹角为 $\theta°$。通常人们习惯假设发送端和接收端距离很大（所谓的"远场假设"），这样可以认为无线电波是以平面波到达移动台（如图2-9中浅色线所示）。

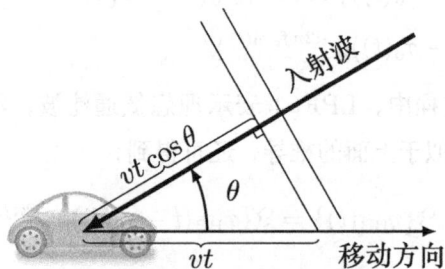

图 2-9　一个简单的移动传播模型

不难看出：由于移动而带来的时延为 $\tau_0(t) = \frac{v\cos\theta}{c}t$（$c$ 为光速，为 $3\times10^8\mathrm{m/s}$）。因此在这个简单的模型中，信道可以表示为 $h_{\mathrm{RF}}(t,\tau) = \delta(\tau - \tau_0(t))$。这样一个简单的信道对发送信号会产生什么样的影响呢？根据式(2.16)：

$$
\begin{aligned}
y_{\mathrm{BB}}(t) &= x_{\mathrm{BB}}(t - \tau_0(t))\mathrm{e}^{-\mathrm{i}2\pi f_c \frac{v\cos\theta}{c}t} \\
&= x_{\mathrm{BB}}(t - \tau_0(t))\mathrm{e}^{-\mathrm{i}2\pi f_m \cos\theta\, t} \qquad (2.20)
\end{aligned}
$$

其中

$$f_m := \frac{v}{\lambda} \qquad (2.21)$$

为最大多普勒频移（$\lambda := c/f_c$ 为波长）。

从频率上看，$e^{-i2\pi f_m \cos\theta t}$ 的傅立叶变换为 $\delta(f - f_m\cos\theta)$。式(2.20)中的时域相乘在频域上变为 $\delta(f - f_m\cos\theta)$ 与等效基带信号 $X_{\mathrm{BB}}(f)$（在 $[-W/2, +W/2]$ 范围内）的卷积，其结果为将 $X_{\mathrm{BB}}(f)$ 在频域从 $f = 0$ 被"搬移"为 $f = f_m\cos\theta$。这种现象被称作多普勒频移[†]。

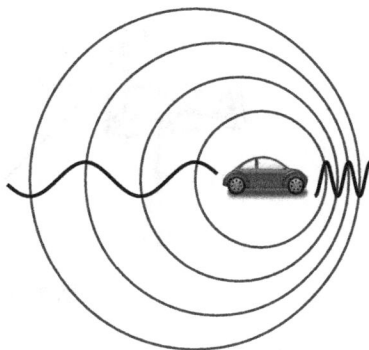

图 2-10 Doppler 现象带来的信号频率变化

相比于静止状态，在移动条件下，移动方向的信号在时间上被"压缩"，因此接收端的信号频率变大；相反，在远离移动的方向上信号在时间上被"拉伸"，因此频率变小，如图2-10所示。

上面例子中的多普勒频移只是对信号的一个"有规则的"时域相位旋转，这和载波频率误差造成的影响是一样的。这种单个频率点上的频移是可以容易估计／补偿的（将在第 8 章具体谈论如何估计／补偿载波频率误差）。但是，当移动环境变得稍微复杂一点时，情况就没这么简单了。下面再看一个稍稍复杂一点的例子。

[†]奥利地科学家克里斯蒂安. 多普勒在 1842 年发现，如果波源和接收者之间存在相对运动，那么这种相对运动会使得接收者接收到的波频率发生变化。如果两者相互靠近，那么波需要传播的距离就越来越短，对于接收者来说，单位时间内接收到的波越来越多。换句话说，频率越来越高。如果两者相互远离，基于同样的原理，接收者接收到的波频率越来越低。为了纪念这位科学家，这种现象被命名为多普勒效应。

例子 2.3　两径信道带来的小尺度衰落

如图2-11所示，系统中只有两条路径（$N(t)=2$），时延扩展为 0（即两条路径同时到达移动台）。其中一条路径到达移动台的角度和移动台的移动方向的夹角有 $\theta°$；另外一条的到达角度和移动方向有 $-\theta°$，移动台匀速移动，速度为 $v\,\text{m/s}$。为方便起见，假设 $a_n(t)=1$。

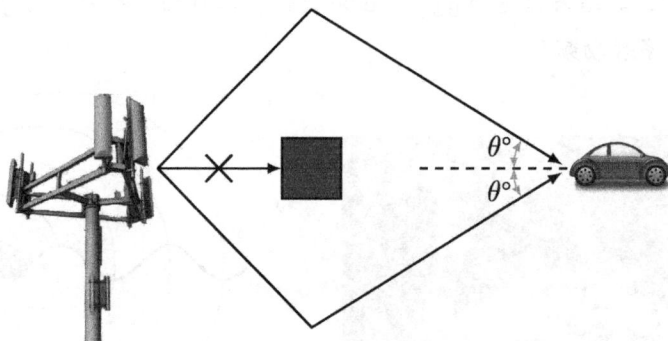

图 2-11　两条路径的移动传播模型

从式(2.19)可得：

$$h_{\text{BB}}(t,\tau) = \left(\text{e}^{-\text{i}2\pi f_m \cos\theta t} + \text{e}^{\text{i}2\pi f_m \cos\theta t}\right)\delta\left(\tau - \frac{v\cos\theta}{c}t\right) \tag{2.22}$$

相比于前面那个简单的一条传播路径的例子，这里由于多径的原因，需要把多普勒频移的概念加以推广到"多普勒扩展"。单个的多普勒频移可以在基带处理中进行估计和补偿，同样，式(2.22)中的传输时延 $\delta\left(\tau - \frac{v\cos\theta}{c}t\right)$ 也可通过基带处理来补偿。然而，式(2.22)中的 $\left(\text{e}^{-\text{i}2\pi f_m\cos\theta t} + \text{e}^{\text{i}2\pi f_m\cos\theta t}\right)$ 将给接收机的设计带来挑战。首先，这两条路径带来的相位变化是相反的；另外由于 f_c 很大，因而相位变化是快速的。具体来说，当 $2\pi f_m\cos\theta t = \pi/2$ 时，相位旋转角度正好相反，信号相互抵消，信道呈现衰减；当 $2\pi f_m\cos\theta t = \pi$ 时，相位旋转角度正好相同，信号相互叠加，信道呈现增强。在信道的衰减与增强过程中，时间 t 的变化只是 $\frac{1}{4}\frac{1}{f_m\cos\theta} = \frac{1}{4}\frac{\lambda}{v\cos\theta}$。以 $f_c = 2\,\text{GHz}$ 为例，该距离为 $7.5/\cos\theta$（cm）！相比大尺度衰落，显然此处的信道变化发生在更小的距离上。也就是说，信道从强到弱的变化只发生在 λ 的量级上，这被称作为**小尺度衰落**。

概念 2.2　多普勒扩展与相关时间

从上面的例子我们看到，**信道衰落的速度反比于多普勒扩展**。在无线通信中，人们将信道相对保持幅值稳定的时间定义为相关时间，用符号 T_c 表示：

$$T_c = \frac{1}{4f_m} \tag{2.23}$$

其中 f_m 表示最大多普勒频偏。

与相关带宽的定义类似，分母下的常数不是关键（比如文献[9]中相关时间就被定义为 $T_c = \frac{9}{16\pi f_m}$）。**相关时间的大小不但取决于信道特性（到达角度 θ）、系统参数（f_c），还与移动速度（v）有关。**考虑一个具体例子：假设 $f_c = 2\,\text{GHz}$，$v = 10\,\text{m/s}$（$36\,\text{km/h}$），则 $T_c = 3.7\,\text{ms}$。也就是说，当移动终端移动 $T_c v = 3.7\,\text{cm}$ 时，信道已经发生了从高到低的改变。相比于路径损耗相对传播距离的变化，多普勒扩展带来的变化更快，这也正是小尺度衰落的名称的由来。

2.3.1.3　采样（离散时间）等效基带表示 $h_\ell[m]$

在2.3.1.2小节中，我们讨论了连续时间发送信号 $x_{\text{BB}}(t)$ 与连续时间接收信号 $y_{\text{BB}}(t)$ 之间的连续时间等效基带信号 $h_{\text{BB}}(t)$。在现代数字通信中，对接收信号的操作是基于采样后的离散数据进行的，因此需要继续来看看发送符号 $x[m]$ 与采样值 $y[m]$ 之间的等效信道 $h_\ell[m]$。

实际系统中发送端的离散信号流 $x[m]$ 经过 D/A 变换得到 $x_{\text{BB}}(t)$。这里假设 D/A 变换的操作可以表示为：

$$x_{\text{BB}}(t) = \sum_{k=-\infty}^{+\infty} x[k]\,\text{sinc}(Wt - k)$$

由式(2.19)可得：

$$
\begin{aligned}
y_{\text{BB}}(t) &= \sum_{n=0}^{N(t)-1} a_n(t)\mathrm{e}^{-\mathrm{i}2\pi f_c \tau_n(t)} \sum_{k=-\infty}^{+\infty} x[k]\,\text{sinc}(W(t - \tau_n(t)) - k) \\
&= \sum_{k=-\infty}^{+\infty} x[k] \sum_{n=0}^{N(t)-1} a_n(t)\mathrm{e}^{-\mathrm{i}2\pi f_c \tau_n(t)}\,\text{sinc}(W(t - \tau_n(t)) - k)
\end{aligned}
$$

为了得到 $y[m]$，需对 $y_{\mathrm{BB}}(t)$ 以 $1/W$ 间隔采样 $y[m] = y_{\mathrm{BB}}(m/W)$[†]：

$$y[m] = \sum_{k=-\infty}^{+\infty} x[k] \sum_{n=0}^{N(t)-1} a_n(\tfrac{m}{W}) \mathrm{e}^{-\mathrm{i}2\pi f_c \tau_n(\frac{m}{W})} \operatorname{sinc}\left(W(\tfrac{m}{W} - \tau_n(\tfrac{m}{W})) - k\right)$$

令 $k = m - \ell$，代入上式有：

$$y[m] = \sum_{\ell=-\infty}^{+\infty} x[m-\ell] \sum_{n=0}^{N(t)-1} a_n(\tfrac{m}{W}) \mathrm{e}^{-\mathrm{i}2\pi f_c \tau_n(\frac{m}{W})} \operatorname{sinc}\left(\ell - W\tau_n(\tfrac{m}{W})\right) \tag{2.24}$$

如果仿照式(2.12)来定义离散时间等效基带系统的系统函数：

$$\boxed{y[m] = \sum_{\ell} h_\ell[m] x[m-\ell]} \tag{2.25}$$

则可以从式(2.24)看出：

$$\boxed{h_\ell[m] = \sum_{n=0}^{N(t)-1} a_n(\tfrac{m}{W}) \mathrm{e}^{-\mathrm{i}2\pi f_c \tau_n(\frac{m}{W})} \operatorname{sinc}\left(\ell - W\tau_n(\tfrac{m}{W})\right)} \tag{2.26}$$

为了进一步理解物理信道、等效基带连续时间信道和等效基带离散时间信道的关系，不妨将式(2.11)、式(2.19)和式(2.26)放在一起：

$$h_{\mathrm{RF}}(t,\tau) = \sum_{n=0}^{N(t)-1} a_n(t)\delta(\tau - \tau_n(t))$$

$$h_{\mathrm{BB}}(t,\tau) = \sum_{n=0}^{N(t)-1} a_n(t)\mathrm{e}^{-\mathrm{i}2\pi f_c \tau_n(t)}\delta(\tau - \tau_n(t))$$

$$h_\ell[m] = \sum_{n=0}^{N(t)-1} a_n(\tfrac{m}{W})\mathrm{e}^{-\mathrm{i}2\pi f_c \tau_n(\frac{m}{W})} \operatorname{sinc}\left(\ell - W\tau_n(\tfrac{m}{W})\right)$$

$h_{\mathrm{RF}}(t,\tau)$ 和 $h_{\mathrm{BB}}(t,\tau)$ 的表达式中的每一个 $\delta(\tau - \tau_n(t))$ 表示一个信号传播路径。如果无线系统的带宽无限大，那么无线系统就可以无限准确地区分不同的 τ_n。然而我们知道，如果系统带宽 W 是有限的，那么时延的分辨能力就会受到限制，而这所带来的效应也将反映到 $h_\ell[m]$ 中。

[†]基带信号的采样定理告诉我们：对于频谱在 $[-W/2, W/2]$ 范围的连续时间信号 $f(t)$ 进行采样得到 $f[m]$，若想从 $f[m]$ 完全恢复 $f(t)$，采样频率至少为 $1/W$。事实上，由于多普勒频移的原因，接收信号 $y_b(t)$ 的频率分布可能大于 $[-W/2, W/2]$，因此从采样定理的角度 $y[m]$ 序列并不能完全代表接收信号的波形。在此处的分析中，我们暂且忽略这个问题。在实际的通信系统设计中，人们通常会通过对接收波形"过采样"来避免这个问题。

表 2-4 信道分类

信道分类	条件
（时域）快衰信道	$T_c \ll$ 业务时延要求
（时域）慢衰信道	$T_c \gg$ 业务时延要求
（频域）平坦衰落	$W \ll W_c$
（频域）选择性衰落	$W \gg W_c$

为了突出这个限带过程所带来的影响，让我们对上面的信道假设放松一些，来考虑 $N(t), a_n(t), \tau_n(t)$ 都不是 t 函数的情形。这时，第 ℓ 径信道可以表示为：

$$h_\ell = \sum_{n=0}^{N-1} a_n \mathrm{e}^{-\mathrm{i}2\pi f_c \tau_n} \operatorname{sinc}\left(\ell - W\tau_n\right) \tag{2.27}$$

式(2.27)可以理解为 $h_{\mathrm{BB}}(\tau) = \sum_{n=0}^{N-1} a_n \mathrm{e}^{-\mathrm{i}2\pi f_c \tau_n} \delta(\tau - \tau_n)$ 与 $\operatorname{sinc}(W\tau)$ 的卷积结果在 $\ell \cdot \frac{1}{W}$ 的采样结果。与 $\operatorname{sinc}(\cdot)$ 函数在时域的卷积相当于原信号 $h_{\mathrm{BB}}(\tau)$ 在频率被低通滤波。从时间域理解，相邻很近的两径会被 $\operatorname{sinc}(\cdot)$ "平滑"因而不再可分。最终的结果可以理解为 $h_{\mathrm{RF}}(t,\tau)$ 和 $h_{\mathrm{BB}}(t,\tau)$ 中的 τ_n 被加权分散到不同的 $\ell, \ell = 0, 1, \ldots$ 上。由于 $\operatorname{sinc}(\cdot)$，第 n 径的主要能量将出现在 $\ell = \operatorname{round}(\tau_n/W)$ 上（$\operatorname{round}(\cdot)$ 表示四舍五入）。

2.3.1.4　信道的相关性、弱扩散（underspread）信道

我们在前面的章节中提到过无线信道对发送符号在时域以及频域上的影响。以离散时间等效基带信道 $h_\ell[m]$ 为例：

- 当信道呈现多径时（存在 $\ell > 0$ 而 $h_\ell[m] \neq 0$ 的径；也就是时延扩展 T_d 不为 0 时），多径信道造成发送符号间的符号干扰。反映在频域上，信道呈现频率选择性衰落（见例子2.1）。人们习惯用相关带宽 W_c 来描述信道的时间变化快慢。

- 对于某 ℓ，其 h_ℓ 可能有许多不可分辨的径叠加而得。在移动环境中，当多普勒扩展不为 0 时（即不同子径的到达角度不同时），相位会出现相互叠加和抵消的作用，从而信道 $h_\ell[m]$ 呈现时域选择性衰落。人们习惯用相关时间 T_c 来描述信道的时间变化快慢。

人们习惯对信道在时间／频率上的变化快慢作出一个分割。在表2-4中，我们把通信业务的时延要求和相关时间的关系作为划分快衰和慢衰的标准。需要指出的是，在

不同的通信专著中，可能采用不同的划分标准。这里，我们采纳了文献[11]的标准。读者将会在学习完信道编码之后（第 6 章）理解到为什么将通信业务的时延要求属性作为衡量标准是特别有意义的。

尽管信道在时域和频域都会衰落，但是移动信道有一个重要属性——弱扩散性。数学上，弱扩散性被定义为 $T_d f_m \ll 1$，也就是说无线信道不会同时在时域和频域都扩展得很厉害。大量的实测数据表明，典型的陆地移动信道的 $T_d f_m$ 在 10^{-3} 量级上；而一些室内环境下的信道则在 10^{-7} 的量级上。

无线信道是线性时变信道。我们知道，线性时不变系统可以由系统传递函数 $h_{RF}(\tau)$ 所描述。但是，想要完整描述线性时变系统 $h(t, \tau)$ 就远远没这么简单了。Bello 在相关书籍[12]中对时变信道进行了研究，定义了一系列系统函数。这里省去了这些讨论，有兴趣的读者可以参考相关文献[12]或其他信道方面的专著。我们之所以可以这样"简化"，正是因为信道是弱扩展这样一个事实。根据信道的相关时间和多普勒扩展的倒数关系，可以把弱扩散的条件表示为 $T_d \ll T_c$。也就是说，在时延扩展的时间内，信道是不会剧烈变化的。对于移动系统的设计者来说，信道是弱扩散这一性质的重要指导意义在于：在某一段时间内，可以把信道看作是时不变的。显然，这一性质将极大地方便我们的理论分析，而第 5 章介绍的 OFDM 系统则可以看作是这个性质的一个应用。

2.3.2 统计信道模型

我们在第2.3.1节中介绍了无线信道的物理模型。通过从 $h_{RF}(t, \tau)$ 到 $h_{BB}(t, \tau)$ 再到 $h_\ell[m]$ 的推导过程，读者可以从中看到无线信道的一些属性（如时延扩展、角度扩展等）以及系统参数本身（如系统带宽、移动速度等）是如何共同决定 $h_\ell[m]$ 的特性的。尽管这个过程有助于我们对概念的理解，但是从通信系统的分析角度讲，我们并不会很关心信道的不同径在物理上是如何传播和相互作用的，而会更关心信道的统计特性。因此，我们将在本节研究信道的统计模型。

2.3.2.1 Clarke 模型与瑞利衰落信道

在众多信道的数学统计模型中，最有代表性的就是 Clarke 模型了[13]。

考虑下面这样一个基于散射的二维信道模型[†]：在发送端和接收端的附近存在大量的散射体（称为本地散射体），第 n 条散射路径的幅度为 a_n，（水平）入射角为 θ_n。另外，所有散射体产生的多径信号相对时延很小，在接收机是不可分辨的（换句话说 Clarke 模型研究的是平坦衰落信道）。在这个模型下，可以把等效基带信道表示为[‡]

$$h_{\mathrm{BB}}(t) = \sum_{n=0}^{N-1} a_n \mathrm{e}^{-\mathrm{i}(2\pi f_m \cos\theta_n t + \phi_n)} \delta(\tau - \tau(t)) \tag{2.28}$$

若定义：

$$h(t) = h_I(t) + \mathrm{i}\, h_Q(t) := \sum_{n=0}^{N-1} a_n \mathrm{e}^{-\mathrm{i}(2\pi f_m \cos\theta_n t + \phi_n)} \tag{2.29}$$

上式中，ϕ_n 表示第 n 径的随机相位；而 $a_n \mathrm{e}^{-\mathrm{i}2\pi f_m \cos\theta_n t}$ 则反映了当入射角为 θ_n，移动速度为 v 时的多普勒频移（见例子2.2）。在 Clarke 模型中，假设：

- $a_n = 1/\sqrt{N}$
- 不同径的 θ_n 彼此独立，服从均匀分布 $\mathcal{U}(0, 2\pi)$；
- 不同径的 ϕ_n 彼此独立，服从均匀分布 $\mathcal{U}(0, 2\pi)$。

如图2-12所示，宏蜂窝环境中，当移动台周围有丰富的散射环境且没有直达路径时，假设到达角度服从均匀分布是合理的。

不难证明，$h(t)$ 具有以下统计特性（作为例子，在附录中给出式(2.35)的详细推导）：

$$\mathbb{E}\left[h_I(t)\right] = \mathbb{E}\left[h_Q(t)\right] = 0 \tag{2.30}$$

$$\mathbb{E}\left[h_I^2(t)\right] = \mathbb{E}\left[h_Q^2(t)\right] = 1/2 \tag{2.31}$$

$$R_{h_I h_Q}(\tau) = \mathbb{E}\left[h_I(t)h_Q(t+\tau)\right] = 0 \tag{2.32}$$

$$R_{h_Q h_I}(\tau) = \mathbb{E}\left[h_Q(t)h_I(t+\tau)\right] = 0 \tag{2.33}$$

$$R_{h_I h_I}(\tau) = R_{h_Q h_Q}(\tau) = \frac{1}{2}J_0(2\pi f_m \tau) \tag{2.34}$$

$$R_{hh}(\tau) = \mathbb{E}\left[h^*(t)h(t+\tau)\right] = J_0(2\pi f_m \tau) \tag{2.35}$$

[†]Clarke 模型只考虑水平入射角度，因此被称为二维模型。

[‡]为了不失一般性，在此用等效基带的连续时间信道来讨论 Clarke 模型。其结论经过采样后将适用于等效基带离散时间模型[14]。

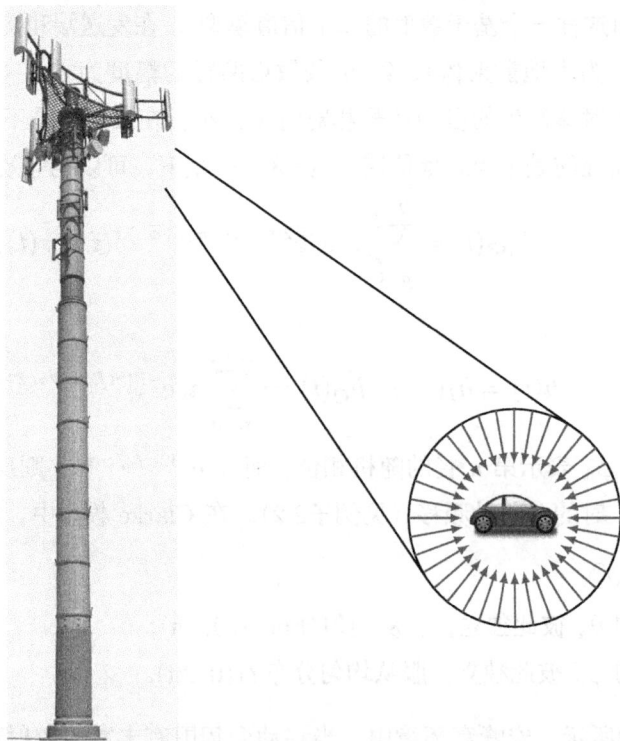

图 2-12　Clarke 模型的图示

在第 1 章中我们知道，可以通过自相关函数 $R_{hh}(\tau)$ 的傅立叶变换得到功率谱密度 $S_{hh}(f)$。在[13]中 Clarke 给出了另外一种计算多普勒频谱的方法。从例子2.2中我们知道：当入射角度为 θ 时，会在频率 $f(\theta) = f_m \cos\theta$ 处产生频移。若 θ 的概率分布为 $p(\theta)$，则入射角度在 $\theta + \mathrm{d}\theta$ 范围内的概率为 $p(\theta)\,\mathrm{d}\theta$（假设 $\mathrm{d}\theta$ 很小）。为了方便研究接收功率，让我们假设接收天线在角度 θ 处的增益为 $G(\theta)$。这时，$G(\theta)p(\theta)\,\mathrm{d}\theta$ 所对应的功率为

$$S(f)|\,\mathrm{d}f| = (G(\theta)p(\theta) + G(-\theta)p(-\theta))|\,\mathrm{d}\theta|$$

需要说明的是，上式中出现 $-\theta$ 项的原因是因为 $f(\theta) = f(-\theta)$。也就是说 $\pm\theta$ 入射角所对应的频移都是 $f(\theta)$。

根据 $f(\theta) = f_m \cos\theta$，可得：

$$|\,\mathrm{d}f| = f_m|-\sin\theta\,\mathrm{d}\theta| = \sqrt{f_m^2 - f^2}|\,\mathrm{d}\theta|$$

由上面两个公式，可以得到如下功率谱密度和入射角度及天线增益间的表达式：

$$S(f) = \frac{1}{\sqrt{f_m^2 - f^2}}(G(\theta)p(\theta) + G(-\theta)p(-\theta)) \tag{2.36}$$

其中 $\theta = \cos^{-1}(f/f_m)$，且当 $|f| > f_m$ 时 $S(f) = 0$。

有了式(2.36)，让我们看看当 $G(\theta) = 1$（即移动台采用全向天线）时，Clarke 模型所对应的功率谱密度。将 $G(\theta) = 1$ 和 $p(\theta) = 1/2\pi$ 代入到式(2.36)中，有：

$$S(f) = \begin{cases} \frac{1}{\pi\sqrt{f_m^2 - f^2}} & \text{当} |f| \leqslant f_m, \\ 0 & \text{其他} \end{cases} \tag{2.37}$$

式(2.37)在信道研究中往往被称作"经典"多普勒频谱，其形状如图2-13所示。

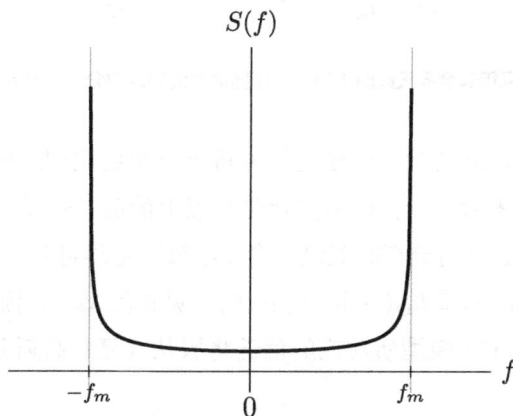

图 2-13　Clarke 模型下的多普勒频谱

需要指出的是：尽管经典多普勒频谱在通信领域耳熟能详，但读者还是需要记住它所对应的三个条件：（1）电磁波的传播发生在二维平面内，而接收机位于散射区域的中心；（2）到达接收天线的来波入射角均匀分布在 $[0, 2\pi)$ 之间，$p(\theta) = 1/2\pi$；（3）接收天线是全向天线 $G(\theta) = 1$。在实际应用中，任何违反这三个假设的情形都将对应于不同形状的多普勒频谱。如图2-14所示：在左图中，接收天线在某段角度 Δ 内的增益为 1，其余角度为 0；在右图中，入射角度不是 360° 均匀分布时。无论是上述两种情况中的哪一种，都不完全符合 Clarke 模型中的三个条件，因此我们可以从图中看到它们所对应的多普勒频谱也不再是经典多普勒的形式了。

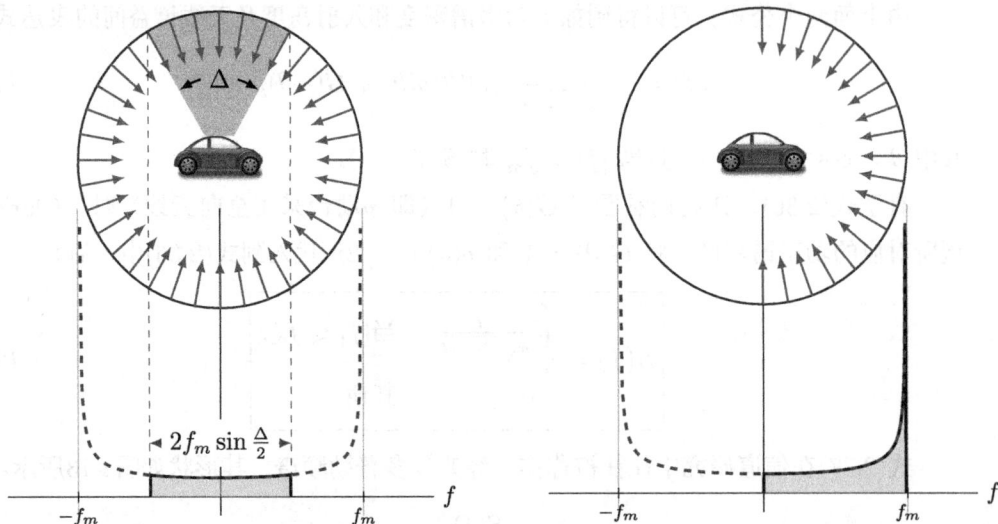

图 2-14 采用非全向天线时（左图）或到达角度非均匀分布时的多普勒频谱（右图）

上面自相关函数以及功率谱密度的分析可以帮助我们理解信道在时间轴上是如何变化的。下面我们来看看，在任何固定时间点上信道又是呈现出什么性质。由 Clarke 模型中关于相位的独立同分布的假设，由中心极限定理可知，$h_I(t)$ 和 $h_Q(t)$ 为高斯随机过程。又因为 $h_I(t)$ 和 $h_Q(t)$ 是不相关的（见式(2.32)），因此它们是独立的。因此，对于任何时刻，Clarke 模型所对应的信道将服从（复）高斯分布，且实部和虚部相互独立：

$$h \sim \mathcal{N}(0, \tfrac{1}{2}) + \mathrm{i}\,\mathcal{N}(0, \tfrac{1}{2}) \sim \mathcal{CN}(0, 1)$$

$h(t)$ 的包络 $\alpha := |h(t)| = \sqrt{h_I^2(t) + h_Q^2(t)}$ 服从瑞利分布：

$$f_\alpha(x) = \frac{x}{\sigma^2}\mathrm{e}^{-\frac{x^2}{2\sigma^2}}, \quad (\sigma^2 = 1/2), \quad 0 \leqslant x < \infty \tag{2.38}$$

这就是人们常说的瑞利衰落信道。其功率 $\alpha^2 = |h(t)|^2$ 服从指数分布：

$$f_{\alpha^2}(x) = \frac{1}{2\sigma^2}\mathrm{e}^{-\frac{x}{2\sigma^2}}, \quad x \geqslant 0 \tag{2.39}$$

2.3.2.2 莱斯（Rice）信道模型

Clarke 模型中的一个重要假设就是信道不存在直达路径。在某些环境（如城市环境）中，移动台和基站之间被建筑物等所阻挡，这个假设是合理的。但是，在另外一些环境这个假设可能就不是很合理了。比如在郊区环境中，基站天线可能架在高塔上，传播环境中也不会有高大建筑阻挡直达路径。在通信中，莱斯信道模型就是用于对既有散射路径，又有直达路径的信道建模，如图2-15所示。

在莱斯信道中，到达角度 θ 的分布可以表示为：

$$p(\theta) = \frac{1}{K+1}\hat{p}(\theta) + \frac{K}{K+1}\delta(\theta - \theta_0)$$

其中 $\hat{p}(\theta)$ 表示散射径的到达角分布，与 Clarke 模型一样，服从均匀分布 $\mathcal{U}(0, 2\pi)$；θ_0 为直达路径的到达角；K 用于表示直达路径与散射路径的能量比值。由式(2.36)和式(2.37)，不难得出：

$$S(f) = \begin{cases} \frac{1}{K+1}\frac{1}{\pi\sqrt{f_m^2 - f^2}} + \frac{K}{K+1}\delta(f - f_m\cos\theta_0) & \text{当}|f| \leqslant f_m, \\ 0 & \text{其他} \end{cases} \tag{2.40}$$

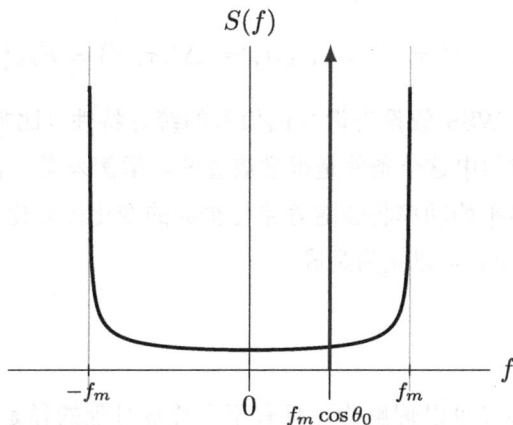

图 2-15　莱斯信道的多普勒频谱

对于莱斯信道，h 的概率分布可以表示为：

$$h \sim \sqrt{\frac{K}{K+1}}\mathrm{e}^{j2\pi f_m\cos\theta_0} + \sqrt{\frac{1}{K+1}}\mathcal{CN}(0, 1)$$

2.3.2.3 WSSUS 假设

如果我们考虑一个包含 L 条可分辨径的多径时变信道：

$$h(t, \tau) = \sum_{\ell=0}^{L-1} h_\ell(t) \, \delta(\tau - \tau_\ell)$$

我们之前曾提及要想完整地描述这样一个线性时变系统并不是一件很"容易"的事[12]。在无线信道的研究中，我们经常会看到所谓的**广义平稳非相关散射信道模型**。该模型包含了广义平稳（WSS）和非相关散射（US: uncorrelated scatters）两个层次。

广义平稳假设

通过第 1 章1.2.1节的学习，我们知道在广义平稳随机过程中，二阶统计特性不依赖具体的时间 t, t'，而只与时间差 $\Delta t = t' - t$ 有关[†]。对于信道模型，若定义自相关函数：

$$R_{hh}(t, t', \tau, \tau') := \mathbb{E}\left[h^*(t, \tau)h(t', \tau')\right] \tag{2.41}$$

那么广义平稳的假设下，有：

$$R_{hh}(t, t', \tau, \tau') = R_{hh}(t, t + \Delta t, \tau, \tau') = R_{hh}(\Delta t, \tau, \tau') \tag{2.42}$$

数学意义下，WSS 假设告诉我们信号的统计特性（比如信道增益）不随时间变化。显然在实际应用中这个条件是很难成立的。举例来说，若移动台移动了很大一段距离之后，信号的平均功率将会随着路径损耗的变化而变化。因此 WSS 假设只在很短的距离上（$\sim 10\lambda$）可以认为是成立的[15]。

非相关散射假设

非相关散射假设可以理解为：具有不同传输时延的径是相互不相关的。相应地，可以把自相关函数表示为

$$R_{hh}(t, t', \tau, \tau') = P_h(t, t', \tau)\delta(\tau - \tau') \tag{2.43}$$

[†] 为方便起见，假设信道的均值为 0。

的形式。

广义平稳非相关散射

将上面两个假设一起考虑，就得到广义平稳非相关散射模型下的自相关函数：

$$R_{hh}(t, t', \tau, \tau') = P_h(\Delta t, \tau)\delta(\tau - \tau')$$ (2.44)

需要指出的是：尽管 WSSUS 假设在实际无线环境下只在特定条件下才成立，但是却是一个非常流行的假设。特别地，在瑞利信道下，WSSUS 假设意味着多径间都彼此独立。

2.3.3 无线信道的计算机仿真

在对物理信道进行建模并分析其统计特性之后，就需要在一定的实现复杂度基础上采用计算机或硬件的方法来"实现"统计信道模型。尽管当今的商用软件甚至一些开源软件都提供现成的信道产生的程序函数，但适当地理解信道仿真的机理还是有意义的。我们将从平坦衰落信道开始，然后推广到频率选择性信道。

2.3.3.1 平坦衰落信道的仿真

在无线系统的研究及标准化过程中，经典功率谱（式(2.37)）是最常用的假设了。在众多方法中，我们将介绍相对比较流行的正弦波相加法和滤波法。

- **正弦波相加方法**

在众多用正弦波相加法产生衰落信道的模型中，Jakes 模型[16]最具有代表性了。在[16]之后，学者们对 Jakes 模型进行了改进，使其统计特性更接近理想情况（有兴趣的读者可以参见相关书籍[17, 18, 19]）。在文献[18]中，

$$\tilde{h}_I(t) = \frac{1}{\sqrt{N}} \sum_{n=1}^{N} \cos(2\pi f_m t \cos \alpha_n + \phi_n)$$ (2.45)

$$\tilde{h}_Q(t) = \frac{1}{\sqrt{N}} \sum_{n=1}^{N} \sin(2\pi f_m t \cos \alpha_n + \phi_n)$$ (2.46)

式中

$$\alpha_n = \frac{2\pi n - \pi + \theta_n}{2N}, \quad n = 1, \ldots, N$$

其中 θ_n 和 ϕ_n（对于所有 n）服从 $\mathcal{U}(0, 2\pi)$、且相互独立。[18]证明该模型的统计特性与 Clarke 模型一致。

- **高斯滤波法**

我们在第 1 章中知道：具有功率谱密度 $S_X(f)$ 的输入信号通过线性时不变系统 $H(f)$ 后，其输出信号的功率谱密度 $S_Y(f) = S_X(f)|H(f)|^2$。因此，若想得到某个特定的 $S_Y(f)$，可以通过设计 $S_X(f)$ 和 $H(f)$ 的组合来实现。为了得到满足给定多普勒频谱的瑞利衰落信道，通常的做法是将输入选为白高斯噪声，这样就保证输出的 I，Q 两路仍为高斯，其包络服从瑞利分布；多普勒频谱则由滤波器实现。

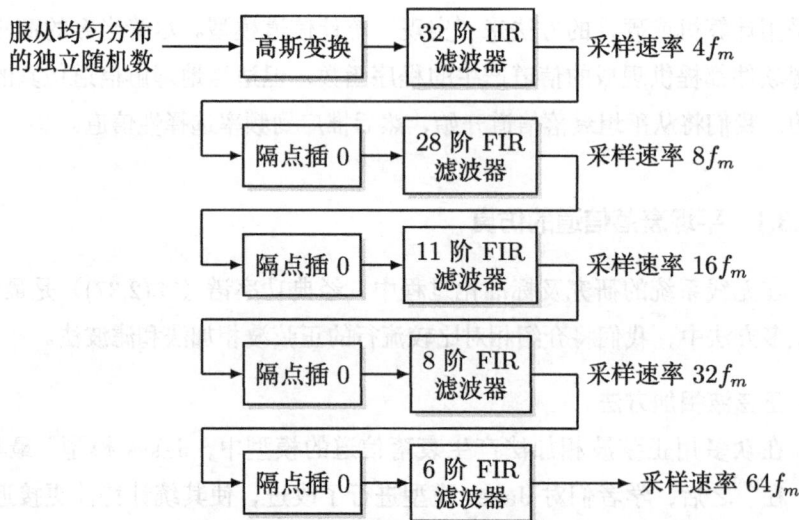

图 2-16 JTC 信道模型

在工业界被广泛采用的 JTC 模型[20]就是上面方法的一个具体实现方式。如图2-16所示，JTC 模型中[21]由一连串的滤波器组成，其中第一个滤波器的作用是将输入的独立、且具有相同均匀分布的随机数据流通过变换得到高斯分布（如果我们可以直接产生独立同高斯分布的随机数据，则可省略掉这一步）；第二个滤波器是多普勒成型滤波器。如图2-17所示，该滤波器系数的设计目标则是让其输出得到如式(2.37)那样的功率谱。在经过成型滤波之后，就得到了幅度服从高斯分布，又具有经典功率谱密度的信道了。而接下来的一系列插值滤波器的目的是为了得到更高的采样频率†。

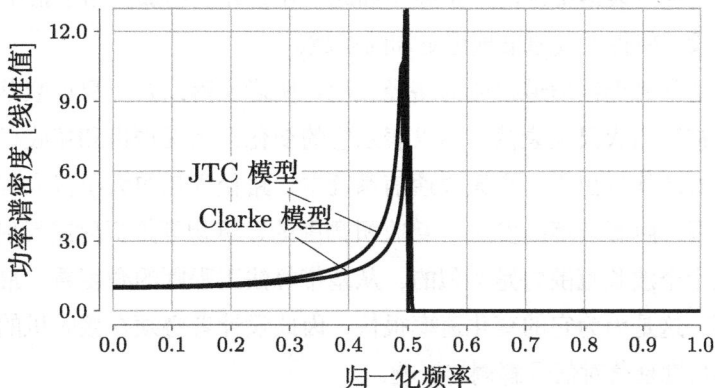

图 2-17 JTC 信道模型中 IIR 滤波器的功率谱与经典谱（式(2.37)）的比较

2.3.3.2 频率选择性衰落信道的仿真

上文介绍的信道仿真模型都是用于仿真平坦衰落信道的（即信道只有一条可分辨径）。对于频率选择性衰落信道的仿真，普遍做法是分别（独立的）产生各个可分辨径，然后对输入信号延时、相乘、再相加。这就是人们常说的抽头时延线（tap-delay-line）模型，如图2-18所示。

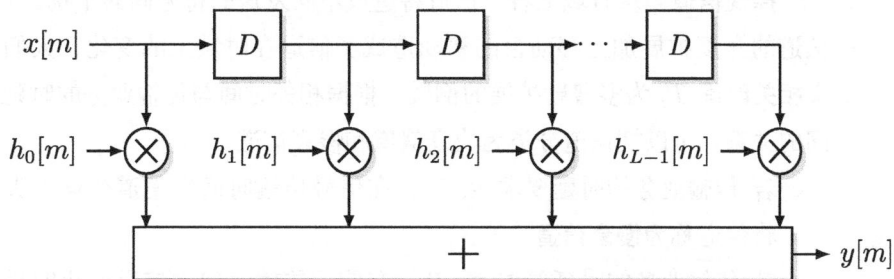

图 2-18 频率选择性衰落信道的抽头时延线模型

---

†关于 IIR/FIR 滤波器的比较以及插值滤波器的原理等超出了本书的讨论范围。有兴趣的读者可以参考[22]。

2.4 本章小结

人们常说"风险与机遇并存"。在无线通信世界中，很大程度上的风险（通信不可靠）都是由信道衰落带来的。正因为如此，才会开发出那些用于抵抗／利用信道衰落的各种手段，使得无线通信理论更加的有趣。

人们通常将无线信道描述为路径损耗、阴影衰落以及小尺度衰落的综合结果。路径损耗亦被称为大尺度衰落，用以表示它的变化只当发送机和接收机之间的距离发生很大变化时才体现出来。在无线通信系统中，路径损耗的大小很大程度上决定了基站的覆盖范围。阴影衰落由发送／接收机周围的建筑物等的折射或反射所决定，通常其变化在几十个波长范围内是类似的。从基带算法工程师的角度看，最具有挑战的是小尺度衰落，这是因为它的变化速率很快，因此设计者必须在接收机的设计中有针对性地考虑小尺度衰落对信号解调的影响。

本章重要概念

- 信道的多径传播造成了信道在频域上的变化，人们习惯定义**相关带宽** W_c 为信道时延扩展的倒数。然而，这种变化是否会对信号传输带来影响还取决于信号的带宽 W：
  - ◇ 若 $W < W_c$，在信号带宽范围上信道变化不大，我们将信道称为**频率非选择性信道**。从时域上看，信道对信号的影响将会是一个乘性因子。
  - ◇ 若 $W > W_c$，在信号带宽范围上信道变化明显，我们将信道称为**频率选择性信道**。从时域上看，信道将造成不同发送的符号间的干扰。
- 信道的角度扩展加上移动台的移动造成了信道在时域上的变化，人们习惯定义**相关时间** T_c 为多普勒扩展的倒数。根据相关时间与传输业务的时延要求之间的关系，可以把信道分类为快衰信道和慢衰信道：
  - ◇ 若 传输业务的时延要求 $\ll T_c$，在信号传输时间内信道变化不大，我们将信道称为**慢衰信道**。
  - ◇ 若 传输业务的时延要求 $\gg T_c$，在信号传输时间内信道变化明显，我们将信道称为**快衰信道**。
- 尽管移动信道在频域和时域都会产生变化，但是在工作区间上，移动信道体现出弱扩散性——无线信道不会同时在时域和频域都变化得很剧烈。

- 在工程上，人们往往通过计算机仿真来对信道的时域／频域变化进行建模。

- 在学术界，人们经常采用所谓的独立瑞利信道模型（i.i.d. Rayleigh fading）。这里

$$h[m] \sim \mathcal{N}(0, 1/2) + \mathrm{i}\mathcal{N}(0, 1/2) \sim \mathcal{CN}(0, 1)$$

且不同的 m，$\{h[m]\}$ 相互独立。

附录 I：射频（带通）信号的等效基带表示

如图2-19所示，在无线通信中，受到规范标准的限制，空中接口中的发射信号 $x_{RF}(t)$ 是能量集中在 $[f_c - W/2, f_c + W/2]$ 频率范围内的射频信号。尽管信道本身可以承载更宽的频率信号，但是从接收机来看，我们只关心承载着用户信息的频率部分（如图2-20所示）。换句话说，接收机所关心的接收信号 $y_{RF}(t)$ 也是带通信号。

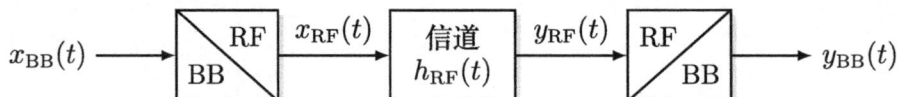

图 2-19　无线通信理论中的射频（带通）系统和其对应的等效基带模型

在数学上，如图2-20所示，射频（带通）信号的时域和频域的输入／输出关系式可以分别表示如下：

$$y_{RF}(t) = x_{RF}(t) \star h_{RF}(t) = \int_{-\infty}^{+\infty} h_{RF}(\tau) x_{RF}(t - \tau)\, d\tau \tag{2.47}$$

$$Y_{RF}(f) = H_{RF}(f) X_{RF}(f) \tag{2.48}$$

空中接口的 $x_{RF}(t), h_{RF}(t)$ 和 $y_{RF}(t)$ 都是实数信号。根据傅立叶变换的性质可知：任一实数信号 $s(t)$，其频域响应在频谱上是共轭对称的 $S^*(-f) = S(f)$。因此，正频率部分 $[f_c - W/2, f_c + W/2]$ 可以完全表示实数信号的信息。

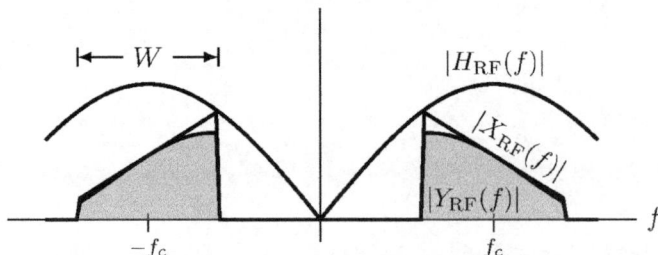

图 2-20　射频信号经过信道的响应示意

射频（带通）信号的等效基带表示的目的就是把信号和信道从 $[f_c - W/2, f_c + W/2]$ "搬移" 到基带 $[-W/2, +W/2]$，并且保证基带系统能够反映带通系统的特性。

72

为了完成这个任务，需要从 $x_{\mathrm{RF}}(t), h_{\mathrm{RF}}(t)$ 和 $y_{\mathrm{RF}}(t)$ 出发，寻找服从

$$y_{\mathrm{BB}}(t) = x_{\mathrm{BB}}(t) \star h_{\mathrm{BB}}(t) = \int_{-\infty}^{+\infty} h_{\mathrm{BB}}(\tau) x_{\mathrm{BB}}(t - \tau)\,\mathrm{d}\tau \qquad (2.49)$$

$$Y_{\mathrm{BB}}(f) = H_{\mathrm{BB}}(f) X_{\mathrm{BB}}(f) \qquad (2.50)$$

的输入／输出关系式的基带信号表示 $x_{\mathrm{BB}}(t), h_{\mathrm{BB}}(t)$ 和 $y_{\mathrm{BB}}(t)$。

下面就来寻找带通系统的"等效基带系统"，因此下面需要解决三个问题：

1. 对于任何的带通信号 $x_{\mathrm{RF}}(t)$（$y_{\mathrm{RF}}(t)$），找到对应的信号的基带表示 $x_{\mathrm{BB}}(t)$（$y_{\mathrm{BB}}(t)$）。

2. 对于带通信道 $h_{\mathrm{RF}}(t)$，找到对应的信道的基带表示 $h_{\mathrm{BB}}(t)$。

3. 最重要的是，等效基带系统应该可以反映带通系统的特性。换句话说，式(2.48)所对应的等效基带应该满足式(2.50)。

在余下的篇幅里就来推导这种关系。在数学推导过程中用到傅立叶变换。为了方便，我们在此对接下来需要用到的几个傅立叶变换的性质做一简单总结。

概念 2.3　傅立叶变换小结

傅立叶变换是研究信号在时域和频域之间变换时最常使用的数学工具。通常用符号 $s(t) \overset{\mathcal{F}}{\longleftrightarrow} S(f)$ 来表示傅立叶变换对，其具体定义为：

$$S(f) = \int_{-\infty}^{+\infty} s(t)\mathrm{e}^{-\mathrm{i}2\pi ft}\,\mathrm{d}t \quad \overset{\mathcal{F}}{\longleftrightarrow} \quad s(t) = \int_{-\infty}^{+\infty} S(f)\mathrm{e}^{\mathrm{i}2\pi ft}\,\mathrm{d}f$$

在上面的定义式中，$s(t)$ 和 $S(f)$ 可以是复数信号。根据定义，不难得到如下的一些性质：

- $s^*(t) \overset{\mathcal{F}}{\longleftrightarrow} S^*(-f)$
- $s^*(-t) \overset{\mathcal{F}}{\longleftrightarrow} S^*(f)$
- $s(t)\mathrm{e}^{\mathrm{i}2\pi f_c t} \overset{\mathcal{F}}{\longleftrightarrow} S(f - f_c)$

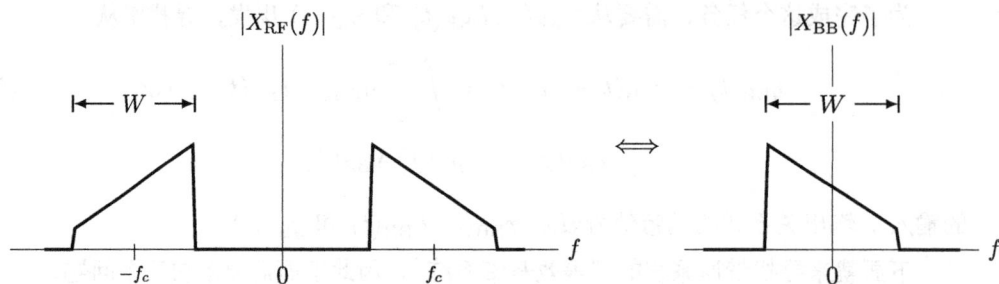

图 2-21 发送信号 $X_{\mathrm{RF}}(f)$ 与 $X_{\mathrm{BB}}(f)$ 的关系

带通信号的等效基带表示

先来看发送信号。如图2-21所示，首先将 $X_{\mathrm{RF}}(f)$ 的正频率部分定义为 $X_{\mathrm{RF}}^{+}(f)^{\dagger}$：

$$X_{\mathrm{RF}}^{+}(f) := \begin{cases} 2X_{\mathrm{RF}}(f) & \text{当 } f > 0, \\ 0 & \text{其他} \end{cases} \tag{2.51}$$

然后把 $X_{\mathrm{RF}}^{+}(f)$ 向左平移 f_c，得到

$$X_{\mathrm{BB}}(f) := \frac{1}{\sqrt{2}} X_{\mathrm{RF}}^{+}(f - f_c) \tag{2.52}$$

如图2-21所示，$X_{\mathrm{RF}}^{+}(f)$ 的能量在 f_c 附近，而 $X_{\mathrm{BB}}(f)$ 则在 0 频附近，因此 $X_{\mathrm{BB}}(f)$ 确实为基带信号。又因为 $X_{\mathrm{BB}}(f)$ 含有 $X_{\mathrm{RF}}(f)$ 的正频率部分的所有信息，$X_{\mathrm{BB}}(f)$ 就是 $X_{\mathrm{RF}}(f)$ 的等效基带表示。

有了频域关系式(2.51)和式(2.52)，让我们再来看看对应的时域关系式。从式(2.52)可知：

$$X_{\mathrm{RF}}(f) = \frac{X_{\mathrm{BB}}(f - f_c) + X_{\mathrm{BB}}^{*}(-f - f_c)}{\sqrt{2}} \tag{2.53}$$

$\dagger$在下面的公式中我们会加入一些常数因子，主要是为了保证不同信号的表示方法下的能量相同，比如 $\int_{-\infty}^{+\infty} |X_{\mathrm{RF}}(f)|^2 \, \mathrm{d}f = \int_{0}^{+\infty} |X_{\mathrm{RF}}^{+}(f)|^2 \, \mathrm{d}f$。请注意不同的文献中可能使用不同的常数因子。尽管如此，大家想要表达的概念是相同的。

对上式两边取傅立叶逆变换可得[†]:

$$x_{\text{RF}}(t) = \sqrt{2}\,\Re\{x_{\text{BB}}(t)\mathrm{e}^{\mathrm{i}2\pi f_c t}\} \tag{2.54}$$

信道的等效基带表示

再来看信道。如图2-20所示，从发送和接收信号的角度考虑，信道的等效基带表示至少在 $[-W/2, W/2]$ 范围上必然对应 $H_{\text{RF}}(f)$ 在 $f \in [f_c - W/2, f_c + W/2]$ 的取值。仿照上面的谈论，可以把 $H_{\text{RF}}(f)$ 的正频率部分向左"平移" f_c（如图2-22所示），从而得到等效基带的信道表示。

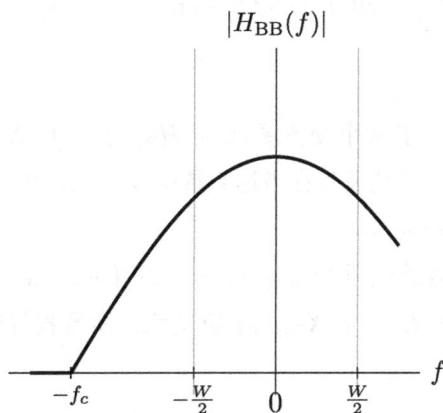

图 2-22 信道的等效基带 $H_{\text{BB}}(f)$ 的示意

我们不难验证下面的等式：

$$H_{\text{RF}}(f) = H_{\text{BB}}(f - f_c) + H_{\text{BB}}^*(-f - f_c) \tag{2.55}$$

在时域对应于

$$h_{\text{RF}}(t) = 2\,\Re\{h_{\text{BB}}(t)\mathrm{e}^{\mathrm{i}2\pi f_c t}\} \tag{2.56}$$

[†]等式右边的 $\sqrt{2}\Re\{x_{\text{BB}}(t)\mathrm{e}^{\mathrm{i}2\pi f_c t}\} = \frac{\sqrt{2}}{2}(x_{\text{BB}}(t)\mathrm{e}^{\mathrm{i}2\pi f_c t} + x_{\text{BB}}^*(t)\mathrm{e}^{-\mathrm{i}2\pi f_c t})$，其傅立叶变换为 $\frac{\sqrt{2}}{2}(X_{\text{BB}}(f - f_c) + X_{\text{BB}}^*(-f - f_c))$。

等效性

下面，就来验证等效基带表示是否能够真正体现射频（带通）系统的特性。将式(2.53)、式(2.55)代入式(2.48)中：

$$
\begin{aligned}
Y_{\mathrm{RF}}(f) &= H_{\mathrm{RF}}(f)X_{\mathrm{RF}}(f) \\
&= \Big(H_{\mathrm{BB}}(f-f_c) + H_{\mathrm{BB}}^*(-f-f_c)\Big)\frac{X_{\mathrm{BB}}(f-f_c) + X_{\mathrm{BB}}^*(-f-f_c)}{\sqrt{2}} \\
&\overset{(a)}{=} \frac{1}{\sqrt{2}}\Big(H_{\mathrm{BB}}(f-f_c)X_{\mathrm{BB}}(f-f_c) + H_{\mathrm{BB}}^*(-f-f_c)X_{\mathrm{BB}}^*(-f-f_c)\Big) \\
&\overset{(b)}{=} \frac{1}{\sqrt{2}}\Big(Y_{\mathrm{BB}}(f-f_c) + Y_{\mathrm{BB}}^*(-f-f_c)\Big)
\end{aligned}
$$

其中：

- (a) 式中我们忽略了两个交叉乘积项 $H_{\mathrm{BB}}(f-f_c)X_{\mathrm{BB}}^*(-f-f_c)$ 和 $H_{\mathrm{BB}}^*(-f-f_c)X_{\mathrm{BB}}(f-f_c)$。这是因为在带通系统中 $f_c > W/2$，此时上述交叉乘积项在频率轴无交集因此乘积为 0。
- (b) 式所对应的时域信号为 $y_{\mathrm{RF}}(t) = \sqrt{2}\,\Re\{y_{\mathrm{BB}}(t)\mathrm{e}^{\mathrm{i}2\pi f_c t}\}$；而推导过程中隐含的关系式 $Y_{\mathrm{BB}}(f) = H_{\mathrm{BB}}(f)X_{\mathrm{BB}}(f)$ 正是我们所要找寻的等效基带输入 / 输出关系式(2.50)。

等效基带表示的意义

现在我们已经找到了带通系统的等效基带表示。这种等效关系不仅有着理论意义，而且有着现实意义。比如说当我们需要通过计算机对通信系统进行仿真时，我们可以在等效基带模型下建模，从而大大简化仿真的复杂度。还有，在等效意义下，我们可以把很多在射频部分需要的一些特性（比如一些滤波器等等）在基带通过数字信号处理的方式来完成。在当今无线通信所追求的多模多频趋势下，这种通过基带操作达到射频目的可能性就显得越发重要了。

附录 II: $R_{hh}(\tau)$ 的计算

$R_{hh}(\tau)$

$$= \mathbb{E}\left[h^*(t)h(t+\tau)\right]$$

$$= \frac{1}{N}\mathbb{E}\left[\sum_{n=0}^{N-1}\sum_{m=0}^{N-1} \mathrm{e}^{\mathrm{i}(\phi_n-\phi_m)} \mathrm{e}^{\mathrm{i}2\pi f_m(\cos\theta_n t-\cos\theta_m(t+\tau))}\right]$$

$$\stackrel{(a)}{=} \frac{1}{N}\sum_{n=0}^{N-1}\sum_{m=0}^{N-1} \mathbb{E}\left[\mathrm{e}^{\mathrm{i}(\phi_n-\phi_m)}\right]\mathbb{E}\left[\mathrm{e}^{\mathrm{i}2\pi f_m(\cos\theta_n t-\cos\theta_m(t+\tau))}\right]$$

$$\stackrel{(b)}{=} \frac{1}{N}\sum_{n=0}^{N-1}\mathbb{E}\left[\mathrm{e}^{-\mathrm{i}2\pi f_m(\cos\theta_n \tau)}\right]$$

$$\stackrel{(c)}{=} \int_{-\pi}^{\pi} \mathrm{e}^{-\mathrm{i}2\pi f_m(\cos\theta\tau)}\frac{1}{2\pi}\,\mathrm{d}\theta \qquad (2.57)$$

$$= \frac{1}{2\pi}\int_{-\pi}^{\pi}\cos(2\pi f_m(\cos\theta\tau))\,\mathrm{d}\theta - \mathrm{i}\frac{1}{2\pi}\int_{-\pi}^{\pi}\sin(2\pi f_m(\cos\theta\tau))\,\mathrm{d}\theta$$

$$= \frac{1}{\pi}\int_{0}^{\pi}\cos(2\pi f_m(\cos\theta\tau))\,\mathrm{d}\theta - \mathrm{i}\frac{1}{2\pi}\int_{-\pi}^{\pi}\sin(2\pi f_m(\cos\theta\tau))\,\mathrm{d}\theta$$

$$= \frac{1}{\pi}\int_{0}^{\pi}\cos(2\pi f_m(\cos\theta\tau))\,\mathrm{d}\theta$$

$$\stackrel{(d)}{=} J_0(2\pi f_m\tau)$$

在上面的式中:

- (a) 成立是因为 ϕ 和 θ 相互独立。
- (b) 成立是因为只有当 $n=m$ 时, $\mathbb{E}\left[\mathrm{e}^{\mathrm{i}(\phi_n-\phi_m)}\right]=1$; 其余时候为 0。
- (c) 成立是因为我们假设 θ 服从 $[0,2\pi)$ 均匀分布。
- (d) 成立是由于零阶第一类贝塞尔函数 (Bessel function) 的定义:

$$J_0(x) := \frac{1}{\pi}\int_{0}^{\pi}\cos(x\cos\theta)\,\mathrm{d}\theta \qquad (2.58)$$

3 调制与解调

作为无线通信的从业者，想必对英文单词 modem 一定不陌生。这个单词来自于调制（modulation）与解调（demodulation）。本章中，我们就来学习什么是调制，什么是解调，以及在调制／解调过程中的一些关键概念。

3.1 数字系统中的调制／解调模型

如图3-1所示，数字通信系统中的调制／解调模型由发送端的调制器、信道和接收机的解调器三部分组成。

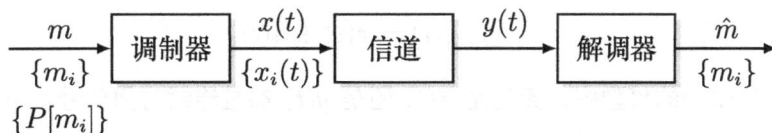

图 3-1 移动通信系统中的发送与接收

- **发送端的调制过程**

不失一般性，我们可以用如下的数学模型来描述信息的产生。每 T_s 时间，信源产生一个随机信息 m，并且假设 m 总共有 M 种可能的取值 $\{m_0, \ldots, m_{M-1}\}$。发送端数字调制的过程就是将数据 m 转化成适合在信道中传输的波形 $x(t)$ 发往接收机。比如说在移动通信中，系统都工作在载频 f_c 附近并占有有限的带宽 W，因此调制器的任务之一就是确保 $x(t)$ 的频谱在 $[f_c - W/2, f_c + W/2]$ 范围。

- **信道**

  相比于有线系统，移动通信系统的一个最大特点就是信道的复杂性了。数学上我们可以把信道对发送信号的作用表示为

  $$y(t) = x(t) \star h(t,\tau) + n(t) \tag{3.1}$$

  式中 $\star$ 表示卷积操作。信道 $h(t,\tau)$ 对发送信号的影响不但是幅值改变、还可能造成时间上的延迟；$n(t)$ 则表示对发送信号的加性干扰。

- **接收端的解调过程**

  解调的过程与调制相反——接收机的任务就是从接收到的连续时间信号 $y(t)$ 中尽可能准确地判断出发送符号到底是 M 种可能中的哪一个。如果发送符号为 m、解调器的判决结果记为 $\hat{m}$，当 $\hat{m} \neq m$ 时，我们说判决发生了错误。最佳解调器的目标将是尽可能地对发送信息作出正确判决，即最大化正确判决概率：

  $$P(\mathcal{C}) := P(\hat{m} = m) \tag{3.2}$$

  这也等同于最小化错误判决概率：

  $$P(\mathcal{E}) := P(\hat{m} \neq m) \tag{3.3}$$

  本章中我们将只考虑单个符号在 AWGN 信道模型下的发送与接收过程，因此系统模型简化为：

  $$y(t) = x(t) + n(t) \tag{3.4}$$

在式(8.22)的模型中，无论是 $x(t)$ 还是 $y(t)$ 都是连续时间信号。由于信息本身的随机性以及由于噪声的加入，$x(t)$ 和 $y(t)$ 都是随机的，也就是第 1 章中所提到的随机过程。如果想完整地描述随机过程，需要知道任意时间点上的联合概率密度函数，这听上去像是一个不可能完成的任务。幸运的是，从通信中调制 / 解调的角度，在不会损失任何性能的前提下，可以把如图3-1所示的系统通过变换（对应于接收机的某些操作）转换为如图3-2所示的离散时间模型。

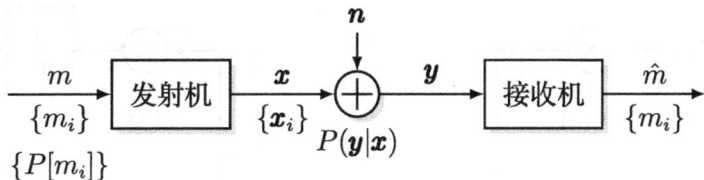

图 3-2　发送 / 接收系统的向量表示

在本章下面的篇幅中，我们就将逐一讨论：

1. 如何将连续时间模型转化为离散模型？
2. 如何设计最佳接收机以尽可能地减小错误概率 $P(\mathcal{E})$？

3.2　信号空间的概念

随机信息 m 本身有 M 种可能，由于发射波形 $x(t)$ 的目的是承载随机信息，因此 $x(t)$ 有 M 种可能，即 $x(t) = \{x_i(t), i = 0, \ldots, M-1\}$。线性空间及正交变换理论告诉我们，任何 M 个有限能量的信号都可以表示为 $N \leqslant M$ 个基函数的线性组合：

$$x_i(t) = \sum_{j=0}^{N-1} x_{i,j} \psi_j(t), \quad i = 0, \ldots, M-1 \tag{3.5}$$

其中 $\{\psi_j(t)\}$ 彼此正交。为了分析方便，人们往往还假设他们是能量归一化的，即对于所有的 $0 \leqslant j, \ell \leqslant N-1$：

$$\int_{-\infty}^{\infty} \psi_j(t)\psi_\ell(t)\,\mathrm{d}t = \delta_{j,\ell} = \begin{cases} 1, & j = \ell \\ 0, & j \neq \ell. \end{cases} \tag{3.6}$$

而式(3.5)中的系数 $x_{i,j}$ 则可以通过 $x_i(t)$ 和 $\psi_j(t)$ 的相关得到（如图3-3所示）：

$$x_{i,j} = \int_{-\infty}^{\infty} x_i(t)\psi_j(t)\,\mathrm{d}t, \quad j = 0, \ldots, N-1 \tag{3.7}$$

回到通信中的调制过程，每一个随机信息 $m_i, i = 0, \ldots, M-1$ 都将对应于一个

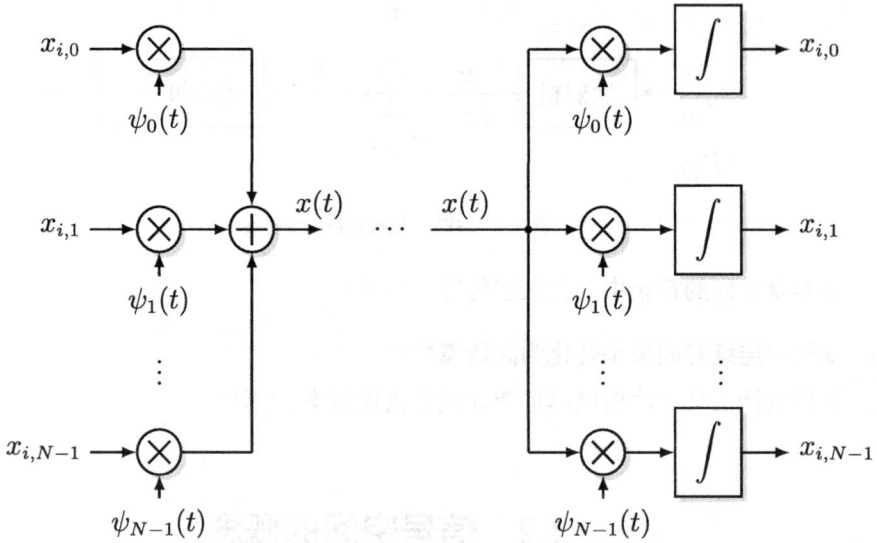

图 3-3 信号空间下 $\{x_{i,j}\}$ 与 $\{x_i(t)\}$ 的相互转换

波形 $x_i(t)$，并且这个时间波形可以由 $\boldsymbol{x}_i = (x_{i,0}, x_{i,1}, \ldots, x_{i,N-1})$ 完整描述：

$$m_i \iff x_i(t) \iff \boldsymbol{x}_i = (x_{i,0}, x_{i,1}, \ldots, x_{i,N-1})$$

将基于正交基分解的信号空间的概念应用在调制 / 解调中除了简化了系统的复杂度（比如在恢复 $x_{i,j}$ 时只需要 N 个而不是 M 个积分器）之外，也有着非常简单的计算空间信号特性的性质。比如我们不难验证：连续信号的符号能量和相对应的原始的随机符号能量是相同的：

$$E_{\mathrm{s},i} = \int_{-\infty}^{\infty} x_i^2(t)\,\mathrm{d}t = \int_{-\infty}^{\infty} \left(\sum_{j=0}^{N-1} x_{i,j}\psi_j(t)\right)^2 \mathrm{d}t = \sum_{j=0}^{N-1} x_{i,j}^2 = \|\boldsymbol{x}_i\|^2 \tag{3.8}$$

另外，空间两点间距离的计算也有着类似的关系：

$$\int_{-\infty}^{\infty} \left(x_i(t) - x_k(t)\right)^2 \mathrm{d}t = \|\boldsymbol{x}_i - \boldsymbol{x}_k\|^2 \tag{3.9}$$

下面就来看看在无线通信系统中得到广泛应用的几种调制方式。

概念 3.1 一维调制

在一维调制中只有一个基函数 $\psi_0(t)$，不同的信号通过信号的幅度不同来表示 $x_i(t) = x_i\psi_0(t)$，因此这种调制也被称为**幅度脉冲调制**（PAM，pulse amplitude modulation），如图3-4所示。有时人们用 M-PAM 来表示 M 进制 PAM 调制。不失一般性，可以把所用调制信号的集合表示为

$$\mathcal{X} := \{x_i\} = \left\{ -\frac{\Delta(M-1)}{2}, \ldots, -\frac{\Delta}{2}, \frac{\Delta}{2}, \ldots, \frac{\Delta(M-1)}{2} \right\}$$

不难计算 M-PAM 调制符号的平均能量为

$$E_s = \frac{1}{M} \sum_i |x_i|^2 = \frac{(M^2-1)\Delta^2}{12}$$

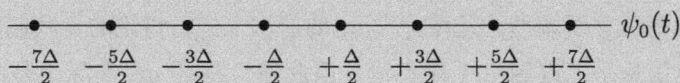

图 3-4　8-PAM 调制

当 $M = 2$ 时，人们更习惯把 2-PAM 称作 BPSK 调制（二进制相移键控），如图3-5所示。不难看出 BPSK 的平均符号能量为 E_b。

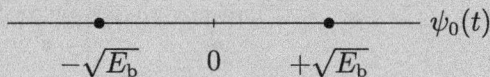

图 3-5　BPSK 调制

概念 3.2 二维调制

二维调制中有两个正交基，不同调制符号通过两个正交基的线性组合而得到。在实际应用中常见的二维调制包括 M-QAM（正交幅度调制）和 M-PSK（移相键控）。

- **M-QAM（正交幅度调制）**是通过改变两个正交基的幅值来传递信息的。复平面就是一个二维正交系统，其中它的实数轴和虚数轴就是它的两个正交基函数。借用复平面，我们可以把 M-QAM 中的每一个星座点 x_i 都理解为一个复数，而且无论它的实部还是虚部都取自于 $\sqrt{M}$-PAM。数学上可以把所

有 M-QAM 的星座点的集合表示为

$$\mathcal{X} := \{x_i\} = \left\{ \Re\{x_i\} + \mathrm{i}\Im\{x_i\} \right\}$$

而

$$\left\{\Re\{x_i\}\right\} = \left\{\Im\{x_i\}\right\} = \left\{ -\frac{\Delta(\sqrt{M}-1)}{2}, \ldots, -\frac{\Delta}{2}, \frac{\Delta}{2}, \ldots, \frac{\Delta(\sqrt{M}-1)}{2} \right\}$$

不难验证 M-QAM 的平均符号能量为

$$E_{\mathrm{s}} = \frac{(M-1)\Delta^2}{6} \tag{3.10}$$

当 $M = 4$ 时，人们更习惯把 4-QAM 称作 QPSK。以 LTE 系统为例，图3-6以 QPSK 和 16QAM 为例给出星座图及比特映射关系。需要指出的是，尽管调制／解调理论是在符号 x_i 的层次上进行讨论的，我们通常认为原始的随机信息是二进制 0/1 比特流，因此随机符号 m_i 实际上是由随机二进制比特流映射而来的。当采用 M 进制的调制方式时，每一个随机符号可以承载 $\log_2(M)$ 个随机比特。图3-6给出了比特到符号的映射关系。

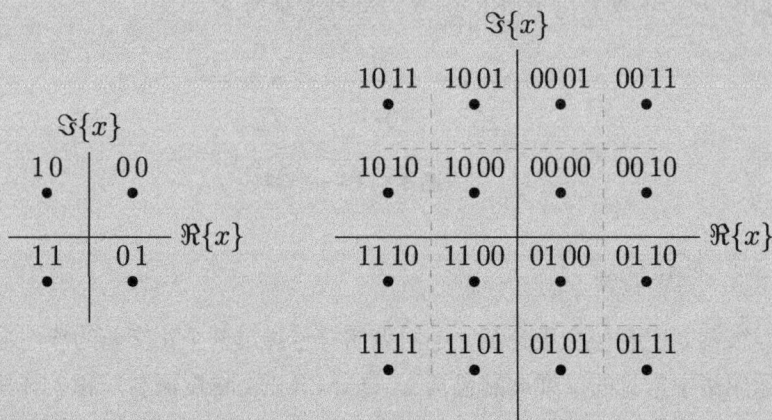

图 3-6　LTE 系统中的 QPSK 和 16QAM 的比特到符号的映射

- M-PSK（M 进制移相键控）是在二维复平面上通过角度（相位）来传递信息的。给定 M，星座点 $\{x_i\}$ 将均匀分布在 360° 中。比如图3-7就给出了 8-PSK 的图示。不难看出，M-PSK 中所有星座点的能量相同，都为 E_{s}。

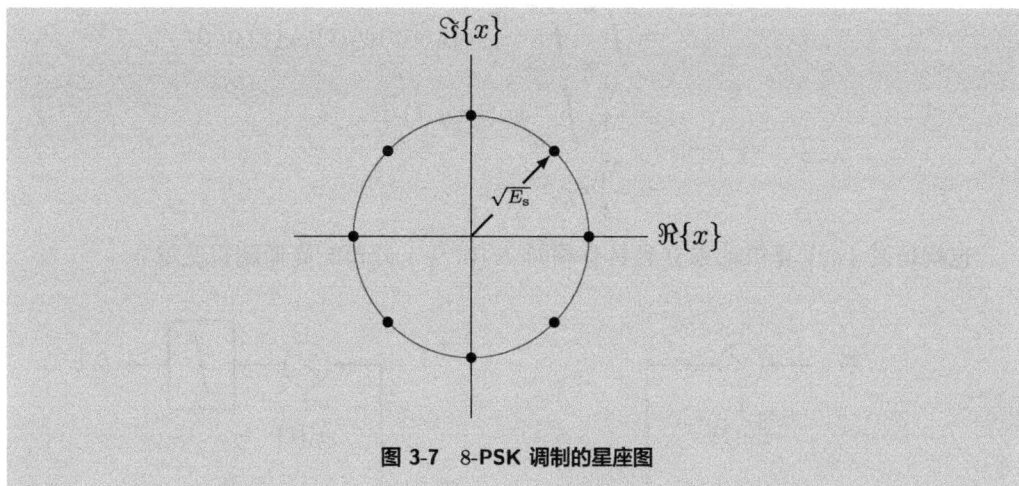

图 3-7 8-PSK 调制的星座图

3.3 最佳接收机设计

在了解了发送端如何完成从离散随机信息 $\{\boldsymbol{x}_i\}$ 到（随机）连续时间波形 $\{x_i(t)\}$ 的映射过程之后，下面让我们把焦点转移到更有挑战的接收机设计上。不失一般性，假设发送端真正的发送波形是 $x_i(t)$。假设接收机采用了类似如图3-8所示的结构，那么第 j 个 $(0 \leqslant j \leqslant N-1)$ 积分器的输出为：

$$y_j = \int_{-\infty}^{\infty} y(t)\psi_j(t)\,\mathrm{d}t \tag{3.11}$$

$$= \int_{-\infty}^{\infty} x_i(t)\psi_j(t)\,\mathrm{d}t + \int_{-\infty}^{\infty} n(t)\psi_j(t)\,\mathrm{d}t$$

$$= x_{i,j} + n_j \tag{3.12}$$

由于噪声的原因，y_j 中除了有用信号 $x_{i,j}$ 之外，还包含噪声分量 n_j。由 AWGN 的假设可以很容易地验证 $\{n_j\}$ 的性质：

$$\mathbb{E}\left[n_j\right] = \int_{-\infty}^{\infty} \mathbb{E}\left[n(t)\right]\psi_j(t)\,\mathrm{d}t = 0 \tag{3.13}$$

$$\mathbb{E}\left[n_j n_k\right] = \int_{-\infty}^{\infty}\int_{-\infty}^{\infty} \mathbb{E}\left[n(t)n(\tau)\right]\psi_j(t)\psi_k(\tau)\,\mathrm{d}t\,\mathrm{d}\tau$$

$$= \int_{-\infty}^{\infty} \int_{-\infty}^{\infty} \frac{N_0}{2} \delta(t-\tau) \psi_j(t) \psi_k(\tau) \, dt \, d\tau$$

$$= \frac{N_0}{2} \int_{-\infty}^{\infty} \psi_j(t) \psi_k(t) \, dt$$

$$= \frac{N_0}{2} \delta_{j,k} \tag{3.14}$$

也就是说 $\{n_j\}$ 是彼此独立且具有相同 $\mathcal{N}(0, \frac{N_0}{2})$ 分布的高斯随机变量。

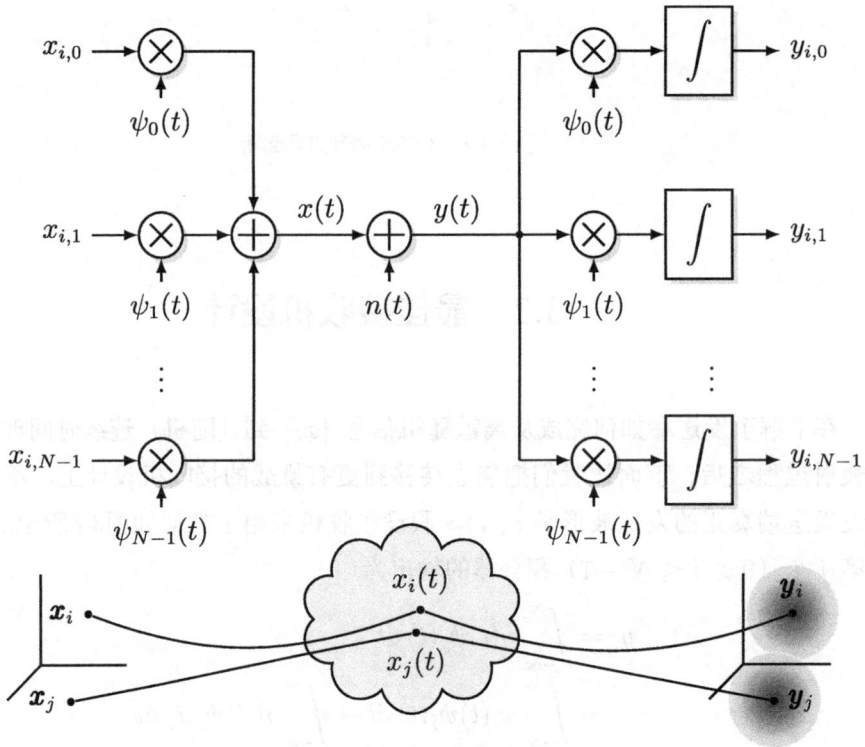

图 3-8   AWGN 下的接收机所看到的离散系统模型

根据式(3.12)，我们将接收到的连续时间波形转化为离散模型：

$$\boxed{\boldsymbol{y} = \boldsymbol{x}_i + \boldsymbol{n}} \tag{3.15}$$

其中

$$\boldsymbol{y} = (y_0, y_1, \ldots, y_{N-1})^\top$$

$$\boldsymbol{x}_i = (x_{i,0}, x_{i,1}, \ldots, x_{i,N-1})^\top$$

$$\boldsymbol{n} = (n_0, n_1, \ldots, n_{N-1})^\top$$

且 $\boldsymbol{n}$ 的联合概率密度函数为

$$f_{\boldsymbol{N}}(\boldsymbol{n}) = \prod_{j=0}^{N-1} f_N(n_j) = \frac{1}{(\pi N_0)^{N/2}} \exp\left(-\frac{\sum_{j=0}^{N-1} n_j^2}{N_0}\right) \tag{3.16}$$

在我们开始讨论最佳接收机的设计之前，还需要指出在得到式(3.15)时一个被忽略的问题。尽管 $\{\psi_j(t)\}$ 是 $\{x_i(t)\}$ 的完备正交基（换句话说 $\{\psi_j(t)\}$ 的线性组合可以完全表达 $\{x_i(t)\}$），但是它却不能表示任意连续时间信号。比如对于 $n(t)$，它就含有 $\{\psi_j(t)\}$ 空间之外的信号成分：

$$n^{\perp}(t) = n(t) - \sum_{j=0}^{N-1} n_j \psi_j(t) \tag{3.17}$$

可以证明下面这样的性质：$n^{\perp}(t)$ 与 $n_j, j = 0, \ldots, N-1$ 不相关：

$$\begin{aligned}
\mathbb{E}\left[n^{\perp}(t)n_j\right] &= \mathbb{E}\left[\left(n(t) - \sum_{k=0}^{N-1} n_k \psi_k(t)\right) n_j\right] \\
&= \int_{-\infty}^{\infty} \mathbb{E}\left[n(t)n(\tau)\right] \psi_j(\tau) \, \mathrm{d}\tau - \sum_{k=0}^{N-1} \mathbb{E}\left[n_k n_j\right] \psi_k(t) \\
&= \frac{N_0}{2} \psi_j(t) - \frac{N_0}{2} \psi_j(t) \\
&= 0
\end{aligned} \tag{3.18}$$

由于高斯分布的原因，可以进一步得到 $n^{\perp}(t)$ 与 $n_j, j = 0, \ldots, N-1$ 相互独立的结论。

例子 3.1　二维调制的复数信号表示

对于二维调制信号，把式(3.15)中的二维向量直接表示成一个复数将进一步简化我们的符号标记。也就是说，我们可以把

$$\begin{pmatrix} y_0 \\ y_1 \end{pmatrix} = \begin{pmatrix} x_{i,0} \\ x_{i,1} \end{pmatrix} + \begin{pmatrix} n_0 \\ n_1 \end{pmatrix} \tag{3.19}$$

记为

$$y = x_i + n \tag{3.20}$$

其中 y, x_i, n 都为复数。特别的，复噪声 n 的实部和虚部为独立同分布的 $\mathcal{N}(0, N_0/2)$，通常人们把其记作 $n \sim \mathcal{CN}(0, N_0)$。

好了，我们终于可以开始以式(3.15)为基础来设计最佳接收机了。当然，我们也不能忽略"带外"噪声 $n^\perp(t)$ 可能对接收性能的影响。

3.3.1 最大后验概率（MAP）准则

对于通信系统而言，什么样的接收机才能称作"最佳接收机"呢？通信的目地是信息的传输，因此最佳接收机应该尽可能的对发送数据作出正确的判决估计。也就是说最佳接收机应该最大化正确判决概率 $P(\mathcal{C})$（即最小化错误判决概率 $P(\mathcal{E})$）。

概念 3.3　最大后验概率（MAP）准则

怎样才能最大化正确判决概率呢？让我们从一个简单的例子开始，试着找些启示。假设发射机产生的随机数据 m 只有 0 和 1 两种可能，并且它们所对应的概率分别为 $P(m=0) = 0.9, P(m=1) = 0.1$。假设接收机由于某种原因未能接收到任何信号，但又必须给出一个判决结果的话，不难看出，此时接收机应该选择 $\hat{m} = 0$ 作为判决结果，因为这样至少保证了 90% 的正确判决概率。这个例子给我们的启示是：为了最大化判决概率，我们应该选择概率更大的那个随机符号作为判决结果。

现在假设接收机收到信号 $Y = y$，现在该怎么办呢？如果我们将先前那个例子的思想加以延伸，我们可以比较在 $Y = y$ 条件下，两个事件 $m = m_0$ 和 $m = m_1$ 谁更有可能（概率更大）。我们曾在第 1 章的例子1.1中讲到 $P(m_i|Y = y)$ 在通信理论中被称之为后验概率，因此我们现在的判决准则是最大后验概率准则。

用数学符号表示可以写为：

$$\hat{m}_{\text{MAP}} = \arg\max_i P(m_i | \boldsymbol{Y} = \boldsymbol{y}) \tag{3.21}$$

尽管我们的讨论以推理为主，但是基于最大后验概率准则的接收机将得到最大的正确判决概率是可以在理论上证明的（此处略）。

最佳接收机的判决准则应该基于 **MAP** 准则以最大化 $P(\mathcal{C})$

让我们看看 MAP（最大后验概率）的具体计算。由贝叶斯准则有：

$$P(m_i|\boldsymbol{Y} = \boldsymbol{y}) = \frac{f_{\boldsymbol{Y}|m}(\boldsymbol{y}|m_i)P(m_i)}{f_{\boldsymbol{Y}}(\boldsymbol{y})} \propto f_{\boldsymbol{Y}|m}(\boldsymbol{y}|m_i)P(m_i) \qquad (3.22)$$

MAP 的计算过程需要先验概率 $\{P(m_i)\}$ 信息。然而，在大部分实际应用中接收机是不知道先验概率的。在这种情况下，一个实用的假设就是假设先验概率服从均匀分布，即

$$P(m_i) = \frac{1}{M}, \quad i = 0, \ldots, M - 1$$

这时 MAP 准则中对后验概率 $P(m_i|\boldsymbol{Y} = \boldsymbol{y})$ 的比较退化为对 $f_{\boldsymbol{Y}|m}(\boldsymbol{y}|m_i)$ 的比较。

概念 3.4　最大似然（maximum likelihood）准则

在通信术语中，人们习惯把 $f_{\boldsymbol{Y}|m}(\boldsymbol{y}|m_i)$ 的形式称作似然函数（ML，maximum likelihood function），因此在先验等概的条件下，MAP 准则退化为最大似然准则：

$$\hat{m}_{\mathrm{ML}} = \arg\max_i f_{\boldsymbol{Y}|m}(\boldsymbol{y}|m_i) \qquad (3.23)$$

在高斯噪声模型下（式(3.15)和式(3.16)），可得：

$$f_{\boldsymbol{Y}|m}(\boldsymbol{y}|m_i) = \prod_{j=0}^{N-1} f_{y|m_i}(y_j|x_{i,j}) = \frac{1}{(\pi N_0)^{N/2}} \exp\left(-\frac{\sum_{j=0}^{N-1}(y_i - x_{i,j})^2}{N_0}\right) \qquad (3.24)$$

由于 $\log(\cdot)$ 是单调函数，所以最大化似然函数等同于最大化对数似然函数 $\log f_{\boldsymbol{Y}|m}(\boldsymbol{y}|m_i)$：

$$\log f_{\boldsymbol{Y}|m}(\boldsymbol{y}|m_i) = \frac{-N}{2}\log(\pi N) - \frac{1}{N_0}\sum_{j=0}^{N-1}(y_j - x_{i,j})^2 \qquad (3.25)$$

注意到上式中的 $\sum_{j=0}^{N-1}(y_j - x_{i,j})^2$ 在几何上描述了空间两点的距离（平方）$\|\boldsymbol{y} - \boldsymbol{x}_i\|^2$，因此若忽略式(3.25)中的常数项，会发现最大似然准则被进一步简化为**最小距离准则**。也就是说，为了得到最小的误码率，在先验概率为均匀分布以及在独立高斯噪声模型下，最佳接收机将在 $m_i, i = 0, \ldots, M-1$ 中选择对应最小 $\|\boldsymbol{y} - \boldsymbol{x}_i\|^2$ 的那个 m。在二维调制下，这个最小距离的解释可以非常直观地用图形表示出来，如图3-9所示。

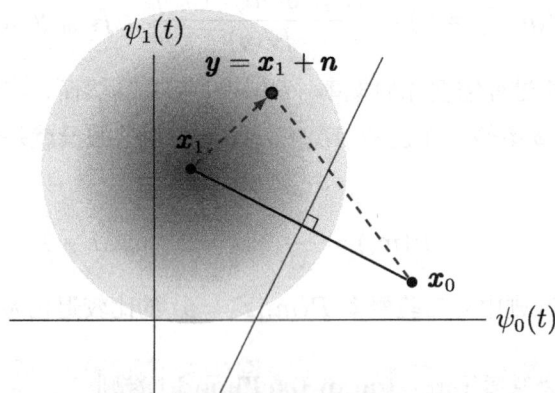

图 3-9　二维空间中信号的判决区域

在实际应用中人们往往会尽可能地对运算过程进行简化（忽略所有与 m_i 判决无关的项）。比如对于 $\sum_{j=0}^{N-1}(y_j - x_{i,j})^2$，展开后有：

$$\sum_{j=0}^{N-1}(y_j - x_{i,j})^2 = \sum_{j=0}^{N-1} y_j^2 - 2\sum_{j=0}^{N-1} x_{i,j}y_j + \sum_{j=0}^{N-1} x_{i,j}^2$$

上式中第一项对所有 i 都相同，因此忽略它并不会对判决有任何影响。因此，最佳接收机的准则简化为最大化：

$$\mathrm{CM}(\boldsymbol{y}, \boldsymbol{x}_i) = 2\boldsymbol{y}^\top \boldsymbol{x}_i - \|\boldsymbol{x}_i\|^2 \tag{3.26}$$

式中 CM 表示相关指标（correlation metric）。另外，第二项表示符号 $\boldsymbol{x}_i$ 的能量，在某些时候（比如 QPSK 中所有 4 个星座点的能量都相同）也可以忽略它。

到目前为止，关于最佳接收机的设计提到了几个准则。应该指出：以最小误码率为目标，最佳接收机准则就是 MAP，无它。ML 准则是 MAP 准则在无先验概率信息的条件下的一个推导产物，而最小距离、最大相关等只是 ML 在 AWGN 模型下的具体实现而已。另外需要指出的是：MAP 准则的最优性是对于通信系统各个功能模块是一般适用的（而不是仅仅局限在解调技术）。正因为如此，MAP 准则自然而然地成为诸如 MIMO 接收机设计、Turbo 译码等算法的理论依据，因此我们会在后续章节中不止一次地用到它。

3.3.2　不相关定理（Irrelevance Theorem）

在3.3.1节中，我们考虑了单输入 / 单输出（SISO，single-input single-output）模型，即一个 x 对应着一个 y。通信系统中，如图3-10所示的单输入 / 多输出的情形并不少见，比较常见的例子包括为了增加通信可靠性接收端可以采用多根天线，或者发送端可以重复发送某个信息符号等。

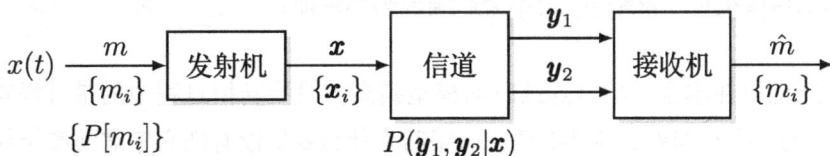

图 3-10　单输入 / 多输出模型

在理解了单输入 / 单输出中的 MAP 准则之后，可以把它推广到单输入 / 多输出模型中：

$$\hat{m}_{\mathrm{MAP}} = \arg\max_i P(m_i | \boldsymbol{Y}_1 = \boldsymbol{y}_1, \boldsymbol{Y}_2 = \boldsymbol{y}_2) \tag{3.27}$$

相比于单输入 / 单输出下的 MAP（式(3.21)），式(3.27)对应着更大的运算复杂度。这里有一个很有意思的问题：从最佳接收机的角度，在有了 $\boldsymbol{y}_1$ 之后，是不是所有的 $\boldsymbol{y}_2$ 都是有用的呢？为了回答这个问题，让我们做一些概率推导：

$$
\begin{aligned}
P(m_i | \boldsymbol{Y}_1 &= \boldsymbol{y}_1, \boldsymbol{Y}_2 = \boldsymbol{y}_2) \\
&\propto P(m_i)\, f_{\boldsymbol{Y}_1,\boldsymbol{Y}_2|m}(\boldsymbol{y}_1, \boldsymbol{y}_2 | m_i) \\
&= \underbrace{P(m_i)\, f_{\boldsymbol{Y}_1|m}(\boldsymbol{y}_1 | m_i)}_{\text{单输入 / 单输出 MAP}} \cdot f_{\boldsymbol{Y}_2|m,\boldsymbol{Y}_1}(\boldsymbol{y}_2 | m_i, \boldsymbol{y}_1)
\end{aligned}
\tag{3.28}
$$

经过上面的分解之后，最后一行等号右边的第一项正是单输入／单输出模型下的 MAP（见式(3.22)）；而第二项则是接收机在观测到 $\boldsymbol{y}_2$ 之后带来的（可能）会改变判决结果的新线索。然而，如果在已知 $\boldsymbol{Y}_1$ 的前提下，$f_{\boldsymbol{Y}_2|m,\boldsymbol{Y}_1}(\cdot)$ 的大小与 m 取值无关，即有：

$$f_{\boldsymbol{Y}_2|m,\boldsymbol{Y}_1}(\cdot) = f_{\boldsymbol{Y}_2|\boldsymbol{Y}_1}(\cdot)$$

那么式(3.28)的第二部分就不再影响对 m 的判决了，此时 $\boldsymbol{y}_2$ 从 MAP 准则的角度就是多余的了。

概念 3.5　不相关定理

在 MAP 算法中，如果满足关系

$$f_{\boldsymbol{Y}_2|m,\boldsymbol{Y}_1}(\cdot) = f_{\boldsymbol{Y}_2|\boldsymbol{Y}_1}(\cdot) \tag{3.29}$$

那么接收机可以忽略 $\boldsymbol{y}_2$ 而不会影响误码率性能。

还记得在本章开始从连续时间模型到离散模型转换过程中的带外噪声 $n^{\perp}(t)$（见式(3.17)）吗？如果之前还有读者有疑问为什么我们没有把它考虑到最佳判决准则的讨论中的话，现在有了不相关定理，我们就可以解释这其中的原因了：$n^{\perp}(t)$ 是不相关的信息，可以忽略（如果把 $n^{\perp}(t)$ 当作式(3.29)中的 $\boldsymbol{Y}_2$，把式(3.15)中的 $\boldsymbol{y}$ 当作 $\boldsymbol{Y}_1$ 的话，根据式(3.18)，可知 $\boldsymbol{Y}_2$ 无论是和 $\boldsymbol{Y}_1$ 还是和 m 都是相互独立的，因此式(3.29)必然成立）。

例子 3.2　不相关定理

考虑如图3-11所示的系统模型，其中假设噪声向量 $\boldsymbol{n}_1$ 和 $\boldsymbol{n}_2$ 相互独立，且独立于发送符号。请读者根据不相关定理来判断下面例子中的 $\boldsymbol{y}_2$ 是否是有用？

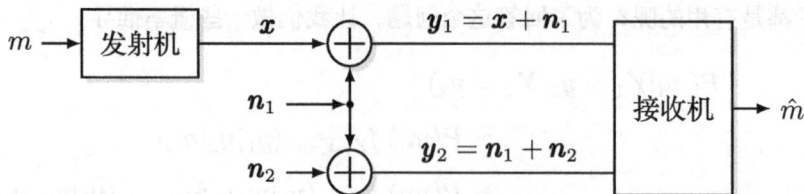

图 3-11　单输入／多输出模型例子

3.3.3　可逆定理（Reversibility Theorem）

另外一个在通信中很重要的定理就是可逆定理了。

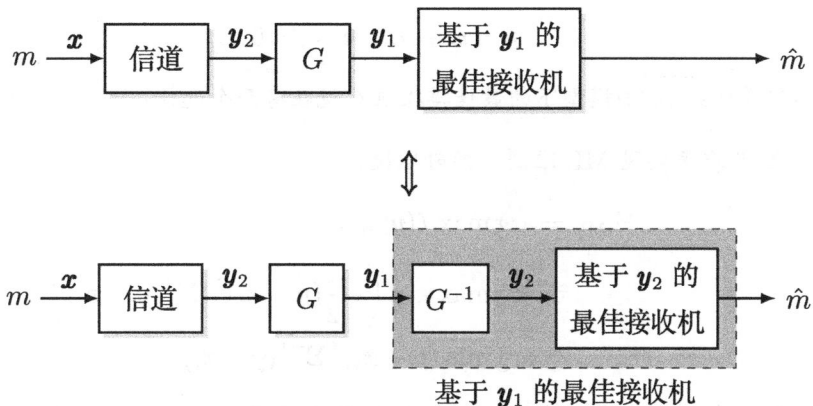

图 3-12　可逆定理

图3-12可以帮助我们理解为什么可逆定理是成立的。为了方便，假设信道的输出为 $\boldsymbol{y}_2$，经过某种可逆操作得到 $\boldsymbol{y}_1 = G(\boldsymbol{y}_2)$。因此 $(\boldsymbol{y}_1, \boldsymbol{y}_2) = (\boldsymbol{y}_1, G^{-1}(\boldsymbol{y}_1))$。这样可以看出：

$$P(m_i|\boldsymbol{y}_1, \boldsymbol{y}_2) = P(m_i|\boldsymbol{y}_1)$$

说明从 MAP 的角度，在有了 $\boldsymbol{y}_1 = G(\boldsymbol{y}_2)$ 之后，最佳接收机可以忽略 $\boldsymbol{y}_2$。

下面来看看可逆定理的一个应用——白化滤波器。为了讨论方便，我们假设先验概率相等，因此 ML 准则成立。

例子 3.3　白化滤波器

我们在前面讲到，在 AWGN 下（$\boldsymbol{n} \sim \mathcal{N}(0, \frac{N_0}{2}\mathbf{I})$），ML 准则可以用最小距离准则（式(3.25)）或者最小相关准则（式(3.26)）来实现。让我们假想实现了这样一个接收机，如图3-13所示。

图 3-13   AWGN 模型下的最小距离准则

现在假设之前关于 AWGN 的噪声假设并不准确，实际的噪声 $\{n_i\}$ 虽然是同为高斯分布但却彼此不独立（且假定其协方差矩阵 $\boldsymbol{\Sigma}$ 为对称、正定矩阵），即

$$\boldsymbol{y} = \boldsymbol{x} + \boldsymbol{n}, \quad \boldsymbol{n} \sim \mathcal{N}(0, \boldsymbol{\Sigma}) \tag{3.30}$$

如何设计式(3.30)模型下的最佳接收机？现在有两个选择：

1. 以 $\boldsymbol{\Sigma}$ 为准来实现 ML 准则。换句话说，

$$
\begin{aligned}
\hat{m}_{\mathrm{ML}} &= \arg\max_i f(\boldsymbol{y}|m_i) \\
&\propto \arg\max_i \exp\left(-\frac{1}{2}(\boldsymbol{y} - \boldsymbol{x}_i)^T \boldsymbol{\Sigma}^{-1}(\boldsymbol{y} - \boldsymbol{x}_i)\right) \\
&= \arg\min_i (\boldsymbol{y} - \boldsymbol{x}_i)^T \boldsymbol{\Sigma}^{-1}(\boldsymbol{y} - \boldsymbol{x}_i)
\end{aligned} \tag{3.31}
$$

2. 在另外一个方法中，我们会把接收信号中的噪声先白化，然后应用 AWGN 模型下的最佳接收机。因为 $\boldsymbol{\Sigma}$ 为对称的正定矩阵，因此可以将其分解为 $\boldsymbol{\Sigma} = \boldsymbol{\Sigma}^{1/2}(\boldsymbol{\Sigma}^{1/2})^\top$。根据可逆定理，可以把接收向量 $\boldsymbol{y}$ 经过可逆变换而不会影响误码率性能。如图3-14所示：如果将 $\boldsymbol{\Sigma}^{-1/2}$ 作用于 $\boldsymbol{y}$，则有：

$$\boldsymbol{y}' = \boldsymbol{\Sigma}^{-1/2}\boldsymbol{y} = \boldsymbol{\Sigma}^{-1/2}\boldsymbol{x} + \boldsymbol{\Sigma}^{-1/2}\boldsymbol{n}$$

再来看看上式中噪声部分 $\boldsymbol{n}' := \boldsymbol{\Sigma}^{-1/2}\boldsymbol{n}$ 的相关矩阵：

$$
\begin{aligned}
\mathbb{E}\left[\boldsymbol{n}'\boldsymbol{n}'^\top\right] &= \mathbb{E}\left[\boldsymbol{\Sigma}^{-1/2}\boldsymbol{n}(\boldsymbol{n}')^\top(\boldsymbol{\Sigma}^{-1/2})^\top\right] \\
&= \boldsymbol{\Sigma}^{-1/2}\mathbb{E}\left[\boldsymbol{n}\boldsymbol{n}^\top\right](\boldsymbol{\Sigma}^{-1/2})^\top \\
&= \mathbf{I}
\end{aligned}
$$

可见 $\boldsymbol{\Sigma}^{-1/2}$ 将原始噪声 $\boldsymbol{n}$ 间的相关性消除了（也顺便把噪声功率归一化了）。在通信中，人们把 $\boldsymbol{\Sigma}^{-1/2}$ 称之为**白化滤波器**。应当指出：尽管白化滤波器也改变了原始星座点的位置，但是重要的是以 AWGN 模型推导出的准则（比如最小距离准则）仍然适用。

$$y = x + n$$
$$n \sim \mathcal{CN}(0, \Sigma)$$

$$\Sigma^{-1/2}$$

$$y'$$
$$n' \sim \mathcal{CN}(0, I)$$

AWGN
假设下的
最佳接收机

$$\hat{m}$$

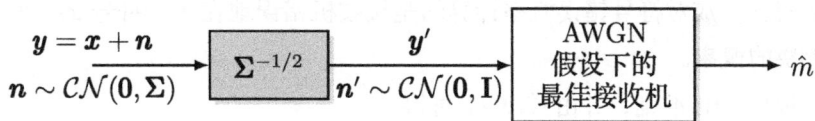

图 3-14   白化滤波器的实现原理

在现实环境中噪声往往都不是 AWGN（比如接收端除了热噪声还可能受到来自其他用户／系统的干扰），因此在实际工程应用中我们会经常看到白化滤波器加上（在 AWGN 的假设下设计的）最佳解调器这种组合。

3.4   误码率性能分析

在 M 进制调制系统中总共有 M 个星座点。无论真正的发送符号是哪一个符号 $m \in \{m_i\}$，由于噪声的原因，接收机在理论上有可能把它判定成任何一个星座点 $\hat{m} \in \{m_i\}$；如果 $\hat{m} \neq m$，我们的判决就发生了错误。解调器的性能通常用**平均符号错误概率**来衡量，也就是统计 $P(\hat{m} \neq m)$ 的平均值。鉴于产生错误可能的多样性，在实际的工程应用中人们往往采用计算机仿真的方法来评估解调性能。

在本书中我们选择不去讨论如何计算精确的符号错误概率；相反，我们将在**成对（pair-wise）符号错误概率**以及**最近相邻星座点近似**的概念的基础上计算符号错误概率的"近似值"。尽管我们最终得到的并不是准确值，但这种近似结果在高信噪比条件下将足够准确，更重要的是，这种推导思想可以帮助我们从概念上理解发生错误判决的根本原因。

在本书中将用符号 $P_s(\mathcal{E})$ 来表示平均符号错误概率；用 $P_b(\mathcal{E})$ 来表示平均比特错误概率。

3.4.1   成对符号错误概率

考虑式(3.15)接收模型：

$$y = x_i + n$$

顾名思义，成对符号错误概率计算的是接收机错误地在两个符号 $\boldsymbol{x}_0$ 和 $\boldsymbol{x}_1$ 之间发生错误判决的概率。

根据 ML 准则，并由式(3.24)可得

$$\frac{1}{(\pi N_0)^{N/2}} \exp\left(-\frac{\|\boldsymbol{y} - \boldsymbol{x}_0\|^2}{N_0}\right) \underset{m_1}{\overset{m_0}{\gtrless}} \frac{1}{(\pi N_0)^{N/2}} \exp\left(-\frac{\|\boldsymbol{y} - \boldsymbol{x}_1\|^2}{N_0}\right)$$

等效表示

$$\|\boldsymbol{y} - \boldsymbol{x}_0\|^2 \underset{m_0}{\overset{m_1}{\gtrless}} \|\boldsymbol{y} - \boldsymbol{x}_1\|^2$$

为我们熟知的最小距离准则（二维调制时可以把最小距离准则图形化以帮助概念理解，如图3-9所示）。

为了分析符号错误概率，假设发送符号为 m_0，因此接收向量为 $\boldsymbol{y} = \boldsymbol{x}_0 + \boldsymbol{n}$。当接收机产生错误的符号判决时意味着 $\|\boldsymbol{y} - \boldsymbol{x}_0\|^2 > \|\boldsymbol{y} - \boldsymbol{x}_1\|^2$，借助图3-9，有：

$$\|\boldsymbol{n}\|^2 > \|\boldsymbol{x}_0 - \boldsymbol{x}_1 + \boldsymbol{n}\|^2$$

而这个事件发生的概率为

$$\begin{aligned}
P_{\mathrm{s}}(\mathcal{E}|m_0) &= P\left(\|\boldsymbol{n}\|^2 > \|\boldsymbol{x}_0 - \boldsymbol{x}_1 + \boldsymbol{n}\|^2\right) \\
&= P\left((\boldsymbol{x}_0 - \boldsymbol{x}_1)^{\top}\boldsymbol{n} < -\frac{\|\boldsymbol{x}_0 - \boldsymbol{x}_1\|^2}{2}\right)
\end{aligned}$$

由于 $\boldsymbol{n} \sim \mathcal{N}(0, \frac{N_0}{2}\boldsymbol{I})$，$(\boldsymbol{x}_0 - \boldsymbol{x}_1)^{\top}\boldsymbol{n} \sim \mathcal{N}(0, \frac{\|\boldsymbol{x}_0 - \boldsymbol{x}_1\|^2 N_0}{2})$，因此

$$\begin{aligned}
P_{\mathrm{s}}(\mathcal{E}|m_0) &= P\left(\mathcal{N}(0, \tfrac{\|\boldsymbol{x}_0 - \boldsymbol{x}_1\|^2 N_0}{2}) < -\frac{\|\boldsymbol{x}_0 - \boldsymbol{x}_1\|^2}{2}\right) \\
&= Q\left(\frac{\|\boldsymbol{x}_0 - \boldsymbol{x}_1\|}{2\sqrt{N_0/2}}\right)
\end{aligned} \tag{3.32}$$

其中 $Q(\cdot)$ 函数的定义为

$$Q(x) := P(\mathcal{N}(0,1) > x) = \int_x^{+\infty} \frac{1}{\sqrt{2\pi}} \mathrm{e}^{-t^2/2} \,\mathrm{d}t \tag{3.33}$$

人们通常把 $Q(x)$ 表格化以方便使用。如图3-15所示，我们给出了 $Q(x)$ 的一些上界和下界函数。不难看出当 x 取值比较大时，$Q(x)$ 有着 $\mathrm{e}^{-x^2/2}$ 的变化趋势。

如图3-15所示，在 AWGN 的信道模型下，接收机之所以会产生错误判决的根本原因是噪声的存在，因此噪声越小，错误概率也将越小。在给定了噪声之后，是否容

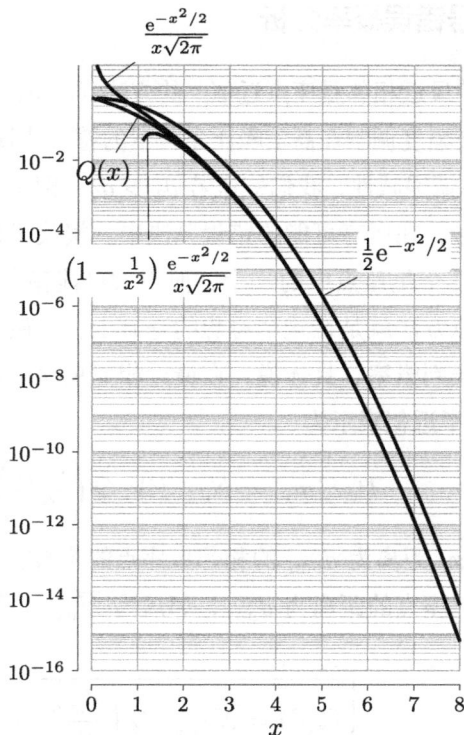

图 3-15 $Q(x)$ 函数

易产生错误判决还取决于符号间的距离。直观上不难想象如若增加两个信号间的距离 $\|\boldsymbol{x}_0 - \boldsymbol{x}_1\|$，那么就可以更好地抵抗噪声所可能带来的负面影响。式(3.32)在数学上证实了我们的定性分析：由于 $Q(x)$ 是个单调递减函数，因此增大 $\|\boldsymbol{x}_0 - \boldsymbol{x}_1\|$ 或者减小 $\sigma := \sqrt{N_0/2}$ 都将减小错误概率。

由对称性可知 $P_{\mathrm{s}}(\mathcal{E}|m_1) = P_{\mathrm{s}}(\mathcal{E}|m_0)$。因此，平均成对错误概率可以表示为

$$P_{\mathrm{s}}(\mathcal{E}) = Q\left(\frac{\|\boldsymbol{x}_0 - \boldsymbol{x}_1\|}{2\sqrt{N_0/2}}\right) = Q\left(\frac{d}{2\sigma}\right) \tag{3.34}$$

其中 $d := \|\boldsymbol{x}_0 - \boldsymbol{x}_1\|$ 为空间两点 $\boldsymbol{x}_0$ 和 $\boldsymbol{x}_1$ 之间的距离。

3.4.2 QAM 符号错误概率分析

本节我们将以"最近相邻星座点近似"的方法（nearest neighbors approximation）为基础，来分析正交幅度调制在高信噪比条件下的符号错误概率。

根据 $Q(x)$ 的单调递减性，我们知道若 $d_1 > d_2$，则有 $Q(d_1/2\sigma) < Q(d_2/2\sigma)$。因此给定一个发送符号，在所有可能的错误判决中，接收机最有可能把正确发送符号判决为与其相邻的某几个星座点中的一个，而不太可能错判为离它更远的其他星座点。**最近相邻星座点近似方法就是在这个思想的基础上，用最近相邻星座点的误判概率来近似实际平均符号误判概率**。具体说，在最近相邻星座点近似方法中，当发送符号为 m_i 时，可将误码概率近似表示为

$$P_s(\mathcal{E}|m_i) = N_{d_{\min}}(i) \cdot Q\left(\frac{d_{\min}}{2\sigma}\right)$$

其中 $N_{d_{\min}}(i)$ 为与 $\boldsymbol{x}_i$ 距离为 $d_{\min}$ 的相邻星座点的个数。考虑到星座图上的所有星座点，如果平均每个星座点的距离为 $d_{\min}$，邻居为 $\overline{N}_{d_{\min}}$，那么最近相邻星座点近似方法下的误码率则为

$$\boxed{P_s(\mathcal{E}) = \overline{N}_{d_{\min}} \cdot Q\left(\frac{d_{\min}}{2\sigma}\right)} \tag{3.35}$$

下面以 16QAM 的例子来具体应用式(3.35)。如图3-6所示，16QAM 中的 $d_{\min} = \Delta$，并且对于星座图中间的 4 个星座点 $N_{d_{\min}}(i) = 4$，4 个顶角的星座点 $N_{d_{\min}}(i) = 2$，其他 8 个星座点 $N_{d_{\min}}(i) = 3$。因此有 $\overline{N}_{d_{\min}} = 3$，对应的近似误码率为

$$P_s(\mathcal{E})_{16QAM} \approx 3 \cdot Q\left(\frac{d_{\min}}{2\sigma}\right)$$

在衡量调制／解调性能的时候，人们常常使用 E_b/N_0 作为参数。读者可能也曾见到过 E_s/N_0，两者的关系为：

$$\frac{E_b}{N_0} = \frac{1}{\log_2(M)}\frac{E_s}{N_0} \tag{3.36}$$

可见 E_b/N_0 是归一化的 E_s/N_0，也常常被称作每比特的信噪比（SNR per bit）。

16QAM 的平均符号能量 $E_s = \frac{15\Delta^2}{6}$（式(3.10)），因此 $E_b = E_s/\log_2(16) = \frac{15\Delta^2}{24}$。

进一步计算

$$\frac{d_{\min}}{2\sigma} = \sqrt{\frac{d_{\min}^2}{2N_0}} = \sqrt{\frac{\Delta^2}{2N_0}} = \sqrt{\frac{4}{5}\frac{E_b}{N_0}}$$

因此在以 E_b/N_0 作为性能指标下的 16QAM 的近似误码率为：

$$P_s(\mathcal{E})_{16\text{QAM}} \approx 3\,Q\left(\sqrt{\frac{4}{5}\frac{E_s}{N_0}}\right) \tag{3.37}$$

类似地可得：

$$P_s(\mathcal{E})_{\text{QPSK}} \approx 2\,Q\left(\sqrt{\frac{2E_b}{N_0}}\right),\ P_s(\mathcal{E})_{64\text{QAM}} \approx 3.5\,Q\left(\sqrt{\frac{1}{14}\frac{E_b}{N_0}}\right) \tag{3.38}$$

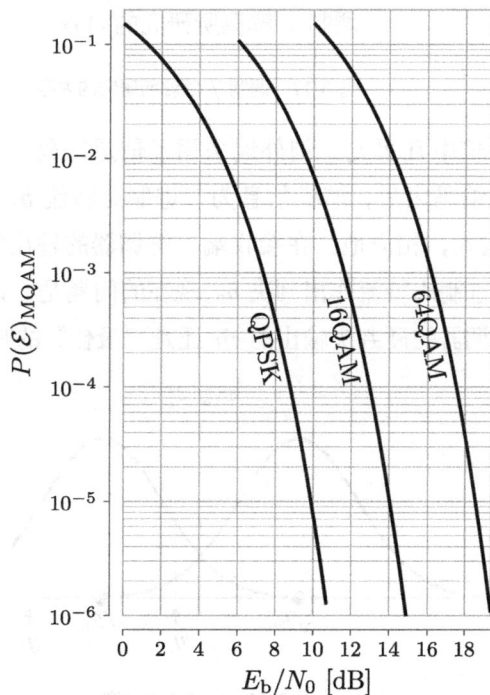

图 3-16 QAM 的符号错误概率 $P_s(\mathcal{E})$

3.5 比特 LLR（Log-Likelihood Ratio）

3.5.1 硬判决还是软判决

仅从调制与解调的角度看，本章到目前为止的讨论已经相对完整了。我们了解了如何通过正交映射把随机信息符号 m 转化为连续时间波形，也了解了如何从接收信号中提取出离散模型并通过最佳接收机得到信息符号的判决 $\hat{m}$。由于判决结果是离散的，因此这种判决方式在通信理论中常被称作"硬判决"。

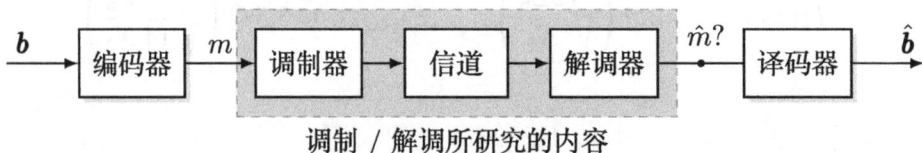

图 3-17　调制／解调所研究的内容

在现代数字通信中几乎无一例外地采用了信道编码（详见第 6 章）。如图3-17所示，在考虑了信道编码之后，随机信息为二进制比特流 b，经过信道编码之后映射为 m 成为调制器的输入；相应地，在接收端，解调器的输出将作为信道译码器的输入，并最终对发送的二进制比特流作出判决 $\hat{b}$。现在的问题是：如果考虑译码器的存在，之前学习到的最佳解调器的硬判决输出的 $\hat{m}$ 还是"最佳"的吗？

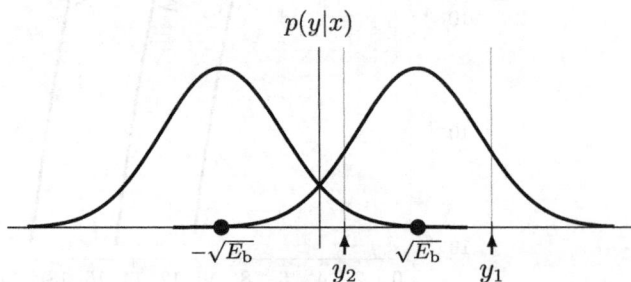

图 3-18　BPSK 的硬判决

考虑图3-18所示的简单的 BPSK 调制方式的例子。根据最小距离判决准则可知，接收信号的正负号决定了硬判决输出。在图3-18中，我们假设 $m=0$ 映射到发送符号 $x=+\sqrt{E_\mathrm{b}}$，$m=1$ 映射到 $x=-\sqrt{E_\mathrm{b}}$。在硬判决中，接收信号 $y_1>0$ 和 $y_2>0$ 将得到相同的判决输出 $\hat{m} = 0$。然而，y_2 有可能是发送符号 $x = -\sqrt{E_b}$ 被随机噪声干扰后得到的具体取值，而这种可能性对于 y_1 来说就小了很多。换句话说，y_1 所对应的 $\hat{m} = 0$ 和 y_2 所对应的 $\hat{m} = 0$ 的"可信度"是不一样的（很显然 y_1 所对应的 $\hat{m} = 0$ 比 y_2 的输出更可信）。因此当解调器不是通信过程的最终输出时，硬判决无法体现判决的可靠性，因此会造成信息的损失。

3.5.2 比特 LLR 的计算

下面就让我们来学习"软判决"。在众多的能体现可靠性的度量当中，人们常用比特 LLR 来作为解调器和译码器之间的接口。

首先来看看 LLR 的定义。考虑任一信息比特 b，其取值只有 0 和 1 两种可能。若把 MAP 准则直接应用到信息比特层面，则有：

$$P(b = 0|\boldsymbol{y}) \underset{\hat{b}=1}{\overset{\hat{b}=0}{\gtrless}} P(b = 1|\boldsymbol{y})$$

等效于

$$\frac{P(b = 0|\boldsymbol{y})}{P(b = 1|\boldsymbol{y})} \underset{\hat{b}=1}{\overset{\hat{b}=0}{\gtrless}} 1 \tag{3.39}$$

若定义比特 b 的对数似然比 $LLR(b|\boldsymbol{y})$：

$$\boxed{LLR(b|\boldsymbol{y}) := \log \frac{P(b = 0|\boldsymbol{y})}{P(b = 1|\boldsymbol{y})}} \tag{3.40}$$

那么由式(3.40)，就可以得到在比特层次上的最佳判决准则：

$$LLR(b|\boldsymbol{y}) \underset{\hat{b}=1}{\overset{\hat{b}=0}{\gtrless}} 0 \tag{3.41}$$

由上式可以看出：**LLR 的正负号决定了 MAP 准则对比特 b 的硬判决结果；LLR 的幅度则反映了这个判决结果的可靠性。**

下面来看看如何计算解调器与译码器之间的 LLR。在发送端的调制过程中，信息比特流映射到调制符号（星座图）上；在接收端，式(3.40)的操作则可以理解为解映射（即从调制符号中将信息比特分离出来）。因此，有的英文文献会把 $LLR(b)$ 的计算单元称为**解映射器**（demapper）。下面就通过 BPSK 和 16QAM 的具体例子来看看如何计算 LLR。在这个过程中，假设所有调制符号等概率出现[†]。

例子 3.4 BPSK 的 LLR 计算

首先可以把 BPSK 的系统模型表示为

$$
y = \begin{cases} A + n, & b = 0 \\ -A + n, & b = 1 \end{cases} \tag{3.42}
$$

其中 A 代表信号幅度，$n \sim \mathcal{N}(0, N_0/2)$，因此有 $p(y|b) = \frac{1}{\sqrt{\pi N_0}} \exp(-\frac{(y \mp A)^2}{N_0})$。

根据定义式(3.40)，有

$$
\begin{aligned}
LLR(b|y) &= \log \frac{P(b=0|y)}{P(b=1|y)} \\
&= \log \frac{p(y|b=0)\,P(b=0)}{p(y|b=1)\,P(b=1)} \\
&= \log \frac{p(y|b=0)}{p(y|b=1)} + \log \frac{P(b=0)}{P(b=1)} \\
&= \frac{4Ay}{N_0} + LLR_{\text{prior}}
\end{aligned} \tag{3.43}
$$

其中

$$
\boxed{LLR_{\text{prior}} := \log \frac{P(b=0)}{P(b=1)}} \tag{3.44}
$$

被称为先验 LLR。当我们假设信息比特是独立同分布时，$LLR_{\text{prior}} = 0$，而式(3.43)简化为：

$$
LLR(b|y) = \frac{4Ay}{N_0} \tag{3.45}
$$

例子 3.5 16QAM 的 LLR 计算

16QAM 是二维调制，如果采用复数表示形式，那么可以把系统模型表示为

$$
y = Ax + n
$$

其中 A 为非零实数，用于表示信道增益，而这里的 y, x, n 都是一个复数。

[†]在实际系统中，到达调制器的比特流都是经过交织或加扰（scrambling）等操作的，因此可以认为输入比特是相互独立的，所以我们假设调制符号等概率出现是合理的。

为了方便讨论，让我们将 16QAM 的比特到符号的映射关系在图3-19中表示出来。在 16QAM 中，每个调制符号可以承载 4 个信息比特 $b_0b_1b_2b_3$。举例来说 $b_0b_1b_2b_3 = 1011$ 将映射到星座图左上角的星座点。如果我们仔细地观察图3-19，可以发现其中的比特到符号的映射有着下面的性质：

- 比特 b_0 和 b_2 的信息分别由实部 $\Re\{x\}$ 的正负号以及它的幅度所承载（而与虚部的具体取值无关）。

- 类似地，比特 b_1 和 b_3 的信息分别由虚部 $\Im\{x\}$ 的正负号以及它的幅度所承载（而与实部的具体取值无关）。

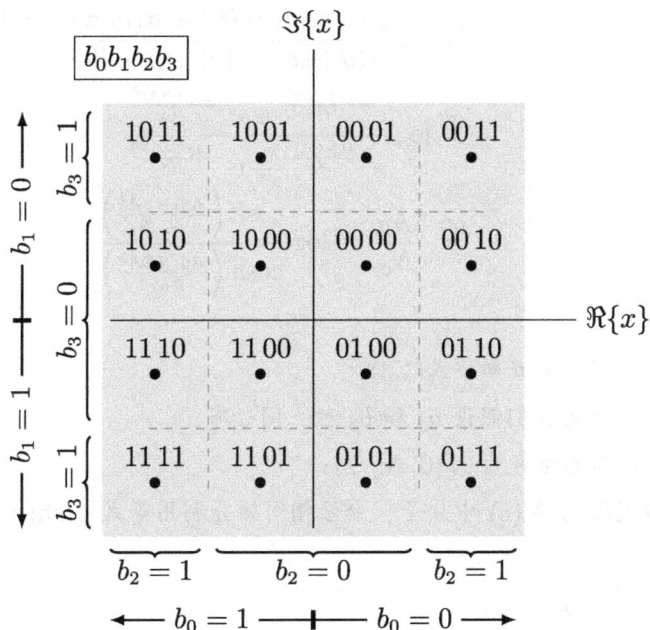

图 3-19　LTE 系统中的 16QAM 比特到符号映射

根据在第3.3.2节中不相关的定理可知，接收机可以忽略那些不承载信息的信号，因此上述的比特到符号的映射关系意味着可以在 LLR 的计算过程中将二维 QAM 信号简化为一维的 PAM 信号。比如对 b_0b_2 的 LLR 计算可以在图3-20上完成。

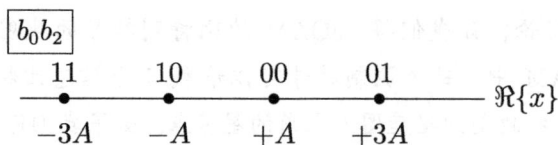

图 3-20　由于实部和虚部相互独立，16QAM 比特 LLR 可以在 4PAM 上计算

下面我们在图3-20的基础上来分别计算 $LLR(b_0|\boldsymbol{y})$ 和 $LLR(b_2|\boldsymbol{y})$。因为只需考虑接收向量的实部，为此用 y_I 来表示 $\Re\{y\}$：

$$
\begin{aligned}
LLR(b_0|y) &\overset{\text{(a)}}{=} \log \frac{P(b_0b_2=00|y_I)+P(b_0b_2=01|y_I)}{P(b_0b_2=10|y_I)+P(b_0b_2=11|y_I)} \\[2mm]
&\overset{\text{(b)}}{=} \log \frac{p\left(y_I|b_0b_2=00\right)+p\left(y_I|b_0b_2=01\right)}{p\left(y_I|b_0b_2=10\right)+p\left(y_I|b_0b_2=11\right)} \\[2mm]
&\overset{\text{(c)}}{=} \log \frac{e^{-\frac{(y_I-A)^2}{N_0}}+e^{-\frac{(y_I-3A)^2}{N_0}}}{e^{-\frac{(y_I+A)^2}{N_0}}+e^{-\frac{(y_I+3A)^2}{N_0}}} \\[2mm]
&\overset{\text{(d)}}{=} \frac{8Ay_I}{N_0}+\log \frac{\cosh\left(\frac{Ay_I-2A^2}{N_0/2}\right)}{\cosh\left(\frac{Ay_I+2A^2}{N_0/2}\right)}
\end{aligned}
\tag{3.46}
$$

在上面的式中：

- (a) 成立是因为全概率公式(1.3)；
- (b) 成立是因为我们假设 b_0 和 b_2 独立同分布；
- (c) 成立是因为噪声为 $\mathcal{N}(0,N_0/2)$；
- (d) 可以通过消掉 (c) 中分子、分母相同项并利用等式 $\cosh(x)=(e^x+e^{-x})/2$ 得到。

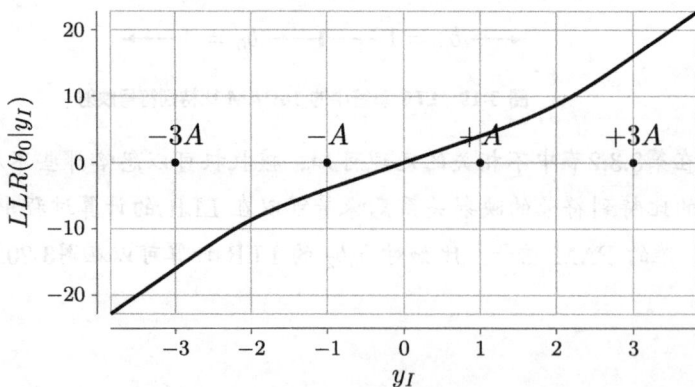

图 3-21　$LLR(b_0|y)$（$LLR(b_1|y)$）的 LLR 图示（假设 $A=1$，$E_s/N_0=10\,\text{dB}$）

再来看 $LLR(b_2|y)$ 的计算。类似于式(3.46)的推导，有：

$$LLR(b_2|y) = \log \frac{p(y_I|b_0b_2=00) + p(y_I|b_0b_2=10)}{p(y_I|b_0b_2=01) + p(y_I|b_0b_2=11)} = \log \frac{e^{-\frac{(y_I-A)^2}{N_0}} + e^{-\frac{(y_I+A)^2}{N_0}}}{e^{-\frac{(y_I-3A)^2}{N_0}} + e^{-\frac{(y_I+3A)^2}{N_0}}}$$

$$(3.47)$$

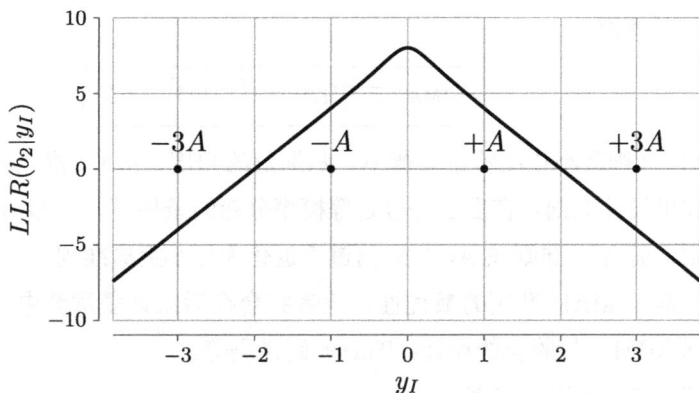

图 3-22 $LLR(b_2|y)$（$LLR(b_3|y)$）**的 LLR 图示（假设** $A = 1$，$E_s/N_0 = 10\,\text{dB}$）

上面的推导过程同样适用于 $LLR(b_1|y)$ 和 $LLR(b_3|y)$。事实上，由于 16QAM 中比特到符号映射的对称性，其 LLR 计算结果也相同，唯一不同的是在计算过程是在 $\Im\{y\}$ 上进行的。

尽管我们得到了 $LLR(b_i|\boldsymbol{y})$ 的闭合表达式（并在图3-21和图3-22给出图形表示），但是它们的准确表达形式可能并不十分适合硬件实现。因此，人们在实际应用中会选择适当的简化表达式。篇幅所限，此处就不展开讨论了。

3.6　本章小结

本章重要概念

在本章中，我们讨论了通信中的调制与解调。我们将讨论的重点放在了单个符号的发送与接收上，而将连续符号的发送与接收放在下一章。

本章涉及到的重点概念包括：

- **信号空间**

  用信号空间的观点来表示调制信号最早出现在文献[23]中（尽管出版至今已经50多年，但是这本书中关于基本的调制／解调的叙述即使在现在仍堪称为经典，强烈推荐）。这种解释方法极大地方便了我们对最佳接收机的理解。

- **MAP 准则**

$$\hat{m}_{\text{MAP}} = \arg\max_i P(m_i|\boldsymbol{Y} = \boldsymbol{y})$$

  MAP 准则最小化比特错误概率。从通信的角度，MAP 准则或许是最重要的接收机设计准则。在发送符号是等概率分布的条件下，MAP 准则退化为 ML准则；而 ML 准则在 AWGN 信道下退化为最小距离准则。

  鉴于 MAP 准则的最优性，读者将会在后续许多章节中再次看到它，这包括 MIMO 接收机的设计、Turbo 码译码等。

- **不相关定理和可逆定理**

  这两个定理为我们对接收信号的处理提供了理论基础。我们可以通过不相关定理来判断给定信息是否对判决有利。可逆定理的一个应用就是给白化滤波器提供了理论支持。

- **比特 LLR**

$$LLR(b|\boldsymbol{y}) := \log \frac{P(b = 0|y)}{P(b = 1|y)}$$

  现代通信系统中几乎无一例外地采用了信道编码，因此当我们把调制／解调与信道编／解码作为一个整体来看的时候，比特 LLR 称为调制／解调模块与信道编／解码模块间的"接口"变量。相比于 0/1 判决输出，LLR 为信道译码提供了"可靠性"信息。在当代通信系统的设计中，设计人员通过比特到符号的映射方便了 LLR 的计算（比如二维 QAM 信号的 LLR 可以在一维PAM 上进行）。尽管如此，运算量还是很大（尤其在调制中星座图越来越大时）。人们通常采用近似计算以减小实现复杂度。

线性调制与信道均衡

回顾第 3 章调制与解调的讨论。第 3 章中我们讨论的重点是单个符号的发送与接收。

- **发送端的调制过程**：随机发送符号 m_i 通过 N 维正交基 $\{\psi_j(t)\}_{j=0}^{N-1}$ 展开得到对应的连续时间发射波形 $m_i \mapsto x_i(t)$。

$$x_i(t) = \sum_{j=0}^{N-1} x_{i,j}\psi_j(t) \tag{4.1}$$

在正交分解下，$m_i, \boldsymbol{x}_i, x_i(t)$ 承载了相同的发送信息，即

$$m_i \iff x_i(t) \iff \boldsymbol{x}_i = (x_{i,0}, x_{i,1}, \ldots, x_{i,N-1})$$

- **AWGN 信道**：

$$y(t) = x_i(t) + n(t) \tag{4.2}$$

其中 $\mathbb{E}[n(t)n(t+\tau)] = \frac{N_0}{2}\delta(\tau)$。

- **接收端的解调过程**：解调过程包括两个步骤。

  1. 首先利用正交性将连续时间信号模型转化为数字模型，即

$$y_j = \int_{-\infty}^{+\infty} y(t)\psi_j(t)\,\mathrm{d}t = x_{i,j} + n_j, \quad j = 0, \ldots, N-1 \tag{4.3}$$

接收向量 $\boldsymbol{y} = (y_0, \ldots, y_{N-1})^\top$ 可以写作 $\boldsymbol{y} = \boldsymbol{x}_i + \boldsymbol{n}$，其中噪声 $\boldsymbol{n}$ 服从 $\mathcal{N}(0, \frac{N_0}{2}\mathbf{I})$ 分布。

2. 解调过程的第二个步骤就是在 y 的基础上对发送符号作出判决 $\hat{m}$。我们知道，根据 MAP 准则来设计的最佳接收机将最小化符号错误概率 $P(\mathcal{E}) = P(\hat{m} \neq m_i)$。

上述建模过程中，我们的重点是对一些重要的通信概念的讲述，在这个过程中"忽略"了实际无线通信系统设计中的一些特有需求，比如：

1. 在无线通信系统设计时不得不遵循标准和规范（比如对信号的载频以及系统带宽的限制等），因此需要将式(4.1)中的 $\{\psi_j(t)\}$ 加以细化，以使得 $x_i(t)$ 的频谱在频域应该处于载频 f_c 附近。

2. 一个好的通信系统设计应该是高效率的，在 $(-\infty, +\infty)$ 时间内只发送一个符号听起来不怎么让人信服；换句话说，需要考虑连续符号的发送与接收。

3. 还要在 AWGN 的基础上，将更一般的信道模型 $h(t, \tau)$ 纳入考虑范围。

让我们暂且把这当作三个问题，本章中就将逐一寻求这些问题的答案。

概念 4.1　无线通信系统的带宽

在无线通信系统的研究中，人们约定俗成地把无线通信系统的带宽定义为信号在正频率部分所占的带宽。在这个定义下，

- 如果说一个基带信号 $x(t)$ 的带宽为 W，在数学上，$X(f) = \mathcal{F}\{x(t)\}$ 在频率轴上占据的范围为 $[-W, W]$；

- 如果说一个带通信号 $x(t)$ 的带宽为 W，在数学上，$X(f) = \mathcal{F}\{x(t)\}$ 在频率轴上占据的范围为 $[-f_c - \frac{W}{2}, -f_c + \frac{W}{2}]$ 和 $[f_c - \frac{W}{2}, f_c + \frac{W}{2}]$。

由于空中接口的信号 $x(t)$ 都是实信号，根据傅立叶变化的性质可知，它的频谱在正负频率轴上是共轭对称的，因此正频率部分已经可以完整地描述信号特性。

数学上我们曾定义高斯白噪声 $n(t)$ 的功率谱密度 $S_{NN}(f) = \frac{N_0}{2}, -\infty < f < +\infty$。相应于人们对带宽的定义，人们有时会提到功率谱密度为 N_0 的单边带噪声。不难看出无论是在数学上，还是在通信理论的定义下，噪声能量都是 $N_0 W$。

4.1 带宽受限信道中的信号传输与接收

4.1.1 线性调制

线性调制被广泛应用在无线通信中。在线性调制中，发送端在每个符号时间 T 内发送一个调制符号，因此在数学上线性调制的**等效基带信号**有如下的形式：

$$x(t) = \sum_{k \in \mathbb{Z}} x_k \, g_{TX}(t - kT) \tag{4.4}$$

这里 x_k 为承载着信息的调制符号，T 表示符号周期，下标 k 表示符号索引，$g_{TX}(t)$ 则被称为发送滤波器。在 M 进制调制中，x_k 总共有 M 种取值可能，因此每个 x_k 可以承载着 $\log_2 M$ 个信息比特，由此可以得到该系统的发送效率为 $(\log_2 M)/T \, \mathrm{bit/s}$。

可以把式(4.4)表达为调制脉冲经过发送滤波器的形式：

$$x(t) = \left(\sum_{k \in \mathbb{Z}} x_k \, \delta(t - kT) \right) \star g_{TX}(t) \tag{4.5}$$

由于 $\{x_k\}$ 是随机的，$x(t)$ 是随机过程，可以证明 $x(t)$ 的功率谱密度为[24]：

$$S_X(f) = \frac{\mathbb{E}\left[|x_k|^2\right]}{T} |G_{TX}(f)|^2 \tag{4.6}$$

由式(4.6)又看到 $g_{TX}(t)$ 的选择直接决定了 $x(t)$ 的频谱形状，因此在通信理论中人们也把 $g_{TX}(t)$ 称作为**成型滤波器**。

下面将介绍线性调制中的两个例子：基带 PAM 调制和带通 QAM 调制。尽管基带 PAM 并不是无线通信的最终工作频率，但是这当中将要了解到的很多概念将同样适用于带通情况。

4.1.2 基带 PAM 调制

基带 PAM 调制信号如图4-1所示，每一个调制符号 x_k 都有 M 种可能的幅值 $x_k \in \mathcal{X} = \{\pm 1, \pm 3, \ldots, \pm(M-1)\}$，并设计 $g_{TX}(t)$ 以确保调制信号的频谱限于 $[-W, W]$ 内。

下面我们把眼光投在接收机上。如图4-2所示，一个完整的系统包括发送滤波器

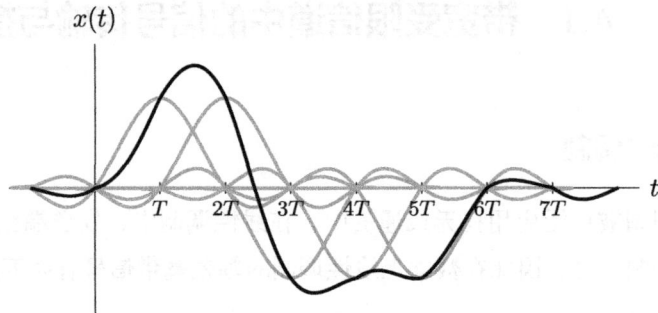

图 4-1 基带 PAM 调制的时域波形 (假设 $x_1 = x_2 = 1, x_3 = x_4 = x_5 = -1$)

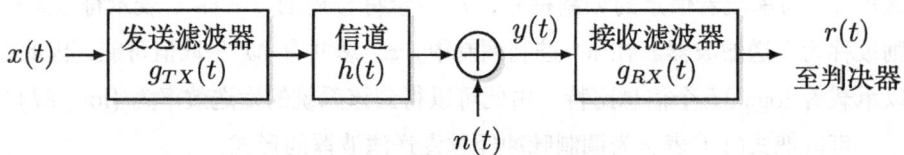

图 4-2 发送端 / 接收端滤波器

$g_{TX}(t)$、信道 $h(t)$ 和接收滤波器 $g_{RX}(t)$，以及噪声 $n(t)$。接收机的接收信号可以表示为：

$$y(t) = x(t) \star h(t) + n(t)$$

本节中为了简单，假设信道是理想的 $h(t) = \delta(t)$。假设接收机的前端有滤波器 $g_{RX}(t)$（稍后讨论如何设计它），那么滤波器的输出信号可以表示为：

$$r(t) = \sum_k x_k g(t - kT) + n(t) \star g_{RX}(t) \tag{4.7}$$

其中

$$g(t) := g_{TX}(t) \star g_{RX}(t) \tag{4.8}$$

从上式可以看出：

- 考虑到发送 / 接收的综合作用，有用信号部分所看到的"实际"成型滤波函数为 $g(t)$，而不是单独的 $g_{TX}(t)$ 或者 $g_{RX}(t)$。
- 噪声部分由接收滤波器 $g_{RX}(t)$ 决定。

Nyquist 无符号间干扰条件

让我们暂时忽略噪声部分，将讨论重点集中到 $g(t)$ 的选择上。在单个符号的发送／接收情形下，通过正交分解（式(4.3)），在没有噪声的情形下可以完美地重现发送符号。类似地，在发送连续符号时，我们也自然而然地希望接收端可以精确地恢复发送符号序列 $\{x_k\}$，而不希望这些符号彼此发生**符号间干扰**（ISI, inter-symbol interference）。假设判决器是以 $r(t)$ 在等间隔采样 $t = kT$ 上的采样点 $\{r(kT)\}$ 为基础的，从表达式 $\sum_k x_k g(t - kT)$ 不难看出，为了保证无符号间干扰，$g(t)$ 需要满足下面的条件：

$$\begin{cases} g(0) = 1 \\ g(kT) = 0 \quad \text{对任意非零整数 } k \end{cases} \tag{4.9}$$

式(4.9)在通信理论中被称为 **Nyquist 条件**。可以证明服从 Nyquist 条件的 $g(t)$ 在频域具有下面的性质：

$$\boxed{\frac{1}{T} \sum_{k \in \mathbb{Z}} G\left(f - \frac{k}{T}\right) = 1} \tag{4.10}$$

什么样的 $G(f)$ 才会满足 Nyquist 条件呢？如图4-3所示，我们从图中不难看出下面两种情形：

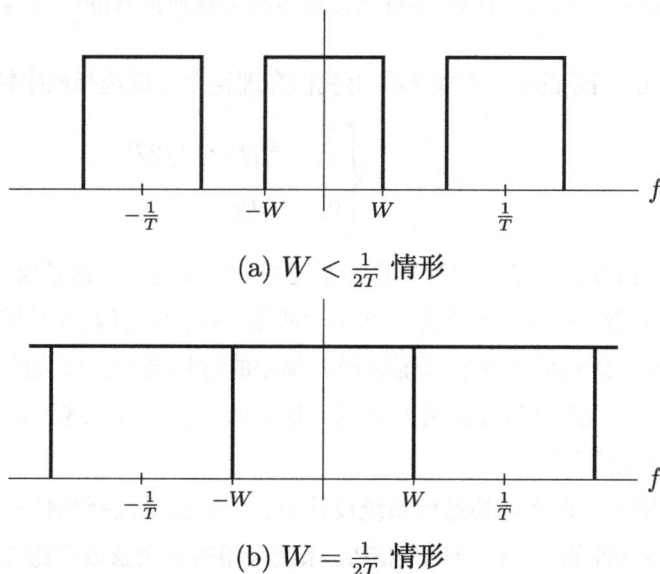

(a) $W < \frac{1}{2T}$ 情形

(b) $W = \frac{1}{2T}$ 情形

图 4-3 $\frac{1}{T} \sum_{k \in \mathbb{Z}} G\left(f - \frac{k}{T}\right)$ 示意

1. 如图4-3(a) 所示：若 $W < \frac{1}{2T}$，是不可能满足 Nyquist 条件的。

2. 如图4-3(b) 所示：若 $W = \frac{1}{2T}$ 且 $G(f)$ 在 $|f| \leqslant \frac{1}{2T}$ 是一方波，此时刚好满足 Nyquist 条件。

概念 4.2　自由度的概念

　　自由，就是不受干扰。如果信号间彼此互不干扰，那它们就是"自由"的。通信理论中，人们有时会提及"自由度"的概念，用于表示通信系统所能够提供的互不干扰的数据传输的数量。

　　从如图4-3所示的两个情形可以看出：要想保证以 T 时间间隔发送的符号相互不产生干扰，$G(f)$ 的带宽需要满足关系式 $W \geqslant \frac{1}{2T}$。图4-3中的第二种情形实际上给出了满足 Nyquist 条件的极限情形 $T = \frac{1}{2W}$。

　　考虑系统带宽 W_0、传输时间 T_0，并定义**调制自由度**为 W_0, T_0 上总共能发送的互不干扰的调制符号的数目，则有：

$$\boxed{\text{自由度} = T_0/(1/2W_0) = 2W_0T_0} \tag{4.11}$$

　　这是通信理论中最基本的理论之一。特别指出的是：自由度概念只是告诉我们在无符号间干扰条件下符号发送的极限速率而已，而没有告诉我们每一次传输的可靠性如何（后者是 1948 年香农信道容量理论所回答的问题）。

　　如图4-3(b) 所示的第二种情形告诉我们在理论上可以选择频率轴上的方波

$$G(f) = \begin{cases} T, & \text{当} |f| \leqslant 1/2T \\ 0, & \text{其他.} \end{cases} \tag{4.12}$$

取得最大的自由度，但是不幸的是它并不适用于实际应用。这是因为 $G(f) = T, |f| \leqslant \frac{1}{2T}$ 在时域对应着 $\text{sinc}(t/T)$ 形式。如图4-4所示，$\text{sinc}(\cdot)$ 函数在时域上的衰减呈现 $1/x$ 趋势，这样比较缓慢的衰减在系统采样有偏差的时候会产生较大的符号间干扰。在极端情形下（比如发送符号序列恰好出现一连串的 $x_k = 1$），这种符号间干扰的能量可能是趋近无穷大的[24]！

　　如图4-5所示，在当今的通信系统设计中，人们总是选择牺牲一部分自由度，以换取更鲁棒的系统性能。WCDMA/HSPA 系统采用的升余弦成型滤波器就是这类成型滤波器的一个代表。

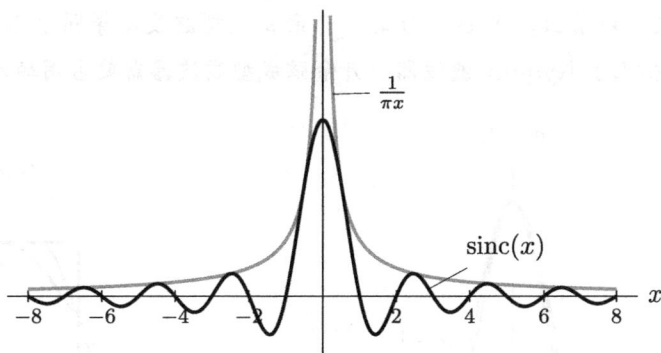

图 4-4 $\mathrm{sinc}(x)$ 的幅度衰减呈 $1/x$ 趋势

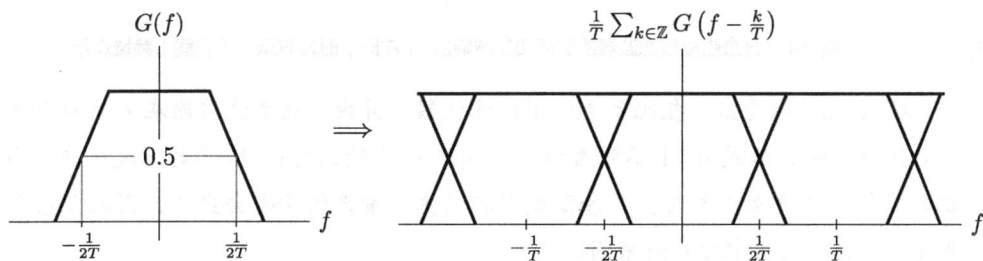

图 4-5 牺牲一部分自由度，换取更鲁棒的系统性能

例子 4.1　升余弦成型滤波器

在众多满足 Nyquist 条件的波形中，比较有代表性的当属升余弦成型滤波器（raised cosine filter）了。升余弦成型滤波器具有如下的频域响应函数：

$$G_{RC}(f) = \begin{cases} T, & \text{当 } |f| \leqslant \frac{1-\alpha}{2T} \\ \frac{T}{2}\left[1 + \cos\frac{\pi T}{\alpha}\left(|f| - \frac{1-\alpha}{2T}\right)\right], & \text{当 } \frac{1-\alpha}{2T} \leqslant |f| \leqslant \frac{1+\alpha}{2T} \\ 0, & \text{当 } |f| > \frac{1+\alpha}{2T}. \end{cases} \tag{4.13}$$

和时域响应函数：

$$g_{RC}(t) = \frac{\sin(\pi t/T)}{\pi t/T} \cdot \frac{\cos(\alpha\pi t/T)}{1 - 4\alpha^2 t^2/T^2} \tag{4.14}$$

其中参数 α 为滚降系数，取值范围 $0 \leqslant \alpha \leqslant 1$。不难证明 $G_{RC}(f)$ 服从 Nyquist 准则（式(4.10)）。

从图4-6可以看出，当 $\alpha = 0$ 时，升余弦成型滤波器等同于 Nyquist 滤波器；当 $\alpha > 0$ 时，相比于 Nyquist 滤波器，升余弦成型滤波器需要占用额外 α 倍的带宽。

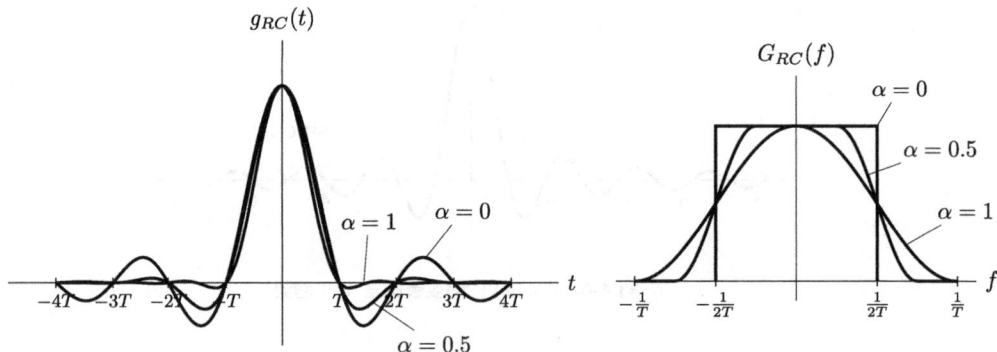

图 4-6 升余弦成型滤波器的时域和频域响应。（左图）时域表示；（右图）频域表示

从图4-6可以看出，相比于 Nyquist 滤波器，升余弦成型滤波器在 $\alpha > 0$ 的时域信号衰落得更快；从式(4.14)不难看出，$g_{RC}(t)$ 在 t 较大时以 $1/t^3$ 的速度递减。当接收机的采样时间存在误差时，升余弦成型滤波器所带来的 ISI 会更小，因此升余弦成型滤波器在无线通信中被广泛采用。

$g_{TX}(t)$ 和 $g_{RX}(t)$ 的选择

Nyquist 条件（式(4.10)）告诉了我们什么样的 $G(f)$ 才能避免符号间干扰。根据定义式(4.8)，有 $G(f) = G_{TX}(f)G_{RX}(f)$。在众多可以满足 Nyquist 条件的 $g_{TX}(t)$ 和 $g_{RX}(t)$ 选择中，我们在实际系统设计中更多看到的是

$$g_{TX}(t) = g_{RX}(t) \tag{4.15}$$

并且通常 $g_{TX}(t)$ 和 $g_{RX}(t)$ 都是实函数、偶函数（关于 t 对称）。在频域，式(4.15)对应着

$$\boxed{G_{TX}(f) = G_{RX}(f) = \sqrt{G(f)}} \tag{4.16}$$

下面的一个数学定理[25]可以从理论上揭示依据式(4.16)所设计的滤波器的优越性。

概念 4.3　Nyquist 成型滤波器的性质

对于波形 $p(t)$ 和 $g(t) := p(t) \star p(-t)$，下面三个性质是相互等效的：

- $\{p(t - kT), k \in \mathbb{Z}\}$ 是相互正交的；
- $g(0) = 1$，且对任何非零整数 k，$g(kT) = 0$；
- $G(f)$ 满足 Nyquist 准则（式(4.10)）。

上面的数学定理实质上告诉我们：根据式(4.16)所设计的滤波器在不同的延时 $\{g_{TX}(t - kT)\}$ 是相互正交的结论。我们在下一节将会看到：这个性质将帮助我们把单个符号发送（式(4.1)）与接收模型推广到连续符号的发送与接收。

例子 4.1　升余弦成型滤波器（续）

表达式(4.16)有着开根号的形式。如果我们选择在升余弦成型滤波器基础上通过式(4.16)来设计发送／接收滤波器的话，称之为**根升余弦成型滤波器**。在 WCDMA/HSPA 中就采用了 $\alpha = 0.22$ 的根升余弦成型滤波器，其时域响应由[26]给出：

$$g_{TX}(t) = \frac{\sin\left(\pi\frac{t}{T_c}(1-\alpha)\right) + 4\alpha\frac{t}{T_c}\cos\left(\pi\frac{t}{T_c}(1-\alpha)\right)}{\pi\frac{t}{T_c}\left(1 - \left(4\alpha\frac{t}{T_c}\right)^2\right)} \tag{4.17}$$

式中 $T_c = 1/3.84\,\mathrm{MHz} = 0.26042\,\mathrm{\mu s}$，为 WCDMA/HSPA 的码片速率。

不难看出 $g_{TX}(t)$ 是对称函数，因此我们有 $g_{RX}(t) = g_{TX}(t)$。

基带 PAM 信号的接收机

在式(4.16)基础上，并意识到 $\{g_{TX}(t - kT)\}$ 是相互正交的性质之后，可以简单地得到如图4-7所示的 PAM 的发送与接收机结构了。

数学上接收信号为

$$y(t) = \sum_k x_k g_{TX}(t - kT) + n(t)$$

而接收机的工作就是从 $y(t)$ 中将 $\{x_k, k \in \mathbb{Z}\}$ 提取出来。

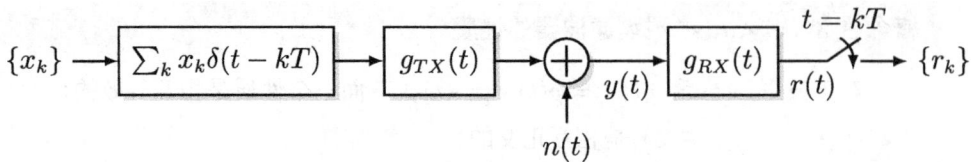

图 4-7 PAM 的接收机框图

选择接收滤波器为 $g_{RX}(t) = g_{TX}(-t)^{\dagger}$，这样 $y(t)$ 经过接收滤波器之后的信号部分（即暂时忽略噪声的存在）为

$$r(t) = \int_{-\infty}^{+\infty} y(\tau) g_{RX}(t - \tau) \, d\tau$$

$$= \int_{-\infty}^{+\infty} \sum_k x_k g_{TX}(\tau - kT) g_{TX}(-t + \tau) \, d\tau \tag{4.18}$$

$$= \sum_k x_k \int_{-\infty}^{+\infty} g_{TX}(\tau - kT) g_{TX}(-t + \tau) \, d\tau \tag{4.19}$$

如果将 $r(t)$ 在 $t = kT$ 上的采样值记作为 $r_k := r(kT)$，则有

$$r_k = \sum_{k'} x_{k'} \int_{-\infty}^{+\infty} g_{TX}(\tau - k'T) g_{TX}(\tau - kT) \, d\tau$$

$$= \sum_{k'} x_{k'} \cdot \delta_{k',k} \tag{4.20}$$

$$= x_k \tag{4.21}$$

式(4.20)中利用了 $\{g_{TX}(t - kT)\}$ 彼此正交的性质。类似于式(3.14)的推导过程，可以得到接收端采样点上的噪声为

$$n_k := \int_{-\infty}^{+\infty} n(t) g_{RX}(t) \, dt \sim \mathcal{N}(0, N_0/2) \tag{4.22}$$

且不同采样点上的噪声相互独立的结论。现在，如果把信号部分和噪声部分都考虑进来，则有

$$r_k = \left(y(t) \star g_{RX}(t) \right) \Big|_{t=kT} = x_k + n_k, \quad k \in \mathbb{Z} \tag{4.23}$$

如果把式(4.23)与单个符号的接收信号模型（式(4.3)）相比较，不难看出通过对发

$\dagger$此处为了保持数学上的通用性，使用表达式 $g_{RX}(t) = g_{TX}(-t)$。正如之前所讲到的那样，实际应用中通常 $g_{TX}(t)$ 和 $g_{RX}(t)$ 是偶函数（比如式(4.17)）。

送 / 接收滤波器的选择，可以把前一章的单个符号的系统模型推广到时间上的连续符号发送。

4.1.3　带通 QAM 调制

无线通信系统工作在 $f_c \gg 0$ 的载频上。

> **概念 4.4　为什么要工作在 $f_c \gg 0$?**
>
> 在无线通信中，发射信号最终都是利用天线将信号利用电磁波的形式传播到接收天线的。《天线理论》告诉我们：为了得到有效的天线增益，在蜂窝通信中天线尺寸大概为 1/4 波长。
>
> - 假设我们想在 $f_c = 10\,\mathrm{MHz}$ 的载频上开通一个无线网络，那么天线的尺寸大概为 $c/f_c/4 = 3 \times 10^8(\mathrm{m/s})/10 \times 10^6(1/\mathrm{s})/4 = 7.5\,\mathrm{m}$! 这个尺寸远远超出我们使用的移动终端的尺寸，根本不现实。
> - 如果 $f_c = 1\,\mathrm{GHz}$，那么天线尺寸则为 $7.5\,\mathrm{cm}$，这个尺寸在物理上是可行的。
>
> 从这两个例子可以看出：为了保证物理上的可实现，无线通信系统（尤其是蜂窝移动系统）应该工作在 GHz 的量级上。现今的 LTE 移动网络工作在 $700\,\mathrm{MHz} \sim 3.6\,\mathrm{GHz}$ 之间。

如果我们的目的只是得到带通信号，那么实现这个功能的最简单的做法就是将基带 PAM 信号调制到载频上。为此可以把式(4.4)乘以 $\cos(2\pi f_c t)$，得到带通 PAM 信号[†]：

$$x_{\mathrm{RF}}(t) = \underbrace{\left(\sum_{k \in \mathbb{Z}} x_k g_{TX}(t - kT) \right)}_{\text{式(4.4)：基带 PAM}} \sqrt{2} \cos(2\pi f_c t)$$

带通 PAM 调制存在一个效率问题：如图4-8所示，在调制到载频后，带通 PAM 信号占据了两倍的基带 PAM 信号带宽，但是所承载的信息比特数却是相同的[‡]。

[†]式中的常数 $\sqrt{2}$ 并不是必需的，只是为了推导方便而已。读者可能会在不同的教科书看到不同的常数，例如 2 或者 $\sqrt{2}$，有的干脆没有。

[‡]如图4-8所示的那样：基带信号 $s(t)$ 是实信号，根据傅立叶变换的性质，实信号的频域响应在频域轴上共轭对称，即满足 $S(f) = S^*(-f)$。因此，当通过 $\cos(2\pi f_c t)$ 把基带信号 $s(t)$ 调制到载频 f_c 之后，其频谱在正频率部分以 f_c 对称。这意味着一半的带宽并未承载信息，频谱效率降低了一半。

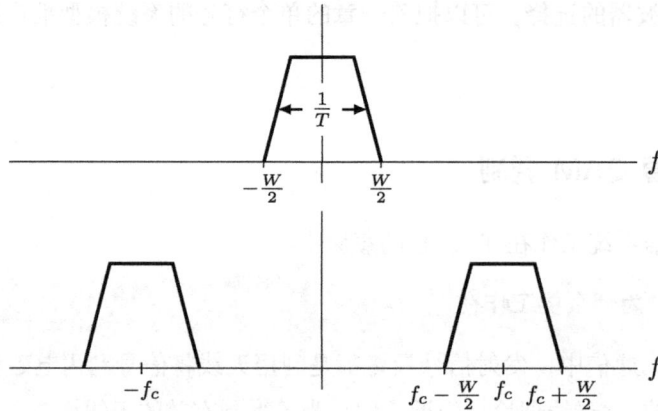

图 4-8 （上图）基带 PAM 与（下图）带通 PAM 调制的频谱

QAM 调制解决了这个问题。从概念理解上，我们可以把带通 QAM 信号理解为下面的两个基带 PAM 信号 $x_c(t)$ 和 $x_s(t)$。

$$x_c(t) = \sum_k \Re\{x_k\} g_{TX}(t - kT) \tag{4.24}$$

$$x_s(t) = \sum_k \Im\{x_k\} g_{TX}(t - kT) \tag{4.25}$$

经过 $+\cos(2\pi f_c t)$ 和 $-\sin(2\pi f_c t)$ 正交合并之后，带通 QAM 信号 $x(t)$ 可以表示为：

$$x_{\mathrm{RF}}(t) = x_c(t)\sqrt{2}\cos(2\pi f_c t) - x_s(t)\sqrt{2}\sin(2\pi f_c t) \tag{4.26}$$

QAM 的定义式(4.26)告诉了我们该如何实现 QAM 的调制过程。如图4-9所示，可以把 QAM 理解为两个"并行"的基带 PAM 调制，然后上变频到载频上。

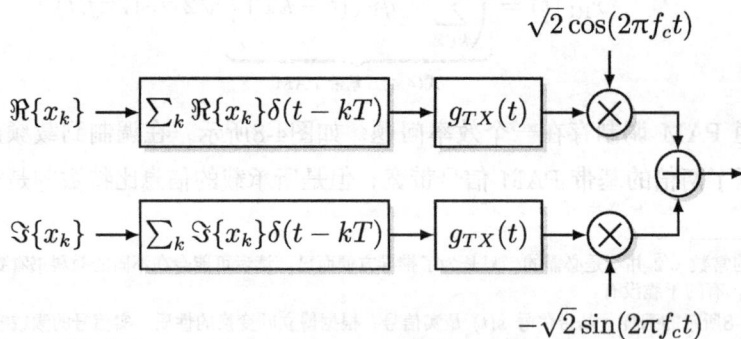

图 4-9 QAM 调制

再来看接收机。可以先通过下变频得到接收信号的等效基带信号。由于等效基带表示中包含了互不干扰的 I 和 Q 两路，因此可以对任何一路做基带 PAM 的解调。如图4-10所示，具体实现中，接收机将接收信号 $x(t)$ 分别乘以 $\sqrt{2}\cos(2\pi f_c t)$ 和 $-\sqrt{2}\sin(2\pi f_c t)$。根据三角函数关系 $2\cos^2 x = 1 + \cos(2x)$，$2\sin^2 x = 1 - \cos(2x)$ 以及 $2\sin x \cos x = \sin(2x)$，由式(4.26)有：

$$x(t)\sqrt{2}\cos(2\pi f_c t) = x_c(t) + x_c(t)\cos(4\pi f_c t) - x_s(t)\sin(4\pi f_c t) \tag{4.27}$$

$$-x(t)\sqrt{2}\sin(2\pi f_c t) = x_s(t) - x_s(t)\cos(4\pi f_c t) - x_c(t)\sin(4\pi f_c t) \tag{4.28}$$

由上式可以看出其输出含有发送信号的基带部分以及两倍于载频的成分。这个过程通常称之为带通信号的下变频操作，意为把带通信号的频谱"搬移"回基带。下变频的输出信号首先经过低通滤波器（LPF: low pass filter）以滤除下变频输出中的高频成分（只有 $[-W/2, +W/2]$ 的信号可以通过低通滤波器）。低通滤波器的输出是一个标准的基带 PAM 信号。

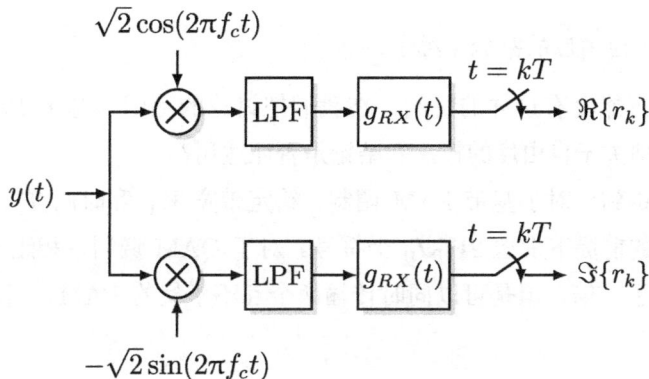

图 4-10   QAM 解调

忽略上变频 / 下变频的实现，根据带通信号与其等效基带信号之间的关系，可以把带通 QAM 的（复数）等效基带模型表示为[†]：

$$\boxed{y(t) = \sum_k x_k g_{TX}(t - kT) + n(t)} \tag{4.29}$$

[†]为了简化符号标记，此处就不引入下标来特指基带信号了。

（其中 $y(t), n(t), x_k$ 都是复数，$\mathbb{E}\left[n(t)n^*(t+\tau)\right] = N_0\delta(\tau)$）转化为离散模型：

$$r_k = x_k + n_k, \quad k \in \mathbb{Z} \tag{4.30}$$

因为 QAM 是二维调制，所以这里 r_k, x_k, n_k 都是复数，且 $n_k \sim \mathcal{CN}(0, N_0)$。

　　到目前为止，无论是基带 PAM 信号还是带通 QAM 信号，已经成功地将上一章中单个符号的发送与接收的系统模型推广到时间轴上连续符号的发送与接收；不但如此，由于符号间相互不干扰，我们在上一章所学习的最佳检测准则也将适用于连续符号的发送中每一个符号的检测[†]。

　　在结束之前我们有必要总结一下在连续符号发送情形下得到式(4.23)和式(4.30)的前提：

- AWGN 信道；
- 采用在 Nyquist 准则基础上设计的发送 / 接收滤波器；
- 对接收滤波器的输出做等 T 时间采样。

概念 4.5　自由度的概念（续）

　　读者可能会有这样的疑问：在我们把讨论的范围从基带 PAM 推广到 QAM 之后，之前关于自由度的概念和结论是否还适用？

　　之前讲到：对于基带 PAM 调制，给定带宽 W_0 和时间 T_0，可以在不产生符号间干扰的前提下发送 $2W_0T_0$ 个符号。对于 QAM 调制，相比于 PAM 系统占用的带宽多了一倍，但是可以同时传输两个互不干扰的 PAM，因此 $2W_0T_0$ 的结论仍然成立。

[†]还可以从纯数学的角度来理解为什么接收机可以在不产生符号间干扰的条件下完美地恢复 $\Re\{x_k\}$ 和 $\Im\{x_k\}$。可以证明（比如见[27]）：对于任何的 Nyquist 平方根波形 $p(t)$，$\{p(t - kT)\cos(2\pi f_c t)\}$ 和 $\{p(t - kT)\sin(2\pi f_c t)\}$ 对任何 k 的取值彼此都是相互正交的。仔细观察带通 QAM 的定义式(4.26)，QAM 信号可以理解为信息 $\Re\{x_k\}, \Im\{x_k\}, k \in \mathbb{Z}$ 在正交基 $\{p(t - kT)\cos(2\pi f_c t)\}$ 和 $\{p(t - kT)\sin(2\pi f_c t)\}$ 上的传输，因此通过接收端的正交映射过程，必然能够完美地提取出 $\Re\{x_k\}, \Im\{x_k\}, k \in \mathbb{Z}$。

4.2 频率选择性信道下的均衡技术

在4.1节中，我们假设信道在信号带宽上是理想的 $h(t, \tau) = \delta(\tau)$（对应 $H(f) = 1$）；然后我们在这个假设下设计发送和接收滤波器使 $G(f) = G_{TX}(f)G_{RX}(f)$ 满足 Nyquist 准则，从而避免产生符号间干扰。如果信道不是理想的，那么发送符号所看到的实际响应 $G(f) = G_{TX}(f)H(f)G_{RX}(f)$ 将不再满足 Nyquist 条件，因此符号间干扰不可避免。此时系统设计者面临的问题是：在如图4-11 所示的系统模型下，如果符号间干扰不可避免，那么又该如何设计接收机以减小符号间干扰所带来的负面影响呢？

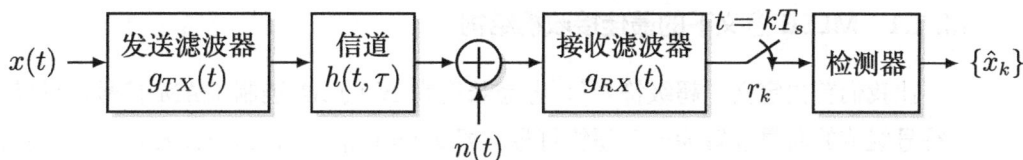

图 4-11 信道均衡器

本节将沿用 QAM 的等效基带系统模型（式(4.29)）来讨论如何应对符号间干扰。如图4-2所示，可以把接收信号表示为：

$$y(t) = \sum_k x_k q(t - kT) + n(t) \tag{4.31}$$

其中

$$q(t) = g_{TX}(t) \star h(t, \tau)$$

而 $n(t)$ 为高斯白噪声，$\mathbb{E}[n(t)n^*(t + \tau)] = N_0\delta(\tau)$。

我们的目标是在这个接收信号的基础上设计接收滤波器 $g_{RX}(t)$ 以及检测器，以得到最佳的符号检测性能。在我们的讨论中，假设信道是非时变的，因此 $q(t)$ 是一个确定性的函数。

4.2.1 最大似然序列估计（MLSE）

我们在第 3 章（单个符号的发送与接收）中曾讨论过最大似然算法。在最大似然准则中，接收机比较所有可能的发送符号所对应的似然函数并选择具有最大似然函数的那个符号作为判决输出。当我们把讨论的范围从单个符号扩展到连续符号发送时，一个做法就是把单个发送符号下的最大似然判决的概念推广到连续符号发送的情形：我们把一连串的发送符号当作一个"超级符号"；相应的判决准则则变为在所有可能的超级符号中寻找具有最大似然函数的超级符号作为判决输出。由于每一个超级符号实际上是一个符号序列，因此我们把这种判决准则称之为**最大似然序列估计**（MLSE: Maximum Likelihood Sequence Estimation）。

在本节中我们将要讨论两个问题：（1）MLSE 意义下的最佳接收机结构；（2）如何用 Viterbi 算法来有效地实现 MLSE。

4.2.1.1 MLSE 意义下的最佳接收机结构

让我们首先定义"超级符号"：考虑长度为 K 的 M 进制 QAM 信号，可以把发送符号组成的向量理解为一个超级符号，即 $\boldsymbol{x} := (x_0 \ldots, x_{k-1}, x_k, x_{k+1}, \ldots, x_{K-1})^\top$。由于每个 x_k 都有 M 种可能取值，所以总共会有 M^K 个这样的超级符号。不失一般性，假设发送序列为某一个 $\boldsymbol{x}$，那么这个假设下的理想接收波形为

$$s_{\boldsymbol{x}}(t) := \sum_k x_k q(t - kT) \tag{4.32}$$

类似于第 3 章的讨论，在给定了 $\boldsymbol{x}$ 的条件下的似然函数具有下面的表达形式：

$$p(y(t)|\boldsymbol{x}) = K \exp \left\{ -\frac{1}{N_0} \int_{-\infty}^{+\infty} |y(t) - s_{\boldsymbol{x}}(t)|^2 \, \mathrm{d}t \right\} \tag{4.33}$$

其中 K 为某常数（以使得 $p(y(t)|\boldsymbol{x})$ 积分等于 1）。根据最大似然准则的定义，MLSE 判决则可以表示为

$$\boxed{\hat{\boldsymbol{x}}_{\text{MLSE}} = \arg \max_{\boldsymbol{x}} p(y(t)|\boldsymbol{x})} \tag{4.34}$$

最大化式(4.33)等同于最小化积分式 $\int_{-\infty}^{+\infty} |y(t) - s_{\boldsymbol{x}}(t)|^2 \, \mathrm{d}t$。可以把该积分式分解为：

$$\int_{-\infty}^{+\infty} |y(t) - s_{\boldsymbol{x}}(t)|^2 \, \mathrm{d}t$$

$$= \int_{-\infty}^{+\infty} |y(t)|^2 \, \mathrm{d}t - 2\Re \left\{ \int_{-\infty}^{+\infty} y(t) s_{\boldsymbol{x}}^*(t) \, \mathrm{d}t \right\} + \int_{-\infty}^{+\infty} |s_{\boldsymbol{x}}(t)|^2 \, \mathrm{d}t \tag{4.35}$$

上式中的第一项不依赖 $\boldsymbol{x}$ 的取值，MLSE 的判决准则将依赖于第二项和第三项。为方便起见，让我们定义：

$$\Lambda(\boldsymbol{x}) = 2\Re\left\{\int_{-\infty}^{+\infty} y(t)s_{\boldsymbol{x}}^*(t)\,\mathrm{d}t\right\} - \int_{-\infty}^{+\infty} |s_{\boldsymbol{x}}(t)|^2\,\mathrm{d}t \tag{4.36}$$

$$= 2\Re\left\{\sum_k \left[x_k^* \int_{-\infty}^{+\infty} y(t)q^*(t-kT)\,\mathrm{d}t\right]\right\}$$

$$- \sum_k\sum_\ell x_k^* x_\ell \int_{-\infty}^{+\infty} q^*(t-kT)q(t-\ell T)\,\mathrm{d}t \tag{4.37}$$

在式(4.37)中：

- 第一项依赖于 $y(t)$，因此很大程度上决定了接收机的结构（尤其是接收机前端从连续时间信号到离散信号转换的过程）。

- 第二项中的 $x_k^* x_\ell$ 依赖于具体的 $\boldsymbol{x}$ 取值，但积分项 $\int_{-\infty}^{+\infty} q^*(t-kT)q(t-\ell T)\,\mathrm{d}t$ 在给定 $q(t)$ 的前提下是确定的。

如果选择

$$\boxed{g_{RX}(t) = q^*(-t)}$$

并把接收机滤波器的输出为 $r(t) := y(t) \star q^*(-t)$，那么对 $r(t)$ 以 T 间隔均匀采样的输出可以表示为：

$$r(t)\Big|_{t=kT} = \int_{-\infty}^{+\infty} y(\tau)g_{RX}(t-\tau)\,\mathrm{d}\tau\Big|_{t=kT} = \int_{-\infty}^{+\infty} y(\tau)q^*(\tau-t)\,\mathrm{d}\tau\Big|_{t=kT}$$

$$= \int_{-\infty}^{+\infty} y(\tau)q^*(\tau-kT)\,\mathrm{d}\tau \tag{4.38}$$

$$:= r_k \tag{4.39}$$

我们发现式(4.38)的形式正如(4.37)中第一项的形式。如果进一步定义

$$h_{k-\ell} := \int_{-\infty}^{+\infty} q^*(\tau-kT)q(\tau-\ell T)\,\mathrm{d}\tau \tag{4.40}$$

则式(4.37)可以表示为

$$\boxed{\Lambda(\boldsymbol{x}) = 2\Re\left\{\sum_k x_k^* r_k\right\} - \sum_k\sum_\ell x_k^* x_\ell h_{k-\ell}} \tag{4.41}$$

根据上面的推导，不难看出 MLSE 意义下的最佳接收机由下面三个部分组成（如图4-12所示）：

- **接收滤波器** $g_{RX}(t) = q^*(-t)$

$$r(t) = y(t) \star q^*(-t) = \sum_k x_k q(t-kT) \star q^*(-t) + n(t) \star q^*(-t)$$

- T **间隔均匀采样器**

$$r_k = r(t)\Big|_{t=kT}$$

- **根据式(4.41)计算所有的** $\Lambda(\boldsymbol{x})$（**总共有** M^K **个可能**），**选择所有** $\Lambda(\boldsymbol{x})$ **中最大值所对应的** $\boldsymbol{x}$ **作为判决输出**

$$\boxed{\hat{\boldsymbol{x}}_{\mathrm{MLSE}} = \arg\max_{\boldsymbol{x}} \Lambda(\boldsymbol{x})}$$

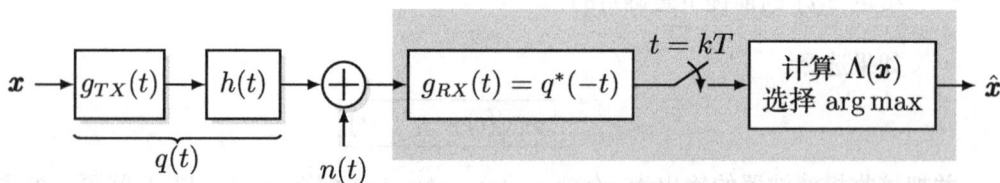

图 4-12　最佳 MLSE 接收机的接收框图

到目前为止，尽管我们在理论上了解了该如何得到 MLSE 判决输出，但是我们不难看到这其中的运算量可能是无法实现的。举个例子：假设发送符号序列长度为 1000，每个符号是 16QAM，那么总共需要计算并比较 $M^K = 16^{1000}$ 个可能的 $\Lambda(\boldsymbol{x})$，这几乎就是一个不可能完成的任务。幸运的是，在这个行业中不乏天才，他们总是可以找到简单的解决方法。下面就来看看在实际工程应用中是如何通过 Viterbi 算法来实现 MLSE 的。

4.2.1.2　MLSE 与 Viterbi 算法

在即将开始又一段令人昏昏欲睡的叙述及公式之前，放松一下，来看一个小的益智故事。

概念 4.6　动态优化中的最佳原理（principle of optimality）

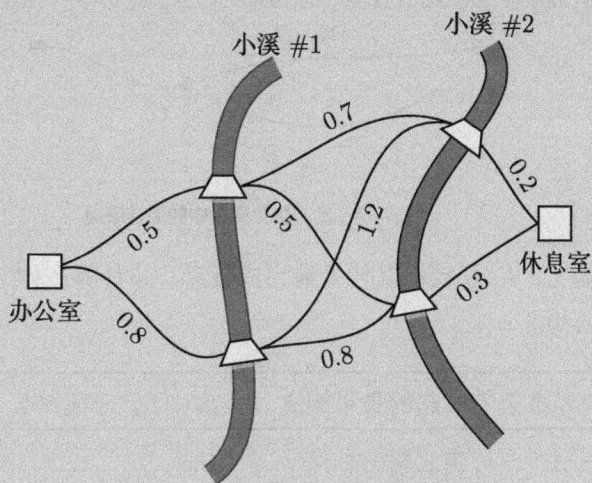

图 4-13　X 教授寻找最短路径问题[28]

如图4-13所示，X 教授从办公室到住所的途中需经过两条小溪，每条小溪上有南、北两座桥，图中每条路径上的数字代表该路径的长度。这天，X 教授决定在从办公室到住所的所有可能线路中找出那条最短的路。尽管 X 教授可以穷举所有可能路径组合然后找出最小值，但是 X 教授试图找出一个比较系统的方法来解决这个问题。

他首先计算从办公室到第一条小溪上两座桥的距离，分别为 0.5 和 0.8。下一步，他要找出从办公室到第二条小溪上的两座桥的距离。从图4-13中可以看出：对于第二条小溪上的每一座桥，都有两条到达路径。X 教授需要分别计算这两条到达路径的距离：对于北边那座桥，距离分别为 $0.5 + 0.7 = 1.2$ 和 $0.8 + 1.2 = 2.0$。这时 X 教授发现：**从后续计算的角度出发，他并没有必要继续考虑 2.0 那条路径了，原因是那条路径不可能是最佳路径**。换句话说，他只需记下距离为 1.2 的那条路就可以了。类似的，对于南边那座桥，他只需记下距离为 1.0 的那条路。

事实上，X 教授的"发现"正是动态优化理论中的**最佳原理**：假设我们所研究的问题可以看作是一个时间序列上寻找最短距离，如图4-14所示，如果在 s_{m-1} 时刻，路径长度 $ABC < AB'C$，那么到了时刻 s_m，必有 $ABCD < AB'CD$。因此我们在 s_{m-1} 时刻就可以把非最短路径的选项（$AB'C$）排除掉。

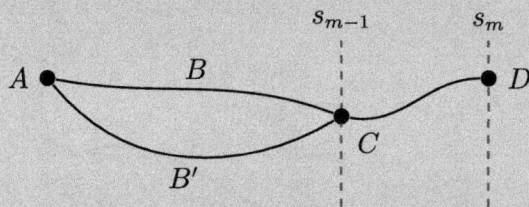

图 4-14   动态优化理论中的最佳原理

在此基础上，X 教授可以轻松地完成最后一步计算。如下表所示：最短路径为 $0.5 + 0.5 + 0.3 = 1.3$。

从办公室算起的最小距离	小溪 $\#1$	小溪 $\#2$	住所
走北桥	0.5	1.2	1.4
走南桥	0.8	1.0	1.3

在上面的例子中，X 教授通过应用动态优化理论中的最佳原理减少了一些计算。之所以可以这样做是因为 X 教授的问题是一个时间序列，而更重要的是其性能指标（即累计距离）在时间上是可加的。回到我们的 MLSE 问题，如果我们也能把式(4.41)中的 $\Lambda(\boldsymbol{x})$ 表示成 $\Lambda(\boldsymbol{x}) = \sum_k \lambda_k$ 这种累加形式（其中 λ_k 的具体形式还有待定义），那我们也可以利用动态优化中的最佳原理简化计算。

乍一看，式(4.41)中的 $\Lambda(\boldsymbol{x}) = 2\Re\left\{\sum_k x_k^* r_k\right\} - \sum_k \sum_\ell x_k^* x_\ell h_{k-\ell}$ 并没有体现出递归可加的特点。问题出在第二项上，让我们做些工作：

$$\sum_k \sum_\ell x_k^* x_\ell h_{k-\ell} = \sum_k |x_k|^2 h_0 + \sum_k \sum_{\ell<k} x_k^* x_\ell h_{k-\ell} + \sum_k \sum_{\ell>k} x_k^* x_\ell h_{k-\ell} \tag{4.42}$$

而上式的最后一项可以进一步推导为

$$\sum_k \sum_{\ell>k} x_k^* x_\ell h_{k-\ell} \overset{\text{(a)}}{=} \sum_\ell \sum_{k<\ell} x_k^* x_\ell h_{k-\ell}$$

$$\overset{\text{(b)}}{=} \sum_k \sum_{\ell<k} x_\ell^* x_k h_{\ell-k}$$

$$\overset{\text{(c)}}{=} \sum_k \sum_{\ell<k} x_\ell^* x_k h_{k-\ell}^*$$

其中在 (a) 中改变了求和次序; (b) 中把下标的索引符号调换了而已; (c) 中则利用了 $h_{-k} = h_k^*$ 的性质 (读者根据定义式(4.40)可以很容易验证这个性质)。现在如果把 (c) 的结果代回到式(4.42)中则有:

$$\sum_k \sum_\ell x_k^* x_\ell h_{k-\ell} = \sum_k |x_k|^2 h_0 + \sum_k \sum_{\ell < k} 2\Re\{x_k^* x_\ell h_{k-\ell}\} \tag{4.43}$$

把式(4.43)代入式(4.41), 则有:

$$\Lambda(\boldsymbol{x}) = \sum_k \Re\left\{ x_k^* \left(2\, r_k - x_k h_0 - 2 \sum_{\ell < k} x_\ell h_{k-\ell} \right) \right\}$$

考虑到实际的物理信道的时延扩展都是有限值, 即对于某一 L 值, 当 $|l| > L$ 时 $h_l = 0$。因此上式可以写为

$$\boxed{\Lambda(\boldsymbol{x}) = \sum_k \Re\left\{ x_k^* \left(2\, r_k - x_k h_0 - 2 \sum_{\ell = k-L}^{k-1} x_\ell h_{k-\ell} \right) \right\}} \tag{4.44}$$

至此我们看到: MLSE 的目标函数 $\Lambda(\boldsymbol{x})$ 确实可以表示为 $\Lambda(\boldsymbol{x}) = \sum_k \lambda_k$ 的形式。对于任一 k, 对应的 λ_k 不但包含了当前发送符号 x_k 的影响, 还包括了由于符号间干扰所带来了之前的 L 个发送符号的影响。如果用符号

$$s_k := (x_{k-L}, \ldots, x_{k-1}) \tag{4.45}$$

来表示第 k 时刻 ISI 部分的状态 (state), 则可以把 $\Lambda(\boldsymbol{x})$ 表示为

$$\boxed{\Lambda(\boldsymbol{x}) = \sum_k \lambda_k(x_k, s_k) = \sum_k \lambda_k(s_k \to s_{k+1})} \tag{4.46}$$

其中

$$\lambda_k(x_k, s_k) = \lambda_k(s_k \to s_{k+1}) = \Re\left\{ x_k^* \left(2\, r_k - x_k h_0 - 2 \sum_{\ell = k-L}^{k-1} x_\ell h_{k-\ell} \right) \right\} \tag{4.47}$$

从 s_k 的定义式我们可以看到: 它包含有 L 个调制符号, 因此有 M^L 个可能取值, 或者称作状态。我们可以把 $s_k \to s_{k+1}$ 在时间上的变化理解为状态之间的转移: 给定当前状态 $s_k = (x_{k-L}, \ldots, x_{k-1})$, 加上新的输入符号 x_k, 实际上就确定了下一个状态 s_{k+1} (作为例子, 我们在图4-15中给出 BPSK 调制方式下 $L = 2$ 时的状态转移图)。因此, 从状态转移的角度看, 式(4.46)中的两种 λ_k 表达形式是等效的。如果我们把状态转移在时间轴上图形化, 就得到了所谓的**格形图** (trellis diagram)。根据上面的讨

论，沿时间轴上的任何一条路径都将对应于一个发送序列 x，而 MLSE 就是要找出那条对应于最大 $\Lambda(x)$ 的路径。

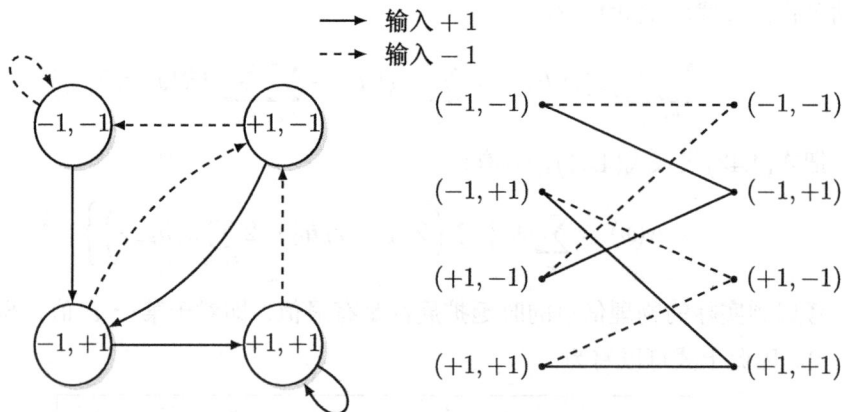

图 4-15　BPSK 调制方式下 $L=2$ 时的状态转移图

在有了式(4.44)之后，MLSE 问题和 X 教授的最短路径问题在形式上是相同的。在通信理论中著名的 Viterbi 算法正是用动态优化理论中的最佳原理来解决通信问题的[†]。根据最佳原理，在路径搜索过程中，任何中间节点也应该具有最短路径的性质。也就是说：对任意时间 k 的任意状态 s_k，如果有多条到达路径，那么只需保留其中最短的路径（称之为**幸存路径**）而舍弃所有其他路径。在我们使用 $\Lambda(s)$ 作为度量单位下，最短路径对应于最大度量。因此，如果定义 $\Lambda_k(s)$ 为第 k 时刻状态 s 所对应的最大度量、$\Lambda_{k+1}(s')$ 为第 $k+1$ 时刻状态 s' 所对应的最大度量，那么最佳原理告诉我们：

$$\Lambda_{k+1}(s') = \max_{s:s \to s'} \{\Lambda_k(s) + \lambda_k(s \to s')\} \tag{4.48}$$

其中的 $\max_{s:s \to s'}\{\}$ 表示最大化操作是对所有可以转移到 s' 状态的那些 s（总共有 M 个）进行的。

例子 4.2　式(4.48)举例

　　为了计算 $\Lambda_{k+1}((-1,+1))$，首先要找到合法的之前状态。由图4-16可见，$s = (-1,-1)$ 和 $s = (+1,-1)$ 可以通过 $x_k = +1$ 而转移到 $s' = (-1,+1)$。因此有：

[†]还会在第 6 章介绍 Viterbi 算法在卷积码译码中的应用。

$$\Lambda_{k+1}((-1,+1)) = \max\{\Lambda_k((-1,-1)) + \lambda_k(+1,(-1,-1)),$$
$$\Lambda_k((+1,-1)) + \lambda_k(+1,(+1,-1))\}$$

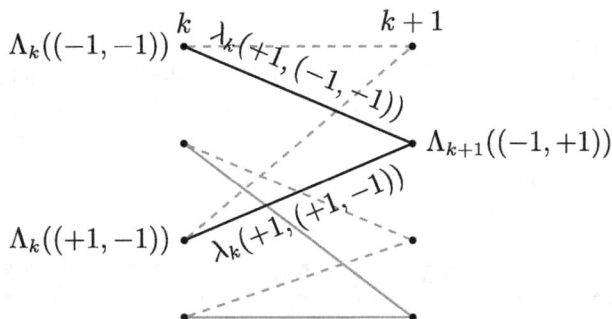

图 4-16 $L = 2$ **情形下** $\Lambda_{k+1}((-1,+1))$ **的计算**

由式(4.48)不难看出，Viterbi 算法的核心操作就是**相加—比较—选择**（ACS: add-compare-select）。

- **相加**: 对所有可能转移到新状态 s' 的 s，将 $\Lambda_k(s)$ 与 $\lambda_k(s \to s')$ 相加。
- **比较**: 在所有有效的 s 中，比较上一步 $\Lambda_k(s) + \lambda_k(s \to s')$ 的大小。
- **选择**: 保留最小值（选择幸存路径）；舍弃其他路径；得到 $\Lambda_{k+1}(s')$ 值。

之前讲到对于任一时刻，都会有 M^L 个状态。因此，Viterbi 算法需要对每一个状态都进行相加—比较—选择操作，并一步步沿时间轴推进，最后找到最小的 $\Lambda(\boldsymbol{x})$。在计算过程中，**尽管计算复杂度与信道长度 L 呈指数关系，然而与信息符号序列长度 K 却是线性关系**。相比简单粗暴的穷举法的最大似然实现方式（复杂度为 M^K），Viterbi 算法大大简化了实现复杂度！

下面通过一个具体的例子来了解用 Viterbi 算法实现 MLSE 的计算过程。

例子 4.3   BPSK 调制下基于 Viterbi 算法的 MLSE

考虑下面的例子：

- 发送符号为 BPSK，$x_k \in \{+1,-1\}$；
- 信道长度 $L = 2$，并且 $h_0 = 1, h_{\pm 1} = 0.5, h_{\pm 2} = -0.25$；

- 假设发送序列长度为 $K = 7$，对应的匹配滤波器采样点输出为 $r_0 = 1.5, r_1 = 2.0, r_2 = 0.5, r_3 = 1.0, r_4 = -1.5, r_5 = -3.0, r_6 = 0.5$。

让我们开始逐步计算过程（如图4-17所示）：

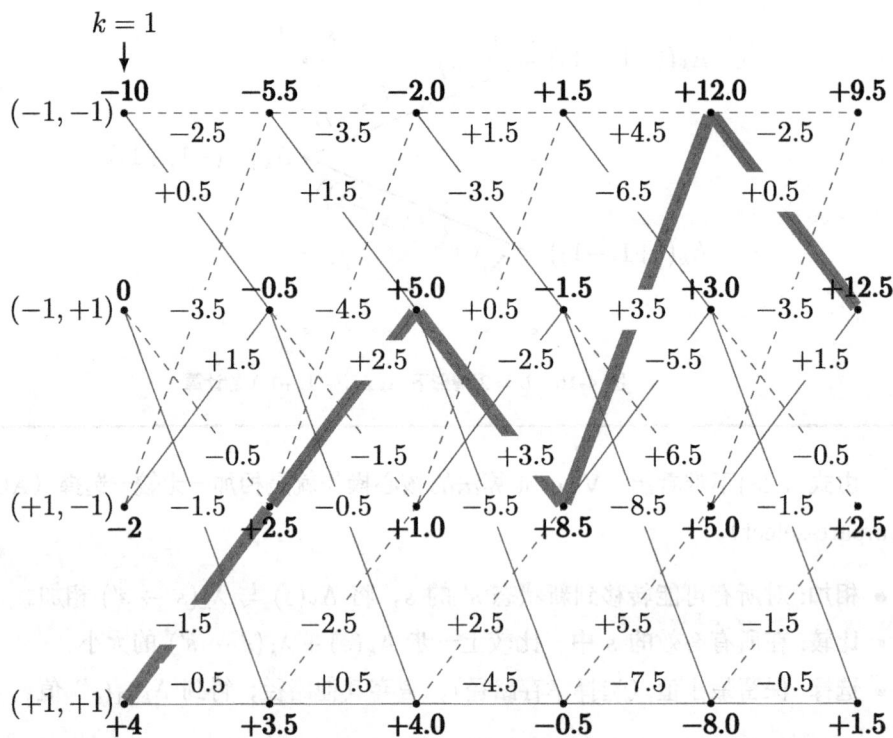

$$k = 1$$

	-10	-5.5	-2.0	$+1.5$	$+12.0$	$+9.5$
$(-1,-1)$						

（图中各节点与分支度量值标注如下，状态由上至下为 $(-1,-1)$、$(-1,+1)$、$(+1,-1)$、$(+1,+1)$）

$(-1,-1)$: -10, -5.5, -2.0, $+1.5$, $+12.0$, $+9.5$
分支值：-2.5, -3.5, $+1.5$, $+4.5$, -2.5；$+0.5$, $+1.5$, -3.5, -6.5, $+0.5$

$(-1,+1)$: 0, -0.5, $+5.0$, -1.5, $+3.0$, $+12.5$
分支值：-3.5, -4.5, $+0.5$, $+3.5$, -3.5；$+1.5$, $+2.5$, -2.5, -5.5, $+1.5$

$(+1,-1)$: -2, $+2.5$, $+1.0$, $+8.5$, $+5.0$, $+2.5$
分支值：-0.5, -1.5, $+3.5$, $+6.5$, -0.5；-1.5, -0.5, -5.5, -8.5, -1.5

$(+1,+1)$: $+4$, $+3.5$, $+4.0$, -0.5, -8.0, $+1.5$
分支值：-1.5, -2.5, $+2.5$, $+5.5$, -1.5；-0.5, $+0.5$, -4.5, -7.5, -0.5

图 4-17　MLSE 的计算实例（$M = 2, L = 2$）

- 因为 $L = 2$，故定义起始值在 $k = 1$ 时刻。下面计算起始度量 $\Lambda_1((x_0, x_1))$。以 $\Lambda_1((-1,-1))$ 为例，根据式(4.44) 有

$$\Lambda_1((-1,-1)) = \Re\{x_0^*(2r_0 - x_0 h_0) + x_1^*(2r_1 - x_1 h_0 - 2x_0 h_1)\}$$

$$= -1 \times (2 \times 1.5 - (-1) \times 1)$$

$$+ (-1) \times (2 \times 2.0 - (-1) \times 1 - 2 \times (-1) \times 0.5))$$

$$= -10$$

类似计算可以得到其他 3 个状态在 $k = 1$ 的度量。我们把 $\Lambda_1((x_0, x_1))$ 的数值标记在对应状态旁边。

- 现在考虑下一个符号。具体的说，要在 $\Lambda_2((x_0, x_1, x_2)) = \Lambda_1((x_0, x_1)) + \lambda_2(x_2, (x_0, x_1))$ 基础上对 $k = 2$ 的每一个状态完成 ACS 操作。

  下面以状态 $(-1, +1)$ 为例进行计算。如图4-16所示，$(-1, -1)$ 和 $(+1, -1)$ 可以通过 $x_2 = +1$ 而转换到 $(-1, +1)$ 状态。根据式(4.47)计算：

$$\lambda_2(x_2 = +1, s_1 = (-1, -1)) = +1 \times (2 \times 0.5 - (-1) \times 1 - 2(-0.5 + 0.25)) = -2.5$$

  类似可得 $\lambda_1(x_2 = +1, s = (+1, -1)) = -3.5$。经过"相加"操作，可得

$$\Lambda_2((-1, -1, -1)) = -12.5, \quad \Lambda_2((+1, -1, -1)) = -5.5$$

  "比较"大小，$\Lambda_2((+1, -1, -1))$ 胜出。因此最后的"选择"操作留下幸存路径 $(+1, -1, -1)$，在图中用实线表示。

- 将上一步的计算推广到整个格形图，在每一个符号时间上经过相加—比较—选择操作只留下 $M^L = 4$ 条幸存路径，并记录其对应的度量。计算结果在图中给出。

- 在 $k = 6$ 时刻完成了所有可能的发送符号的 $\Lambda(\boldsymbol{x})$ 的计算，现在可以开始进行最终的判决输出了。我们发现在 $k = 6$ 时刻，所有幸存路径中最小距离为 12.5。从最后的胜出状态 $(-1, +1)$ 向前"回溯"（traceback），幸存路径对应的状态为 $(+1, +1) \rightarrow (+1, -1) \rightarrow (-1, +1) \rightarrow (+1, -1) \rightarrow (-1, -1) \rightarrow (-1, +1)$，而对应的发送序列则为 $(+1, +1, -1, +1, -1, -1, +1)$。

  在这个例子中，如果接收机不采用 MLSE，而是直接对接收数据做单个符号的判决，则有 $(+1, +1, \mathbf{+1}, +1, -1, -1, +1)$，这与 MLSE 的判决结果是不一样的。

4.2.1.3 MLSE 的两种形式

我们在第4.2.1.1节中对 MLSE 的叙述是直接从连续时间波形出发（式(4.33)）的，而推导过程则是建立在如何最大化似然函数的基础上。这个工作是 Ungerboeck 在 1974 年发表的[29]，这种接收机结构可以在 GSM/EDGE 的接收机中看到。在 MLSE 领域还有一个不得不提的工作就是 Forney 在 1972 年的著作[30]。在 Forney 的模型中，可以把匹配滤波器经等时间采样后的离散系统模型（式(4.39)）表示为

$$r_k = x_k h_0 + \sum_{\ell \neq k} x_\ell h_{k-\ell} + \nu_k \tag{4.49}$$

这个式中比较特别的是噪声分量 ν_k。根据定义

$$\nu_k = n(t) \star g_{RX}(t)\Big|_{t=kT}$$
$$= \int_{-\infty}^{+\infty} n(\tau)q^*(\tau - kT)\mathrm{d}\tau \tag{4.50}$$

因此

$$\mathbb{E}\left[\nu_k \nu_\ell^*\right] = \int_{-\infty}^{+\infty} \int_{-\infty}^{+\infty} \mathbb{E}\left[n(\tau_1)n(\tau_2)\right] q(\tau_1 - kT)q^*(\tau_2 - \ell T)\,\mathrm{d}\tau_1\,\mathrm{d}\tau_2$$
$$= N_0 \int_{-\infty}^{+\infty} q(\tau_1 - kT)q^*(\tau_1 - \ell T)\,\mathrm{d}\tau_1$$
$$= N_0 h_{k-\ell} \tag{4.51}$$

其中 $h_{k-\ell}$ 的定义见式(4.40))。

由上式可以看到，一般条件下噪声是相关的。在文献[30]中，Forney 提出利用白化滤波器将噪声白化，而将式(4.49)转化为[†]

$$r_k' = x_k f_0 + \sum_{\ell \neq k} x_\ell f_{k-\ell} + v_k \tag{4.52}$$

其中 $\mathbb{E}\left[v_k^* v_\ell\right] = N_0$。在得到白高斯噪声之后，似然函数将自然而然地得到 $\Lambda(\boldsymbol{x}) = \sum_k \lambda_k$ 的形式，而 λ_k 也将呈现为欧式距离的形式，即

$$\lambda_k = \left| r_k' - \sum_{\ell=k-L}^{k} x_\ell f_{k-\ell} \right|^2 \tag{4.53}$$

在业界人们将式(4.53)称为 Forney 度量（Forney metric）；相应地人们把式(4.47)称为 Ungerboeck 度量（Ungerboeck metric）。两种度量下的 MLSE 都可以用 Viterbi 算法来实现。其中 Forney 度量更直观，但是 Ungerboeck 则省去了白化滤波器。根据我们在第 3 章可逆定理的学习，两者的性能应该是相同的。

最后需要指出的是：在本小节以概念的讲述为主。我们在（严格的）公式推导过程中（式(4.39)）看到：为了得到离散的接收向量，接收机需要在模拟信号上实现匹配滤波操作（数学上表现为积分式）。在实际的实现过程中，人们通常在数字域来完成这些操作（比如对接收信号 $y(t)$ 过采样，然后在数字域实现匹配滤波[32]）。

[†]关于此处白化滤波器的讨论，请读者参见文献[30, 31]。

4.2.2 独立符号检测—线性均衡

4.2.1节中我们讨论了最大似然序列检测。在概念上可以这样理解 MLSE：一般信道条件下符号间干扰不可避免，因此如果接收机对每一个符号 x_k 单独做判决，将会受到符号间干扰而产生错误。在 MLSE 中接收机采取了一种"自我调整"的对策：对任一个假设的发送序列 x，通过式(4.32)计算**经过了干扰之后的理想**的接收波形，然后再去看看这个非理想的理想波形和接收到的波形是否相似。

相比于 MLSE 这种"逆来顺受"的处理方式，在通信理论中还有一类采取"主动出击"的策略：既然多径信道带来的干扰影响性能，那就先"消灭"多径信道。换句话说，就是试图将频率选择性信道转化为非选择性信道，这样就可以按照第 3 章的方法对每一个发送符号的进行独立检测了。这种操作在通信理论中被称之为**信道均衡**，如图4-18所示。读者可能接触过 HiFi 音响中的均衡器，它允许音响发烧友根据自己的喜好来调整声音在不同频率分量上的强弱。从概念上讲，信道均衡器和 HiFi 音响中的均衡器是相同的。

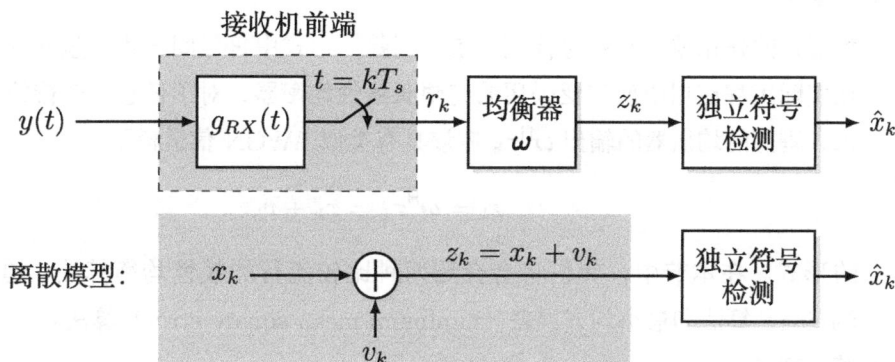

图 4-18　独立符号检测的系统框图

如图4-18所示，在独立符号检测器中接收机可以包含三部分：接收机前端、均衡器和符号判决。

- **接收机前端（receiver front-end）**
  接收机前端的目的是将连续时间的接收信号转化为离散采样点（当然我们希望在这个过程中没有性能损失）。它通常包括接收滤波器和等间隔采样器。在上一节

MLSE 的推导中用到 $g_{RX}(t) = q^*(-t)$ 加上 T 间隔均匀采样器。实际的无线通信系统中，信道 $h(t)$ 可能是时变的（因此 $q(t)$ 也是时变的），因此在采用线性均衡接收机的系统设计中，一种比较常见的做法是选择 $g_{RX}(t) = g_{TX}^*(-t)$，也就是说接收滤波器"只匹配"发送滤波器 $g_{TX}(t)$，而不是 $g_{TX}(t) \star h(t)$（正因如此，有学者将这种接收机前端称之为**部分匹配滤波器**[33]）。类似的，为了取得更加鲁棒的系统性能，人们可能会选择对接收信号过采样（oversampling），因此为了不失一般性，在图中假设采样周期为 $T_s \leqslant T$，比如实际系统设计中比较常见的取值为 $T/T_s = \{1, 4/3, 2, 3, 4\}$。

由于信道本身的时间扩展以及发送 / 接收滤波器可能带来的影响，当发送信号为 x_k 时，接收机前端的输出 r_k 中带有符号间干扰。不失一般性，可以把接收机信号表示为

$$\boldsymbol{r}_k = \boldsymbol{H}\boldsymbol{x}_k + \boldsymbol{n}_k \tag{4.54}$$

的形式（我们稍后将通过例子给出 $\boldsymbol{r}_k, \boldsymbol{H}, \boldsymbol{x}_k$ 的具体定义）。

- **均衡器**

  均衡器的作用就是在符号检测之前"消除"上式中符号间干扰分量的影响。对于在实际工程应用中所广泛采用的**有限长线性均衡器**，对于任意一个待检测的符号 x_k，理想的均衡器的输出 $\boldsymbol{\omega}^{\mathsf{H}}\boldsymbol{r}_k$ 应该具有类似 AWGN 信道模型[†]

$$z_k = \boldsymbol{\omega}^{\mathsf{H}}\boldsymbol{r}_k = x_k + v_k \tag{4.55}$$

  的形式。在本节中，我们将会介绍两种比较流行的线性均衡算法：迫零（zero forcing）算法和最小均方误差（minimum mean square error）算法。

- **符号判决**

  在经过信道均衡之后，把频率选择性信道通过均衡（式(4.55)）转化为 AWGN 信道下的单个符号判决问题。因此，我们可以应用在上一章学习到的 MAP 和 ML 准则。

[†]在线性均衡器的研究中，人们习惯用表达形式 $\boldsymbol{\omega}^{\mathsf{H}}\boldsymbol{r} = \sum_{\ell=0}^{L_F-1} \omega_\ell^* r_\ell$ 来表示对 $\boldsymbol{r}$ 的线性操作（其中用 L_F 来表示均衡器的长度）。这种表达形式有时方便了公式推导。

4.2.2.1 系统模型

接收机前端的输入信号为

$$y(t) = \sum_{\ell=-\infty}^{+\infty} x_\ell \, q(t - \ell T) + n(t) \qquad (4.56)$$

其中 $q(t) = g_{TX}(t) \star h(t)$，而 $\mathbb{E}\left[n(t)n^*(t+\tau)\right] = N_0 \delta(\tau)$。

接收机前端（front-end）包含滤波器和采样器。$y(t)$ 在经过滤波器 $g_{RX}(t)$ 后的信号可以表示为

$$
\begin{aligned}
r(t) = y(t) \star g_{RX}(t) &= \sum_{\ell=-\infty}^{+\infty} x_\ell \, q(t - \ell T) \star g_{RX}(t) + n(t) \star g_{RX}(t) \\
&= \sum_{\ell=-\infty}^{+\infty} x_\ell \, p(t - \ell T) + n(t) \star g_{RX}(t)
\end{aligned}
$$

其中

$$p(t) := g_{TX}(t) \star h(t) \star g_{RX}(t)$$

为包含发送／接收滤波器以及物理信道的等效信道。不失一般性，假设采样周期为 $T_s = T/L^\dagger$，如果把相对于符号 k 的采样时刻表示为 $t = kT - \frac{iT}{L}, i = 0, \ldots, L-1$，则有：

$$r_{k,i} = r(kT - \frac{iT}{L}) = \sum_{\ell=-\infty}^{+\infty} x_\ell \underbrace{p(kT - \frac{iT}{L} - \ell T)}_{:=p_{k-\ell,i}} + \underbrace{n(t) \star g_{RX}(t)\Big|_{t=kT-\frac{iT}{L}}}_{:=n_{k,i}} \qquad (4.57)$$

也可以把它表示成向量形式：

$$\boldsymbol{r}_k = \sum_{\ell=-\infty}^{+\infty} x_\ell \, \boldsymbol{p}_{k-\ell} + \boldsymbol{n}_k = \sum_{\ell=-\infty}^{+\infty} x_{k-\ell} \, \boldsymbol{p}_\ell + \boldsymbol{n}_k \qquad (4.58)$$

---

†在单载波系统中，发送滤波器的带宽往往 $> 1/T$（比如例4.1.2），因此实际系统设计时大多会选择对接收信号过采样以保证没有信息损失。在下一章将要了解的 OFDM 系统中，情况略有不同，由于发送端通常有保护带宽（guard band），因此接收机通常不需要过采样。

其中

$$\boldsymbol{r}_k := \begin{pmatrix} r_{k,0} \\ r_{k,1} \\ \vdots \\ r_{k,L-1} \end{pmatrix} = \begin{pmatrix} r(kT) \\ r(kT - \frac{T}{L}) \\ \vdots \\ r(kT - \frac{(L-1)T}{L}) \end{pmatrix}, \quad \boldsymbol{p}_k = \begin{pmatrix} p(kT) \\ p(kT - \frac{T}{L}) \\ \vdots \\ p(kT - \frac{(L-1)T}{L}) \end{pmatrix} \tag{4.59}$$

且 $\boldsymbol{n}_k$ 的定义有相同形式。

式(4.58)中的求和范围从负无穷大到正无穷大。实际系统 $p(t)$ 都是（或者说可以近似认为）有限长的。不失一般性，假设当 $t \notin [0, \nu T]$ 时 $p(t) = 0$，反映到离散模型上，可以假设在 $k < 0$ 或者 $k > \nu$ 时 $\boldsymbol{p}_k = 0$。这时式(4.58)可以表示为

$$\boldsymbol{r}_k = \begin{pmatrix} \boldsymbol{p}_0 & \boldsymbol{p}_1 & \cdots & \boldsymbol{p}_\nu \end{pmatrix} \begin{pmatrix} x_k \\ x_{k-1} \\ \vdots \\ x_{k-\nu} \end{pmatrix} + \boldsymbol{n}_k \tag{4.60}$$

需要指出的是：上面的模型中，在每一个符号周期内，得到了一个长度为 L 的向量，这是接收机过采样带来的。现在让我们考虑连续的 N_f 个符号时间，在式(4.60)的基础上不难得到一个更大的系统矩阵：

$$\boldsymbol{Y}_k := \begin{pmatrix} \boldsymbol{r}_k \\ \boldsymbol{r}_{k-1} \\ \vdots \\ \boldsymbol{r}_{k-N_f+1} \end{pmatrix} \tag{4.61}$$

$$= \underbrace{\begin{pmatrix} \boldsymbol{p}_0 & \boldsymbol{p}_1 & \cdots & \boldsymbol{p}_\nu & 0 & 0 & \cdots & 0 \\ 0 & \boldsymbol{p}_0 & \boldsymbol{p}_1 & \cdots & \boldsymbol{p}_\nu & 0 & \cdots & 0 \\ \vdots & & \ddots & \ddots & \ddots & \ddots & \cdots & \vdots \\ 0 & \cdots & 0 & 0 & \boldsymbol{p}_0 & \boldsymbol{p}_1 & \cdots & \boldsymbol{p}_\nu \end{pmatrix}}_{:=\boldsymbol{H}_k} \begin{pmatrix} x_k \\ x_{k-1} \\ \vdots \\ x_{k-N_f-\nu+1} \end{pmatrix} + \begin{pmatrix} \boldsymbol{n}_k \\ \boldsymbol{n}_{k-1} \\ \vdots \\ \boldsymbol{n}_{k-N_f+1} \end{pmatrix}$$

或简洁的将其（定义）表示为

$$\boldsymbol{Y}_k = \boldsymbol{H}_k \boldsymbol{X}_k + \boldsymbol{N}_k \tag{4.62}$$

这里 $\boldsymbol{H}_k$ 的维数是 $(N_f \cdot L) \times (N_f + \nu)$。在本章余下篇幅中，让我们考虑简单一点的时不变信道情形，因此可以忽略上式中的下标，得到：

$$\boldsymbol{Y}_k = \boldsymbol{H}\boldsymbol{X}_k + \boldsymbol{N}_k \tag{4.63}$$

当把系统模型表示为式(4.62)的形式时，一个自然而然的问题就是 $\boldsymbol{N}_k$ 的概率分布了。在一般条件下（任意滤波器设计或者过采样），$\boldsymbol{N}_k$ 中的元素 $\{n_{k,i}\}$ 虽然服从高斯分布，但是彼此是不独立的。由式(4.57)中的定义式出发，通过类似式(4.51)的推导，不难得到：

$$\mathbb{E}\left[n_{k_1,i_1} n_{k_2,i_2}^*\right] = N_0 \int_{-\infty}^{+\infty} g_{RX}(k_1 T - \tfrac{i_1 T}{L} - \tau) g_{RX}^*(k_2 T - \tfrac{i_2 T}{L} - \tau)\,\mathrm{d}\tau \tag{4.64}$$

即使接收滤波器本身服从 Nyquist 准则，上式的结果通常也是不为零的。幸好，当 $g_{RX}(t)$ 和采样间隔已知的条件下（通常由系统设计者来选择），这个相关值是可以计算的。

例子 4.4　T 时间间隔采样的离散信道

上面的系统模型考虑了一般情形，在下面的例子中来考虑一个简单的特例：

- 接收机的采样间隔为 T（即 $L = 1$ 情形）。
- 假设物理信道包含两径，且时延恰好为 T：

$$h(\tau) = \delta(\tau) + 0.9\delta(\tau - T)$$

- 假设 $g_{TX}(t) = g_{RX}(t)$ 并满足 Nyquist 准则（式(4.16)）。

考虑发送滤波器、信道以及接收滤波器的综合作用，等效连续时间信道可以表示为

$$p(t) = g_{\text{Nyquist}}(t) + 0.9\,g_{\text{Nyquist}}(t - T)$$

因为接收机的采样间隔为 $T_s = T$（$L = 1$），式(4.59)中的 $\boldsymbol{p}$ 向量退化为单个元素，在例子中 $\nu = 1$：

$$\boldsymbol{p}_0 = 1, \quad \boldsymbol{p}_1 = 0.9$$

让我们以 $N_f = 3$ 为例来看看式(4.63)的具体形式。此时，$\boldsymbol{H}$ 的维数是

$(N_f \cdot L) \times (N_f + \nu) = 3 \times 4$，可以把式(4.63)细化为：

$$\begin{pmatrix} r_k \\ r_{k-1} \\ r_{k-2} \end{pmatrix} = \begin{pmatrix} 1 & 0.9 & 0 & 0 \\ 0 & 1 & 0.9 & 0 \\ 0 & 0 & 1 & 0.9 \end{pmatrix} \begin{pmatrix} x_k \\ x_{k-1} \\ x_{k-2} \\ x_{k-3} \end{pmatrix} + \begin{pmatrix} n_k \\ n_{k-1} \\ n_{k-2} \end{pmatrix} \tag{4.65}$$

当采样间隔为 T，并且接收滤波器 $g_{RX}(t)$ 满足 Nyquist 准则时，可以证明上式中的噪声 n_k 是零均值，**相互独立**的高斯随机变量：

$$\mathbb{E}\left[n_{k_1} n_{k_2}^* \right] = N_0 \int_{-\infty}^{+\infty} g_{RX}(t - k_1 T) g_{RX}^*(t - k_2 T)\, \mathrm{d}t = N_0 \delta_{k_1, k_2}$$

（上式的最后一步推导用到了前面概念4.3中的第 2 个性质）。

在实际应用中，线性均衡器几乎无一例外地用有限长滤波器（FIR filter）的形式实现。数学上，在接收信号模型（式(4.63)）基础上，接收机将在某给定准则（比如迫零准则或 MMSE 准则）的基础上设计均衡滤波器系数 $\boldsymbol{\omega}^{\mathsf{H}}$（维数 $1 \times N_f \cdot L$），得到均衡器的输出：

$$z_k := \boldsymbol{\omega}^{\mathsf{H}} \boldsymbol{Y}_k \tag{4.66}$$

均衡器最终的目的是对发送数据 $\{x_k\}$ 做出正确解调。在单个符号的检测中，将在 z_k 基础上对发送符号 $x_{k-\Delta}$ 作出判决，即

$$z_k \to \hat{x}_{k-\Delta}$$

这里的设计参数 Δ 保证系统的因果性（在 k 时刻，只能看到 x_k 和其之前的符号），具体取值可以通过（比如计算机仿真）优化得到。在 N_f 足够大的时候

$$\Delta \approx \frac{\nu + N_f}{2}$$

可以给出接近最佳值的结果。

当任意一个线性均衡器 $\boldsymbol{\omega}_k^{\mathsf{H}}$ 作用于接收向量 $\boldsymbol{Y}_k$（式(4.63)）时，可以把其输出信号表示为

$$z_k = (\boldsymbol{\omega}_k^{\mathsf{H}} \boldsymbol{h}_\Delta) x_{k-\Delta} + \sum_{\ell=0, \ell \neq \Delta}^{N_f + \nu - 1} (\boldsymbol{\omega}_k^{\mathsf{H}} \boldsymbol{h}_\ell) x_{k-\ell} + \boldsymbol{\omega}_k^{\mathsf{H}} \boldsymbol{N}_k \tag{4.67}$$

其中用 h_ℓ 来表示矩阵 H 的第 ℓ 列。假设 $N_k \sim \mathcal{CN}(\mathbf{0}, N_0 \mathbf{I})$，那么均衡器输出中的噪声将服从高斯分布 $w_k := \omega^\mathsf{H} N_k \sim \mathcal{CN}(0, N_0 \|\omega\|^2)$。假设发送符号相互独立且能量为单位 1，即 $\Sigma_{xx} = \mathbf{I}$），那么在 k 符号时刻的被检测符号 $x_{k-\Delta}$ 的信号干扰噪声比可以定义为：

$$
\begin{aligned}
\mathrm{SINR}_k &:= \frac{\mathbb{E}\left[|\omega_k^\mathsf{H} h_\Delta x_{k-\Delta}|^2\right]}{\mathbb{E}\left[|\omega_k^\mathsf{H}(Y_k - h_\Delta x_{k-\Delta})|^2\right]} \\
&= \frac{\omega_k^\mathsf{H} h_\Delta h_\Delta^\mathsf{H} \omega_k}{\omega_k^\mathsf{H}(HH^\mathsf{H} + \Sigma_{nn})\omega_k - \omega_k^\mathsf{H} h_\Delta h_\Delta^\mathsf{H} \omega_k}
\end{aligned}
\tag{4.68}
$$

好了，在介绍完系统模型之后，下面就让我们来了解如何设计均衡滤波器系数 ω^H。为简单起见，我们将以 $T_s = T$（即没有过采样，$L = 1$）的情形展开讨论（在理解系统模型之后，读者可自行推广出 $L > 1$ 的结论）。

4.2.2.2 迫零均衡器

迫零均衡器的系数计算

概念上，迫零均衡器 $\omega_{\mathrm{ZF}}^\mathsf{H}$ 的选择意在完全消除符号间干扰的影响，即：

$$
\begin{cases}
\omega_{\mathrm{ZF}}^\mathsf{H} h_\Delta = 1, \\
\omega_{\mathrm{ZF}}^\mathsf{H} h_\ell = 0, \quad \text{当 } \ell \neq \Delta \text{ 时}
\end{cases}
\tag{4.69}
$$

这将对应

$$
\boxed{\omega_{\mathrm{ZF}}^\mathsf{H} H = \underbrace{(0, \ldots, 0, 1, 0, \ldots, 0)}_{N_f + \nu}}
\tag{4.70}
$$

然而，$\omega_{\mathrm{ZF}}^\mathsf{H}$ 的长度为 N_f，小于 H 的列的数目（$N_f + \nu$），因此均衡器是没有足够多的自由度来真正实现完美迫零的。因此将"舍弃" H 中的 ν 列[†]，然后针对剩下的列应用迫零原理。

[†]下面会看到，这样做的结果将会使得均衡器的输出中含有那些未被参与均衡的符号的干扰。

例子 4.5 迫零均衡器的系数计算

继续之前例4.4中的假设。为了突出迫零操作，让我们把式(4.65)重写如下：

$$
\begin{pmatrix} r_k \\ r_{k-1} \\ r_{k-2} \end{pmatrix} = \begin{pmatrix} 1 & 0.9 & 0 \\ 0 & 1 & 0.9 \\ 0 & 0 & 1 \end{pmatrix} \begin{pmatrix} x_k \\ x_{k-1} \\ x_{k-2} \end{pmatrix} + \begin{pmatrix} 0 \\ 0 \\ 0.9 \end{pmatrix} x_{k-3} + \begin{pmatrix} n_k \\ n_{k-1} \\ n_{k-2} \end{pmatrix} \tag{4.71}
$$

让我们对 (x_k, x_{k-1}, x_{k-2}) 部分做迫零操作。若假设 $\Delta = 1$，那么 $\boldsymbol{\omega}_{\mathrm{ZF}}^{\mathrm{H}}$ 将对应于 $\begin{pmatrix} 1 & 0.9 & 0 \\ 0 & 1 & 0.9 \\ 0 & 0 & 1 \end{pmatrix}^{-1}$ 的第二行。

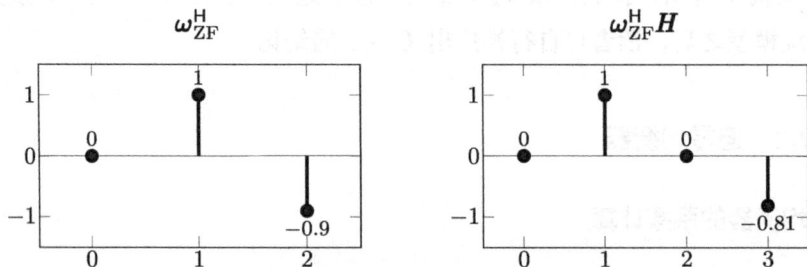

图 4-19 $N_f = 3, \Delta = 1$ 时的迫零均衡器的系数以及等效信道响应

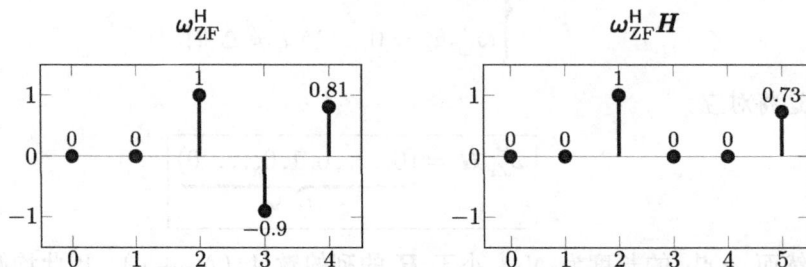

图 4-20 $N_f = 5, \Delta = 2$ 时的迫零均衡器的系数以及等效信道响应

图4-19中给出了 $N_f = 3, \Delta = 1$ 条件下 $\boldsymbol{\omega}_{\mathrm{ZF}}^{\mathrm{H}}$ 以及 $\boldsymbol{\omega}_{\mathrm{ZF}}^{\mathrm{H}} \boldsymbol{H}$ 的结果。可以看到：由于 $\Delta = 1$ 的选择，我们希望迫零均衡器的输出中有 x_{k-1} 成分，事实也确实如此；同时在输出中 x_k 和 x_{k-2} 的影响被完全消除（因为对应的 $\boldsymbol{\omega}_{\mathrm{ZF}}^{\mathrm{H}} \boldsymbol{h} = 0$）；然而，均衡器的输出中却含有残留的干扰份量 $-0.81 x_{k-3}$。

增大 N_f 会如何呢？如图4-20所示：在 $N_f = 5, \Delta = 2$ 时，均衡器的输出中将含

有 x_{k-5} 的成分，但是它的强度相比于 $N_f = 3$ 时有所减小。事实上，随着 N_f 的不断增大，残余的成分将会变得越来越小。

在我们的例子中，假设 $N_0 = 0.1$（即在发送端看来信噪比为 $10\,\mathrm{dB}$），通过式(4.68)可以计算 $N_f = 3$ 和 $N_f = 5$ 下的均衡后的信号干扰噪声比分别为 0.77 和 $1.09\,\mathrm{dB}$。

上面的例子中接收机所实际得到的信噪比远远小于发送端所期望的信噪比，但是这个例子告诉我们：N_f 取值越大，性能越好。一个自然而然的问题出现了：到底多大的 N_f 才能真正地实现真正意义上的迫零准则呢？换句话说，迫零均衡器的极限性能是多少呢？为了理解迫零均衡器的极限性能，下面将通过变换域的迫零均衡器推导得出对应于 $N_f \to \infty$ 时的极限性能，并在这个过程中解释迫零均衡器的问题——**噪声放大**（noise enhancement）。

概念 4.7 迫零算法的极限性能

类似于连续信号的傅立叶变换，离散信号可以通过 z 变换得到其频域的响应。若均衡器完美地消除了 ISI，则将满足 Nyquist 条件（式(4.10)），即 $H(z)W(z) = 1$。也就是说，理想迫零均衡器的响应为

$$W_{\mathrm{ZF}} = \frac{1}{H(z)} \tag{4.72}$$

考虑两径信道（假设 $0 < |c| < 1$）：

$$h_0 = 1, \quad h_1 = c$$

因此 $H(z) = 1 + cz^{-1}$。为了满足 Nyquist 条件，理想均衡器的形式为：

$$W(z) = \frac{1}{H(z)} = \frac{1}{1 + cz^{-1}} \tag{4.73}$$

根据逆 z 变换，我们知道：

$$\omega_k = (-c)^k, k = 0, 1, \ldots$$

也就是说：即使想完全消除一个两径信道所带来的 ISI，理论上需要无限长的均衡器。

到目前为止，关于迫零均衡器的讨论局限在信号部分（具体地说是如何消除信号之间的符号干扰），而没有考虑噪声部分经过均衡器之后的属性。从噪声的角度，输入为独立统分布的白噪声，经过均衡器 $W(z)$，输出噪声的功率为

$$N_0 T \int_{-1/2T}^{+1/2T} |W(e^{i2\pi fT})|^2 \, df \tag{4.74}$$

$$= N_0 \sum_{k=-\infty}^{+\infty} |\omega_k|^2 \tag{4.75}$$

$$= N_0 \sum_{k=0}^{+\infty} |c|^{2k} \tag{4.76}$$

$$= \frac{N_0}{1-|c|^2} \tag{4.76}$$

其中式(4.75)由帕斯瓦尔定理得到。

为了理解迫零均衡器的性能损失，我们先来定义理想均衡器的信噪比，其数学定义为：

$$\text{SNR}_{\text{MFB}} := \frac{\|\boldsymbol{h}\|^2}{N_0} \tag{4.77}$$

有文献将 SNR_{MFB} 称为匹配滤波器（信噪比）上界（matched filter bound），为所有实际均衡器的信噪比的上界。这是因为在定义式中我们假设接收机不但可以"收集"到所有信号能量（此处为单位 1），而且同时不放大噪声功率。显然在实际中我们是无法取得这个极限性能的。

具体到迫零均衡器，由式(4.76)可以看出：尽管均衡器的输入噪声的平均功率为 N_0，其输出噪声的平均功率为 $\frac{N_0}{1-|c|^2}$。在 $|c| \to 1$ 时，噪声功率被严重放大。相比于 SNR_{MFB}，有：

$$\text{SNR}_{\text{ZF},\infty} = (1-|c|^2)\text{SNR}_{\text{MFB}} \leqslant \text{SNR}_{\text{MFB}} \tag{4.78}$$

从图4-21可以看出，在 $|c| < 1$ 时，信噪比的损失为 $(1-|c|^2)$；在 $|c| > 1$ 时，信噪比的损失为 $(|c|^2 - 1)$。

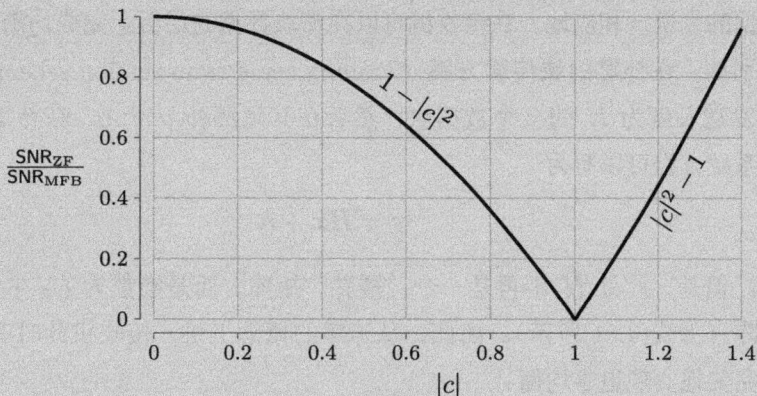

图 4-21 迫零均衡器的 SNR 损失

有了式(4.78)，在 $N_0 = 0.1$ 时，即使 $N_f \to \infty$，所能得到的 $\text{SNR}_{\text{ZF},\infty}$ 也只有 $10 \log_{10}\left(\frac{1-0.9^2}{0.1}\right) = 2.79\,\text{dB}$。不难看出：相比于无符号间干扰情形下的 $\text{SNR}_{\text{MFB}} = 10 \log_{10}((1 + 0.9^2)/0.1) = 12.6\,\text{dB}$，这里由于符号间干扰带来的信噪比损失是非常明显的。

之所以造成噪声放大，是因为在迫零准则中，只是一味地去消除信道带来的 ISI（参见式(4.73)），而没有去考虑这样做对噪声会产生什么影响。在我们的例子中，信道本身呈现低通特性，在高频处增益很小。如图4-22所示，迫零均衡器在消除 ISI 的同时（保证信号本身的"纯净"），却将高频处的噪声功率放大了。

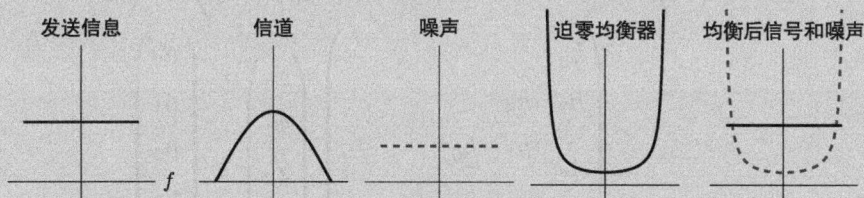

图 4-22 迫零均衡器的噪声放大

块迫零均衡器

到目前为止，我们关于均衡器的讨论是建立在连续符号发送（$x_k, 0 \leqslant k < \infty$）的基础上进行的，并且均衡操作也是在每一个符号的层面上进行的。在当今流行的无线

通信系统（比如 TD-SCDMA 系统）中，还可以见到一种发送端以"块数据"的形式进行数据的发送，相应地，在接收机可以在整块数据的层面上完成均衡操作的情形。

特别地，在补零的块传输方案（Trailing zeros transmission scheme）中，发送端每次只发送长度为 N 的一个数据块，然后在其尾部补 ν 个 0。在补零的块传输方案中，其系统方程可以写为

$$r = Hx + n \tag{4.79}$$

的形式。但是，此处 H 不再是一个"矮胖"矩阵，而是维数为 $(N+\nu) \times N$ 的"瘦高"矩阵（如式(4.81)所示）。因此，从迫零的概念上讲，接收机此时有足够多的自由度可以完美地实现迫零均衡。

例子 4.6　补零的块传输方案中的"瘦高"矩阵

还是继续 $h_0 = 1, h_1 = 0.9$ 的例子，并考虑发送端发送长度为 $N = 5$ 的数据块。若在数据块尾部补 $\nu = 1$ 个 0，则有：

$$
\begin{pmatrix} r_0 \\ r_1 \\ r_2 \\ r_3 \\ r_4 \\ r_5 \end{pmatrix} = \begin{pmatrix} h_0 & & & & \\ h_1 & h_0 & & & \\ & h_1 & h_0 & & \\ & & h_1 & h_0 & \\ & & & h_1 & h_0 \\ & & & & h_1 & h_0 \end{pmatrix} \begin{pmatrix} x_0 \\ x_1 \\ x_2 \\ x_3 \\ x_4 \\ 0 \end{pmatrix} + \begin{pmatrix} n_0 \\ n_1 \\ n_2 \\ n_3 \\ n_4 \\ n_5 \end{pmatrix} \tag{4.80}
$$

$$
= \begin{pmatrix} h_0 & & & & \\ h_1 & h_0 & & & \\ & h_1 & h_0 & & \\ & & h_1 & h_0 & \\ & & & h_1 & h_0 \\ & & & & h_1 \end{pmatrix} \begin{pmatrix} x_0 \\ x_1 \\ x_2 \\ x_3 \\ x_4 \end{pmatrix} + \begin{pmatrix} n_0 \\ n_1 \\ n_2 \\ n_3 \\ n_4 \\ n_5 \end{pmatrix} \tag{4.81}
$$

请注意上面从式(4.80)到式(4.81)的步骤没有近似（因为最后一个 $x = 0$）。

当把迫零准则应用到补零的块传输方案时，每一个 $x_k, k = 0, \ldots, N-1$ 所对应的

迫零均衡器的系数为矩阵 $\boldsymbol{H}^{\dagger}$ 的第 k 行[†]，其中

$$\boldsymbol{H}^{\dagger} := (\boldsymbol{H}^{\mathsf{H}}\boldsymbol{H})^{-1}\boldsymbol{H}^{\mathsf{H}} \tag{4.82}$$

如果把所有 N 的发送符号一起来看，则有

$$\begin{aligned}
\hat{\boldsymbol{x}}_{\mathrm{ZF}} &= \boldsymbol{H}^{\dagger}\boldsymbol{r} \\
&= (\boldsymbol{H}^{\mathsf{H}}\boldsymbol{H})^{-1}\boldsymbol{H}^{\mathsf{H}}(\boldsymbol{H}\boldsymbol{x} + \boldsymbol{n}) \\
&= \boldsymbol{x} + (\boldsymbol{H}^{\mathsf{H}}\boldsymbol{H})^{-1}\boldsymbol{H}^{\mathsf{H}}\boldsymbol{n}
\end{aligned} \tag{4.83}$$

通过上式可以看出：在没有噪声的情况下，迫零块均衡器可以完全消除 ISI（即 $\hat{\boldsymbol{x}}_{\mathrm{ZF}} = \boldsymbol{x}$）。考虑到输出噪声 $\boldsymbol{v} := (\boldsymbol{H}^{\mathsf{H}}\boldsymbol{H})^{-1}\boldsymbol{H}^{\mathsf{H}}\boldsymbol{n}$，其协方差矩阵为 $\boldsymbol{\Sigma}_{\boldsymbol{vv}} = \mathbb{E}\left[\boldsymbol{v}\boldsymbol{v}^{\mathsf{H}}\right] = N_0(\boldsymbol{H}^{\mathsf{H}}\boldsymbol{H})^{-1}$。

在均衡后接收机需要对单个符号 x_k 进行解调操作。不失一般性，对于单个符号，迫零均衡的输出可以表示为

$$\hat{x}_{\mathrm{ZF},k} = x_k + v_k$$

其中 v_k 为功率为 $N_0\left[(\boldsymbol{H}^{\mathsf{H}}\boldsymbol{H})^{-1}\right]_{k,k}$ 的零均值高斯噪声[‡]。相应的，可以定义迫零均衡器的信噪比为

$$\begin{aligned}
\mathrm{SNR}_{\mathrm{ZF},k} &= \frac{\mathbb{E}\left[|x_k|^2\right]}{\mathbb{E}\left[|v_k|^2\right]} \\
&= \frac{1}{N_0\left[(\boldsymbol{H}^{\mathsf{H}}\boldsymbol{H})^{-1}\right]_{k,k}}
\end{aligned}$$

概念 4.8　$\hat{\boldsymbol{x}}_{\mathrm{ZF}}$ 与最大似然估计 $\hat{\boldsymbol{x}}_{\mathrm{ML}}$

　　读者可能在某些文献中看到人们有时把式(4.79)模型下的解（式(4.83)）称之为最大似然（ML）估计。这是因为从信号的检测与估值理论角度，**如果忽略 $\boldsymbol{x}$ 中的元素只有有限个星座点可供选取的限制**，那么公式(4.83)中的 $\hat{\boldsymbol{x}}_{\mathrm{ZF}}$ 在所有的 $\boldsymbol{x}$ 中，有最大化最大似然函数 $f(\boldsymbol{r}|\boldsymbol{x})$。

[†]人们称 $\boldsymbol{H}^{\dagger}$ 为 $\boldsymbol{H}$ 的伪逆矩阵（pseudo inverse）。不难看出，在块传输方案中，$\boldsymbol{H}$ 是一个 Toeplitz 矩阵，其伪逆矩阵的计算可以利用这个性质来大大减小计算复杂度。篇幅所限，我们不展开叙述，有兴趣的读者可以参见文献[5, 34]来了解 TD-SCDMA 系统中低复杂度的线性均衡器的实现。

[‡]这里用 $[\boldsymbol{A}]_{k,k}$ 来表示方阵 $\boldsymbol{A}$ 的第 k 个对角线上的元素。

具体地说，在线性模型 $\boldsymbol{r} = \boldsymbol{H}\boldsymbol{x} + \boldsymbol{n}$ 中，假设 $\boldsymbol{n} \sim \mathcal{CN}(0, \boldsymbol{\Sigma_{nn}})$，则似然函数可以表示为

$$f(\boldsymbol{r}|\boldsymbol{x}) = \frac{1}{\sqrt{(2\pi)^{N+L-1}|\boldsymbol{\Sigma_{nn}}|}} \exp\left(-\frac{1}{2}(\boldsymbol{r} - \boldsymbol{H}\boldsymbol{x})^{\mathsf{H}}\boldsymbol{\Sigma_{nn}^{-1}}(\boldsymbol{r} - \boldsymbol{H}\boldsymbol{x})\right)$$

经过推导可以证明（此处省略具体过程，读者可参见[35]）：

$$\hat{\boldsymbol{x}}_{\mathrm{ML}} = (\boldsymbol{H}^{\mathsf{H}}\boldsymbol{\Sigma_{nn}^{-1}}\boldsymbol{H})^{-1}\boldsymbol{H}^{\mathsf{H}}\boldsymbol{\Sigma_{nn}^{-1}}\boldsymbol{r} \tag{4.84}$$

在我们的模型中，$\boldsymbol{\Sigma_{nn}} = N_0\boldsymbol{I}$。因此式(4.83)中的 $\hat{\boldsymbol{x}}_{\mathrm{ZF}}$ 和 $\hat{\boldsymbol{x}}_{\mathrm{ML}}$ 具有相同的表达形式。

4.2.2.3 线性最小均方误差（LMMSE）均衡器

在迫零准则中，均衡器的视角完全放在信号部分，而不去考虑噪声。回到式(4.66)，迫零追求的是 $z_k = x_{k-\Delta}$；在没有噪声的前提下，这个愿望将完美实现。然而我们从第4.2.2.2节看到，当系统中存在噪声时，迫零均衡可能将噪声功率放大，使得系统性能下降。如果我们考虑噪声的影响，那么均衡器输出与理想待判决符号之间必然存在误差：

$$e_k := x_{k-\Delta} - z_k$$

最小均方误差均衡器，顾名思义，将通过均衡器的设计，使得均方误差 $\mathbb{E}\left[|e_k|^2\right] = \mathbb{E}\left[(x_{k-\Delta} - z_k)(x_{k-\Delta} - z_k)^*\right]$ 最小化。根据在第 1 章第1.1.2.7节中提及的正交原理，有：

$$\mathbb{E}\left[e_k\boldsymbol{Y}_k^{\mathsf{H}}\right] = 0$$

展开后可得：

$$\mathbb{E}\left[x_{k-\Delta}\boldsymbol{Y}_k^{\mathsf{H}}\right] - \boldsymbol{\omega}_{\mathrm{LMMSE}}^{\mathsf{H}}\mathbb{E}\left[\boldsymbol{Y}_k\boldsymbol{Y}_k^{\mathsf{H}}\right] = 0$$

因此有：

$$\boldsymbol{\omega}_{\mathrm{LMMSE}}^{\mathsf{H}} = \boldsymbol{\Sigma_{xY}}\boldsymbol{\Sigma_{YY}^{-1}} \tag{4.85}$$

例子 4.7　LMMSE 均衡器的系数计算

继续之前的例子。还是 $N_f = 3$，方便起见，首先重复系统矩阵如下：

$$\begin{pmatrix} r_k \\ r_{k-1} \\ r_{k-2} \end{pmatrix} = \begin{pmatrix} 1 & 0.9 & 0 & 0 \\ 0 & 1 & 0.9 & 0 \\ 0 & 0 & 1 & 0.9 \end{pmatrix} \begin{pmatrix} x_k \\ x_{k-1} \\ x_{k-2} \\ x_{k-3} \end{pmatrix} + \begin{pmatrix} n_k \\ n_{k-1} \\ n_{k-2} \end{pmatrix}$$

考虑 $\Delta = 1$，那么有：

$$\begin{aligned}
\boldsymbol{\Sigma}_{x\boldsymbol{Y}} &= \mathbb{E}\left[x_{k-\Delta}(\boldsymbol{H}\boldsymbol{X}_k + \boldsymbol{N}_k)^{\mathsf{H}} \right] \\
&= \mathbb{E}\left[x_{k-\Delta}\boldsymbol{X}_k^{\mathsf{H}} \right]\boldsymbol{H}^{\mathsf{H}} + \underbrace{\mathbb{E}\left[x_{k-\Delta}\boldsymbol{N}_k^{\mathsf{H}} \right]}_{=0} \\
&= \begin{pmatrix} 0 & 1 & 0 & 0 \end{pmatrix}\boldsymbol{H}^{\mathsf{H}} \\
&= \begin{pmatrix} 0.9 & 1 & 0 \end{pmatrix}
\end{aligned}$$

其中在上边的推导中假设不同的发送符号具有零均值，且彼此独立，即 $\boldsymbol{\Sigma}_{\boldsymbol{X}\boldsymbol{X}} = \mathbf{I}$。

作为一个具体的例子，假设噪声功率为 $N_0 = 0.1$，则有：

$$\begin{aligned}
\boldsymbol{\Sigma}_{\boldsymbol{Y}\boldsymbol{Y}} &:= \mathbb{E}\left[\boldsymbol{Y}_k\boldsymbol{Y}_k^{\mathsf{H}} \right] = \boldsymbol{H}\boldsymbol{H}^{\mathsf{H}} + N_0\mathbf{I} \\
&= \begin{pmatrix} 1.91 & 0.9 & 0 \\ 0.9 & 1.91 & 0.9 \\ 0 & 0.9 & 1.91 \end{pmatrix}
\end{aligned}$$

因此有：

$$\begin{aligned}
\boldsymbol{\omega}_{\mathrm{LMMSE}}^{\mathsf{H}} &= \boldsymbol{\Sigma}_{x\boldsymbol{Y}}\boldsymbol{\Sigma}_{\boldsymbol{Y}\boldsymbol{Y}}^{-1} \\
&= \begin{pmatrix} 0.9 & 1 & 0 \end{pmatrix}\begin{pmatrix} 1.91 & 0.9 & 0 \\ 0.9 & 1.91 & 0.9 \\ 0 & 0.9 & 1.91 \end{pmatrix}^{-1} \\
&= \begin{pmatrix} 0.22 & 0.54 & -0.26 \end{pmatrix}
\end{aligned}$$

相对应于迫零均衡器（如图4-19所示），在图4-23中给出了 LMMSE 均衡器的均衡器系数以及等效信道响应。

$$\boldsymbol{\omega}^{\mathrm{H}}_{\mathrm{LMMSE}}$$

$$\boldsymbol{\omega}^{\mathrm{H}}_{\mathrm{LMMSE}}\boldsymbol{H}$$

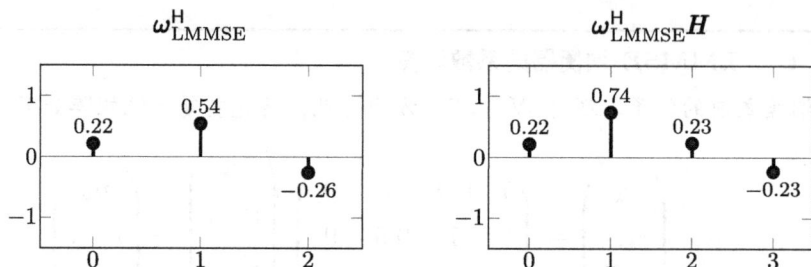

图 4-23 $N_f = 3$ 时的 LMMSE 均衡器的系数以及等效信道响应

特别的，从4-23的右图中可以看出：

- 等效信道响应 $\boldsymbol{\omega}^{\mathrm{H}}_{\mathrm{LMMSE}}\boldsymbol{H}$ 在 $\Delta = 1$ 处并不为 0，这说明 LMMSE 均衡器的输出是有偏的（biased）；而迫零均衡器（如图4-19所示）则是无偏的。
- 均衡器输出中的噪声功率为 $N_0 \|\boldsymbol{\omega}\|^2$；通过比较会发现 $\|\boldsymbol{\omega}_{\mathrm{LMMSE}}\|^2 < \|\boldsymbol{\omega}_{\mathrm{ZF}}\|^2$。

类似迫零的例子（例4.5），通过式(4.68)可以计算 $N_f = 3$ 下的 LMMSE 均衡后信号的干扰噪声比为 4.46 dB。在图4-24中给出了 SINR 随 N_f 的变化曲线。从图中可见，为了得到趋近于极限性能，需要 $N_f = 11$ 或者更高。

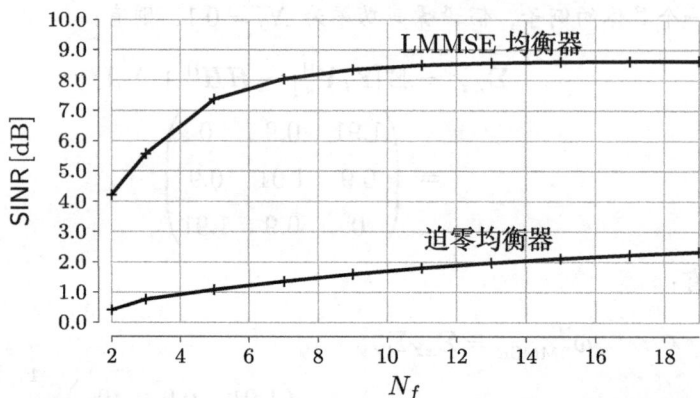

图 4-24 当信道为 $h(\tau) = \delta(\tau) + 0.9\delta(\tau - T)$ 时，SINR 与均衡器阶数的关系

这个小例子告诉我们：LMMSE 在牺牲了无偏估计值的前提下，很好地在信道的均衡和噪声的放大之间作出折衷。在实际应用角度，LMMSE 均衡比迫零均衡更加鲁棒，因此应用得更广。

相对于迫零均衡器，下面来了解 LMMSE 均衡器的极限性能。

概念 4.9 LMMSE vs 迫零

让我们通过 z 变换下的 LMMSE（和迫零一样，这对应于 $N_f \to \infty$ 时的极限情形）。相比于迫零均衡器的 $W(z) = 1/H(z)$，MMSE 均衡器有着下面的形式（证明略）：

$$W(z) = \frac{H^*(1/z^*)}{H(z)H^*(1/z^*) + N_0} \tag{4.86}$$

从形式上看，若考虑下面两个极限情形：

- 极高信噪比（$N_0 \to 0$）

  这时有 $W(z) = 1/H(z)$，因此在极高信噪比下，MMSE 均衡器"趋近"迫零均衡器。

- 极低信噪比（$N_0 \to \infty$）

  这时有 $W(z) = H^*(1/z^*)/N_0$，MMSE 均衡器"趋近"于对信道的匹配滤波器。

需要特别指出的是：在实际应用中，应该"仔细求证"在工作信噪比区间迫零和 LMMSE 之间的性能差别。更多的情形下更倾向 LMMSE，因为它更加的鲁棒。

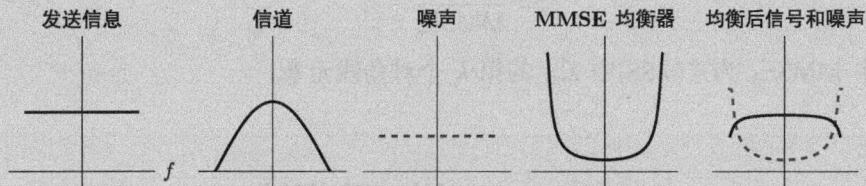

图 4-25 MMSE 均衡器的噪声放大

对比迫零均衡器（如图4-22所示）我们可以看出，MMSE 均衡器由于分母中噪声项的存在，实际上限制了均衡器系数的最大取值（在这个例子中表现得不明显）；然而，对于信号部分来说，均衡后的信号本身并不是理想的。

最后需要指出的是：LMMSE 对发送符号的估计是有偏的。当调制方式中包含了

不同幅度的时候（比如 16QAM、64QAM 等），对 LMMSE 估计的"无偏纠正"将得到更好的误码性能，我们将在第7.4.2.2节详细讲述这个问题。

块 LMMSE 均衡器

我们在1.1.2.7中学习到：对于线性模型 $r = Hx + n$，其 LMMSE 估计为（式(1.48)）

$$\widehat{x}_{\text{LMMSE}}(r) = W^{\mathsf{H}}r, \quad W^{\mathsf{H}} = \Sigma_{xx}H^{\mathsf{H}}(H\Sigma_{xx}H^{\mathsf{H}} + \Sigma_{nn})^{-1} \tag{4.87}$$

而其对应的估计误差的协方差矩阵由式(1.49)给出：

$$\Sigma_{\epsilon\epsilon} = \mathbb{E}\left[(x - \widehat{x})(x - \widehat{x})^{\mathsf{H}}\right] = \Sigma_{xx} - W^{\mathsf{H}}H\Sigma_{xx} \tag{4.88}$$

从通信理论来讲，我们除了关心估计误差的特性之外，更关心的是信噪比。对于 LMMSE 均衡器，根据式(4.87)，第 k 个符号所对应的均衡器系数为

$$\omega_{\text{MMSE},k}^{\mathsf{H}} = h_k^{\mathsf{H}}(HH^{\mathsf{H}} + \Sigma_{nn})^{-1} \tag{4.89}$$

其中 h_k^{H} 为 H^{H} 的第 k 行。将 $\omega_{\text{MMSE},k}^{\mathsf{H}}$ 代入到式(4.68) 可得：

$$\text{SINR}_{\text{MMSE},k} = \frac{1}{[I - H^{\mathsf{H}}(HH^{\mathsf{H}} + \Sigma_{nn})^{-1}H]_{k,k}} - 1 \tag{4.90}$$

$$:= \frac{1}{\text{MMSE}_k} - 1 \tag{4.91}$$

其中 MMSE_k 为式(4.88)中 $\Sigma_{\epsilon\epsilon}$ 的第 k 个对角线元素。

4.3 进一步阅读

在实际应用中，信道可能不可避免地带来符号间干扰，因此需要均衡技术来消除干扰。信道均衡技术的研究在 20 世纪 70 年代达到巅峰[36]。当时的主要应用之一就是基于电话线的调制 / 解调器的设计。由于系统并没有信道编码，因此接收机必须尽可能地通过均衡来纠正符号间干扰。在有限的篇幅中这里只是涉及了高深的"信道均

衡"理论的皮毛，而略过了诸如自适应均衡技术、判决反馈均衡器等内容†，请读者参考其他参考书以了解更多（几乎任何一本数字通信的教科书都会涉及到信道均衡的内容）。如果读者想要深入学习／了解信道均衡技术的话，在众多读物中我们尤其推荐文献[37]的第 3 章（内容全面，但需要些数学功底）。

4.4 本章小结

本章重要概念

无线通信中的多径传输将不可避免地带来符号间干扰，这将大大降低系统的性能。在单载波调制中，需要来通过时域均衡技术来"对付"多径信道带来的干扰。我们在本章中介绍了最大似然序列检测（MLSE）和线性均衡器。尽管都是信道均衡，但是在概念上，这两类均衡器却采用了截然相反的策略。

- MLSE
  逆来顺受：放任多径传输的影响，通过不断的"试错"来比较发送序列（在多径传输下）和接收信号是否相像。
- 线性均衡器
  主动出击：消灭多径传输的影响，通过均衡使得等效信道接近单径信道（没有符号间干扰）。

在付出计算复杂度的代价下，MLSE 将最小化序列错误（block error rate）；而线性均衡器往往在取得一定成果的前提下不得不承受性能上的损失。

鉴于实现复杂度的考虑，不同的通信系统选择不同的均衡技术。

- 2G (GSM)
  2G GSM 是一个窄带系统，采用 GMSK 调制方式（可以理解为占用 I/Q 两路的二进制调制方式），符号周期为 3.69 μs。GSM/EDGE 系统的设计要求

---

†如果我们给自己找个借口的话，或许可以这样说。例如自适应均衡技术、判决反馈均衡器这些技术更适用于静态（时不变或慢变）的信道环境，因此在有线通信的调制／解调器中得到广泛应用。在无线通信中，信道的时变性某种意义上限制了它们的应用。

是可以处理扩展时延 15 ～ 20 μs，所以符号间干扰将持续 4 ～ 6 个符号。MLSE 被广泛应用到 2G 中，在 Viterbi 实现中最多需要 $2^5 = 32$ 个状态。

- 3G

  到了 3G 时代，符号速率变高。以 WCDMA/HSPA 为例，码片周期为 0.26 μs。同样的多径信道时延在 3G 系统中将使得符号间干扰涉及更多的码片，致使 MLSE 不再现实。因此 3G 中有更为简单的线性均衡器（甚至更加简单的 Rake 接收机）。

- 4G

  为了进一步提高频率效率，到了 4G 时代，人们选择进一步提高系统带宽。在这样的带宽条件下，即使是线性均衡都将难以实现。为此，4G 选择了多载波调制技术（而非 2G/3G 中所采用的单载波调制技术）来"绕开"时域均衡问题。

正交频分复用调制（OFDM）

5.1 为什么采用 OFDM 调制

在第 4 章中介绍了在 2G 和 3G 无线通信系统中所采用的单载波调制技术及其相应的接收机符号检测算法。到了 4G 时代，OFDM 调制技术被采用。相比于 2G/3G，4G 对传输速率有更高的要求；在国际电联的定义中[38]，要求 4G 的下行峰值频谱效率需达到 15 bit/s/Hz。这么高的频谱效率从某种意义上否决了继续采用单载波调制技术的可能性。

香农的信息论中的信道容量定理给出了极限传输效率。在 AWGN 信道中，给定系统带宽 W，信噪比 $\mathrm{SNR} = P/N_0 W$，则信道容量

$$C = W \log_2 \left(1 + \frac{P}{N_0 W} \right) \quad \mathrm{bit/s}$$

香农理论告诉我们：任何小于 C/W 的传输效率都是可以可靠传输的。假设每比特能量表示为 E_{b}，比特速率为 R_{b}，则 $P = E_{\mathrm{b}} R_{\mathrm{b}}$。定义频谱效率 $\gamma := R_{\mathrm{b}}/W$，那么有：

$$\gamma \leqslant C/W = \log_2 \left(1 + \gamma \frac{E_{\mathrm{b}}}{N_0} \right) \tag{5.1}$$

从上式可得：

$$\frac{E_{\mathrm{b}}}{N_0} \geqslant \left. \frac{E_{\mathrm{b}}}{N_0} \right|_{\min} = \frac{2^\gamma - 1}{\gamma} \tag{5.2}$$

其中 $\left.\dfrac{E_{\mathrm{b}}}{N_0}\right|_{\min}$ 为支持频谱效率 γ 所需要的最小 E_{b}/N_0。如图5-1所示，随着对频谱效率的要求越来越高，所需要的 E_{b}/N_0 呈指数增长。在无线通信中，接收机的 E_{b}/N_0 不但受到发射功率的限制，还受到干扰信号以及噪声的影响，因此无法得到很大的 E_{b}/N_0。

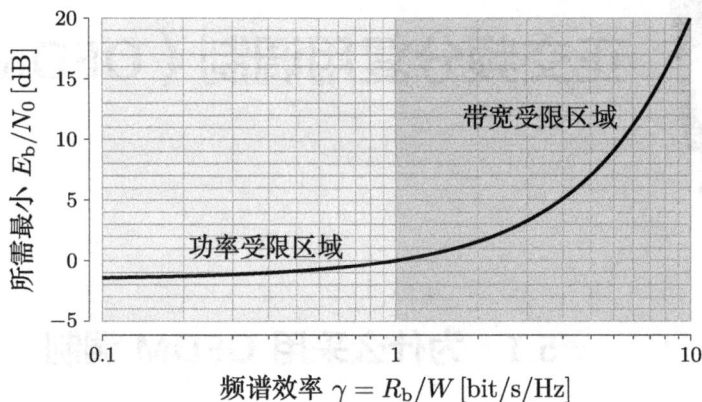

图 5-1 $\left.\dfrac{E_{\mathrm{b}}}{N_0}\right|_{\min}$ 与频谱效率的关系

为了工作在可行的 E_{b}/N_0 范围上，需要的系统带宽 W 应该和传输速率 R_{b} 在一个量级上。如果想在 LTE 系统中达到 $R_{\mathrm{b}} = 100\,\mathrm{Mbit/s}$ 的传输速率，那么系统带宽 W 必然在几十 MHz 的量级上，远远大于 2G/3G 的带宽。从第 2 章中曾经了解到信号带宽越大，系统所看到的频率选择性也越大（如图2-8所示）。如果采用单载波调制技术，并决定采用线性均衡技术的话，需要更高阶数的均衡器来消除多径信道的影响。WCDMA/HSPA 的系统带宽为 5 MHz，在这个带宽下接收机的均衡器是可以实现的。然而，从实现复杂度的角度出发，即使是线性均衡也无法支持几十兆的带宽[39]。因此从接收机实现复杂度的角度出发，需要"割爱"单载波调制技术。

我们将会在本章看到：OFDM 系统通过巧妙地发送符号设计，可以大大简化接收机的实现复杂度，因此被选为 4G 系统中的调制方式。然而 OFDM 也并非完美，它有自己独特的问题。本章中我们就将详细讨论 OFDM 的优点和缺点。

5.2 系统模型

5.2.1 连续时间模型下的 OFDM

发送端

相比于单载波调制中的"数据流"操作，OFDM 采取的是"块"操作。具体地说，每一个 OFDM 单元块（也有文献将其称之为一个 OFDM 符号）在时间上的长度 $T = T_u + T_{CP}$，其中共承载了 N_c 个调制符号。数学上可以把第 ℓ 个 OFDM 符号的等效基带的时域波形表示为

$$x_\ell(t) = \sum_{k=0}^{N_c-1} X_{k,\ell} \psi_k(t - \ell T) \tag{5.3}$$

其中

$$\psi_k(t) = \frac{1}{\sqrt{T_u}} \mathrm{e}^{\mathrm{i}2\pi k \Delta f(t - T_{CP})} w(t), \quad \Delta f = 1/T_u \tag{5.4}$$

$$w(t) = \begin{cases} 1 & \text{当 } 0 \leqslant t < T \\ 0 & \text{其他} \end{cases} \tag{5.5}$$

可以把 OFDM 可以理解为一个多载波调制系统：在式(5.3)中，每一个调制符号 $X_{k,\ell}$（可以是 QPSK/16QAM 或其他调制符号）被调制到载波 $\mathrm{e}^{\mathrm{i}2\pi k \Delta f t}$ 上。总共的载波数目为 N_c。

有了式(5.3)，可以把发送信号的等效基带信号表示为

$$x(t) = \sum_{\ell=-\infty}^{+\infty} x_\ell(t) = \sum_{\ell=-\infty}^{+\infty} \sum_{k=0}^{N_c-1} X_{k,\ell} \psi_k(t - \ell T) \tag{5.6}$$

由于上面一些特定的参数设计，不难验证 OFDM 的发送符号具有下面一些性质。

- 当 $0 \leqslant t < T_{CP}$ 时，$\psi_k(t) = \psi_k(t + T_u)$。因此对每一个 OFDM 符号，有 $x_\ell(t) = x_\ell(t + T_u), t \in [0, T_{CP})$。也就是说，每个 OFDM 符号的开始部分都是其结尾部分的一个"拷贝"。在 OFDM 的术语中，人们把 $x_\ell(t), t \in [0, T_{CP})$ 的部分

称作 OFDM 符号的循环前缀（CP: cyclic prefix），如图5-2所示。

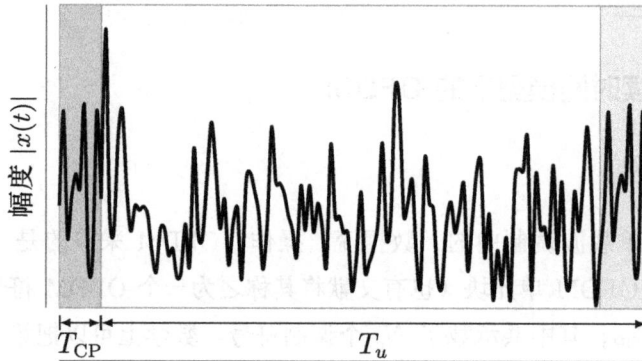

OFDM 符号时间 $T = T_{CP} + T_u$

图 5-2　OFDM 中的循环前缀

- 由于 $\Delta f = 1/T_u$ 的选取，在 $t \in [T_{CP}, T]$ 区间内，不同的 $\psi_k(t)$ 是彼此正交的，即：

$$\int_{T_{CP}}^{T} \psi_k(t)\psi_{k'}^*(t) = \delta_{k,k'} = \begin{cases} 1 & \text{当 } k' = k \\ 0 & \text{其他} \end{cases} \tag{5.7}$$

- 如图5-3所示，式(5.4)中时域的矩形窗函数在频域对应着 $\mathrm{sinc}(\cdot)$ 函数。OFDM 中不同的载波在频域相互重叠。然而，当式(5.7)成立时，它们彼此并不会产生相互干扰，如图5-4所示。

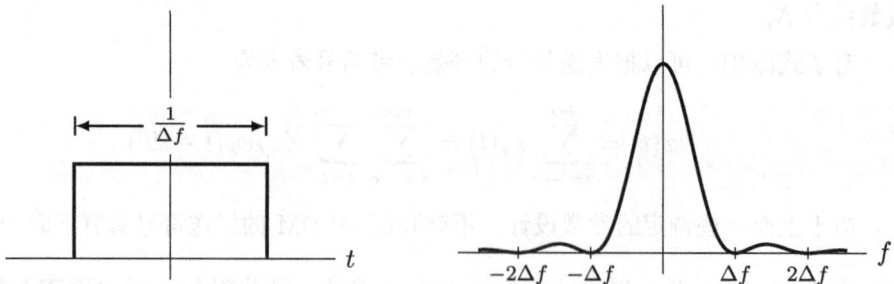

图 5-3　OFDM 系统中成型滤波函数的时域和频域特性

156

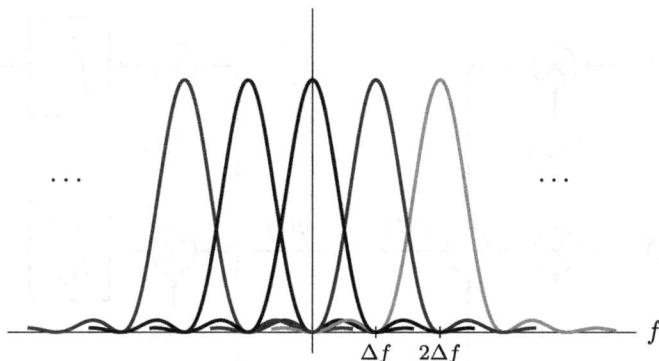

图 5-4 OFDM 系统中相邻子载波的频谱相互重叠

信道

发送信号 $x(t)$ 经过信道 $h(t, \tau)$ 到达接收端，同时还受到接收端噪声 $n(t)$ 的影响，因此可以把接收信号表示为：

$$y(t) = x(t) \star h(t, \tau) + n(t) = \int_0^{T_{\mathrm{CP}}} h(t, \tau) x(t - \tau) \, \mathrm{d}\tau + n(t) \tag{5.8}$$

这里假设多径信道的最大时延小于 T_{CP}，即 $T_d \leqslant T_{\mathrm{CP}}$。假设 $n(t)$ 为高斯白噪声 $\mathbb{E}\left[n(t)n^*(t + \tau)\right] = N_0 \delta(\tau)$。

接收端

多径信道传播造成相邻 OFDM 符号之间的干扰。然而在 $T_d \leqslant T_{\mathrm{CP}}$ 的假设下这种干扰只存在于符号的循环前缀部分。丢弃了循环前缀之后，剩下的部分将不受符号间干扰，因此不同 OFDM 符号 $x_\ell(t)$ 的解调过程将相互独立，可以忽略下标 ℓ。

如图5-5所示，接收端把接收信号 $y(t), t \in [T_{\mathrm{CP}}, T]$ 投影到正交基函数 $\{\psi(t)\}$ 上，数学上表示为

$$Y_k = \int_{T_{\mathrm{CP}}}^{T} y(t) \psi_k^*(t) \, \mathrm{d}t \qquad (0 \leqslant k \leqslant N_c - 1) \tag{5.9}$$

$$= \int_{T_{\mathrm{CP}}}^{T} \left[\int_0^{T_{\mathrm{CP}}} h(t, \tau) \left(\sum_{k'=0}^{N_c-1} X_{k'} \psi_{k'}(t - \tau) \right) \mathrm{d}\tau \right] \psi_k^*(t) \, \mathrm{d}t + \int_{T_{\mathrm{CP}}}^{T} n(t) \psi_k^*(t) \, \mathrm{d}t$$

现在**假设信道 $h(t, \tau)$ 在 $t \in [0, T]$ 内不随 t 而变化**（为方便起见，下面简写为

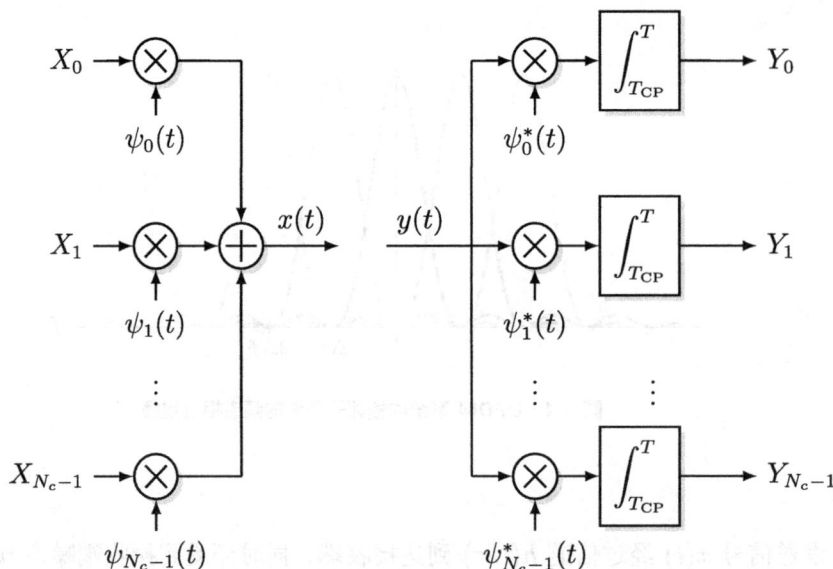

图 5-5　OFDM 发送 / 接收的连续时间系统模型

$h(\tau)$），那么上式可写为

$$Y_k = \sum_{k'=0}^{N_c-1} X_{k'} \int_{T_{\mathrm{CP}}}^{T} \left(\int_{0}^{T_{\mathrm{CP}}} h(\tau) \psi_{k'}(t-\tau)\,\mathrm{d}\tau \right) \psi_k^*(t)\,\mathrm{d}t + N_k$$

这里的噪声项 $N_k = \int_{T_{\mathrm{CP}}}^{T} n(t)\psi_k^*(t)\,\mathrm{d}t$ 比较容易：根据 $\{\psi_k(t)\}$ 在 $t \in [T_{\mathrm{CP}}, T]$ 上的正交性（见式(5.7)）不难得到 $N_k \sim \mathcal{CN}(0, N_0)$ 且 $\{N_k\}$ 相互独立的结论。

下面我们来仔细看看上式中的信号部分：首先来看式子最中间的积分项。根据式(5.4)，有：

$$
\begin{aligned}
\int_{0}^{T_{\mathrm{CP}}} h(\tau)\psi_{k'}(t-\tau)\,\mathrm{d}\tau &= \frac{1}{\sqrt{T_u}} \int_{0}^{T_{\mathrm{CP}}} h(\tau)\mathrm{e}^{\mathrm{i}2\pi k'\Delta f(t-\tau-T_{\mathrm{CP}})}\,\mathrm{d}\tau \\
&= \psi_{k'}(t) \int_{0}^{T_{\mathrm{CP}}} h(\tau)\mathrm{e}^{-\mathrm{i}2\pi k'\Delta f\tau}\,\mathrm{d}\tau \\
&= \psi_{k'}(t)\,H_{k'}
\end{aligned}
\tag{5.10}
$$

其中最后式中

$$H_{k'} := \int_{0}^{T_{\mathrm{CP}}} h(\tau)\mathrm{e}^{-\mathrm{i}2\pi k'\Delta f\tau}\,\mathrm{d}\tau \tag{5.11}$$

为信道频域响应

$$H(f) = \int_0^{T_{\mathrm{CP}}} h(\tau) \mathrm{e}^{-\mathrm{i}2\pi f\tau} \,\mathrm{d}\tau$$

在 $f = k'\Delta f$ 处的采样值。

回到 Y_k 的推导：

$$
\begin{aligned}
Y_k &= \sum_{k'=0}^{N_c-1} X_{k'} \int_{T_{\mathrm{CP}}}^{T} \left(\int_0^{T_{\mathrm{CP}}} h(\tau) \psi_{k'}(t-\tau) \,\mathrm{d}\tau \right) \psi_k^*(t) \,\mathrm{d}t + N_k \\
&= \sum_{k'=0}^{N_c-1} X_{k'} H_{k'} \int_{T_{\mathrm{CP}}}^{T} \psi_{k'}(t) \psi_k^*(t) \,\mathrm{d}t + N_k \\
&= \sum_{k'=0}^{N_c-1} X_{k'} H_{k'} \delta_{k,k'} + N_k \quad \text{（依据性质(5.7)式）} \\
&= X_k H_k + N_k
\end{aligned}
$$

至此看到：在理想条件下，OFDM 的接收端可以无载波间干扰地提取每一个载波上的数据：

$$\boxed{Y_k = X_k H_k + N_k} \tag{5.12}$$

其中：

$$H_k = H(f)\big|_{f=k\Delta f}$$

$$N_k \sim \mathcal{CN}(0, N_0)$$

我们看到：尽管模型中的信道 $h(\tau)$ 是一个多径（频率选择性衰落）信道，但是在接收机每一个正交投影的输出 $Y_k, 0 \leqslant k \leqslant N_c - 1$ 却仅仅和相应的发送端的 X_k 有关。更重要的是：X_k 和 Y_k 之间的关系有着平坦衰落信道的特性。也就是说，OFDM 的调制方式帮助把频率选择性信道转化为 N_c 个相互独立的平坦衰落信道，如图5-6所示。

还可以用矩阵／向量的表示方法来简化符号标记。为此定义对角矩阵 $\mathbf{\Lambda} = \mathrm{diag}(\{H_k\})$，这样就可以把 OFDM 的输入／输出关系表示为

$$\boxed{\boldsymbol{Y} = \boldsymbol{\Lambda} \cdot \boldsymbol{X} + \boldsymbol{N}} \tag{5.13}$$

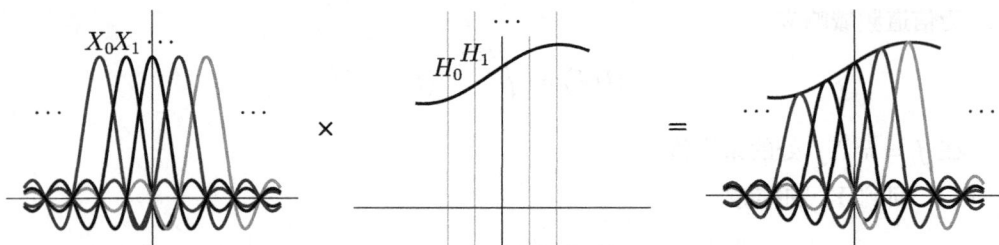

图 5-6 理想条件下，OFDM 的载波彼此正交，互不干扰

5.2.2 OFDM 的 IFFT/FFT 实现

在上面 OFDM 的调制／解调的连续时间模型中，可以通过 N_c 个振荡器／积分器的模拟电路实现。下面就来看看 OFDM 调制／解调的数字实现方式，即众所周知的基于 IFFT/FFT 的实现方式[†]。

将会看到：基于 IFFT/FFT 的 OFDM 的实现方式可以理解为模拟实现方式的数字采样版本，这种数字实现方式极大地简化了实现的复杂度。具体说：不再需要图5-5中的 N_c 个振荡器了，所有操作都将在基带通过数字信号处理的方式完成。

发送端

首先看发送端。之前提到每个 OFDM 符号的循环前缀部分都是符号结尾的拷贝，因此在实现中我们将重点讨论如何产生信号部分。由于每个 OFDM 符号的产生相互独立，因此忽略符号下标。让我们把 $x(t), 0 \leqslant t \leqslant T$ 在 $t \in [T_{\mathrm{CP}}, T]$ 的部分定义为 $\tilde{x}(t)$。为了找到最终实现 $\tilde{x}(t)$ 的方式，让我们退一步来看看假如有了 $\tilde{x}(t)$，并对它以

$$T_s := \frac{T_u}{N} = \frac{1}{\Delta f \cdot N} \tag{5.14}$$

[†]在 FFT/IFFT 计算中往往需要定义能量归一化因子，在本章中 IFFT 和 FFT 被定义为：

$$x_n = \sum_{k=0}^{N-1} X_k \, \mathrm{e}^{\mathrm{i}2\pi \frac{n}{N} k}, \quad X_k = \frac{1}{N} \sum_{n=0}^{N-1} x_n \, \mathrm{e}^{-\mathrm{i}2\pi \frac{k}{N} n}$$

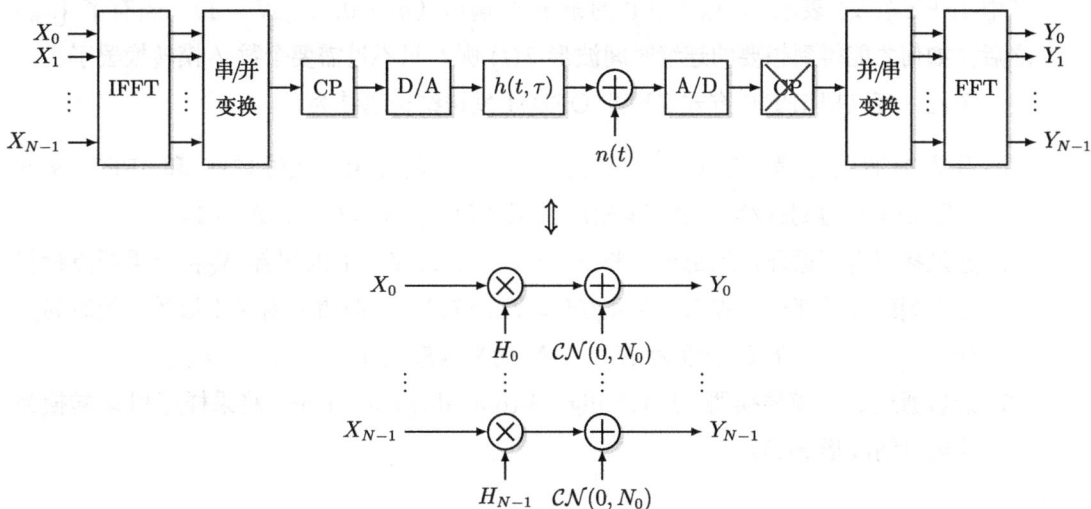

图 5-7　基于 IFFT/FFT 实现方式的 OFDM 的等效离散输入／输出系统模型

进行等间隔采样（此处假设 $N \geqslant N_c$，且 N 是二的整幂次数）。结果：

$$\tilde{x}_n := \tilde{x}(t)\big|_{t=nT_s} \tag{5.15}$$

$$= \sum_{k=0}^{N_c-1} X_k \, e^{i2\pi k \Delta f n \frac{1}{\Delta f \cdot N}}$$

$$= \sum_{k=0}^{N_c-1} X_k \, e^{i2\pi \frac{n}{N} k} \tag{5.16}$$

我们看到式(5.16)的等号右侧表达式有着 IFFT 的形式。为了凑成 N 个求和项，把 $X_k, k = 0, \ldots, N_c - 1$ 通过补 0 得到 $\boldsymbol{X} = (X_0, \ldots, X_{N-1})^{\top}$：

$$X_k = \begin{cases} X_k & \text{当 } 0 \leqslant k \leqslant N_c - 1 \\ 0 & \text{其他} \end{cases} \tag{5.17}$$

在这样的定义下，就可以把式(5.16)表达为：

$$\tilde{x}_n = \text{IFFT}_N^n(\boldsymbol{X}) \tag{5.18}$$

其中 $\mathrm{IFFT}_N^n(\boldsymbol{X})$ 表示 N 点 IFFT 的第 n 个输出（$n=0,\ldots,N-1$）。当有了 $\{\tilde{x}_n\}$ 之后，如何才能得到想要的连续时间波形 $\tilde{x}(t)$ 呢？只不过需要个数／模转换罢了。

至此，可以把 IFFT 方式实现的 OFDM 发送结构总结为：

1. 首先把调制符号 $X_k, k=0,\ldots,N_c-1$ 经过补 0（式(5.17)）和 IFFT 操作（式(5.18)）得到连续时间波形 $\tilde{x}(t)$ 的采样值 $\tilde{x}_n, n=0,\ldots,N-1$。

2. 通过拷贝得到循环前缀部分。将 $\tilde{x}_n, n=0,\ldots,N-1$ 的尾部 N_{CP} 个采样点拷贝到序列的开始部分（提示：$N_{\mathrm{CP}}/N = T_{\mathrm{CP}}/T_u$）；这时得到对应于原始连续时间波形 $x(t), 0 \leqslant t \leqslant T$ 的长度为 $N_{\mathrm{CP}}+N$ 的采样序列 $\boldsymbol{x}=(x_0,\ldots,x_{N_{\mathrm{CP}}+N-1})^{\top}$。

3. 最后通过数／模转换器（DAC: digtial-to-analog converter）将采样序列 $\boldsymbol{x}$ 转换为连续时间波形 $x(t)$。

接收端

接下来再看接收端。首先将接收信号 $y(t)$ 细化：

$$
\begin{aligned}
y(t) &= \int_0^{T_{\mathrm{CP}}} h(\tau)x(t-\tau)\,\mathrm{d}\tau + n(t)\\
&= \int_0^{T_{\mathrm{CP}}} h(\tau)\left(\sum_{k=0}^{N-1} X_k\psi_k(t-\tau-T_{\mathrm{CP}})\right)\mathrm{d}\tau + n(t)\\
&= \sum_{k=0}^{N-1}(X_kH_k)\,\mathrm{e}^{\mathrm{i}2\pi k\Delta f(t-T_{\mathrm{CP}})} + n(t)
\end{aligned}
\tag{5.19}
$$

其中式(5.19)中的 H_k 定义于式(5.11)。

与连续时间模型的推导类似：如果在接收端丢弃 $t \in [0, T_{\mathrm{CP}}]$ 的循环前缀部分，然后以 T_s 等间隔对 $y(t)$ 采样，则有：

$$
y_n := y(t+T_{\mathrm{CP}})\big|_{t=nT_s}
\tag{5.20}
$$

$$
= \sum_{k=0}^{N-1}(X_kH_k)\,\mathrm{e}^{\mathrm{i}2\pi\frac{n}{N}k} + w_n
\tag{5.21}
$$

$$
= \mathrm{IFFT}_N^n(\boldsymbol{\Lambda}\cdot\boldsymbol{X}) + w_n
\tag{5.22}
$$

其中 $w_n := n(t)\big|_{t=nT_s} \sim \mathcal{CN}(0, N_0)$。

对比式(5.22)和式(5.12)，如果我们对接收波形的采样序列 $\boldsymbol{y} = (y_0, \ldots, y_{N-1})^\top$ 做 N 点的 FFT 操作，则有：

$$\boldsymbol{Y} := \mathrm{FFT}_N(\boldsymbol{y})$$
$$= \mathrm{FFT}_N\big(\mathrm{IFFT}_N(\boldsymbol{\Lambda} \cdot \boldsymbol{X})\big) + \mathrm{FFT}_N(\boldsymbol{w}) \qquad (5.23)$$
$$= \boldsymbol{\Lambda} \cdot \boldsymbol{X} + \boldsymbol{N} \qquad (5.24)$$

我们发现：式(5.24)正是式(5.12)的向量表示形式（其中 $\boldsymbol{N} \sim \mathcal{CN}(\boldsymbol{0}, N_0\boldsymbol{I})$）。

公式(5.20)～式(5.23)实际上告诉我们基于 FFT 的 OFDM 的接收机可以通过如下步骤完成：

1. 首先对连续时间波形进行时间上的等间隔采样（采样间隔为 T_s），这通常由模 / 数转换器（ADC: analog-to-digital converter）完成。
2. 然后在采样序列中忽略循环前缀部分（N_{CP} 个采样点），对接下来的 N 个采样点 $y_n, n = 0, \ldots, N-1$ 做 N 点的 FFT。
3. 最后在 N 点 FFT 输出中抽取有用信号部分（见式(5.17)）。每一个对应于 $Y_k = X_k H_k + N_k$，与式(5.12)一致。

5.2.3　CP 的作用

回顾我们关于 OFDM 的讨论：先是定义了发送端的时域信号结构，然后经过多径信道，最后通过对接收端的时域信号的处理得到

$$Y_k = X_k H_k + N_k$$

的形式。对于 OFDM 中的任意一个子载波 k 而言，它的输入信号 X_k 和输出信号 Y_k 之间通过"信道" H_k 联系起来，这是一个频率平坦衰落信道的系统模型！

同样的多径信道，无论是单载波还是 OFDM 系统，发送信号与信道的相互作用是相同的，都是 $r(t) = h(t, \tau) \star x(t)$。在单载波系统中，信道带来的符号间的相互干扰需要均衡器来消除，但是在 OFDM 中，却可以"避开"符号间的相互干扰。这是 CP 的功劳。

例子 5.1 单载波系统通过多径信道

假设两径信道（$L=2$），并假设其幅值响应 $\boldsymbol{h}=[h_0,h_1]$、相对时延为单位符号间隔。假设发送的数据长度 $N=5$，表示为 $\boldsymbol{x}=[x_0,x_1,x_2,x_3,x_4]$。接收到的信号为 $\boldsymbol{h}\star\boldsymbol{x}$，长度为 $L+N-1=6$，在忽略噪声的情况下表示为

$$
\begin{pmatrix} y_0 \\ y_1 \\ y_2 \\ y_3 \\ y_4 \\ y_5 \end{pmatrix} = \begin{pmatrix} h_0 & & & & \\ h_1 & h_0 & & & \\ & h_1 & h_0 & & \\ & & h_1 & h_0 & \\ & & & h_1 & h_0 \\ & & & & h_1 \end{pmatrix} \begin{pmatrix} x_0 \\ x_1 \\ x_2 \\ x_3 \\ x_4 \end{pmatrix} \tag{5.25}
$$

此处的系统矩阵是一个 Toeplitz 矩阵，这是因为：

1. 信号和信道是线性卷积的关系；
2. 信道在信号传输期间是时不变的。

在单载波系统中，信息承载于每一个时域符号 x_i 上。接收机的工作就是从接收向量 $\boldsymbol{y}$ 中解调每一个信息符号。从系统输入／输出模型（见式(5.25)）可以看出：由于多径信道所带来的符号间干扰，每个接收符号 y_i 中都混杂着几个发送符号。这需要利用单载波均衡技术来消除符号间的干扰所带来的影响。

例子 5.2 OFDM 通过多径信道

还考虑上面例子中的信道和信号，但是在 $\boldsymbol{x}$ 中强迫 x_0 成为循环前缀，即令 $x_0=x_4$（此处 CP 长度为 1），那么相应地，可以重写式(5.25)如下：

$$
\begin{pmatrix} y_0 \\ y_1 \\ y_2 \\ y_3 \\ y_4 \\ y_5 \end{pmatrix} = \begin{pmatrix} h_0 & & & & \\ h_1 & h_0 & & & \\ & h_1 & h_0 & & \\ & & h_1 & h_0 & \\ & & & h_1 & h_0 \\ & & & & h_1 \end{pmatrix} \begin{pmatrix} \boldsymbol{x_4} \\ x_1 \\ x_2 \\ x_3 \\ \boldsymbol{x_4} \end{pmatrix}
$$

如果将对应于 x_4 的列合并，可以把上式写为

$$
\begin{pmatrix} y_0 \\ y_1 \\ y_2 \\ y_3 \\ y_4 \\ y_5 \end{pmatrix} = \begin{pmatrix} & & & & h_0 \\ h_0 & & & & h_1 \\ h_1 & h_0 & & & \\ & h_1 & h_0 & & \\ & & h_1 & h_0 & \\ & & & & h_1 \end{pmatrix} \begin{pmatrix} x_1 \\ x_2 \\ x_3 \\ \boldsymbol{x_4} \end{pmatrix}
$$

若舍弃 y_0, y_5，并只考虑 $y_1, \ldots, y_4$，则可以把上式表示为

$$
\begin{pmatrix} y_1 \\ y_2 \\ y_3 \\ y_4 \end{pmatrix} = \begin{pmatrix} h_0 & & & h_1 \\ h_1 & h_0 & & \\ & h_1 & h_0 & \\ & & h_1 & h_0 \end{pmatrix} \begin{pmatrix} x_1 \\ x_2 \\ x_3 \\ \boldsymbol{x_4} \end{pmatrix} \tag{5.26}
$$

对比式(5.25)和式(5.26)，可以看到通过在发送端加 CP，可以在接收端把 Toeplitz 矩阵转化为一个循环矩阵。从《线性代数》的学习中我们知道循环矩阵有一个重要性质：可以通过 FFT 进行分解，即

$$
\boxed{\boldsymbol{H}_{\mathrm{circ}} = \boldsymbol{F}^{\mathsf{H}} \boldsymbol{\Lambda} \boldsymbol{F}}
$$

其中 $\boldsymbol{F}$ 为 FFT 矩阵（假设矩阵维数为 $n \times n$，则 $f_{i,j} = \mathrm{e}^{-\mathrm{i}2\pi ij/n}$）；$\boldsymbol{\Lambda} = \mathrm{diag}(\boldsymbol{Fh})$ 是一个对角矩阵。有了循环矩阵的分解性质，就不难从矩阵操作来理解 OFDM 了。

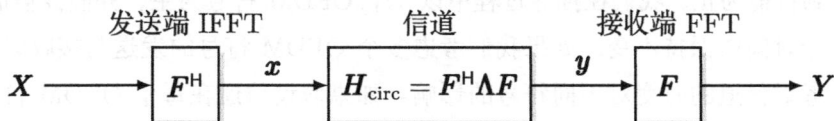

在 OFDM 中：

- 发送端的时域符号 $\boldsymbol{s}$ 由信息符号 $\boldsymbol{X}$ 的 IFFT 得到 $\boldsymbol{x} = \boldsymbol{F}^{\mathsf{H}}\boldsymbol{X}$（见式(5.18)）。
- 发送符号经过信道，在接收端去处 CP 部分后的等效系统输入／输出关系为 $\boldsymbol{y} = \boldsymbol{H}_{\mathrm{circ}}\boldsymbol{x}$，考虑到特定的发送符号可以得到

$$
\begin{aligned}
\boldsymbol{y} &= \boldsymbol{H}_{\mathrm{circ}} \cdot \boldsymbol{x} \\
&= (\boldsymbol{F}^{\mathsf{H}} \boldsymbol{\Lambda} \boldsymbol{F}) \boldsymbol{F}^{\mathsf{H}} \boldsymbol{X}
\end{aligned}
$$

$$= \boldsymbol{F}^{\mathrm{H}} \boldsymbol{\Lambda} \boldsymbol{X}$$

- 接收端对 $\boldsymbol{y}$ 做 FFT，$\boldsymbol{Y} = \boldsymbol{F}\boldsymbol{y} = \boldsymbol{\Lambda} \cdot \boldsymbol{X}$，得到式(5.13)。

从上面的例子可以看出 CP 的作用：它把系统传输矩阵从 Toeplitz 转化为循环矩阵。加之 OFDM 发送端的 IFFT 和接收端的 FFT，最终实现 OFDM 系统中的载波间无干扰传输从而省去了复杂的时域均衡操作。然而，CP 的引入付出了如下的代价。

- **能量损失**

  OFDM 的发送信号中 CP 部分传输的是冗余信息，在接收端 CP 的部分被舍弃，造成 $10 \log_{10} \frac{T_{\mathrm{CP}}}{T_{\mathrm{CP}}+T_u} \mathrm{dB}$ 的能量损失。

- **频谱效率损失**

  在 OFDM 的每个符号时间 T 中只有 T_u 部分承载了信息，这意味着频谱效率的损失。

可以通过增大 T_u 来减小 CP 所带来的能量、频谱效率损失。然而我们将在稍后看到：由于时变信道以及频率误差的原因，T_u 不可能无限增大。

5.3　OFDM 系统中的信道特性

到目前为止，我们在推导过程中以一个 OFDM 符号为主，并假设信道 $h(t,\tau)$ 在该符号时间内保持不变。如果我们考虑多个 OFDM 符号的发送与接收时，就可能有必要考虑信道的时变对不同符号的影响。如果假设信道在每个 OFDM 符号时间保持不变，但在不同 OFDM 符号上信道是时变的，那么可以把式(5.11)中的 H_k 推广到 $H_{k,\ell}$：

$$H_{k,\ell} = H(f,t)\big|_{f=k\Delta f, t=\ell T} = \int_0^{T_{\mathrm{CP}}} h(\ell T, \tau) \mathrm{e}^{-\mathrm{i}2\pi k\Delta f \tau} \mathrm{d}\tau \tag{5.27}$$

以步行环境下信道为例，图5-8给出了时间跨度为 $200\,\mathrm{ms}$、频率跨度 $30\,\mathrm{MHz}$ 的 $H_{k,\ell}$ 随时间和频率变化。

在第 2 章中我们曾讨论过信道响应 $h(t,\tau)$ 的统计属性。当我们研究 OFDM 时，关心的是 $H(f,t)$。下面就来了解 $H_{k,\ell}$ 的统计属性和 $h(t,\tau)$ 的统计属性之间的关系。

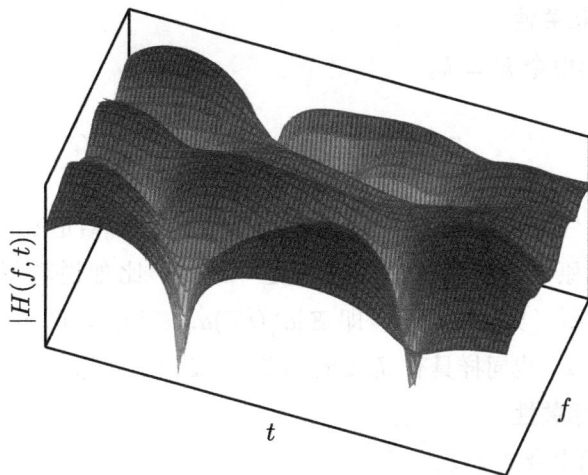

图 5-8　OFDM 中的 $H(f,t)$ 随时间和频率变化的图示

为了方便讨论，假设信道的表达形式如

$$h(t,\tau) = \sum_{n=0}^{L-1} a_n(t)\delta(\tau - \tau_n) \tag{5.28}$$

并且假设信道符合 WSSUS 假设：$\mathbb{E}[a_n(t)] = 0, \mathbb{E}[a_n^*(t)a_n(t+\tau)] = P_n \cdot R(\tau), n = 0,\ldots,L-1$ 且 $\mathbb{E}[a_m^*(t)a_n(t+\tau)] = 0, m \neq n$。在式(5.28)的模型下，式(5.27)可以简化为

$$H_{k,\ell} = \sum_{n=0}^{L-1} a_n(\ell T)\mathrm{e}^{-\mathrm{i}2\pi k\Delta f\tau_n}$$

不失一般性，让我们从 $\mathbb{E}\left[H_{k,\ell}^* H_{k',\ell'}\right]$ 开始：

$$\begin{aligned}
\mathbb{E}\left[H_{k,\ell}^* H_{k',\ell'}\right] &= \sum_{n=0}^{L-1}\sum_{m=0}^{L-1} \mathbb{E}\left[a_n^*(\ell T)a_m(\ell' T)\right] \mathrm{e}^{-\mathrm{i}2\pi\Delta f(k\tau_n - k'\tau_m)} \\
&= \sum_{n=0}^{L-1} \mathbb{E}\left[a_n^*(\ell T)a_n(\ell' T)\right] \mathrm{e}^{-\mathrm{i}2\pi(k-k')\Delta f\tau_n} \\
&= \left(\sum_{n=0}^{L-1} P_n\mathrm{e}^{-\mathrm{i}2\pi(k-k')\Delta f\tau_n}\right) \cdot R\left((\ell' - \ell)T\right) \tag{5.29}
\end{aligned}$$

若分别考虑时间、频率轴，则有：

- **时间轴的相关性**

在式(5.29)中令 $k' = k$，

$$\mathbb{E}\left[H_{k,\ell}^* H_{k,\ell'}\right] = \left(\sum_{n=0}^{L-1} P_n\right) \cdot R((\ell' - \ell)T)$$

可以看出：OFDM 系统中任何一个子载波上的信道在不同 OFDM 符号间的相关性与原始时域信道的相关性是一致的。比如说若每条时域上的径都服从 Clarke 模型（见式(2.57)），即 $\mathbb{E}\left[a_n^*(\ell T)a_n(\ell'T)\right] = P_n J_0(2\pi f_m(\ell' - \ell)T)$，那么 $\mathbb{E}\left[H_{k,\ell}^* H_{k,\ell'}\right]$ 也同样具有 $J_0(2\pi f_m(\ell' - \ell)T)$ 的形式。

- **频率轴的相关性**

在式(5.29)中令 $\ell' = \ell$，

$$\mathbb{E}\left[H_{k,\ell}^* H_{k',\ell}\right] = \sum_{n=0}^{L-1} P_n \cdot \mathrm{e}^{-\mathrm{i}2\pi(k-k')\Delta f \tau_n}$$

可以看出：同一 OFDM 符号中不同子载波之间信道的相关性由 P_n 和 τ_n 的分布决定。另外，相关性只依赖于频率间隔 $k - k'$ 的大小，而和具体位置无关。

例子 5.3　LTE 系统中小区特定参考信号

在 LTE 中小区参考信号（cell-specific reference signal）用于帮助移动终端（亦被称之为用户设备）对 $H_{k,\ell}$ 进行估计以用于数据解调。参考信号设计中的一个重要问题就是参考信号的密度。显然，密度太大将减少数据符号的数目，而密度过小将导致信道估计的误差变大从而影响数据的解调性能。

时间轴：信道的变化速度由多普勒频移决定。考虑载频 $f_c = 2\,\mathrm{GHz}$，移动速度 $v = 500\,\mathrm{km/h}$，则最大多普勒频移为 $f_m = f_c \cdot v/c \approx 950\,\mathrm{Hz}$。根据 Nyquist 采样定理，在时域需要的采样速率接近 $1900\,\mathrm{Hz}$。换句话说，相邻的两个参考信号在时域的间隔应小于 $0.5\,\mathrm{ms}$。

频率轴：信道的变化速度可由信道的相关带宽描述，而相关带宽反比于信道的时延扩展 T_d（见式(2.14)）。以[6]所定义的 ETU 信道为例，其时延扩展为 $5000\,\mathrm{ns}$。相应的，ETU 信道的相关带宽为 $1/4T_d = 50\,\mathrm{kHz}$。LTE 中载波间隔 $\Delta f = 15\,\mathrm{kHz}$，因此相邻的两个参考信号在频率上的间隔应在 3 个载波之内。

下面让我们看看 LTE 协议中对小区参考信号的定义是如何体现理论分析的。

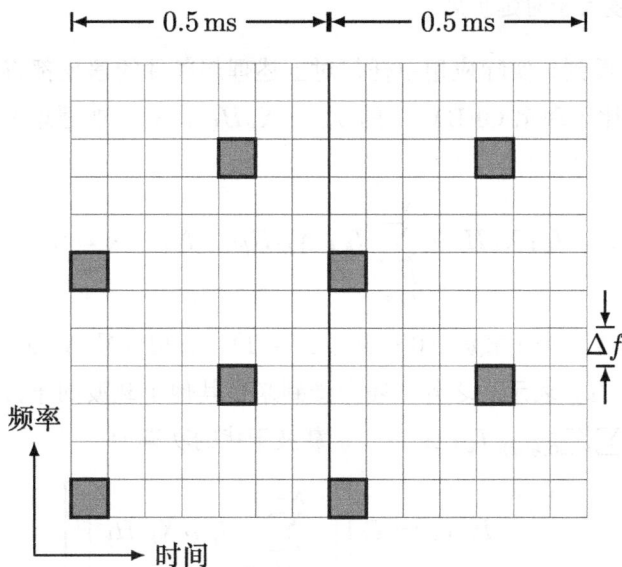

图 5-9　LTE 系统中基站采用单天线时的小区参考信号的分布

　　图5-9中给出了 LTE 系统中基站采用单天线时的小区参考信号的分布。我们看到：在时间轴上每个时隙（0.5 ms）上有两个参考信号，在频率轴上每两个参考信号的间隔为 3 个载波。这些参数的选择和我们的理论分析相一致！在实际的 LTE 系统设计中，如图5-9所示，时间上相邻的参考信号会在频域有一个"位移"，这样有助于提高信道估计的性能[40, 41]。

5.4　非理想条件下的 OFDM 性能

　　理想条件下的 OFDM 系统可以保证子载波之间的无干扰传输（见式(5.12)）。这其中所谓的"理想条件"包括：

- 信道 $h(t, \tau)$ 在 $t \in [0, T]$ 时间内保持不变。
- 发送／接收端的 RF 部分为理想的（功放器件的输入／输出为理想线性关系的；振荡器不存在残余频率误差、无相位噪声等）。

- CP 的长度大于时延扩展。

我们将会看到：实际应用中任何对上述理想条件的违反都将带来载波间的干扰。换句话说，相比于理想 OFDM 下的 $Y_k = X_k H_k + N_k$，非理想条件下的 OFDM 模型有下面的形式：

$$Y_k = I_{k,k} X_k H_k + \sum_{\substack{k'=0 \\ k' \neq k}}^{N-1} I_{k,k'} X_{k'} H_{k'} + N_k, \quad k = 0, \dots, N-1 \tag{5.30}$$

可见对于第 k 个子载波（$0 \leqslant k \leqslant N-1$），有用信号 X_k 除了可能在幅度和相位上有变化（由 $I_{k,k}$ 表示）之外，还会受到来自其他子载波的干扰（ICI: inter-carrier interference）$\sum_{k'=0, k' \neq k}^{N-1} I_{k,k'} X_{k'} H_{k'}$，载波干扰的功率为

$$P_{\text{ICI},k} := \mathbb{E}\left[\left| \sum_{k'=0, k' \neq k}^{N-1} I_{k,k'} X_{k'} H_{k'} \right|^2 \right] \tag{5.31}$$

如果把理想情形下载波 k 上符号的信噪比记为 $\frac{\mathbb{E}[|X_k H_k|^2]}{N_0} = \frac{E_{\text{s}} \mathbb{E}[|H_k|^2]}{N_0}$，那么在非理想条件下，载波 k 的信噪比为 $\frac{\mathbb{E}[|H_k|^2]|I_{k,k}|^2 E_{\text{s}}}{P_{\text{ICI}}+N_0}$。两者的差值被定义成载波 k 的信噪比损失（以 dB 为单位），记为 D_k。特别地，在 AWGN 信道中，$|H_k| = 1$，因此可以把 D_k 表示为

$$D_k = 10 \log_{10} \left(1 + \frac{E_{\text{s}}}{N_0} \cdot \sum_{\substack{k'=0 \\ k' \neq k}}^{N-1} |I_{k,k'}|^2 \right) - 10 \log_{10} \left(|I_{k,k}|^2 \right) \tag{5.32}$$

在下面的介绍中，我们将讨论不同非理想条件下式(5.30)的细化。尽管分析过程可能繁琐，如果我们的最终目的是能够设计一个实用的 OFDM 系统的话，对非理想条件下系统特性的理解是必须的。

5.4.1 时变信道（多普勒）的影响

我们在第5.2节中假设信道在 OFDM 符号时间 T 内保持不变，然而我们从第 2 章了解到移动通信信道的一大特点就是由移动台移动而带来的信道时变性。时域上，信道的时变性使得式(5.10)不再成立而带来 ICI；等效地从频域上看，时变信道在频域上

带来多普勒扩展使得每个载波在频域上的响应偏离 $k\Delta f$ 而违反了正交系统的条件。

由于时变信道（多普勒）而带来的 P_{ICI} 的具体值取决于多普勒的形式。读者可以在[42, 43]中得到一些具体的多普勒模型所对应的 P_{ICI} 的表达式。在[44]中则给出了适用于任何多普勒模型的 P_{ICI} 上界：

$$P_{\text{ICI}} \leqslant \frac{1}{12}(2\pi f_m/\Delta f)^2 \cdot E_{\text{s}}$$

其中 f_m 为最大多普勒频移。从上式可以看出，P_{ICI} 的大小取决于最大多普勒频移和载波带宽的比值。

为了进一步更直观地理解时变信道（多普勒）对系统信噪比的影响，如图5-10所示，我们通过仿真得到在 Clarke 多普勒模型下，系统的信噪比随着最大频移与 OFDM 载波间隔的比值 $f_m/\Delta f$ 的变化曲线。在仿真中，假设理想系统的信噪比为 $40\,\text{dB}$，在计算载波间干扰时，考虑了左右各 4 个载波所带来的干扰。

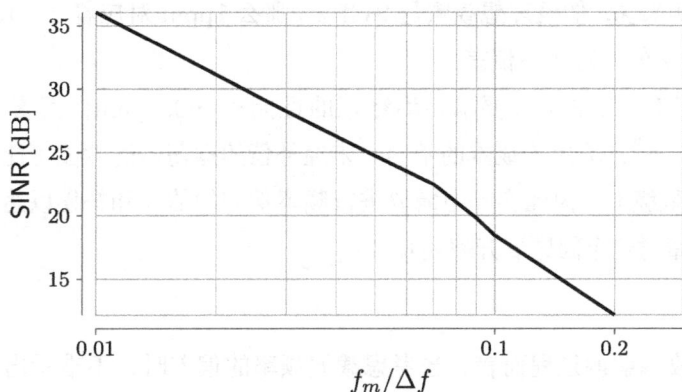

图 5-10　OFDM 系统中的多普勒所造成的信噪比损失

在给定移动环境之后，f_m 就确定了。此时若想将 P_{ICI}（或等效地说将系统的信噪比损失）控制在一定范围之内，只有增大 Δf。

5.4.2　振荡器载波频率偏差的影响

到目前为止本章对 OFDM 的讨论都是在等效基带信号模型下进行的。在实际应用中，无论是发射端还是接收机都要进行一些射频操作，其中就包括发射端的上变频和接收机的下变频。在数学上，可以把上变频和下变频分别表示为 $e^{i2\pi f_{TX}t}$ 和 $e^{-i2\pi f_{RX}t}$ 操作。理想情形下 $f_{TX} = f_{RX} = f_c$，这时可以完美地恢复发送信号。然而在现实应用中，无论是发送机还是接收机都是由本地的振荡器（LO: local oscillator）通过频率合成（frequency synthesizer）来产生载波 $e^{i2\pi f_{TX}t}$ 或 $e^{-i2\pi f_{RX}t}$ 的[†]。振荡器是一个物理器件，存在一定的误差，而这个误差等比例地体现在频率合成器的输出中。换句话说，无论是发射机还是接收机所产生的载频都是有误差的，称作载波频率偏差（CFO: carrier frequency offset）。

概念 5.1 振荡器性能指标之 ppm

每个振荡器都有一个标称振荡频率，而实际振荡频率会或多或少地偏离标称值。衡量本地振荡器性能好坏的指标之一就是绝对误差与标称频率之间的比值，通常用单位 ppm（parts per million，10^{-6}，即百万分之一）来表示。

举例来说，假设理想载频是 $2\,\mathrm{GHz}$，那么 1ppm 对应着 $2 \times 10^9 \cdot \pm 1 \times 10^{-6} = \pm 2000\,\mathrm{Hz}$ 的绝对频率偏差。

在 LTE 标准中，要求移动终端的性能 $< \pm 0.1\,\mathrm{ppm}$；而宏蜂窝基站则需 $< \pm 0.05\,\mathrm{ppm}$[6]。取决于成本的不同，未经补偿的振荡器的性能可能在几个到几十个 ppm 的量级上。因此实际中需要进行频率偏差的估计和补偿以达到规范要求（将在第 8 章对这个问题展开叙述）。

对接收端解调过程而言，当考虑载波频率的偏差时，不难看出接收信号的等效基带表示为 $y(t)e^{i2\pi(f_{TX}-f_{RX})t}$，其中 $y(t)$ 是没有频差时的理想接收信号。如图5-11所示的那样，由于载波频率偏差的原因，在频率轴的采样会偏离理想值而导致载波间的符号干扰。

从解调角度，我们关心的是差值 $f_{CFO} = f_{TX} - f_{RX}$。若进一步定义归一化的频偏 $f_\epsilon := f_{CFO}/\Delta f$，那么在 IFFT/FFT 的 OFDM 系统模型中接收机 ADC 之后的采样信号则可以表示为

$$y_{n,CFO} = y_n \cdot e^{i2\pi f_\epsilon \frac{n}{N}} \tag{5.33}$$

[†]通常本地振荡器所产生的振荡频率只有几十 MHz，而在变频过程中需要的载频可能是几个 GHz，这种频率转换由频率合成器完成。

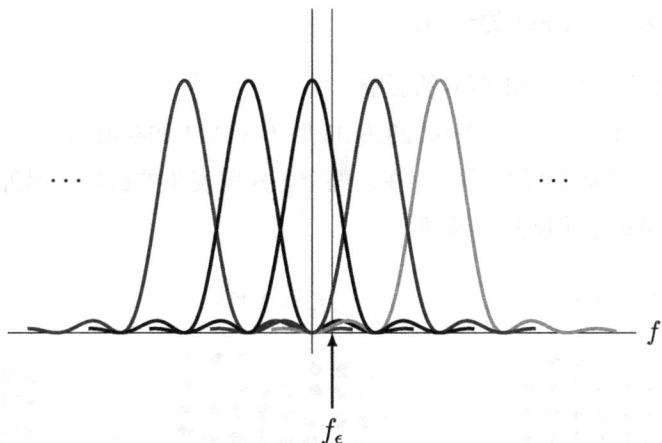

图 5-11 载波频率偏差将导致载波间的符号干扰

其中 y_n（见式(5.20)）为没有载波频率偏差时的接收信号。在式(5.33)基础上接收机 FFT 操作的输出可以表示为（在此暂且忽略噪声部分；需要指出的是由载波频率偏差带来的相位旋转并不会改变噪声的分布）

$$Y_k = \text{FFT}_N^k(\boldsymbol{y}_{\text{CFO}}) = \frac{1}{N} \sum_{n=0}^{N-1} y_{n,\text{CFO}} \, e^{-i2\pi \frac{k}{N} n}$$

$$= \frac{1}{N} \sum_{n=0}^{N-1} \left(\sum_{k'=0}^{N-1} X_{k'} H_{k'} \, e^{i2\pi \frac{n}{N}(k'+f_\epsilon)} \right) e^{-i2\pi \frac{k}{N} n}$$

$$= \frac{1}{N} \sum_{k'=0}^{N-1} X_{k'} H_{k'} \sum_{n=0}^{N-1} e^{i2\pi \frac{n}{N}(k'-k+f_\epsilon)}$$

根据等式 $\sum_{n=0}^{N-1} e^{i2\pi \frac{n}{N} x} = e^{i\pi \frac{N-1}{N} x} \cdot \frac{\sin(\pi x)}{\sin(\pi x/N)}$，相应于式(5.30)有：

$$I_{k,k} = e^{i\pi \frac{N-1}{N} f_\epsilon} \cdot \frac{\sin(\pi f_\epsilon)}{N \sin(\pi f_\epsilon/N)} \tag{5.34}$$

$$I_{k,k'} = e^{i\pi \frac{N-1}{N}(k-k'+f_\epsilon)} \cdot \frac{\sin(\pi(k-k'+f_\epsilon))}{N \sin(\pi(k-k'+f_\epsilon)/N)} \tag{5.35}$$

可以看到，这里的 $I_{k,k}$ 不随 k 而变化，因此 CFO 对不同载波上的被解调符号的影响是一样的；$I_{k,k'}$ 只依赖于 $(k-k')$ 而不是 k 或 k' 的具体取值，因此任何两个载波间的干扰只和载波间的间隔有关。图5-11或许可以帮助我们理解这些结论的正确性。

让我们来看看 CFO 的影响。

- CFO 对单个 OFDM 符号的影响

  图5-12给出了 $f_\epsilon = 0.01, 0.025, 0.05$ 时 64QAM 的接收星座图。从图中可以看出，由于 $I_{k,k}$ 中的非零相位的存在，整个星座图发生的旋转；另外，还可以看出载波间干扰造成了星座图的模糊。

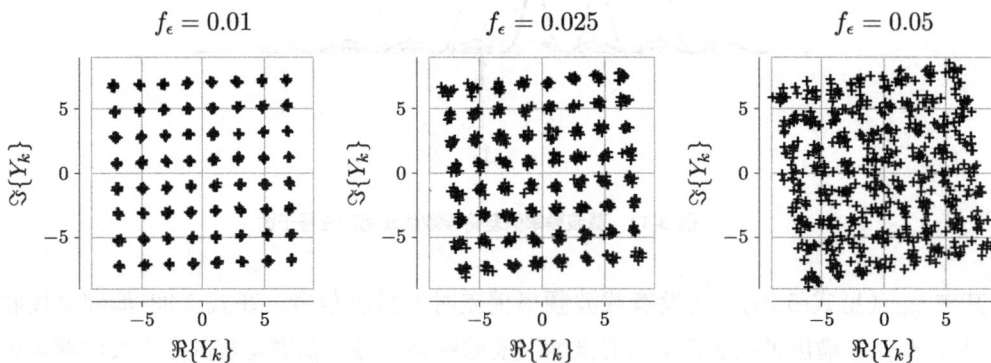

图 5-12　单个 OFDM 符号由 CFO 带来的 ICI 使得星座图发生旋转，并变得模糊

- CFO 对连续多个 OFDM 符号的影响

  时间域模型式(5.33)中 CFO 带来的相位旋转是采样点 n 的函数。当考虑多个连续的 OFDM 符号时，第 ℓ 个 OFDM 符号将会有 $e^{i2\pi f_\epsilon \frac{\ell(N+N_{CP})}{N}}$ 带来的相位旋转。图5-13给出了 $f_\epsilon = 0.01$，连续 5 个 OFDM 符号的 64QAM 的接收星座图。

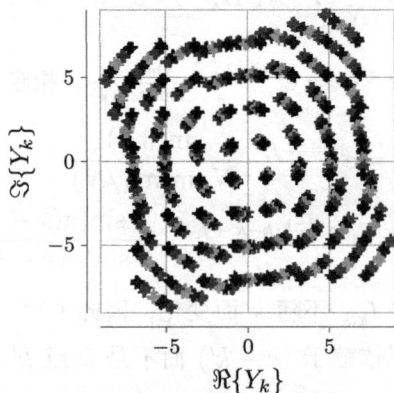

图 5-13　星座图发生连续旋转

再来看由于 CFO 带来的信噪比损失。将式(5.34)和式(5.35)代入到式(5.32)就可以得到不同 k、不同 f_ϵ 的信噪比损失。如图5-14所示，以 AWGN 信道下 $N = 256, k = 128$ 为例，给出 D_k 的示意图。

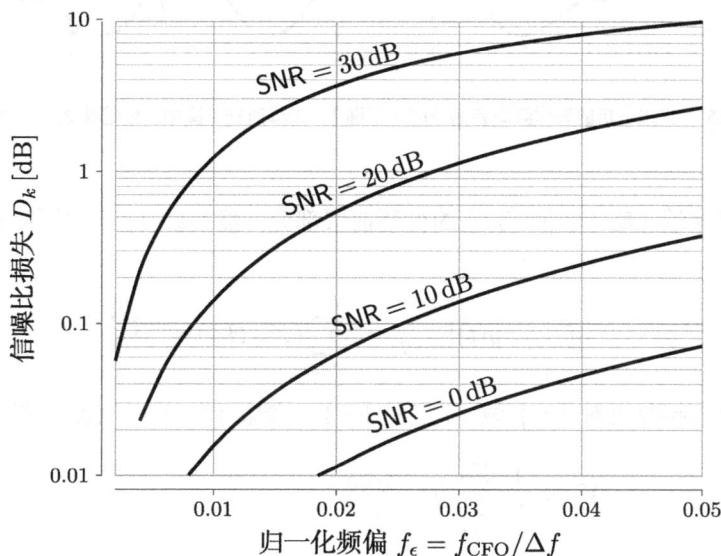

图 5-14　不同信噪比条件下，由 CFO 所带来的信噪比损失

5.4.3　采样时钟的误差的影响

我们将讨论两种不同采样时钟的误差影响：（1）采样时钟的频率有偏差；（2）采样时间的相位有偏差。

5.4.3.1　频率偏差的影响

在5.2.2节的推导过程中，接收机需要以 $T_s = \frac{1}{N\Delta f}$ 对接收信号（见式(5.19)）等间隔采样（见式(5.20)）。在实际系统中，ADC 的采样频率（和混频器 $\mathrm{e}^{-\mathrm{i}2\pi f_{\mathrm{Rx}}t}$ 一样）是从接收机本地的振荡器得来的。如图5-15所示，非理想振荡器会造成 ADC 的采样间隔 T_s' 将有别于理想值 T_s。不失一般性，假设 $T_s' = (1 + \epsilon)T_s$。

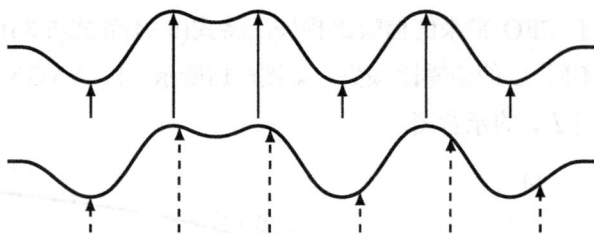

图 5-15 当接收机的采样频率有偏差时（下图），采样时刻（图中虚线箭头表示）也有别于理想情形（上图）

若接收端忽略 $t \in [0, T_{\mathrm{CP}}]$ 的循环前缀部分，然后以 T'_s 等间隔对式(5.19)中的 $y(t)$ 采样：

$$\tilde{y}_n := y(t)\big|_{t=nT'_s} = \sum_{k'=0}^{N-1} (X_{k'} H_{k'}) \, \mathrm{e}^{\mathrm{i}2\pi \frac{n}{N} k' \cdot (1+\epsilon)} \tag{5.36}$$

此时若接收机对 $\{\tilde{r}_n\}$ 做 N 点的 FFT，着眼于第 k 个载波，有：

$$
\begin{aligned}
Y_k &= \frac{1}{N} \sum_{n=0}^{N-1} \tilde{y}_n \mathrm{e}^{-\mathrm{i}2\pi \frac{k}{N} n} \\
&= \frac{1}{N} \sum_{n=0}^{N-1} \left(\sum_{k'=0}^{N-1} X_{k'} H_{k'} \, \mathrm{e}^{\mathrm{i}2\pi \frac{n}{N} k' \cdot (1+\epsilon)} \right) \mathrm{e}^{-\mathrm{i}2\pi \frac{k}{N} n} \\
&= \frac{1}{N} \sum_{k'=0}^{N-1} X_{k'} H_{k'} \sum_{n=0}^{N-1} \mathrm{e}^{\mathrm{i}2\pi \frac{n}{N} (k' \cdot (1+\epsilon) - k)}
\end{aligned}
$$

类似于上一节的推导，可得：

$$I_{k,k} = \mathrm{e}^{\mathrm{i}\pi \frac{N-1}{N} k\epsilon} \cdot \frac{\sin(\pi k\epsilon)}{N \sin(\pi k\epsilon / N)} \tag{5.37}$$

$$I_{k,k'} = \mathrm{e}^{\mathrm{i}\pi \frac{N-1}{N} (k' \cdot (1+\epsilon) - k)} \cdot \frac{\sin(\pi(k' \cdot (1+\epsilon) - k))}{N \sin(\pi(k' \cdot (1+\epsilon) - k)/N)} \tag{5.38}$$

在上式中，$I_{k,k}$ 随 k 而变化，因此采样频率对不同载波上的被解调符号造成的影响是不一样的；$I_{k,k'}$ 则依赖于 k 或 k' 的具体取值。

将式(5.37)和式(5.38)代入到式(5.32)就可以得到不同 k、不同 ϵ 的信噪比损失。如图5-16所示，以 $N = 256, E_s/N_0 = 10\,\mathrm{dB}$，采样频率的误差为 $100\,\mathrm{ppm}$（对应 $\epsilon = 100/10^6 = 0.0001$）为例，给出 D_k 随 k 的变化。

以最大信噪比损失所对应的载波 $k = 249$ 为衡量标准，我们在图5-17中给出

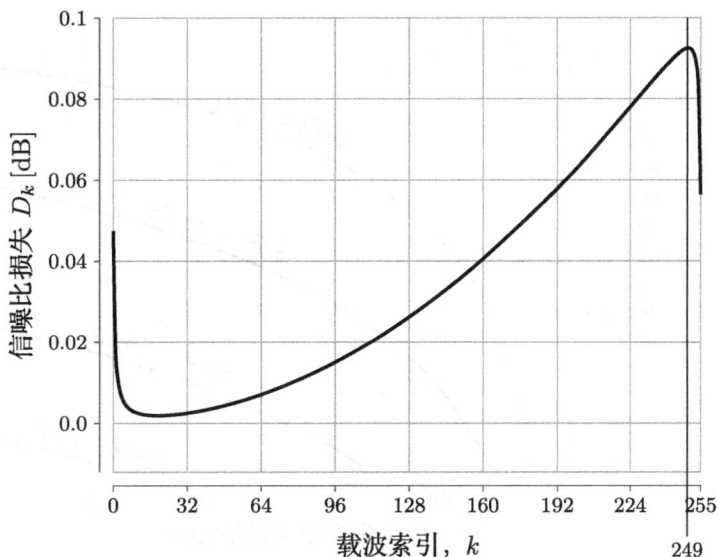

图 5-16 由采样频率带来的载波间干扰对不同载波是不同的。在这个例子中在载波 $k = 249$ 处的信噪比损失最大。

AWGN 信道，不同信噪比条件下由于采样时钟的误差所带来的信噪比损失。以 LTE 系统为例，标准规范要求本地振荡器的误差在正常工作条件下在 $\pm 0.1\,\mathrm{ppm}$ 以下；Wi-Fi 系统所容忍的误差比较大，有 $\pm 20\,\mathrm{ppm}$。从图中不难看出，在这样的条件下由于采样时钟的误差所带来的信噪比损失在大多数情形下相当的小，因此在实际的系统设计中人们往往"容忍"它的存在。

最后指出：我们在本节的讨论局限于一个 OFDM 符号的解调。读者可以在[45]中得到考虑到连续 OFDM 符号解调的更一般性的讨论。

5.4.3.2　采样时间的相位误差的影响

在我们之前对 OFDM 系统模型的推导过程中，假设接收机的（在模拟方式实现 OFDM 中）匹配滤波器的采样时间（式(5.9)）或者（IFFT/FFT 的实现方式中）ADC 采样时间（式(5.20)）都是从 CP 和有用符号时间的边界处以 $t = nT_s, n = 0, \ldots, N-1$ 进行的。如图5-18所示，所谓的采样时钟的相位误差，指的是采样频率是理想的（即 $T_s' = T_s$），但是采样时刻存在一个固定的采样时间偏差 $\varepsilon \cdot T_s$ 秒，也就是说真正的采

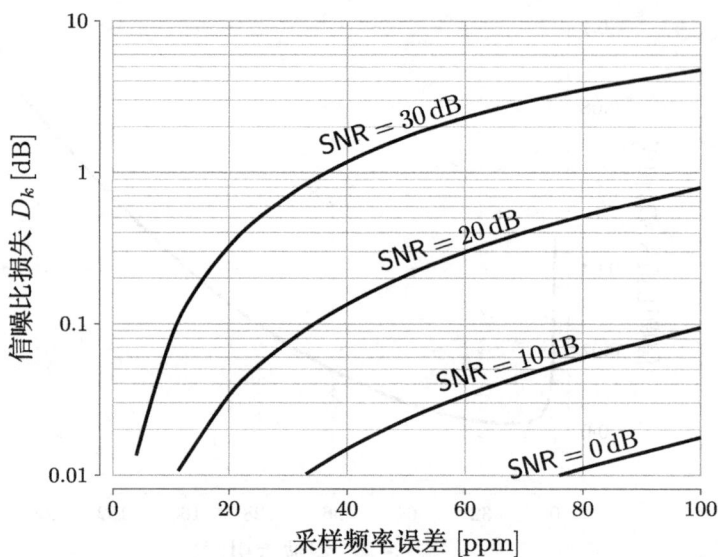

图 5-17 不同信噪比条件下，由于采样时钟的误差所带来的信噪比损失

样时刻 $t = (n + \varepsilon)T_s, n = 0, \ldots, N - 1$。对应于 IFFT/FFT 实现方式，FFT 窗口相比于 CP 的结束处移位了 ε 个采样点。

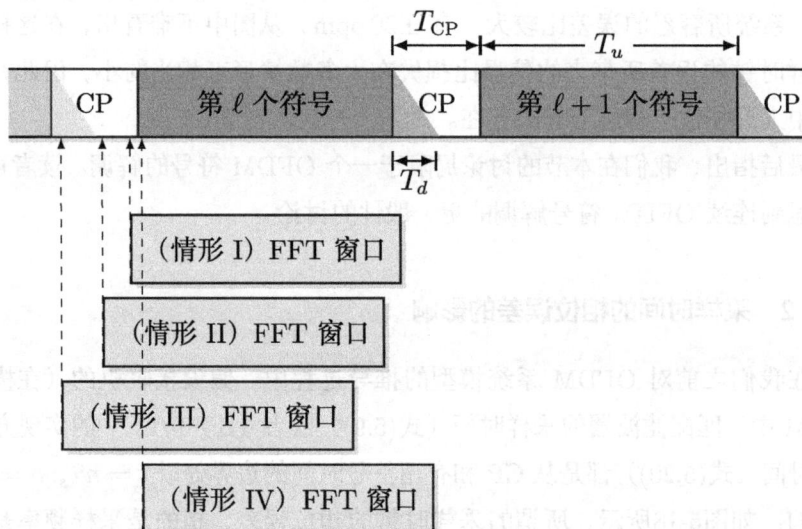

图 5-18 采样时间存在相位误差时接收机 FFT 窗口可能面临的几种情形

如图5-18所示：依据 ε 的大小以及其和 CP 长度 N_{CP}、时延扩展 $\lceil T_d/T_s \rceil$ 的关系，可以区分下面 4 种情形。

- 情形 I: $\varepsilon = 0, \lceil T_d/T_s \rceil < N_{\text{CP}}$
  这是我们之前讨论的理想情形。此时不会产生不同 OFDM 符号之间的干扰。

- 情形 II: $\varepsilon < 0, \lceil T_d/T_s \rceil + |\varepsilon| < N_{\text{CP}}$
  此时接收机的 FFT 窗口（长度为 $N \cdot T_s$）的起始点在 CP 之内。但是 FFT 窗口内没有相邻 OFDM 符号的成分，因此不会有来自其他 OFDM 符号的干扰。

- 情形 III: $\varepsilon < 0, \lceil T_d/T_s \rceil + |\varepsilon| > N_{\text{CP}}$
  此时 FFT 窗口含有第 $(\ell - 1)$ 个 OFDM 符号的成分，因此对第 ℓ 个 OFDM 符号的解调造成影响。

- 情形 IV: $\varepsilon > 0$
  此时 FFT 窗口含有第 $(\ell + 1)$ 个 OFDM 符号的成分，因此对第 ℓ 个 OFDM 符号的解调造成影响。

首先来看比较简单的情形 II。以 IFFT/FFT 的系统模型为例，来看看采样相位误差对接收信号的影响：

$$y_n := y(t + T_{\text{CP}} + \varepsilon T_s)\big|_{t=nT_s}$$

代入 $y(t)$ 表达式(5.19)可得：

$$y_n = \sum_{k=0}^{N-1} X_k (H_k \cdot \mathrm{e}^{\mathrm{i}2\pi \frac{k}{N}\varepsilon}) \mathrm{e}^{\mathrm{i}2\pi \frac{n}{N}k} + w_n \tag{5.39}$$

若对式(5.39)中的 $\{y_n\}_{n=0}^{N-1}$ 做 FFT，有：

$$Y_k = X_k \cdot (H_k \mathrm{e}^{\mathrm{i}2\pi \frac{k}{N}\varepsilon}) + N_k \tag{5.40}$$

我们看到：在情形 II 中，载波间的正交性仍然成立。相对于 $\varepsilon = 0$ 情形，X_k 的信道由 H_k 变为 $H_k \mathrm{e}^{\mathrm{i}2\pi \frac{k}{N}\varepsilon}$。尽管等效信道有相位旋转，但是载波间的正交性仍得以满足。

概念 5.2   OFDM 中采样相位与"等效"信道的关系

在式(5.11)中提到理想情形 I 中的 H_k 是时域信道 $h(\tau)$ 的傅立叶变换在 $f = k\Delta f$ 处的采样值。在情形 II 中 $\{H_k \mathrm{e}^{\mathrm{i}2\pi\frac{k}{N}\varepsilon}\}$ 对应的等效时域信道和 $h(\tau)$ 又是什么关系呢? 不难验证:

$$\{H_k\} \Longleftrightarrow h(\tau)$$

$$\{H_k \mathrm{e}^{\mathrm{i}2\pi\frac{k}{N}\varepsilon}\} \Longleftrightarrow h(\tau - \varepsilon)$$

也就是说: 当接收机的 FFT 窗口向左移动了 $|\varepsilon|$ 个采样点 (但不引入符号间干扰) 时, 接收机频域上的信道响应出现了一个相位的递增, 在时域上的信道则是向右移动了 $|\varepsilon|$ 个采样点, 如图5-19所示。有的读者可能会有疑问: 信道 (频域或时域) 的变化是否会影响系统性能呢? 不必担心。接收机将在信道估计的过程中"发现"信道的变化, 因此在数据解调过程中就可以"补偿"这些变化, 最终保证接收端载波间的正交性并没有因为采样窗口的移动而遭到破坏。

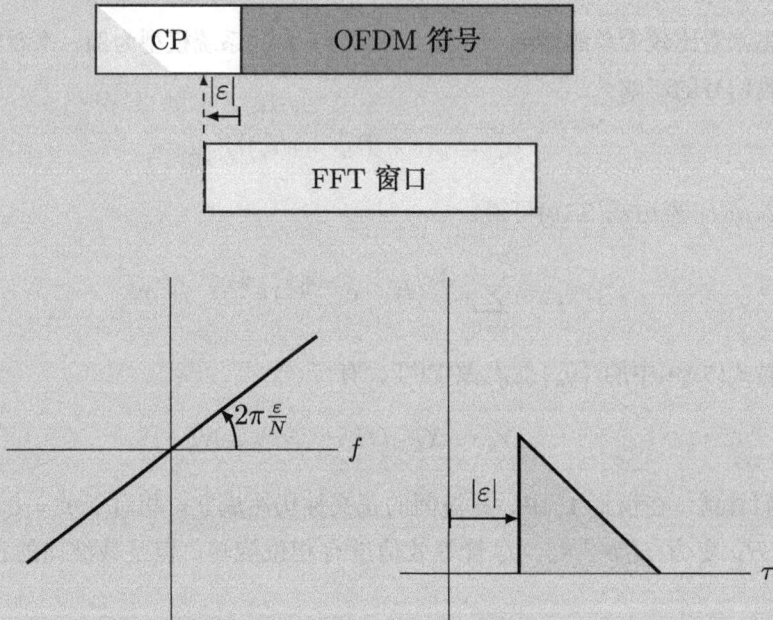

图 5-19 OFDM 中采样相位造成时域信道相应的"平移"

需要特别指出的是: 相比于其他情形, 情形 II 可能是实际应用中最典型的场景。这是因为：(1) OFDM 系统设计中 CP 长度的选择通常都会大于信道的多径扩展；(2) 人们往往会主动将 FFT 窗口向 CP 方向偏移；这样做的好处是提高了系统的鲁棒性，因为系统对信道时延的可能变化容忍度更大了（作为对比情形 I 中的 FFT 窗口选择对信道时延变化非常敏感，因为系统更有可能受到第 $(\ell+1)$ 个符号的干扰）。

接下来我们讨论情形 III 和 IV。它们共同的特点就是 FFT 的窗口内包含了其他 OFDM 符号的成分，因此会带来符号间干扰；另外我们还会看到由于窗口内被解调的 OFDM 的信息不完整而带来的载波间干扰。

首先考虑最简单的 AWGN 信道下的情形 IV。考虑 IFFT/FFT 实现方式，在此令采样相位误差为 ε 个 ADC 采样输出点。因为当 $\varepsilon > 0$ 时，符号 $(\ell+1)$ 的一些采样值会落入 FFT 窗口，因此在符号标记中需要引入 OFDM 符号的索引标记 ℓ。根据式(5.19)，可以验证接收机 FFT 输出中第 k 个载波上的输出值为[†]

$$
\begin{aligned}
Y_k =\ & \frac{N-\varepsilon}{N} e^{i2\pi \frac{k}{N}\varepsilon} X_{k,\ell} \\
& + \frac{1}{N} \sum_{n=0}^{N-1-\varepsilon} \left(\sum_{k'=0, k'\neq k}^{N-1} X_{k',\ell} e^{i2\pi \frac{k}{N}(n+\varepsilon)} \right) e^{-i2\pi \frac{k}{N}n} && \text{(ICI)} \\
& + \frac{1}{N} \sum_{n=N-\varepsilon}^{N-1} \left(\sum_{k'=0}^{N-1} X_{k',\ell+1} e^{i2\pi \frac{k}{N}(n-(N-\varepsilon)-N_{\mathrm{CP}})} \right) e^{-i2\pi \frac{k}{N}n} && \text{(ISI)} \\
& + N_k && \text{(AWGN)}
\end{aligned}
$$

从上面的式子可以看出：

- 被解调符号 X_k 所看到的信道为 $\frac{N-\varepsilon}{N} e^{i2\pi \frac{k}{N}\varepsilon}$。和情形 II 类似，由于采样相位不是理想的，因此等效信道呈现相位旋转；然而与情形 II 不同的是：在这里，由于

[†]推导过程中可能会用到下面的等式：

$$
\sum_{n=0}^{N-1-\varepsilon} e^{i2\pi \frac{p-k}{N}n} = e^{i\pi(p-k)\frac{N-1-\varepsilon}{N}} \cdot \frac{\sin[(N-\varepsilon)\pi(k-p)/N]}{\sin[\pi(k-p)/N]} = \begin{cases} N-\varepsilon, & \text{当 } p=k \\ \text{非零值}, & \text{其他} \end{cases}
$$

FFT 窗口在时域只是部分包含了被解调的 OFDM 符号 ℓ，因此等效信道的幅度也呈现出衰减。有用信号的功率为 $\left(\frac{N-\varepsilon}{N}\right)^2 \cdot E_\mathrm{s}$。

- 被解调符号受到 ICI 和 ISI 的影响。载波间干扰产生的原因是 FFT 窗口在时域只是部分包含了被解调的 OFDM 符号 ℓ。而 ISI 的来源则是相邻的 OFDM 符号 $(\ell+1)$。[46]指出：ICI 和 ISI 的功率大小可以近似为 $\left(\frac{2\varepsilon}{N} - \left(\frac{\varepsilon}{N}\right)^2\right) \cdot E_\mathrm{s}$。

情形 III 与情形 IV 类似，不同之处在于符号间干扰来自于前一个 OFDM 符号。我们将分析过程留给读者完成。

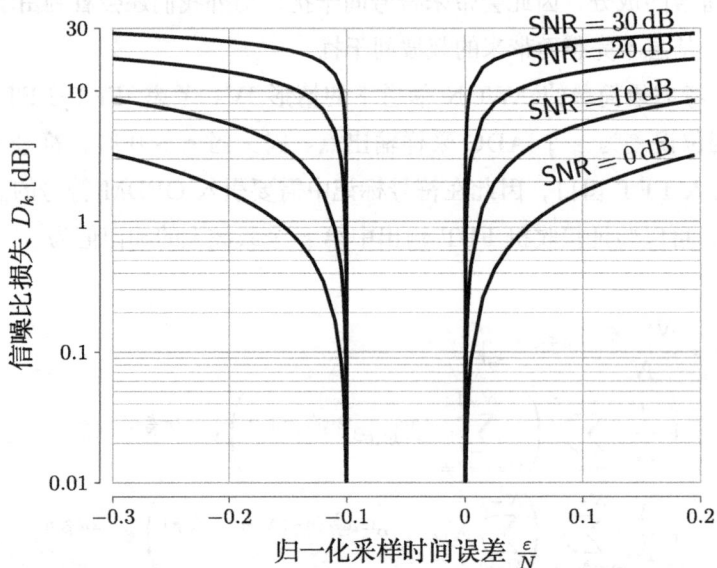

图 5-20 不同信噪比条件下，由于采样相位的误差所带来的信噪比损失

在图5-20中给出了 AWGN 信道在不同信噪比条件下由于采样相位的误差所带来的信噪比损失。为方便起见，假设 $N_\mathrm{CP}/N = 0.1$。从图中我们可以看出：采样相位误差所带来的信噪比损失可能是巨大的，因此有必要确保误差足够小。还好，从图中可以看出，只要采样相位处于 CP 的保护之内，就不会有性能损失[†]。

[†]正是由于这个原因，或许可以说 OFDM 对时间同步的要求比较宽松。我们将在第 8 章了解单载波系统的时间同步。在那里将会看到，比起 OFDM 系统，单载波系统对时间同步的要求高得多。

5.4.4 载波相位噪声的影响

我们在之前讨论过当发送和接收端存在频率偏差时对 OFDM 信号接收的影响。在实际中 RF 器件还会产生相位噪声。相位噪声主要来自参考晶振源和压控振荡器，另外倍频电路中的基本电路也会不同程度地引入噪声。反映在等效基带信号上，在受到相位噪声的影响时，接收机的采样输出比起无相位噪声的情况（见式(5.22)）多出一个随机相位 $e^{i\phi_n}, n = 0, \ldots, N-1$，其中 ϕ_n 可能随时间变化。

在存在相位噪声时接收端 FFT 的输出为

$$Y_k = \frac{1}{N} \sum_{n=0}^{N-1} (y_n e^{i\phi_n}) e^{-i2\pi \frac{k}{N} n}$$

经过简单的推导可以得到对应于表达式(5.30)的 $I_{k,k}$ 和 $I_{k,k'}$：

$$I_{k,k} = \frac{1}{N} \sum_{n=0}^{N-1} e^{i\phi_n}, \quad I_{k,k'} = \frac{1}{N} \sum_{n=0}^{N-1} e^{i2\pi \frac{k'-k}{N} n} e^{i\phi_n}$$

从形式上看，载波相位所带来的影响和之前讲到的载波频率偏差的影响类似——有用信号所的乘性干扰项 $I_{k,k}$ 不随 k 的变化而变化，换句话说所有子载波所看到的 $I_{k,k}$ 是相同的，因此有的文献将其称之为恒定相位干扰（CPE: common phase error），在它的作用下，信号的星座图由于 $I_{k,k}$ 的作用将会发生旋转；另外，在载波间干扰的作用下，星座图亦将变得模糊。但是，载波频率偏差的影响是"确定性的"，因此可以通过对频率偏差的估计得以纠正（见第 8 章）；相位误差的影响是"随机的"，尽管我们可以通过数字信号处理的方法减小它所带来的影响，但是最终是无法完全消除它的。幸运的是，在当今的 RF 芯片实现中，相位误差的影响只在那些需要极高信噪比的情形（比如采用类似 256QAM 这样的高阶调制方式）才会体现出来。

5.4.5 峰均比的影响

给定一个信号序列 $\{x_n\}$，人们通常将信号的峰均比（PAPR: peak-to-average power ratio）定义为

$$\boxed{\text{PAPR} := \frac{\max(|x_n|^2)}{\mathbb{E}\left[|x_n|^2\right]}} \tag{5.41}$$

在 OFDM 调制方式中，发送端时域信号的采样点是由信息符号 $\{X_k\}$ 经 IFFT 变换而来的：

$$x_n = \frac{1}{\sqrt{N}} \sum_{k=0}^{N-1} X_k \, \mathrm{e}^{\mathrm{i}2\pi \frac{n}{N}k}, \quad n = 0, \dots, N-1$$

假设 $\{X_k\}$ 采用的是 M 进制 QAM 调制，均值 $\mathbb{E}[x_n]=0$、平均能量 $E_{\mathrm{s}} = \mathbb{E}[|x_n|^2] = 1$。假设不同的 X_k 相互独立，那么根据中心极限定理可知，当 N 增大时，$\{x_n\}$ 趋近于高斯分布，$x_n \sim \mathcal{CN}(0,1)$，如图5-21所示。

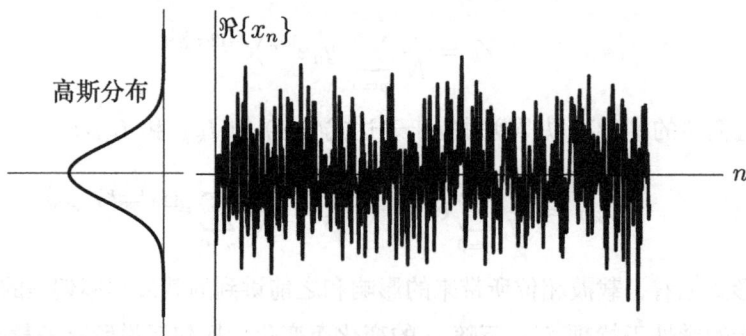

图 5-21　OFDM 的时域采样点的实部／虚部（右图）都服从高斯分布（左图）

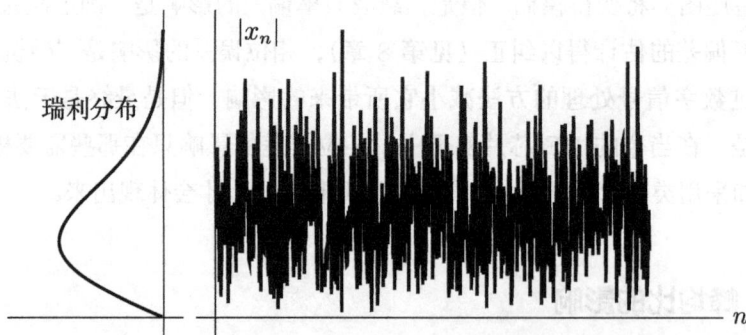

图 5-22　OFDM 的时域采样点的包络（右图）服从瑞利分布（左图）

在通信中，$\{X_k\}$ 是随机的，因此 $\{x_n\}$ 也是随机的；相应的，依据式(5.41)所计算出来的 PAPR 也具有随机特性。人们通常用互补累计分布函数（CCDF: complementary cumulative distribution function）$P(\mathrm{PAPR} > \mathrm{PAPR}_{\mathrm{th}})$ 来衡量峰均比。

当 $x_n \sim \mathcal{CN}(0,1)$ 时，$|x_n|^2$ 服从指数分布，其 CDF 可以表示为 $F(z) = P(|x_n|^2 \leqslant z) = 1 - \mathrm{e}^{-z}$。相应的，$|x_n|^2, n = 0, \ldots, N-1$ 的最大值的 CDF 为 $(1 - \mathrm{e}^{-z})^N$，CCDF 则为

$$P(\mathrm{PAPR} > z) = 1 - (1 - \mathrm{e}^{-z})^N$$

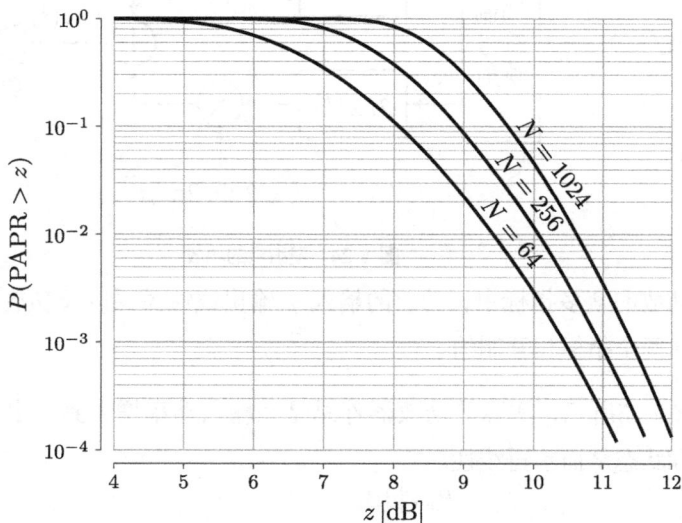

图 5-23　OFDM 中 PAPR 和 FFT 大小的关系

由图5-23可以看出：在 OFDM 系统中，PAPR 随着 N 的增大而增大。

峰均比大小影响到系统的实现复杂性。比如说，如果信号具有很大的峰均比，那么 ADC 或 DAC 需要更大的动态范围以保证一定的量化噪声。除此之外，峰均比对实际系统设计的另外一个更重要的影响就是发射机功率放大器（简称功放）的线性问题。抛开实际因素，从理论上我们希望功放的输入 / 输出是服从线性关系的，否则高阶互调不但会引起带内信号的干扰，还会造成信号在频率上的频谱再生（spectral regrowth）[†]。

[†]假设发送端传输两个频率 $x(t) = \cos(2\pi f_1 t) + \cos(2\pi f_2 t)$。假设功放的响应是非线性的，其 Taylor 展开有着 $f(x(t)) = a_1 x(t) + a_2 x^2(t) + a_3 x^3(t) + \cdots$ 的形式。由于 a_3 的缘故，输出中会产生 $\cos(2\pi(2f_1 - f_2)t)$ 和 $\cos(2\pi(2f_2 - f_1)t)$ 项，这些"干扰"可能落于信号带宽之内，因此会降低系统性能。同样的原因，功放的输出中将含有更高的频率分量 $\cos(2\pi(2f_1 + f_2)t)$ 和 $\cos(2\pi(2f_2 + f_1)t)$ 项；它们将造成频谱再生——信号的能量落在通带外将会干扰其他频道的信号。

概念 5.3 功率放大器的线性和效率

如图5-24所示：对于无线发射机来说，当完成所有的基带功能之后，都要通过功率放大器将信号强度增强，最后才通过天线发往空口。

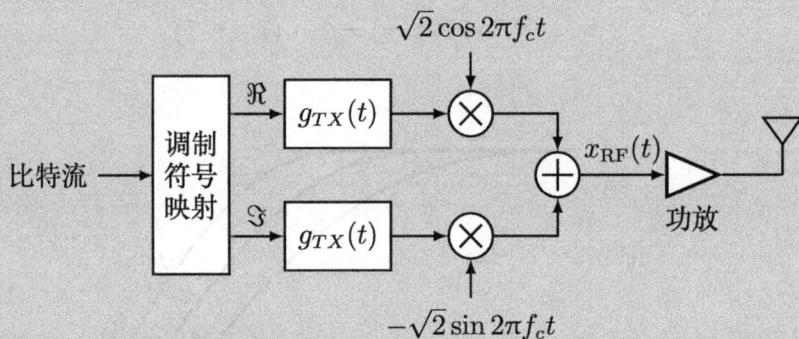

图 5-24 发射机的功放

在功放的众多指标中，功放的输入／输出线性关系以及功放效率是两个重要指标。这两个指标相互制约。

● 如图5-25所示：实际的功放器件总是在输入功率增大到一定程度后将表现出饱和状态从而不再线性。

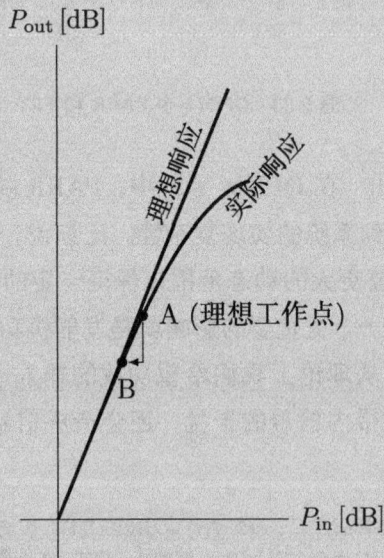

图 5-25 功放的线性特性和效率

- 另一方面，从功放的效率（功放输出功率与功放所耗费的功率之比）角度看，为了得到更大的功放效率，功放应工作在接近饱和的区域（如图5-25所示）。

  当被放大信号的峰均比很小时，功放可以工作在既是线性的又有高效率的工作点；相反，当被放大信号的峰均比比较大时，为了满足线性关系，需要将功放的工作点降低（英文术语中称为 power back-off），在图5-25中表现为从更理想的工作点 A 转移到工作点 B 上。因此，具有更大峰均比的信号意味着功放的效率降低，对于手机而言，这意味着更快的电池消耗。

PAPR 影响到发射机的功放效率，因此人们提出了许多减小 PAPR 的方法，有兴趣的读者可以参见文献[47]。这其中一些方法需要特别的物理层的符号映射、编码等等，这样的方法多多少少减低了系统的灵活性。在 LTE 标准规范中，为了减小手机发射信号的峰均比，在上行链路上通过 DFT 扩频 OFDM 技术来减小发射信号的 PAPR（我们将在稍后详细解释这个技术）；在下行方向，LTE 并未在物理层的调制 / 编码过程中定义任何为减小 PAPR 的操作，而将这个任务留给了基站制造商实现。

概念 5.4　数字域的信号预失真技术

下面就简要介绍一种当今比较流行的对付功放非线性的方法——对信号进行预失真（DPD: digital pre-distortion）。

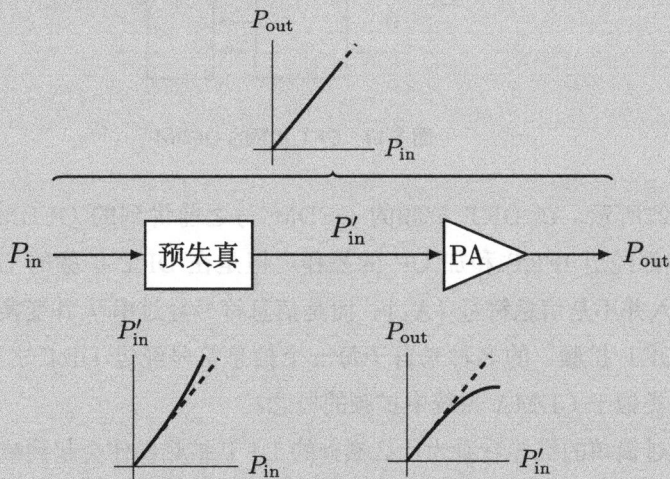

图 5-26　发送端对信号进行预失真的基本思想

信号预失真的基本原理为：如果知道功放的非线性特性，那么对其输入信号

現代移動通信原理与应用

"预先"进行相应的"补偿",最终目的使得等效的响应更趋线性化,这样就允许功放工作在更加有效率的区域。具体地说,如图5-26所示,通过对信号的预失真,在数字域把信号"放大"。放大后的信号在经过真正的功放时受到功放非线性的作用,信号受到衰减。人为的信号放大和物理器件带来的信号衰减相互抵消,最终得到更大范围上的线性关系。此时功放的工作点将比之前(未采用预失真时的工作点)更趋向饱和状态,从而变得更加有效!

DFT 扩频的 OFDM

我们之前提到在 LTE 的上行链路中,人们为了减小信号的 PAPR,并没有采用 OFDM 调制方式,而是一种被称之为 DFT 扩频的 OFDM 的调制。下面我们就来简单地了解一下它是如何减小 PAPR 的。

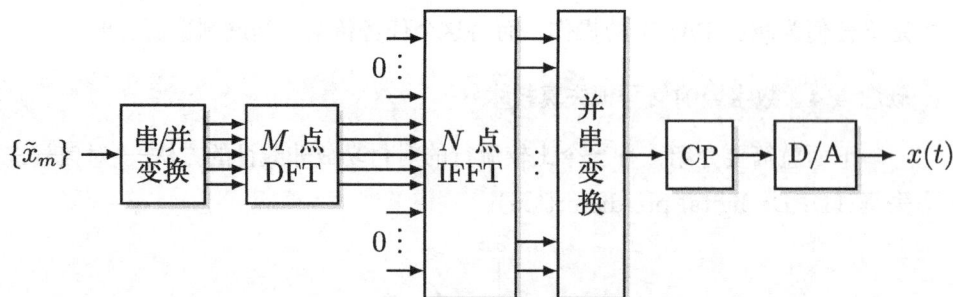

图 5-27　DFT 扩频的 OFDM

如图5-27所示,在 DFT 扩频的 OFDM 与之前讲到的 OFDM 有很多结构上的类似,比如都经历 IFFT 和加 CP 的操作。但是在 DFT 扩频的 OFDM 中,映射到 IFFT 的输入并不是信息符号 $\{X_k\}$,而是信息符号经过串 / 并变换然后做 DFT 操作的输出。"DFT 扩频"的名称来自于每一个信息符号经过 DFT 之后将映射到许多载波上,因此类似于 CDMA 系统中扩频的概念。

下面通过简单的推导看看为什么额外的 DFT 扩频操作会起到减小 PAPR 的作用。假设信息符号 $\tilde{x}_m, m = 0, \ldots, M-1$(比如 QAM 调制符号)经过 M 点的 DFT,输出为 $\tilde{X}_k = \frac{1}{M} \sum_{m=0}^{M-1} \tilde{x}_m e^{-i2\pi \frac{k}{M}m}, k = 0, \ldots, M-1$。和之前一样,假设 IFFT 的输入

188

表示为 $X_k, k = 0, \ldots, N-1$。为方便起见，假设 $\tilde{X}_k$ 映射到 N 点是 IFFT 输入的开始，即

$$X_k = \begin{cases} \tilde{X}_k, & \text{当 } 0 \leqslant k \leqslant M-1 \\ 0, & \text{其他} \end{cases} \tag{5.42}$$

假设 $N = M \cdot Q$，相应地 n 可以表示为 $n = Q \times m + q$，其中 $0 \leqslant m \leqslant M-1, 0 \leqslant q \leqslant Q-1$。考虑到式(5.42)，IFFT 的输出为

$$\tilde{x}_n = \sum_{k=0}^{M-1} \tilde{X}_k \mathrm{e}^{\mathrm{i}2\pi \frac{n}{N}k} = \sum_{k=0}^{M-1} \tilde{X}_k \mathrm{e}^{\mathrm{i}2\pi \frac{Q \times m + q}{MQ}k} \tag{5.43}$$

若只考虑对应于 $q = 0$ 的那些 IFFT 输出，则有

$$\tilde{x}_n \bigg|_{n=Q \times m} = \sum_{k=0}^{M-1} \tilde{X}_k \mathrm{e}^{\mathrm{i}2\pi \frac{m}{M}k} = x_n \tag{5.44}$$

从式(5.44)可以看出：最终 IFFT 的时域输出中某些采样点的值等于原始信息符号。因此，和 OFDM 系统信息符号 X_k 被理解为频域信号不同，这里的原始信息符号 $\tilde{x}_m$ 应该理解为时域信号，而 DFT 加上 IFFT（往往 $N > M$）则可以理解为对信息符号的时域 Q 倍过采样。正因为这种关系，$\{x_n\}$ 所呈现出来的具有和单载波时域信号相同的 PAPR 性质，如图5-28所示。

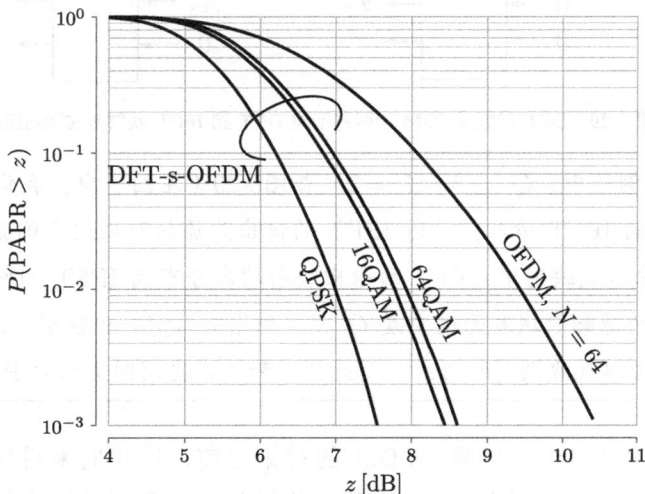

图 5-28　DFT 扩频 OFDM 系统与 OFDM 系统的 PAPR 比较（该例子中，$M = 64, N = 256$，并且 DFT 输出映射到连续的 IFFT 输入上）

LTE 系统中的上行链路调制方式就采用了上述提到的 DFT 扩频 OFDM。在 LTE

中，不同用户的上行信号占据 IFFT 的不同的频率载波 $\{X_k\}$，因此所有用户之间的信号是正交的（而不相互干扰）。对于任何一个用户的数据，在时域都呈现出单载波调制的形式。因此，人们把这种 DFT 扩频 OFDM 应用到多址接入的技术称为**单载波——频分复用接入方式**（SC-FDMA: single carrier-frequency division multiple access）。

例子 5.4　DFT 的输出均匀映射到不连续的载波情形下的 DFT 扩频 OFDM

在之前的例子中，假设 DFT 的输出映射到连续的 IFFT 输入上。事实上，可以证明（此处略）如果 DFT 的输出均匀地映射到不连续的载波上，同样可以取得类似单载波系统的 PAPR。让我们通过 $M = 4, N = 8$ 的例子来理解两种不同 DFT 到 IFFT 映射方式所对应的时域输出。

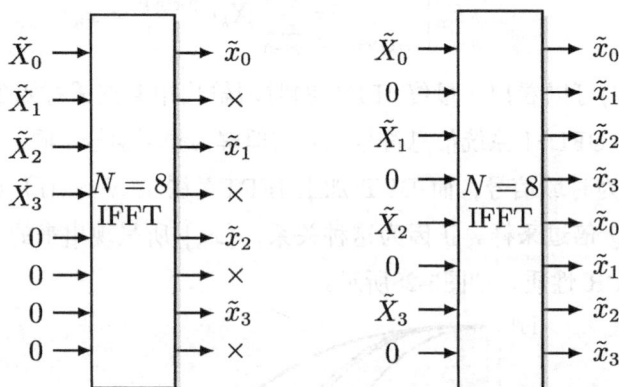

图 5-29　DFT 扩频 OFDM 中两种不同 DFT 到 IFFT 映射方式所对应的时域输出

在这个例子中，$Q = N/M = 2$。在图5-29（左图）中，我们看到 FFT 的输出映射到连续的 IFFT 输入，此时 IFFT 的输出为原始时域波形的插值形式。在图5-29（右图）的分布式映射中，FFT 的输出映射均匀分布到 IFFT 的所有输入范围，此时的输出表现为原始时域波形的重复 Q 次。无论采用哪一种映射方式，IFFT 的输出波形都具有类似单载波调制的形式，因此具有和单载波调制类似的 PAPR。

在结束关于 DFT 扩频 OFDM 的讨论之前，让我们来看看它的接收机结构。如图5-30所示，DFT 扩频 OFDM 的接收机处理过程可以认为是发送过程（如图5-27所示）的逆操作。这里值得指出的是，N 点 FFT 之后、M 点 IFFT 之前的均

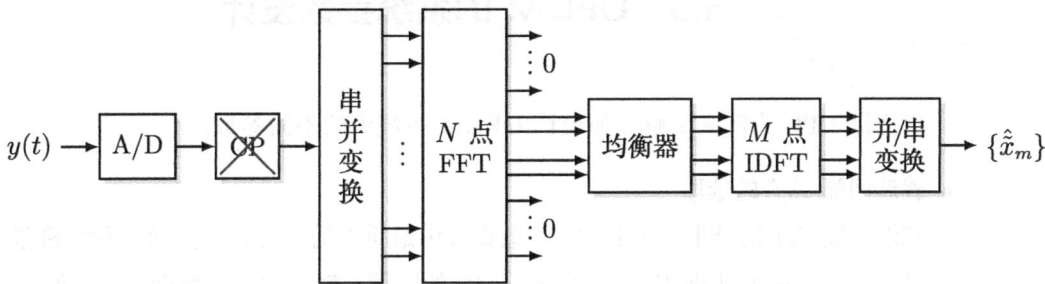

图 5-30　DFT 扩频 OFDM 的接收机框图

衡器。为什么需要加入这个功能模块呢？我们知道发射端 N 点 IFFT 与接收机 N 点 FFT 之间是一个传统意义上的 OFDM 系统，因此 FFT 的输出有着 $Y_k = X_k H_k + N_k, k-0, \ldots, N-1$ 的形式。在我们进行 M 点 IFFT 操作之前，需要均衡器消除上式中的 H_k。这个均衡器可以采用在第 4 章中曾介绍到的迫零准则或者最小均方误差准则。和单载波的线性均衡技术一样，这里的频域均衡同样会有噪声放大的问题，因此在频率选择性信道下，DFT 扩频 OFDM 的接收机不得不付出一些性能损失以换取 PAPR 上的好处。

5.4.6　小结

本节详细讨论了 OFDM 系统在各种非理想条件下的性能损失。可以看出这其中许多非理想条件是由 RF 器件的非理想造成的（比如频率偏移、相位误差等等）。应该指出这些非理想条件在其他系统中（比如 3G）同样存在，但是由于 OFDM 中的载波间隔很小，所以对这些非理想条件就更为敏感了。在众多非理想因素中，载波相位误差和采样频率误差的影响很少成为限制 OFDM 系统设计的因素，但是载波频率偏差和采样相位的偏差却可能造成性能上的更大损失，因此在实际系统设计中有必要通过频率和时间同步机制来进行估计和补偿（我们将在第 8 章讨论同步技术）。

5.5 OFDM 的系统参数设计

下面以 LTE 为例来了解如何设计 OFDM 系统中的不同参数。

- **载波间隔 Δf 的选取**

  载波间隔 Δf 的选取是 OFDM 参数设计中最重要的一环。一方面，我们希望 Δf 尽量小，这样可以使 T_u 增大而减小 CP 的比例。然而由于多普勒、频率偏差以及相位噪声的限制，我们不能无限地减小 Δf。Δf 的具体取值则是上述两方面考虑的一个折衷。例如在 LTE 系统中载波间隔 $\Delta f = 15\,\mathrm{kHz}$，这样的选取以保证在 $350\,\mathrm{km/h}$（甚至 $500\,\mathrm{km/h}$）的移动环境[48]以及常见频偏条件下的系统性能。

- **载波数目 N_c 的选取**

  在选定了 Δf 之后，我们就可以根据系统带宽以及发射频谱模板 (Spectral Mask) 的限制来选择载波数目 N_c 了。之所以需要特别考虑频谱模板的原因，是 OFDM 中每个载波采用的矩形波在频域的频谱对应 $\mathrm{sinc}^2(\cdot)$ 形式，（比起例如采用根升余弦成型滤波器的 WCDMA/HSPA 系统）具有比较慢的带外衰减。因此，需要预留一些带宽以满足频谱模版的要求。比如在 LTE 系统中，约 10% 的系统带宽被预留。当系统带宽为 $20\,\mathrm{MHz}$ 时，$N_c = 18\,\mathrm{MHz}/15\,\mathrm{kHz} = 1200$。

- **CP 长度 T_{CP} 的选取**

  和其他参数一样，CP 长度的选择面临着折衷。一方面，希望 CP 越小越好，因为这样可以减小 CP 带来的能量 / 频谱效率损失；另一方面，若 CP 太小不能包含信道的时延扩展时，接收机的信噪比会因为 ICI 和 ISI 的原因而噪声损失。以 LTE 系统为例，LTE 中普通 CP 长约 $4.69\,\mathrm{\mu s}$，足以包含一般宏蜂窝环境的时延扩展。

- **IFFT/FFT 大小 N 的选取**

  从本章开始在对 IFFT/FFT 的实现方式中对 N 的要求是 $N \geqslant N_c$，且 N 应该是 2 的整幂次。需要指出的是：IFFT/FFT 的 OFDM 实现方式并不是必须的[†]。尽管如此，在 LTE 协议中还是 "概念性" 地对 N 作出了定义。对于 $20\,\mathrm{MHz}$ 的系统，定义 $N = 2048$。相应的，LTE 系统中的 $T_s = 1/(N \cdot \Delta f) = 1/(30.72\,\mathrm{MHz})$。

[†]正因为如此，在标准规范中往往不会具体对 N 进行定义。例如在 LTE 协议中，在定义 OFDM 波形时使用的是类似式(5.4)的连续时间模型的表达方式[49]。

读者可以看出，在 LTE 的系统参数选择中，采样频率为 30.72 MHz。这样的选择恰好是 3G 系统 3.84 MHz 的整数倍，从而方便了多模芯片的实现。

最后指出：相同的设计思想同样应用在其他基于 OFDM 的无线系统中，例如移动 WiMAX[50]和 Wi-Fi[51]。

5.6　OFDM 的优势

除了本章开始所讲到的 OFDM 具有实现复杂度低的优势之外，相比于宽带的单载波调制系统，OFDM 还有其他一些优势：

- **在多径信道下的接收机不需复杂的均衡器**
  如在本章开始所述，正是 OFDM 接收机相对简单的处理复杂度才奠定了 OFDM 在高速（高带宽）通信中的地位。

- **可以更容易支持不同系统带宽**
  我们可以看出，OFDM 系统对不同系统带宽的支持是非常灵活的。当系统带宽变大时，只需要相应地增大 OFDM 系统中的子载波数目 N_c。这意味着在实际中，当我们"回收"了更多的 2G/3G 频谱时，可以比较容易地选择合适的带宽来铺设 OFDM 网络†，如图5-31所示。

- **可以更好和自适应调制 / 编码技术相结合**
  我们将在第 10 章中接触到自适应调制 / 编码技术。简单地说，在 3G/4G 中被广为采用的自适应调制 / 编码技术，就是根据当前信道的好坏来决定调制 / 编码方式，以取得最大频谱效率。对于 OFDM 来说，因为载波间的正交性，从系统设计者来说可以把自适应调制 / 编码技术同时应用在时间轴和频率轴上。作为对比，在 3G CDMA 网络中，系统设计者只能在时间轴而无法在频率轴上对调制 / 编码进行控制。

---

†当人们对 2G 网络进行更新换代时，可能会回收（refarm）多个 GSM 的频段。3GPP 曾经做过 UMTS 的灵活带宽扩展的研究[52]，意在研究是否能够将标定带宽为 5 MHz 的 UMTS 系统变为 2.5 MHz 或其他带宽的 UMTS 系统，以便利用这些回收的频段，但是最终这个研究课题并没有继续下去。从技术角度看，用 OFDM 技术来实现对不同带宽的支持更加直接、有效。

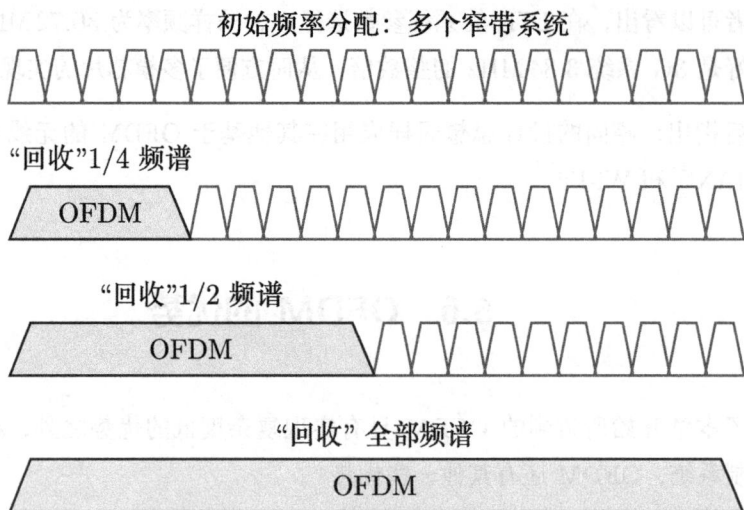

初始频率分配：多个窄带系统

"回收"1/4 频谱

OFDM

"回收"1/2 频谱

OFDM

"回收" 全部频谱

OFDM

图 5-31　OFDM 可以灵活地改变系统带宽

3D 视图

俯视图

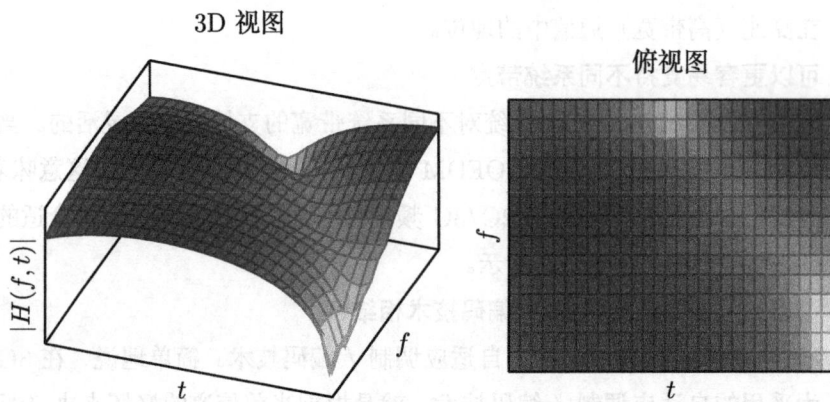

$|H(f,t)|$

图 5-32　OFDM 系统中自适应调制 / 编码技术可以同时应用于时间和频率轴

从图5-32可以看出，对于一个在时间和频率上都呈现选择性衰落的信道（左图），在 OFDM 中可以选择那些信道条件好的 (f,t) 的组合来进行传输，比如右图中的左下角和右上角区域。

例子 5.5　LTE 中的资源分配单元

究竟应该选择多大的 (f, t) 的区域来进行资源调度和传输呢？区域过小，意味着更多的控制信令上的开销（overhead），同时也可能由于码长太小而无法发挥信道编码的增益；区域过大，可能超过信道的相关时间或 / 和相关带宽，使得部分载波处于深衰落中。

LTE 中的最小资源调度单元是一个资源块（RB: resource block）。每个资源块在频率上包含 12 个子载波（180 kHz），时间上包含两个时隙（每个长度为 0.5 ms）。

- **可以更好地和 MIMO 技术相结合**

  为了支持高速通信，除了增加带宽之外，多天线技术的采用（理论上）也可线性增大频谱效率。如果将多天线技术应用在单载波系统中（例如 WCDMA/HSPA），接收机不但面临多径信道带来的码间干扰，还有多天线带来的干扰，这将大大增加接收机的复杂度。在采用 OFDM 之后，在每个载波上我们无需考虑时域均衡的烦恼，只要专心考虑多天线带来的影响即可。正是因为这个原因，多天线技术在 4G LTE 中得到了广泛的应用，成为增加系统吞吐量的重要手段之一。

5.7　本章小结

尽管 OFDM 调制方式被广泛应用在无线电视广播以及 Wi-Fi 中，但是直到 4G 时代才真正应用在蜂窝通信中。事实上在 20 世纪 90 年代末 3G 研发时期，OFDM 就曾是众多物理层的调制方式候选方案之一。最终 3G 选择了 CDMA 而不是 OFDM。这其中的原因：（1）没有合适的上行链路调制方式；（2）当时还不具备众多能充分发挥 OFDM 效率的一些技术支持（比如自适应调制 / 编码技术、多天线 MIMO 技术等）。在即将到来的 5G 时代，我们将会再次看到所熟悉的 4G LTE 系统所采用的 OFDM（用于下行链路）和 DFT 扩频 OFDM（用于上行链路）调制方式[53, 54]。

考虑到 OFDM 在当今以及未来移动通信中可能占据的重要地位，我们在本章中不但具体讨论了理想条件下的发送与接收过程，并花大篇幅讨论了非理想条件下系统的性能损失。这当中很多的非理想条件都和射频器件的性能有关，除了提高硬件的性能之外，更多时候我们需要在数字域通过信号处理的方式来减小性能损失。

受篇幅所限，我们不得不有所取舍，而忽略了很多重要的讨论，这其中就包括OFDM 中的信道估计技术、降低 PAPR 的技术等。有兴趣的读者可以从文献[55, 56]中得到综述性的了解。

本章重要概念

- OFDM 系统是一个多载波系统。通过发送端一系列相互正交的载频选择，OFDM 系统可以通过接收机的相关操作完美地恢复承载在不同载波上承载的数据。

- 为了能够在时延扩展大于零的环境中应用 OFDM，人们引入 CP。CP 的引入保证了 OFDM 系统在频率选择性信道下载波间的正交性。为此付出的代价是 CP 所带来的功率／频谱效率的损失。

- 和其他通信系统一样，OFDM 系统也将受到各种非理想条件的影响。在众多非理想条件中，载波频率偏差以及采样相位的偏差对 OFDM 系统性能的影响尤为严重，因此需要采用频率和时间同步技术来减小性能损失。

- 相比于单载波系统，OFDM 系统更适合宽带传输，更加适合 MIMO 技术的采用，也大大方便了自适应编码／调制技术的应用。

信道编码

陈晶沪[†]，崔盛山

6.1　为什么要采用信道编码

我们在之前章节讨论过调制技术以及相应的最佳解调技术，了解到基于 MAP 准则的符号判决策略的最优性。作为系统设计人员，一个自然而然的问题就是我们是不是已经做到了最好？为了回答这个问题，我们需要定量地描述通信系统的极限性能，而这个相当"高大上"的问题由被后人称之为信息时代之父的美国数学家香农（Claude Elwood Shannon）在 1948 年给出了答案[1]。

6.1.1　信息论之信道容量

香农在其经典著作《通信的数学理论》中首次用概率模型来表示通信的本质。

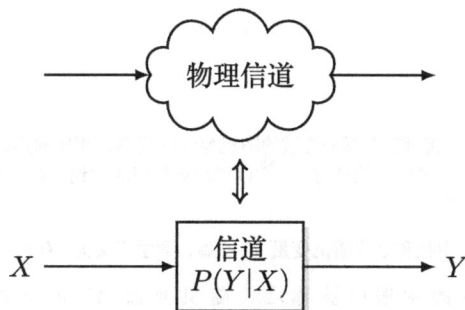

图 6-1　通信信道的概率模型

[†]联发科技（美国）首席工程师。

197

如图6-1所示，真正用于通信的信道可以有多种表现形式，但是从通信的角度看，它无非是把信道输入 X 转换为输出信号 Y。香农用条件概率 $P(Y|X)$ 来描述 X 和 Y 之间的转移关系。比如在 AWGN 信道中，信道就由 $p(y|x) = \frac{1}{\sqrt{2\pi}\sigma} \exp(-\frac{(y-x)^2}{2\sigma^2})$ 所描述。香农告诉我们图6-1所对应的**信道容量**由下式给出[†,‡]：

$$C = \max_{\{P(x)\}} I(X;Y) = \max_{\{P(x)\}} H(Y) - H(Y|X) \tag{6.1}$$

从数学定义来看：要想取得一个给定的信道容量，需要寻找最佳的输入的概率分布 $\{P(x)\}$，以获得最大的互信息 $I(X;Y)$。

信道容量应该理解为信道所能提供的最大的**可靠传输速率**。何为可靠？香农意义下的可靠特指接收端的错误比特判决概率趋近 0。香农进一步告诉我们：

- 若实际传输速率 $R < C$，那么总可以通过某种信道编码以保证错误比特判决概率无限趋近 0。

- 相反的，若实际传输速率 $R > C$，那么无论如何都不可能保证错误比特判决概率无限趋近 0。

信道中有个"道"字。日常生活中我们对"道路"不会陌生。如果我们提出下面这样一个问题："道路"的客运量有多大？根据常识我们知道这将取决于路况本身的性质（路有多宽、是否平坦等等）有关；但同时它也和我们的人为因素有关（比如运载车辆是否先进）。参考信道容量的表达式(6.1)，我们可以看出信道容量的数学表达式恰恰与我们的常识相一致：极限传输速率既和信道本身的属性（由转移概率 $P(Y|X)$ 决定）有关，也取决于人为因素（反映在 X 的具体选择了）。

[†]为方便起见，这里考虑 X 和 Y 都是离散的随机变量的情形，相应的连续随机变量的情形可以通过对相应定义式的推广而得到，请读者参考信息论教材[57, 58]以得到更严格的讨论，此处就不浪费篇章了。

[‡]在上式中，有如下定义[57]：

- $H(Y)$ 在信息论的术语中被称之为随机变量 Y 的熵，数学定义为 $H(Y) := -\sum_y P(y) \log_2(P(y))$。

- $H(Y|X)$ 在信息论的术语中被称之为随机变量 Y 的条件熵，数学定义 $H(Y|X) := -\sum_x \sum_y P(x,y) \log_2(P(y|x))$。

- $I(X;Y) := H(Y) - H(Y|X)$ 被称之 X 和 Y 的互信息。

下面就以简单的实数（基带传输）离散 AWGN 模型（其中 $n_\ell \sim \mathcal{N}(0,\sigma^2)$ 且 $\{n_\ell\}$ 相互独立）

$$y_\ell = x_\ell + n_\ell, \quad -\infty < \ell < +\infty \tag{6.2}$$

为例，对几种典型条件下的信道容量作一总结。篇幅所限，我们将省略推导过程，还请有兴趣的读者自行参考信息论专著。

$\{x_\ell\}$ 无约束条件时的信道容量

首先我们考虑一个最一般的情形。假设对式(6.2)中的输入信号不做任何形式上的限制，只要求它的平均能量受限 $\mathbb{E}[x_\ell^2] \leqslant P$。这时的信道容量就是我们所熟知的：

$$C_{\text{Shannon}} = \frac{1}{2}\log_2\left(1+\frac{P}{\sigma^2}\right) \quad \text{bit/ 信道符号} \tag{6.3}$$

这里 C_{Shannon} 的单位是 bit/ 信道符号（bit/channel use），意思是（在平均意义上）每个信道符号 x_ℓ 所能承载的信息比特数。

概念 6.1　信道容量（比特／秒）、频谱效率

在实际应用中人们有时会用比特／秒（bit/s）的单位来表示信道容量。在我们关于调制自由度的讨论中（4.2）知道对于带宽为 W 的系统，每秒钟的极限传输速率是 $2W$ 个符号，因此由式(6.3)可得：

$$C_{\text{Shannon}} = W\log_2\left(1+\frac{P}{\sigma^2}\right) \quad \text{bit/s} \tag{6.4}$$

频谱效率的定义为在带宽 W 上所能传送的信息比特数目，不难看出在香农极限传输速率下：

$$\gamma_{\text{Shannon}} = \log_2\left(1+\frac{P}{\sigma^2}\right) \quad \text{bit/s/Hz} \tag{6.5}$$

除了给出了信道容量的具体表达式之外，香农还给出了一个**随机编码**的通信策略。假设编码后的序列长度为 n，随机编码的编／译码过程可以总结如下：

- 假设编码速率为 R 比特／信道符号，编码后序列（称为码字）的长度为 n 个信道符号。

- 发送端将随机产生 2^{nR} 个长度为 n 的码字，$\{\boldsymbol{x}_i, i = 0, 1, ..., 2^{nR} - 1\}$，并且每个码字 $\boldsymbol{x}_i$ 中的每一个元素都满足高斯分布 $x_{i,\ell} \sim \mathcal{N}(0, P), \ell = 0, 1, ..., n - 1$。我们将所有编码序列的集合记作 $\mathcal{X} = \{\boldsymbol{x}_i\}$。
- 假设通信双方都知道传输信道使用的传输矩阵 $p(y|x)$ 以及编码矩阵 $\mathcal{X}$。
- 在真正通信过程中，发送端要传输 i 时，则会在 $\mathcal{X}$ 中选择码字 $\boldsymbol{x}_i$（长度为 n）发往信道。
- 信道的输出序列 $\boldsymbol{y}$ 通过信道传递函数 $p(\boldsymbol{y}|\boldsymbol{x}_i) = \prod_{\ell=0}^{n-1} p(y_i|x_{i,\ell})$ 与 $\boldsymbol{x}_i$ 相联系。
- 当接收端收到了序列 $\boldsymbol{y}$ 之后，采用最大似然估计来判断 $\mathcal{X}$ 中究竟哪一个码字 $\hat{\boldsymbol{x}}$ 才是最有可能的发射序列，并将其中最可能的那个 $\hat{\boldsymbol{x}}$ 作为判决输出。如果 $\hat{\boldsymbol{x}} = \boldsymbol{x}_i$，则说明判决正确并可推算出发送信息 i；否则判决错误。

香农证明[1]：在编码速率 $R < C_{\text{Shannon}}$ 的条件下，在编码长度为 $n \to \infty$ 时，上述的随机编码通信方式可以取得任意小的误码率。

尽管香农的随机编码方式在理论上给出了取得信道容量的通信方式，然而这种通信方式的理论意义大于实际意义——除了需要巨大的内存来存储随机产生的编码矩阵 $\mathcal{X}$ 之外；在 $n \to \infty$ 条件下的最大似然估计需要计算并比较 2^{nR} 个码字所对应的似然函数，这是实际工作中无法实现的任务。幸运的是我们将在本章看到：在香农的著作发表之后的半个世纪之后，人们终于找到并实现了性能接近香农理论的极限，且运算量可控的编码 / 译码方案。

二进制输入条件下的信道容量

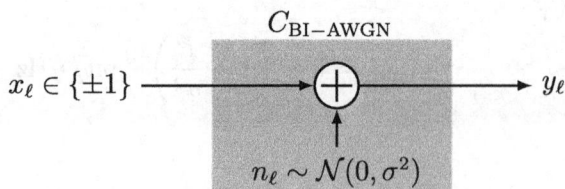

图 6-2 二进制输入条件下的 AWGN 传输模型

如图6-2所示的二进制输入条件下的高斯信道模型。此处信道的输入限定为二进制，即 $x_\ell \in \{\pm 1\}$。在这样的模型下，计算可得：

$$C_{\text{BI-AWGN}} = -\int_{-\infty}^{+\infty} p(y) \log_2(p(y)) \, \mathrm{d}y - \frac{1}{2} \log_2(2\pi \mathrm{e}\sigma^2) \tag{6.6}$$

其中：

$$p(y) = \frac{1}{2} \left[p(y|x=+1) + p(y|x=-1) \right]$$

而

$$p(y|x=\pm 1) = \frac{1}{\sqrt{2\pi}\sigma} \exp\left(-\frac{(y \mp 1)^2}{2\sigma^2} \right)$$

这里的 $C_{\text{BI-AWGN}}$ 是在 $y_\ell \in \mathcal{R}$ 的假设下得到的。对于模型 $y_\ell = x_\ell + n_\ell$ 我们并不陌生，在第 3 章中正是在这个模型下讨论过如何进行调制符号的最佳解调。当调制符号是二进制时（在等概率输入的条件下），最佳判决准则退化为根据 y_ℓ 的正负号判决，而错误判决的概率为 $P_\mathrm{b}(\mathcal{E}) = Q(\sqrt{2E_\mathrm{b}/N_0})$。现在如果把这个符号解调过程看作是信道的一部分（如图6-3所示）的话，可以得到一个输入 / 输出都是二进制的等效信道。

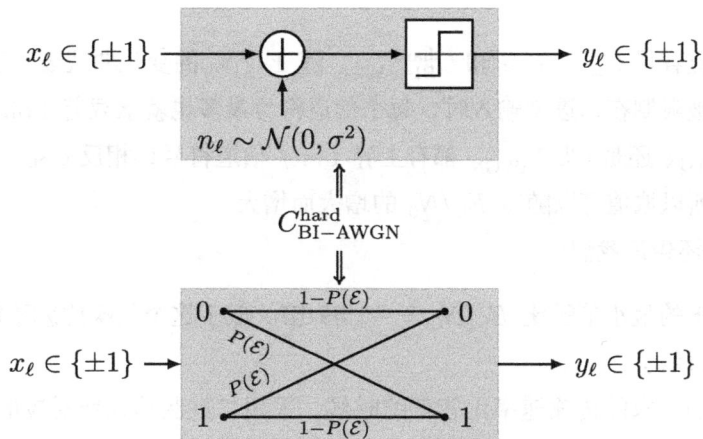

图 6-3 二进制输入条件下的 AWGN 信道硬判决模型（在硬判决下，等效信道变为一个二进制对称信道）

我们可以计算这个等效信道的信道容量，因为这个新的信道包含了对发射符号的硬判决（hard decision）。我们把相应的信道容量记作 $C_{\text{BI-AWGN}}^{\text{hard}}$：

$$C_{\text{BI-AWGN}}^{\text{hard}} = 1 - \mathcal{H}(P_\mathrm{b}(\mathcal{E})) \tag{6.7}$$

其中 $\mathcal{H}(x) = -x\log_2(x) - (1-x)\log_2(1-x)$。

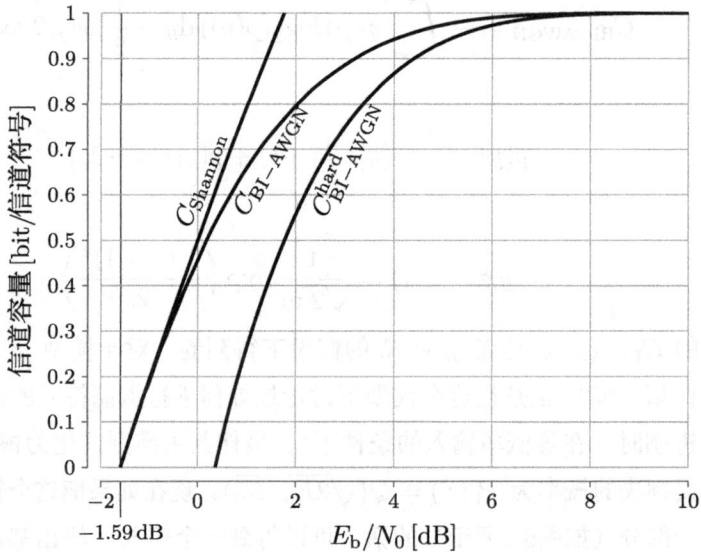

图 6-4　二进制输入条件下的信道容量

　　将信道容量 $C_{\text{BI-AWGN}}$ 和 $C_{\text{BI-AWGN}}^{\text{hard}}$ 随 E_{b}/N_0 的变化曲线表示于图6-4中[†]。当信道的输入被限制在二进制输入时，每个信道符号最多也就承载着 $1\,\text{bit}$ 信息，因此无论是 $C_{\text{BI-AWGN}}$ 还是 $C_{\text{BI-AWGN}}^{\text{hard}}$ 都有上界 $1\,\text{bit}/$ 信道符号；相反 C_{Shannon} 由于没有这样的限制，所以取值可以随着 E_{b}/N_0 的增大而增大。

　　图6-4还告诉我们：

- 极限下的最小信噪比 $E_{\text{b}}/N_0 = -1.59\,\text{dB}$。低于这个信噪比就不能进行 $R > 0$ 的可靠通信了。

- 当我们追求的传输速率比较低的时候，采用二进制输入所对应的损失并不大。比如在 $R = 0.5\,\text{bit}/$ 信道符号 处，香农极限下需要的 $E_{\text{b}}/N_0 = 0\,\text{dB}$，而采用二进制输入／软输出的系统所需要的 $E_{\text{b}}/N_0 = 0.2\,\text{dB}$。尽管损失了 $0.2\,\text{dB}$ 的信噪比，但是采用二进制的调制方式却大大简化了系统的实现。

[†]尽管工程应用中人们或许更倾向适用信噪比 P/σ^2，但是长久以来，编码界更喜欢使用 E_{b}/N_0。因此在作图时，需要根据关系式

$$\frac{E_{\text{s}}}{N_0} = \frac{P}{\sigma^2}, \quad \frac{E_{\text{b}}}{N_0} = \frac{E_{\text{s}}}{N_0} \cdot \frac{1}{C}$$

完成两种信噪比定义的转换（这里的 C 表示传输效率）。特别地，在基带传输模型下，假设 $\sigma^2 = N_0/2$。

- 相比于软输出，**硬判决会带来更大的信噪比损失。**

硬判决将带来性能损失这个结论同样适用于其他高进制输入的情形，因此在当今的**系统设计中人们会采用软输出的解调方式。**或许有的读者会有这样的疑问：什么才是软解调输出呢？稍等片刻。

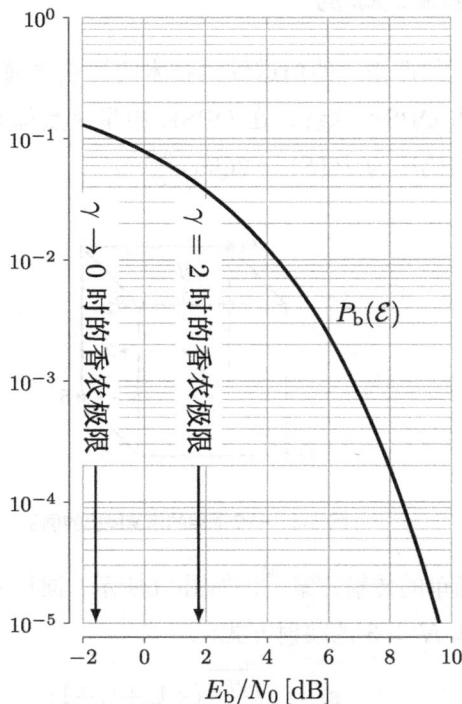

图 6-5 BPSK 的误比特概率 $P_\mathrm{b}(\mathcal{E})$ 曲线以及相应的香农极限

在我们继续之前，先看看图6-5中 BPSK 在 AWGN 信道中的性能曲线 $P_\mathrm{b}(\mathcal{E}) = Q(\sqrt{2E_\mathrm{b}/N_0})$ 与香农意义下最小 E_b/N_0 的关系。假设以 $P_\mathrm{b}(\mathcal{E}) = 10^{-5}$ 代表可靠通信，那么 BPSK 需要 $E_\mathrm{b}/N_0 = 9.58\,\mathrm{dB}$。从图6-4可以看到，香农极限下得到频谱效率 $\gamma = 2\,[\mathrm{bit/s/Hz}]$ 所需要的 $E_\mathrm{b}/N_0 = 1.76\,\mathrm{dB}$，因此即便是采取了最佳解调策略的 BPSK，距离香农极限的距离也有 $7.8\,\mathrm{dB}$ 之多[†]！这个例子实际上帮助我们回答了本章

[†]这里需要特别说明的是：在编码界，人们"默认"基带传输模型。根据在概念4.1（第108页）中的定义，在基带传输模型下带宽为 W，而自由度为 $2W$ 符号／秒，因此对于 BPSK 而言，其峰值传输效率 $\gamma = 2\,\mathrm{bit/s/Hz}$。希望这样的解释会帮助读者理解图6-5。

开始所提出的问题：简单的 BPSK 传输性能远不是最好的（反映在所需要的信噪比远大于香农所预测的极限值）[†]，需要一些技术手段提高性能——缩小无编码系统和香农极限之间的差距！

6.1.2　简单的信道编码举例

在我们开始"更加严肃"的信道编码技术的讨论之前，先看个小例子。回顾第 3 章中提到的无编码的 QPSK 系统：在 QPSK 中星座点总数 $M = 4$，调制过程中正交基的维数 $N = 2$，误码率为 $P_s(\mathcal{E}) = 2Q(\sqrt{\frac{2E_b}{N_0}})$。

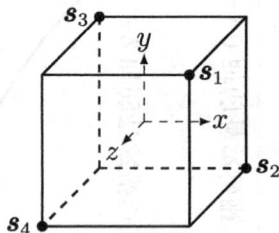

图 6-6　一个简单的信道编码的例子

下面考虑一个简单的传输方案[59]：如图6-6所示，同样还是 4 个星座点 $M = 4$，我们选择用三个正交基 $N = 3$ 的映射方式：

$$
\begin{aligned}
s_1 &= \sqrt{\frac{2E_b}{3}}\,(+1, +1, +1)^\top \\
s_2 &= \sqrt{\frac{2E_b}{3}}\,(+1, -1, -1)^\top \\
s_3 &= \sqrt{\frac{2E_b}{3}}\,(-1, -1, +1)^\top \\
s_4 &= \sqrt{\frac{2E_b}{3}}\,(-1, +1, -1)^\top
\end{aligned}
\tag{6.8}
$$

不难看出用这个编码方案可得到的传输速率是 $R = 2/3$。容易验证此时的 $d_{\min}^2 = \frac{16}{3}E_b$。根据错误符号概率公式(3.35)可得 $P_s(\mathcal{E}) = 3Q(\sqrt{\frac{8E_b}{3N_0}})$，相比于 QPSK 的误码率 $P_s(\mathcal{E}) = 2Q(\sqrt{\frac{2E_b}{N_0}})$，$Q(\cdot)$ 中的参数更大，由于 $Q(x)$ 的取值随 x 的增大快速变小（如图3-15所示），因此编码方案将得到更小的错误符号概率。

[†]这个结论同样适用于其他高阶调制方式。

可以看出：在采用了式(6.8)的编码方案之后，星座点之间的最小距离增加了，错误符号概率降低了。然而为了得到这个好处是要付出代价的——由于传输过程中增加了冗余（QPSK 的传输需要两个自由度，而编码后需要三个自由度），从而降低了 50% 的频谱利用率。

在这个简单例子背后隐含了信道编码的实质：通过一定的规律在待发送的信息中加入冗余，将信息映射到更大的空间，这样提高了不同码字的差异程度，使得接收机更容易"辨认"信息数据（如图6-7所示）。在获得信道编码带来的增益的同时，也付出了代价——为了引入冗余需要更大的系统带宽，因此编码增益的实质就是带宽换取信噪比增益的过程。

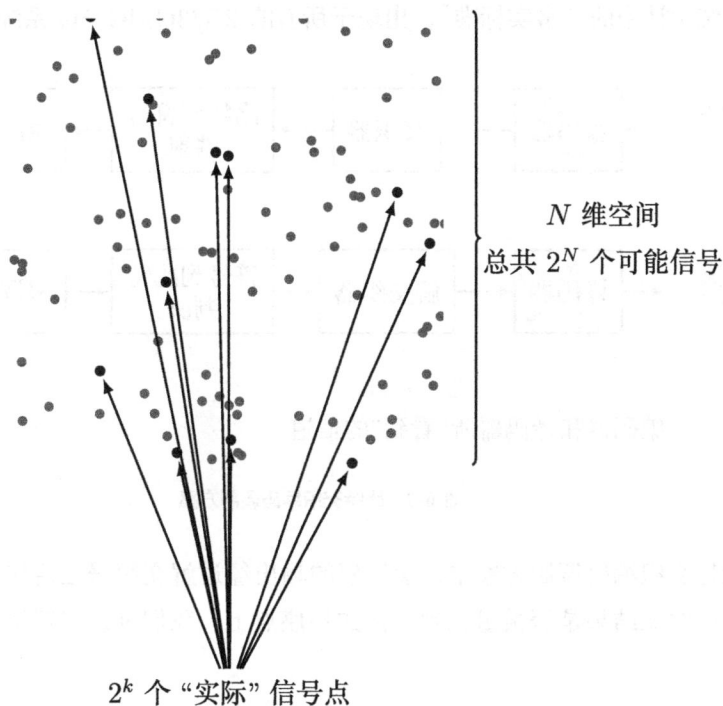

N 维空间
总共 2^N 个可能信号

2^k 个"实际"信号点

图 6-7　信道编码的实质

6.1.3 比特交织编码调制

考虑信道编码过程和调制过程，在很长一段时间人们认为需要将编码过程和调制过程联合优化才能更逼近香农极限[†]，1992 年 Zehavi 提出了**比特交织编码调制** (BICM: Bit-Interleaved Coded Modulation) 的方案。如图6-8所示，该方案的特点就是将信道编码和调制技术相互独立化：在发送端，信息比特首先经过二进制信道编码，然后经过比特交织，最后映射到星座点（比如 16QAM 等）。在接收端，接收机需要首先对信号进行解调，然后解交织，最后做信道译码。比特交织编码调制方案除了具有很大的简单性和灵活性之外（将会在第 10 章介绍这种灵活性是如何在实际中实现的），更在衰落信道中有着更好的性能。正是这些好处，使得比特交织编码调制成为当今无线通信系统设计中的"事实标准"，出现于所有的 2G/3G/4G/5G 系统中。

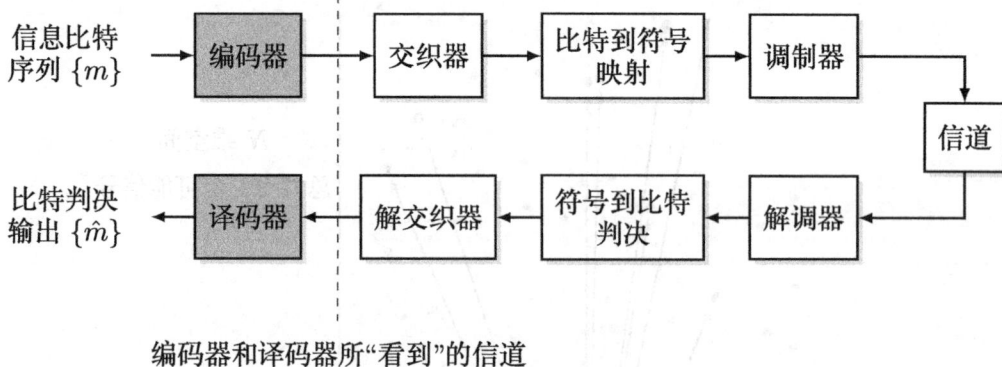

图 6-8　比特交织编码调制方案

在比特交织编码调制方案中，解调器的输出经过解交织器之后作为信道译码的输入。取决于解调结果是否被量化到离散的星座点上，我们可以将解调器的输出分为两类：

- 硬判决

硬判决译码将接收的实数序列先通过解调器进行解调，再进行硬判决，得到硬判

[†]不难看出：之前小节的例子中，编码过程和调制过程就融合在一起。如果谈及这种编码方式的代表，那一定是在电话线传输中得到广泛应用的由 Ungerboeck 提出的网格编码调制（TCM: trellis coded modulation）技术了。

决 $\hat{m} \in \{0,1\}$ 序列作为信道译码的输入[†]。

- 软判决

    软判决译码可以看成是无穷比特量化译码。软判决译码利用的信道信息不仅包括信道信息的符号，也包括信道信息的幅度值。软信息可以是接收符号本身、接收符号的概率 $P(m|\boldsymbol{y})$ 或者是 $LLR(b|\boldsymbol{y})$。

在选择了 BICM 的传输方式之后，同样可以在所使用的调制方式的基础上计算极限传输速率。此处不展开叙述，有兴趣的读者可参见[60]。图6-9给出了几种常见的调制方式的 BICM 信道容量。从图中可以看出，BICM 的信道容量和香农极限之间存在着一定的距离，但是由于 BICM 的灵活性，它还是被广泛采用于很多实际的系统设计中。正是 BICM 的存在，使得我们可以把信道编码（本章接下来的内容）的讨论分离于调制／解调的讨论。

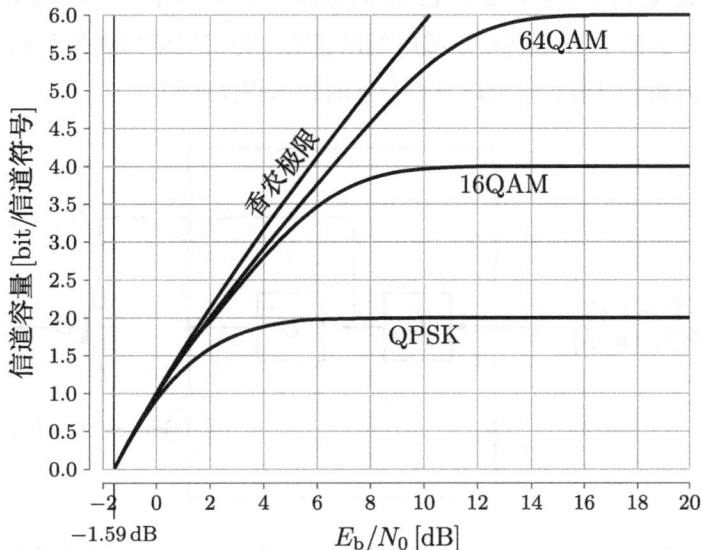

图 6-9　多进制输入条件下的 BICM 信道容量

在本章余下的章节，我们将逐一讨论卷积码、Turbo 码以及 LDPC 码。面向应用，我们不讨论信道编码的设计原理和理论分析，而将讨论的重点放在学习如何设计解码器，以及如何通过并行处理以满足高吞吐量的要求。

[†]本书对信道编码的讨论局限于二进制编码。

6.2 卷积码

卷积码由 Elias 在 1955 年提出。卷积码可由 (n, k, K) 三个基本参数描述。对于每 k 元比特组的输入，编码器将输出 n 元比特组。因此，k/n 表示**编码效率** (每编码比特所含的信息); 参数 K 称为**约束长度**，反映了卷积码的一个重要特征——记忆性。从编码器的结构上看，K 表示在编码移位寄存器中 k 元组的级数。也就是说卷积编码的当前输出 n 元组, 不仅是当前输入 k 元组的函数，而且还是前面 $K-1$ 个输入 k 元组的函数。k 和 n 通常取值较小，通过 K 的取值变化来控制编码的性能。

6.2.1 编码器的结构

很多无线通信系统中 $k = 1$, 此时编码器由 $K-1$ 个寄存器组成。图6-10给出了 $k = 1, n = 2, K = 3$ 的卷积码编码器示意图。为了完整描述卷积码，还需要指定输出比特是如何和当前输入比特以及寄存器的状态相关连的。

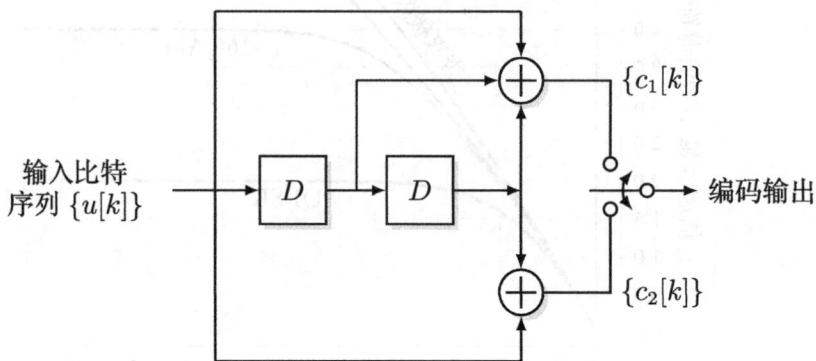

图 6-10　$k = 1, n = 2$, 编码效率为 $1/2$, 约束长度 $K = 3$ 的 $[7, 5]$ 卷积码编码器

如图6-10所示，若将当前输入比特表示为 $u[k]$, 则编码器的输出为[†]

$$c_1[k] = u[k] \oplus u[k-1] \oplus u[k-2]$$
$$c_2[k] = u[k] \oplus u[k-2]$$

(6.9)

[†]在编码过程中，加法是在 GF(2) 域上进行的，简单地说就是 $0 \oplus 0 = 0, 0 \oplus 1 = 1, 1 \oplus 0 = 1, 1 \oplus 1 = 0$。

概念 6.2　为什么叫做"卷积"码?

我们知道对于线性时不变系统,其输出可以表示为输入信号和系统的冲击响应函数的卷积输出。类似的,对于卷积码可以验证输出序列 $(c_1[0], c_2[0], c_1[1], c_2[1], \ldots)^\top$ 等于输入序列 $(u[0], u[1], u[2], \ldots)^\top$ 和编码器的冲击响应函数的卷积输出。

什么是编码器的冲击响应函数呢?类似于线性系统的分析,假设寄存器的起始状态为 $(0,0)^\top$,再输入离散冲击函数 $(1,0,0)^\top$ 作为输入,根据式(6.9)可得:

$u[k], u[k-1], u[k-2]$	$c_1[k]$	$c_2[k]$
1, 0, 0	1	1
0, 1, 0	1	0
0, 0, 1	1	1

输出 $(11\,10\,11)^\top$,这就是我们要寻找的编码器的冲击响应函数。

有了冲击响应函数之后,就可以验证卷积码的输入 / 输出关系类似于信号通过线性时不变系统中的卷积过程。举个例子:假设输入序列 $(1,0,1)^\top$,那么卷积输出的计算过程可以表示为:

输入			输出				
t_1	t_2	t_3	t_1	t_2	t_3	t_4	t_5
1			11	10	11		
	0			00	00	00	
		1			11	10	11
模 2 加							
1	0	1	11	10	00	10	11

读者可以自己验证:如果按照图6-10所示逐个输入比特计算输出,将得到和卷积输出同样的结果。

生成多项式

引入符号 $D = z^{-1}$，类似于 z 变换，可以把式(6.9)表示为

$$c_1(D) = u(D)(1 + D^1 + D^2)$$
$$c_2(D) = u(D)(1 + D^2)$$

(6.10)

根据式(6.10)，可以用一组（两个）生成多项式（generator polynomials）

$$G(D) = [G^{(1)}(D) = 1 + D^1 + D^2, G^{(2)}(D) = 1 + D^2]$$

或者可以等效地用向量的形式

$$[\boldsymbol{g}^{(1)} = (1,1,1), \boldsymbol{g}^{(2)} = (1,0,1)]$$

来描述卷积码的编码器。如图6-10所示，我们可以看出卷积码的生成多项式与编码器中寄存器的连接关系相对应。

实际应用中为了方便，人们也常常用上式的 8 进制数来表示。因此，该编码器可以表示为 [7,5] 编码器。

状态转移

下面我们来看看卷积码的特有结构。卷积码的记忆性由寄存器的状态转移所体现。在我们的例子中 $K = 3$ 对应了总共 $2^{K-1} = 4$ 个状态。当编码器有新的输入比特 u_k 时，寄存器的状态将由

$$s[k] := (u[k-1], u[k-2])^\top$$

转移到新的状态

$$s[k+1] = (u[k], u[k-1])^\top$$

同时编码器输出 $(c_1[k], c_2[k])^\top$。完整的编码器的状态转移图如图6-11所示。按照习俗，用实线来表示输入 $u[k] = 0$，虚线表示 $u[k] = 1$，并在连接两状态之间连线上给出输出比特。

我们在图6-12中给出了另外一种状态转移的表达方式。这种表达方式的好处之一就是可以表示编码器随着时间的推进而发生一系列状态转移——并被形象地称为**网格图**

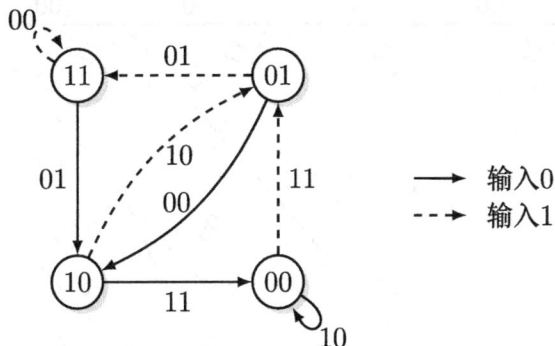

图 6-11　编码效率 $1/2$ 的 $[7,5]$ 卷积码的状态图（图中每条状态转移的标记为相应的编码器输出 $c_1[k]c_2[k]$）

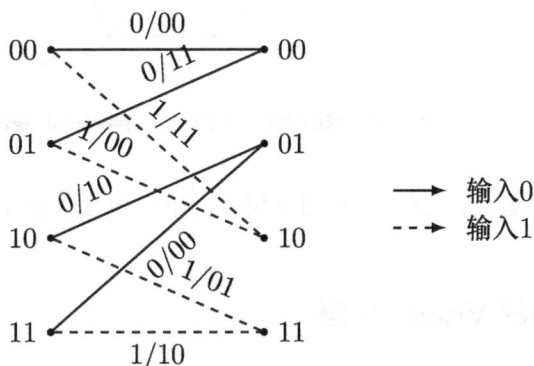

图 6-12　编码效率 $1/2$ 的 $[7,5]$ 卷积码的状态转移（图中每条状态转移的标记为相应的 $u[k]/c_1[k]c_2[k]$）

（如图6-13所示）。在接下来的译码过程中我们将会看到，网格图这种表达方式会帮助我们理解译码过程。在网格图中，从起点到终点，每一条路径都对应卷积码码字空间中一个有效的码字。对于 $k=1$，如果发送序列长度为 N，那么将会有 2^N 条不同的路径，对应 2^N 个不同的码字。

　　卷积码是一种重要的线性码。卷积码的设计目的就是对于给定的约束长度，找到理想的生成多项式，使得对应的卷积码有良好的汉明重量分布。约束长度越长，码字的重量分布性能就会越好，但同时网格图就越复杂，译码算法和实现也就会越困难。美国宇航局对外太空探测的飞行器中曾经使用了约束长度为 14（伽利略号，1989 年）

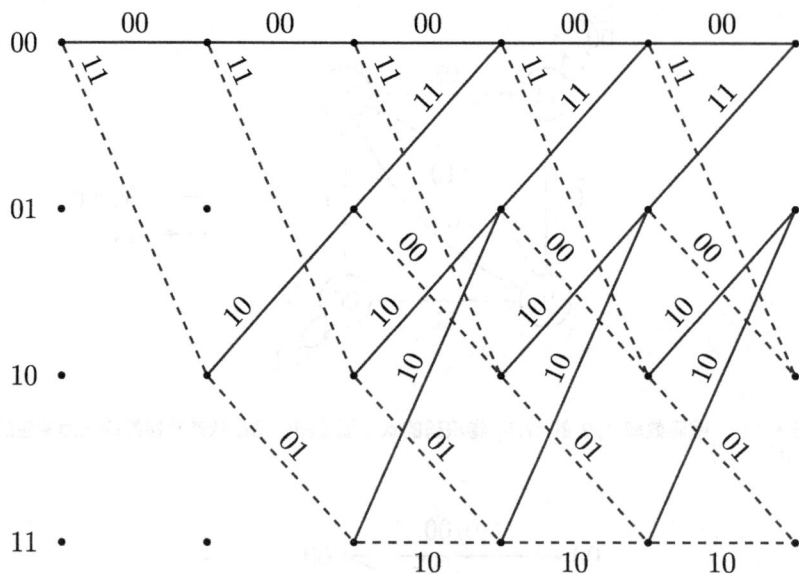

图 6-13 编码效率 $1/2$ 的 $[7,5]$ 卷积码的网格图

和 15（火星寻路者号，1996 年）的卷积码，用于和地球进行通信。

6.2.2　卷积码的 Viterbi 译码

在卷积码发明之后，相应地出现了许多译码算法。这其中应用最广的当属 1967 年从 Viterbi 的一篇论文中所演变出来的算法。Viterbi 算法的实质是最大似然译码，但它利用了编码网格图的特殊结构，从而降低了计算的复杂性。事实上，我们对 Viterbi 算法并不陌生，还记得第 4 章多径传播信道下的 MLSE 均衡算法吗？在多径信道中，发送信号经过 ISI 信道而自然而然地经过"卷积"操作；在卷积码中，编码器对输入比特做出"卷积"操作。从接收机的角度看，问题的实质是相同的，因此 Viterbi 算法既可用在 MLSE 中，也自然适用于卷积码的译码。

让我们通过 $[7,5]$ 卷积码的一个具体的例子来看看 Viterbi 译码过程。假设 AWGN 信道下的 BPSK 调制方式，因此接收端的接收信号可以表示为：

$$y_1[k] = \sqrt{E_s}\,(-1)^{c_1[k]} + n_1[k]$$
$$y_2[k] = \sqrt{E_s}\,(-1)^{c_2[k]} + n_2[k]$$

$$(6.11)$$

其中 $E_s = R_b E_b$（R_b 为编码效率），$n_1[k]$ 和 $n_2[k]$ 独立同分布 $\sim \mathcal{N}(0, \sigma^2)$。由于卷积码的记忆性，译码过程不是根据每一对 $(y_1[k], y_2[k])$ 对 $u[k]$ 分别进行判决的，而是在整个接收序列 $\boldsymbol{y}$ 的基础上对整个发送信息比特序列 $\boldsymbol{u} = \{u[k]\}$ 进行判决。由最大似然准则可知：

$$\hat{\boldsymbol{u}} = \arg\min_{\boldsymbol{u}_i} \|\boldsymbol{y} - \boldsymbol{c}(\boldsymbol{u}_i)\|^2 \tag{6.12}$$

其中 $\boldsymbol{c}(\boldsymbol{u}_i) = \{c_1[k], c_2[k]\}$ 表示输入序列 $\boldsymbol{u}_i$ 所对应的输出序列。如发送序列长度为 N，那么发送序列总共有 2^N 个可能，因此复杂度呈指数级增长。和第 4 章一样，可以把式(6.12)中的代价函数表达为递归相加的形式：

$$\begin{aligned}
\Lambda(\boldsymbol{u}) &:= \|\boldsymbol{y} - \boldsymbol{c}(\boldsymbol{u}_i)\|^2 \\
&= \sum_k \left\{ \left(y_1[k] - \sqrt{E_s}(-1)^{c_1[k]}\right)^2 + \left(y_2[k] - \sqrt{E_s}(-1)^{c_2[k]}\right)^2 \right\}
\end{aligned}$$

从编码过程可以看出，k 时刻的输出 $(c_1[k], c_2[k])^\top$ 完全由寄存器状态 $s[k]$ 和 $s[k+1]$ 决定，因此类似于式(4.46)，可以把上式表示为

$$\Lambda(\boldsymbol{u}) = \sum_k \lambda_k(s \to s')$$

其中 $\lambda_k(s \to s')$ 用于表示 $\lambda_k(s[k] \to s[k+1])$ 的简化形式。根据式(6.11)，$\lambda_k(s \to s') = \sum_{i=1,2} y_i[k] \cdot (-1)^{c_i[k]}$。和第 4 章的 MLSE 的推导过程一样，根据最佳原理我们可以把 Viterbi 译码过程分解为每一步的 ACS（Add-Compare-Select，即相加—比较—选择）操作：

$$\Lambda_{k+1}(s') = \min_{s:s \to s'} \left\{ \Lambda_k(s) + \lambda_k(s \to s') \right\} \tag{6.13}$$

$$= \min_{s:s \to s'} \left\{ \Lambda_k(s) + \sum_{i=1,2} y_i[k] \cdot (-1)^{c_i[k]} \right\} \tag{6.14}$$

对任意一时刻，接收机通过式(6.14)更新所有 2^{K-1} 个状态。如图6-14所示，我们以 [7,5] 卷积码的 $\Lambda_{k+1}(s' = 10)$ 计算过程为例来解释式(6.14)。$s' = 10$ 的可能输入状态有两个：$s = 00$ 和 $s = 01$。对于状态转移 $00 \to 10$，对应的编码器输出为 11，BPSK 表示为 $-1, -1$；对于状态转移 $01 \to 10$，对应的编码器输出为 00，BPSK 表示为 $+1, +1$。根据式(6.14)，我们需要比较两个可能输入的度量 $\Lambda_k(s = 00) - (y_1[k] + y_2[k])$ 和 $\Lambda_k(s = 01) + (y_1[k] + y_2[k])$，然后把最小值赋予

$\Lambda_{k+1}(s' = 10)$。

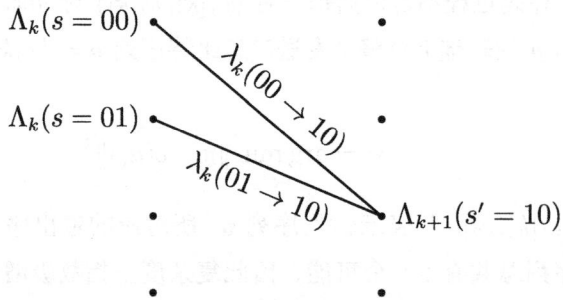

图 6-14　编码效率 $1/2$ 的 $[7,5]$ 卷积码的 ACS 操作

在状态更新过程中，计算网格图上在时刻 k 到达各个状态的路径和接收序列之间的相似度 (或者说距离)，去除不可能成为最大似然选择对象的网格图上的路径，留下幸存路径。通过较早地抛弃不可能的路径，Viterbi 算法的复杂度正比于 $N \cdot 2^K$。相比于所有 2^N 可能性的最大似然算法的盲目实现方法，Viterbi 算法的复杂度是 N 的线性函数，极大地降低了译码器的复杂性。

下面通过一个例子来"体验"一下译码步骤。假设发送 / 接收信号有着如下特征：

- 编码器采用**零尾码**的编码方式：寄存器的起始状态为 0，并且发送序列的最后两个比特是 $0,0$（因此编码器的终结状态也是 0）。

- 假设发送比特序列长度 $N = 6$，并假设对应的接收向量为：

$$\boldsymbol{y} = (-1, 0.5), (-1, -0.1), (1, 1, 2), (0.8, 0, 8), (0.8, -0.8), (-0.5, -0.5)$$

在这些假设下，Viterbi 译码过程如图6-15~图6-21所示。

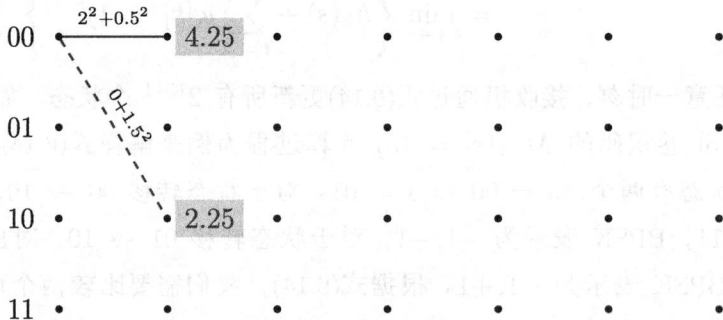

图 6-15　$\Lambda_1(s')$ 的计算

00 ———•———— 5.21 ———•— **9.46** • • • •

01 • • 0.81 **3.46** • • • •

1.21

10 • • **3.06** • • • •

4.81

11 • • **7.06** • • • •

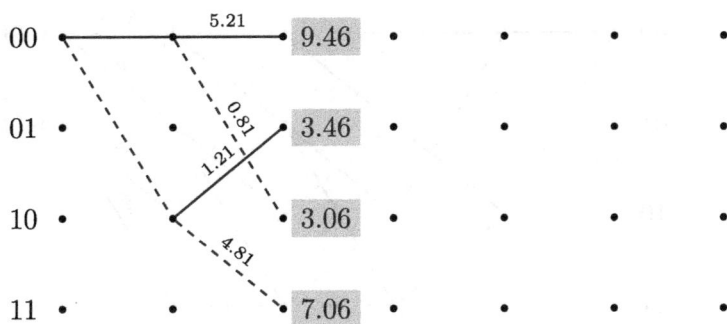

图 6-16 $\Lambda_2(s')$ 的计算

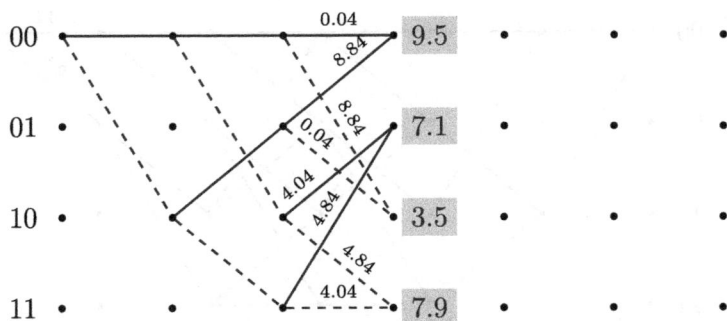

00 ——•———— 0.04 ——•— **9.5** • • •

8.84

8.84

01 • • 0.04 **7.1** • • •

4.04

4.84

10 • • 4.84 **3.5** • •

4.84

11 • • 4.04 **7.9** • • •

图 6-17 $\Lambda_3(s')$ 的计算

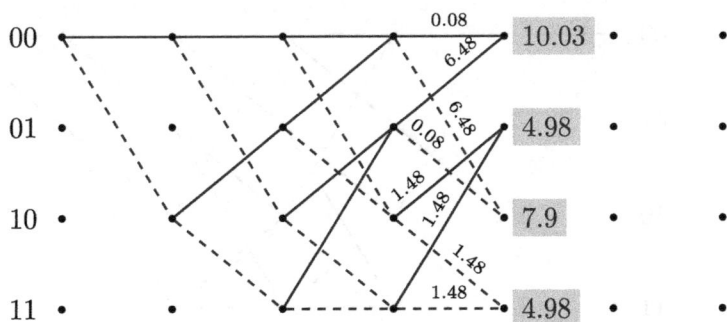

00 ——•———•——— 0.08 ——•— **10.03** • •

6.48

6.48

01 • • 0.08 **4.98** • •

1.48

10 • • 1.48 **7.9** • •

1.48

11 • • 1.48 **4.98** • •

图 6-18 $\Lambda_4(s')$ 的计算

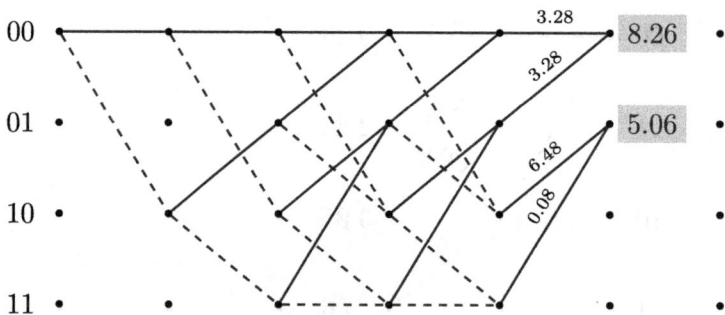

图 6-19 $\Lambda_5(s')$ 的计算

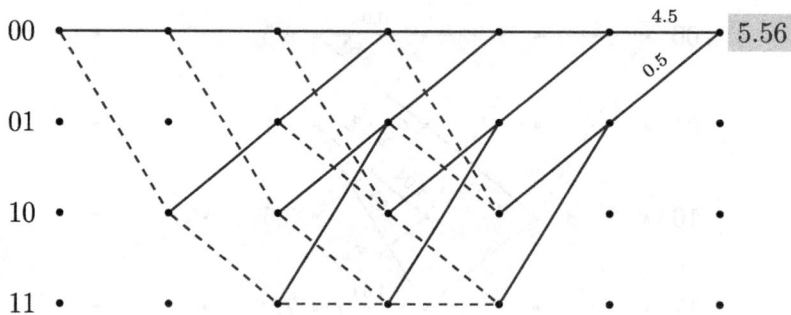

图 6-20 $\Lambda_6(s')$ 的计算

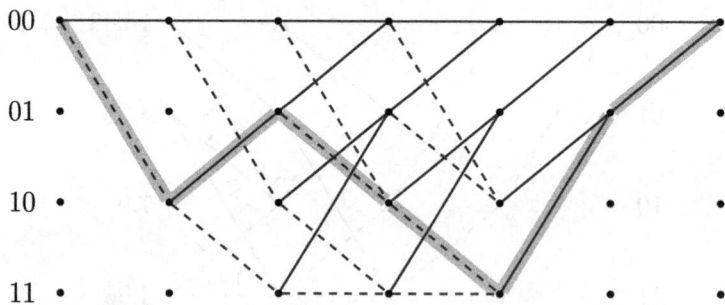

图 6-21 在得到最终的幸存路径之后，开始回溯过程，最终得到判决输出序列 $\boldsymbol{u} = (101100)^{\top}$

在上面的例子中，寄存器的起始状态为 0，并通过在发送序列以 0,0 结尾将寄存器的终结状态置 0。这种对终结状态的处理方法称为零尾码，好处是译码器可以零状态开始，并终结于零状态（这样保证了终结比特和开始比特的性能一致）。而获得这个好处的代价是降低了频谱效率（因为结尾的两比特 0,0 占用了带宽但却不承载任何信息）。对于约束长度比较短、而码长比较长的情况，这点浪费算不了什么；但是对于约束长度比较长、而码长比较短的情况，这种浪费就比较可观了。

> **讨论： 这该怎么办?**
>
> 一个负责做卷积码译码的工程师不小心犯了一个错误，把译码器的输入 y 的符号弄反了（正数变成了负数，负数变成了正数）。你能够帮他回答下面这个问题：现在译码器的输出还是否可用？如果可用，该如何做呢？

6.2.3 实例：LTE 中的咬尾卷积码

咬尾卷积码（TBCC: Tail-biting convolutional code）解决了上面零尾码的效率损失。在咬尾卷积编码中，寄存器的起始状态不是 0，而是发送序列的最后两比特。这样寄存器的终结状态和起始状态还是相同的，只不过（相比于零尾编码器）起始／终结状态不一定是零状态。

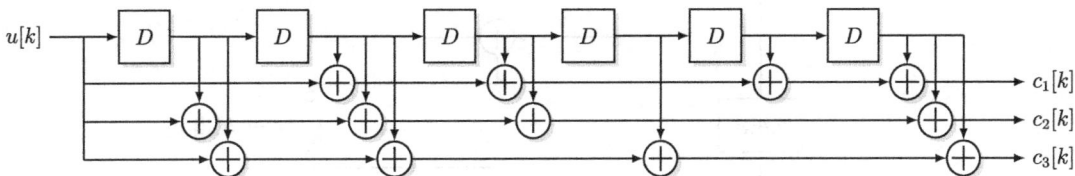

图 6-22 LTE 中的咬尾卷积码[63]

咬尾卷积码在现代无线通信系统中被广泛采用（比如 IEEE 802.16、LTE 等）。LTE 中采用了约束长度为 7、编码率为 1/3 的咬尾卷积码来对系统中的控制信息进行编码。一般来说每个控制信息的长度都比较短，大约几十个比特。由于起始／终结状态不是已知的，因此译码过程相比零尾码要复杂一些。篇幅所限我们在这里就不详述了，有兴趣进一步了解译码算法的读者，可以参考[61, 62]以了解几种常见的咬尾卷积码的译码方式。

6.3 Turbo 码

自 1948 年香农定量地计算了通信的极限效率之后，学者们开始了探寻如何逼近这个极限性能。信道编码是信息论中最活跃的研究领域，出现了很多耳熟能详的天才，他们的研究成果在卫星通信等领域得到了广泛应用。尽管如此，人们在很长时间内还是无法真正逼近香农极限，甚至在 20 世纪 70 年代出现了"编码已死"的论点。

在 1993 年瑞士日内瓦召开的国际通信会议上，两位任教于法国不列颠通信大学的教授 Berrou, Glavieux 与他们的博士生 Thitimajshiwa 提出了一种称之为 Turbo 码的编 / 译码方案，并宣称在加性白高斯噪声的环境下，采用编码效率 1/2、交织长度为 65536 的 Turbo 码，经过 18 次迭代译码后，在 $E_b/N_0 = 0.7\,\mathrm{dB}$ 时可以取得 10^{-5} 的误码率，这与香农极限只相差 $0.5\,\mathrm{dB}^\dagger$！

6.3.1 Turbo 码的编码

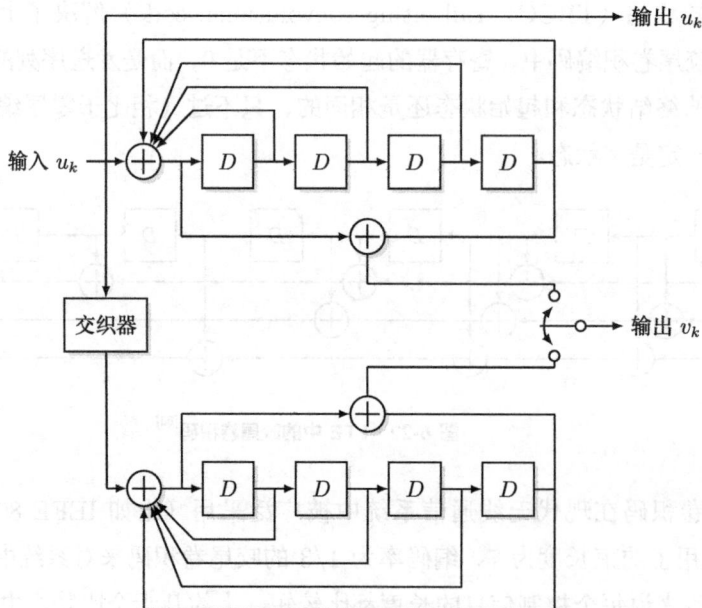

图 6-23 Berrou、Glavieux 和 Thitimajshiwa 提出的编码方案[65]

---

†正是由于 Turbo 码的性能结果过于"优异"，Berrou, Glavieux 和 Thitimajshiwa 的工作竟然被 1992 年的国际通信会议（ICC）拒之门外[64]！一年后（1993 年）重新投稿才得以发表。作为观众回头再看看该论文发表后从业界的种种质疑到争相研究的过程，我们真应该给 1993 年的 ICC 审稿人和编辑点赞！

Berrou, Glavieux 和 Thitimajshiwa 的编码方案如图6-23所示：它由两个递归循环卷积码通过交织器以并行级联的方式结合而成，第一个分量编码器的输入是信息比特流；第二个分量编码器的输入则是经过交织后的信息比特流。编码器的输出包括信息比特以及两个分量编码器的校验比特的交替选择输出，因此整个 Turbo 编码器的速率为 1/2。

概念 6.3　递归系统卷积码

图6-10的编码器结构中不含有反馈（也就是说寄存器的输出不会影响寄存器的输入）。Turbo 码中人们选择带有递归（反馈）结构的卷积码编码器。图6-24给出了一个递归系统卷积码（RSC: Recursive Systematic Convolutional）的例子。

在编码理论中，如果编码器的输出含有原始的输入信息比特，那么称之为**系统码**。在实际应用中，递归卷积码多采用系统码，而非递归卷积码多为非系统码。系统码方便用户在译码时无需变换码字而可以直接对接收的码字进行译码，所以具有译码简单、快速的优势。Turbo 码采用系统卷积码的主要原因，是两个编码器的系统比特只存在交织的关系，因此第二个编码器产生的系统比特可以不传输，从而提高了整个 Turbo 码的编码效率。同时，通过公共的系统比特，使两个子码的译码器可以结合起来。

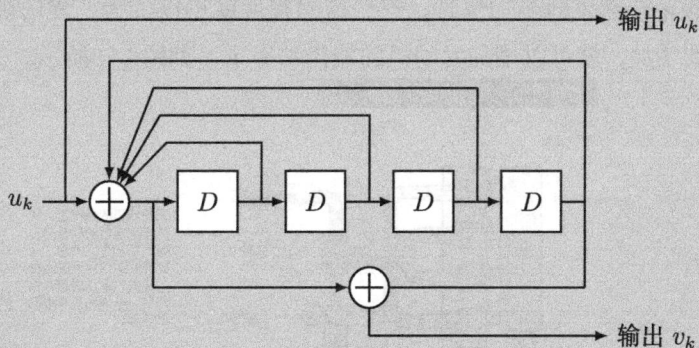

图 6-24　递归系统卷积码的例子

讨论：　天才的想法

Turbo 码的编码器看似简单，所有的组成部分都在 Turbo 码发明之前就早被人们熟悉。而 Berrou, Glavieux 和 Thitimajshiwa 的天才则体现在将它们组合起来。加州理工学院著名编码专家 McEliece 后来评价说："让世人感到惊讶的不只是 Turbo 码的性能如此接近香农极限，更令人惊讶的是它的结构是如此的简单。很难理解为什么在 Turbo 码发明之前没人想到过这种结构。Berrou 和 Glavieux 并不知道这个问题的挑战性，所以就天才般地解决了这个问题。"

6.3.2 Turbo 码的迭代译码

在英文中前缀 Turbo 带有涡轮驱动的含义。严格地说，在 Turbo 码的编码过程中并没有 Turbo 的概念，而 Berrou 把其称作 Turbo 码的主要原因是译码中所体现出来的"Turbo 原理"。

概念 6.4 Turbo

日常生活中我们可能听说过"Turbo 引擎"的概念。这种发动机中的涡轮增压器 (Turbo) 实际上就是一个空气压缩机。它是利用发动机排出的废气作为动力来推动涡轮室内的涡轮 (位于排气管道内) 的，涡轮又带动同轴的叶轮，叶轮压缩由空气滤清器管道送来的新鲜空气，再送入气缸。当发动机转速加快，废气排出速度与涡轮转速也同步加快时，空气压缩程度就得以加大，发动机的进气量就相应地得到增加，就可以增加发动机的输出功率了，如图6-25所示。

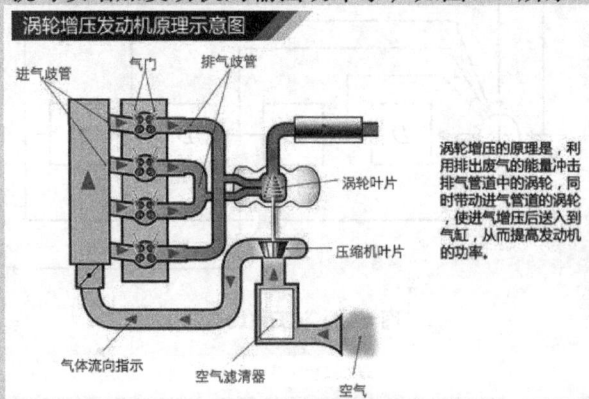

图 6-25 涡轮增压发动机的原理[66]

220

接下来的章节我们就来学习 Turbo 码的迭代译码算法。简单地说，Turbo 码的译码过程由下面两个基本部分组成。

- **每个分量编码器采用 BCJR 算法计算比特的对数似然比**

  假设发送信息序列为 $\boldsymbol{u} = (u_1, \ldots, u_K)^\top$，经过信道编码后，再经过信道最后在接收机得到 $\boldsymbol{y}$。BCJR 算法的本质就是计算每个发送信息比特的对数似然比：

  $$L_{\text{out}}(u_k) = \log \frac{P(u_k = 0|\boldsymbol{y})}{P(u_k = 1|\boldsymbol{y})} \tag{6.15}$$

  我们在第 3 章了解到：$L_{\text{out}}(u_k)$ 的符号表示了 u_k 的硬判决结果；而 $L_{\text{out}}(u_k)$ 的幅值大小反映了判决结果的可信度。式(6.15)可以分解为如下的形式：

  $$L_{\text{out}}(u_k) = L_A(u_k) + L_C(u_k) + L_E(u_k)$$

  其中 $L_A(u_k)$、$L_C(u_k)$、$L_E(u_k)$ 分别为发送比特 u_k 的先验信息、信道信息以及外信息（extrinsic information）；我们稍后会详细定义 / 解释它们。

- **两个译码器的外信息的交互做迭代运算**

  两个分量译码器相互交换外信息 $L_E(u_k)$ 以逐步提高译码性能，如图6-26所示。

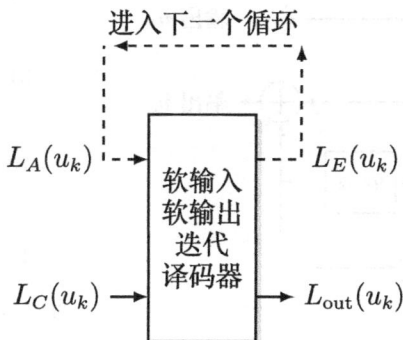

图 6-26 SISO 原理

我们从第6.3.2.1节的 BCJR 算法开始，然后讨论 BCJR 的对数实现方式，最后了解两个分量译码器是如何迭代的。

6.3.2.1 BCJR 算法

之前在讨论卷积码的译码时，我们选择了最大似然序列检测的 Viterbi 算法。Viterbi 算法输入可以是硬判决，也可以是软判决，但输出一定是硬判决，因为它只能得到一个最优化的路径（码字），但是不能提供每一个硬判决比特的判决可靠性。而Turbo 码要求的算法既要能接受软输入，又要能提供软输出作为下一级译码的软输入，即所谓的软输入—软输出（Soft-Input Soft-Output, 即 SISO）算法。记得第 3 章强调的重点概念之一就是可以最小化错误比特概率的最大后验（MAP）准则。事实上基于卷积码的 MAP 算法早在 1974 年就由 IBM 的 4 位学者 Bahl、Cocke、Jelinek 和Raviv 做出了研究[67]，但是由于最终的性能相比 Viterbi 算法并没有显著的提高（却比Viterbi 有更大的复杂度）而被人们"抛弃"了。BCJR 就是符合 SISO 要求的一种算法，Turbo 码的发明使 BCJR 算法重新得到重视。

下面开始 BCJR 的推导过程。事先需要说明的是，推导过程相对复杂。对 BCJR算法已熟悉的读者可以跳过具体的推导过程；对于新手，相信严格的推导学习将有助于真正理解 BCJR。

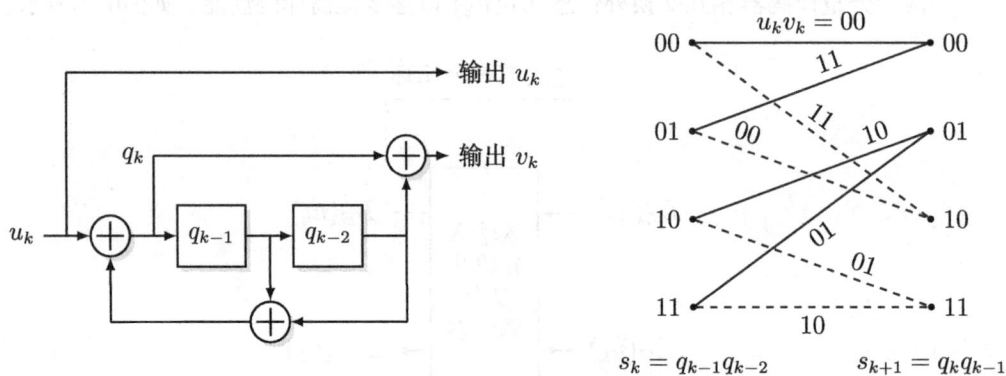

图 6-27　编码率为 $1/2$ 的 RSC 码及其状态转移图

接下来的篇幅是通过一个具体例子来了解如何实现式(6.15)。考虑图6-27所示的编码率 $1/2$ 的 RSC 卷积码，对于每一个编码器的输入比特 u_k，编码器的输出为 (u_k, v_k)。经过 BPSK 调制后得到 $\tilde{u}_k = (-1)^{u_k}, \tilde{v}_k = (-1)^{v_k}$；对每一个输入比特，接

收机得到 $\boldsymbol{y}_k = (y_k(1), y_k(2))^\top$：

$$\begin{cases} y_k(1) = \tilde{u}_k + n_k(1) \\ y_k(2) = \tilde{v}_k + n_k(2) \end{cases} \tag{6.16}$$

假设输入比特流长度为 K，则接收向量可以表示为

$$\boldsymbol{y} = (\underbrace{\boldsymbol{y}_1, \ldots, \boldsymbol{y}_{k-1}}_{\boldsymbol{y}_1^{k-1}}, \boldsymbol{y}_k, \underbrace{\boldsymbol{y}_{k+1}, \ldots, \boldsymbol{y}_K}_{\boldsymbol{y}_{k+1}^K})^\top := (\boldsymbol{y}_1^{k-1}, \boldsymbol{y}_k, \boldsymbol{y}_{k+1}^K)^\top$$

现在来看式(6.15)中的分子部分 $P(u_k = 0|\boldsymbol{y})$。从状态转移图可以看出，事件 $\{u_k = 0|\boldsymbol{y}\}$ 等同于输入状态 s_k 到输出状态 s_{k+1} 的转移发生在那些属于 $u_k = 0$ 的状态转移。若把这样的状态转移的集合记作 $\mathcal{U}_0 = \{(s_k, s_{k+1}) : u_k = 0\}$，则有：

$$\mathcal{U}_0 = \{(00, 00), (01, 10), (10, 11), (11, 01)\} \tag{6.17}$$

与此类似，可以定义 $\mathcal{U}_1 = \{(s_k, s_{k+1}) : u_k = 1\}$：

$$\mathcal{U}_1 = \{(00, 10), (01, 00), (10, 01), (11, 11)\} \tag{6.18}$$

这样有：

$$\begin{aligned} P(u_k = 0|\boldsymbol{y}) = {} & P(s_k = 00, s_{k+1} = 00|\boldsymbol{y}) + P(s_k = 01, s_{k+1} = 10|\boldsymbol{y}) \\ & + P(s_k = 10, s_{k+1} = 11|\boldsymbol{y}) + P(s_k = 11, s_{k+1} = 01|\boldsymbol{y}) \end{aligned}$$

可以类似地写出 $P(u_k = 1|\boldsymbol{y})$，

$$\begin{aligned} P(u_k = 1|\boldsymbol{y}) = {} & P(s_k = 00, s_{k+1} = 10|\boldsymbol{y}) + P(s_k = 01, s_{k+1} = 00|\boldsymbol{y}) \\ & + P(s_k = 10, s_{k+1} = 01|\boldsymbol{y}) + P(s_k = 11, s_{k+1} = 11|\boldsymbol{y}) \end{aligned}$$

因此式(6.15)可以表示为

$$\begin{aligned} L_{\text{out}}(u_k) = \log \Bigg(& \frac{P(s_k = 00, s_{k+1} = 00, \boldsymbol{y}) + P(s_k = 01, s_{k+1} = 10, \boldsymbol{y})}{P(s_k = 00, s_{k+1} = 10, \boldsymbol{y}) + P(s_k = 01, s_{k+1} = 00, \boldsymbol{y})} \\ & \frac{+P(s_k = 10, s_{k+1} = 11, \boldsymbol{y}) + P(s_k = 11, s_{k+1} = 01, \boldsymbol{y})}{+P(s_k = 10, s_{k+1} = 01, \boldsymbol{y}) + P(s_k = 11, s_{k+1} = 11, \boldsymbol{y})} \Bigg) \end{aligned}$$

不难看出：若引入简化标记 $P_k(s', s, \boldsymbol{y}) := P(s' = s_k, s = s_{k+1}, \boldsymbol{y})$，那么上式可以

表示为

$$L_{\text{out}}(u_k) = \log\left(\frac{\sum_{(s',s)\in\mathcal{U}_0} P_k(s',s,\boldsymbol{y})}{\sum_{(s',s)\in\mathcal{U}_1} P_k(s',s,\boldsymbol{y})}\right) \tag{6.19}$$

因此计算 $P_k(s',s,\boldsymbol{y})$ 将是 BCJR 算法的关键步骤。下面就来证明 $P_k(s',s,\boldsymbol{y})$ 可以分解为下面的形式:

$$\boxed{P_k(s',s,\boldsymbol{y}) = \alpha_{k-1}(s')\gamma_k(s',s)\beta_k(s)} \tag{6.20}$$

首先利用条件概率对 $P_k(s',s,\boldsymbol{y})$ 分解:

$$
\begin{aligned}
P_k(s',s,\boldsymbol{y}) &= P\big(s_k = s', s_{k+1} = s, \boldsymbol{y}_1^{k-1}, \boldsymbol{y}_k, \boldsymbol{y}_{k+1}^K\big) \\
&\stackrel{(a)}{=} P\big(\boldsymbol{y}_{k+1}^K \big| s_k = s', s_{k+1} = s, \boldsymbol{y}_1^{k-1}, \boldsymbol{y}_k\big) \cdot P\big(s_{k+1} = s, \boldsymbol{y}_k \big| s_k = s', \boldsymbol{y}_1^{k-1}\big) \cdot P\big(s_k = s', \boldsymbol{y}_1^{k-1}\big) \\
&\stackrel{(b)}{=} \underbrace{P\big(\boldsymbol{y}_{k+1}^K \big| s_{k+1} = s\big)}_{\beta_k(s)} \cdot \underbrace{P\big(s_{k+1} = s, \boldsymbol{y}_k \big| s_k = s'\big)}_{\gamma_k(s',s)} \cdot \underbrace{P\big(s_k = s', \boldsymbol{y}_1^{k-1}\big)}_{\alpha_{k-1}(s')}
\end{aligned}
$$

在 (a) 到 (b) 的过程中:

- $P\big(\boldsymbol{y}_{k+1}^K \big| s_k = s', s_{k+1} = s, \boldsymbol{y}_1^{k-1}, \boldsymbol{y}_k\big) = P\big(\boldsymbol{y}_{k+1}^K \big| s_{k+1} = s\big)$ 意味着给定了 $s_{k+1} = s$, $\boldsymbol{y}_{k+1}^K$ 与 $\{s_k = s', \boldsymbol{y}_1^{k-1}, \boldsymbol{y}_k\}$ 无关。这是因为:(1)$\boldsymbol{y}_{k+1}^K$ 所对应的编码器输出在给定了 $s_{k+1} = s$ 之后与之前的状态 $s_k = s'$ 无关;(2)由于 AWGN 信道的无记忆性,$\boldsymbol{y}_{k+1}^K$ 与 $\{\boldsymbol{y}_1^{k-1}, \boldsymbol{y}_k\}$ 相互独立。

- $P\big(s_{k+1} = s, \boldsymbol{y}_k \big| s_k = s', \boldsymbol{y}_1^{k-1}\big) = P\big(s_{k+1} = s, \boldsymbol{y}_k \big| s_k = s'\big)$ 成立的原因是 $\boldsymbol{y}_1^{k-1}$ 与 $\{s_{k+1} = s, \boldsymbol{y}_k\}$ 无关。

下面我们就逐一细化上式中的各个乘积项。我们将会看到 $\alpha_k(s)$ 和 $\beta_k(s')$ 的计算都将呈现出递归形式。先来计算 $\alpha_k(s)$:

$$
\begin{aligned}
\alpha_k(s) &= P\big(s_{k+1} = s, \boldsymbol{y}_1^k\big) \\
&= \sum_{s'} P\big(s_k = s', s_{k+1} = s, \boldsymbol{y}_1^{k-1}, \boldsymbol{y}_k\big) \quad (\text{全概率公式}) \\
&= \sum_{s'} P\big(s_{k+1} = s, \boldsymbol{y}_k \big| s_k = s', \boldsymbol{y}_1^{k-1}\big) \cdot P\big(s_k = s', \boldsymbol{y}_1^{k-1}\big) \\
&= \sum_{s'} \underbrace{P\big(s_{k+1} = s, \boldsymbol{y}_k \big| s_k = s'\big)}_{\gamma_k(s',s)} \cdot \underbrace{P\big(s_k = s', \boldsymbol{y}_1^{k-1}\big)}_{\alpha_{k-1}(s')}
\end{aligned}
$$

由此我们可以得到 $\alpha_k(s)$ 的递归计算公式：

$$\boxed{\alpha_k(s) = \sum_{s'} \gamma_k(s', s)\alpha_{k-1}(s')} \tag{6.21}$$

类似地，我们对 $\beta_{k-1}(s')$ 展开：

$$\begin{aligned}
\beta_{k-1}(s') &= P\big(\boldsymbol{y}_k^K \big| s_k = s'\big)\\
&= \sum_s P\big(\boldsymbol{y}_k, \boldsymbol{y}_{k+1}^K, s_{k+1} = s \big| s_k = s'\big)\\
&= \sum_s P\big(\boldsymbol{y}_{k+1}^K \big| \boldsymbol{y}_k, s_k = s', s_{k+1} = s\big) \cdot P\big(\boldsymbol{y}_k, s_{k+1} = s \big| s_k = s'\big)\\
&= \sum_s \underbrace{P\big(\boldsymbol{y}_{k+1}^K \big| s_{k+1} = s\big)}_{\beta_k(s)} \cdot \underbrace{P\big(\boldsymbol{y}_k, s_{k+1} = s \big| s_k = s'\big)}_{\gamma_k(s', s)}
\end{aligned}$$

由此可以得到递推计算公式：

$$\boxed{\beta_{k-1}(s') = \sum_s \gamma_k(s', s)\beta_k(s)} \tag{6.22}$$

例子 6.1　$\alpha_k(s)$ 和 $\beta_{k-1}(s')$ 的计算

下面通过两个实例来了解 $\alpha_k(s = 10)$ 和 $\beta_{k-1}(s' = 01)$ 的具体计算过程。

如图6-27所示，对于输出状态 10，有两个可能的输入状态 00 和 01，因此

$$\alpha_k(10) = \gamma_k(00, 10)\alpha_{k-1}(00) + \gamma_k(01, 10)\alpha_{k-1}(01)$$

类似的，输入状态 01 可以根据输入比特的不同而到达 00 或 10，因此

$$\beta_{k-1}(01) = \gamma_k(01, 00)\beta_k(00) + \gamma_k(01, 10)\beta_k(10)$$

再来看 $\gamma_k(s', s)$，它可以分解为：

$$\begin{aligned}
\gamma_k(s', s) &= P\big(s_{k+1} = s, \boldsymbol{y}_k \big| s_k = s'\big)\\
&= P\big(\boldsymbol{y}_k \big| s_{k+1} = s, s_k = s'\big) \cdot P\big(s_{k+1} = s \big| s_k = s'\big) \tag{6.23}
\end{aligned}$$

当指定了输入状态 s' 和输出状态 s 之后，编码器的输出比特 $\boldsymbol{c}(s', s) := (u_k, v_k)^{\top}$ 也就确定了，而输出比特和接收符号的关系就由式(6.16)给定。因此式(6.23)中的第一项反映了信道对发送信号的作用。

例子 6.2 $\gamma_k(s', s)$ 的计算

考虑 AWGN 模型 $y = Ax + n$：

$$\begin{cases} y_k(1) = A\tilde{u}_k + n_k(1) \\ y_k(2) = A\tilde{v}_k + n_k(2) \end{cases}$$

由于 $n_k \sim \mathcal{N}(0, \sigma^2)$，不难得到接收信号的分布：

$$\begin{cases} P(y_k(1)|\tilde{u}_k) = \dfrac{1}{\sqrt{2\pi\sigma^2}} e^{-\frac{(y_k(1)-A\tilde{u}_k)^2}{2\sigma^2}} \\ P(y_k(2)|\tilde{v}_k) = \dfrac{1}{\sqrt{2\pi\sigma^2}} e^{-\frac{(y_k(2)-A\tilde{v}_k)^2}{2\sigma^2}} \end{cases}$$

由于噪声相互独立，可以把式(6.23)中的第一项表示为

$$\begin{aligned} P(\boldsymbol{y}_k|s_{k+1} = s, s_k = s') &= P(\boldsymbol{y}_k|\boldsymbol{c}(s', s)) \\ &= \frac{1}{2\pi\sigma^2} \exp\left(-\frac{(y_k(1)-A\tilde{u}_k)^2}{2\sigma^2} - \frac{(y_k(2)-A\tilde{v}_k)^2}{2\sigma^2}\right) \end{aligned}$$

式(6.23)中的第二项则取决于信息比特的取值：

$$P(s_{k+1} = s|s_k = s') = \begin{cases} P(u_k = 0) & \text{如果 } (s', s) \in \mathcal{U}_0, \\ P(u_k = 1) & \text{如果 } (s', s) \in \mathcal{U}_1 \end{cases} \tag{6.24}$$

所以有

$$\begin{aligned} \gamma_k(s', s) &= \frac{1}{2\pi\sigma^2} \exp\left(-\frac{(y_k(1)-A\tilde{u}_k)^2}{2\sigma^2} - \frac{(y_k(2)-A\tilde{v}_k)^2}{2\sigma^2}\right) P(u_k) \\ &= \xi_k \exp\left(\frac{A}{\sigma^2}(y_k(1)\tilde{u}_k + y_k(2)\tilde{v}_k)\right) P(u_k) \end{aligned} \tag{6.25}$$

其中 $\xi_k = \frac{1}{2\pi\sigma^2} e^{-\frac{y_k(1)^2 + y_k(2)^2 + 2A^2}{2\sigma^2}}$ 只和 k 时刻的信道输出有关，却不依赖 s' 和 s。由于 ξ_k 将同时出现在式(6.19)的分子和分母中，将会被抵消掉，因此我们不必追究它的具体取值。

最后指出：我们不但可以计算信息比特的对数似然比，还可以用类似的方法得到

$$\log \frac{P(u_k=0|\boldsymbol{y})}{P(u_k=1|\boldsymbol{y})}$$

$$P(s', s, \boldsymbol{y}) = \alpha\gamma\beta$$

α

β

γ

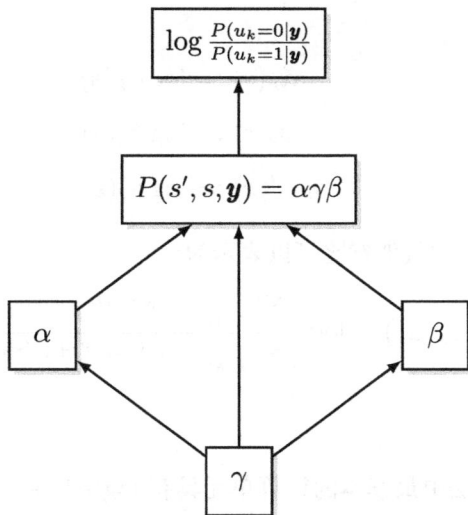

图 6-28 BCJR 算法流程

校验比特的对数似然比:

$$L_{\text{out}}(v_k) = \log\left(\frac{\sum_{(s',s)\in\mathcal{V}_0} P_k(s', s, \boldsymbol{y})}{\sum_{(s',s)\in\mathcal{V}_1} P_k(s', s, \boldsymbol{y})}\right) \tag{6.26}$$

其中

$$\begin{aligned}
\mathcal{V}_0 &= \{(s_k, s_{k+1}) : v_k = 0\} = \{(00, 00), (01, 10), (10, 01), (11, 11)\} \\
\mathcal{V}_1 &= \{(s_k, s_{k+1}) : v_k = 1\} = \{(00, 10), (01, 00), (10, 11), (11, 01)\}
\end{aligned} \tag{6.27}$$

至此,我们完成了 BCJR 的推导,可以给自己点个赞啦!看似复杂,但无非是些基本的概率计算而已。计算流程由图6-28所示。

6.3.2.2 对数 BCJR 算法

回顾 6.2 节的对数似然比 $L_{\text{out}}(u_k) = \log\left(\frac{\sum_{(s',s)\in\mathcal{U}_0} \alpha_{k-1}(s')\gamma_k(s',s)\beta_k(s)}{\sum_{(s',s)\in\mathcal{U}_1} \alpha_{k-1}(s')\gamma_k(s',s)\beta_k(s)}\right)$ 的定义,从算法复杂度的角度这个计算过程需要计算太多的乘法,因此比较复杂。这节我们讨论 Log-MAP 和 Max-Log-MAP 算法。除了可以简化计算复杂度之外,推导过程的另外一个重要的意义在于推导出式(6.37),为下节的 Turbo 迭代译码打下基础。

首先定义：

$$\breve{\alpha}_k(s) := \log \alpha_k(s)$$

$$\breve{\beta}_k(s) := \log \beta_k(s)$$

$$\breve{\gamma}_k(s', s) := \log \gamma_k(s', s)$$

在这个定义下，对数似然比可以表示为：

$$L_{\text{out}}(u_k) = \log\left(\frac{\sum_{(s',s)\in\mathcal{U}_0} e^{\breve{\alpha}_{k-1}(s') + \breve{\gamma}_k(s',s) + \breve{\beta}_k(s)}}{\sum_{(s',s)\in\mathcal{U}_1} e^{\breve{\alpha}_{k-1}(s') + \breve{\gamma}_k(s',s) + \breve{\beta}_k(s)}}\right)$$

Log-MAP 算法

对数 BCJR 算法中最基本的计算单元具有 $\log(e^{x_1} + \cdots + e^{x_n})$ 的形式。引入操作符：

$$\boxed{\max{}^*(x_1, \ldots, x_n) := \log(e^{x_1} + \cdots + e^{x_n})} \tag{6.28}$$

不难验证，$\max^*$ 具有下面一些性质：

- （结合律） $\max^*(x, y, z) = \max^*(\max^*(x, y), z)$
- （共有项） $\max^*(x_1 + c, \ldots, x_n + c) = \max^*(x_1, \ldots, x_n) + c$

当只有两个参数时，$\max^*$ 可以简化为：

$$\max{}^*(x, y) = \log(e^x + e^y)$$
$$= \max(x, y) + \log(1 + e^{-|x-y|}) \tag{6.29}$$

其中式(6.29)中的第一项为我们熟知的取最大值函数；第二项则可以认为是一个误差纠正分量，取值范围 $[0, \log 2)$。硬件实现中可以通过查表方式实现。

有了 $\max^*$ 的定义，可以把式(6.21)中的 $\alpha_k(s)$ 和式(6.22)中的 $\beta_{k-1}(s')$ 的对数形式表示为：

$$\breve{\alpha}_k(s) = \max{}_{s'}^*\{\breve{\gamma}_k(s', s) + \breve{\alpha}_{k-1}(s')\}$$
$$\breve{\beta}_{k-1}(s') = \max{}_s^*\{\breve{\gamma}_k(s', s) + \breve{\beta}_k(s)\} \tag{6.30}$$

相应的 $L_{\text{out}}(u_k)$ 表示为：

$$L_{\text{out}}(u_k) = \max_{(s',s) \in \mathcal{U}_0}^* \left\{ \breve{\alpha}_{k-1}(s') + \breve{\gamma}_k(s',s) + \breve{\beta}_k(s) \right\}$$
$$- \max_{(s',s) \in \mathcal{U}_1}^* \left\{ \breve{\alpha}_{k-1}(s') + \breve{\gamma}_k(s',s) + \breve{\beta}_k(s) \right\} \tag{6.31}$$

可以看出，在 Log-MAP 算法中，计算以加法为主。相比于 MAP 算法，这极大地简化了实现复杂度。

例子 6.3 $\breve{\alpha}_k(s)$ 和 $\breve{\beta}_{k-1}(s')$ 的计算

继续之前的例子，有

$$\breve{\alpha}_k(10) = \max^*(\breve{\gamma}_k(00,10) + \breve{\alpha}_{k-1}(00), \breve{\gamma}_k(01,10) + \breve{\alpha}_{k-1}(01))$$
$$\breve{\beta}_{k-1}(01) = \max^*(\breve{\gamma}_k(01,00) + \breve{\beta}_k(00), \breve{\gamma}_k(01,10) + \breve{\beta}_k(10)) \tag{6.32}$$

我们看到：类似于卷积码的 Viterbi 译码中的累加—比较—选择（ACS）操作，对数 BCJR 中的 $\breve{\alpha}_k(s)$ 和 $\breve{\beta}_k(s)$ 的计算也表现出 ACS 的形式，所不同的是比较过程中应用的是 $\max^*(\cdot)$ 操作而不是 $\max(\cdot)$。

例子 6.4 $\breve{\gamma}_k(s',s)$ 的计算

由式(6.25)有：

$$\breve{\gamma}_k(s',s) = \frac{A}{\sigma^2}\left(y_k(1)\tilde{u}_k + y_k(2)\tilde{v}_k\right) + \log P(u_k(s',s)) + \log \xi_k \tag{6.33}$$

现在让我们用对数似然比来表示式(6.33)。首先让我们回顾一下对对数似然比的定义。

概念 6.5 先验 $L_A(b)$ 和后验 $LLR(b|y)$

我们曾经在第 3 章的例子3.4中接触过 BPSK 符号 $b \in \{0,1\}$ 经过 AWGN 信道的模型 $y = A\tilde{b} + n$（其中 $n \sim \mathcal{N}(0,\sigma^2)$），有式(3.43)：

$$LLR(b|y) = \log \frac{P(b=0|y)}{P(b=1|y)} = \frac{2Ay}{\sigma^2} + LLR_{\text{prior}}(b)$$

其中:

- $L_A(b) = LLR_{\text{prior}}(b) = \log \frac{P(b=0)}{P(b=1)}$: 这是发送比特的先验概率信息;
- $L_C(b) := \frac{2Ay}{\sigma^2}$: 这是发送比特经过信道之后得到的信息(取值依赖于信道特性 A 和 σ^2)。

我们首先来看如何用 $L_A(u_k)$ 来表示式(6.33)中的 $\log P(u_k)$ 项。根据定义 $L = \log \frac{P(b=0)}{P(b=1)}$ 有

$$P(b=0) = \frac{e^L}{1+e^L} = \frac{e^{L/2}}{e^{-L/2}+e^{L/2}}$$

$$P(b=1) = \frac{1}{1+e^L} = \frac{e^{-L/2}}{e^{-L/2}+e^{L/2}}$$

若取对数则有:

$$\log P(b=0) = L/2 + \log\left(e^{-L/2}+e^{L/2}\right)$$

$$\log P(b=1) = -L/2 + \log\left(e^{-L/2}+e^{L/2}\right)$$

细心的读者可以发现,上面两个式子可以合并为

$$\log P(b) = \tilde{b}\, L/2 + \log\left(e^{-L/2}+e^{L/2}\right) \tag{6.34}$$

接下来处理式(6.33)中的 $\frac{A}{\sigma^2}y_k(1)\tilde{u}_k$ 项。如例子6.5中的定义,有:

$$\frac{A}{\sigma^2}y_k(1)\tilde{u}_k = L_C(u_k)\tilde{u}_k/2 \tag{6.35}$$

现在把式(6.34)和式(6.35)的表示方法应用到式(6.33)中,会有:

$$\begin{aligned}
\breve{\gamma}_k(s',s) &= \frac{1}{2}\big(L_C(u_k)\tilde{u}_k + L_C(v_k)\tilde{v}_k + \tilde{u}_k L_A(u_k)\big) \\
&\quad + c_k
\end{aligned} \tag{6.36}$$

其中 $c_k = \log\left(e^{-L_A(u_k)/2}+e^{L_A(u_k)/2}\right) + \log\xi_k$ 是与 (s',s) 无关项。

回到式(6.33),当知道 s' 和 s 后相应的 u_k(及其 BPSK 符号 $\hat{u}_k$)就确定了。因此可以把式(6.33)细化为:

$$\breve{\gamma}_k(s',s) = \begin{cases} \frac{1}{2}\big(L_C(u_k)+L_C(v_k)\tilde{v}_k+L_A(u_k)\big)+c_k & \text{如果 } (s',s)\in\mathcal{U}_0, \\ \frac{1}{2}\big(-L_C(u_k)+L_C(v_k)\tilde{v}_k-L_A(u_k)\big)+c_k & \text{如果 } (s',s)\in\mathcal{U}_1 \end{cases}$$

将上式代入到式(6.31)中，并利用 max* 的两个性质，可以得到：

$$\boxed{L_{\text{out}}(u_k) = L_A(u_k) + L_C(u_k) + L_E(u_k)} \tag{6.37}$$

其中

$$L_E(u_k) = \max_{(s',s)\in\mathcal{U}_0}^* \left\{ \breve{\alpha}_{k-1}(s') + L_C(v_k)\tilde{v}_k/2 + \breve{\beta}_k(s) \right\}$$
$$- \max_{(s',s)\in\mathcal{U}_1}^* \left\{ \breve{\alpha}_{k-1}(s') + L_C(v_k)\tilde{v}_k/2 + \breve{\beta}_k(s) \right\} \tag{6.38}$$

式(6.37)告诉我们 $L_{\text{out}}(u_k)$ 由三个部分组成：先验信息 $L_A(u_k)$、信道信息 $L_C(u_k)$ 以及由编码带来的 $L_E(u_k)$。我们对前两个 LLR 并不陌生（见简单例子6.5）。由于编码器带来的冗余，有了第三项。从编码器的角度看：为了保护信息比特，编码器做了两个工作：(1) 编码过程中将独立的输入比特关联起来（引入时间上的相关性）；(2) 通过校验比特增加冗余。仔细观察 $L_E(u_k)$ 会发现译码过程也完全体现了这种思想：$\breve{\alpha}_{k-1}(s')$ 和 $\breve{\beta}_k(s)$ 分别包含了 k 时刻之前和之后的译码器的状态信息对 u_k 译码的帮助；而 $L_C(v_k)\tilde{v}_k$ 则反映了 k 时刻校验比特对 u_k 译码的帮助。

Max-Log-MAP 算法

可以看出：Log-MAP 中的基本计算单元是 max* 函数的实现。之前讲到，max* (式(6.29)) 可以理解为通常意义下的 max 加上一个误差纠正分量。Max-Log-MAP 就是用更简单的 max(·) 操作来取代式(6.30)和式(6.38)中的 max*(·) 操作[68]：

$$\breve{\alpha}_k(s) = \max_{s'}\{\breve{\gamma}_k(s',s) + \breve{\alpha}_{k-1}(s')\}$$
$$\breve{\beta}_{k-1}(s') = \max_{s}\{\breve{\gamma}_k(s',s) + \breve{\beta}_k(s)\} \tag{6.39}$$

$$L_E(u_k) = \max_{(s',s)\in\mathcal{U}_0} \left\{ \breve{\alpha}_{k-1}(s') + L_C(v_k)\tilde{v}_k/2 + \breve{\beta}_k(s) \right\}$$
$$- \max_{(s',s)\in\mathcal{U}_1} \left\{ \breve{\alpha}_{k-1}(s') + L_C(v_k)\tilde{v}_k/2 + \breve{\beta}_k(s) \right\} \tag{6.40}$$

从计算过程角度看，Max-Log-MAP 在两个方面改变了 Log-MAP：

- 在 $\breve{\alpha}, \breve{\beta}$ 的计算过程中由于忽略了误差纠正分量，因此所得结果只是 α, β 的近似而已。

- 在 $L_E(u_k)$ 的计算过程中，只是在 $\mathcal{U}_0$ 和 $\mathcal{U}_1$ 中各选取一条最可能的路径；在 Log-MAP 中，所有的路径都参与计算。

由于这些近似计算，Max-Log-MAP 只能是一个次优算法了（而 MAP 和 Log-MAP 则是直接实现 MAP 准则的，都是最优算法）。在实际应用中，文献[69]指出 Max-Log-MAP 会过高地估计 $L_E(u_k)$ 值；当应用到迭代译码时，可以通过对 $L_E(u_k)$ 值乘以一个小于 1.0 的常数来减小性能损失。

Max-Log-MAP 在实现复杂度上简化了计算，代价是（很可能可以容忍的）性能损失。然而，从实际应用的角度，Max-Log-MAP 却有对信噪比的估计误差的"免疫"的"优势"。细看 Log-MAP 算法中的 $L_C(u_k) = \frac{2Ay}{\sigma^2}$（和 $L_C(v_k)$），在具体实现时无论是信道 A 还是噪声方差 σ^2 都需要通过估计而得到，因此实际送到译码器的是 $\frac{2\hat{A}y}{\hat{\sigma}^2}$。在 max* 中误差纠正分量 $\log(1 + e^{-|x-y|})$ 的值和 $x - y$ 的具体取值大小有关，因此当 $\hat{A}$ 和 $\hat{\sigma}^2$ 存在估计误差时，误差纠正分量偏离于理想值——后果则是 Log-MAP 的性能将受到信噪比估计误差的影响。文献[70]指出：要保证译码性能损失不大，信噪比估计误差需要在 $-2 \sim 6\,\mathrm{dB}$ 之间。在 Max-Log-MAP 中，$\breve{\alpha}, \breve{\beta}$ 以及 $L_E(u_k)$ 计算过程中的 max 操作却并不会受到信噪比估计误差的影响[71]†。

Max-Log-MAP 的计算流程可以总结如下：

1. 首先从解调器得到信道 LLR：$L_C(u_k), L_C(v_k), k = 1, \ldots, K$。
2. 确定先验 LLR（若没有先验信息将输入 LLR 置零 $L_A(u_k) = 0, k = 1, \ldots, K$）。
3. 初始化‡：

$$\breve{\alpha}_0(s = 0) = 0, \quad \breve{\beta}_K(s = 0) = 0$$

$$\breve{\alpha}_0(s \neq 0) = -C, \quad \breve{\beta}_K(s \neq 0) = -C$$

其中 C 是一个比较大的常数。

4. 对于所有可能的状态转移，根据式(6.36)计算 $\breve{\gamma}_k(s', s), k = 1, \ldots, K$
5. 对于所有的状态 s，根据式(6.30)或式(6.39)计算 $\breve{\alpha}_k(s), k = 1, \ldots, K$；对于所有的状态 s'，根据式(6.30)或式(6.39)计算 $\breve{\beta}_k(s'), k = K - 1, \ldots, 1$。
6. 根据式(6.38)或式(6.40)计算 $L_{\text{out}}(u_k), k = 1, \ldots, K$。

---

†在 max 操作下，$\max(\hat{a}X, \hat{a}Y) = \hat{a}\max(X, Y)$。也就是说信噪比估计误差 $\hat{a}$ 对 X 对 Y 可以提取到 max 之外，因此信噪比估计误差不会影响到译码的最后输出（因为译码输出只是比较 $L_{\text{out}}(u_k)$ 的符号）。

‡我们将在稍后的第6.3.3.2节讲到：在实际应用中是如何保证编码的初始状态和终结状态都是零状态的。

7. 根据 $L_{\mathrm{out}}(u_k)$ 的符号对 $u_k, k = 1, \dots, K$ 的硬判决输出：

$$\hat{u}_k = \begin{cases} 0 & \text{如果 } L_{\mathrm{out}}(u_k) > 0, \\ 1 & \text{如果 } L_{\mathrm{out}}(u_k) < 0 \end{cases}$$

6.3.2.3　Turbo 迭代译码

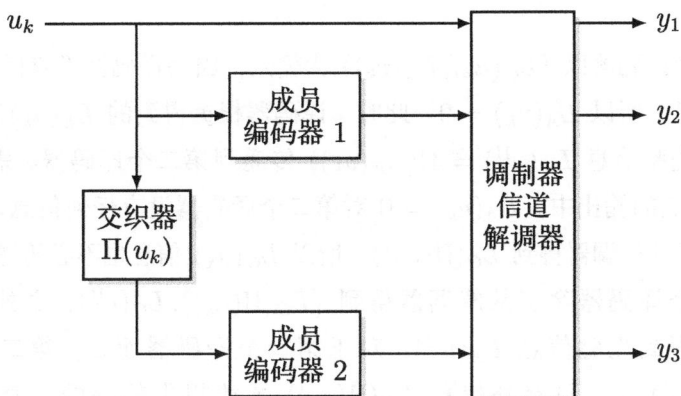

图 6-29　并行 Turbo 码的编码器

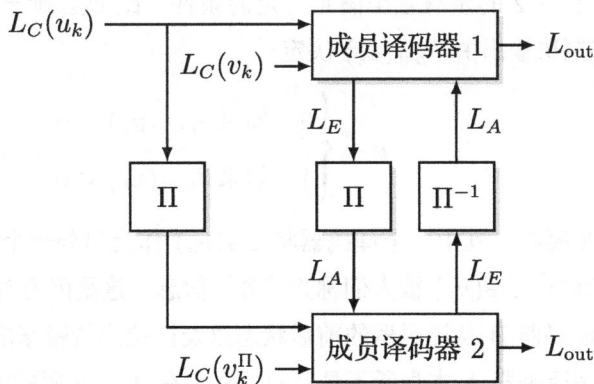

图 6-30　并行 Turbo 码的译码器

下面以并行 Turbo 码为例，来了解如何将 BCJR 应用到 Turbo 码的译码。如图6-29所示，并行 Turbo 中由两个分量编码器和一个交织器组成。作为例子，我们假设每一个编码器都如图6-27所示。信息比特流 $\{u_k\}$ 经过第一个编码器得到检验比特流 $\{v_k\}$；$\{u_k\}$ 经过交织器后输出 $\{\Pi(u_k)\}$，再经由第二个编码器得到输出校验比特流 $\{v_k^\Pi\}$。因此发送端的编码率为 1/3。在接收端，解调器把 $\{u_k, v_k, v_k^\Pi\}$ 相应的解调输出 $\{L_C(u_k), L_C(v_k), L_C(v_k^\Pi)\}$ 作为译码器的输入。

Turbo 译码的过程和涡轮增压发动机的工作原理确有相似之处。在 Turbo 译码过程中两个分量译码器迭代工作、互为对方提供输入，而迭代过程中信噪比逐渐增强。具体说：

1. 第一个译码器以 $\{L_C(u_k), L_C(v_k)\}$ 为输入；因为译码器没有任何关于 $\{u_k\}$ 的先验信息，所以 $L_A(u_k) = 0$。此时，译码器根据得到的 $L_E(u_k)$，并经由交织器后作为先验信息 $L_A(u_k^\Pi) = \Pi(L_E(u_k))$ 传递到第二个译码器。需要说明的是：在式(6.37)的输出中，$L_A(u_k) = 0$ 对第二个译码器没有任何信息；因为第二个译码器可以从解调器得到 $L_C(\Pi(u_k))$，所以 $L_C(u_k)$ 信息也不必传送给第二个译码器。

2. 第二个译码器除了从解调器得到 $\{L_C(\Pi(u_k)), L_C(v_k^\Pi)\}$ 之外，还从第一个译码器得到先验信息 $L_A(u_k^\Pi)$。对于第一个译码器而言，第二个译码器的输出 $L_{\text{out}}(u_k^\Pi)$ 中，只有外信息 $L_E(\Pi(u_k))$ 才能提供额外的信息（这些信息来自于 v_k^Π）。因此，$L_E(\Pi(u_k))$ 经过解交织器之后成为第一个译码器的先验信息 $L_A(u_k) = \Pi^{-1}[L_E(\Pi(u_k)]$。

3. 重复上述 1 ～ 2 的步骤直至满足一定的条件（比如达到一定的循环次数），此时 u_k 的最终判决输出由 $L_{\text{out}}(u_k)$ 决定：

$$\hat{u}_k = \begin{cases} 0 & \text{如果 } L_{\text{out}}(u_k) > 0, \\ 1 & \text{如果 } L_{\text{out}}(u_k) < 0 \end{cases}$$

在上面的步骤中，其中一个译码器将 $L_E(u_k)$ 作为另外一个译码器的 $L_A(u_k)$。在 Turbo 码的译码中，$L_E(u_k)$ 被人们称为"外"信息。这是因为对于译码器 A 来说，这些信息是通过译码器 B 从译码器的前后状态以及校验比特带来的信息；对于译码器 A 来说，这些都是译码器 A 本身所不具有的信息。在 Turbo 码的术语中，每一次外信息的传递被称作一个半次迭代（half iteration）。

6.3.3 实例：LTE 系统中的 Turbo 码

LTE 系统中采用的 Turbo 码[63]的框图如图6-31所示。图中实线部分对应于正常的数据编码；虚线对应于编码器的终结状态的编码。在所有信息比特进入编码器之后，开关被置于虚线状态，以产生终结状态输出[63]。

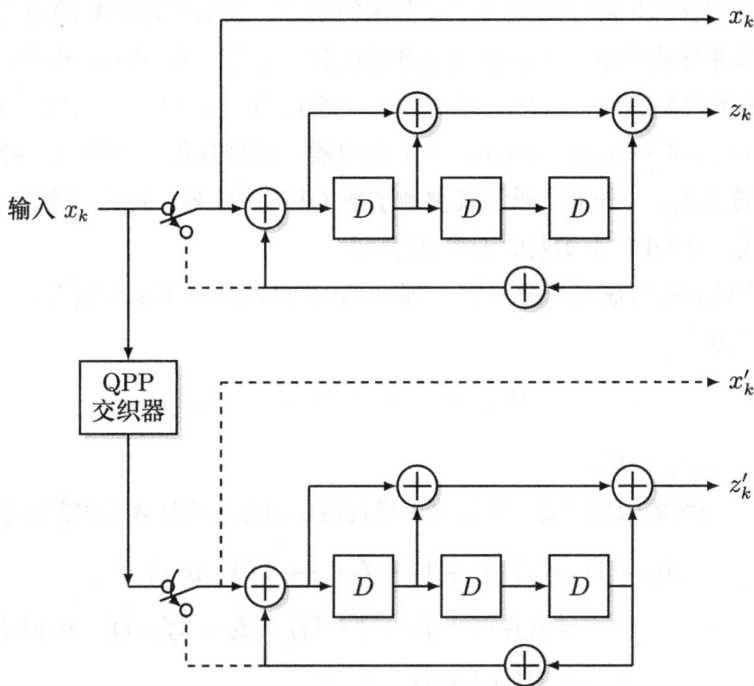

图 6-31 LTE 系统中的 Turbo 码

6.3.3.1 QPP 交织器

重新审视 Turbo 码的编码结构，Berrou 等人的天才发明之一就是交织器的引入。香农在 1948 年的经典文章中告诉人们随机编码加上最大似然译码可以取的信道容量，然而在 Turbo 码发明以前，学者们认为香农的随机编码和最优译码从实现复杂度角度是不可能实现的，因此人们的研究重点更多是像线性分组码或者卷积码这样存在一些特定结构的编码方案。在 Turbo 码中，交织器的引入改变了长久以来实践和理论的脱节——交织器使得 Turbo 码具有随机码的特性，而通过两个分量译码器的次优迭代译码，可以取得接近香农极限的性能。可以说交织器的好坏直接关系着 Turbo 码的性能。从信息论的角度看，理想的交织器应尽量随机。然而在通信系统的实际应用（尤其是高吞吐量译码器的设计）时，Turbo 码使交织器在体现随机性之余也需要考虑硬件实现的容易程度。我们稍后会看到，为了得到高的译码吞吐量，实际中往往需要通过增加并行计算以降低对硬件工作频率的要求。然而并行计算的前提就是不同的译码器可以并行地对输入 / 输出数据进行读取 / 存储。在 Turbo 码中，对数据"无冲突"读写的限制主要来自交织器。2005 年 Sun 和 Takeshita 在文献[72]中提出了 QPP (Quadratic Polynomial Permutation) 交织器，凭借其优异的特性一经提出就得以被 LTE 系统采纳。下面我们就来简要地了解 QPP 交织器，讨论重点在于 QPP 的递归实现方式以及 QPP 交织器的无冲突特性。

假设信息比特序列长度为 K，那么 QPP 交织器的第 i 个输入经过交织后对应的输出位置为[73]

$$\Pi(i) = (f_1 \cdot i + f_2 \cdot i^2) \mod K$$

其中 $0 \leqslant f_1, f_2 < K$。

QPP 交织器的特点之一就是可以通过递归的方式来计算交织器的下一个输出：

$$
\begin{aligned}
\Pi(i+1) &= [f_1 \cdot (i+1) + f_2 \cdot (i+1)^2] \mod K \\
&= [(f_1 \cdot i + f_2 \cdot i^2) + (f_1 + f_2 + 2f_2 \cdot i)] \mod K \quad (6.41) \\
&= \Pi(i) + g(i)
\end{aligned}
$$

其中

$$g(i) = (f_1 + f_2 + 2f_2 \cdot i) \mod K \quad (6.42)$$

不难验证 $g(i)$ 本身也可以通过递归方式实现：

$$g(i+1) = [g(i) + 2f_2] \mod K \quad (6.43)$$

这种递归形式（式(6.41)-式(6.43)）保证了 QPP 的低实现复杂度。更加有吸引力的是，QPP 交织器对应的解交织器也具有 QPP 形式，因此交织器和解交织器可以共享算法和实现。

下面来了解 QPP 交织器的无冲突性。假设为了提高译码器的吞吐量，我们决定把整个序列分为 P 块，每块长度 $W = K/P$。为了能够实现 P 个译码器的并行处理，要求 P 个译码器必须能够同时读 / 写，这可以用公式表示为：当 $0 \leqslant i < W, 0 \leqslant m, n < P$ 且 $m \neq n$ 时

$$\left\lfloor \frac{\Pi(i + mW)}{W} \right\rfloor \neq \left\lfloor \frac{\Pi(i + nW)}{W} \right\rfloor \tag{6.44}$$

让我们通过一个具体的 $K = 40$ 的例子来解释 QPP 是如何实现并行交织操作的。根据 LTE 标准 $K = 40$ 对应于 $f_1 = 3, f_2 = 10$，即 $\Pi(i) = (3 \cdot i + 10 \cdot i^2) \mod 40$，其对应的交织前后的地址如图6-32所示。

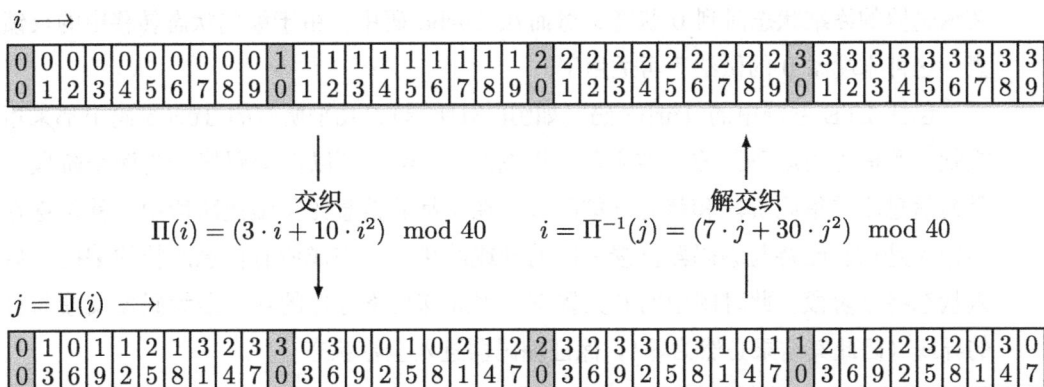

图 6-32 $K = 40$ 时 QPP 交织器和解交织器的无冲突读 / 写

以 $P = 4, W = K/P = 40/4 = 10$ 为例，让我们通过图6-32来看看 QPP 交织器是如何在避免了读写冲突的前提下完成并行操作的。首先假设交织器的 $K = 40$ 个输入比特将按顺序存放在 $P = 4$ 个存储单元（memory bank）中，每个存储单元存放 $W = 10\,\mathrm{bit}$（在图中，我们有意将地址写成两行的形式：读者可以将第一行的数字理解为存储单元的索引，第二行的数字理解为存储单元内的比特地址索引）[†]。类似的，假设交织器的输出将存放于 $P = 4$ 个长度为 $W = 10$ 的存储单元。如图6-32所示，我们会发现输入比特 $0, 10, 20, 30$（它们分属于 4 个存储单元，因此同时读出这些位置是没有冲突的）所对应的交织后位置恰好分属于 4 个存储单元（同时写入这些位置也是

[†]大家可能会从硬件工程师口中听到 memory bank 的概念。从概念上，我们可以把物理上的 memory bank 理解为一个仓库：该仓库里面有好多货架（并以地址形式标记），各自存放着不同物品；仓库的物品进出有着严格限制：任一时间上要么往仓库里存放一件物品，要么取出一件物品。因此，若想在单位时间内存储 / 拿取更多的货物，必须搭建更多的仓库或者建造成本更高（可以同时出、入的）仓库。

没有冲突的）。观察图6-32中的其他比特，会得到同样的结论。也就是说，在每次操作中，都可以在没有读 / 写冲突的前提下完成 4 个比特的交织，因此将交织器的吞吐量提高了 3 倍！如果在此基础上有 4 个译码器同时实现，它们并行译码，就可以将整个译码的吞吐量提高 3 倍。

6.3.3.2 编码器的终结状态

从 Turbo 码的译码角度看，我们希望确知编码器的终结状态（这样方便 $\{\beta\}$ 的计算，且有好的性能）。之前学习卷积码时我们可以通过对原始数据末端添 0 的做法迫使编码器的终结状态回到 0 状态，然而在 Turbo 码中，由于编码状态转移中的反馈因素，这种末端添 0 的做法不再适用了。

包括 LTE 系统中的 Turbo 码（如图6-31所示），几乎所有的 Turbo 码中都采用了文献[74]所提出的编码器的终结方案。以图6-31为例，可以把编码器分为两个阶段：正常的信息比特编码阶段和状态终结阶段。在正常的信息比特编码阶段中，移位寄存器的输入是信息比特与编码器反馈之间的异或结果；在完成所有信息比特的编码之后进入状态终结阶段，此时图中的开关置下，因此移位寄存器的输入是编码器反馈与自己的异或（因此其结果必然为零），保证编码器进入全零状态。

6.3.4 Turbo 译码器的吞吐量

假设用 ASIC 来实现 Turbo 译码器。假设：

- $\breve{\alpha}_k(s)$ 和 $\breve{\beta}_{k-1}(s')$ 的计算可以在两个方向同时进行，并且每个值的计算需要一个时钟时间。
- ASIC 的工作频率为 F_{clk} Hz。
- 信息比特序列的长度为 K。
- 每次译码要进行 I 个半次迭代[†]。

[†]人们习惯把两个分量译码器的一次循环称作一次迭代；相应的，每个分量译码器的 BCJR 运算则被称之为半次迭代。

在这些假设下译码器每秒钟可以译码的数目（也就是吞吐量）为[†]：

$$\text{吞吐量} = \frac{K}{\text{译码时间}} \approx \frac{K}{\frac{1}{F_{\text{clk}}} \cdot K \cdot I} = \frac{F_{\text{clk}}}{I} \text{ bit/s/Hz}$$

在 4G LTE Advance 系统中传输速率高达 1 Gbit/s。假设 $I = 16$，那么 ASIC 的工作频率需要达到 16 GHz。相比于当下主流的工作频率仅几百兆 Hz，16 GHz 是无法实现的。

如何才能提高译码器的吞吐量呢？无非是用更多的硬件成本来换取更高的吞吐量。比如说可以把在时间轴上的状态转移进行合并，这样每个时钟相当于同时处理了 $R > 1$ 个 bit；另外一个常用的方法则是并行地实现 $P > 1$ 个译码器，将整个信息比特流分为 P 个长度为 K/P 的数据流，由 P 个译码器同时译码。这相当于把网格图分成 P 段来做并行处理，每一段使用一个单独的译码器。在这些技术手段下，可以把译码器的吞吐量提高为[75]：

$$\text{吞吐量} = \frac{K}{\text{译码时间}} = \frac{K}{\frac{1}{F_{\text{clk}}} \cdot \frac{K \cdot I}{R \cdot P}} = \frac{R F_{\text{clk}} P}{I} \text{ bit/s/Hz}$$

6.4 LDPC 码

低密度奇偶校验码（LDPC 码）最早在 20 世纪 60 年代由 Gallager 提出。Gallager 在 1963 年发表的《Low-Density Parity-Check Code》一文中，在理论上证明了 LDPC 码性能接近于香农极限，并提出了构建校验矩阵的方法，甚至给出了多种不同复杂度的译码方法。但是那个年代晶体管才发明了不久，在计算能力上无法来验证 LDPC 的性能，因此，LDPC 码就这样被人们遗忘了几十年。直到 1997 年 MacKay 和 Neal 对 LDPC 码进行了研究，进一步发现了 LDPC 码所具有的良好性能，才迅速引起强烈反响和极大关注。

6.4.1 线性分组码的基本定义

LDPC 码本质上是一种线形分组码——其信息元与码字之间的关系可以通过一线性方程表示。线性分组码可以通过参数 (n, k) 来描述：k 个信息比特将通过编码映射到

[†]我们的讨论对实际的实现做了很多简化（比如忽略了计算 $\check{\gamma}_k(s', s)$ 所需时间等等），因此准确地说只是一个近似计算。

长度为 n 的码字，编码率为 k/n。线性分组码的编码过程可以表示为：

$$x = uG \tag{6.45}$$

其中 u 是长度为 $1 \times k$ 的信息比特序列，其中的每个元素在 $\{0,1\}$ 中取值；G 为 $k \times n$ 矩阵，成为生成矩阵（Generator Matrix），其中元素同样在 $\{0,1\}$ 中取值；x 为 $1 \times n$ 的码字†；矩阵相乘操作为模 2 操作，即 $0 \oplus 0 = 1 \oplus 1 = 0, 1 \oplus 0 = 0 \oplus 1 = 1$。

对应于生成矩阵，线性分组码可以找到一个维数为 $(n-k) \times n$ 的校验矩阵（Parity Check Matrix）H，使得任何一个有效的码字一定满足关系式：

$$Hx^\top = 0 \tag{6.46}$$

式(6.46)的关系可以形象地用 Tanner 图来表示：Tanner 图是一个二分图，其中有变量节点和校验节点两类节点。每一个变量节点对应于一个编码的比特，即 H 中的一列；每一个校验节点对应于一个校验单元，即 H 中的一行。若 H 中的元素 $H_{m,n} = 1$，则校验节点 m 和变量节点 n 相连；否则不相连。读者将会看到：Tanner 图这种表示方式将有助于我们理解 LDPC 的译码过程。

例子 6.5　(7,4) 汉明码

在 (7,4) 汉明码中，生成矩阵和校验矩阵可以分别表示如下：

$$G = \begin{pmatrix} 1 & 0 & 0 & 0 & 0 & 1 & 1 \\ 0 & 1 & 0 & 0 & 1 & 0 & 1 \\ 0 & 0 & 1 & 0 & 1 & 1 & 0 \\ 0 & 0 & 0 & 1 & 1 & 1 & 1 \end{pmatrix}$$

$$H = \begin{pmatrix} 0 & 1 & 1 & 1 & 1 & 0 & 0 \\ 1 & 0 & 1 & 1 & 0 & 1 & 0 \\ 1 & 1 & 0 & 1 & 0 & 0 & 1 \end{pmatrix}$$

对应的6-33中 Tanner 图可以表示为：

---

†需要特别指出的是，在编码理论的著作中，人们习惯把 x 理解成一个行向量，我们在本节中也将遵循这个符号标记。

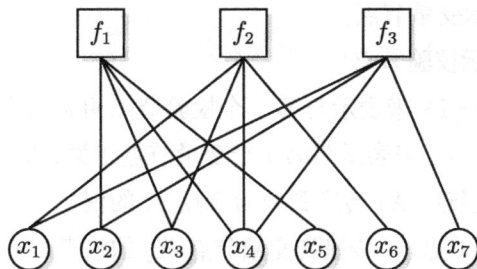

图 6-33 $(7,4)$ **汉明码检验矩阵的 Tanner 图表示**

在 LDPC 码中，顾名思义，校验矩阵满足"稀疏性"，即校验矩阵中 1 的密度比较低，也就是要求校验矩阵中 1 的个数远小于 0 的个数。在 LDPC 码的校验矩阵中，我们把每行中 1 的数目称作行重，反映了每个校验节点与多少个变量节点相关联；类似的每列中 1 的数目称作列重，反映了每个变量节点与多少个校验节点相关。当校验矩阵所有行的行重都相同，并且同时所有列的列重也相同时，此时校验矩阵被称为正则 LDPC 码；当上述条件不满足时，称为非正则 LDPC 码。

为什么需要校验矩阵有低密度的性质呢？为了得到好的误码率性能，通常码字的长度都比较大（比如 $10^3 \sim 10^5$）。给定编码率 k/n，如果校验矩阵 H 中的 $0,1$ 等概率出现，那么在计算式(6.46)的过程中复杂度将会和 n^2 呈正比，当 n 很大时这个复杂度是无法实现的。因此，需要校验矩阵的稀疏性以减小译码复杂度，使长码应用成为可能。

6.4.2 LDPC 的译码：消息传递算法

让我们在 AWGN 模型下来讨论 LDPC 的译码。假设发送的码字为 $\boldsymbol{x}$，BPSK 调制 $X_i = (-1)^{x_i} \in \{-1, +1\}, i = 1, \ldots, n$ 后，经 AWGN 信道后到达接收端：

$$Y_i = X_i + N_i, \quad i = 1, \ldots, n$$

其中 $N_i \sim \mathcal{N}(0, \sigma^2)$。

LDPC 的译码算法统称为消息传递（MP: Message-Passing）算法。在 Tanner 图上校验节点和变量节点之间相互传递，通过迭代方式进行译码。为了方便用算法形式来表达译码过程，需要引入一些符号标记：

- 下标 i 用于表示变量节点；
- 下标 j 用于表示校验节点；
- $\mathcal{R}_j = \{i : H_{j,i} = 1\}$ 来表示与第 j 个检验节点相关联的变量节点 i 的集合；
- $\mathcal{C}_i = \{j : H_{j,i} = 1\}$ 来表示与第 i 个变量节点相关联的校验节点 j 的集合；
- $q_{i,j}$ 表示从变量节点 X_i 传递到校验节点 f_j 的消息；
- $r_{j,i}$ 表示从校验节点 f_j 传递到变量节点 X_i 的消息。

另外，对于集合 $\mathcal{X}$，用符号 $|\mathcal{X}|$ 表示集合的大小（即集合中元素的数目），用 $\mathcal{X} \setminus y$ 表示 $\mathcal{X}$ 中去除元素 y 后剩余元素的集合。

在 LDPC 译码过程中，两类节点间传递的消息 $\{q_{i,j}\}$ 和 $\{r_{j,i}\}$ 可以是比特信息的硬判决输出（$x_i = 0$ 或 $x_i = 1$），也可以是基于概率信息 $P(x_i = 0), P(x_i = 1)$，或者基于对数似然比 $L(x) = \log(P(x_i = 0)/P(x_i = 1))$ 这样的软信息。下面的章节中，我们从简单的硬判决算法开始了解 LDPC 的译码。尽管硬判决译码的性能不如软判决，但是却会对软判决译码的理解有一定的启发意义。

6.4.2.1 硬判决：比特翻转算法

让我们通过一个具体的例子来了解比特翻转译码。考虑下面这样一个编码率为 $1/2$ 的校验矩阵：

$$H = \begin{pmatrix} 0 & 1 & 0 & 1 & 1 & 0 & 0 & 1 \\ 1 & 1 & 1 & 0 & 0 & 1 & 0 & 0 \\ 0 & 0 & 1 & 0 & 0 & 1 & 1 & 1 \\ 1 & 0 & 0 & 1 & 1 & 0 & 1 & 0 \end{pmatrix} \tag{6.47}$$

在这个例子中，校验矩阵 $Hx^\top = 0$ 可以细化为：

$$\begin{aligned}
\text{（校验节点 1）} \quad & x_2 \oplus x_4 \oplus x_5 \oplus x_8 = 0 \\
\text{（校验节点 2）} \quad & x_1 \oplus x_2 \oplus x_3 \oplus x_6 = 0 \\
\text{（校验节点 3）} \quad & x_3 \oplus x_6 \oplus x_7 \oplus x_8 = 0 \\
\text{（校验节点 4）} \quad & x_1 \oplus x_4 \oplus x_5 \oplus x_7 = 0
\end{aligned} \tag{6.48}$$

根据符号定义：

$$\mathcal{R}_1 = \{2,4,5,8\}, \ \mathcal{R}_2 = \{1,2,3,6\}$$
$$\mathcal{R}_3 = \{3,6,7,8\}, \ \mathcal{R}_4 = \{1,4,5,7\}$$
$$\mathcal{C}_1 = \{2,4\}, \ \mathcal{C}_2 = \{1,2\}, \ \mathcal{C}_3 = \{2,3\}, \ \mathcal{C}_4 = \{1,4\}$$
$$\mathcal{C}_5 = \{1,4\}, \ \mathcal{C}_6 = \{2,3\}, \ \mathcal{C}_7 = \{3,4\}, \ \mathcal{C}_8 = \{1,3\}$$

(6.49)

对应的 Tanner 图如图6-34所示。

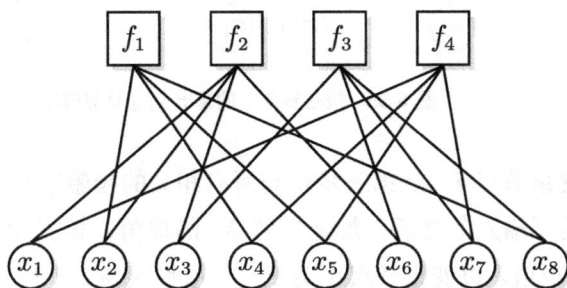

图 6-34　式(6.47)**的 Tanner 图表示**

根据式(6.46)可以验证 $(1,0,0,1,0,1,0,1)$ 是一个有效的码字。假设由于噪声的原因接收端的解调器硬判决输出为

$$\boldsymbol{Y} = (-1.2, -0.9, 0.5, -1.9, 0.9, -0.9, 1.1, -1.2)$$

我们下面就来看看比特翻转算法如何译码：

1. 对接收符号做硬判决：如果 $Y_i > 0$，则 $x_i = 0$；否则 $x_i = 1$。在我们的例子中得到 $x_1 = 1, x_2 = 1, x_3 = 0, x_4 = 1, x_5 = 0, x_6 = 1, x_7 = 0, x_8 = 1$。

2. 用 x_i 对 $q_{i,j}$ 初始化。具体说，对所有 $j \in \mathcal{C}_i$，令 $q_{i,j} = x_i$。

3. 对于任一校验节点 j，根据来自变量节点的输入 $\{q_{i,j}, i \in \mathcal{R}_j\}$，对每一个 $\mathcal{R}_j$ 中的变量节点 i 产生输出 $r_{j,i}$。在产生输出值 $r_{j,i}$ 的过程中，校验节点假设来自所有其他变量节点 $\mathcal{R}_j \setminus i$ 的输入都是正确的，由校验等式确定 $r_{j,i} \in \{0,1\}$ 的取值。例如在我们的例子中，校验节点 1 在计算 $r_{1,2}$ 时，首先假设 $q_{4,1} = 1, q_{5,1} = 0, q_{8,1} = 1$ 都是正确的，因此为了满足检验等式 $r_{1,2} \oplus q_{4,1} \oplus q_{5,1} \oplus q_{8,1} = 0$，将会得到

$r_{1,2} = 0$。读者可能已经注意到：检验节点 1 从其他变量节点得到额外的信息后"认为"变量节点 2 的取值应该是"0"，而不是变量节点自己认为的"1"。

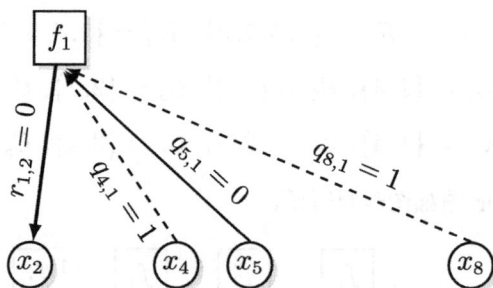

图 6-35　校验节点 1 的输出 $r_{1,2}$ 计算过程

4. 对于任一变量节点 i，从第三步得到所有相关的校验节点的 $\{r_{j,i}, j \in C_i\}$ 接收到变量节点的"输入"之后，加上之前 X_i 的取值，根据少数服从多数的准则更新 $q_{i,j}, j \in C_i$ 取值。以变量节点 1 为例：信道输入 $X_1 = 1$，校验节点 2，4 的反馈分别为 $r_{2,1} = 0, r_{4,1} = 1$。少数服从多数，变量节点 1 的取值更新为 $q_{1,j} = 1$。

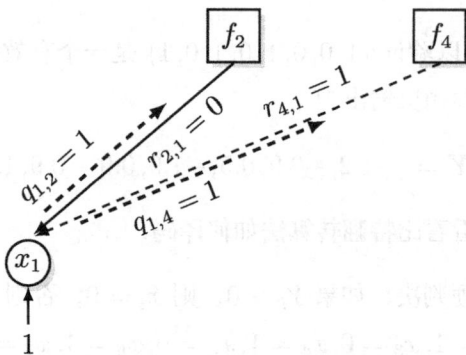

图 6-36　变量节点 1 的 $q_{1,j}$ 更新过程

5. 重复上面第三、第四步骤直至达到预先设定的迭代次数。在每次第三步的计算中，也可以检查所有检验节点的校验判决是否满足；如果是，那么可以提前结束译码过程。在我们的例子中，经过一次迭代后，已经译码成功了。整个译码过程如图6-37所示，图中的灰色背景代表那些满足校验关系（式(6.48)）的校验节点。

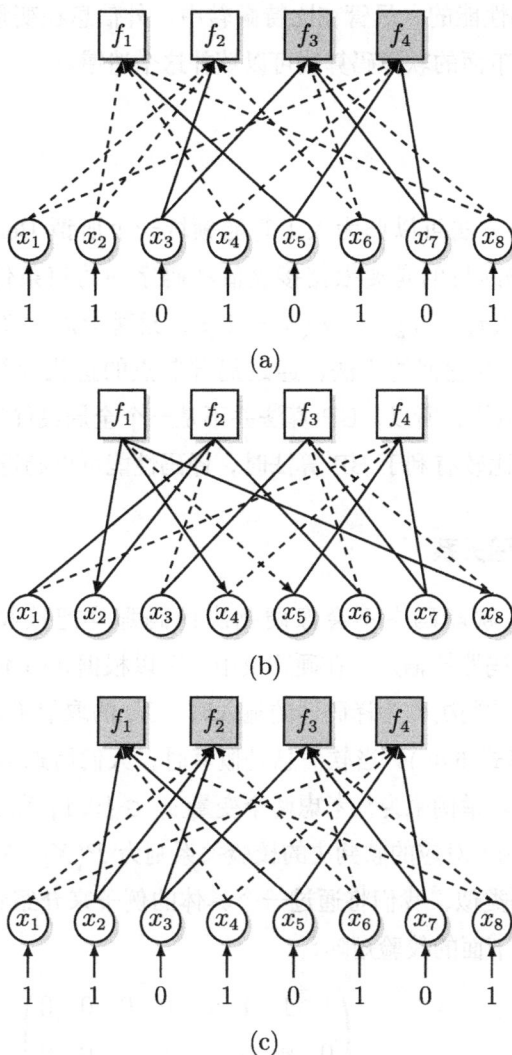

(a)

(b)

(c)

图 6-37　基于 Tanner 图的比特翻转算法举例

尽管比特翻转算法看似简单，但是还是可以从中看到类似 Turbo/BCJR 译码中的一些影子：比如在上面的例子中，在计算 $r_{1,2}$ 的过程中，就利用了根据编码结构、来自于其他节点的信息 $q_{4,1} \oplus q_{5,1} \oplus q_{8,1}$ 来帮助我们重新判断变量节点 2 的取值；这和式(6.38)中计算 $L_E(u_k)$ 的原理是一致的——来自其他节点的信息为被更新节点提供了"额外"的信息。在 Turbo 译码中，参与迭代译码的两个分量译码器正是外信息的相互交换而提高译码性能的。尽管在比特翻转中，外信息在变量节点更新过程中体现的不是很明了，希望下面的软译码算法可以填补这个遗憾。

6.4.2.2 软译码

LDPC 软译码方法可以归为人工智能领域一个所谓 Belief Propagation (BP) 算法的的特例。译码的目的是要根据接收值和码字的约束条件，算出每一个比特为 0 和 1 的概率，即 $P(x_i = 0|\boldsymbol{y})$ 和 $P(x_i = 1|\boldsymbol{y})$。这种全局意义上的条件概率难以计算，而 BP 算法则是一种近似的方法，通过局部节点的迭代运算来求得 $P(x_i = 0|\boldsymbol{y})$ 和 $P(x_i = 1|\boldsymbol{y})$ 的近似值。所以，BP 算法并不是一个全局最优的算法，但是当码长足够长，同时码的设计比较有利于 BP 算法时，译码性能可以趋近于最优算法。

软译码方式下的校验关系

顾名思义，在软译码中不会像硬判决译码那样把接收符号 Y_i 的硬判决结果 $x_i \in \{0,1\}$ 作为译码器的输入。在硬判决中，可以根据式(6.46)很容易地检验是否满足校验关系。当采用软判决作为译码器的输入时，X_i 的取值不再是 0 和 1，因此我们无法根据模 2 加计算式(6.46)。当软信息是概率时，人们用式(6.46)成立的概率来衡量校验节点的校验结果。举例来说：考虑两个变量 $x_1 \in \{0,1\}$ 和 $x_2 \in \{0,1\}$，相对于硬判决准则 $x_1 \oplus x_2 = 0$，对应的软判决的校验关系则为 $P(X_1 \cdot X_2 = +1)$。

和硬判决译码类似，我们将通过一个具体的例子来介绍软译码算法。在软判决译码中，我们将考虑下面的校验矩阵：

$$\boldsymbol{H} = \begin{pmatrix} 1 & 1 & 1 & 0 & 0 & 0 & 0 & 0 \\ 0 & 0 & 0 & 1 & 1 & 1 & 0 & 0 \\ 1 & 0 & 0 & 1 & 0 & 0 & 1 & 0 \\ 0 & 1 & 0 & 0 & 1 & 0 & 0 & 1 \end{pmatrix} \tag{6.50}$$

假设发送码字

$$\boldsymbol{x} = (1,0,1,0,1,1,1,1)$$

经 BPSK 调制

$$\boldsymbol{X} = (-1,+1,-1,+1,-1,-1,-1,-1)$$

后再经过 $\mathcal{N}(0, \sigma^2 = 0.5)$ 的高斯信道，假设由于噪声的影响接收向量为

$$Y = (+0.2, +0.2, -0.9, +0.6, +0.5, -1.1, -0.4, -1.2) \tag{6.51}$$

概念 6.6　一个概率等式

为了计算类似 $P(X_1 \cdot X_2 = +1)$ 这样的概率，下面的结果（最早由 Gallager 在文献[76]中给出）将很有价值：考虑 L 个相互独立的服从二项分布的随机变量 $\boldsymbol{X} = (X_1, \ldots, X_L)$，并且 $P(X_i = -1) = p_i, P(X_i = +1) = 1 - p_i, i = 1, \ldots, L$。那么 $\boldsymbol{X}$ 中所有元素满足检验关系（即所有元素乘积等于 $+1$）的概率为：

$$P\left(\prod_{i=1}^{L} X_i = +1\right) = \frac{1}{2} - \frac{1}{2}\prod_{i=1}^{L}(1 - 2p_i) \tag{6.52}$$

相应的

$$P\left(\prod_{i=1}^{L} X_i = -1\right) = \frac{1}{2} + \frac{1}{2}\prod_{i=1}^{L}(1 - 2p_i) \tag{6.53}$$

基于概率的译码算法

下面我们正式开始了解基于概率的软译码。无论是校验节点的计算还是变量节点的计算都是本地化的。两种节点通过信息交换迭代工作，传递的信息是条件概率。为了方便理解，让我们把在基于概率的软译码过程中传递的消息理解为**一组概率值**，比如说 $r_{j,i} := (r_{j,i}(+1), r_{j,i}(-1))$，其中：

- $r_{j,i}(+1)$ 表示在 $X_i = +1$ 以及其他变量节点 $q_{i \in \mathcal{R}_j \setminus i, j}(+1)$ 的条件下校验节点 j 满足检验关系的概率。

- $r_{j,i}(-1)$ 表示在 $X_i = -1$ 以及其他变量节点 $q_{i \in \mathcal{R}_j \setminus i, j}(+1)$ 的条件下校验节点 j 满足检验关系的概率。

类似的，$q_{i,j} := (q_{i,j}(+1), q_{i,j}(-1))$，其中：

- $q_{i,j}(+1)$ 表示在 $Y_i = y_i$ 以及其他校验节点 $r_{j \in \mathcal{C}_i \setminus i, i}(+1)$ 的条件下 $X_i = +1$ 的概率。

- $q_{i,j}(-1)$ 表示在 $Y_i = y_i$ 以及其他校验节点 $r_{j \in \mathcal{C}_i \backslash i, i}(+1)$ 的条件下 $X_i = -1$ 的概率。

1. 首先根据接收值计算信道概率 $p_i(-1) := P(X_i = -1|Y_i)$。根据条件概率以及 AWGN 信道的假设，不难得到：

$$
\begin{aligned}
p_i(-1) &= P(X_i = -1|Y_i = y_i) \\
&= \frac{f_{Y|X}(y_i|X_i = -1) \cdot P(X_i = -1)}{f_Y(y_i)} \\
&= \frac{\frac{1}{\sqrt{2\sigma^2}} \mathrm{e}^{-(y_i+1)^2/2\sigma^2} \cdot \left(\frac{1}{2}\right)}{\frac{1}{2}\frac{1}{\sqrt{2\sigma^2}}\left(\mathrm{e}^{-(y_i+1)^2/2\sigma^2} + \mathrm{e}^{-(y_i-1)^2/2\sigma^2}\right)} \\
&= \frac{1}{1 + \mathrm{e}^{2y_i/\sigma^2}}
\end{aligned} \tag{6.54}
$$

在上面的计算过程中假设没有关于 X_i 的先验信息，因此 $P(X_i = \pm 1) = 1/2$。根据上式有：

$$
p_i(+1) = P(X_i = +1|Y_i = y_i) = 1 - p_i(-1) = \frac{1}{1 + \mathrm{e}^{-2y_i/\sigma^2}}
$$

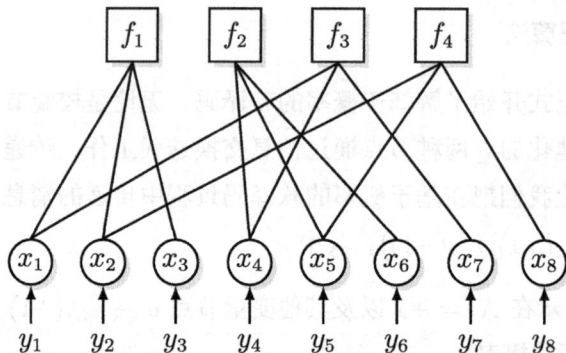

图 6-38　信道概率的计算

在我们的例子中，计算可知 $p_1 = 0.310, p_2 = 0.310, p_3 = 0.973 \cdots$。

2. 对变量节点到校验节点的消息 $q_{i,j}$ 初始化：对于所有的相关校验节点 $j \in \mathcal{C}_i$，$q_{i,j} = p_i$。

3. 对于任一校验节点 j，根据来自变量节点的输入 $\{q_{i,j}, i \in \mathcal{R}_j\}$，对每一个 $\mathcal{R}_j$ 中的变量节点 i 产生输出 $r_{j,i}$。这里 $r_{j,i}$ 代表了在假设给定 X_i 的取值以及所有输入概率 $q_{i \in \mathcal{R}_j, j}$ 的条件下，校验节点 j 检验等式成立的概率。具体来说，$r_{j,i}(-1)$ 表示当给定 $X_i = -1$（因此此时 $q_{i,j}$ 不再重要了）时校验关系成立的概率。根据式(6.53)有：

$$r_{j,i}(-1) = \frac{1}{2} + \frac{1}{2} \prod_{i' \in \mathcal{R}_j \setminus i} (1 - 2q_{i',j}(-1))$$

$$r_{j,i}(+1) = 1 - r_{j,i}(-1)$$

需要特别指出的是：在产生输出值 $r_{j,i}$ 的过程中，校验节点假设所有变量节点都是相互独立的。例如在我们的例子中，$r_{1,1}(+1) = \frac{1}{2} + \frac{1}{2}(1 - 2q_{2,1}(-1))(1 - 2q_{3,1}(-1)) = \frac{1}{2} + \frac{1}{2}(1 - 2(0.31))(1 - 2(0.973)) = 0.320$。

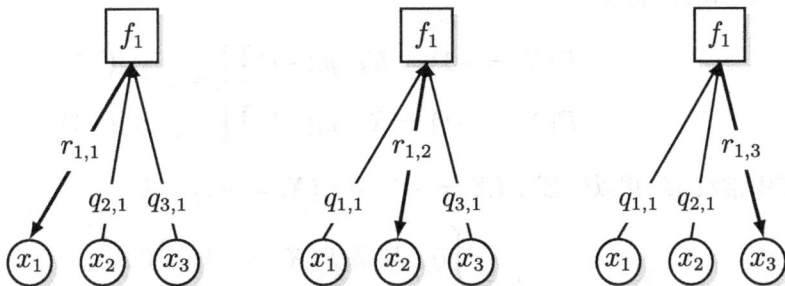

图 6-39 校验节点假设所有变量节点都是相互独立的

4. 对于任一变量节点 i，从第三步得到所有相关的校验节点的 $\{r_{j,i}, j \in \mathcal{C}_i\}$ 接收到变量节点的"输入"之后，加上来自信道的信息 p_i，在所有校验节点都相互独立的假设下更新 $q_{i,j}, j \in \mathcal{C}_i$ 取值。在迭代中，$q_{i,j}$ 传递的是条件概率 $P(X_i = \pm 1 | p_i, r_{j \in \mathcal{C}_i \setminus i})$：

$$q_{i,j}(-1) = K_{i,j} \cdot p_i(-1) \prod_{j' \in \mathcal{C}_i \setminus j} r_{j',i}(-1)$$

$$q_{i,j}(+1) = K_{i,j} \cdot p_i(+1) \prod_{j' \in \mathcal{C}_i \setminus j} r_{j',i}(+1)$$

其中常数 $K_{i,j}$ 用以保证 $q_{i,j}(-1) + q_{i,j}(+1) = 1$。例如在我们的例子中，$q_{1,1}(+1) = 0.39, q_{1,1}(-1) = 0.61$。

5. 重复上面第三、第四步骤直至达到预先设定的迭代次数。在每次第三步的计算中，

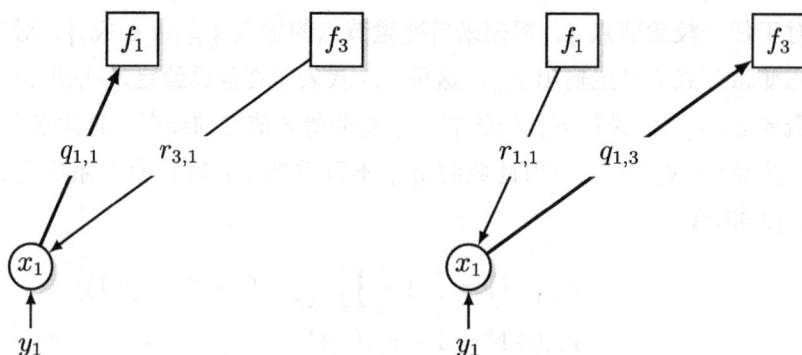

图 6-40　变量节点假设所有校验节点都是相互独立的

也可以检查所有检验节点的校验判决是否满足。为此首先对每个变量节点依据概率大小做硬判决：

$$P(X_i = -1) = K_i \cdot p_i(-1) \prod_{j' \in \mathcal{C}_i} r_{j',i}(-1)$$

$$P(X_i = +1) = K_i \cdot p_i(+1) \prod_{j' \in \mathcal{C}_i} r_{j',i}(+1)$$

其中常数 K_i 用以保证 $P(X_i = -1) + P(X_i = +1) = 1$

$$x_i = \begin{cases} 0 & \text{如果 } P(X_i = +1) > 0.5, \\ 1 & \text{其他} \end{cases} \tag{6.55}$$

硬判决后，若满足检验关系式(6.46)，则提前结束译码过程。

基于对数似然比的译码算法

基于概率的算法需要做很多的乘法运算，类似于对数 BCJR 算法，可以通过对数似然比来将乘法运算转化为加法运算。在这里，我们将对数似然比定义如下：

$$L_C(X_i) = \log \frac{P(X_i = +1 | Y_i = y_i)}{P(X_i = -1 | Y_i = y_i)}$$

$$L(r_{j,i}) = \log \frac{r_{j,i}(+1)}{r_{j,i}(-1)} \tag{6.56}$$

$$L(q_{i,j}) = \log \frac{q_{i,j}(+1)}{q_{i,j}(-1)}$$

下面分别看看变量节点和校验节点在对数似然比作为输入、输出时的更新。

- **变量节点**

为了理解变量节点的操作，先考虑下面这样一个简单的通信模型：发送符号 $X \in \{-1, +1\}$ 与接收向量 $\boldsymbol{y}$ 通过概率关系相关联。假设需要计算：

$$L(X|\boldsymbol{y}) = \log \frac{P(X = +1|\boldsymbol{y})}{P(X = -1|\boldsymbol{y})} \tag{6.57}$$

其中 $\boldsymbol{y} = (y_1, \ldots, y_d)$ 是一个长度为 d 的向量。假设 $X = \pm 1$ 是等概率的，那么根据条件概率有：

$$L(X|\boldsymbol{y}) = \log \frac{P(\boldsymbol{y}|X = +1)}{P(\boldsymbol{y}|X = -1)}$$

如果假设 $\boldsymbol{y}$ 中的元素相互独立，那么：

$$
\begin{aligned}
L(X|\boldsymbol{y}) &= \log \frac{P(\boldsymbol{y}|X = +1)}{P(\boldsymbol{y}|X = -1)} \\
&= \log \frac{\prod_{j=1}^{d} P(y_j|X = +1)}{\prod_{j=1}^{d} P(y_j|X = -1)} = \sum_{j=1}^{d} \log \frac{P(y_j|X = +1)}{P(y_j|X = -1)} \\
&= \sum_{j=1}^{d} L(X|y_j)
\end{aligned}
$$

在 LDPC 译码中，将上面推导过程中的独立性假设应用到变量节点，那么变量节点 i 传递给第 j 个校验节点的信息 $L(q_{i,j})$ 为：

$$\boxed{L(q_{i,j}) = L_C(X_i) + \sum_{j' \in \mathcal{C}_i \backslash j} L(r_{j',i})} \tag{6.58}$$

在变量节点 i 计算对校验节点 j 的输出式(6.58)中，并不包括来自 j 的输入 $L(r_{j,i})$。从概念上讲，这和将 BCJR 应用到 Turbo 码的迭代译码一样，迭代过程中只是返回"额外"的信息。只有当需要对比特做判决输出（比如迭代译码达到指定的迭代次数）时，才需要计算比特的全部 LLR。

$$L(q_{i,j}) = L_C(X_i) + \sum_{j' \in \mathcal{C}_i} L(r_{j',i}) \tag{6.59}$$

- **校验节点**

校验节点的任务是检验所有相关联的变量节点是否满足校验关系。先考虑

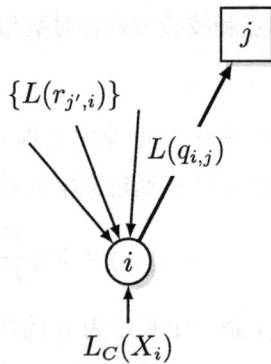

图 6-41　基于对数似然比的变量节点的外信息计算

一个简单例子：假设某校验节点与 d 个变量节点相关。给定接收端的接收向量 $\boldsymbol{Y} = \boldsymbol{y}$，现在来计算在满足检验关系的条件下第一个节点 $X_1 = -1$ 的概率：

$$P(X_1 = -1|\boldsymbol{y}, S) = P(X_2, \dots, X_d \text{ 中共有奇数个} -1|\boldsymbol{y})$$

$$= \frac{1}{2} + \frac{1}{2}\prod_{i=2}^{d}(1 - 2p_i)$$

其中 p_i 表示 $P(X_i = -1|Y_i = y_i)$，S 表示事件 {校验节点的输入满足检验关系}。

相应的有：

$$P(X_1 = +1|\boldsymbol{y}, S) = 1 - P(X_1 = -1|\boldsymbol{y}, S) = \frac{1}{2} - \frac{1}{2}\prod_{i=2}^{d}(1 - 2p_i)$$

不难看出：

$$1 - 2P(X_1 = +1|\boldsymbol{y}, S) = \prod_{i=2}^{d}(1 - 2p_i) \tag{6.60}$$

对于二项分布 $X \in \{-1, +1\}$，假设 $P(X = -1) = p$，有等式 $1 - 2p = \tanh\left(\frac{1}{2}\log\frac{1-p}{p}\right) = \tanh\left(\frac{1}{2}LLR\right)$ 成立。根据这个等式，可以把式(6.60)表示为：

$$\tanh\left(\frac{1}{2}L(X_1|\boldsymbol{y}, S)\right) = \prod_{i=2}^{d}\tanh\left(\frac{1}{2}L(X_i|Y_i = y_i)\right) \tag{6.61}$$

简单变换可得：

$$L(X_1|\boldsymbol{y}, S) = 2\tanh^{-1}\left(\prod_{i=2}^{d}\tanh\left(\frac{1}{2}L(X_i|Y_i = y_i)\right)\right) \quad (6.62)$$

将上面推导过程应用到 LDPC 译码中校验节点的计算，则有：

$$L(r_{j,i}) = 2\tanh^{-1}\left(\prod_{i' \in \mathcal{R}_j \setminus i}\tanh\left(\frac{1}{2}L(q_{i',j})\right)\right) \quad (6.63)$$

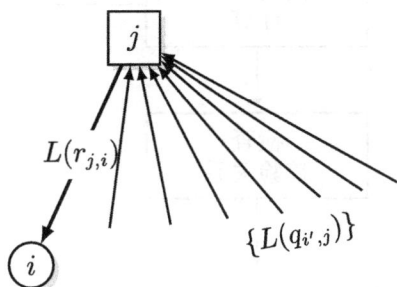

图 6-42　基于对数似然比的校验节点的外信息计算

有了式(6.58)和式(6.63)，现在可以把基于对数似然比的 LDPC 译码过程总结如下。

1. 初始化：根据接收符号 y_i 对 $L(q_{i,j})$ 初始化 $L(q_{i,j}) = L_C(X_i) = 2y_i/\sigma^2$。
2. 校验节点计算：对每一个校验节点的每一个相关变量节点，根据式(6.63)更新 $L(r_{j,i})$。
3. 变量节点计算：对每一个变量节点的每一个相关校验节点，根据式(6.58)更新 $L(q_{i,j})$。
4. 重复上面第二、三步骤直至达到预先设定的迭代次数。在每次第二步的计算中，也可以检查所有检验节点的校验判决是否满足。为此首先对每个变量节点依据式(6.59)中的 LLR 大小做硬判决：

$$\hat{X}_i = \begin{cases} +1 & \text{如果 } L(q_{i,j}) > 0, \\ -1 & \text{其他} \end{cases} \quad (6.64)$$

硬判决后，若满足检验关系式(6.46)，译码过程可以提前结束。

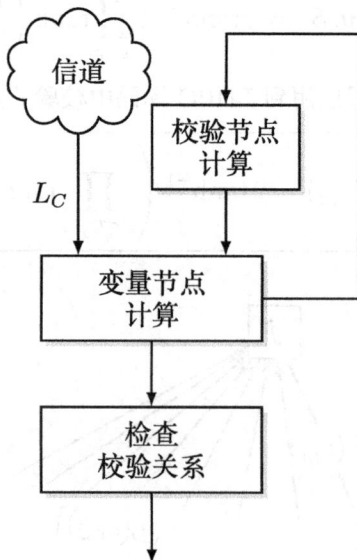

图 6-43　LDPC 译码迭代过程

简化计算：Min-Sum 算法

基于对数似然比的 LDPC 译码的运算复杂度在于式(6.63)中 $L(r_{j,i})$ 计算中的 $\tanh(\cdot)$ 和 $\tanh^{-1}(\cdot)$。为了简化计算，可以把输入 $L(q_{i,j})$ 分解为符号值和幅度值的乘积：

$$L(q_{i,j}) = \mathrm{sgn}(L(q_{i,j})) \cdot |L(q_{i,j})|$$

由于 $\tanh(\cdot)$ 和 $\tanh^{-1}(\cdot)$ 都是奇函数，因此式(6.63)中的 $\prod_{i' \in \mathcal{R}_j \setminus i} \tanh\left(\frac{1}{2}L(q_{i',j})\right)$ 可以表示为：

$$\prod_{i' \in \mathcal{R}_j \setminus i} \tanh\left(\frac{1}{2}L(q_{i',j})\right) = \prod_{i' \in \mathcal{R}_j \setminus i} \mathrm{sgn}(L(q_{i,j})) \prod_{i' \in \mathcal{R}_j \setminus i} \tanh\left(\frac{1}{2}|L(q_{i,j})|\right)$$

而式(6.63)则可以表示为：

$$L(r_{j,i}) = \prod_{i' \in \mathcal{R}_j \setminus i} \mathrm{sgn}(L(q_{i,j})) \cdot 2\tanh^{-1}\left(\prod_{i' \in \mathcal{R}_j \setminus i} \tanh\left(\tfrac{1}{2}|L(q_{i,j})|\right)\right)$$

$$= \prod_{i' \in \mathcal{R}_j \setminus i} \mathrm{sgn}(L(q_{i,j})) \cdot 2\tanh^{-1}\left(\log^{-1}\left(\log\left(\prod_{i' \in \mathcal{R}_j \setminus i} \tanh\left(\tfrac{1}{2}|L(q_{i,j})|\right)\right)\right)\right)$$

$$= \prod_{i' \in \mathcal{R}_j \setminus i} \mathrm{sgn}(L(q_{i,j})) \cdot 2\tanh^{-1}\left(\log^{-1}\left(\sum_{i' \in \mathcal{R}_j \setminus i} \log\left(\tanh\left(\tfrac{1}{2}|L(q_{i,j})|\right)\right)\right)\right)$$

$$= \prod_{i' \in \mathcal{R}_j \setminus i} \mathrm{sgn}(L(q_{i,j})) \cdot \phi\left(\sum_{i' \in \mathcal{R}_j \setminus i} \phi\left(|L(q_{i,j})|\right)\right) \tag{6.65}$$

其中在最后一行公式中，我们引入定义：

$$\phi(x) := -\log\left(\tanh\left(\frac{x}{2}\right)\right) = \log\left(\frac{e^x+1}{e^x-1}\right) \tag{6.66}$$

并利用了 $\phi^{-1}(x) = \phi(x), x > 0$ 的性质。

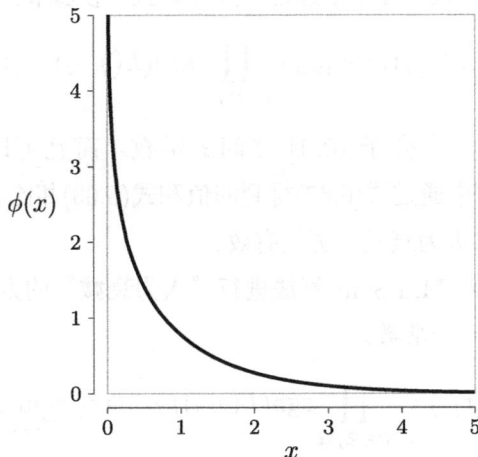

图 6-44 $\phi(x)$ **图示**

在实际应用中，$\phi(x)$ 可以通过查表或者分段近似的方法得到。此时可以简单地实现式(6.65)中的 $L(r_{j,i})$ 了（符号值的乘积可以通过简单的逻辑操作得到）。$\phi(x)$ 是一个非线性函数：当 x 趋近 0 时，$\phi(x)$ 趋近于 ∞。$\phi(x)$ 不利于有限精度的实现。

类似于 BCJR 中的 Max-Log 算法，LDPC 中的 Min-Sum 算法也通过用最小项来近似求和式 $\sum_{i'} \phi(|L(q_{i,j})|)$ 从而进一步简化计算。具体说，在 Min-Sum 中：

$$\phi\left(\sum_{i' \in \mathcal{R}_j \setminus i} \phi(|L(q_{i,j})|)\right) \simeq \phi\left(\phi\left(\min_{i' \in \mathcal{R}_j \setminus i} |L(q_{i,j})|\right)\right)$$
$$= \min_{i' \in \mathcal{R}_j \setminus i} |L(q_{i,j})|$$

相应的式(6.65)简化为：

$$L(r_{j,i}) = \prod_{i' \in \mathcal{R}_j \setminus i} \text{sgn}(L(q_{i,j})) \cdot \min_{i' \in \mathcal{R}_j \setminus i} |L(q_{i,j})| \tag{6.67}$$

LDPC 中的 Min-Sum 与 Turbo 码中的 Max-Log-MAP 的相似不仅体现在定义上：

- 和 Max-Log-MAP 一样，可以证明在 Min-Sum 算法中译码结果和信道 LLR $L_C(X_i) = 2y_i/\sigma^2$ 中的因子 $2/\sigma^2$ 并无关系。因此，理论上可以把接收符号 y_i（而不是 $L_C(X_i)$）作为译码器的输入，因此省去了做噪声估计的麻烦。

- 和 Max-Log-MAP 一样，人们发现在 Min-Sum 近似会过高计算外信息 $L(r_{j,i})$ 的取值。相应地，人们提出了通过"人为衰减"校验节点的外信息来改善性能：

$$L(r_{j,i}) = c_{\text{atten}} \cdot \prod_{i' \in \mathcal{R}_j \setminus i} \text{sgn}(L(q_{i,j})) \cdot \min_{i' \in \mathcal{R}_j \setminus i} |L(q_{i,j})|$$

其中 c_{atten} 是一个介于 $(0,1]$ 之间的常数。而且可以证明，对于同样的输入，Min-Sum 算法中通过式(6.67)得到的值和式(6.63)相比，符号一样，但绝对值总是偏大。因此，"人为衰减"更加有效。

另外一种对 Min-Sum 算法进行"人为衰减"的方法是通过把式(6.67)中得到的幅度值减去一个常数。

$$L(r_{j,i}) = \prod_{i' \in \mathcal{R}_j \setminus i} \text{sgn}(L(q_{i,j})) \cdot \max(\min_{i' \in \mathcal{R}_j \setminus i} |L(q_{i,j})| - \beta, 0) \tag{6.68}$$

这种方法在实际中可能更有优势，因为对硬件实现做加减法的复杂度比乘法低。这种改进的算法称为 Offset Min-Sum 算法。

6.4.3 实例：802.11n 中的 LDPC 码

理论上，可以实现 LDPC 的并行译码（即所有校验节点可以同时进行计算），但是由于随机码的原因，硬件实现的复杂度（内存管理、布线难度等）将会限制 LDPC 码的应用。有关书籍[77]中提出了另外一个思路：我们将设计思路换个方向——以前是先有了校验矩阵，然后根据校验矩阵来设计译码器；现在我们以译码器的实现结构为出发点来设计校验矩阵。尽管相关书籍[77]中的设计思想多多少少限制了校验矩阵的选择范围，但是却大大简化了译码器的可实现性。本节中，就让我们以 Wi-Fi 中的 LDPC 码来了解实际系统中的 LDPC 码的编、译码设计。

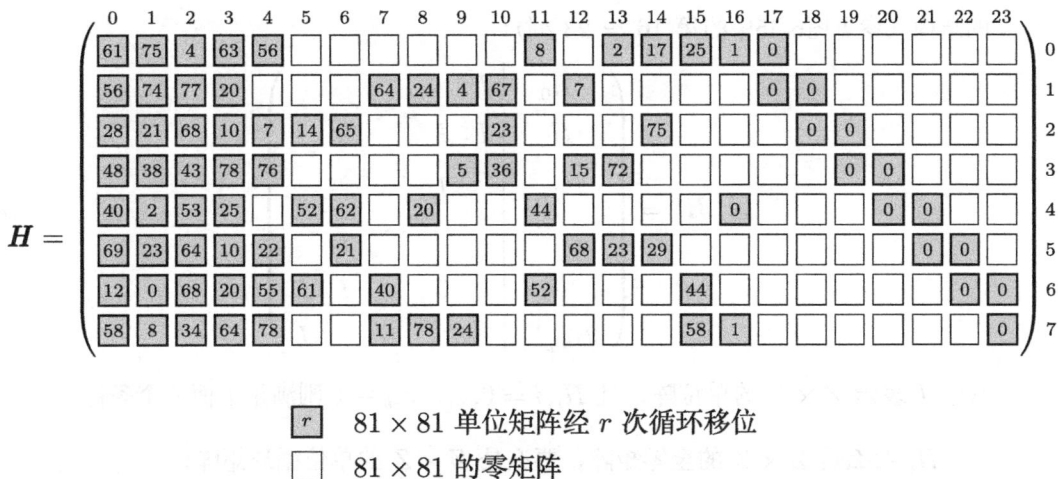

$$
H =
\begin{array}{c|cccccccccccccccccccccccc|c}
 & 0 & 1 & 2 & 3 & 4 & 5 & 6 & 7 & 8 & 9 & 10 & 11 & 12 & 13 & 14 & 15 & 16 & 17 & 18 & 19 & 20 & 21 & 22 & 23 & \\
\hline
0 & 61 & 75 & 4 & 63 & 56 & & & & & & & & 8 & & 2 & 17 & 25 & 1 & 0 & & & & & & 0 \\
1 & 56 & 74 & 77 & 20 & & & & 64 & 24 & 4 & 67 & & 7 & & & & & & & 0 & 0 & & & & 1 \\
2 & 28 & 21 & 68 & 10 & 7 & 14 & 65 & & & & 23 & & & & 75 & & & & & & 0 & 0 & & & 2 \\
3 & 48 & 38 & 43 & 78 & 76 & & & & & 5 & 36 & & 15 & 72 & & & & & & & & 0 & 0 & & 3 \\
4 & 40 & 2 & 53 & 25 & & 52 & 62 & & 20 & & & 44 & & & & & 0 & & & & & & 0 & 0 & 4 \\
5 & 69 & 23 & 64 & 10 & 22 & & 21 & & & & & & 68 & 23 & 29 & & & & & & & & & 0 & 5 \\
6 & 12 & 0 & 68 & 20 & 55 & 61 & & 40 & & & & 52 & & & & 44 & & & & & & & & 0 & 6 \\
7 & 58 & 8 & 34 & 64 & 78 & & & 11 & 78 & 24 & & & & & & 58 & 1 & & & & & & & & 7 \\
\end{array}
$$

$\boxed{r}$ 81×81 单位矩阵经 r 次循环移位

$\square$ 81×81 的零矩阵

图 6-45 IEEE 802.11n 中码字长度为 1944、编码率为 2/3 的 LDPC 码所采用的校验矩阵

IEEE 802.11n 的 LDPC 码所采用的校验矩阵如图6-45所示。图中的每一个方格对应一个 81×81 的方阵：空格表示全零方阵；深色方格表示单位矩阵循环右移所得到的矩阵，而方格中的数字则表示右移次数。

6.4.3.1 编码器

802.11 中的 LDPC 是系统码，因此可以把有效的码字表示为数据部分 s 和检验部分 p 的级联，即 $x = [s\ p]$。如果相应地把检验矩阵 H 也划分为两部分 $H = [H^s\ H^p]$，那么有（提醒：这里所有的操作都是在模二基础上进行的）：

$$H^s s^\top = H^p p^\top \tag{6.69}$$

由于是系统码的缘故，编码器的工作就是从 s 产生 p。显然一个最简单的编码方式就是：

$$p^\top = (H^p)^{-1} H^s s^\top$$

然而低密度检验矩阵 H^p（在二进制意义下）的逆矩阵 $(H^p)^{-1}$ 大多具有高密度[78]，因此这种概念上很简单的编码器的复杂度太高，不适合实际应用。

为了理解聪明的研究人员是如何解决编码器复杂度问题的，让我们仔细看看 H^p 的结构（参见图6-45中的第 16 ~ 23 列）：

$$H^p = \begin{pmatrix} H_0 & I & & & & \\ H_1 & I & I & & 0 & \\ \cdot & & I & \ddots & & \\ \cdot & & & \ddots & I & \\ \cdot & & 0 & & I & I \\ H_{m_b-1} & & & & & I \end{pmatrix} \tag{6.70}$$

其中 I 表示 $Z \times Z$ 的单位阵；且 $H_i, i = 0, \ldots, m_b - 1$ 则满足下面两个条件：

1. H_i 要么是 $Z \times Z$ 的全零矩阵，要么是 $Z \times Z$ 的单位循环矩阵；
2. $\sum_{i=0}^{m_b-1} H_i = I$。

如果把校验比特以 Z 为单位进行分组 $p = (p_0, \ldots, p_{m_b-1})$（其中每一个 p_i 的长度都是 $1 \times Z$）。由于性质 (ii)，以及 H^p 划分中右侧部分的双对角线结构，不难看出[†]：

$$\sum_{i=0}^{m_b-1} H_{i,:}^p p^\top = p_0^\top$$

因此，由式(6.69)，有 $p_0^\top = \sum_{i=0}^{m_b-1} H_{i,:}^s s^\top$。在得到了 $p_0^\top$ 之后，就可以利用式(6.69)以及式(6.70)所特有的结构采用类似高斯消元法的方式来计算其他的 $p_i^\top, i =$

[†]这里用类似 Matlab 的语法标记 $H_{i,:}$ 来表示矩阵 H 的第 i 行的所有列。

$1, \dots, m_b - 1$：

$$\text{编码器}\begin{cases} \boldsymbol{p}_0^\top = \displaystyle\sum_{i=0}^{m_b-1} \boldsymbol{H}_{i,:}^s \boldsymbol{s}^\top \\[2ex] \boldsymbol{p}_1^\top = \boldsymbol{H}_{1,:}^s \boldsymbol{s}^\top + H_1 \boldsymbol{p}_0^\top \\[1ex] \boldsymbol{p}_2^\top = \boldsymbol{H}_{2,:}^s \boldsymbol{s}^\top + H_2 \boldsymbol{p}_0^\top + \boldsymbol{p}_1^\top \\[1ex] \quad\vdots \\[1ex] \boldsymbol{p}_{m_b-1}^\top = \boldsymbol{H}_{m_b-1,:}^s \boldsymbol{s}^\top + H_{m_b-1} \boldsymbol{p}_0^\top + \boldsymbol{p}_{m_b-2}^\top \end{cases}$$

可以看出编码器的复杂度与信息比特序列长度之间是线性关系。从实现角度看，编码器需要完成的主要工作是计算 $\boldsymbol{H}_{i,:}^s \boldsymbol{s}^\top$，这个工作可以通过简单的硬件逻辑得以实现。

6.4.3.2 译码器

从实用角度，LDPC 的译码器的实现应该考虑诸如灵活性（是否能够处理不同编码速率情形下的译码）、吞吐量等因素。从硬件实现角度，人们发现完全并行的实现方式尽管可能有很高的吞吐量，但是却失去译码器的灵活性，并且实现复杂。因此，当下主流的实现方式大多是（不同层次上）的部分并行处理形式。

还是以如图6-45所示的检验矩阵为例，根据文献[79]，至少可以有下面几种硬件实现方式（如图6-46所示，其中阴影部分为参与并行处理的变量节点和校验节点）。

- 低并行度的译码

  如图6-46（上）所表示的那样，在每个硬件时钟周期，只处理 Z 个校验节点和部分个变量节点，然后在下个周期处理另外 Z 个校验节点和其他变量节点，并以此类推。

- 基于行的译码

  如图6-46（中）所表示的那样，在每个硬件周期，只处理 Z 个校验节点和所有的变量节点，然后在下个周期处理另外 Z 个校验节点，并以此类推。这种基于行的译码策略也被称之为分层译码（layered decoding）[80, 81]。除了在硬件实现复杂度上（相比于完全并行的译码方式）更加简单之外，人们发现它的（给定译码迭代次数的前提下）译码性能也更好。这是因为在每次迭代中，所有的变量节点都在

当前 Z 个检验节点的基础上得到更新，并且更新后的变量节点可以马上应用到下次迭代中从而提高了译码的收敛速度。

- 基于列的译码

如图6-46（下）所表示的那样，在每个硬件周期，只处理所有校验节点和部分的变量节点，然后在下个周期处理另外的部分变量节点，并以此类推。

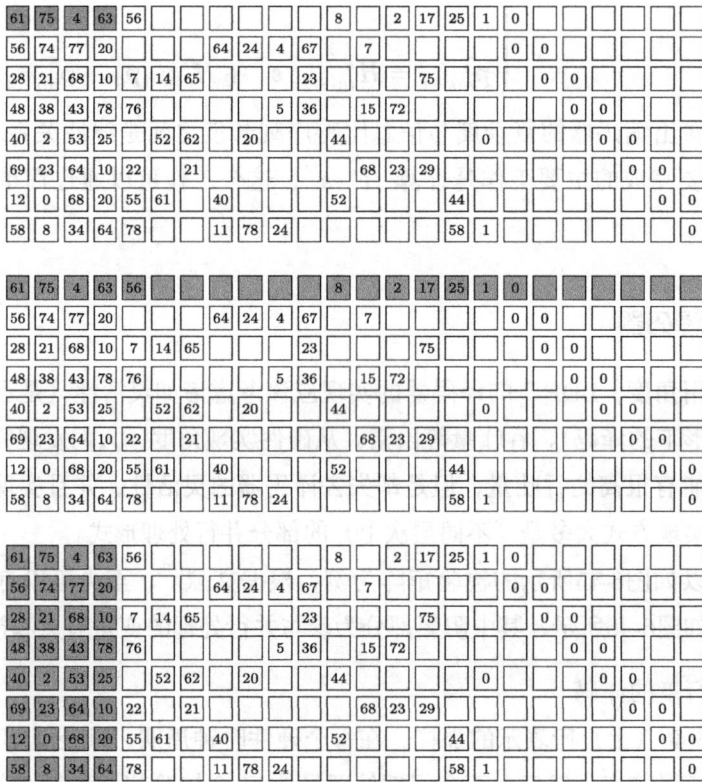

图 6-46 译码器的并行处理

最后需要指出的是，LDPC 的译码器硬件设计是一个非常"严肃"的课题，我们在此只是在概念上了解皮毛而已，有兴趣的读者可以继续深入学习。

6.5　本章小结

本章我们讨论信息理论中最热门的研究课题之一——信道编码。自 1948 年香农告诉人们通信的极限性能以来，如何逼近香农极限成为诸多研究人员不懈努力的目标。在这个过程中，出现了很多人们耳熟能详的名字，他们的研究成果也得到广泛应用。有兴趣的读者可以翻阅综述性文献[82, 83]以了解编码在通信（尤其是卫星通信）中的发展历程。

在本章有限的篇幅里，我们讨论了几种在无线通信中得到广泛应用的前向纠错编码方式——卷积码、Turbo 码以及 LDPC 码，并将讨论重点放在了译码算法的推导上。卷积码由 Elias 在 1955 年提出，而最知名的译码算法在 1967 年由 Viterbi 提出。Viterbi 算法实际上是最大似然序列检测算法，从 2G 时代开始就应用到无线通信系统中，到了 4G 时代仍然是控制信道所采用的编码方式。有兴趣了解 Viterbi 算法历史的朋友可以看看[84]。

Turbo 码简直就是个奇迹，充分体现了发明人的工程直觉和天才[85]。发明人 Berrou, Glavieux 和 Thitimajshiwa 并不是传统意义上的信息论学者，因此他们的工作之前并不被学术界所知。由于 Turbo 的编码尤其是译码方式的新颖，Berrou 等人最初的工作被 1992 年的国际通信大会拒收。在 1993 年的著作中，Berrou、Glavieux 和 Thitimajshiwa 并没有对优越的译码性能给出任何严格的理论解释和证明，只给出计算机仿真结果。在 Turbo 码提出伊始，人们对其的第一反应是：这是不可能的，一定是仿真做错了。然而接下来世界各地的许多研究人员重现了 Berrou、Glavieux 和 Thitimajshiwa 的仿真结果，并从此展开了一场从理论角度来解释 Turbo 码的竞赛，直到 1999 年 Brink 发明的 EXIT 图提供了一个分析 Turbo 码的工具[86]。由于篇幅所限，我们选择不对 EXIT 展开讨论，但是这个概念本身的意义不只限于 Turbo 码的译码分析，因此是一个非常有实际意义的工具。特别需要指出的是：我们在本章中对 Turbo 码的叙述以 LTE 系统参数为基准，它存在地板效应（error floor）、短码情形下的性能损失等问题。在 5G 系统的标准化过程中，Berrou 团队再次发力，从理论层面解决了 4G Turbo 码的问题[87, 88]。然而，鉴于吞吐量的考量，最终未能胜出。在 3G、4G 系统中发挥了重要作用的 Turbo 码可能就此落下帷幕。

LDPC 码早在 20 世纪 60 年代就由信息论领域的鼻祖 Gallager 提出。然而他的理念过于"超前",直到 1997 年 MacKay 和 Neal 对 LDPC 码进行了研究,才重新发现它并迅速得到业界的关注和采用。我们可以在 Wi-Fi 和 WiMax 标准中看到它的身影;在 LTE 标准中 3GPP 曾研究过它与 Turbo 码之间的优劣[89],由于 Turbo 码已经在 3G 系统中存在,因此从兼容性方面考虑人们放弃了 LDPC 码。尽管如此,LDPC 码的研究还是成为过去一段时间的热门,读者可以通过对相关知识[90, 91, 92, 93, 94]的学习了解更多。在 LDPC 码的发展过程中,一开始人们更注重如何从以提高误码率性能为指标寻找检验矩阵,后来从实用的角度,人们开始以译码器的实现为出发点来设计校验矩阵[80, 81]。我们提到过的 802.11 中的 LDPC 码就是这样一个例子。在即将到来的 5G 时代,LDPC 将取代 Turbo 码,闪亮登场[54]。

篇幅所限,我们没有对诸如 Polar 码[95]等其他一些内容进行叙述,但是已经看到有学者在讨论 Polar 码在 5G 中的应用[96],这些更前沿的内容就留给读者自己去追踪和了解了。

本章重要概念

香农在大约 70 年前就天才地告诉了人们通信的极限性能,经过编码界学者 / 从业人员几十年来的不断努力,终于可以接近香农极限了,而这其中的关键就是信道编 / 译码技术了。

简单地说,信道编码的核心就是对信息比特序列 $b = \{b_i\}$ 有目的地加入冗余,得到 c,最终经过信道由接收机得到 y。

- 编码器的设计无非是如何从 b 得到 c。卷积码是一种线性编码,且 $b \mapsto c$ 的转换过程根据状态转移呈现 Markov 的特点(当前输出不依赖过去输出);Turbo 码中含有反馈,加之编码器中所包含的交织器的原因,$b \mapsto c$ 呈现出更多的随机性;LDPC 码尽管是线性码,但是编码思想却也更多地体现随机性。
- 译码器的最终目的无非是尽可能地正确对发送比特给出判断。我们知道从最小化比特误码率的角度，最佳的译码准则应该为 MAP 准则，即根据对数后验概率的比值：

$$LLR(b|\boldsymbol{y}) = \log \frac{P(b_i = 0|\boldsymbol{y})}{P(b_i = 1|\boldsymbol{y})}$$

的正负号来对信息比特 b_i 给出判决 $\hat{b}_i$。

有一个好消息和一个坏消息。坏消息是：尽管 MAP 准则是最优的，但是出于计算复杂度的考虑，是无法承担对每个比特直接实现 MAP 的；好消息呢？人们发现可以将 LLR 的计算"本地化"，并通过迭代的方式不断改进对后验概率的估计。尽管这样做的结果意味着实际中所采用的算法都是次优的，但是这些算法所得到的译码性能却能非常接近极限性能。Turbo 码和 LDPC 码的迭代译码正体现了这种思想。

多输入多输出天线技术（MIMO）

7.1　打破香农极限

考虑等效基带的高斯信道模型：

$$y(t) = x(t) + n(t)$$

其中假设发送信号有功率限制 P，噪声具有 $\mathbb{E}\left[n(t)n^*(t+\tau)\right] = N_0\delta(\tau)$ 的性质。可以把它离散化得到（复数）系统模型：

$$y = x + n$$

其中 $\mathbb{E}\left[|x|^2\right] := E_s \leqslant P/W, n \sim \mathcal{CN}(0, N_0)$。对于离散模型，我们知道平均意义下每个发射符号所能承载的信息，也就是人们常说的**香农信道容量**可以表示为

$$C_{\text{SISO}} = \log_2\left(1 + \frac{E_s}{N_0}\right) \quad \text{bit/符号} \tag{7.1}$$

从第 6 章的学习我们知道，实际系统中所广泛采用的 Turbo 码和 LDPC 码在可以负担的译码复杂度下逼近这个极限。

在式(7.1)中，用下标 SISO（single-input single-output）来表示系统模型的是发射机和接收机的单个天线。现在考虑一个具有 n_t 个发射天线、n_r 个接收天线的多输入/ 多输出（MIMO: multiple-input multiple-output）系统，并把发射天线 j 到接收天

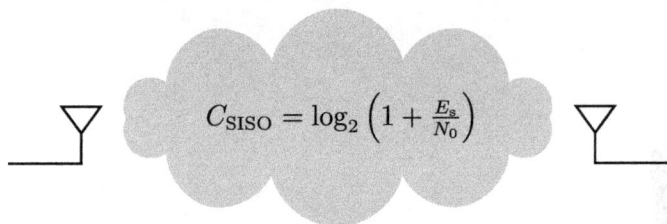

$$C_{\text{SISO}} = \log_2 \left(1 + \frac{E_s}{N_0} \right)$$

图 7-1 单输入 / 单输出天线系统的信道容量

线 i 之间的信道表示为 $h_{i,j}$，这样得到：

$$\begin{pmatrix} y_0 \\ \vdots \\ y_{n_r-1} \end{pmatrix} = \begin{pmatrix} h_{0,0} & \cdots & h_{0,n_t-1} \\ \vdots & \ddots & \vdots \\ h_{n_r-1,0} & \cdots & h_{n_r-1,n_t-1} \end{pmatrix} \begin{pmatrix} x_0 \\ \vdots \\ x_{n_t-1} \end{pmatrix} + \begin{pmatrix} n_0 \\ \vdots \\ n_{n_r-1} \end{pmatrix} \tag{7.2}$$

还可以把上面的公式用矩阵 / 向量形式表示：

$$\boldsymbol{y} = \boldsymbol{H}\boldsymbol{x} + \boldsymbol{n} \tag{7.3}$$

在 MIMO 模型中，人们通常假设发射端的总发射功率保持与 SISO 模型相同，即 $\text{tr}(\boldsymbol{\Sigma_x}) = \sum_j \mathbb{E}\left[|x_j|^2\right] \leqslant E_s$。

在接收端采用多天线技术并不是什么新奇技术，比如在蜂窝移动通信系统中，早在 2G 时代基站就采用了多天线以获得天线增益以及分集增益。然而，由于天线尺寸原因，直到 4G 时代人们才在手机侧也采用了多天线。那么，MIMO 到底会给我们带来什么样的额外的好处呢？

例子 7.1　2 × 2 信道的信道容量

考虑一个 2×2 的 MIMO 系统：

$$\begin{pmatrix} y_0 \\ y_1 \end{pmatrix} = \underbrace{\begin{pmatrix} 1 & i \\ 1 & -i \end{pmatrix}}_{\boldsymbol{H}_1} \begin{pmatrix} x_0 \\ x_1 \end{pmatrix} + \begin{pmatrix} n_0 \\ n_1 \end{pmatrix} \tag{7.4}$$

其中 $\mathbb{E}\left[|x_0|^2\right] = \mathbb{E}\left[|x_1|^2\right] = E_s/2$。

现在考虑一个解调 x_0 的方法：在得到接收向量 $\boldsymbol{y}$ 之后，用 $\boldsymbol{H}_1$ 的第一列（在此

记作 $\boldsymbol{h}_0$) 对接收向量 $\boldsymbol{y}$ 做 "匹配"，那么会有：

$$r_0 := \frac{1}{2}\boldsymbol{h}_0^{\mathsf{H}}\boldsymbol{y} = \frac{1}{2}\begin{pmatrix}1 & 1\end{pmatrix}\begin{pmatrix}1\\1\end{pmatrix} \cdot x_0 + \frac{1}{2}\begin{pmatrix}1 & 1\end{pmatrix}\begin{pmatrix}i\\-i\end{pmatrix} \cdot x_1 + \frac{1}{2}\begin{pmatrix}1 & 1\end{pmatrix}\begin{pmatrix}n_0\\n_1\end{pmatrix}$$

$$= x_0 + \frac{1}{2}(n_0 + n_1)$$

可以看出：经过匹配之后，输出符号中不再含有 x_1 的成分；而 x_0 的输入／输出则可以表示为

$$r_0 = x_0 + n_0' \tag{7.5}$$

的形式，其中噪声 $n_0' = (n_0 + n_1)/2$ 的能量为 $N_0/2$。根据 SISO 信道容量的公式 (7.1)，x_0 的最大传输速率为 $\log_2(1 + E_{\mathrm{s}}/N_0)$ bit/符号。

类似的，如果用 $\boldsymbol{H}_1$ 的第二列（在此记作 $\boldsymbol{h}_1$）对接收向量 $\boldsymbol{y}$ 做 "匹配"，重复上面的简单计算可以得到

$$r_1 = x_1 + n_1' \tag{7.6}$$

的形式，其中 $n_1' = -(n_0 + n_1)/2$ 的功率为 $N_0/2$。因此 x_1 的最大传输速率也为 $\log_2(1 + E_{\mathrm{s}}/N_0)$ bit/符号。

从整个系统来看，由于在每个符号时间发送了两个符号 x_0 和 x_1，因此总共的传输速率为

$$C_{\mathrm{MIMO}} = 2 \cdot \log_2\left(1 + \frac{E_{\mathrm{s}}}{N_0}\right) \quad \text{bit/符号}$$

在上述例子中可以看出：可以通过数字信号处理的方式将 MIMO 信道分解为两个独立的 SISO 信道，尽管每个天线上发射符号的能量减半，但是总的信道容量却是相同功率和带宽条件下的 SISO 信道的两倍！也就是说，在这个例子中，可以**在不增加系统功率和带宽的前提下增加传输速率！**

是不是所有的 MIMO 信道都能带来这样的好处呢？如果读者试着用下面的 2×2 MIMO 信道

$$\boldsymbol{H}_2 = \begin{pmatrix}1 & 1\\1 & 1\end{pmatrix}$$

重复上面的计算过程会发现，无法将这个 MIMO 系统分解为两个独立的 SISO 系

统的。

从这两个例子可以得到下面一些启示：

- 通过采用 MIMO 系统，可以在不增加系统功率和带宽的前提下增加传输速率；
- 并不是所有的 MIMO 信道都能带来更高的信道容量。

一个问题自然而然地出现了：什么样的 MIMO 信道可以提供更大的信道容量呢？

7.2　MIMO 信道容量

Telatar 在[97]中证明了单用户 $n_r \times n_t$ 的 MIMO 系统的信道容量。对于模型

$$\boldsymbol{y} = \boldsymbol{H}\boldsymbol{x} + \boldsymbol{n} \tag{7.7}$$

其中给定 $\boldsymbol{H} \in \mathcal{C}^{n_r \times n_t}$，并假设发射向量 $\boldsymbol{x}$ 的平均（总）能量的最大值为 E_s，噪声为 $\boldsymbol{n} \sim \mathcal{CN}(\boldsymbol{0}, N_0\mathbf{I})$，那么系统（式(7.7)）的最大可靠传输速率可以表示为：

$$R \leqslant C_{\mathrm{MIMO}} = \max_{\mathrm{tr}(\boldsymbol{\Sigma_x}) \leqslant E_s} \log_2 \det \left(\mathbf{I} + \frac{1}{N_0}\boldsymbol{H}\boldsymbol{\Sigma_x}\boldsymbol{H}^{\mathsf{H}}\right) \quad \text{bit/符号} \tag{7.8}$$

其中 $\boldsymbol{\Sigma_x} := \mathbb{E}\left[\boldsymbol{x}\boldsymbol{x}^{\mathsf{H}}\right]$ 表示发射向量的协方差矩阵，符号 $\mathrm{tr}(\cdot)$ 表示矩阵的迹（即对角线元素和），而符号 $\det(\cdot)$ 则表示矩阵的行列式。

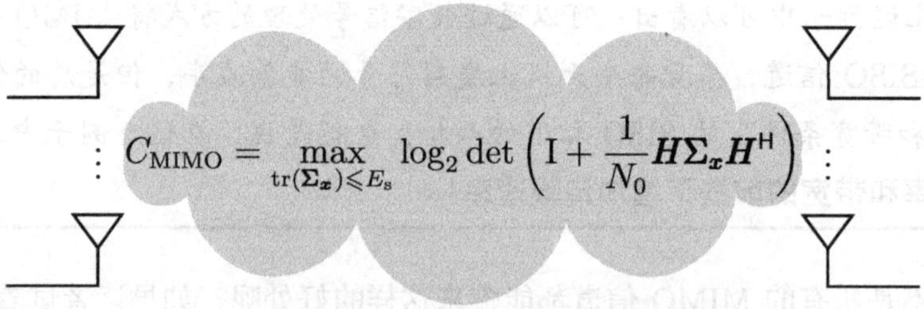

$$C_{\mathrm{MIMO}} = \max_{\mathrm{tr}(\boldsymbol{\Sigma_x}) \leqslant E_s} \log_2 \det \left(\mathrm{I} + \frac{1}{N_0}\boldsymbol{H}\boldsymbol{\Sigma_x}\boldsymbol{H}^{\mathsf{H}}\right)$$

图 7-2　多输入/多输出天线系统的信道容量

在所有满足 $\mathrm{tr}(\boldsymbol{\Sigma_x}) \leqslant E_s$ 的协方差矩阵中，我们根据不同条件来选择相应的 $\boldsymbol{\Sigma_x}$ 来最大化式(7.8)。下面分两种情况来讨论。

7.2.1 只接收端知道信道信息

当只有接收机知道信道信息 H 时（CSIR: channel state information at receiver），[97]中证明最佳的策略是将总发射能量 E_s 平均分配到 n_t 个相互独立的数据流上，即 $\Sigma_x = \frac{E_s}{n_t}\mathbf{I}$，此时系统容量可以表示为：

$$C_{\text{CSIR}} = \log_2 \det\left(\mathbf{I} + \frac{E_s}{n_t N_0} H H^{\mathsf{H}}\right) \tag{7.9}$$

我们将在稍后的第7.4.2.3节中了解一种在理论上可以取得这个信道容量的通信方式。

7.2.2 当发送端、接收端都知道信道信息

我们用 CSIT（CSIT: channel state information at transmitter）来表示发送端、接收端都知道信道信息的情形。相比于 CSIR 的情形，CSIT 假设下发送端可以根据信道取值来设计发送符号。

下面我们来了解基于信道奇异值分解的发送／接收方案：对于 $n_r \times n_t$ 的矩阵 H，从《线性代数》的学习中我们知道 H 的奇异值分解可得：

$$H = U \Lambda V^{\mathsf{H}} \tag{7.10}$$

其中 $U \in \mathcal{C}^{n_r \times n_r}$、$V \in \mathcal{C}^{n_t \times n_t}$ 为酉矩阵[†]；而实数对角矩阵 $\Lambda \in \mathcal{R}^{n_r \times n_t}$ 只在对角线上有非零值 $\lambda_0 \geqslant \lambda_1 \geqslant \cdots \geqslant \lambda_{n_{\min}-1}$，其中 $n_{\min} = \min(n_t, n_r)$。

如图7-3所示，假设发送符号向量 x 由 $\tilde{x}$ 经过预编码 V 所得到，相应的对接收信号向量投影到矩阵 U^{H}，这样的操作在数学上可以表示为：

$$x := V\tilde{x}$$
$$\tilde{y} := U^{\mathsf{H}} y \tag{7.11}$$
$$\tilde{n} := U^{\mathsf{H}} n$$

如果把这样的操作和信道 H 的分解式(7.10)联系起来，就可以把模型（式(7.7)）

[†]酉矩阵具有性质 $UU^{\mathsf{H}} = U^{\mathsf{H}}U = \mathbf{I}$。

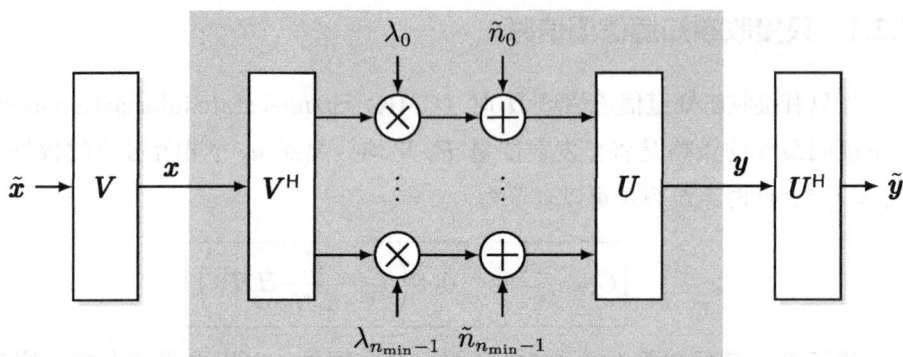

图 7-3 MIMO 信道可以分解为 $n_{\min}$ 个并行信道

转化为：

$$\tilde{\boldsymbol{y}} = \boldsymbol{\Lambda}\tilde{\boldsymbol{x}} + \tilde{\boldsymbol{n}} \tag{7.12}$$

也就是说通过发送端和接收端的处理（式(7.11)，如图7-3所示），可以把 MIMO 信道分解为 $n_{\min}$ 个并行信道：

$$\tilde{y}_i = \lambda_i \tilde{x}_i + \tilde{n}_i, \quad i = 0, \ldots, n_{\min} - 1 \tag{7.13}$$

相应的信道容量可以表示为：

$$C_{\mathrm{CSIT}} = \sum_{i=0}^{n_{\min}-1} \log_2 \left(1 + \frac{E_i^* \lambda_i^2}{N_0} \right) \tag{7.14}$$

其中 E_i^* 的选择需满足总发送能量恒定的条件，即 $\sum_i E_i^* = E_s$。显然，不同的功率分配对应不同的信道容量。可以验证，为了最大化信道容量，最佳功率分配 $E_i^*, i = 0, \ldots, n_{\min} - 1$ 应满足[57]：

$$E_i^* = \left(\mu - \frac{N_0}{\lambda_i^2} \right)^+$$

其中 μ 的取值满足 $\sum_i E_i^* = E_s$，而符号 $(x)^+ := \max(x, 0)$。

上式中 E_i^* 的形式被人们称之为"注水原理"——把寻找最佳能量分配的过程比作一个向容器倒水的过程：该容器的底部不是平的，它有 $n_{\min}$ 个不同深度，每个深度对应式(7.13)中的一个信道并且其高度和该信道的信噪比有着倒数的关系。把所有的水（E_s 这么多）倒入容器，那么每个子信道上看到的水量就是最佳的能量分配了。

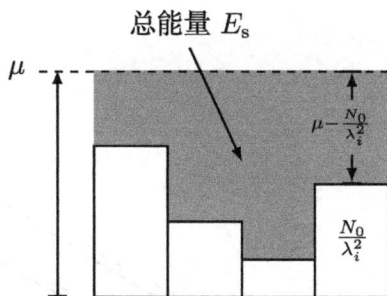

总能量 E_s

μ

$\mu - \dfrac{N_0}{\lambda_i^2}$

$\dfrac{N_0}{\lambda_i^2}$

图 7-4　注水原理示意

也就是说，对应于式(7.8)中的优化条件，CSIT 中最优的协方差矩阵为：

$$\boldsymbol{\Sigma_x} = \boldsymbol{V}[\mathrm{diag}(E_0^*, \ldots, E_{n_{\min}-1}^*)]\boldsymbol{V}^{\mathsf{H}}$$

在第 5 章 OFDM 的学习中我们知道：在 OFDM 中，通过发端的 IFFT 以及接收端的 FFT 操作，可以把频率选择性信道转化为载波间互不干扰的并行信道。在 MIMO 中，通过式(7.11)，也可以把 MIMO 信道转换成并行信道。与 OFDM 系统中所采用的确定的 IFFT/FFT 操作不同，在 MIMO 中，无论是发送端的 $\boldsymbol{V}$，还是接收端的 $\boldsymbol{U}$，都和具体的信道 $\boldsymbol{H}$ 取值有关。鉴于无线信道的复杂性以及时变性，在很多实际应用环境中，想在发送端确切知道信道 $\boldsymbol{H}$ 是一个几乎无法实现的假设。

姑且不看 CSIT 的假设是否现实，它到底能否给我们带来好处呢？如图7-5所示，给出了不同天线数目下 C_{CSIR}（实线所示）与 C_{CSIT}（虚线所示）随 $\mathrm{SNR} := E_s/N_0$ 的变化曲线。

从图7-5可以看出，在高信噪比下，随着天线数目的增加，C_{CSIR} 呈线性增长趋势。相比于 CSIR，CSIT 的优势主要体现在低信噪比条件下。我们可以通过注水原理的图形解释来理解这其中的原因：在给定了信道及噪声值之后，不同信噪比条件下注水过程中的总水量是不同的。当信道比比较低的时候，总水量 E_s 比较小，从7-6左图可以看出最佳的能量分配会将所有能量分配给最强的信道，这和 CSIR 条件下将总能量均匀分配到所有子信道的策略截然不同，因此 CSIT 的性能也将有别于 CSIR 情形；当信道比很高的时候，总水量 E_s 比较大，从7-6右图可以看出每个子信道都将得到能量分配，并且随着信噪比的增大，最佳能量分配将越来越趋向于 CSIR 时的均匀能量分配，因此 CSIT 的性能也将趋近于 CSIR 的性能。

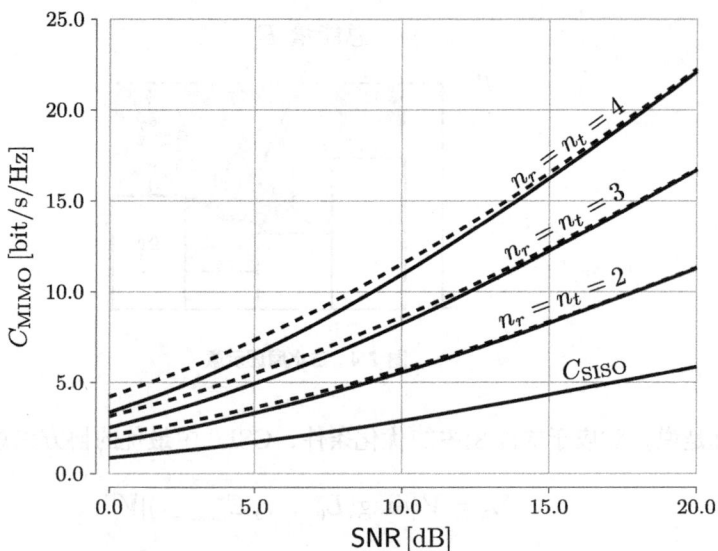

图 7-5   MIMO 信道容量 C_{CSIR}（实线所示）与 C_{CSIT}（虚线所示）随 SNR $:= E_{\mathrm{s}}/N_0$ 的变化曲线

7.2.3   空间自由度

我们在第 4 章中提及过自由度的概念。简单的说，自由度就是我们可以无干扰传输的"并行传输信道"的数目。比如我们知道带宽为 W、时间为 T 的系统可以在传送 WT 个相互独立的（复数）传输；而香农的信息论告诉我们每一次传输所能可靠承载的比特数在高信噪比条件下有 $\log_2 \mathsf{SNR}$ 的形式。

回头看看例子7.1，我们发现在高信噪比条件下，MIMO 系统在每一个 WT 传输中得到 $2\log_2 \mathsf{SNR}$ 的容量，是 SISO 条件下的信道容量的两倍。这相当于将之前的自由度提高了一倍，而这是（天线）空间信号处理带来的好处。对于一般情形下的 MIMO 信道，若在高信噪比下能把信道容量表示为 $kWT\log_2 \mathsf{SNR}$ 的形式，那么就可以说取得了**空间自由度**k。之所以被称之为空间自由度，因为是通过采用空间上的多天线得到这额外的信道容量的。

若将上面的定义和式(7.14)相比较，有：

$$C_{\mathrm{MIMO}} = \sum_{i=0}^{k-1} \log_2 \left(1 + \lambda_i^2 \frac{E_{\mathrm{s}}/k}{N_0} \right) \approx k\log_2 \mathsf{SNR} + \sum_{i=0}^{k-1} \log_2 \left(\frac{\lambda_i^2}{k} \right) \quad \text{（高信噪比）}$$

由于 $k \leqslant \min(n_t, n_r)$，我们可以看出 $n_r \times n_t$ 的 MIMO 信道最多可以提供

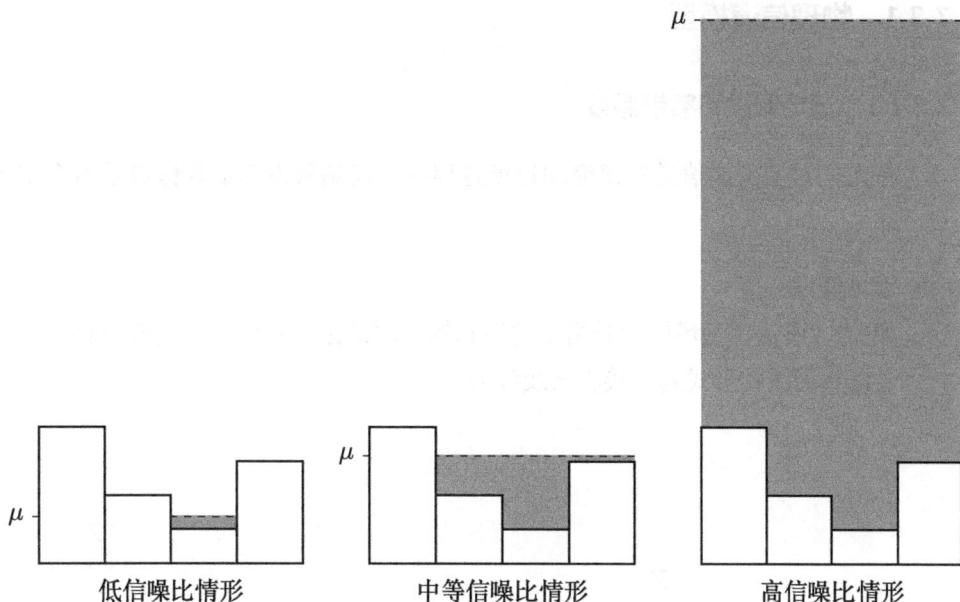

图 7-6　信道能量分配与信噪比的关系

$\min(n_t, n_r)$ 个空间自由度，而具体的取值则取决于 $\boldsymbol{H}$ 的奇异值在分解过程中有多少个非零的奇异值。在《线性代数》中我们曾学习到：非零的奇异值的个数等于矩阵 $\boldsymbol{H}$ 的秩。在第7.1节的两个例子中，信道矩阵 $\boldsymbol{H}_1 = \left(\begin{smallmatrix} 1 & i \\ 1 & -i \end{smallmatrix}\right)$ 的两列相互正交，因此矩阵的秩为 2，对应的空间自由度也为 2；信道矩阵 $\boldsymbol{H}_2 = \left(\begin{smallmatrix} 1 & 1 \\ 1 & 1 \end{smallmatrix}\right)$ 的两列完全相关，矩阵的秩为 1，因此空间自由度和 SISO 系统一样也为 1。

7.3　MIMO 信道

　　MIMO 信道容量和信道矩阵 $\boldsymbol{H}$ 的统计属性有着密切关系，因此有必要对信道属性展开更深入的探讨。类似于第 2 章，讨论将会从物理模型开始，重点介绍无线传播（物理）环境以及无线系统所采用的天线参数是如何决定信道属性的；然后将讨论统计模型以及仿真模型。

7.3.1 物理信道模型

7.3.1.1 远场假设和窄带假设

在人们对多天线信道的研究和建模过程中，**远场假设**和**窄带假设**是两个重要的假设。

- **远场假设**

    如图7-7所示：远场假设是指发送端和接收端的距离足够远，这样我们可以假设信号以平面波的形式到达接收天线阵列。

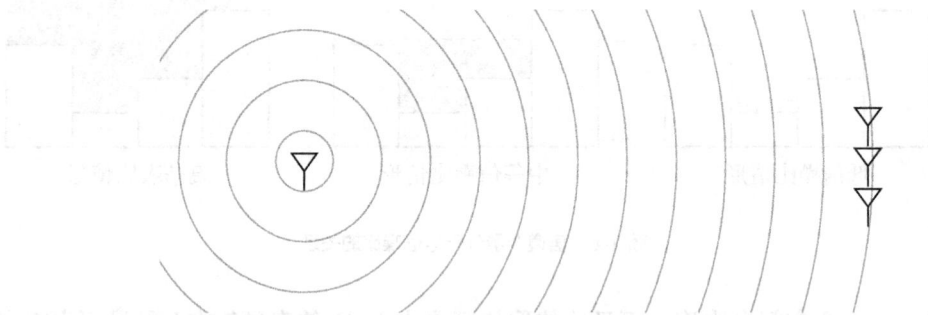

图 7-7 远场假设

- **窄带假设**

    发送信号 $x(t)$ 经过不同的传播时延后到达不同的接收天线。窄带假设指的是不同的 τ_1 和 τ_2、$x(t - \tau_1)$ 和 $x(t - \tau_2)$ 的幅值近似相同（$|x(t - \tau_1)| \approx |x(t - \tau_2)|$）。我们知道时域信号的幅值变化快慢反比于系统带宽 W，因此为了满足窄带假设，需要满足条件：

$$|\tau_1 - \tau_2| \ll \frac{1}{W}$$

7.3.1.2 直达路径下的信道模型

LOS SISO 信道

让我们从最简单的直达路径（LOS: Line-of-Sight）下单输入 / 单输出的信道模型开始讨论。不失一般性，假设发射天线的发送信号 $x(t)$ 到接收天线间的以直达路径传

播，且传播距离为 d，此时响应信号为

$$y_{\mathrm{RF}}(t) = G(\boldsymbol{\Theta}) \, x_{\mathrm{RF}}(t - d/c) + n_{\mathrm{RF}}(t) \tag{7.15}$$

其中 $G(\boldsymbol{\Theta})$ 为接收天线的增益特性。这里用符号 $\boldsymbol{\Theta}$ 来表示包括诸如频率、信号入射角度（包括水平方向角度以及垂直方向角度）、天线极化特性等天线参数的集合。在本章的讨论中，为方便起见，假设 $G(\boldsymbol{\Theta}) = 1$。由式(7.15)可知：

$$h_{\mathrm{RF}}(t, \tau) = \delta(t - d/c) \tag{7.16}$$

根据第 2 章中的推导式(2.19)，式(7.16)所对应的等效基带信道可以表示为[†]：

$$\boxed{h(t, \tau) = \mathrm{e}^{-\mathrm{i}2\pi f_c d/c} \delta(t - d/c)} \tag{7.17}$$

下面把式(7.17)推广到多天线情形。为了简化推导过程，在下面将以均匀直线阵列为例进行讨论[‡]，并将讨论范围局限在时不变情形。

LOS SIMO 信道

单输入 / 多输出（SIMO: single-input multiple-output）SIMO 信道中发射端有 $n_t = 1$ 个天线，接收端有 n_r 个天线。在**窄带假设**下，可以假设不同接收天线上的接收信号在幅值上相同，只是在相位上有所不同，因此可以把（等效基带）接收信号表示为信道向量 $\boldsymbol{h}$ 与发射信号 $x(t)$ 的乘积：

$$\boldsymbol{y}(t) = \boldsymbol{h}x(t) + \boldsymbol{n}(t) \tag{7.18}$$

其中 $\boldsymbol{y}(t) = (y_0(t), \ldots, y_{n_r-1}(t))^\top$，$\boldsymbol{h} = (h_0, \ldots, h_{n_r-1})^\top$，$\boldsymbol{n}(t) = (n_0(t), \ldots, n_{n_r-1}(t))^\top$。

下面我们来寻找 $\boldsymbol{h}$ 的具体表达形式。把发射信号表示为 $x_{\mathrm{RF}}(t)$，并把第 i 个接收天线上的接收信号表示为：

$$y_{\mathrm{RF},i}(t) = x_{\mathrm{RF}}(t - d_i/c)$$

假设均匀直线阵列中相邻天线间的间隔为 $\Delta_r \lambda_c$（其中 λ_c 为载波波长 $\lambda_c = c/f_c$）。

[†]除非特别指出，我们的讨论以等效基带为主，因此省去 h_{BB} 中用于特指基带（baseband）的下标。

[‡]其他的天线阵列（比如均匀环形阵列）对应着其他形式的 $d_{i,j}$。除此之外，等效基带信道的计算流程是一样的。

依据远场假设，如图7-8所示，不难看出：

$$d_i = d + i \cdot \Delta_r \lambda_c \cos \phi_r, \quad i = 0, \ldots, n_r - 1 \tag{7.19}$$

其中 ϕ_r 表示电磁波的入射方向（如图7-8所示）。

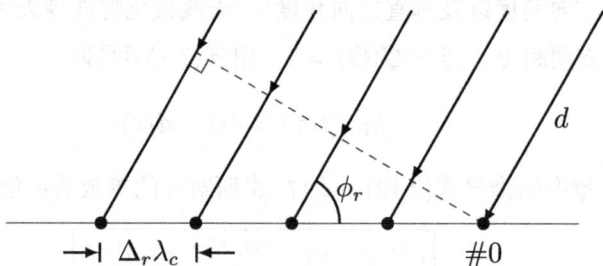

图 7-8 均匀直线阵列

由式(7.17)可知，第 i 个接收天线上的等效基带信道可以表示为：

$$h_i(t) = \mathrm{e}^{-\mathrm{i}2\pi f_c d_i/c} \delta(t - d_i/c) \tag{7.20}$$

$$= \mathrm{e}^{-\mathrm{i}2\pi f_c d/c} \cdot \mathrm{e}^{-\mathrm{i}2\pi i \cdot \Delta_r \Omega_r} \delta(t - d_i/c) \tag{7.21}$$

其中在上式子中定义"方向余弦"：

$$\Omega_r := \cos \phi_r \tag{7.22}$$

在**窄带假设**下，如果把所有 n_r 个天线的信道写成一个向量的形式 $\boldsymbol{h}$，则式(7.18)中的信道 $\boldsymbol{h}$ 为：

$$\boldsymbol{h} = \exp\left(-\frac{\mathrm{i}2\pi f_c d}{c}\right) \begin{pmatrix} 1 \\ \exp(-\mathrm{i}2\pi\Delta_r\Omega_r) \\ \exp(-\mathrm{i}2\pi 2\Delta_r\Omega_r) \\ \vdots \\ \exp(-\mathrm{i}2\pi(n_r-1)\Delta_r\Omega_r) \end{pmatrix} \tag{7.23}$$

对于那些了解阵列信号处理的读者来说，可能对**导引向量**（steering vector）的名称并不陌生，也有人把它称作**空间特征**（spatial signature），其实就是：

$$
\mathbf{e}_r(\Omega_r) := \frac{1}{\sqrt{n_r}}\begin{pmatrix} 1 \\ \exp(-\mathrm{i}2\pi\Delta_r\Omega_r) \\ \exp(-\mathrm{i}2\pi2\Delta_r\Omega_r) \\ \vdots \\ \exp(-\mathrm{i}2\pi(n_r-1)\Delta_r\Omega_r) \end{pmatrix} \tag{7.24}
$$

如果把式(7.18)代入式(7.9)，不难得到 CSIR 条件下的 SIMO 信道容量：

$$
\begin{aligned}
C_{\mathrm{SIMO}} &= \log_2 \det\left(\mathbf{I} + \frac{E_\mathrm{s}}{N_0}\boldsymbol{h}\boldsymbol{h}^{\mathsf{H}}\right) = \log_2\left(1 + \frac{E_\mathrm{s}}{N_0}\|\boldsymbol{h}\|^2\right) \\
&= \log_2\left(1 + \frac{E_\mathrm{s}}{N_0}\sum_i |h_i|^2\right)
\end{aligned} \tag{7.25}
$$

我们看到：**SIMO 信道只能提供能量增益，不能提供空间自由度。**

LOS MISO 信道

MISO 信道中有 n_t 个发射天线，$n_r = 1$ 个接收天线。不失一般性，可以把 MISO 信道的等效基带输入／输出模型表示为：

$$
y(t) = \boldsymbol{h}^{\mathsf{H}}\boldsymbol{x}(t) + n(t) \tag{7.26}
$$

其中 $\boldsymbol{h}(t) = (h_0(t), \ldots, h_{n_t-1}(t))^{\top}$，而 $h_j, 0 \leqslant j \leqslant n_t-1$ 用于表示第 j 个发射天线到接收天线间的等效基带信道。仿照之前的推导，如果我们定义发送端的空间特征向量为：

$$
\mathbf{e}_t(\Omega_t) := \frac{1}{\sqrt{n_t}}\begin{pmatrix} 1 \\ \exp(-\mathrm{i}2\pi\Delta_t\Omega_t) \\ \exp(-\mathrm{i}2\pi2\Delta_t\Omega_t) \\ \vdots \\ \exp(-\mathrm{i}2\pi(n_t-1)\Delta_t\Omega_t) \end{pmatrix} \tag{7.27}
$$

其中 $\Omega_t := \cos\phi_t$（ϕ_t 表示发送天线与接收天线间无线电波的传输方向），那么 $\boldsymbol{h}$ 可以表示为：

$$\boldsymbol{h} = \sqrt{n_t} \exp\left(-\frac{\mathrm{i}2\pi f_c d}{c}\right) \mathbf{e}_t(\Omega_t) \tag{7.28}$$

如果把式(7.28)代入式(7.9)，不难得到 CSIR 条件下的 MISO 信道容量：

$$\begin{aligned} C_{\mathrm{MISO}} &= \log_2 \det\left(\mathbf{I} + \frac{E_{\mathrm{s}}}{n_t N_0} \boldsymbol{h}^{\mathsf{H}} \boldsymbol{h}\right) \\ &= \log_2\left(1 + \frac{E_{\mathrm{s}}}{n_t N_0} \sum_j |h_j|^2\right) \end{aligned} \tag{7.29}$$

我们看到：与 SIMO 情形一样，**MISO 信道只能提供能量增益，不能提供空间自由度。**

LOS MIMO 信道

MIMO 信道中有 n_t 个发射天线，n_r 个接收天线，而系统输入／输出关系可以表示为：

$$\boldsymbol{y}(t) = \boldsymbol{H}\boldsymbol{x}(t) + \boldsymbol{n}(t) \tag{7.30}$$

将式(7.19)的计算加以推广，则有：

$$d_{i,j} = d + i \cdot \Delta_r \lambda_c \cos\phi_r - j \cdot \Delta_t \lambda_c \cos\phi_t, \quad \begin{smallmatrix} i=0,\dots,n_r-1 \\ j=0,\dots,n_t-1 \end{smallmatrix}$$

对应的等效基带信道为：

$$h_{i,j} = \exp\left(-\frac{\mathrm{i}2\pi f_c d}{c}\right) \exp(-\mathrm{i}2\pi i \Delta_r \Omega_r) \exp(\mathrm{i}2\pi j \Delta_t \Omega_t) \tag{7.31}$$

其中 $\Omega_r = \cos\phi_r, \Omega_t = \cos\phi_t$。

由式(7.31)可以把直达路径条件下的 MIMO 信道 $n_r \times n_t$ 信道矩阵 $\boldsymbol{H} = [h_{i,j}]$ 表示为：

$$\boldsymbol{H} = \sqrt{n_t n_r} \exp\left(-\frac{\mathrm{i}2\pi f_c d}{c}\right) \mathbf{e}_r(\Omega_r) \mathbf{e}_t^{\mathsf{H}}(\Omega_t) \tag{7.32}$$

如果把(7.32)和奇异值分解的定义式相对比，不难发现(7.32)中的信道 $\boldsymbol{H}$ 的秩只有 1，**因此直达路径 MIMO 信道中的空间自由度只有 1。**

7.3.1.3 空间自由度的取得、可分辨角度及天线方向图

有了之前直达路径下信道模型的分析，现在就可以在此基础上讨论更一般的 MIMO 信道了。

空间自由度的取得

比如考虑图7-9中的情形：两个发射天线相隔足够远，到接收天线距离相同，且增益也相同。假设两个发射天线到达接收天线阵列的角度分别为 $\phi_{r,0}$ 和 $\phi_{r,1}$，那么相应的 $n_r \times 2$ 的 MIMO 信道可以表示为：

$$H = \begin{pmatrix} | & | \\ \boldsymbol{h}_0 & \boldsymbol{h}_1 \\ | & | \end{pmatrix} \tag{7.33}$$

其中

$$\boldsymbol{h}_j = \sqrt{n_r} \exp\left(-\frac{\mathrm{i}2\pi f_c d}{c}\right) \mathbf{e}_r(\Omega_{r,j}), \quad j = 0, 1$$

其中 $\Omega_{r,j} = \cos\phi_{r,j}, j = 0, 1$。

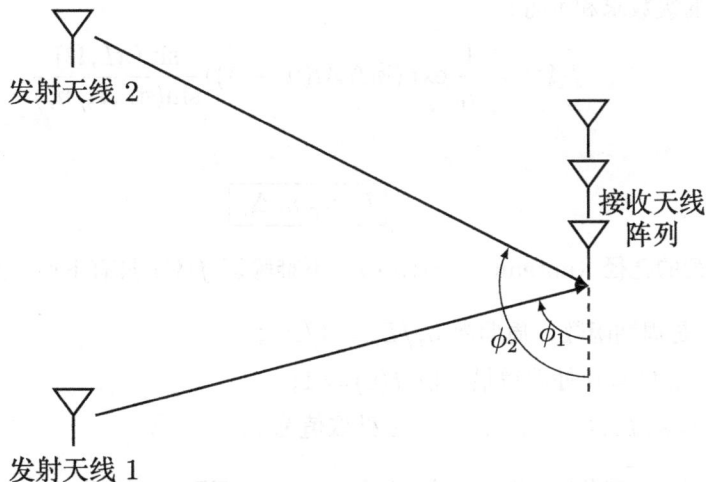

图 7-9 多径 MIMO 信道

回到我们对 MIMO 信道容量的讨论，一个自然而然的问题就是式(7.33)中的信道

矩阵 H 是否能够提供空间自由度，也就是说 H 的秩是否为 2？文献[11]中的推导告诉我们，若定义：

$$|\cos\theta| := |\mathbf{e}_r^{\mathsf{H}}(\Omega_{r,0})\mathbf{e}_r(\Omega_{r,1})| \tag{7.34}$$

那么矩阵 H 的两个奇异值可以分别表示为：

$$\lambda_0^2 = n_r(1 + |\cos\theta|), \quad \lambda_1^2 = n_r(1 - |\cos\theta|),$$

因此矩阵的秩和 $\cos\theta$ 的取值密切相关。显然，当 $|\cos\theta| \to 1$ 时，$\lambda_1^2 \to 0$ 时，将失去一个自由度。

天线阵列的可分辨角度

什么条件下会出现 $|\cos\theta| \to 1$ 呢？让我们定义：

$$\Omega := \Omega_{r,0} - \Omega_{r,1}$$

并定义函数[†]：

$$f(\Omega) := \mathbf{e}_r^{\mathsf{H}}(\Omega_{r,0})\mathbf{e}_r(\Omega_{r,1}) \tag{7.35}$$

简单的级数求和可得：

$$f(\Omega) = \frac{1}{n_r}\exp(\mathrm{i}\pi\Delta_r\Omega(n_r-1))\frac{\sin(\pi L_r\Omega)}{\sin(\pi L_r\Omega/n_r)} \tag{7.36}$$

其中

$$\boxed{L_r := n_r\Delta_r}$$

为天线阵列的孔径（antenna aperture）。不难验证 $f(\Omega)$ 具有下面一些性质：

- $f(\Omega)$ 是周期函数，周期为 $n_r/L_r = 1/\Delta_r$；
- $f(\Omega)$ 在 $\Omega = 0$ 处取得最大值 $f(0) = 1$；
- 在 $\Omega = k/L_r, k = 1, \dots, n_r - 1$ 处取值为 0。

作为例子，我们在图7-10中给出了 $L_r = 8$，不同 n_r 情形下的 $|f(\Omega)|$ 的曲线。除了可以从图中验证上面一些数学性质之外，如果我们把 $|f(\Omega)| \approx 1$ 的区域称作一个

[†]在这个定义下 $|\cos\theta| = |f(\Omega)|$。

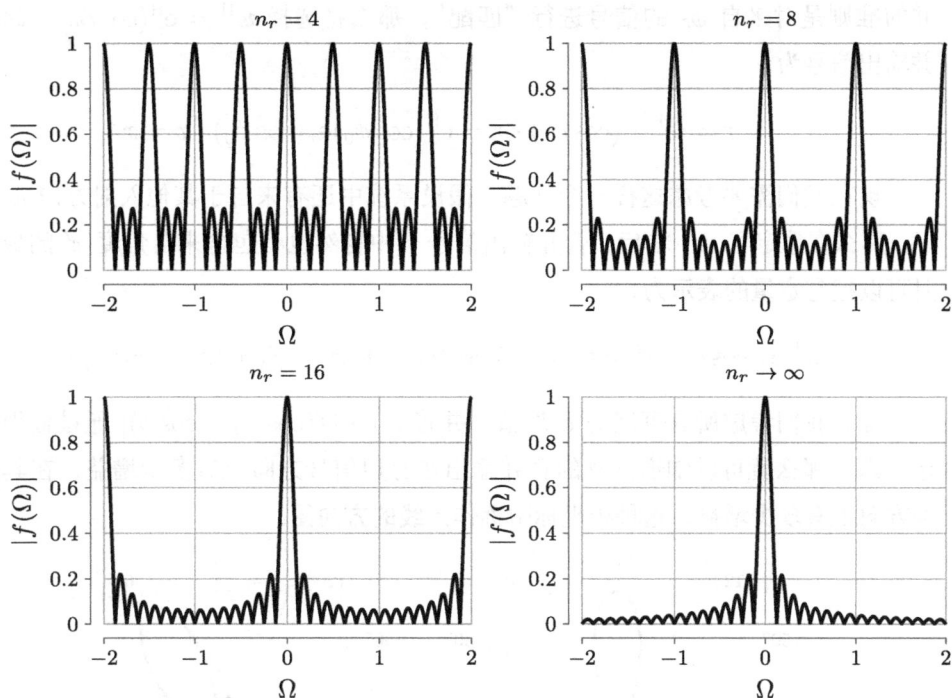

图 7-10 $|f_r(\Omega_r)|$ 在 $L_r = 8$，**不同** n_r **情形下的曲线**

"主瓣"的话，那么还可以看出在 L_r 取值一定的条件下，$|f(\Omega)|$ 的主瓣宽度并不随着 n_r 的不同而不同，都是 $2/L_r$。数学定义上 $|f(\Omega)| \approx 1$ 意味着两个向量非常相似；在这里只意味着两个入射方向非常相似，也就是说我们是无法区分这两个入射角度的。正因为如此，上式中的 $1/L_r$ 实际上定性地描述了天线阵列对不同方向入射角度的**角度的分辨率**，因此天线孔径 L_r 也成为阵列处理中最重要的基本参数之一。

天线方向图

在阵列信号分析中，人们有时会通过把天线阵列在不同方向上的响应通过图形化的方式来表示，这被称之为**天线方向图**。

让我们以接收天线阵列为例来了解天线方向图（发射天线阵列的方向图原理相同）。我们在第7.3.1.2节中讲到，对于来自如何角度为 ϕ_0 的信号 x，天线阵列的响应为 $\mathbf{e}_r(\cos\phi_0) \cdot x$。假设对不同接收天线上的信号通过信号处理方式进行合并，并且合

并的准则是对来自 ϕ_0 的信号进行"匹配"，那么将选择 $\boldsymbol{w}^{\mathsf{H}} = \mathbf{e}_r^{\mathsf{H}}(\cos\phi_0)$，此时的合并输出信号为：

$$r = \boldsymbol{w}^{\mathsf{H}}\mathbf{e}_r(\cos\phi_0) \cdot x = \mathbf{e}_r^{\mathsf{H}}(\cos\phi_0)\mathbf{e}_r(\cos\phi_0) \cdot x = x$$

现在我们需要考虑这样一个问题：假设系统中还有来自于其他入射方向 ϕ 的信号 x'，那么在选定了 $\boldsymbol{w}^{\mathsf{H}}$ 之后，合并输出信号 r 中自然也将包含来自角度 x' 的成分，并且可以把它定量的表示为：

$$\boldsymbol{w}^{\mathsf{H}}\mathbf{e}_r(\cos\phi) \cdot x' = \mathbf{e}_r^{\mathsf{H}}(\cos\phi_0)\mathbf{e}_r(\cos\phi) \cdot x' = f(\cos\phi_0 - \cos\phi) \cdot x'$$

如果我们考虑所有可能的 ϕ 取值，并将 $\phi \mapsto |f(\cos\phi_0 - \cos\phi)|$ 通过极坐标图表示出来，那么就可以知道阵列的合并输出在有用信号方向上有多少增益，在其他非信号方向上有多少增益，这种极坐标图称作**天线的方向图**。

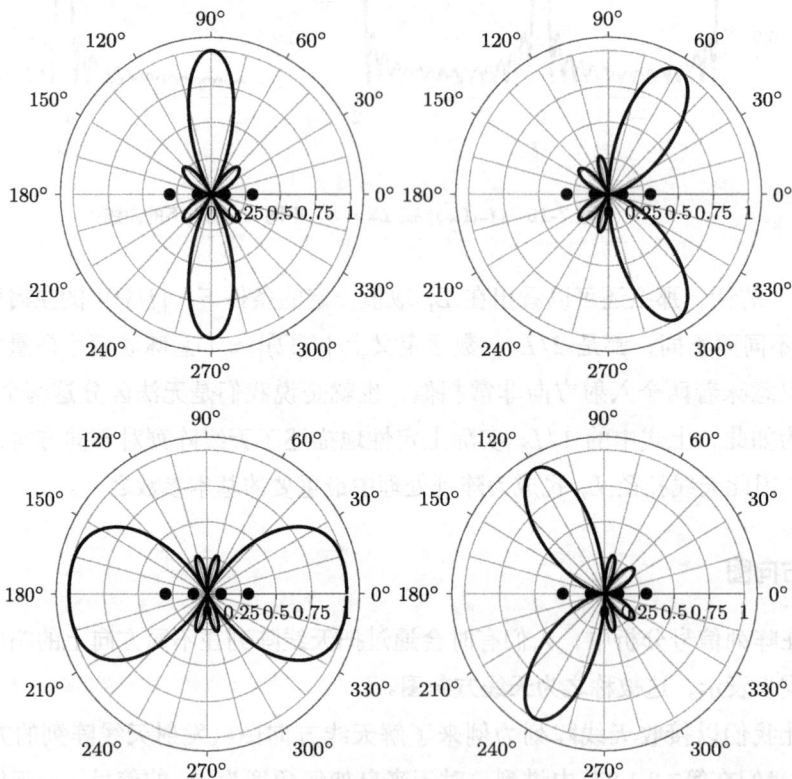

图 7-11 $\Delta_r = 1/2, n_r = 4, L_r = 2$ 的均匀直线阵列在 $\Omega = \cos\phi_0 = \{0, 1/2, 1, 3/2\}$ 方向的天线阵列方向图

空间自由度与物理参数间的关系

在第7.3.1.3节的例子中，通过将两个发射天线分离得足够远，可以取得空间自由度。在实际的点到点的信号传输过程中，由于物理尺寸的限制，在很多时候是无法随意增加天线间距离的。

例子 7.2 天线尺寸

假设接收天线阵列的孔径为 $L_r = 4$，此时需要方向余弦 $\Omega = 1/L_r = 1/4$ 以取得空间自由度（$\phi = 75.5°$）。若发射天线和接收天线间的距离为 1km，那么通过简单的三角函数的计算可以得到"两个发射天线的间距需要有 1.31 km"的结果！

然而从数学角度，为了得到满秩的信道 $\boldsymbol{H}$，事实上只是需要（从接收天线阵列看来）可以分辨的入射路径，而不在乎这些角度所对应的发射天线是否在物理上有着很大的间距。换句话说，如果传播环境如图7-12所示的那样，尽管两个发射天线相隔很近，但是由于信道的反射，接收机同样可以看到可分辨的两径，因此同样可以取得空间自由度。

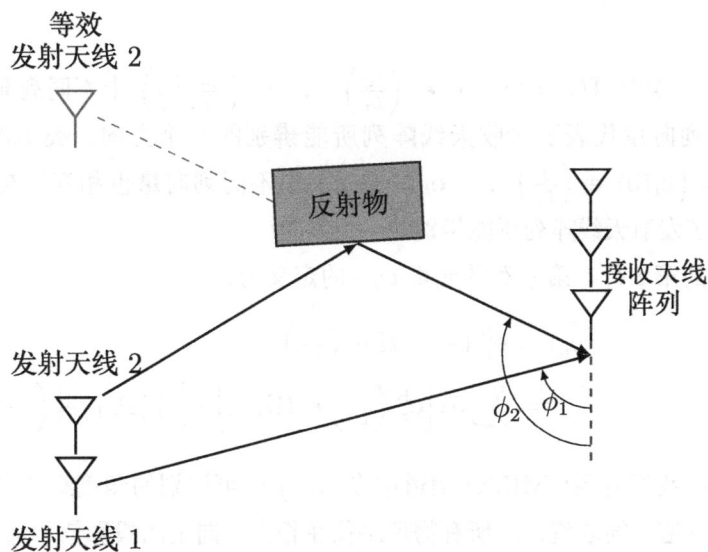

图 7-12 多径 MIMO 信道可以帮助小尺寸的天线阵列得到等效发射天线 2 的效果

我们曾经在之前的章节多次讨论过多径信道对通信系统的影响，且大多时候都是"负面影响"，比如它会带来符号间干扰等等。但是在这里，我们看到多径传播也是可以带来好处的——即使天线阵列的物理尺寸有限，但是却可以通过信道中的多径传播得到更大的等效到达角度扩展，帮助接收机对不同信号进行分辨，从而实现 MIMO 系统所可能带来的空间自由度！

对于一个任意的多径 MIMO 信道，可以把第7.3.1.2节的单径信道加以推广得到表达式：

$$H = \sum_k \tilde{a}_k \mathbf{e}_r(\Omega_{r,k}) \mathbf{e}_t^{\mathsf{H}}(\Omega_{t,k}) \tag{7.37}$$

假设发送端所有物理路径中 $\Omega_{t,k}$ 的取值范围为 $\mathcal{T}$；相应的假设接收端所有物理路径的方向余弦 $\Omega_{r,i}$ 的取值范围为 $\mathcal{R}$。现在的问题是：这样的信道有多少空间自由度呢？

在 MIMO 信道中，重要的不是哪一条特定的路径所对应的角度，而是所有路径中在发送端／接收端是否可以分辨。为了定性地分析信道是否具有可以分辨的方向，可以把式(7.37)中的物理信道以角度分辨率来"量化"而得到近似表示：

$$H \approx U_r \Omega U_t^{\mathsf{H}} \tag{7.38}$$

式中：

- $n_r \times n_r$ 矩阵 $U_r = \left(\mathbf{e}_r(0), \mathbf{e}_r\left(\frac{1}{L_r}\right), \ldots, \mathbf{e}_r\left(\frac{n_r-1}{L_r}\right)\right)$ 中不同列向量相互正交，每一个列向量代表了接收天线阵列所能辨别的一个方向；类似的，$n_t \times n_t$ 矩阵 $U_t = \left(\mathbf{e}_t(0), \mathbf{e}_t\left(\frac{1}{L_t}\right), \ldots, \mathbf{e}_t\left(\frac{n_t-1}{L_t}\right)\right)$ 中不同列向量也相互正交，每一个列向量代表了发射天线阵列所能辨别的一个方向[†]。

- Ω 中的第 i 行、第 j 列的元素 $\omega_{i,j}$ 的定义为：

$$\begin{aligned}\omega_{i,j} &= \mathbf{e}_r^{\mathsf{H}}\left(\frac{i}{L_r}\right) H \mathbf{e}_t\left(\frac{j}{L_t}\right) \\ &= \sum_k \tilde{a}_k\left[\mathbf{e}_r^{\mathsf{H}}\left(\frac{i}{L_r}\right)\mathbf{e}_r(\Omega_{r,k})\right] \cdot \left[\mathbf{e}_t^{\mathsf{H}}(\Omega_{t,k})\mathbf{e}_t\left(\frac{j}{L_t}\right)\right]\end{aligned}$$

上式中我们看到：MIMO 信道中在 (i,j) 个可识别的角度组合中所对应的"角度离散信道"的取值，由所有物理路径在相应方向上的投影值相加而得。在概念上，

[†]需要特别指出的是，尽管这里 U_r 和 U_t 的具体取值形式是在采用了全方向均匀直线阵列的假设下得到的（因此对其他形式的天线阵列不具有一般性），但是这种按照阵列可识别角度对物理信号进行分解的方法是通用的。

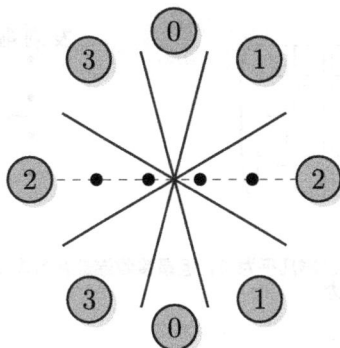

图 7-13 $\Delta_r = 1/2, n_r = 4, L_r = 2$ 的均匀直线阵列的角度分辨图

与第 2 章中研究物理信道到离散信道的转化过程中将 $h(t, \tau)$ 中的连续时间 τ 以系统在时域分辨单位 $1/W$ 来离散化是非常相似的。在这里，$\omega_{i,j}$ 则表示了物理信道在发送方向 j 和接收方向 i 上的量化结果；矩阵 Ω 则可以理解为所有发送方向和接收方向上，信道在可分辨方向上"耦合"结果，因此姑且让我们称之为**方向性耦合信道**。由于 U_r 和 U_t 是正交矩阵，由式(7.38)可得：

$$\Omega = U_r^H H U_t \tag{7.39}$$

正如之前讲到的，在可分辨的角度上的信道才能带来空间自由度，因此，方向性耦合信道的表示方法提供了一个理解物理信道传播环境（角度扩展等）和系统参数（天线阵列参数）是如何共同作用来提供空间自由度的。通过对方向性耦合信道的矩阵秩的分析，就可以定性地判断 MIMO 信道的空间自由度了。下面以 4×4 情形来讨论 Ω 的几种可能性。

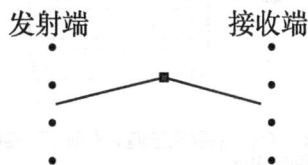

图 7-14 Ω_1：LOS MIMO 情形，空间自由度为 1

- Ω_1：这对应于第7.3.1.2节提到的直达路径下的 MIMO 信道。此时无论在发送还是

$$\Omega_2 = \begin{pmatrix} \blacksquare & \square & \square & \square \\ \blacksquare & \square & \square & \square \\ \blacksquare & \square & \square & \square \\ \blacksquare & \square & \square & \square \end{pmatrix}$$

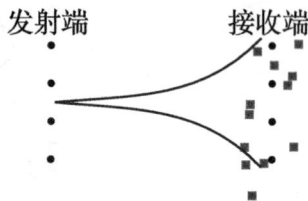

图 7-15 Ω_2：发射端角度扩展几乎为 0，但是接收端却有着丰富的散射环境。尽管如此，方向性耦合信道的秩为 1，空间自由度为 1

$$\Omega_3 = \begin{pmatrix} \blacksquare & \square & \square & \square \\ \square & \blacksquare & \square & \square \\ \square & \square & \blacksquare & \square \\ \square & \square & \square & \blacksquare \end{pmatrix}$$

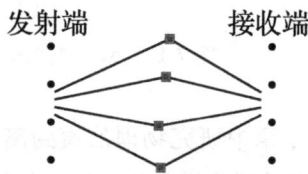

图 7-16 Ω_3：信道包含了 4 径，并且在发射端和接收端都是可分辨的。不难看出方向性耦合信道满秩，因此空间自由度为 4

$$\Omega_4 = \begin{pmatrix} \blacksquare & \blacksquare & \blacksquare & \blacksquare \\ \blacksquare & \blacksquare & \blacksquare & \blacksquare \\ \blacksquare & \blacksquare & \blacksquare & \blacksquare \\ \blacksquare & \blacksquare & \blacksquare & \blacksquare \end{pmatrix}$$

图 7-17 Ω_4：发射端和接收端都含有丰富的散射环境。方向性耦合信道满秩，因此空间自由度为 4

$$\Omega_5 = \begin{pmatrix} \blacksquare & \blacksquare & \blacksquare & \blacksquare \\ \blacksquare & \square & \square & \square \\ \blacksquare & \square & \square & \square \\ \blacksquare & \square & \square & \square \end{pmatrix}$$

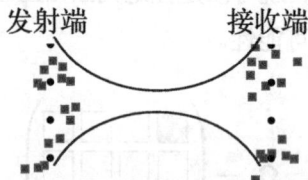

图 7-18 Ω_5：钥匙孔信道。发射端和接收端都含有丰富的散射环境，但是信道中含有钥匙孔特性，得不到空间自由度

接收方向都只有一个非零值，因此矩阵的秩为 1，不能提供空间自由度。

- Ω_2：发射端的角度扩展很小，无法在发射端得到可分辨的多径；接收端存在丰富的散射环境，因此在所有方向上都提供可分辨的方向。具体到矩阵 Ω 上，Ω_2 还是得不到空间自由度。

- $\boldsymbol{\Omega}_3$：理想情形。发射端的方向图和接收端的方向图正好耦合，$\boldsymbol{\Omega}_3$ 为对角矩阵，可以提供空间自由度 4。

- $\boldsymbol{\Omega}_4$：无论是发射端还是接收端都有丰富的散射环境，因此 $\boldsymbol{\Omega}_4$ 矩阵中所有元素都是非零的，可以提供空间自由度 4。

- $\boldsymbol{\Omega}_5$：所谓的钥匙孔（Keyhole）信道。尽管发射端和接收端存在丰富散射环境，但是物理信道传播过程中信号在某处（空间上）集中在一起，类似自然光通过钥匙孔的现象。此时发射端到钥匙孔、钥匙孔到接收端的信道的秩都是 1，整个系统的自由度也只是 1。

7.3.2　统计信道模型

尽管上节介绍的 MIMO 物理信道模型、尤其是方向性耦合信道有助于帮助我们理解空间自由度与物理参数之间的关系，但是在我们做系统性能评估时，可能会倾向于更简单的统计信道模型。

本节我们从简单的平坦衰落信道开始讨论。我们将把第 2 章中的 Clarke 时域模型推广到天线阵列情形（参见图7-19）：

- 移动台一侧有着丰富的散射环境，电波角度 θ_n 在 360° 方向均匀分布（Clarke 模型）；移动台侧看到的最大多普勒为 f_m

- 基站侧采用多天线，且电波入射角度服从均匀分布：

$$f_\Phi(\varphi) = \begin{cases} \frac{1}{2\Delta} & \text{当 } -\Delta + \varphi_0 \leqslant \varphi \leqslant \Delta + \varphi_0, \\ 0 & \text{其他.} \end{cases} \tag{7.40}$$

其中 φ_0 为平均入射角，Δ 为入射角度扩展；并且 φ 和时域信道参数 θ_n 相互独立。

考虑 $n_r \times 1$ 的上行链路信道向量：

$$\boldsymbol{h}(t) = \sum_{n=0}^{N-1} a_n \mathrm{e}^{-\mathrm{i}(2\pi f_m \cos\theta_n t + \phi_n)} \mathbf{e}_r(\Omega_{r,n}) \tag{7.41}$$

上式中第 n 径（相对于接收天线阵列）的方向余弦为 $\mathbf{e}_r(\Omega_{r,n})$（$\Omega_{r,n} = \cos\varphi_{r,n}$）。

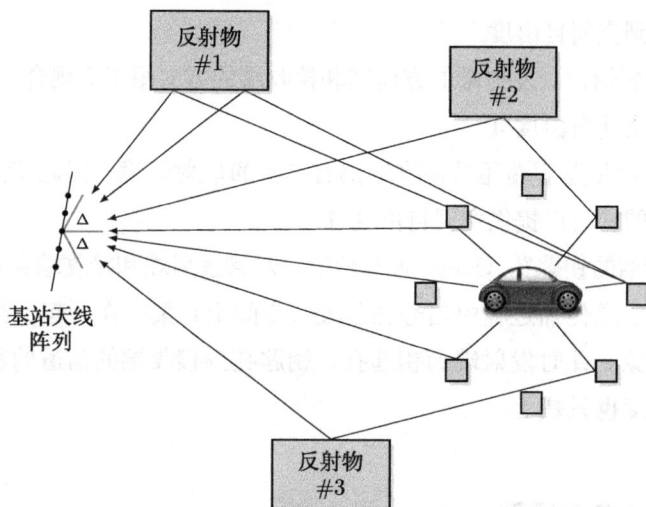

图 7-19 接收天线入射角分布

Naguib 在文献[98]中证明信道的相关矩阵可以表示为：

$$\mathbb{E}\left[\boldsymbol{h}(t)\boldsymbol{h}^{\mathsf{H}}(t+\tau)\right] = J_0(2\pi f_m\tau)\cdot\boldsymbol{R}_s \tag{7.42}$$

上式中的第一项 $J_0(2\pi f_m\tau)$ 我们并不陌生，它是由于移动台的移动带来的信道在时间上的相关性；第二项为阵列空间相关矩阵，定义为：

$$\boldsymbol{R}_s := \int_{-\pi}^{+\pi} \mathbf{e}_r(\varphi)\mathbf{e}_r^{\mathsf{H}}(\varphi)f_\Phi(\varphi)\,\mathrm{d}\varphi$$

在式(7.40)假设下有：

$$\boldsymbol{R}_s = \frac{1}{2\Delta}\int_{-\Delta+\varphi_0}^{+\Delta+\varphi_0} \mathbf{e}_r(\varphi)\mathbf{e}_r^{\mathsf{H}}(\varphi)\,\mathrm{d}\varphi$$

不失一般性，让我们考虑天线阵列中任意两个间隔为 d 的两个天线 i 与天线 j 之间的相关性。如图7-20所示，让我们定义入射角度与两天线中线的夹角为 ψ，那么在入射角度服从均匀分布条件下[99]：

$$\begin{aligned}
\Re\{\boldsymbol{R}_s(i,j)\} &= J_0(z) + 2\sum_{\ell=1}^{\infty} J_{2\ell}(z)\cos\left(2\ell\psi\right)\frac{\sin(2\ell\Delta)}{2\ell\Delta} \\
\Im\{\boldsymbol{R}_s(i,j)\} &= 2\sum_{\ell=0}^{\infty} J_{2\ell+1}(z)\sin\left((2\ell+1)\psi\right)\frac{\sin\left((2\ell+1)\Delta\right)}{(2\ell+1)\Delta}
\end{aligned} \tag{7.43}$$

其中 $z := 2\pi f_c d / c = 2\pi d / \lambda_c$。

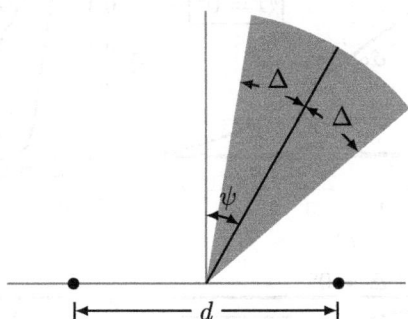

图 7-20 ψ 定义的图形解释

有了式(7.43)，我们可以看看空间天线间的相关性大小和物理信道的属性（入射角度）之间的关系：

- 首先看一个特例：若在式(7.43)中，入射角度在 2π 角度均匀分布（$\Delta = \pi$），此时会有 $\frac{\sin(2\ell\Delta)}{2\ell\Delta} = \frac{\sin((2\ell+1)\Delta)}{(2\ell+1)\Delta} = 0$，因此

$$\Re\{\boldsymbol{R}_s(i,j)\} = J_0(z), \quad \Im\{\boldsymbol{R}_s(i,j)\} = 0 \tag{7.44}$$

  读者可能会发现，式(7.44)的 $\boldsymbol{R}_s(i,j) = J_0(2\pi d/\lambda_c)$ 和第 2 章中的 Clarke 模型的相关函数（式(2.57)）的 $R_{gg}(\tau) = J_0(2\pi f_m \tau)$ 有着类似的形式。这并不是巧合——计算的都是空间两点间的相关系数，无论这两点间的距离是某段时间内移动带来的 $v\tau$，还是空间摆放的两个物理天线的间距 d。在时域模型中，最大多普勒频偏 $f_m = v/\lambda_c$，因此 $R_{gg}(\tau) = J_0(2\pi v\tau/\lambda_c)$。在这个表达式中，$v\tau$ 正是移动台在 τ 时间内的移动距离。

- 对于更一般的情形（$\Delta \neq \pi$），让我们通过图形7-21来看看空间信号包络的相关系数（spatial envelop correlation coefficient）$\rho_s := |\boldsymbol{R}_s(i,j)|^2$ 的取值。尽管 ρ_s 的具体取值依赖于 ψ 和 Δ 的具体取值，但是我们可以看出如下的趋势：ψ 越小或者 Δ 越大都将有助于得到更小的相关值。

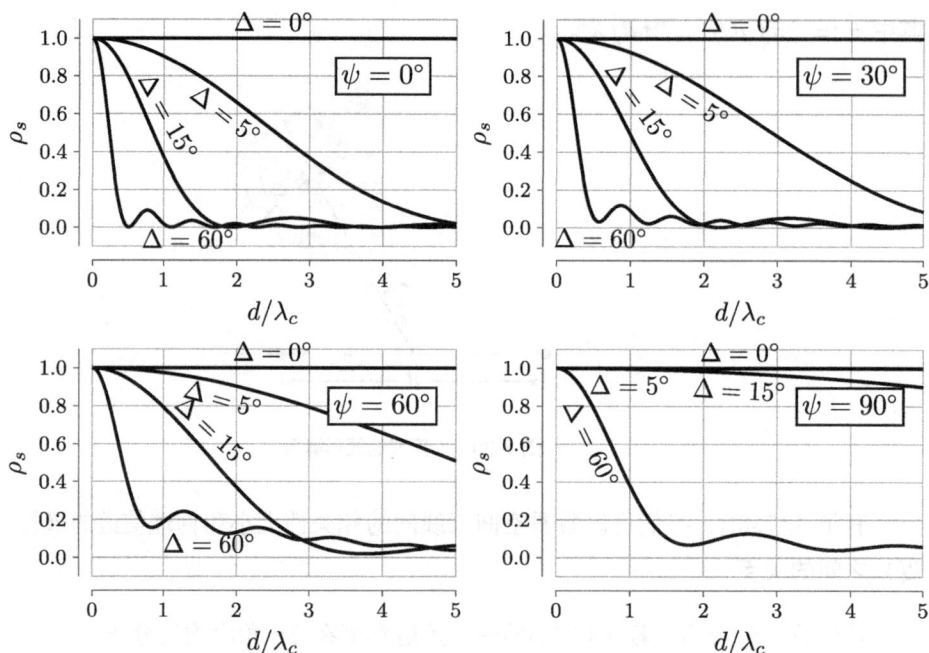

图 7-21 不同平均入射角度 ψ 和不同角度扩展 Δ 取值下的空间信号包络的相关系数 $\rho_s = |R_s|^2$ 的曲线

概念 7.1 分集接收系统中的天线间距

我们将会在稍后的第 9 章了解无线通信系统中的分集接收技术。简单地说，分集接收技术的本质就是通过某些途径以使得接收机得到多个发射信号的拷贝，并且我们希望这些拷贝尽量不相关（以减小它们同时处于深衰落的概率）从而提高系统的性能。

当我们通过空间多天线来实现分集接收时，一个自然而然的问题就是：**天线间距应该多大？** 根据上面的讨论，我们知道在很大意义上，天线间的相关性取决于角度扩展 Δ 的大小。如图7-19（或图2-12）所示，我们发现在宏蜂窝的系统中：

- 移动终端一侧可能会有很多散射 / 反射体，因此信号具有很大的入射角度扩展。从图7-21中我们不难得到类似半波长（$\lambda_c/2$）的天线间距足够了的结论；相信很多读者曾经在文献中看到过类似的结论。
- 基站侧情况就很不相同了。很有可能由于架设高度的原因使得基站侧看不到什么散射／反射体，因此造成很小的角度扩展。从图7-21中我们知道：此时为了得到小的相关系数，需要增大 d 的取值。读者可能会在一些文献中看到类似基站侧天线间距须在 $10\lambda_c$ 量级上的经验结论。

7.3.3 实例：LTE 系统评估中所采用的 MIMO 信道模型

通过我们之前的介绍可以看出：MIMO 系统的信道容量和空间信道的统计特性密切相关。因此，在设计以及评估 MIMO 系统性能时需要一个能反映实际物理环境的信道模型。

假设信道服从高斯分布 $h_{i,j} \sim \mathcal{CN}(0,1), 0 \leqslant i \leqslant n_r - 1, 0 \leqslant j \leqslant n_t - 1$，那么从统计特性角度看，二阶统计特性则可以完全描述信道的属性。具体来说：如果用 $\text{vec}(\boldsymbol{H})$ 来表示把 $\boldsymbol{H}$ 中的列向量叠在一起的 $n_t n_r \times 1$ 列向量，那么 $n_t n_r \times n_t n_r$ 相关矩阵

$$\boldsymbol{R_H} := \mathbb{E}\left[\text{vec}(\boldsymbol{H})\,\text{vec}(\boldsymbol{H})^{\mathsf{H}}\right] \tag{7.45}$$

则可以完全描述随机矩阵 $\boldsymbol{H}$。然而用式(7.47)的方式来描述 MIMO 信道有两个缺点：（1）相关矩阵尺寸比较大，因此计算复杂度大；（2）概念上也不容易解释 $\boldsymbol{R_H}$ 中的元素和物理传播环境联系起来。

在文献[100]中提到了两种简化模型：一种就是上节提到的基于可分辨角度的方向性耦合信道，另一个被称为 Kronecker 模型。下面我们就简要介绍一下在实际应用中比较流行的 Kronecker 模型[101]†。在 Kronecker 信道模型中有一个核心假设：发射阵列的相关性和接收阵列的相关性相互独立。这样在数学上可以用式(7.47)表示为接收端的相关矩阵 $\boldsymbol{R}_r = \mathbb{E}\left[\boldsymbol{H}\boldsymbol{H}^{\mathsf{H}}\right]$ 与发射端的相关矩阵 $\boldsymbol{R}_t = \mathbb{E}\left[\boldsymbol{H}^{\mathsf{H}}\boldsymbol{H}\right]$ 的 Kronecker 乘积的结果：

$$\boldsymbol{R_H} = \boldsymbol{R}_t \otimes \boldsymbol{R}_r \tag{7.47}$$

---

†数学上，$m \times n$ 的矩阵 $\boldsymbol{A}$ 与 $p \times q$ 的矩阵 $\boldsymbol{B}$ 的 Kronecker 乘积结果 $\boldsymbol{A} \otimes \boldsymbol{B}$ 为 $mp \times nq$ 的矩阵：

$$\begin{pmatrix} a_{0,0}\boldsymbol{B} & \cdots & a_{0,n-1}\boldsymbol{B} \\ \vdots & \ddots & \vdots \\ a_{m-1,0}\boldsymbol{B} & \cdots & a_{m-1,n-1}\boldsymbol{B} \end{pmatrix} \tag{7.46}$$

数学上，可以把 Kronecker 模型的 MIMO 信道矩阵表示为：

$$H = R_r^{1/2} H_w \left(R_t^{1/2} \right)^{\mathsf{H}} \tag{7.48}$$

其中 H_w 中的元素则为独立同分布的复高斯随机变量。

Kronecker 模型被定义为 LTE 的链路级系统评估时所采用的信道模型，用以定义多径信道中每一径的空间相关性[6]†。为了节省篇幅，我们仅仅给出 2×2 的 MIMO 系统（基站和移动台都使用 2 个天线）的例子；其他条件下的定义请参见[6]。对于 2×2 的系统，基站（eNB）、移动台（UE）相关矩阵分别为：

$$R_{\mathrm{eNB}} = \begin{pmatrix} 1 & \alpha \\ \alpha^* & 1 \end{pmatrix}, \quad R_{\mathrm{UE}} = \begin{pmatrix} 1 & \beta \\ \beta^* & 1 \end{pmatrix}$$

相应地，以 LTE 下行链路的为例，式(7.47)中的 R_H 可以表达为：

$$R_H = R_{\mathrm{eNB}} \otimes R_{\mathrm{UE}} = \begin{pmatrix} 1 & \beta & \alpha & \alpha\beta \\ \beta^* & 1 & \alpha\beta^* & \alpha \\ \alpha^* & \alpha^*\beta & 1 & \beta \\ \alpha^*\beta^* & \alpha^* & \beta^* & 1 \end{pmatrix}$$

上式中的 α, β 的具体取值取决于天线的相关性。LTE 中定义了弱相关、中等相关以及强相关三种情形，对应的 α, β 取值如下：

弱相关		中等相关		强相关	
α	β	α	β	α	β
0	0	0.3	0.9	0.9	0.9

---

† 简单来说，通常在评估／仿真无线通信系统性能过程中会包含链路级仿真（link-level simulation）和系统级仿真（system-level simulation）。链路级仿真关心的是单用户、点到点的调制／编码性能，通常只涉及小尺度衰落；而系统级仿真则涵盖了多小区、多用户，通常包含了路径损耗、阴影衰落以及资源调度的仿真。有兴趣的读者可以参见文献[20]来大致了解链路级仿真和系统级仿真。篇幅所限，我们在本书中不对 LTE 的系统级仿真模型展开讨论，有兴趣的读者可以参考文献[102]中的定义，并可以在网页[103]下载源码。

7.4 MIMO 接收机算法

到目前为止我们对 MIMO 的讨论涵盖了"高大上"的信道容量分析、以及 MIMO 信道的物理参数和信道容量之间的关系。对于一个基带算法设计人员，可能关心更多的是"我有了多天线上的接收数据，到底该如何做才能得到发送符号的判决呢？"现在让我们更"现实"些，来了解如何设计 MIMO 的接收机。特别地，我们将讨论范围局限在**空间复用模式下 MIMO 发射机和接收机的设计**。

7.4.1 系统模型

接下来的讨论将集中在空间复用（spatial multiplexing）模式下 MIMO 发射机和接收机的设计。空间复用的目的是通过在不同发射天线上传输相互独立的数据以提高整个系统的频谱利用率。

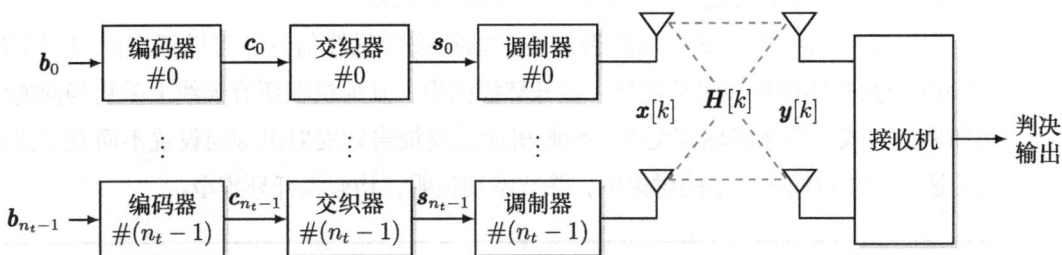

图 7-22 空间复用模式下的 MIMO 发射机框图

尽管实际系统的发射模型可能会略有不同，图7-22还是包含了当下主流的采用空间复用的 MIMO 发射机的基本元素。

- n_t 个发射天线上传输的数据相互独立。具体到每一个发射天线 j（$0 \leqslant j \leqslant n_t-1$）其处理过程如下：
  - ◇ 信源产生 $N_{b,j}$ 比特信息 $\boldsymbol{b}_j := (b_{j,0}, \ldots, b_{j,N_{b,j}-1})^\top$（其中 $b_{j,n} \in \{0,1\}$）。
  - ◇ 为了增加冗余度以抵抗噪声，信息比特经过编码率为 $R_{c,j}$ 的信道编码；然后编码后的长度为 $N_{b,j}/R_{c,j}$ 的二进制数据流 $\boldsymbol{c}_j := (c_{j,0}, \ldots, c_{j,N_{b,j}/R_{c,j}-1})^\top$

经过交织器以抵抗信道深衰落带来的影响；我们把交织器的输出记作向量 $\boldsymbol{s}_j := (s_{j,0}, \ldots, s_{j,N_{b,j}/R_{c,j}-1})^\top$。

◇ 接下来 $\boldsymbol{s}_j$ 将通过线性调制（比如 QPSK/16QAM/64QAM 等）。在调制过程中每 $M_{c,j}$ 个比特映射到一个调制符号。假设 $N_{b,j}$ 的选择满足关系式 $N_{b,j}/R_{c,j}/M_{c,j} = K$，因此第 j 个发射天线上将得到 K 个调制符号 $x_j[0], \ldots, x_j[K-1]$。

- MIMO 传输在 K 个符号时间完成。在每一个符号时间，我们把所有天线上调制后得到的 n_t 个调制符号组成空间向量 $\boldsymbol{x}[k] = (x_0[k], \ldots, x_{n_t-1}[k])^\top$，通过 $n_r \times n_t$ 信道 $\boldsymbol{H}[k]$ 传输，在接收端得到：

$$\boldsymbol{y}[k] = \boldsymbol{H}[k]\boldsymbol{x}[k] + \boldsymbol{n}[k], \quad 0 \leqslant k \leqslant K-1 \tag{7.49}$$

其中 $\boldsymbol{n}[k] \sim \mathcal{CN}(\mathbf{0}, N_0\mathbf{I})$。

在上面系统模型的描述中，允许不同发射天线可以采用不同的编码速率或不同的调制方式，因此每个天线上的频谱效率是可以不同的。

在实际应用中根据发射端是否从接收端接收到反馈信息，可以把空间复用下的 MIMO 分为开环模型和闭环模型。在**开环模型**中，发射机在所有天线上采用相同的编码和调制方式；而在**闭环模型**中，接收机通过反馈告知发射机如何设置不同发射天线上的速率。在我们接下来的讨论中，除非特别说明，均假设开环模型。

例子 7.3 LTE 系统中的开环空间复用和闭环空间复用

以 LTE 系统中的 2×2 MIMO 发射流程为例（见图7-23）：在开环传输模式中，图中的预编码矩阵与具体的信道无关；在闭环传输模式下，预编码矩阵由移动台通过测量和反馈告知基站，具体的取值决定于信道矩阵。

在我们展开对 MIMO 接收机算法的介绍之前，有必要明确我们对发射信号的功率、信道模型以及信噪比的定义：

- 由于交织器的原因，可以认为不同发射天线上的符号是相互独立的，且总的平均能量为 E_s（数学上可以记作 $\boldsymbol{\Sigma_x} = \mathbb{E}\left[\boldsymbol{x}[k]\boldsymbol{x}[k]^H\right] = \frac{E_s}{n_t}\mathbf{I}_{n_t}$）
- 我们在性能评估中假设块衰落瑞利信道（block-fading Rayleigh channel）：给定 k，$\boldsymbol{H}[k]$ 中的所有元素 $h_{i,j}[k], 0 \leqslant i \leqslant n_r-1, 0 \leqslant j \leqslant n_t-1$ 彼此独立同分布

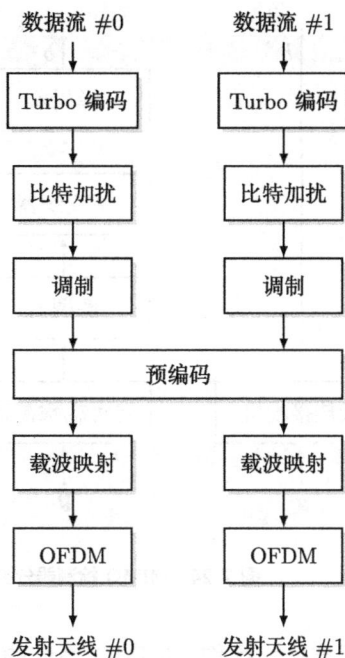

图 7-23　LTE 中的 2×2 MIMO 发射流程

$\sim \mathcal{CN}(0,1)$，且在一个符号时间内不会变化；在不同的符号时间（即不同的 k 值）$\{H[k]\}$ 是相互独立的。在本书中我们假设只有接收机知道 $H[k]$ 的取值，发射端则不知道 H 的具体取值。

- 我们将信噪比定义为接收端每个天线上的信号和噪声功率的比值。若假设 $x[k]$ 的传输时间为 T_s，则有[†]：

$$\mathrm{SNR} = \frac{E_{\mathrm{s}}/T_s}{N_0 W} = \frac{E_{\mathrm{s}}}{N_0}$$

当考虑信道编 / 译码的影响时，还可以等效地找到 SNR 与 $\frac{E_{\mathrm{b}}}{N_0}$ 之间的关系——比如在开环模型中发送端每个空间符号向量 $x[k]$ 所承载的信息比特数目为 $n_t M_c R_c$，因此有 $E_{\mathrm{s}} = n_t M_c R_c E_{\mathrm{b}}$，所以有：

$$\mathrm{SNR} = \frac{E_{\mathrm{s}}}{N_0} = \frac{E_{\mathrm{b}}}{N_0} \cdot n_t M_c R_c$$

[†]假设采用 Nyquist 成型滤波器，因而 $W = 1/T_s$。

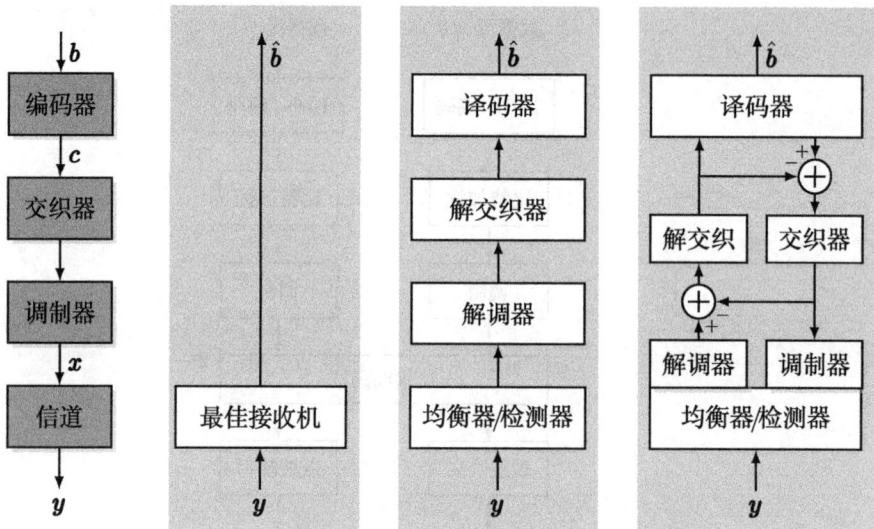

图 7-24　MIMO 检测器分类

相对于发射端的"标准化"操作，MIMO 系统的接收机设计则是百花齐放，同时也是区分不同接收机性能的关键之处。如图7-24所示，在接收机的结构层面可以大致把 MIMO 接收机分为以下三类。

- **最优接收机**

  我们曾在第 3 章了解到：对原始比特信息最佳的检测算法就是最大后验概率（MAP）算法。在空间复用模型中，对任何比特 $b_{j,n}$（$0 \leqslant j \leqslant n_t - 1, 0 \leqslant n \leqslant N_{b,j} - 1$）的 MAP 算法可以表示为：

  $$\hat{b}_{j,n} = \underset{b_{j,n} \in \{0,1\}}{\arg\max} P\left(b_{j,n} \middle| \boldsymbol{y}[0], \dots, \boldsymbol{y}[K-1]\right) \tag{7.50}$$

  在计算后验概率的过程中，需要把信道编码、MIMO 传输以及信道的影响统一考虑。回忆我们在第 6 章中推导 BCJR 算法的复杂度，不难想见如果把 MIMO 传输以及信道都纳入格形码的框架，那么其复杂程度是不可能实现的，因此我们不会展开讨论。

- **非迭代的 MIMO 检测器／信道译码接收机**

  首先进行 MIMO 检测，目的是将发射向量 $\boldsymbol{x}[k]$ 中的元素从 $\boldsymbol{y}[k]$ 中"分离"出来（无论是硬判决还是软判决），然后将输出传递给译码器，最终通过译码得到原始信息的判决。相比于最优接收机，在非迭代的 MIMO 检测器／信道译码接收机结构中可以把 MIMO 检测器与信道译码分开考虑。在第7.4.2节中我们将讨论非迭代接收机中的 MIMO 检测，将以输入／输出模型 $y = Hx + n$ 为基础来学习如何在不同的准则下对发送向量 x 中的元素进行估计／判决。

- **迭代的 MIMO 检测器／信道译码接收机**

相比于非迭代的 MIMO 检测器／信道译码接收机，在迭代接收机中，MIMO 检测器和译码器之间相互交换信息，通过类似 Turbo 码译码的迭代方式以求获得更好的性能。我们将会在第7.4.3节迭代接收机结构中有关 MIMO 检测器的讨论中看到：迭代系统中的 MIMO 检测器的输入不但包括 $\{y[k]\}$ 为输入，还包括来自译码器的信息（通常为 LLR）。

需要特别指出的是：我们关于 MIMO 接收机的讨论重点放在"算法及符号（或比特）错误概率性能"上，因此我们的侧重点在本质上有别于从信道容量的观点对 MIMO 接收机的讨论[11]。我们将会从中看到这两种不同侧重点的讨论可能会得到不同的结论。

7.4.2　非迭代的 MIMO 检测器／信道译码接收机

我们在本小节讨论非迭代的 MIMO 检测器／信道译码接收机的结构。在这种接收机结构下，MIMO 的符号检测与信道译码过程相互独立，因此我们暂且忽略信道编／译码，而将精力集中在下面的基带系统模型上（由于符号判决过程在不同时间相互独立，因此省略了表示时间的索引 k）：

$$y = Hx + n \tag{7.51}$$

其中 $x \in \mathcal{X}^{n_t}$ 为发射端产生的 $n_t \times 1$ 的符号向量[†]；其中的元素为调制符号（数学上可以表示为 $x_j \in \mathcal{X}, 0 \leqslant j \leqslant n_t - 1$，其中 $\mathcal{X}$ 表示 QPSK 或 M-QAM 等调制方式的星座点的集合，$|\mathcal{X}| = 2^{M_c}$），且平均能量为 E_s/n_t。

[†]符号 $\mathcal{X}^{n_t} := \mathcal{X} \times \cdots \times \mathcal{X}$ 表示 n_t 维的向量，且其中每一个元素在范围 $\mathcal{X}$ 内取值。

7.4.2.1　最大似然检测器

我们在第 3 章曾经了解到: 当接收端不知道发送符号的先验概率时, 最大似然检测器将取得最小的错误符号概率 $P_s(\mathcal{E}) = P(\hat{x} \neq x)$。在式(7.51)模型中, 似然函数(即给定发射符号 x 之后, 接收向量 y 的概率分布) 可以表示如下:

$$p(\boldsymbol{y}|\boldsymbol{x}) = \frac{1}{(\pi N_0)^{n_r}} \exp\left(-\frac{\|\boldsymbol{y} - \boldsymbol{H}\boldsymbol{x}\|^2}{N_0}\right) \qquad (7.52)$$

顾名思义, 最大似然检测器的输出 $\hat{x}_{\text{ML}}$ 将使得似然函数取到最大值。不难看出:

$$\hat{x}_{\text{ML}} = \arg\min_{\boldsymbol{x} \in \mathcal{X}^{n_t}} \|\boldsymbol{y} - \boldsymbol{H}\boldsymbol{x}\|^2 \qquad (7.53)$$

为了实现式(7.53), 一个简单而粗暴的方法就是将所有的可能 x 所对应的似然函数进行比较, 然后取得最大似然函数的向量就是最大似然估计。然而, 这意味着我们需要穷举 $|\mathcal{X}|^{n_t}$ 种可能, 其复杂度与天线数目呈指数关系。考虑一个具体例子, 假设调制方式为 64-QAM, $n_t = 2$ 对应有 $64^2 = 4096$ 个候选可能, 而当 $n_t = 4$ 时则增大到 16777216。因此在采用高阶调制且天线数目较大的情况下, 根据定义式直接实现式(7.53)是很不现实的。

n_t 较小时的低复杂度最大似然检测器

由于最大似然检测器的计算复杂度与天线数目呈指数关系, 因此从实现复杂度的角度考虑, 最大似然检测器的应用受到了限制。Lomnitz 和 Andelman 在[104]中提出了一个适用于天线数目较小情况下的最大似然估计的低复杂度实现方法。考虑到当下主流无线通信系统中 (尤其在移动台一侧) 天线数目通常在 2 ～ 4 之间, 相关书籍[104]中的算法有一定的实用价值。

例子 7.4　2×2 MIMO 系统中的低复杂度 ML 检测器

设想我们需要寻找一个二维矩阵中所有元素的最小值则可以有两种做法: 可以做一次复杂的二维搜索; 也可以做两次一维搜索 (先找到每一列的最小值, 然后再在这些最小值中找到真正的最小值)。

文献[104]中提出的低复杂度的 ML 检测器的核心思想是只穷举 $(n_t - 1)$ 个发射符号, 而将剩下的一个符号通过硬判决得到。当[104]中的算法应用到 2×2 的 MIMO 系统中时，实际上正是完成了两次一维搜索。

为了方便表达，让我们用符号 $\boldsymbol{h}_0, \boldsymbol{h}_1$ 分别表示信道矩阵 $\boldsymbol{H}$ 的两列，这样有：

$$\boldsymbol{y} = \boldsymbol{H}\boldsymbol{x} + \boldsymbol{n} = \boldsymbol{h}_0 x_0 + \boldsymbol{h}_1 x_1 + \boldsymbol{n} \tag{7.54}$$

现在我们来穷举 x_1：假设 x_1 的具体取值为某 $\tilde{x}_1$，式(7.54)所对应的欧式距离

$$\|\boldsymbol{y} - \boldsymbol{H}\boldsymbol{x}\|^2 = \|\boldsymbol{y} - \boldsymbol{h}_1 \tilde{x}_1 - \boldsymbol{h}_0 x_0\|^2$$

将只取决于 x_0。如果我们的目标是寻找在所有可能的 $x_0 \in \mathcal{X}$ 中取得最小距离

$$d^2(\tilde{x}_1) := \min_{x_0 \in \mathcal{X}} \|\boldsymbol{y} - \boldsymbol{h}_1 \tilde{x}_1 - \boldsymbol{h}_0 x_0\|^2 \tag{7.55}$$

这实际上和第 9 章中单个符号的最小距离判决准则相一致，因此可以最小化式(7.55)的 $\hat{x}_0$ 通过 MRC 合并后的硬判决得到：

$$\begin{aligned}
\hat{x}_0(\tilde{x}_1) &:= \arg\min_{x_0 \in \mathcal{X}} \|\boldsymbol{y} - \boldsymbol{h}_1 \tilde{x}_1 - \boldsymbol{h}_0 x_0\|^2 \\
&= \operatorname{slice}\left(\frac{\boldsymbol{h}_0^{\mathsf{H}}}{\boldsymbol{h}_0^{\mathsf{H}} \boldsymbol{h}_0} (\boldsymbol{y} - \boldsymbol{h}_1 \tilde{x}_1) \right)
\end{aligned} \tag{7.56}$$

这里我们用符号 $\operatorname{slice}(\cdot)$ 来表示基于最小距离准则的硬判决操作。

在穷举完所有 $|\mathcal{X}|$ 个 $\tilde{x}_1$ 并得到相应的 $d^2(\tilde{x}_1)$ 之后，如果我们比较所有的 $d^2(\tilde{x}_1)$，不难看出：

$$\min_{\tilde{x}_1} d^2(\tilde{x}_1) = \|\boldsymbol{y} - \boldsymbol{H}\boldsymbol{x}_{\mathrm{ML}}\|^2$$

也就是说：$|\mathcal{X}|$ 个欧式距离中最小距离所对应的 $(\hat{x}_0, \tilde{x}_1)$ 和穷举法所得到的 $\hat{\boldsymbol{x}}_{\mathrm{ML}}$ 是相同的。

我们可以把 2×2 系统中的低复杂度 ML 算法总结如下：

1. 穷举所有 $|\mathcal{X}|$ 种 x_1 的可能性
   - 对于上面任何一个关于 x_1 的假设检验 $\tilde{x}_1$，将通过式(7.56)得到 $\hat{x}_0(\tilde{x}_1)$；计算当前 $\tilde{x}_1$ 假设下的最小欧式距离（见式(7.55)），并记录所对应的 $\hat{x}_0(\tilde{x}_1)$
2. 比较步骤 1 中得到的所有 $|\mathcal{X}|$ 个欧式距离 $d^2(\tilde{x}_1)$，当中最小距离所对应的 $(\hat{x}_0, \tilde{x}_1)$ 即为最大似然解 $\hat{\boldsymbol{x}}_{\mathrm{ML}}$

该算法在 2×2 系统中将极大地减低运算复杂度。以 64-QAM 为例，穷举法需要计算 $|\mathcal{X}|^2 = 4096$ 个欧式距离，而某些书籍[104]只需计算 $|\mathcal{X}| = 64$ 个欧式距离。

LLR 的计算

在第7.4.2.1节中得到的最大似然解 $\hat{\boldsymbol{x}}_{\mathrm{ML}} \in \mathcal{X}^{n_t}$ 有着最小化似然函数 $\|\boldsymbol{y} - \boldsymbol{H}\boldsymbol{x}\|^2$ 的性质；因为 $\hat{\boldsymbol{x}}_{\mathrm{ML}}$ 的取值范围是星座图中离散的星座点，因此可以把 $\hat{\boldsymbol{x}}_{\mathrm{ML}}$ 理解为一个"硬判决"的输出。当无线通信系统中采用信道编码时，从第 6 章曾了解到，从信道译码的角度看，解调器应该将"软输出"（比如概率或 LLR）传递给信道译码器以提高性能。在 $n_t \times n_r$ 的 MIMO 系统 $\boldsymbol{y} = \boldsymbol{H}\boldsymbol{x} + \boldsymbol{n}$ 中，每个 $\boldsymbol{x}$ 总共承载了 $M_c \cdot n_t = \log_2|\mathcal{X}| \cdot n_t$ 个比特，对于这其中的任意一个比特 $s_k, 0 \leqslant k \leqslant M_c n_t - 1$，根据定义有：

$$
\begin{aligned}
L(s_k) &:= \log \frac{P(s_k = 0|\boldsymbol{y})}{P(s_k = 1|\boldsymbol{y})} \\
&= \log \frac{\sum_{\boldsymbol{x} \in \mathcal{X}_k^{n_t(0)}} P(\boldsymbol{x}|\boldsymbol{y})}{\sum_{\boldsymbol{x} \in \mathcal{X}_k^{n_t(1)}} P(\boldsymbol{x}|\boldsymbol{y})} \qquad (7.57) \\
&= \log \frac{\sum_{\boldsymbol{x} \in \mathcal{X}_k^{n_t(0)}} P(\boldsymbol{y}|\boldsymbol{x})}{\sum_{\boldsymbol{x} \in \mathcal{X}_k^{n_t(1)}} P(\boldsymbol{y}|\boldsymbol{x})} \qquad (7.58) \\
&= \log \frac{\sum_{\boldsymbol{x} \in \mathcal{X}_k^{n_t(0)}} \exp\left(-\frac{1}{N_0}\|\boldsymbol{y} - \boldsymbol{H}\boldsymbol{x}\|^2\right)}{\sum_{\boldsymbol{x} \in \mathcal{X}_k^{n_t(1)}} \exp\left(-\frac{1}{N_0}\|\boldsymbol{y} - \boldsymbol{H}\boldsymbol{x}\|^2\right)} \qquad (7.59)
\end{aligned}
$$

其中在式(7.57)中用记号 $\mathcal{X}_k^{n_t(0)}$ 来表示所有第 k 个比特等于 0 的 $\boldsymbol{x}$ 的集合（具体的从 k 到 $\boldsymbol{x}$ 的映射取决于 k 的取值以及调制过程中比特到符号的映射关系），类似地，用记号 $\mathcal{X}_k^{n_t(1)}$ 来表示所有第 k 个比特等于 1 的 $\boldsymbol{x}$ 的集合。在式(7.58)中我们隐含地假设了所有发射符号 $\boldsymbol{x}$ 是等概率的。

例子 7.5 $\mathcal{X}_k^{n_t(0)}$

$\mathcal{X}_k^{n_t(0)}$（以及 $\mathcal{X}_k^{n_t(1)}$）取决于具体的调制过程中比特到符号的映射关系以及 k 的取值。为简单起见，让我们考虑 $n_t = 2$、QPSK 调制的例子。此时每个发射符号 $\boldsymbol{x}$ 包括空间上的两个 QPSK 符号，因此总共承载了 4 个比特，其中 (s_0, s_1) 将映射到 QPSK 符号 x_0 由第一个发射天线传输，而 (s_2, s_3) 将映射到 QPSK 符号 x_1 由第二个发射天线传输。

$$s_i s_{i+1}$$

$$
\begin{array}{c|c}
\underset{\bullet}{10} & \underset{\bullet}{00} \\
\hline
\underset{\bullet}{11} & \underset{\bullet}{01}
\end{array}
$$

作为例子，让我们来看看 $\mathcal{X}_0^{2(0)}$ 的构成：$k=0$ 对应于第一个天线上的第一个比特。从 QPSK 中比特到符号的映射关系中可以看出，$s_0 = 0$ 对应于 QPSK 符号 $(1/\sqrt{2}, 1/\sqrt{2})$ 和 $(1/\sqrt{2}, -1/\sqrt{2})$，因此 $\mathcal{X}_0^{2(0)}$ 可以表示为：

$$
\mathcal{X}_0^{2(0)} = \underbrace{\left\{ \left(\tfrac{1}{\sqrt{2}}, \tfrac{1}{\sqrt{2}}\right), \left(\tfrac{1}{\sqrt{2}}, -\tfrac{1}{\sqrt{2}}\right) \right\}}_{\{x_0 : s_0 = 0\}} \times \underbrace{\left\{ \begin{array}{cc} \left(\tfrac{1}{\sqrt{2}}, \tfrac{1}{\sqrt{2}}\right) & \left(\tfrac{1}{\sqrt{2}}, -\tfrac{1}{\sqrt{2}}\right) \\ \left(-\tfrac{1}{\sqrt{2}}, \tfrac{1}{\sqrt{2}}\right) & \left(-\tfrac{1}{\sqrt{2}}, -\tfrac{1}{\sqrt{2}}\right) \end{array} \right\}}_{\{x_1\}}
$$

类似地，$\mathcal{X}_0^{2(1)}$ 可以表示为：

$$
\mathcal{X}_0^{2(1)} = \underbrace{\left\{ \left(-\tfrac{1}{\sqrt{2}}, \tfrac{1}{\sqrt{2}}\right), \left(-\tfrac{1}{\sqrt{2}}, -\tfrac{1}{\sqrt{2}}\right) \right\}}_{\{x_0 : s_0 = 1\}} \times \underbrace{\left\{ \begin{array}{cc} \left(\tfrac{1}{\sqrt{2}}, \tfrac{1}{\sqrt{2}}\right) & \left(\tfrac{1}{\sqrt{2}}, -\tfrac{1}{\sqrt{2}}\right) \\ \left(-\tfrac{1}{\sqrt{2}}, \tfrac{1}{\sqrt{2}}\right) & \left(-\tfrac{1}{\sqrt{2}}, -\tfrac{1}{\sqrt{2}}\right) \end{array} \right\}}_{\{x_1\}}
$$

表达式(7.59)是计算 LLR 的确切表示，其复杂度是显而易见的。在实际应用中，人们常常采用 Max-Log-近似[105]（以牺牲一定性能为代价）来对式(7.59)进行简化：

$$
L(s_k) \approx -\frac{1}{N_0} \min_{\boldsymbol{x} \in \mathcal{X}_k^{n_t(0)}} \|\boldsymbol{y} - \boldsymbol{H}\boldsymbol{x}\|^2 + \frac{1}{N_0} \min_{\boldsymbol{x} \in \mathcal{X}_k^{n_t(1)}} \|\boldsymbol{y} - \boldsymbol{H}\boldsymbol{x}\|^2 \tag{7.60}
$$

如果在计算 $\hat{\boldsymbol{x}}_{\mathrm{ML}}$ 的过程中采用的是穷举法，那么在计算过程中实际上已经有了所有欧式距离的计算，因此可以直接计算 LLR 精确值（见式(7.59)）或者近似值（见式(7.60)）。

例子 7.4 （续）

在例7.4中我们介绍了低复杂度的 ML 算法，其核心思想就是减少穷举个数。显而易见，由于我们并没有计算所有的欧式距离，因此将无法计算 LLR 的精确值。

退而求其次，我们能否计算近似 LLR 呢？在例7.4中我们对符号 x_1 进行了穷举，因此 x_1 所对应的 M_c 个比特，我们是可以根据式(7.60)计算近似 LLR 的。

问题出现在符号 x_0 所对应的 M_c 个比特。在简化算法中，对于每一个 $\tilde{x}_1$ 的假设检验，所对应的 $\hat{x}_0(\tilde{x}_1)$ 是通过判决器（slicer）得到的。因此我们只有关于 x_0 的部分信息而无法计算式(7.60)，比如说极端情形下所有 $|\mathcal{X}|$ 个的通过判决得到的 $\{\hat{x}_0\}$ 可能在某个比特上取得同样的值；此时我们就无法同时得到 $\mathcal{X}_k^{n_t(0)}$ 和 $\mathcal{X}_k^{n_t(1)}$ 了。为了解决这个问题，[104] 提供了一个解决方案——再一次运行简化算法，但是这次穷举所有可能的 x_0，这样就可以得到计算 x_0 所对应的 M_c 个比特的近似 LLR 的欧式距离了。

对于更一般的 $n_t \times n_r$ MIMO 信道，为了计算所有比特的近似 LLR，[104] 的简化算法需要计算的欧式距离数目为 $2 \cdot |\mathcal{X}|^{n_t-1}$。

7.4.2.2 线性 MIMO 解调器

在第 4 章讲到多径传播信道下的时域均衡时，我们曾经介绍过线性均衡器，包括迫零均衡器以及线性最小均方误差均衡器。从信号模型上，ISI 信道和 MIMO 信道都有着 $\boldsymbol{y} = \boldsymbol{Hx} + \boldsymbol{n}$ 的形式，因此顺理成章，线性均衡器也将适用于 MIMO 系统中。和时域均衡的原理相同，MIMO 中的线性均衡也试图通过线性运算将来自不同发射天线的干扰进行抵消，使得每个发射符号所经历的等效信道有着 AWGN 信道的形式。

迫零检测器

迫零检测器（zero forcing）的形式如下：

$$\hat{\boldsymbol{x}}_{\mathrm{ZF}} = \boldsymbol{H}^\dagger \boldsymbol{y}$$
$$= (\boldsymbol{H}^{\mathsf{H}}\boldsymbol{H})^{-1}\boldsymbol{H}^{\mathsf{H}}\boldsymbol{y} \tag{7.61}$$

不难看出，在迫零均衡器中，每一个发送符号 $x_j, 0 \leqslant j \leqslant n_t - 1$ 对应的等效信道为：

$$\hat{x}_{\mathrm{ZF},j} = x_j + w_j \tag{7.62}$$

其中 w_j 为零均值的高斯噪声，功率为 $N_0[(\boldsymbol{H}^{\mathsf{H}}\boldsymbol{H})^{-1}]_{j,j}$。因此检测输出的信噪比为：

$$\mathsf{SNR}_j = \frac{\mathbb{E}\left[|x_j|^2\right]}{N_0[(\boldsymbol{H}^{\mathsf{H}}\boldsymbol{H})^{-1}]_{j,j}} = \frac{E_{\mathsf{s}}}{n_t N_0}\frac{1}{[(\boldsymbol{H}^{\mathsf{H}}\boldsymbol{H})^{-1}]_{j,j}} \tag{7.63}$$

线性最小均方误差检测器

我们在式(1.48)中给出了线性最小均方误差检测器的一般形式，在 $\Sigma_{xx} = \frac{E_s}{n_t}\mathbf{I}, \Sigma_{nn} = N_0\mathbf{I}$ 的假设下，LMMSE 检测器可以表示为：

$$W_{\text{LMMSE}}^{\mathsf{H}} = \frac{E_s}{n_t}H^{\mathsf{H}}\left(\frac{E_s}{n_t}HH^{\mathsf{H}} + N_0\mathbf{I}\right)^{-1} \tag{7.64}$$

相应地，LMMSE 输出可以表示为：

$$\hat{x}_{\text{LMMSE}} = W_{\text{LMMSE}}^{\mathsf{H}}y \tag{7.65}$$

为了得到类似于式(7.62)和式(7.63)针对于单个发送符号 $x_j, 0 \leqslant j \leqslant n_t - 1$ 的表达式，我们将信号模型重写为如下的形式：

$$y = h_k x_j + \sum_{k \neq j} h_k x_k + n \tag{7.66}$$

其中 h_k 表示矩阵 H 的第 k 列。为了简化符号，让我们把 y 的相关矩阵表示为：

$$\Sigma := \frac{E_s}{n_t}HH^{\mathsf{H}} + N_0\mathbf{I} = \frac{E_s}{n_t}\sum_j h_j h_j^{\mathsf{H}} + N_0\mathbf{I} \tag{7.67}$$

这时相对于发送符号 x_j 的 LMMSE 向量为 $W_{\text{LMMSE}}^{\mathsf{H}}$ 的第 j 行，即 $\omega_{\text{LMMSE},j}^{\mathsf{H}} = \frac{E_s}{n_t}h_j^{\mathsf{H}}\Sigma^{-1}$，相应的：

$$\hat{x}_{\text{LMMSE},j} = \omega_{\text{LMMSE},j}^{\mathsf{H}}y = \frac{E_s}{n_t}h_j^{\mathsf{H}}\Sigma^{-1}y \tag{7.68}$$

由式(7.66)和式(7.68)就可以得到发送符号 x_j 所对应的 AWGN 信道模型为：

$$\hat{x}_{\text{LMMSE},j} = \alpha_j x_j + w_j, \quad 0 \leqslant j \leqslant n_t - 1 \tag{7.69}$$

其中

$$\alpha_j = \frac{E_s}{n_t}h_j^{\mathsf{H}}\Sigma^{-1}h_j$$

$$w_j = \frac{E_s}{n_t}h_j^{\mathsf{H}}\Sigma^{-1}\left(\sum_{k \neq j} h_k x_k + n\right)$$

有了式(7.68)和式(7.75)，通过简单的运算可以得到 $\hat{x}_{\text{LMMSE},j}$ 的信噪比为：

$$\text{SINR}_j := \frac{\mathbb{E}\left[|\alpha_j x_j|^2\right]}{\mathbb{E}\left[|w_j|^2\right]} = \frac{\frac{E_s}{n_t}h_j^{\mathsf{H}}\Sigma^{-1}h_j}{1 - \frac{E_s}{n_t}h_j^{\mathsf{H}}\Sigma^{-1}h_j} \tag{7.70}$$

概念 7.2　LMMSE 是有偏估计

在信号的估值理论中，对于信号 X，如果其估计值 $\hat{X}$ 的均值等于 X（$\mathbb{E}[\hat{X}] = X$），那么人们将 $\hat{X}$ 称作 X 的**无偏估计**；反之则是有偏估计。不难看出，迫零检测的结果是无偏的，而 LMMSE 的结果则是有偏的。

尽管最小均方误差准则在估值理论中有着最小化 $\mathbb{E}[|\hat{X} - X|^2]$ 的意义，但是当我们把它应用在通信理论中时在误码率意义下未必是最优的。事实上些书籍[106]指出：对于类似 16-QAM 等星座点幅值不等的调制方式，线性 MMSE 的"有偏"将使得错误符号率变差。因此如果我们的目的是在 $\hat{x}_{\text{LMMSE},j}$ 的基础上做硬判决输出，那么应该补偿式(7.69)中的 α_j（也就是说将 $\hat{x}_{\text{LMMSE},j}/\alpha_j$ 作为硬判决器的输入）。

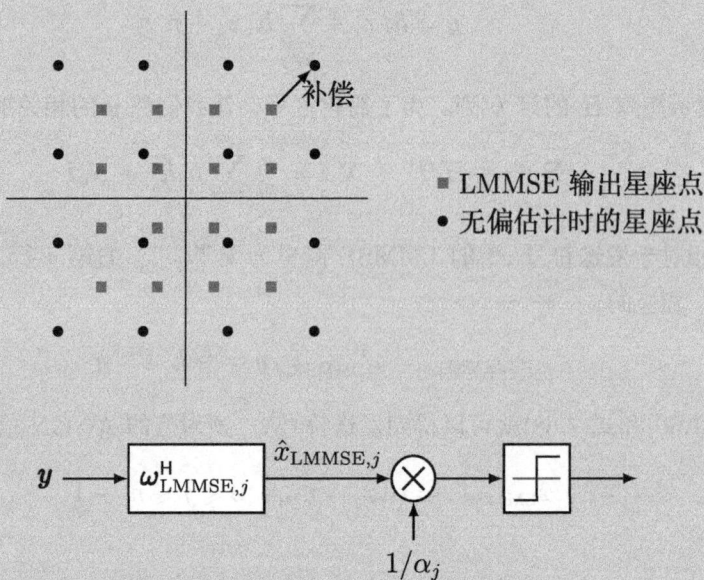

图 7-25　LMMSE 的估计是有偏的，在硬判决之前需要补偿

LLR 的计算

当线性 MIMO 接收机应用在编码系统中时，MIMO 检测器将输出 LLR 作为信道译码的输入。无论是迫零算法（见式(7.62)）还是 LMMSE 算法（见式(7.69)），输出

都有着单个调制符号在 AWGN 中传输的形式，因此可以套用第 3 章中3.5节的结果来计算比特 LLR。比如对于迫零算法，当采用 Max-Log-MAP 近似时，比特 LLR 可以表示为：

$$
\begin{aligned}
LLR(s_k|\hat{x}_{\mathrm{ZF},j}) &\approx \log \frac{\max_{x\in\mathcal{X}_k^{(0)}} P(x|\hat{x}_{\mathrm{ZF},j})}{\max_{x\in\mathcal{X}_k^{(1)}} P(x|\hat{x}_{\mathrm{ZF},j})} \\
&= -\frac{1}{N_j}\left(\min_{x\in\mathcal{X}_k^{(0)}}(\hat{x}_{\mathrm{ZF},j}-x)^2 - \min_{x\in\mathcal{X}_k^{(1)}}(\hat{x}_{\mathrm{ZF},j}-x)^2\right)
\end{aligned}
\tag{7.71}
$$

其中 $N_j = N_0[(\boldsymbol{H}^{\mathsf{H}}\boldsymbol{H})^{-1}]_{j,j}$；$\mathcal{X}_k^{(0)}$ 表示所用第 k 个比特等于 0 的 $x\in\mathcal{X}$ 的星座点集合；$\mathcal{X}_k^{(1)}$ 则表示所用第 k 个比特等于 1 的 $x\in\mathcal{X}$ 的星座点集合。

最大似然与线性接收机的性能比较

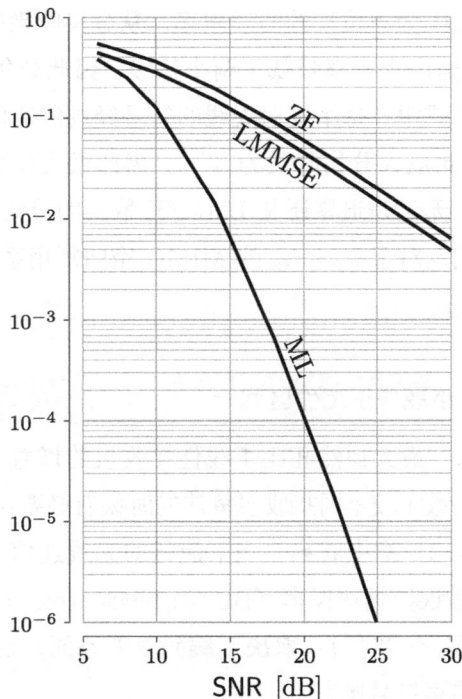

图 7-26　线性检测器和最大似然检测器的比特错误概率比较（4×4 **MIMO** 系统，瑞利信道，16-QAM）

让我们通过一个具体的例子来比较最大似然 MIMO 接收机与线性接收机的性能比较。在仿真中用到的假设包括：

- MIMO 系统：4×4;
- 调制方式：16-QAM;
- 瑞利衰落信道模型：信道中的每个元素都服从 $\mathcal{CN}(0,1)$，且彼此独立;
- 性能指标：符号错误概率 $P_s(\mathcal{E})$。

从图7-26可以看出：

- LMMSE 的性能优于迫零算法。尽管从理论上在高信噪比时两者的性能趋于一致，但是在实用的信噪比范围内，LMMSE 是优于迫零的。

- 我们将在第 9 章讨论分集阶数（diversity order）的概念，用以描述信号在衰落信道下的接收可靠性。在高信噪比条件下，分集阶数表现为误码率曲线（log 表示）与信噪比（以 dB 为单位）的曲线斜率。从分集阶数的角度看，最大似然算法在 $20 \sim 25\,\mathrm{dB}$ 范围内误码率降低了两个量级，因此分集阶数等于 $20/5 = 4$。注意到在空间复用方式中，每个发射天线的符号经过信道传播，接收端接收到 $n_r = 4$ 个"拷贝"，因此最大分集阶数为 $4^{[107]}$，因此最大似然算法取得了最大的分集数。作为对比，无论是迫零还是 LMMSE 取得的分集阶数只是 1。事实上，理论分析会告诉我们：对于 $n_t \times n_r$ 的 MIMO 空间复用系统，线性接收机的分集阶数为 $(n_r - n_t + 1)$。

概念 7.3　增益大小取决于工作区间

如图7-26所示，最大似然相比于线性接收机的增益大小取决于错误符号概率的大小。因此在定量比较不同接收机算法的时候有必要讨论实际的"工作区间"。

我们将会在第 10 章中看到，当下流行的无线通信系统中大多采用自适应编码／调制技术将错误数据块概率（BLER: block error rate）控制在一定的工作范围内（通常为 10% ~ 30%）。取决于编码率的不同，这样的 BLER 通常对应着 0.1% ~ 10% 的错误符号概率。

7.4.2.3 带有干扰消除功能的线性接收机

之前我们讲到：在 $n_t \times n_r$ 的 MIMO 空间复用系统中线性接收机的分集阶数为 $(n_r - n_t + 1)$。这可以理解为在线性 MIMO 接收中，尽管接收机有 n_r 个自由度，但是却用于消除来自其他发射天线的干扰上，因此牺牲了获取分集增益的可能。假设我们已经成功地解调了某一个 x_j，理论上可以在系统模型中去掉 x_j 的成分。此时余下的系统成为一个 $(n_t - 1) \times n_r$ 的系统，因此余下的待解调符号可以获得更高的分集阶数。

人们可以在两个层次应用这种干扰消除技术（IC: interference cancellation）：**解调器中的干扰消除和有信道译码器参与的干扰消除。**

解调器中的干扰消除

下面以迫零算法为例来讲述在解调器中进行的干扰消除。在实际中人们可以用多种方法实现迫零接收机，比如说可以按照定义式进行实现。下面就来了解一种通过 QR 分解的迫零算法的实现方法。QR 除了在运算复杂度上有好处之外，还会有助于我们理解干扰消除的原理。

概念 7.4 矩阵的 QR 分解

我们在《线性代数》中曾学习过 QR 分解：对于 $n \times n$ 的方阵 $\boldsymbol{H}$，可以把它分解为 $n \times n$ 的酉矩阵 $\boldsymbol{Q}$ 以及 $n \times n$ 的上三角矩阵 $\boldsymbol{R}$ 的乘积 $\boldsymbol{H} = \boldsymbol{Q}\boldsymbol{R}$。

在信号处理中常见的矩阵 $\boldsymbol{H}_{m \times n}$ 为"瘦高"型的，即 $m \geqslant n$，此时 $\boldsymbol{H}$ 的 QR 分解将得到 $m \times m$ 的酉矩阵 $\boldsymbol{Q}$ 以及 $m \times n$ 的上三角矩阵 $\boldsymbol{R}$。特别地，$\boldsymbol{R}$ 中的最后 $(m - n)$ 行将会是全 0。也正是由于这个原因，人们常常将 $\boldsymbol{Q}$ 和 $\boldsymbol{R}$ 做如下的分割：

$$\boldsymbol{H} = \boldsymbol{Q}\boldsymbol{R} = \boldsymbol{Q} \begin{bmatrix} \boldsymbol{R}_1 \\ \boldsymbol{0} \end{bmatrix} = [\boldsymbol{Q}_1, \boldsymbol{Q}_2] \begin{bmatrix} \boldsymbol{R}_1 \\ \boldsymbol{0} \end{bmatrix} = \boldsymbol{Q}_1 \boldsymbol{R}_1 \tag{7.72}$$

其中上面式子中 $\boldsymbol{R}_1$ 为 $n \times n$ 的上三角矩阵；$\boldsymbol{0}$ 是 $(m - n) \times n$ 的 0 矩阵；$\boldsymbol{Q}_1$ 的维数为 $m \times n$；$\boldsymbol{Q}_2$ 的维数为 $m \times (m - n)$；而且 $\boldsymbol{Q}_1$ 和 $\boldsymbol{Q}_2$ 的所有列相互正交。

给定信道矩阵的 QR 表示 $\boldsymbol{H} = \boldsymbol{QR}$，根据式(7.51)，如果对接收向量乘以 $\boldsymbol{Q}^{\mathsf{H}}$ 则会有：

$$\tilde{\boldsymbol{y}} = \boldsymbol{Q}^{\mathsf{H}}\boldsymbol{y} = \boldsymbol{Rx} + \boldsymbol{n}'$$

其中定义 $\boldsymbol{n}' := \boldsymbol{Q}^{\mathsf{H}}\boldsymbol{n}$；因为 $\boldsymbol{Q}^{\mathsf{H}}$ 是酉矩阵的缘故，$\boldsymbol{n}'$ 有着和 $\boldsymbol{n}$ 相同的统计特性。为了更加直观，让我们把上式具体展开：

$$\begin{pmatrix} \tilde{y}_0 \\ \tilde{y}_1 \\ \vdots \\ \tilde{y}_{n_t-1} \end{pmatrix} = \begin{pmatrix} r_{0,0} & r_{0,1} & \cdots & r_{0,n_t-1} \\ & r_{1,1} & \cdots & r_{1,n_t-1} \\ & & \ddots & \vdots \\ & & & r_{n_t-1,n_t-1} \end{pmatrix} \begin{pmatrix} x_0 \\ x_1 \\ \vdots \\ x_{n_t-1} \end{pmatrix} + \begin{pmatrix} n'_0 \\ n'_1 \\ \vdots \\ n'_{n_t-1} \end{pmatrix} \tag{7.73}$$

读者可能已经留意到上面等式的最后一行的特殊性：由于 $\boldsymbol{R}$ 是上三角矩阵的缘故，最后一行中只有 x_{n_t-1} 一个未知数；它所对应的输入 / 输出模型可以表示为：

$$\tilde{y}_{n_t-1} = r_{n_t-1,n_t-1}\, x_{n_t-1} + n'_{n_t-1}$$

从中可以得到：

$$\hat{x}_{\mathrm{ZF},n_t-1} = \frac{\tilde{y}_{n_t-1}}{r_{n_t-1,n_t-1}} \tag{7.74}$$

对比我们对迫零准则的定义，发现 $\hat{x}_{\mathrm{ZF},n_t-1}$ 中不包含任何其他干扰，并且是无偏估计，因此它就是 x_{n_t-1} 的迫零估计[†]。

有了式(7.73)和式(7.74)，就可以很直观地理解基于迫零的干扰消除算法了。

1. 首先对接收向量乘以 $\boldsymbol{Q}^{\mathsf{H}}$，得到式(7.73)。
2. 根据式(7.74)得到最后一个数据的迫零检测，然后做硬判决，用符号表示为 $\tilde{x}_{n_t-1} = \mathrm{slice}(\hat{x}_{\mathrm{ZF},n_t-1})$。
3. 假设 $\tilde{x}_{n_t-1}$ 的判决是正确的（即假设 $\tilde{x}_{n_t-1} = x_{n_t-1}$），在倒数第二行的等式中将 x_{n_t-1} 去除（即所谓的干扰消除），得到：

$$\tilde{y}_{n_t-2} - r_{n_t-2,n_t-1}\tilde{x}_{n_t-1} = r_{n_t-2,n_t-2}x_{n_t-2} + n'_{n_t-2}$$

[†]我们可以更直观地通过如下的简单推导来解释为什么这个结论是正确的。将 $\boldsymbol{H} = \boldsymbol{QR}$ 带入迫零检测的定义式(7.61)会有 $\hat{\boldsymbol{x}}_{\mathrm{ZF}} = \boldsymbol{R}^{-1}\boldsymbol{Q}^{\mathsf{H}}\boldsymbol{y} = \boldsymbol{R}^{-1}\tilde{\boldsymbol{y}}$。如果在等式左右都乘以 $\boldsymbol{R}$ 则有 $\boldsymbol{R}\hat{\boldsymbol{x}}_{\mathrm{ZF}} = \tilde{\boldsymbol{y}}$，而该式的最后一行正是 $r_{n_t-1,n_t-1}\hat{x}_{\mathrm{ZF},n_t-1} = \tilde{y}_{n_t-1}$。

该表达式也只有一个未知数（因为已经把 $\tilde{x}_{n_t-1}$ 对 x_{n_t-2} 的干扰消除了）。在此基础上得到

$$\hat{x}_{\text{ZF},n_t-2} = \frac{\tilde{y}_{n_t-2} - r_{n_t-2,n_t-1}\tilde{x}_{n_t-1}}{r_{n_t-2,n_t-2}}$$

其硬判决结果 $\tilde{x}_{n_t-2} = \text{slice}(\hat{x}_{\text{ZF},n_t-2})$ 将和 $\tilde{x}_{n_t-1}$ 一道用于消除对 x_{n_t-3} 的干扰。

4. 重复上面的步骤 3 直至完成对 x_0 的检测。在每一次的循环过程中，将用已经硬判决的符号来消除对之前一个符号的干扰，然后对其迫零检测做硬判决用于下一循环。

为了使得干扰消除能够带来增益，我们要求每一层的硬判决输出都是正确的，否则的话则会有"错误传播"（error propagation）的问题（也就是说不但没能消除干扰，还可能带来了干扰）。为了减小错误传播的概率，我们应该保证先判决的符号有着更可靠的检测结果。因此在干扰消除的应用中，往往需要加入额外的步骤来对不同信号的等效信道强弱进行排序。比如在基于迫零准则的干扰消除中，在每一层的检测中，可以比较不同符号在迫零准则下的信噪比（见式(7.63)），选择信噪比最大的符号进行迫零检测[108]。

概念 7.5　LMMSE 算法与 QR 分解

从上面基于迫零准则的干扰消除算法中看到，QR 分解使得可以用类似高斯消元法的步骤"一层层"地消除干扰。同样的步骤是否能用到 MMSE 准则上吗？答案是肯定的，但是我们要做一点点的工作。

在第 4 章中我们曾提到，LMMSE 接收机（式(7.65)）还可以表示为另外一种形式（见式(1.50)）：

$$\hat{\boldsymbol{x}}_{\text{LMMSE}} = (\boldsymbol{H}^{\mathsf{H}}\boldsymbol{H} + \sigma_n^2\boldsymbol{I})^{-1}\boldsymbol{H}^{\mathsf{H}}\boldsymbol{y} \tag{7.75}$$

其中 $\sigma_n^2 = \frac{N_0}{E_s/n_t}$。

为了实现式(7.75)，让我们定义：

$$\underline{\boldsymbol{H}} := \begin{bmatrix} \boldsymbol{H} \\ \sigma_n \boldsymbol{I}_{n_t} \end{bmatrix}, \quad \underline{\boldsymbol{y}} := \begin{bmatrix} \boldsymbol{y} \\ \boldsymbol{0}_{n_t \times 1} \end{bmatrix}$$

这样式(7.75)可以表示为：

$$\hat{\boldsymbol{x}}_{\mathrm{LMMSE}} = (\boldsymbol{H}^{\mathsf{H}}\boldsymbol{H})^{-1}\boldsymbol{H}^{\mathsf{H}}\boldsymbol{y} \tag{7.76}$$

可以看出上式的形式和迫零检测是一样的。因此以 $\boldsymbol{H}$ 的 QR 分解来重复我们之前的讨论，将会在每一层中得到 MMSE 检测，然后一层层地消除干扰。在此不做更细致的阐述，有兴趣的读者可以参见相关书籍[109]。

还是之前的仿真条件，下面让我们来看看解调器层次的干扰消除的性能。从图7-27可以看出：采用了干扰消除之后，尽管相比于无干扰消除的线性接收机的性能有所提高，但是在高信噪比下并没有提高分集阶数。这是因为带有干扰消除的线性接收机的性能被第一层（即我们上面提到的 x_{n_t-1} 的检测）的解调性能所局限——在第一层的检测中必须面对所有来自其他层的干扰，因此其分集阶数为 $(n_r - n_t + 1)$；也就是说相比于传统的迫零算法，第一层的解调性能没有任何提高。真正在干扰消除中受益的是后续符号的检测——在消除了之前层的信号之后，第 j 层的符号检测将取得 $(n_r - n_t + j)$ 的分集阶数[107]。

有信道译码器参与的干扰消除

符号解调过程中进行的干扰消除操作的效果将受制于错误传播。当系统中采用了信道编码时，可以把干扰消除操作扩展到信道译码过程——利用信道译码带来的纠错能力，译码输出的结果比单纯解调器的硬判决输出更加可靠，因而如果将译码后的数据作为干扰消除的输入就可以减小错误传播的影响。

下面我们来了解一个在理论意义上具有重要意义的干扰消除策略：MMSE-SIC 接收机。如图7-28所示，在 MMSE-SIC 接收机中干扰消除过程一层层地进行；在每一层的操作中，首先通过 LMMSE 对信号进行解调，然后进行信道译码；在译码后，按照发送端的流程重构该层信号所对应的接收信号，并将其从接收信号中消除掉。

为了能在数学上定量地计算 MMSE-SIC 的性能，我们有必要详细介绍系统模型。由于考虑了信道编码，并且知道为了得到接近香农极限编码长度需要足够长，因此需要在式(7.51)的基础上引入时间概念：

$$\boldsymbol{y}[k] = \boldsymbol{H}[k]\boldsymbol{x}[k] + \boldsymbol{n}[k], \quad k = 0, \ldots, K-1 \tag{7.77}$$

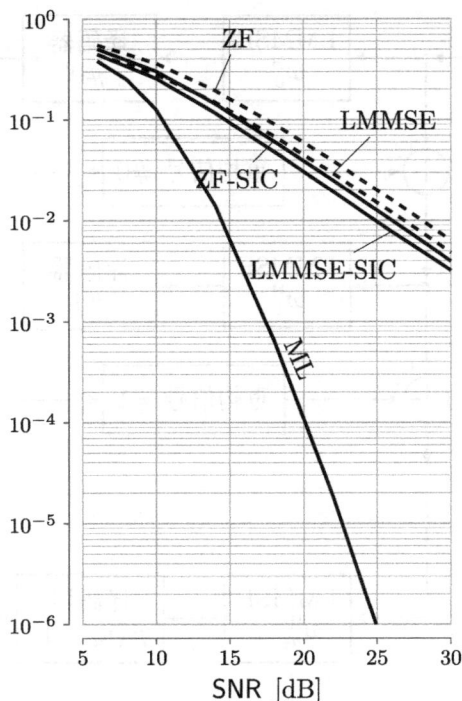

图 7-27 线性检测器和最大似然检测器的比特错误概率比较

如图7-22所示，不同发射天线上所发射的调制符号流相互独立；而每个天线上的数据流 $x_j[k], j = 0, \ldots, n_t - 1, k = 0, \ldots, K - 1$ 则是信息比特流 $\boldsymbol{b}_j$ 经过信道编码、交织以及调制后得到的等效速率为 R_j 的传输（我们稍后将了解到如何确定 R_j 的具体取值）。

在这样的系统模型下，《信息论》中有着一个在理论层面上非常重要的结论：**MMSE-SIC 可以取得 MIMO 信道容量。**

$$\boxed{R_{\text{sum}}^{\text{MMSE-SIC}} = \mathbb{E}_{\boldsymbol{H}} \left[\log_2 \det \left(\mathbf{I} + \frac{E_s}{n_t N_0} \boldsymbol{H} \boldsymbol{H}^{\mathsf{H}} \right) \right] = C_{\text{MIMO}}} \tag{7.78}$$

其中 $R_{\text{sum}}^{\text{MMSE-SIC}}$ 表示 MMSE-SIC 接收机中所有层的速率之和。

在下面的篇幅中，我们先在理论层面来简要地证明这个结论。为方便起见，首先假设信道在 K 个符号时间内保持不变，即 $\boldsymbol{H}[k] = \boldsymbol{H}, k = 0, \ldots, K - 1$。如图7-28所示，MMSE-SIC 的操作是分层进行的，不失一般性，用索引符号 i 来表示干扰消除中

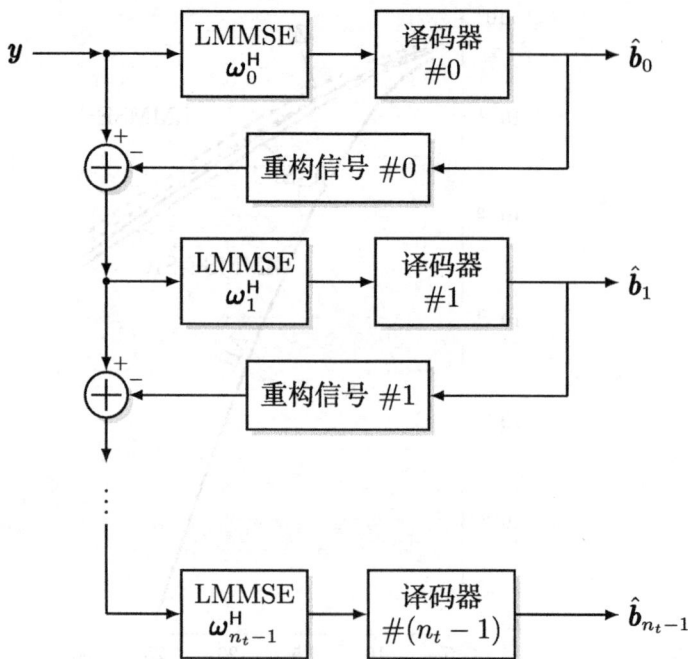

图 7-28 MMSE-SIC 接收机结构

的第 i 层 $(0 \leqslant i \leqslant n_t - 1)$。让我们考虑第 i 层的符号检测过程:

- 假设第 $j < i$ 的那些层已经被成功判决,并从接收向量中去除,此时第 i 层所看到的信号模型可以表示为:

$$\tilde{\boldsymbol{y}}_i[k] = \boldsymbol{h}_i x_i[k] + \sum_{j>i} \boldsymbol{h}_j x_j[k] + \boldsymbol{n}[k], \quad k = 0, \ldots, K-1 \qquad (7.79)$$

在这个模型下,对 x_i 的 MMSE 检测所得到的信噪比可以表示为[†]:

$$\mathsf{SINR}_i^{\mathrm{MMSE-SIC}} = \frac{E_{\mathrm{s}}}{n_t N_0} \boldsymbol{h}_i^{\mathsf{H}} \left(\sum_{j>i} \boldsymbol{h}_j \boldsymbol{h}_j^{\mathsf{H}} \frac{E_{\mathrm{s}}}{n_t N_0} + \mathbf{I} \right)^{-1} \boldsymbol{h}_i$$

[†]对于式(7.66)所表示的系统模型,若定义 $\boldsymbol{\Sigma}_j := \sum_{k \neq j} \boldsymbol{h}_k \boldsymbol{h}_k^{\mathsf{H}} P_k + N_0 \mathbf{I}$,那可以得到等效于信噪比表达式(7.70)的另外一种形式: $\mathsf{SINR}_j = \frac{E_{\mathrm{s}}}{n_t} \boldsymbol{h}_j \boldsymbol{\Sigma}_j^{-1} \boldsymbol{h}_j$。读者可以借助矩阵等式 $(\boldsymbol{A} - \boldsymbol{x}\boldsymbol{y}^{\mathsf{H}})^{-1} = \boldsymbol{A}^{-1} + \frac{\boldsymbol{A}^{-1}\boldsymbol{x}\boldsymbol{y}^{\mathsf{H}}\boldsymbol{A}^{-1}}{1 - \boldsymbol{y}^{\mathsf{H}}\boldsymbol{A}^{-1}\boldsymbol{x}}$ 来验证两者的等效性。

这个信噪比所能提供的最大传输速率为：

$$\log_2(1 + \mathsf{SINR}_i^{\mathrm{MMSE-SIC}})$$

如果发送端对第 i 层数据的编码速率不高于 $\log_2(1 + \mathsf{SINR}_i^{\mathrm{MMSE-SIC}})$，接收端的信道译码就可以对发送符号 $\boldsymbol{b}_i$ 进行准确译码。此时第 i 层传输所取得的信道容量可以表示为[†]：

$$
\begin{aligned}
R_i^{\mathrm{MMSE-SIC}} &= \log_2(1 + \mathsf{SINR}_i^{\mathrm{MMSE-SIC}}) \\
&= \log_2 \det\left(\sum_{j \geqslant i} \boldsymbol{h}_j \boldsymbol{h}_j^{\mathsf{H}} \frac{E_{\mathrm{s}}}{n_t N_0} + \boldsymbol{I}\right) - \log_2 \det\left(\sum_{j > i} \boldsymbol{h}_j \boldsymbol{h}_j^{\mathsf{H}} \frac{E_{\mathrm{s}}}{n_t N_0} + \boldsymbol{I}\right) \\
&:= I_i - I_{i+1}
\end{aligned}
$$

假设第 i 层被成功译码，得到正确的发送序列 $\boldsymbol{b}_i$ 的判决，那就可以根据发送过程重新构建 $\{\boldsymbol{h}_i x_i[k]\}$，并从向量 $\{\tilde{\boldsymbol{y}}_i[k]\}$ 中去除，得到 $\{\tilde{\boldsymbol{y}}_{i+1}[k]\}$。

- 重复上面的译码 / 信号重建 / 干扰消除过程，每一层都将得到速率 $R_i^{\mathrm{MMSE-SIC}} = \log_2(1 + \mathsf{SINR}_i^{\mathrm{MMSE-SIC}})$，而所有层的信道容量之和则为：

$$
\begin{aligned}
R_{\mathrm{sum}}^{\mathrm{MMSE-SIC}} &= \sum_{i=0}^{n_t-1} R_i^{\mathrm{MMSE-SIC}} = \sum_{i=0}^{n_t-1} \log_2(1 + \mathsf{SINR}_i^{\mathrm{MMSE-SIC}}) \\
&= \sum_{i=0}^{n_t-1}(I_i - I_{i+1}) = I_0 - I_{n_t} = \log_2 \det\left(\sum_j \boldsymbol{h}_j \boldsymbol{h}_j^{\mathsf{H}} \frac{E_{\mathrm{s}}}{n_t N_0} + \boldsymbol{I}\right) \\
&= \log_2 \det\left(\boldsymbol{I} + \frac{E_{\mathrm{s}}}{n_t N_0} \boldsymbol{H} \boldsymbol{H}^{\mathsf{H}}\right)
\end{aligned}
$$

- 在快变信道模型下（$\boldsymbol{H}[k]$ 随 k 的变化而不同），每个天线上的传输速率取值：

$$R_i^{\mathrm{MMSE-SIC}} = \mathbb{E}_{\boldsymbol{H}}\left[\log_2(1 + \mathsf{SINR}_i^{\mathrm{MMSE-SIC}})\right]$$

对应的

$$\sum_{i=0}^{n_t-1} R_i^{\mathrm{MMSE-SIC}} = \mathbb{E}_{\boldsymbol{H}}\left[\log_2 \det\left(\boldsymbol{I} + \frac{E_{\mathrm{s}}}{n_t N_0} \boldsymbol{H} \boldsymbol{H}^{\mathsf{H}}\right)\right]$$

证明完成。

[†]我们省去了一些推导步骤以节省篇幅。在下面式子的推导过程中，读者可能会用到等式 $\frac{\det(\boldsymbol{A})}{\det(\boldsymbol{B})} = \det(\boldsymbol{B}^{-1}\boldsymbol{A})$ 和 $\det(\boldsymbol{I} + \boldsymbol{A}\boldsymbol{B}) = \det(\boldsymbol{I} + \boldsymbol{B}\boldsymbol{A})$。

我们之所以列举出简要的证明步骤，目的在于突出"MMSE-SIC 取得 MIMO 信道容量"这个结论背后的假设：

- 首先为了得到式(7.79)，我们假设 $j < i$ 的那些干扰已经被完全（无错误传播的）消除了。为了实现这个假设，除了需要性能优异的信道编 / 译码，更重要的是需要发射端编码速率 $R_i^{\mathrm{MMSE-SIC}} = \mathbb{E}_{\boldsymbol{H}}\left[\log_2(1 + \mathrm{SINR}_i^{\mathrm{MMSE-SIC}})\right]$ 的选择必须与信道的实现以及干扰消除的顺序有关。实际应用中，需要接收端计算每一层的信噪比（因为这和选择的干扰消除顺序有关）或相应的传输速率并告知发送端，然后发送端相应地对每一层的符号进行相应速率的信道编码。在空间复用方式中，发射端每个天线的传输速率都不同，因此这种每天线上控制传输速率的方式也被称之为 PARC（per-antenna rate control）。

- MMSE-SIC 取得 MIMO 信道容量这个结论与 SIC 中的顺序无关，然而不同 SIC 顺序所对应的不同天线的传输速率是不同的。

- 在实际应用中，为了得到好的译码性能，需要长的编码，而且在成功译码之后还需要经过编码才能重构发送符号，因此 MMSE-SIC 的复杂度和处理时延也是需要考虑的因素。

7.4.2.4　接近最大似然性能的算法

在之前关于 MIMO 检测器的讨论中，提到：最大似然检测器的性能优异，然而运算复杂度与天线个数呈指数级关系；线性接收机的复杂度较低（在 $n_r = n_t$ 系统中，线性接收机的复杂度的量级为 n_t^3），然而性能下降。为了得到更好的性能，实际应用中人们往往去寻求那些在性能上接近最大似然（near ML），同时又有着可以负担的运算复杂度下的接收机算法。在下面的篇幅中，我们就以球形译码（sphere decoder）以及 QRD-M 算法为代表简单介绍接近最大似然性能的算法。

概念 7.6　基于 QR 分解的最大似然算法的实现

我们在下面的关于接近最大似然性能的算法的讨论都是基于 QR 分解的基础。因此作为一个参考对象，就让我们先来了解一下 QR 分解下的最大似然算法的实现。假设 $\boldsymbol{H} = \boldsymbol{Q}\boldsymbol{R}$，那么可以将式(7.53)中的代价函数表示为：

$$\|\boldsymbol{y} - \boldsymbol{H}\boldsymbol{x}\|^2 = \|\boldsymbol{y} - \boldsymbol{Q}\boldsymbol{R}\boldsymbol{x}\|^2 = \|\boldsymbol{Q}(\boldsymbol{Q}^{\mathrm{H}}\boldsymbol{y} - \boldsymbol{R}\boldsymbol{x})\|^2 = \|\boldsymbol{Q}^{\mathrm{H}}\boldsymbol{y} - \boldsymbol{R}\boldsymbol{x}\|^2$$

若定义 $\tilde{\boldsymbol{y}} = \boldsymbol{Q}^{\mathrm{H}}\boldsymbol{y}$，则上式最后一项可以展开为如下形式：

$$\left\| \begin{pmatrix} \tilde{y}_0 \\ \tilde{y}_1 \\ \vdots \\ \tilde{y}_{n_t-1} \end{pmatrix} - \begin{pmatrix} r_{0,0} & r_{0,1} & \cdots & r_{0,n_t-1} \\ 0 & r_{1,1} & \cdots & r_{1,n_t-1} \\ \vdots & \ddots & \ddots & \vdots \\ 0 & \cdots & 0 & r_{n_t-1,n_t-1} \end{pmatrix} \begin{pmatrix} x_0 \\ x_1 \\ \vdots \\ x_{n_t-1} \end{pmatrix} \right\|^2 \tag{7.80}$$

如图7-29所示，式(7.80)的形式可以帮助我们把搜索过程理解为从最下层到最上层的 n_t 层的分叉树搜索。如果定义：

$$\lambda_0(x_{n_t-1}) = \left| \tilde{y}_{n_t-1} - r_{n_t-1,n_t-1}x_{n_t-1} \right|^2$$

$$\lambda_1(x_{n_t-2}, x_{n_t-1}) = \left| \tilde{y}_{n_t-2} - r_{n_t-2,n_t-2}x_{n_t-2} - r_{n_t-2,n_t-1}x_{n_t-1} \right|^2$$

$$\vdots$$

$$\lambda_{n_t-1}(x_0, \ldots, x_{n_t-2}, x_{n_t-1}) = \left| \tilde{y}_0 - r_{0,0}x_0 - \cdots - r_{0,n_t-2}x_{n_t-2} - r_{0,n_t-1}x_{n_t-1} \right|^2 \tag{7.81}$$

因此 $\boldsymbol{x} = (x_0, \ldots, x_{n_t-1})^{\top}$ 所对应的欧式距离可以表示为：

$$\begin{aligned} \Lambda(\boldsymbol{x}) &:= \|\tilde{\boldsymbol{y}} - \boldsymbol{R}\boldsymbol{x}\|^2 \\ &= \lambda_0(x_{n_t-1}) + \cdots + \lambda_1(x_{n_t-2}, x_{n_t-1}) \\ &\quad + \lambda_{n_t-1}(x_0, \ldots, x_{n_t-2}, x_{n_t-1}) \end{aligned} \tag{7.82}$$

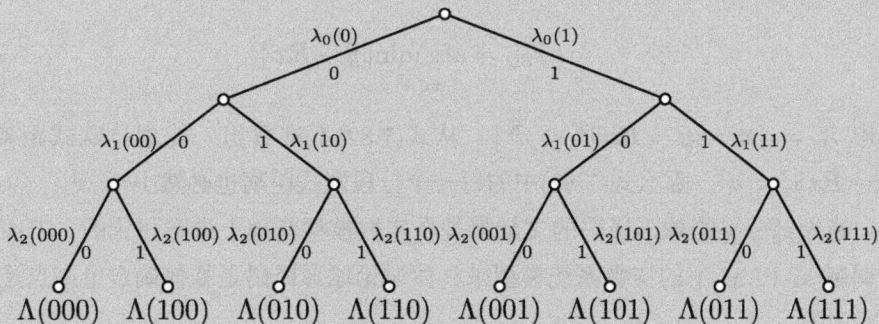

图 7-29　基于 QR 分解的最大似然算法的实现：$|\mathcal{X}| = 2, n_t = 3$

从图7-29以及式(7.82)可以看出：如果需要计算从根节点到所有叶子节点间的累计欧式距离 $\Lambda(\hat{\boldsymbol{x}})$，则需要计算

$$|\mathcal{X}| + |\mathcal{X}|^2 + \cdots + |\mathcal{X}|^{n_t}$$

个欧式距离（而具有最小累计欧式距离的 $\hat{\boldsymbol{x}}$ 为 $\hat{\boldsymbol{x}}_{\mathrm{ML}}$）。设想一个采用 64-QAM 调制且 $n_t = 4$ 的 MIMO 系统，需要计算的欧式距离将多于 1700 万！

球形译码

严格意义下的最大似然算法（见式(7.53)）的高复杂度的原因是需要穷举所有的 $|\mathcal{X}|^{n_t}$ 的可能的发射符号向量。球形译码的核心思想就是将搜索范围局限在一个半径为 d 的球内，从而减少搜索的星座点。也就是说相比于式(7.53)，球形译码的准则可以表示为：

$$\hat{\boldsymbol{x}}_{\mathrm{SD}} = \arg\min_{\boldsymbol{x} \in \tilde{\mathcal{X}}} \|\boldsymbol{y} - \boldsymbol{H}\boldsymbol{x}\|^2 \tag{7.83}$$

其中 $\tilde{\mathcal{X}} = \{\boldsymbol{x} : \|\boldsymbol{y} - \boldsymbol{H}\boldsymbol{x}\|^2 < d^2\}$ 用于表示搜索范围局限于半径为 d 的球内。

为了实现球形译码，需要解决两个关键问题：

1. **如何确定球的半径？** 显然半径选得太大会增大搜索复杂度（当 $d = \infty$ 时球形译码退化为最大似然算法）；而半径取得太小又可能会导致集合 $\tilde{\mathcal{X}}$ 内不包括任何元素。

2. **如何确定给定星座点是否在球内？**

球形算法主要解决第二个问题。在 QR 分解的基础上，我们可以把式(7.84)重写为：

$$\hat{\boldsymbol{x}}_{\mathrm{SD}} = \arg\min_{\boldsymbol{x} \in \tilde{\mathcal{X}}} \|\tilde{\boldsymbol{y}} - \boldsymbol{R}\boldsymbol{x}\|^2 \tag{7.84}$$

其中 $\tilde{\mathcal{X}} = \{\boldsymbol{x} : \|\tilde{\boldsymbol{y}} - \boldsymbol{R}\boldsymbol{x}\|^2 < d^2\}$。从式(7.82)不难看出，若累计欧式距离 $\Lambda(\hat{\boldsymbol{x}}) = \|\tilde{\boldsymbol{y}} - \boldsymbol{R}\boldsymbol{x}\|^2 < d^2$，那么式(7.82)中的每一个分段欧式距离也必然小于 d^2。

绝大部分关于球形译码的文献都是在实数模型基础上进行讨论的，下面我们以幅度调制 M-PAM 下的实数系统模型来具体讨论球形译码是如何确定星座点是否在指定半径内的。

概念 7.7　复数模型基础上的球形译码

对于 M-QAM 调制，信息不但承载于调制信号的幅度上，同时也承载于相位上。因此我们面对的是复数系统模型 $\boldsymbol{y} = \boldsymbol{Hx} + \boldsymbol{n}$（也就是说该模型中的元素都是复数）。人们通常有两种方法在处理复数模型下的球形译码：

- 对于 $n_r \times n_t$ 复数模型，可以通过下面的实 / 虚部分解将其转化为 $2n_r \times 2n_t$ 的实数模型：

$$
\begin{bmatrix} \Re\{\boldsymbol{y}\} \\ \Im\{\boldsymbol{y}\} \end{bmatrix} = \begin{bmatrix} \Re\{\boldsymbol{H}\} & -\Im\{\boldsymbol{H}\} \\ \Im\{\boldsymbol{H}\} & \Re\{\boldsymbol{H}\} \end{bmatrix} \begin{bmatrix} \Re\{\boldsymbol{x}\} \\ \Im\{\boldsymbol{x}\} \end{bmatrix} + \begin{bmatrix} \Re\{\boldsymbol{n}\} \\ \Im\{\boldsymbol{n}\} \end{bmatrix}
$$

- 上面的复数模型到实数模型的转化方便了我们寻找星座点，然而是以增大系统的维数（复杂度）为代价的。在文献中 Hochwald 和 Brink 提出了直接在复数域的球形译码算法，有兴趣的读者可以深入了解[110]。

为了区别于复数模型，在欧式距离的计算中我们将用符号 $(\cdot)^2$ 来取代 $|\cdot|^2$ 以突出我们的讨论是在实数范围内进行的。如图7-29所示，我们在 QR 分解的信号模型下逐层的应用约束关系 $\|\tilde{\boldsymbol{y}} - \boldsymbol{Rx}\|^2 < d^2$。

- 从第一层开始，由

$$
\left(\tilde{y}_{n_t-1} - r_{n_t-1,n_t-1} x_{n_t-1} \right)^2 < d^2
$$

可以得到

$$
\left\lceil \frac{-d + \tilde{y}_{n_t-1}}{r_{n_t-1,n_t-1}} \right\rceil \leqslant x_{n_t-1} \leqslant \left\lfloor \frac{d + \tilde{y}_{n_t-1}}{r_{n_t-1,n_t-1}} \right\rfloor \tag{7.85}
$$

其中符号 $\lceil \cdot \rceil$ 和 $\lfloor \cdot \rfloor$ 分别表示向上和向下取整。当调制符号为 M-PAM 时，信息承载于调制符号的不同幅度，因此由上面的关系式很容易判断在所有的 $x_{n_t-1} \in \mathcal{X}_{\mathrm{PAM}}$ 中哪些星座点满足关系式(7.85)，并让我们把这样的候选星座点的集合记作 $\{\hat{x}_{n_t-1}\}$。

- 对于每一个候选点 $\hat{x}_{n_t-1}$，我们把球形半径的限制进一步应用到下一层中。为此，需要检验关系式：

$$
\left(\tilde{y}_{n_t-2} - r_{n_t-2,n_t-2} x_{n_t-2} - r_{n_t-2,n_t-1} \hat{x}_{n_t-1} \right)^2 < d^2
$$

在指定了 $\hat{x}_{n_t-1}$ 条件下满足上式的 x_{n_t-2} 必然满足：

$$\left\lceil \frac{-d + \tilde{y}_{n_t-1} - r_{n_t-2,n_t-1}\hat{x}_{n_t-1}}{r_{n_t-2,n_t-2}} \right\rceil \leqslant x_{n_t-2} \leqslant \left\lfloor \frac{d + \tilde{y}_{n_t-1} - r_{n_t-2,n_t-1}\hat{x}_{n_t-1}}{r_{n_t-2,n_t-2}} \right\rfloor \tag{7.86}$$

由此我们（在 $\hat{x}_{n_t-1}$ 的基础上）可以判断有效的候选 $\hat{x}_{n_t-2}$ 星座点。

- 依照类似的流程，我们可以逐层对发射符号进行判决直至 $\hat{x}_0$，而最终的判决输出 $\hat{\boldsymbol{x}}_{\mathrm{SD}}$ 则是所有候选星座点中欧式距离最小的那个 $\boldsymbol{x}$。

为了方便概念的理解，在图7-30中给出了对应的最大似然解的示意（图中每条线上边的数字表示该分支的度量；下边的数字则表示输入比特（0 或 1）。每个节点上的数字则表示累计的度量，最终的幸存路径则用阴影节点来表示），并在图7-31中给出了相应的一个球形译码的示意图（图中的粗线条表示算法所需要计算的度量，可见并不需要计算全部的度量）。通过比较不难看出，在这个例子中，球形译码的性能与最大似然算法相同（假设 d^2 取值合理）。

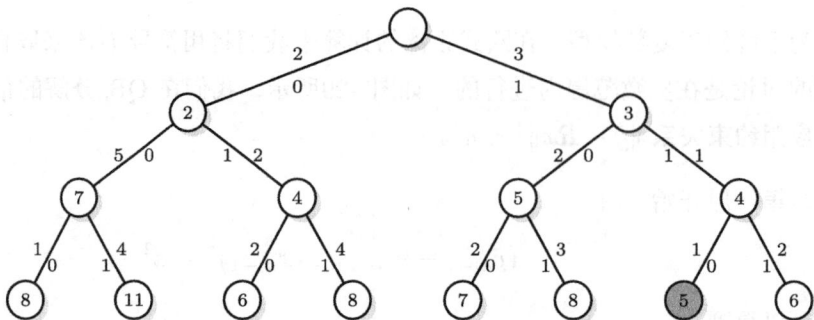

图 7-30 最大似然 MIMO 检测算法的示意

QRD-M 算法

如图7-31所示，球形译码的运算复杂度不是固定的，而是和系统信噪比以及搜索半径 d 的具体选取有关。从实际应用的角度看，有些时候我们更倾向于具有固定运算复杂度的算法。比如说对于硬件实现来说，具有确定性的算法复杂度往往会方便实现（比如在不同处理以管道化形式相关联时，若算法的复杂度固定，那么我们就可以确定每一个环节的处理时延，从而设计管道化的时序），因此寻找性能接近最大似

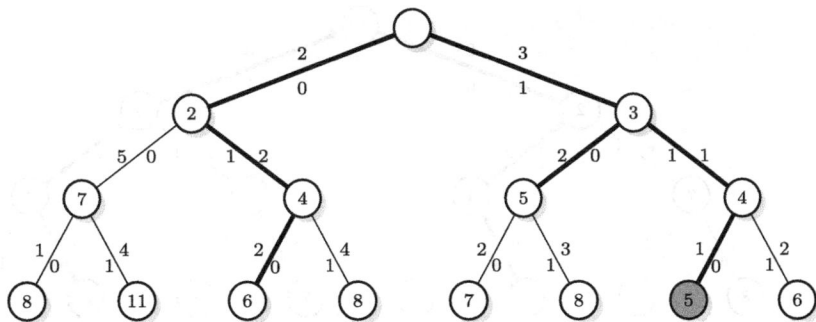

图 7-31　球形译码检测算法的示意图（$d^2 = 5$）

然、且复杂度固定的算法成为研究课题之一。下面我们就来简要介绍一个这样的算法——QRD-M 算法[111]。

QRD-M 算法（QR decomposition-M algorithm）指的是基于 QR 分解的 M 算法。M 实际上是一个设计参数——对比于球形译码算法中每一层所保留的候选点的不固定性，QRD-M 算法在树搜索中每层只保留固定的 M 个候选星座点。让我们以 M-QAM 为例来了解 QRD-M 算法的流程。

- 从第一层开始，比较所有 $|\mathcal{X}|$ 个 $\lambda_0(x_{n_t-1})$，排序后保留最大的 M 个最大值所对应的星座点。

- 往下一层，我们将计算并比较所有幸存 M 个 x_{n_t-1} 节点之下所对应的 $M \cdot |\mathcal{X}|$ 个累计欧式距离 $\lambda_0(x_{n_t-1}) + \lambda_1(x_{n_t-2}, x_{n_t-1})$，然后保留 M 个最大值所对应的节点。

- 重复之前步骤直至最后一层。具体而言，在每一层的计算中都将计算并比较 $M \cdot |\mathcal{X}|$ 个累计欧式距离，然后选取 M 个最大值。

- 在完成最后一层的计算之后，具有最小欧式距离的幸存 $\boldsymbol{x}$ 成为判决输出 $\hat{\boldsymbol{x}}_{\text{QRD-M}}$。

图7-32中给出了 QRD-M 算法的搜索流程，图中的粗线表示幸存路径。不难看出：在 QRD-M 算法中，M 实际上是一个系统设计参数。它代表了系统运算复杂度和系统性能之间的折衷——如果增大 M 取值，算法复杂度将增大，但是算法的性能得到提高（因为真正 $\hat{\boldsymbol{x}}_{\text{ML}}$ 成为幸存者的概率随着 M 的增大而增大）。

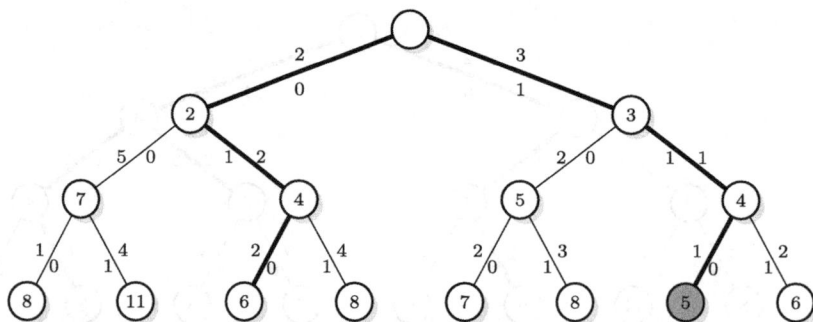

图 7-32　QRD-M 检测算法的示意图，$M = 2$

7.4.3　MIMO 检测器与信道译码器的迭代算法

对于一般性的 MIMO 系统模型（见式(7.77)）：

$$\boldsymbol{y}[k] = \boldsymbol{H}[k]\boldsymbol{x}[k] + \boldsymbol{n}[k], \quad k = 0, \ldots, K - 1$$

这里引入时间上的符号索引 k，原因是当系统采用信道编码时，编码后的调制符号序列通常需要多个发射符号时间上的传输。

在之前第7.4.2节的讨论中，我们假设 MIMO 检测和信道译码过程相互独立。换句话说，在那里 MIMO 检测器负责对每一个数据流 j $(0 \leqslant j \leqslant n_t - 1)$ 作出判决，然后将输出（通常是比特 LLR 值 $\{L(c_{j,n})\}_{n=0}^{N_b/R_c - 1}$）传递给接下来的解交织和信道译码。这种将 MIMO 检测过程和译码过程独立进行的操作大大简化了接收机的实现过程，但是却是以牺牲系统性能为代价的。随着人们对 Turbo 译码原理的理解，人们发现如果把 Turbo 原理中迭代译码应用到 MIMO 检测器和信道译码器之间，将得到更好的性能。这就是 **MIMO 检测器与信道译码器的迭代算法**。

概念 7.8　Turbo 原理（Turbo Principle）

我们曾在第 6 章中了解过 Turbo 码。在 Turbo 中我们可以把编码过程理解为两个卷积码译码器的（经过数据交织）的相互级联；相应地，在接收端两个成员译码器迭代工作，通过交互外信息而逐渐提高译码性能。

我们在第7.4.2节的 MIMO 检测器的讨论中假设待解调符号是先验等概率的，如果我们放宽这个假设，允许 MIMO 检测器可以接收先验信息作为输入，那么

> MIMO 检测器和之后的信道译码器之间也可以组成一个迭代。通过外信息的交互，可以提高系统性能。
>
> 文献[112]中指出，通信中的很多情形都可以理解为某两个"编码器"的级联，因此可以把 Turbo 原理从译码器推广到更一般的情形。

与非迭代 MIMO 检测器不同的是，迭代检测器的输入中不但包括 $\boldsymbol{y}[k]$，还来自译码器反馈的比特 LLR 作为先验信息。在下面的篇幅中，我们就以最大似然 MIMO 检测器为例来了解如何在 MIMO 检测过程中纳入先验 LLR 信息。

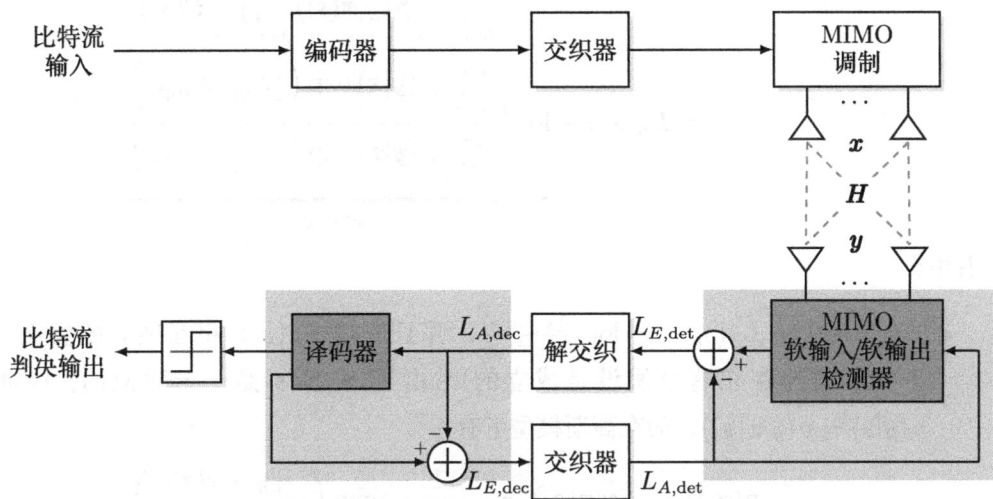

图 7-33　MIMO 检测器与信道译码器的迭代

与 Turbo 码的译码过程类似，此处无论是 MIMO 检测器还是信道译码器都将自己的外信息输出作为对方的先验输入信息；通过迭代，先验信息的可靠性越来越高，最终提高了发送符号的判决性能。

考虑第 k 个符号时间 $\boldsymbol{y}[k] = \boldsymbol{H}[k]\boldsymbol{x}[k] + \boldsymbol{n}[k]$，$\boldsymbol{x}[k]$ 中包含了来自不同发射天线的总共 $M_c n_t$ 个比特 $s_n[k], 0 \leqslant n \leqslant M_c n_t - 1$。若定义 $\boldsymbol{s}[k] := (s_0[k], \ldots, s_{M_c n_t - 1}[k])^\top$，$\boldsymbol{x}[k]$ 和 $\boldsymbol{s}[k]$ 是一一对应的关系。根据 LLR 的定义有：

$$L(s_n[k]|\boldsymbol{y}[k]) := \log \frac{P(s_n[k] = 0|\boldsymbol{y}[k])}{P(s_n[k] = 1|\boldsymbol{y}[k])}$$

为了简化符号，我们将省略表示符号索引的 k。上式可以表示为：

$$LLR(s_n) = \log \frac{\sum\limits_{\boldsymbol{x}:s_n=0} P(\boldsymbol{x}|\boldsymbol{y})}{\sum\limits_{\boldsymbol{x}:s_n=1} P(\boldsymbol{x}|\boldsymbol{y})}$$

$$= \log \frac{\sum\limits_{\boldsymbol{x}:s_n=0} p(\boldsymbol{y}|\boldsymbol{x}) P(\boldsymbol{x})}{\sum\limits_{\boldsymbol{x}:s_n=1} p(\boldsymbol{y}|\boldsymbol{x}) P(\boldsymbol{x})}$$

$$= L_A(s_n) + \log \frac{\sum\limits_{\boldsymbol{x(s)}:s_n=0} p(\boldsymbol{y}|\boldsymbol{x(s)}) \prod\limits_{j=0,j\neq k}^{n_t M_c-1} P(s_j)}{\sum\limits_{\boldsymbol{x(s)}:s_n=1} p(\boldsymbol{y}|\boldsymbol{x(s)}) \prod\limits_{j=0,j\neq k}^{n_t M_c-1} P(s_j)} \tag{7.87}$$

$$= L_A(s_n) + \underbrace{\log \frac{\sum\limits_{\boldsymbol{x}:s_n=0} p(\boldsymbol{y}|\boldsymbol{x}) \exp\left(\frac{1}{2}\tilde{\boldsymbol{s}}_{[n]}^{\top} \cdot \boldsymbol{L}_{A,[n]}\right)}{\sum\limits_{\boldsymbol{x}:s_n=1} p(\boldsymbol{y}|\boldsymbol{x}) \exp\left(\frac{1}{2}\tilde{\boldsymbol{s}}_{[n]}^{\top} \cdot \boldsymbol{L}_{A,[n]}\right)}}_{L_E(s_n|\boldsymbol{y})} \tag{7.88}$$

其中：

- 式(7.87)中有 $L_A(s_n) := \log \frac{P(s_n=0|\boldsymbol{y})}{P(s_n=1|\boldsymbol{y})}$，并且应用了 $\{s_j\}$ 相互独立的假设（由于交织器的存在这个假设是成立的）；由于 $\boldsymbol{x}$ 和 $\boldsymbol{s}$ 是一一对应的，因此有 $p(\boldsymbol{y}|\boldsymbol{s}) = p(\boldsymbol{y}|\boldsymbol{x(s)})$，而在高斯模型下有：

$$p(\boldsymbol{y}|\boldsymbol{s}) = p(\boldsymbol{y}|\boldsymbol{x(s)}) = \frac{1}{(2\pi\sigma^2)^{n_r}} \exp\left(-\frac{\|\boldsymbol{y}-\boldsymbol{Hx}\|^2}{2\sigma^2}\right)$$

- 式(7.88)中根据 LLR 的定义式得到：

$$P(s_n) = \frac{\exp(\frac{1}{2}\tilde{s}_n L_A(s_n))}{(\exp(L_A(s_n)/2)+\exp(-L_A(s_n)/2))}$$

其中用 $\tilde{s}_n = (-1)^{s_n}$ 来表示比特 $s_n \in \{0,1\}$ 的 BPSK 表示，并且用标记 $\boldsymbol{x}_{[n]}$ 来表示向量 $\boldsymbol{x}$ 去处第 n 个元素之后的结果。

结合图7-33我们看到，在迭代算法中，信道译码器的输出（信息比特和校验比特的）LLR 经过交织器之后作为 MIMO 检测器的先验 L_A。由式(7.88)可以看出先验信息帮助我们计算 $P(\boldsymbol{x})$（而不是像式(7.58)中那样假设所有 $\boldsymbol{x}$ 等概率）。类似于 Turbo 译码的过程，MIMO 检测器的输出 $L_E(s_n|\boldsymbol{y})$ 在经过解交织之后将作为信道译码的先

验 LLR，从而完成信道译码和 MIMO 检测器之间的迭代。

相对于式(7.88)中 LLR 的准确值的计算，也可以采取 Max-Log 近似：

$$
\begin{aligned}
L_E(s_n|\boldsymbol{y}) \approx{} & \frac{1}{2} \max_{\boldsymbol{x}:s_n=0} \left\{ -\frac{1}{\sigma^2}\|\boldsymbol{y}-\boldsymbol{Hs}\|^2 + \tilde{\boldsymbol{s}}_{[n]}^{\top} \cdot \boldsymbol{L}_{A,[n]} \right\} \\
& - \frac{1}{2} \max_{\boldsymbol{x}:s_n=1} \left\{ -\frac{1}{\sigma^2}\|\boldsymbol{y}-\boldsymbol{Hs}\|^2 + \tilde{\boldsymbol{s}}_{[n]}^{\top} \cdot \boldsymbol{L}_{A,[n]} \right\}
\end{aligned}
\tag{7.89}
$$

在迭代操作中，除了在 MIMO 检测器和信道译码器之间交互 LLR 之外，还可以把成功译码的比特从接收向量中消除掉（干扰消除）以获得额外的增益，在此就不展开叙述了。

7.5　频率选择性信道下的 MIMO

读者可能发现我们在整章的叙述中并没有企图对多径信道下的 MIMO 检测做讨论。公平地说，对于类似 WCDMA/HSPA 这样的宽带系统，由于物理信道多径时延的存在，多径信道是非常常见的。在之前的讨论中我们知道，MIMO 系统在高信噪比条件下才能更有效地增大频谱利用率，因此如果想在 WCDMA/HSPA 这样的系统中获得更高的 MIMO 增益的话，首要前提是提高信噪比。达到这个目的方法之一就是先通过时域均衡来试图消除 ISI 的影响（即把 ISI 信道转化为平坦衰落信道），然后再进行 MIMO 检测。

MIMO 系统在真正商用的无线系统中得到广泛应用是在以 OFDM 调制方式为基础的 LTE 系统中。我们通过第 5 章的学习应该知道：即使物理信道是一多径信道，通过参数设计 OFDM 系统可以在每个子载波的带宽上得到平坦衰落信道，而且理论上载波间无干扰因此可以得到高信噪比。正是这些属性极大地方便了 MIMO 技术的应用——或许可以这样说：**MIMO 和 OFDM 的结合是在多径信道条件下取得高速率传输的最佳方案。**

我们可以把 MIMO-OFDM 系统理解为 N 个并行的平坦信道 MIMO 系统，而这 N 个并行信道由 OFDM 实现。如图7-34所示：信息数据流经过串／并变换之后映射到不同天线的不同子载波上。

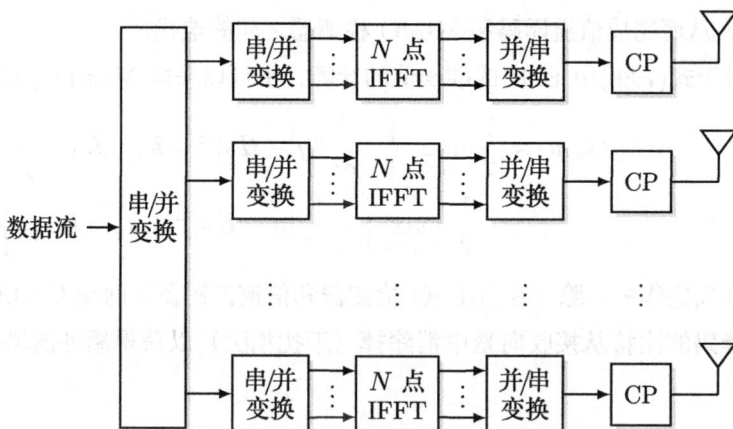

图 7-34　MIMO-OFDM 的发射机结构

相应地，在接收端，每个接收天线都完成自己的 OFDM 中的 FFT 操作。此时，如果把不同天线、相同子载波上的 FFT 输出集合到一起，就得到该子载波上的 MIMO 信道：$\boldsymbol{y}[k] = \boldsymbol{H}[k]\boldsymbol{x}[k] + \boldsymbol{n}[k], 0 \leqslant k \leqslant N-1$。

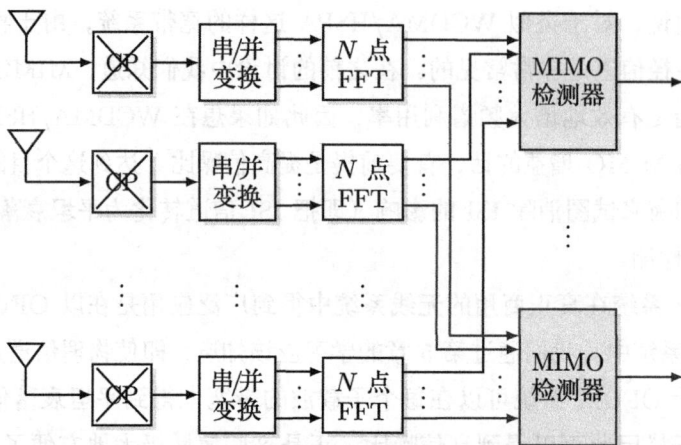

图 7-35　MIMO-OFDM 的接收机结构

通过 OFDM 将多径信道转化为每个子载波上的平坦衰落信道，然后在此基础上应用 MIMO 技术以获得空间复用增益。可以看出：在 MIMO-OFDM 系统中可以把式(7.49)中的时间索引 k 理解为子载波的索引。

7.6 本章小结

MIMO 技术由来已久，早在 1908 年马可尼就提出用它来抗衰落，但是对无线移动通信系统 MIMO 技术产生巨大推动的奠基工作，则是 20 世纪 90 年代由朗讯贝尔实验室的学者完成的。1995 年 I. E. Teladar 从信息论角度给出了在衰落情况下的 MIMO 容量，证明了 MIMO 技术可以取得 $\min\{n_t, n_r\}$ 倍 SISO 系统的容量[97]；1996 年 G. J. Foschini 给出了对角——贝尔实验室分层空时 (D-BLAST) 算法来取得信息论所承诺的频谱效率[113]；1998 年 Wolniansky 等人采用垂直——贝尔实验室分层空时 (V-BLAST) 算法建立了一个 MIMO 实验系统，在室内测试环境试验中达到了超过 20bit/s/Hz 的频谱利用率[114]。这些工作受到各国学者的极大注意，MIMO 的研究工作得到了迅速发展，成为 20 世纪 90 年代学术界和工业界最火的研究课题[51, 115, 11, 116]。随着 MIMO 技术研究的成熟，我们也见证了 MIMO 技术从理论研究到实用系统的转化。无论是在 WiFi 系统[117]还是 LTE 系统[39]，MIMO 技术都是其中的关键技术。

我们在本章的叙述以 MIMO 的信道容量开始，重点在于阐述 MIMO 系统在不增加带宽和功率的前提下是可以提高系统容量的，从而在空间上提供额外的自由度。然而，想取得空间自由度需要信道足够的不相关，并且需要工作在高信噪比条件下。我们接下来讨论了 MIMO 信道，重点在于阐述物理信道特性（比如角度扩展）是如何与天线特性（比如天线孔径）一起决定了信道的相关性。本章的最后花了大量篇幅来介绍 MIMO 接收机算法，其中包括最优的最大似然算法、接近最大似然性能的算法、线性算法，以及带有干扰消除的 MIMO 接收机算法。需要指出的是，在有限的篇幅中，我们对 MIMO 的介绍可以说是管中窥豹。比如说我们对 MIMO 接收机的介绍仅限于单用户 MIMO 系统，而没有涉及多用户 MIMO 系统。有兴趣的读者可以参阅市面上众多的 MIMO 专著来加深 / 拓展对 MIMO 的学习。

本章重要概念

- 高信噪比条件下，相对于 SISO 系统的信道容量：

$$C_{\text{SISO}} = \log_2 \text{SNR} \quad \text{bit/s/Hz}$$

MIMO 系统在有足够散射的信道条件下可以提供：

$$C_{\text{MIMO}} = \min\{n_t, n_r\} \log_2 \text{SNR} \quad \text{bit/s/Hz}$$

因此 MIMO 系统在相同带宽和发送功率条件下可以提供 $\min\{n_t, n_r\}$ 倍于 SISO 系统的容量。

- 是否能够取得 $\min\{n_t, n_r\}$ 空间自由度取决于信道环境以及天线阵列属性。
- MIMO 技术是提高频谱效率的重要手段，因此必将是未来通信系统中的关键技术之一。

同步技术

8.1 为什么需要同步

在之前的章节中，我们讨论了无线通信系统中的调制与解调技术。下面以单载波线性调制为例来回顾之前章节所讨论过的发送 / 接收模型。

- **发射机**：从数学角度可以把理想发送波形的基带表示和相对应的射频信号表示为：

$$x_{\mathrm{BB}}(t) = \sum_{k \in \mathbb{Z}} x_k g_{TX}(t - kT)$$
$$x_{\mathrm{RF}}(t) = \sqrt{2}\Re\{x_{\mathrm{BB}}(t)\mathrm{e}^{\mathrm{i}2\pi f_c t}\} \tag{8.1}$$

- **信道**：为了方便理解，暂且假设信道 $h_{\mathrm{RF}}(t) = \delta(t)$ 且忽略噪声，这样接收信号 $y_{\mathrm{RF}}(t) = x_{\mathrm{RF}}(t)$

- **接收机**：接收机将首先对射频信号进行变频及低通滤波操作，然后对基带信号做匹配滤波，并在 $t = kT$ 时刻采样：

$$y_{\mathrm{BB}}(t) = \mathrm{LPF}(y_{\mathrm{RF}}(t)\mathrm{e}^{-\mathrm{i}2\pi f_c t}) = x_{\mathrm{BB}}(t)$$
$$\left. (y_{\mathrm{BB}}(t) * g_{RX}(t)) \right|_{t=kT} = x_k \tag{8.2}$$

其中在上式中假设接收机滤波器 $g_{RX}(t)$ 为发送滤波器的匹配滤波器并满足 Nyquist 准则。

在这样的模型下，我们通过之前的学习了解到在理论上接收机将可以完美地恢复发送符号 $\{x_k\}$。为了得到这个结论，推导过程中我们隐含地假设了**理想同步**。这里的理想同步假设包含了两方面：

- 发射端和接收端的操作过程都是在理想符号时间 T 上进行的，并且接收机的采样时刻为 $t = kT$。
- 发射端和接收端的操作过程都是在理想载波频率 f_c 上进行的，

现实世界中这些假设很难完美的满足，比方说：

- 无论是 T 还是 f_c，归根结底都是频率。通信系统芯片本身通常并不具备时钟信号源，因此须由专门的时钟电路提供时钟信号。最常见的解决方案由具有固定振荡频率的石英晶体振荡器通过频率合成（frequency synthesizer）而得到。然而，晶振是个物理器件，其实际输出频率难免或多或少地偏离标称频率，因而将造成合成后的频率也有误差。也就是说实际中的符号时间 $T' \neq T$，载波频率 $f_c' \neq f_c$。
- 更糟糕的是发射端和接收端都将有自己的晶振，因此无法保证两者产生的频率 T' 还有 f_c' 是相同的。这时式(8.1)和式(8.2)不再"匹配"，因此将无法完美地恢复 $\{x_k\}$ 了。
- 即使假设晶振是理想的，移动环境所带来的多普勒频移也将造成发射和接收频率的不同，这时式(8.1)和式(8.2)不再"匹配"，因此将无法完美地恢复 $\{x_k\}$ 了。
- 接收机的实际采样时刻可能会有相位的偏差（即 $t = kT + \tau$），或者载波可能会有相位偏差（即 $e^{-i(2\pi f_c t + \theta)}$），此时我们也无法完美地恢复 $\{x_k\}$ 了。

考虑到这些实际因素，我们就不难理解同步操作在无线通信系统设计中的重要意义了——为了尽可能地得到接近理想条件下的性能，我们需要同步操作以克服实际系统的不理想。

概念 8.1　通信芯片中的时钟／频率信号来自于晶振

在无线通信中基站和手机通信。以手机端的设计为例，我们在图8-1中给出了一个在概念意义上接近于实际系统的系统框图。如图所示：可以大致把系统分为基带处理部分、射频处理部分以及天线部分。

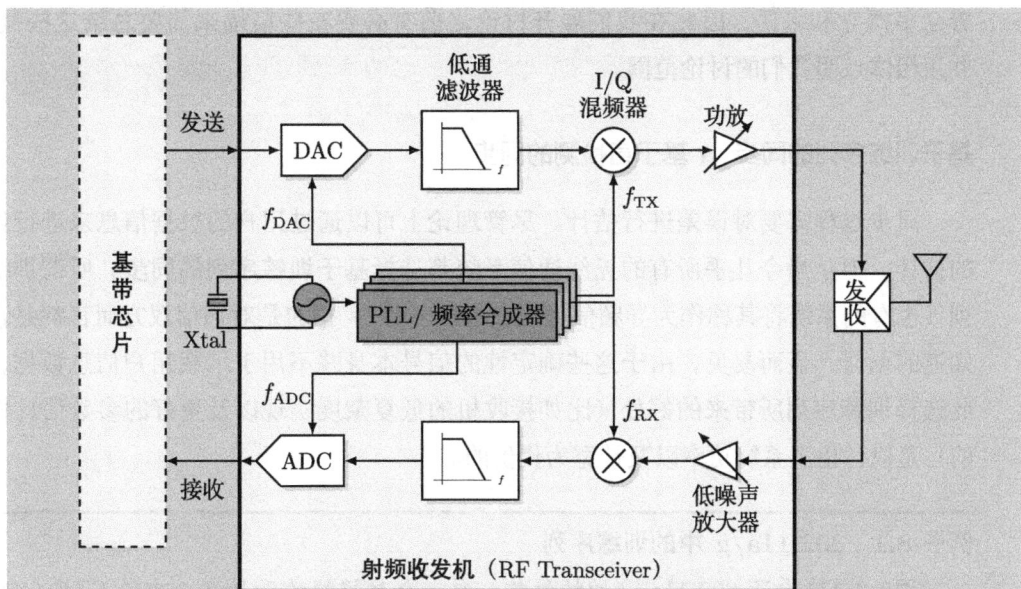

图 8-1　无线系统的发射机和接收机框图

如果我们把眼光聚焦在射频收发机（RF Transceiver）部分，可以看到：

- 人们习惯用 Xtal 来表示石英晶体（crystal），从图中不难看出，它并不属于射频收发机，但是却为射频收发机提供了所有频率的"源头"——无论是 DAC（数 / 模转换）的时钟 f_{DAC}、发射链路上的混频器频率 f_{TX}，还是接收方向上的 f_{RX} 与 f_{ADC}，都是由晶振的频率通过频率合成器"推广"而得的。

- 晶振是个物理器件，难免有误差。如果晶振的实际输出频率相比于其标配频率有一定的误差，那么同样比例的误差也将反映在合成的频率输出中。

- 人们习惯用单位 ppm，即 parts per million，来衡量这个误差。这个单位实际上表示了误差大小和标称值的比值，$1\,\mathrm{ppm} = 10^{-6}$。

8.1.1　同步技术中的基本概念

我们将在本章余下的篇幅讨论如何进行**频率同步**和**时间同步**。为了简化我们的讨论，假设发射机是理想的，因此我们将站在接收机的角度来讨论同步。

需要指出的是：同步的研究是一个非常大的题目。在有限的篇幅中不求全面，只希望能够给读者传达些实际系统设计的概念。尤其需要说明的是：在同步的研究中有着众多概念和术语，因此在我们展开讨论之前有必要花些篇幅来简要总结这些概念，并用**粗体**点明我们的讨论范围。

基于训练序列的同步 vs 基于盲检测的同步

同步过程需要对误差进行估计。尽管理论上可以通过用户的数据信息来进行误差的估计，但是当今几乎所有的无线通信系统都选择**基于训练序列的同步**。所谓训练序列（也有的系统将其称作为导频信号或参考信号等），指的是对通信双方而言都是预先知道的信号。显而易见，由于这些确定性的信号本身并不用于承载用户信息数据，因此选择训练序列所带来的好处（比如接收机的低复杂度实现以及更好的参数估计性能的）是以付出了系统功率以及带宽为代价的。

例子 8.1   802.11a/g 中的训练序列

图8-2中给出了 802.11a/g 的帧结构。每一个数据帧的开始部分中的 STF（Short Training Field）和 LTF（Long Training Field）都将用于系统的频率和时间同步。

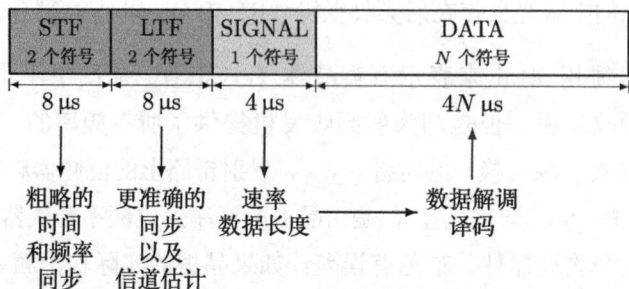

图 8-2   802.11a/g 的帧结构

- STF：总长度为 160 个码片，在时间轴上由长度为 16 的序列重复 10 次而构成；STF 将被用于粗略的时间和频率同步。
- LTF：在时间上由两块相同的序列构成；LTF 将被用于提供更加精确的时间和频率同步以及信道估计。

捕获过程 vs 跟踪过程

正如我们对陌生事物的认知总是从开始的"大概"到后来的"熟知",同步操作也可以划分为类似的两个阶段。比如说当我们刚打开手机电源时,手机芯片的首要工作是在浩瀚的无线电波海洋中找到信号,并对系统的残余频差和符号时间做出一个起始估计。起始估计未必最优,但是应至少保证"捕获"了一个可以工作的系统——这就是捕获过程(acquisition)。在捕获阶段给出起始估计之后,接收机就可以开始对待估参数进行更"细致"的估计了。通常这表现为接收机对参数的连续估计和补偿,因此是一个跟踪过程(tracking)。跟踪过程的目的就是尽量减小由于时间 / 频率偏差对系统性能带来的损失。换句话说,跟踪过程的目的就是得到最好的系统性能。

由于捕获过程和跟踪过程的目的不同,因此实现过程往往也不同。比如说,捕获过程往往是基于某一次(或几次)的参数估计之后的一次性补偿操作;而跟踪过程则往往对频差和采样误差进行连续不断的调整。

例子 8.2   802.11a/g 中的捕获和跟踪

802.11 系统是一个非同步系统,也就是说在 Wi-Fi 系统中,发射机和接收机之间并没有事先约定好信息传输的时间,因此对每一个数据帧,接收机都需要"找到"数据块的开始时间以及该数据块所对应的频偏。比如在例8.1中的 802.11a/g 系统中,帧结构中的 STF 用于时间 / 频率捕获,而 LTF 将用于对时间 / 频率进行更为精确的估计。这是因为 STF 的设计允许系统可以估计更大的频率偏差范围(我们将在频率同步一节中详细讲述)。

由于 802.11 系统是非同步系统的原因,因此无法通过闭环形式来实现参数的细调。也就是说,在 802.11 系统中,每一个数据帧的同步都是根据当前帧中的 STF 和 LTF 来进行估计和补偿的。

例子 8.3   LTE 中的捕获和跟踪

我们在图8-3中给出了 LTE(FDD)系统的帧结构。

在 LTE 中:

- 每一帧的长度为 10 ms,由 10 个长度为 1 ms 的子帧组成。
- 从训练符号的角度看,LTE 系统中定义了下面两种训练符号。

◇ 同步信号：包括主同步信号（PSS：Primary Synchronization Signal）和附同步信号（SSS：Secondary Synchronization Signal）。同步信号在频域上占据了系统带宽的中间部分的 72 个子载波，在时域上则出现在第 0 个和第 5 个子帧上。从时间同步的角度讲，LTE 终端需要通过对 PSS/SSS 的检测来对 LTE 信号进行定时（即找到帧的开始时间）。也就是说，PSS/SSS 用于 LTE 系统中时间同步的捕获。同样，可以通过 PSS/SSS 完成系统的频率捕获。

◇ 小区参考信号（CRS：Cell-specific Reference Signal）：顾名思义，小区参考信号在一个小区内是所有用户共享的。由图中可以看出，小区参考信号近似均匀地分散在时间轴和频率轴上。CRS 在 LTE 中承担着众多任务，包括下行信道估、下行信道质量测量以及小区强度测量等。从同步的角度讲，无论是时间同步还是频率同步，CRS 也往往被人们用作同步操作（尤其是跟踪步骤）的首选训练序列。特别地，由于 CRS 的规律出现，设计者可以采用闭环的方式来设计时间 / 频率的跟踪。

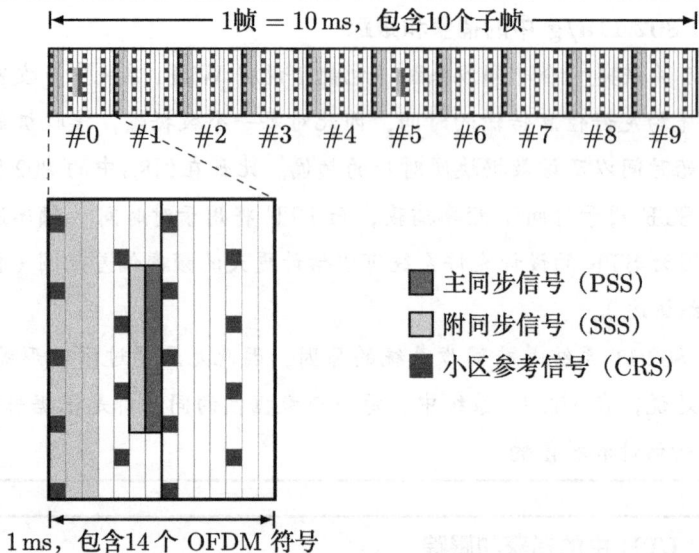

图 8-3　LTE（FDD）的帧结构

前向结构 vs 反馈结构

同步过程中包含了两部分：（误差）参数估计过程和误差补偿／纠正过程。根据两者的执行顺序，我们可以把同步的实现方式分为前向（feedforward）结构和反馈（feedback）结构两种方式。下面我们就以时间同步为例来具体了解这两种不同的实现方式（下面的讨论同样适用于频率同步）。

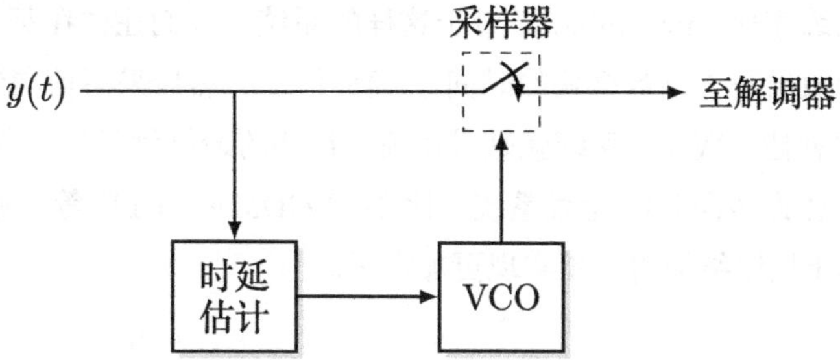

图 8-4　前向结构（feedforward）的时间同步系统框图

先来看前向结构。如图8-4所示，在前向结构中首先对参数的误差（此处为采样相位 τ 与理想值之间的差异）进行估计，然后其结果将直接控制采样器的采样时间。不难看出：由于采样器的输出中包含了当前误差估计的补偿，因此参数的误差估计性能好坏将直接影响最后结果。对于系统设计人员来说，这意味着我们的估计信号应该尽量准确反映真实误差。

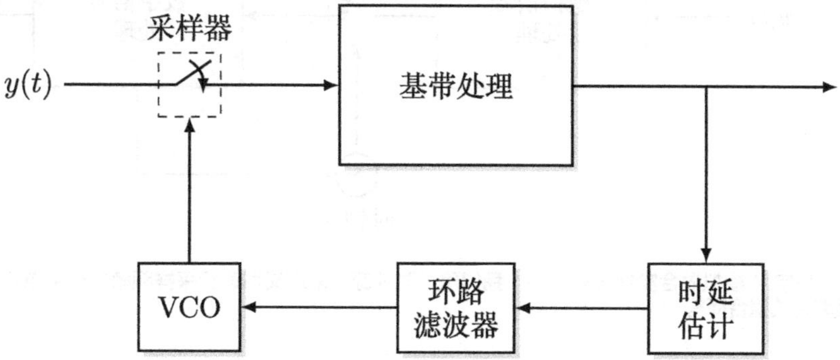

图 8-5　反馈结构（feedback）的时间同步系统框图

再来看图8-5所示的反馈结构。在反馈结构中误差参数的估计在采样器之后完成。

误差估计经过环路滤波之后"回过头"去改变采样器的采样时间。这种反馈环路的形式可以理解为一个反馈控制机制，其特点是只要测量误差能够正确表现真实误差的正负号，那么反馈环路就可以逐渐地减小误差[†]。因此**反馈结构**这种闭环实现方式**有着可以自动跟踪时变参数的能力**，这是前向结构做不到的。

在实际系统设计中，究竟该采用哪种结构呢？这个问题的答案在某种程度上取决于系统的收发特点。比如在很多采用突发块（busty）形式的系统中，每一帧数据中会包含前导训练序列（preamble）。对于这样的系统，人们往往在每一个突发块上利用前导训练序列做出基于该数据块的时间／频率估计，然后采用前向结构对用户数据进行时间／频率补偿。Wi-Fi 系统就是采用前向结构的最好例子了。相比于 Wi-Fii 这种非同步系统，在许多同步的无线系统（比如 WCDMA、LTE 等）中都存在连续导频符号。因此基于反馈结构的同步实现更加常见。

数字／模拟混合实现方式 vs 全数字实现方式

从我们之前的讨论可以看到，同步过程之所以必要，是因为系统中的晶振或采样器的采样时间不理想造成的。无论是晶振还是采样器都是模拟器件[‡]，其功能在 RF 芯片内完成。当系统完成对时间／频率偏差的估计之后（参数估计过程通常在基带完成），下面的问题就是如何补偿／纠正了。下面就以时间同步为例（其思想同样适用于频率同步），来了解在实际系统设计中最常见的两种结构了。

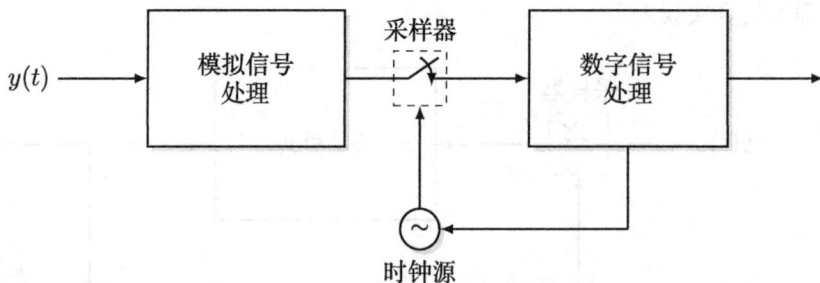

图 8-6　数字／模拟混合实现方式。注：我们用"时钟源"来广义地表示采样频率的产生电路，实际中多由晶振加上频率合成组合而得。

[†] 将在第8.2节讨论的锁相环就是这样的一个反馈控制环路。

[‡] 严格地说，ADC 是个混合信号（mixed signal）器件，既包含模拟部分，也包含数字部分。

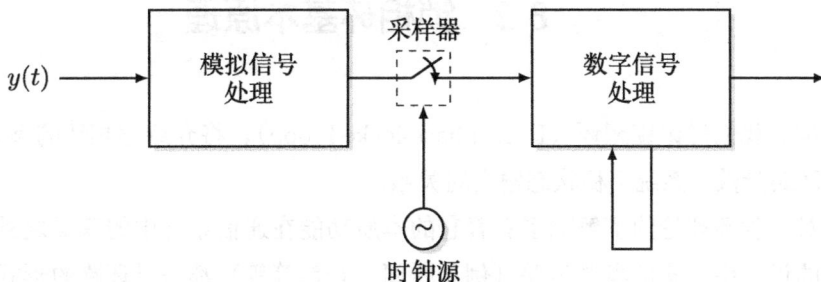

图 8-7 全数字实现方式

在图8-6的数字／模拟混合实现方式中，基带得到的时间误差将用于调整采样器的采样时刻。在图8-7的全数字实现方式中选择了在基带对采样时刻的误差进行补偿（而不去改变采样器）。全数字的实现方式的一大好处就是将所有操作在基带通过数字信号处理的方式完成。

8.1.2 本章导读

至此，我们看到相比于接收机的其他一些相对"标准化"的操作（比如调制／解调、编码／译码等等），同步的实现在不同的系统设计中有着"百花齐放"的特点。这不仅体现在系统结构层面，也体现在具体的算法层面。也许正是这个原因，我们发现在很多讲述无线通信的著作中选择忽略同步技术的讲述。鉴于同步的重要性，我们还是决定来尝试对同步中的一些基本概念展开讨论。需要特别指出的是：篇幅所限，我们不得不在内容上作出取舍，因此若有重要概念的遗漏请读者见谅。

在第8.2节我们将来了解锁相环的基本理论。锁相环理论在现代通信中占有重要地位：除了广泛应用在频率合成等场合，亦将成为时间同步、频率同步中闭环实现的理论基础。在第8.3节中我们将介绍参数估计理论中的最大似然估计准则。然后将在第8.4节和第8.5节分别介绍时间同步和频率同步。我们将以概念的讲述为主，并通过实际系统设计的例子来学习实际的系统设计是如何对最大似然理论进行近似和简化的。

8.2 锁相环基本原理

本节我们讨论锁相环（PLL: phase-locked loop），将介绍锁相环的基本工作原理，讨论环路阶数与系统平稳状态输出的关系。

对锁相环理论的了解除了有着它的本质功能在通信系统中的意义之外，当代通信系统的设计中很多的参数调整（例如时间、频率等等）都是以环路的形式实现的，因此本节对锁相环的讨论将为本章接下来的时间／频率同步的环路实现提供理论基础。

8.2.1 连续时间模型下的锁相环

假设输入信号的载波为 $2\cos(2\pi f_c t + \theta(t))$，我们知道，在相干解调中接收机需要用相同的载波来将信道"搬移"到基带。假设接收机准确地知道载频 f_c，但是**需要对** $\theta(t)$ **进行估计**。我们下面就来了解锁相环是如何完成这个工作的。

如图8-8所示，锁相环由三部分组成：

- **鉴相器**（phase error detector）
  鉴相器的功能是对相位误差的大小作出估计。不失一般性，我们可以把其输出信号表示为相位误差 $\theta(t) - \hat{\theta}(t)$ 的函数 $k_d \cdot g(\theta(t) - \hat{\theta}(t))$，这里的 $g(\cdot)$ 用于表示鉴相器的特性，而 k_d 用于表示鉴相器的增益。

- **环路滤波器**（loop filter）
  顾名思义这是一个滤波器，用 $f(t)$ 来表示它的冲击响应函数。

- **压控振荡器**（VCO: voltage-controlled oscillator）
  我们可以把压控振荡器理解为这样一个物理器件：其输出为 $\sin(2\pi f_c t + \hat{\theta}(t))$，并且其相位 $\hat{\theta}(t)$ 的变化与输入信号 $e(t)$ 成正比，即

$$\frac{\mathrm{d}\hat{\theta}(t)}{\mathrm{d}t} = k_c \cdot e(t) \tag{8.3}$$

其中用 k_c 来表示压控振荡器的增益。

作为一个具体例子，让我们考虑一个具体的鉴相器的例子：假设鉴相器的作用 $g(\cdot)$ 就是将两个输入信号相乘：

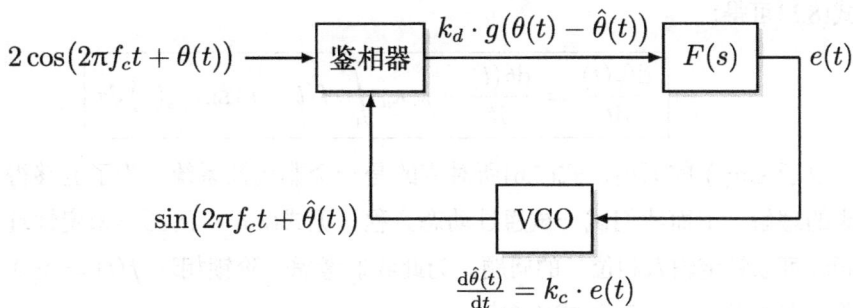

图 8-8 锁相环模型

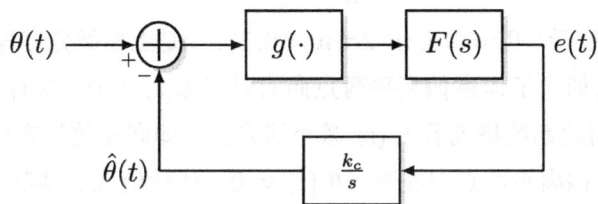

图 8-9 锁相环的等效相位模型

$$2\cos\big(2\pi f_c t + \theta(t)\big) \cdot \sin\big(2\pi f_c t + \hat{\theta}(t)\big)$$

$$= \sin\big(\theta(t) - \hat{\theta}(t)\big) + \sin\big(4\pi f_c t + \theta(t) + \hat{\theta}(t)\big) \qquad (8.4)$$

假设上式中的高频部分将被环路滤波器（或压控振荡器）过滤掉，因此可以把鉴相器的有效响应表示为 $g\big(\theta(t) - \hat{\theta}(t)\big) = \sin\big(\theta(t) - \hat{\theta}(t)\big)$。根据上面对锁相环三个组成元素的介绍有：

$$e(t) = k_d \int_0^t f(t - \tau) \sin\big(\theta(\tau) - \hat{\theta}(\tau)\big)\, \mathrm{d}\tau$$

和

$$\frac{\mathrm{d}\hat{\theta}(t)}{\mathrm{d}t} = k_c \cdot e(t) = k_c k_d \int_0^t f(t - \tau) \sin\big(\theta(\tau) - \hat{\theta}(\tau)\big)\, \mathrm{d}\tau \qquad (8.5)$$

为了方便理解，让我们定义相位误差函数：

$$\theta_e(t) := \theta(t) - \hat{\theta}(t)$$

由式(8.5)可得：

$$\frac{\mathrm{d}\theta_e(t)}{\mathrm{d}t} = \frac{\mathrm{d}\theta(t)}{\mathrm{d}t} - k_c k_d \int_0^t f(t-\tau) \sin \theta_e(\tau) \, \mathrm{d}\tau \tag{8.6}$$

由于 $\sin(\cdot)$ 的原因，式(8.6)所对应的是一个非线性系统。为了能够得到一些更加直观的理解，下面我们试一试通过动态方程（见式(8.6)）的图形来定性理解"为什么锁相环可以锁定输入相位"的问题。为此我们考虑一阶锁相环 $f(t) = \delta(t)$ 在固定相位偏差（即 $\theta(t) = \theta_c$）时的式(8.6)[†]：

$$\frac{\mathrm{d}\theta_e(t)}{\mathrm{d}t} = -k_c k_d \sin \theta_e(t)$$

如图8-10所示：$\theta_e = 0 \pm n \cdot 2\pi, n = 0, 1, \dots$ 是上面微分方程的平衡点。以 $[-\pi, \pi]$ 这段为例：比如当工作点偏离平衡点向右时（$\theta_e(t) > 0$，估计值小于实际值），由于 $\frac{\mathrm{d}\theta_e(t)}{\mathrm{d}t} < 0$，因此系统将朝着 $\theta_e(t)$ 减小的方向（即向左边的方向）移向平衡点；类似地，当工作点偏离平衡点向左时（$\theta_e(t) < 0$，估计值大于实际值），此时 $\frac{\mathrm{d}\theta_e(t)}{\mathrm{d}t} > 0$，因此系统将朝着 $\theta_e(t)$ 增大的方向（即向右边的方向）移向平衡点。因此当系统处于平稳状态（即 $\theta_e(t) = 0 \pm n \cdot 2\pi$）之后，即使 $\theta(t)$ 出现微小的"抖动"，**锁相环还是会自动纠正这个错误**。然而当误差大于 π 时，从图中可以看出系统将收敛到另外一个平衡点。

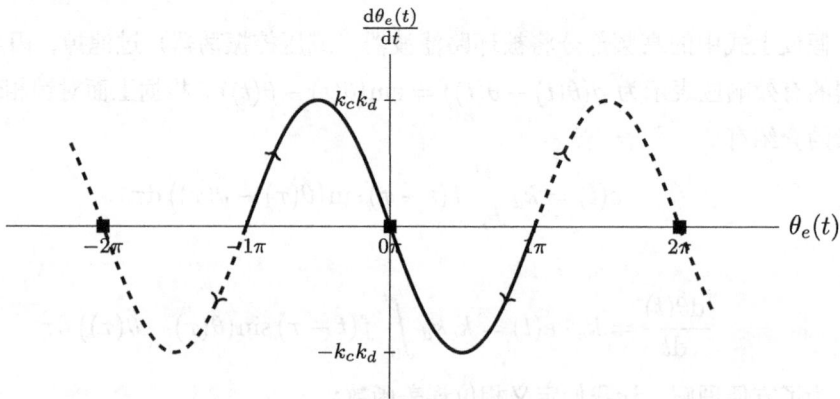

图 8-10 $\theta(t) = \theta_c$ 时一阶锁相环中 $\theta_e(t)$ 与 $\frac{\mathrm{d}\theta_e(t)}{\mathrm{d}t}$ 的关系图

[†]锁相环的阶数由环路滤波器的阶数所决定，即 $F(s)$ 中 s 的最高次幂。

8.2.2　线性相位误差模型下的锁相环

从理论分析的角度，人们常常研究式(8.6)的线性模型——当相位误差很小（比如 $\theta_e \ll \frac{\pi}{6}$）时，近似式 $\sin\theta_e \approx \theta_e$ 成立，此时将得到线性系统模型：

$$\frac{\mathrm{d}\theta_e(t)}{\mathrm{d}t} = \frac{\mathrm{d}\theta(t)}{\mathrm{d}t} - k_c k_d \int_0^t f(t-\tau)\theta_e(\tau)\,\mathrm{d}\tau \tag{8.7}$$

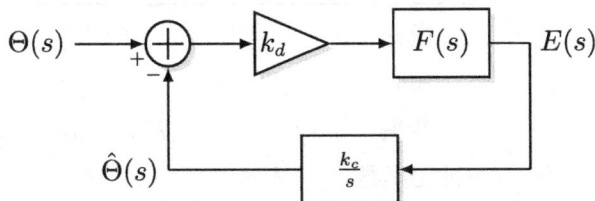

图 8-11　线性相位误差模型下的锁相环系统框图

在分析类似式(8.7)这样的系统时，需要的数学工具是拉普拉斯变换（Laplace transform）。根据拉普拉斯变换，由式(8.7)可得：

$$s\Theta_e(s) = s\Theta(s) - k_c k_d F(s)\Theta_e(s)$$

由上式可以得到输入信号 $\theta(t)$ 与误差信号 $\theta_e(t)$ 间的传递函数：

$$\boxed{\frac{\Theta_e(s)}{\Theta(s)} = \frac{s}{s + k_c k_d F(s)}} \tag{8.8}$$

类似的，还可以得到输入信号 $\theta(t)$ 与压控振荡器输出信号 $\hat{\theta}(t)$ 间的传递函数：

$$\boxed{H(s) := \frac{\hat{\Theta}(s)}{\Theta(s)} = \frac{k_c k_d F(s)}{s + k_c k_d F(s)}} \tag{8.9}$$

概念 8.2　拉普拉斯变换小结

从《信号与系统》中我们知道，拉普拉斯变换被广泛应用到连续时间信号的分析中，它的正变换及其反变换的数学定义为：

$$F(s) := \mathcal{L}\{f(t)\} = \int_0^{+\infty} f(t)\mathrm{e}^{-st}\,\mathrm{d}t$$

$$f(t) := \frac{1}{\mathrm{i}2\pi} \oint F(s)\mathrm{e}^{st}\,\mathrm{d}s$$

我们将省略关于拉普拉斯变换的其他细节，只是把我们即将要用到的一些性质做一简单总结：若用符号 $f(t) \overset{\mathcal{L}}{\longleftrightarrow} F(s)$ 来表示拉普拉斯变换对，那么有：

	时间域	s-域
微分	$\frac{\mathrm{d}^n f(t)}{\mathrm{d}t}$	$s^n F(s)$
积分	$\int_0^t f(\tau)\,\mathrm{d}\tau$	$F(s)/s$
卷积	$(f * g)(t)$	$F(s) \cdot G(s)$
冲击函数	$\delta(t)$	1
阶越函数	$u(t)$	$1/s$
斜坡函数	$t \cdot u(t)$	$1/s^2$

另外，还需要用到下面用于描述系统稳定状态取值的**终值定理**：

$$f(\infty) = \lim_{s \to 0} sF(s)$$

在可以用于衡量锁相环性能的诸多指标中，一个最直观的判断就是相位误差 $\theta_e(t)$ 会不会最终趋近于 0（也就是能够完美地锁定输入信号的相位）。借助表达式(8.8)，可以通过拉普拉斯变换中的终值定理得到时域信号 $\theta_e(t)$ 的最终取值：

$$\theta_e(\infty) = \lim_{s \to 0} s\Theta_e(s) = \lim_{s \to 0} \frac{s^2}{s + k_c k_d F(s)}\Theta(s) \tag{8.10}$$

这里的 $\Theta(s)$ 表示输入信号的属性，因此从上式中可以看出环路滤波器 $F(s)$ 的设计成为决定锁相环性能的关键。通过下面几个简单的例子，读者将会看到：不同的 $\Theta(s)$ 属性和不同 $F(s)$ 的设计将得到不一样的 $\theta_e(\infty)$ 性能。

例子 8.4　一阶锁相环在固定相位偏移下的终值

考虑 $f(t) = \delta(t), \theta(t) = \Delta\theta \cdot u(t)$ 的情形，由拉普拉斯变换的性质可知，$F(s) = 1, \Theta(s) = \Delta\theta/s$。根据式(8.8)有：

$$\Theta_e(s) = \frac{s}{s + k_c k_d F(s)}\Theta(s) = \frac{\Delta\theta}{s + k_c k_d}$$

应用终值定理可以定量地分析锁相环收敛后的误差：

$$\theta_e(\infty) = \lim_{s \to 0} s\Theta_e(s) = \lim_{s \to 0} s \frac{\Delta\theta}{s + k_c k_d} = 0 \tag{8.11}$$

可见一阶锁相环可以对固定相位偏移进行完美的估计（误差为 0）。事实上，对于一阶锁相环，当输入信号为阶跃输入时，由式(8.9)可知

$$\hat{\Theta}(s) = \frac{k_c k_d \Delta\theta}{s(s + k_c k_d)}$$

在时域上，它对应于

$$\hat{\theta}(t) = \Delta\theta(1 - \mathrm{e}^{-k_c k_d t})u(t) \tag{8.12}$$

由此可见，锁相环的输出将以 $(1 - \mathrm{e}^{-k_c k_d t})$ 的速度收敛到稳定值 $\Delta\theta$。

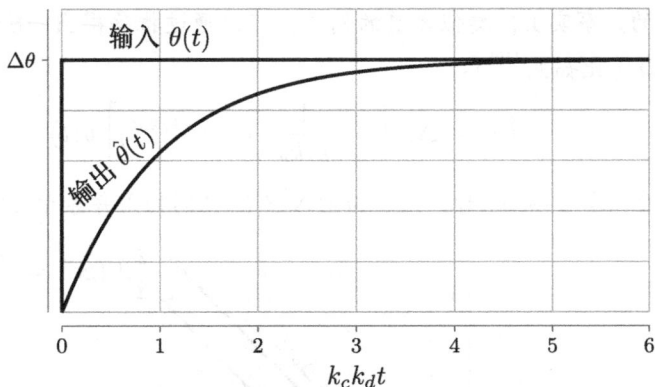

图 8-12　一阶锁相环在固定相位偏移下的收敛曲线

借助上面这个例子，我们来了解锁相环的性能指标之一的"时间常数"的概念。

概念 8.3　时间常数

　　在人们讨论滤波器的时候常常会提到所谓**时间常数**（time constant）这个概念，用以表征当系统为阶跃输入时的系统输出信号的收敛速度。收敛到什么程度才算收敛了呢？显然这是一个仁者见仁的问题。在实际中应用中，人们习惯把 $1/(k_c k_d)$ 定义为一阶锁相环的时间常数。如图8-12所示，在这个定义下，在时间常数这个时刻，锁相环到达稳定输出的 63%（$= 1 - \mathrm{e}^{-1}$）。

例子 8.5 一阶锁相环在频率偏移下的特性

考虑 $f(t) = \delta(t), \theta(t) = \Delta\omega\, t \cdot u(t)$ 的情形，由拉普拉斯变换的性质我们知道 $F(s) = 1, \Theta(s) = \Delta\omega/s^2$。根据式(8.8)有：

$$\Theta_e(s) = \frac{s}{s + k_c k_d F(s)} \Theta(s) = \frac{\Delta\omega}{s(s + k_c k_d)}$$

应用终值定理我们可以定量地分析锁相环收敛后的误差：

$$\theta_e(\infty) = \lim_{s \to 0} s\Theta_e(s) = \lim_{s \to 0} \frac{\Delta\omega}{s + k_c k_d} = \lim_{s \to 0} \frac{\Delta\omega}{s + k_c k_d} = \frac{\Delta\omega}{k_c k_d} \tag{8.13}$$

我们看到：尽管一阶锁相环可以对固定相位偏移给出无偏估计 (见式(8.11))，但是对于频率偏移，一阶锁相环的估计误差是非零的。也就是说一阶锁相环是无法完美跟踪频率偏移的。事实上，类似之前的例子，可以通过推导得出一阶锁相环在频率偏移下的响应函数（比如见[119]）：

$$\hat{\theta}(t) = \Delta\omega \left[t - \frac{1}{k_c k_d} \left(1 - e^{-k_c k_d t} \right) \right] u(t)$$

从中也不难看出当 $t \to \infty$ 时，$\hat{\theta}(t)$ 与输入 $\theta(t)$ 之间的差异等于 $\frac{\Delta\omega}{k_c k_d}$。

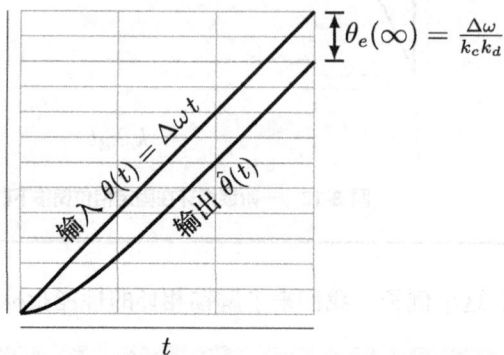

图 8-13 一阶锁相环在频率偏移下的收敛曲线

例子 8.6 二阶锁相环在频率偏移下的特性

同样是 $\theta(t) = \Delta\omega\, t \cdot u(t)$，下面让我们看看二阶锁相环又如何表现？考虑环路滤波器 $F(s) = k_1 + k_2/s$，

$$\Theta_e(s) = \frac{s}{s + k_c k_d F(s)} \Theta(s) = \frac{s}{s + k_c k_d (k_1 + k_2/s)} \frac{\Delta\omega}{s^2}$$

应用终值定理我们可以定量分析锁相环收敛后的误差：

$$\theta_e(\infty) = \lim_{s \to 0} s\Theta_e(s) = \lim_{s \to 0} \frac{\Delta\omega}{s + k_c k_d(k_1 + k_2/s)} = 0 \tag{8.14}$$

可见二阶锁相环可以对固定频率偏移进行完美的估计（误差为 0）。

环路滤波器 $F(s) = k_1 + k_2/s$ 在时域对应着 $f(t) = k_1 + k_2 \int_0^t (\cdot)\mathrm{d}\tau$，因此人们常常把 $F(s)$ 称作"正比加积分"（proportional-plus-integrator）滤波器，如图8-14所示。

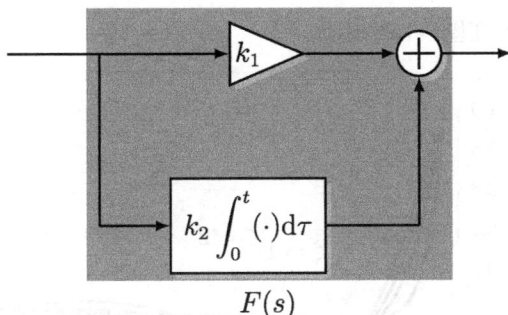

图 8-14　正比加积分滤波器

尽管可以通过终值定理在式(8.14)得到 $\theta_e(\infty) = 0$ 的结论，下面让我们更进一步看看 $\theta_e(t)$ 是如何随时间变化的，由此可以更深刻地理解环路的收敛特性。不失一般性，我们可以把二阶环路的环路传递函数（见式(8.9)）表示为下面的形式：

$$H(s) = \frac{b_2 s^2 + b_1 s + b_0}{s^2 + 2\zeta\omega_n s + \omega_n^2} \tag{8.15}$$

在控制理论中，人们常把 ω_n 称作自然频率（natural frequency），把 ζ 称作阻尼因子（damping factor）。这里 ζ 是个重要的变量——根据它是否大于 1 环路将表现出不同的变化特性。比如对于正比加积分的二阶环路，可以将其传递函数 $H(s) = \frac{k_c k_d k_1 s + k_c k_d k_2}{s^2 + k_c k_d k_1 s + k_c k_d k_2}$ 整理为下面的形式：

$$H(s) = \frac{2\zeta\omega_n s + \omega_n^2}{s^2 + 2\zeta\omega_n s + \omega_n^2} \tag{8.16}$$

其中 $\zeta = \frac{k_1}{2}\sqrt{\frac{k_c k_d}{k_2}}, \omega_n = \sqrt{k_c k_d k_2}$。仿照[118, 120]，下面以归一化的误差函数来表达系统的时域变化特性。

- 对于式(8.16)，可以把它对固定相位偏移的的时域响应依据 ζ 的大小不同表示

为[120]:

$$
\theta_e(t) = \begin{cases}
\Delta\theta\left(\cos(\sqrt{1-\zeta^2}\,\omega_n t) - \dfrac{\zeta}{\sqrt{1-\zeta^2}}\sin(\sqrt{1-\zeta^2}\,\omega_n t)\right)\mathrm{e}^{-\zeta\omega_n t}u(t) & \text{当 } \zeta < 1, \\[2mm]
\Delta\theta(1-\omega_n t)\mathrm{e}^{-\omega_n t}u(t) & \text{当 } \zeta = 1, \\[2mm]
\Delta\theta\left(\cosh(\sqrt{\zeta^2-1}\,\omega_n t) - \dfrac{\zeta}{\sqrt{\zeta^2-1}}\sinh(\sqrt{\zeta^2-1}\,\omega_n t)\right)\mathrm{e}^{-\zeta\omega_n t}u(t) & \text{当 } \zeta > 1
\end{cases}
$$

$$\tag{8.17}$$

式(8.17)的图示在图8-15给出[†]。

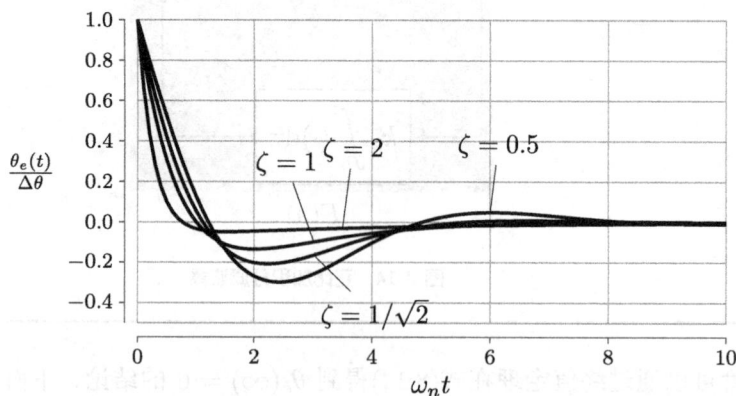

图 8-15　不同 ζ 取值下二阶环路对输入信号 $\theta(t) = \Delta\theta u(t)$ 的归一化的误差信号 $\theta_e(t)/\Delta\theta$ 的变化趋势

- 类似的，可以把式(8.16)在输入信号为频率偏移信号（即 $\theta(t) = \Delta\omega t\, u(t)$）的误差信号表示为[120]:

$$
\theta_e(t) = \begin{cases}
\dfrac{\Delta\omega}{\omega_n\sqrt{1-\zeta^2}}\mathrm{e}^{-\zeta\omega_n t}\sin(\sqrt{1-\zeta^2}\,\omega_n t)u(t) & \text{当 } \zeta < 1, \\[2mm]
\dfrac{\Delta\omega}{\omega_n}\mathrm{e}^{-\omega_n t}\omega_n t\, u(t) & \text{当 } \zeta = 1, \\[2mm]
\dfrac{\Delta\omega}{\omega_n\sqrt{\zeta^2-1}}\mathrm{e}^{-\zeta\omega_n t}\sinh(\sqrt{\zeta^2-1}\,\omega_n t)u(t) & \text{当 } \zeta > 1
\end{cases}
$$

其图形表示如图8-16所示。

[†]读者可能从图中得到 ζ 越大，收敛越快的结论。虽然这是事实，但是需要特别指出的是，我们的讨论中没有考虑整个环路对噪声的响应。事实上，如果我们计算环路相对应于噪声的带宽，此时 $B_n = \frac{\omega_n}{2}(\zeta + \frac{1}{\zeta})$，在 $\zeta \geqslant 1/2$ 时单调递增。也就是说更大的 ζ 对应更大的噪声，因此 $\hat\theta(t)$ 更加不可靠。实际应用中，$\zeta = 1/\sqrt{2} = 0.707$ 是一个很常见的折衷选择。有兴趣的读者可以进一步参考[120]等专著以了解更多，在此我们不展开叙述了。

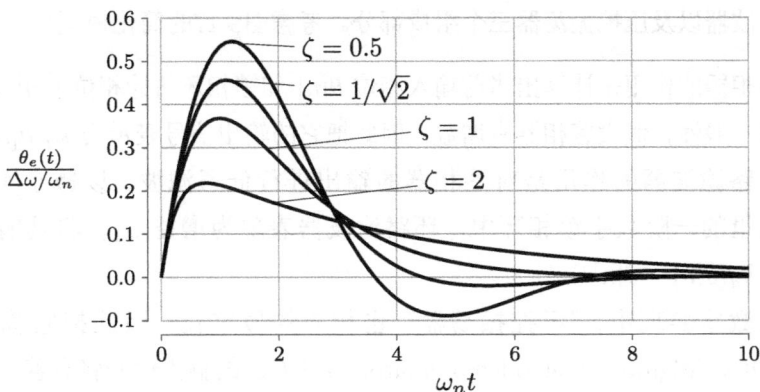

图 8-16 不同 ζ 取值下二阶环路对输入信号 $\theta(t) = \Delta\omega t\, u(t)$ 的归一化的误差信号 $\frac{\theta_e(t)}{\Delta\theta/\omega_n}$ 的变化趋势

8.2.3 数字锁相环

随着数字电路的发展，人们倾向于在数字域来实现锁相环。我们将会看到，数字锁相环继承了连续时间锁相环的诸多性质。

一阶数字锁相环如图8-17所示。不失一般性，我们假设锁相环的输入序列 $\{y[n]\}$ 是由连续时间信号 $y(t)$ 经过采样后得到的。具体到锁相环的讨论，我们假设 $y[n]$ 有着 $\mathrm{e}^{\mathrm{i}2\pi\theta[n]}$ 的形式。

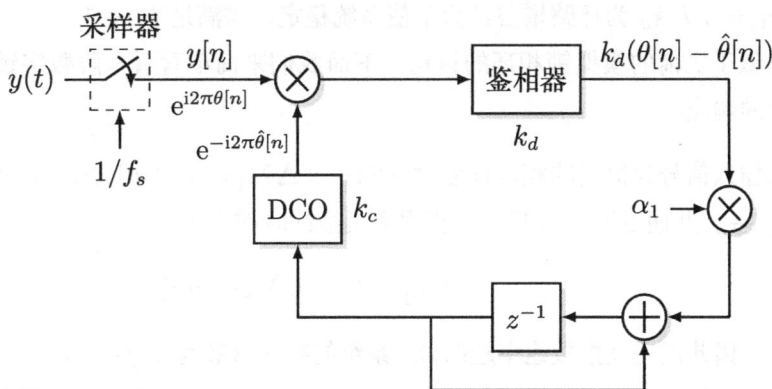

图 8-17 一阶数字锁相环

和模拟锁相环的结构类似，在数字锁相环中，我们也可以找到相对应的鉴相器、

环路滤波器以及压控振荡器三个组成部分。考虑图8-17的简化模型：

- **鉴相器**的作用是计算出当前输入相位 $\theta[n]$ 和锁相环估计相位 $\hat{\theta}[n]$ 之间的差异，不失一般性，假设鉴相器有增益，因此把它的输出信号表示为 $k_d(\theta[n] - \hat{\theta}[n])$。

- **环路滤波器**的作用是对鉴相器的输出进行低通滤波，以减小噪声的影响。在这里的一阶数字锁相环中，环路滤波器表现为增益 α_1，将其输出记为 $e[n] = \alpha_1 k_d(\theta[n] - \hat{\theta}[n])$。

- 在数字实现中，"压控振荡器"也相应的数字化，因此把它称作数控振荡器（DCO: digitally controlled oscillator）[†]。DCO 的输出信号将有着 $e^{-i2\pi\hat{\theta}[n]}$ 的形式，其中

$$\hat{\theta}[n] = k_c \sum_{k=-\infty}^{n-1} e[k]$$

从概念理解上，我们可以把锁相环的输入序列记为 $\theta[n]$，输出序列记为 $\hat{\theta}[n]$，误差序列记为 $\theta_e[n]$。如果把它们的 z 变换分别记作 $\Theta(z)$，$\hat{\Theta}(z)$ 和 $\Theta_e(z)$ 的话，通过简单计算不难得到系统的传递函数：

$$H(z) := \frac{\hat{\Theta}(z)}{\Theta(z)} = \frac{k_1 z^{-1}}{1 - (1 - k_1)z^{-1}} \tag{8.18}$$

$$\Theta_e(z) = \Theta(z) - \hat{\Theta}(z) = \frac{z - 1}{z - (1 - k_1)}\Theta(z) \tag{8.19}$$

其中 $k_1 = \alpha_1 k_c k_d$ 为环路增益。为了使系统稳定，需满足 $k_1 < 1$。

类似于之前的模拟锁相环的讨论，下面我们来简单看看一阶数字锁相环对不同输入信号的响应。

- 当输入信号为恒定的相位误差时（$\theta[n] = \Delta\theta u[n]$），根据式(8.19)以及 $\mathcal{Z}\{u[n]\} = \frac{1}{1-z^{-1}}$，并通过逆 z 变换，可得误差函数的时域表示：

$$\hat{\theta}_e[n] = (1 - k_1)^n \Delta\theta\, u[n]$$

因此误差呈指数速率趋向 0，系统的时间常数为 T_s/k_1 秒。

- 当输入信号为频率偏移信号时（$\theta[n] = \Delta\omega n\, u[n]$），可得误差函数的时域表示：

$$\hat{\theta}_e[n] = \frac{\Delta\omega}{k_1}\left[1 - (1 - k_1)^n\right] u[n] \tag{8.20}$$

[†]也有文献把它称作 NCO（numerically controlled oscillator）。

我们会发现当 $n \to \infty$ 时，$\hat{\theta}_e[n] \to \frac{\Delta \omega}{k_1}$。也就是说数字锁相环具有和模拟锁相环同样的性质：它可以完美地锁定固定相位偏移，但不能完全锁定频率偏移。

和模拟情形类似，在数字锁相环的应用中，也可以采用如图8-18所示的二阶数字锁相环。可以验证如图8-18所示的二阶数字锁相环的系统传递函数为：

$$H(z) = \frac{\hat{\Theta}(z)}{\Theta(z)} = \frac{k_1 z + (k_2 - k_1)}{z^2 - (2 - k_1)z + (1 - k_1 + k_2)}$$

其中 $k_1 = k_c k_d \alpha_1$，$k_2 = k_c k_d \alpha_2$。为了保证系统的稳定性，需满足条件 $0 < k_1 < 1$ 和 $0 < k_2$。

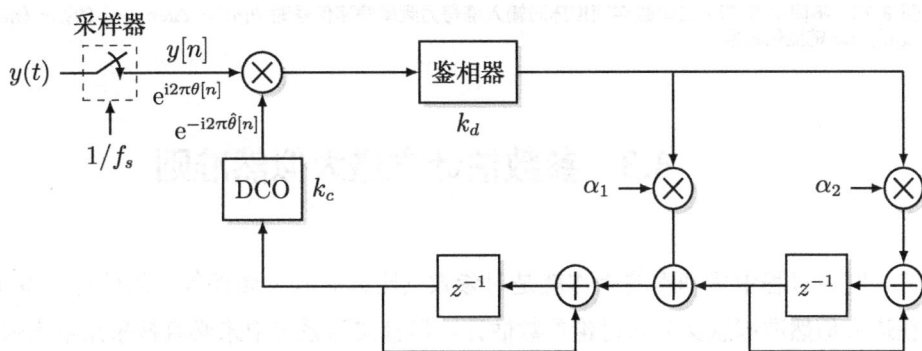

图 8-18　二阶数字锁相环

图8-19和图8-20分别给出了当输入信号为恒定的相位和频率偏差信号时的误差信号的时域变化曲线。篇幅所限，就不展开叙述了，有兴趣的读者可以参见[120]等读物。

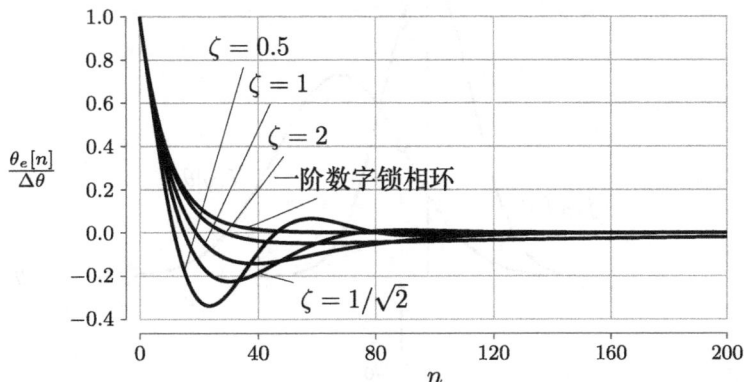

图 8-19　$k_1 = 0.1$，不同阻尼因子 $\zeta := \sqrt{k_1^2/4k_2}$ 取值下二阶数字锁相环对输入信号 $\theta[n] = \Delta\theta u[n]$ 的归一化的误差信号 $\theta_e[n]/\Delta\theta$ 的变化趋势

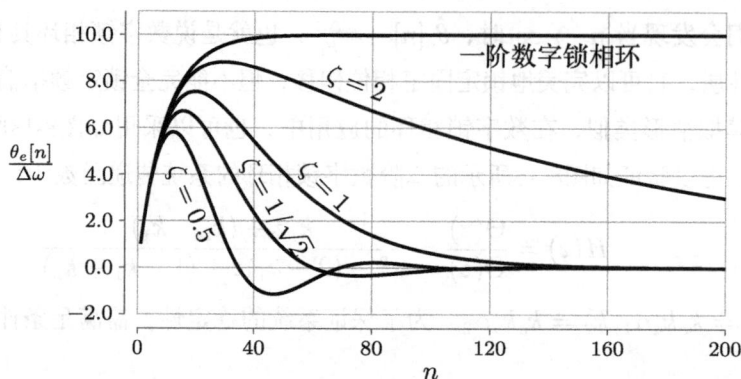

图 8-20　不同 ζ 取值下二阶数字锁相环对输入信号为频率偏移信号时 $\theta[n] = \Delta\omega n\, u[n]$ 的归一化的误差信号 $\theta_e[n]/\Delta\omega$ 的变化趋势

8.3　参数估计之最大似然准则

同步过程中最基本的操作就是对参数（比如时延、频偏等）的估计。本小节我们在最大似然准则意义下来讨论参数估计。尽管实际系统中未必直接采用最大似然估计，但是将在本章接下来的篇幅中看到很多实际系统的设计，都可看作是在对最大似然估计的理解基础上的近似实现。

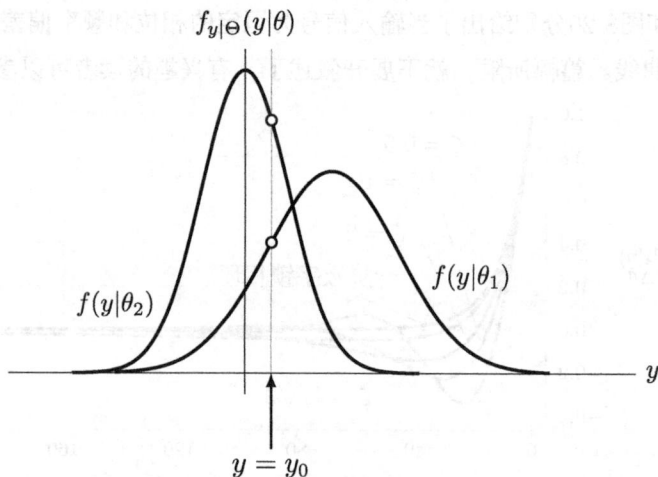

图 8-21　最大似然准则

我们对最大似然准则并不陌生。如图8-21所示，以单个的接收符号 y 为例，如果待估参数 $\theta \in \Theta$ 通过某种概率关系在接收端表现为 y，那么最大似然估计的表达式为：

$$\hat{\theta}_{\mathrm{ML}}(y) = \arg\max_{\theta \in \Theta} p(y|\theta) \tag{8.21}$$

为了方便计算，人们往往选择最大化 $p(y|\theta)$ 的某一单调递增函数的形式（比如对数函数 $\log p(y|\theta)$）而不是 $p(y|\theta)$ 本身。

概念 8.4　似然函数的数学定义

读者可能接触过数学上似然函数的定义和我们所用的符号不是很一样，因此需要简要的解释一下。数学上可以将似然函数定义为：

$$\mathcal{L}(\theta; y) := p(y|\theta)$$

其中用分号";"将函数的两个参数 θ 和 y 分开。相应地，人们把最大似然估计定义如下：

$$\hat{\theta}_{\mathrm{ML}}(y) := \arg\max_{\theta \in \Theta} \mathcal{L}(\theta; y)$$

从结果上看，这里定义的最大似然估计和式(8.21)的结果是一样的。从符号标记的使用上，或许 $\mathcal{L}(\theta; y)$ 这种形式更合适些——在最大似然估计中，y 是定值，真正的变量是 θ。

如果知道参数的先验信息 $p(\theta)$，那么还可以采用最大后验概率准则：

$$\hat{\theta}_{\mathrm{MAP}} = \arg\max_{\theta \in \Theta} p(\theta|y) = \arg\max_{\theta \in \Theta} p(y|\theta)p(\theta)$$

我们看到，无论是最大似然准则还是最大后验概率准则，计算条件概率 $p(y|\theta)$ 是当中的重要步骤。在通信系统中，通常待估计参数 θ 通过某一时间波形 $s_\theta(t)$ 来承载，通过信道传播之后接收端得到连续时间波形 $y(t)$。比如在 AWGN 信道中，可以把这个过程表示为：

$$y(t) = s_\theta(t) + n(t) \tag{8.22}$$

在这个模型下，为了"最优地"对参数 θ 进行估计，需要对连续时间波形 $y(t)$ 进行操作。也就是说，需要把上面单个接收符号的式(8.21)推广到连续时间波形，这一工作在很多《检测与估值》领域的专著中（比如文献[3, 121]）通过**似然函数**$\Lambda(y(t)|\theta)$ 的定义得以完成。我们在此直接引用文献[122]中的结论如下：

- 实数 AWGN 信道（比如带通信号）中似然函数可以表示为：

$$\boxed{\Lambda(y(t)|\theta) = \exp\left(\frac{2}{N_0}\left(\int_{\mathcal{T}_0} y(t)s_\theta(t)\,\mathrm{d}t - \frac{1}{2}\int_{\mathcal{T}_0} s_\theta^2(t)\ \mathrm{d}t\right)\right)} \tag{8.23}$$

其中 $\mathcal{T}_0$ 为（时间轴）观测区间。

- 复数 AWGN 信道（比如基带信号）中似然函数可以表示为：

$$\boxed{\Lambda(y(t)|\theta) = \exp\left(\frac{1}{N_0}\left(\Re\left\{\int_{\mathcal{T}_0} y(t)s_\theta^*(t)\,\mathrm{d}t\right\} - \frac{1}{2}\int_{\mathcal{T}_0} |s_\theta(t)|^2\ \mathrm{d}t\right)\right)} \tag{8.24}$$

- 离散系统中似然函数可以表示为：

$$y[k] = s_\theta[k] + n[k], \quad k \in \mathcal{T}_0$$

$$\boxed{\Lambda(\boldsymbol{y}|\theta) = \exp\left(\frac{1}{N_0}\left(\Re\left\{\sum_{k\in\mathcal{T}_0} y[k]s_\theta^*[k]\right\} - \sum_{k\in\mathcal{T}_0} |s_\theta[k]|^2/2\right)\right)} \tag{8.25}$$

有了似然函数的定义，连续时间模型下最大似然准则的参数估计就可以表示为：

$$\hat{\theta}_{\mathrm{ML}}(y(t)) = \arg\max_{\theta\in\Theta} \Lambda(y(t)|\theta) \tag{8.26}$$

相应地，在离散模型下则有：

$$\hat{\theta}_{\mathrm{ML}}(\boldsymbol{y}) = \arg\max_{\theta\in\Theta} \Lambda(\boldsymbol{y}|\theta) \tag{8.27}$$

下面通过一个简单的例子来看看最大似然估计的计算过程。

例子 8.7 最大似然准则下的时延估计

考虑下面这样的等效基带系统模型：发送信号 $s(t), 0 \leqslant t \leqslant T$ 经过信道传输后在接收端得到

$$y(t) = A_0 s(t - \tau_0)\mathrm{e}^{\mathrm{i}\phi_0} + n(t)$$

这个模型尽管看似简单，但是却可以体现出时间同步过程中的所有元素：如果我们把 $s(t)$ 理解为训练信号，那么

- 首先训练信号要受到信道的影响。不失一般性，假设信道可以表示为 $A_0\mathrm{e}^{\mathrm{i}\psi_0}$（$A$ 为实数）的形式。

- 随机相位 $\mathrm{e}^{\mathrm{i}\phi_0}$ 可由信道中的 $\mathrm{e}^{\mathrm{i}\psi_0}$ 造成，也可以由频率偏移带来（通常在接收机的设计中会先做时间上的同步，然后再做频率同步[122]。因此在做时间同步的时候系统中可能存在频偏。在频偏和 T 的乘积比较小的时候，我们可以把频偏的影响近似为一个随机相位）。

- $n(t)$ 接收机的高斯噪声，在此假设双边功率谱为 $N_0/2$。

因此模型中最多有三个未知量，因而 $\Theta = \{\tau, A, \phi\}$，

$$s_\theta(t) = As(t-\tau)\mathrm{e}^{\mathrm{i}\phi}$$

假设接收机的观测区间 $\mathcal{T}_0 = [0, T_0]$（其中 $T_0 > T + \tau$），那么由式(8.24)有：

$$\Lambda(y(t)|\theta) = \exp\left(\frac{1}{N_0}\left(\Re\left\{\int_0^{T_0} y(t)s_\theta^*(t)\,\mathrm{d}t\right\} - \frac{1}{2}\int_0^{T_0} |s_\theta(t)|^2\,\mathrm{d}t\right)\right)$$

从寻找最大似然解的角度，可以最大化对数似然函数，因此得到代价函数：

$$J(\tau, A, \phi) = \Re\left\{\int_0^{T_0} y(t)s_\theta^*(t)\,\mathrm{d}t\right\} - \frac{1}{2}\int_0^{T_0} |s_\theta(t)|^2\,\mathrm{d}t \tag{8.28}$$

定义 $s(t)$ 所对应的匹配滤波器为 $s_{\mathrm{MF}}(t) = s^*(-t)$，这样：

$$\int_0^{T_0} y(t)s_\theta^*(t)\,\mathrm{d}t = A\mathrm{e}^{-\mathrm{i}\phi}\int_0^{T_0} y(t)s^*(t-\tau)\,\mathrm{d}t$$

$$= A\mathrm{e}^{-\mathrm{i}\phi}\int_0^{T_0} y(t)s_{\mathrm{MF}}(\tau-t)\,\mathrm{d}t$$

$$= A\mathrm{e}^{-\mathrm{i}\phi}(y * s_{\mathrm{MF}})(\tau)$$

在上面的最后一式中我们用 $(y * s_{\mathrm{MF}})(\tau)$ 来表示 $y(t)$ 经过 $s(t)$ 的匹配滤波器之后的输出。为方便起见，定义 $E_{\mathrm{s}} := \int_0^{T_0} |s(t)|^2\,\mathrm{d}t$，此时可以把式(8.28) 简化为：

$$J(\tau, A, \phi) = \Re\left\{A\mathrm{e}^{-\mathrm{i}\phi}(y * s_{\mathrm{MF}})(\tau)\right\} - \frac{E_{\mathrm{s}}}{2}A^2$$

在寻找最大似然解的过程中，我们发现要想最大化代价函数，$\hat{\phi}_{\mathrm{ML}}$ 的取值必然等于上式中第一项的相角的负值，因此有：

$$J(\tau, A) = A\left|(y * s_{\mathrm{MF}})(\tau)\right| - \frac{E_{\mathrm{s}}}{2}A^2$$

细心的读者可能已经发现，在上面的代价函数的形式中，实际上可以进一步把 τ, A 的联合优化分解为单个参数的优化。因为我们在这里只关心时延 $\hat{\tau}_{\mathrm{ML}}$，则有：

$$\hat{\tau}_{\mathrm{ML}} = \arg\max_{\tau}\left|(y * s_{\mathrm{MF}})(\tau)\right| \tag{8.29}$$

式(8.29)的形式应该非常符合我们的直观理解：$y(t)$ 中承载着有时延的训练信号 $s(t - \tau)$。为了估计 $\hat{\tau}_{\mathrm{ML}}$，我们可以把 $s(t)$ 作为一个"模版"放在那里，然后把接收信号 $y(t)$ 的不同部分与模版相比较（匹配过程），直至找到最匹配的时刻（对应于匹配滤波的峰值）。

在稍后的第8.4节和第8.5节中我们将结合一些具体系统设计的例子来讨论时间和载波的同步。读者将会看到，在实际的系统设计中，很多算法都可以理解为人们对最大似然解的近似计算。

8.4　时间同步

本节我们在单载波的线性调制模型下来了解时间同步。回顾第 4 章曾讲述过的线性调制模型：假设发射的训练序列长度为 L_0 个符号时间，并且在传输过程中经过时延 τ_0，此时相应的接收信号为：

$$y(t) = \underbrace{\sum_{k=0}^{L_0-1} x_k\, g_{TX}(t - kT - \tau_0)}_{s_\theta(t)} + n(t) \tag{8.30}$$

如果发送端和接收端的滤波器满足 Nyquist 准则，那么我们通过第 4 章的学习可知，理想接收机的操作包括：

1. 将 $y(t)$ 通过匹配滤波器 $g_{RX}(t) = g_{TX}(-t)$。

2. 对匹配滤波器的输出信号 $r(t)$ 在 $t = kT + \tau_0$ 时刻采样。

这样得到的无符号间干扰的离散模型将作为解调的输入最终完成符号的解调。

然而在实际应用中，接收机并不知道时延的具体取值。也就是说：为了确定采样时间，接收机需要对时延 τ_0 进行估计 $\hat{\tau}$，因而实际采样时刻为 $t = kT + \hat{\tau}$。**时间同步**的作用就是使得 $\hat{\tau}$ 尽量等于真实的 τ_0，从而在最佳时刻采样。

8.4.1 最大似然算法

下面我们就从最大似然准则的角度来看看如何对时延进行最大似然估计。考虑到流行的无线系统大多采用"训练序列"，因此我们将讨论范围局限于接收机已知 $\{x_k\}$ 序列的情形。不失一般性，假设 $\{x_k\}$ 中的符号是独立同分布的 BPSK 星座点。不难看出在这个模型中只有时延一个待估计的参数（$\Theta = \{\tau\}$），此时对任意一个时延的可能取值 $\tilde{\tau}$，似然函数（见式(8.23)）可以表示为[†]：

$$\Lambda(y(t)|\tilde{\tau}) = \exp\left(\frac{2}{N_0} \left(\int_{\mathcal{T}_0} y(t) s_\theta(t)\, \mathrm{d}t - \frac{1}{2} \int_{\mathcal{T}_0} s_\theta^2(t)\ \mathrm{d}t \right) \right) \tag{8.31}$$

此处我们假设 $\mathcal{T}_0$ 包含了信号 $s(t)$ 的全部能量[‡]。

在最大似然的计算过程中，可以对上式取对数，并忽略与 $\tilde{\tau}$ 无关的 $\frac{1}{2}\int_{\mathcal{T}_0} s_\theta^2(t)\ \mathrm{d}t$ 项，因而最大化 $\Lambda(r|\theta)$ 等同于最大化代价函数：

$$
\begin{aligned}
J(\tilde{\tau}) &= \int_{\mathcal{T}_0} y(t) s_\theta(t)\, \mathrm{d}t \\
&= \sum_{k=0}^{L_0-1} x_k \int_{\mathcal{T}_0} y(t) g_{TX}(t - kT - \tilde{\tau})\, \mathrm{d}t \\
&= \sum_{k=0}^{L_0-1} x_k \int_{\mathcal{T}_0} y(\eta) g_{RX}(kT + \tilde{\tau} - \eta)\, \mathrm{d}\eta \quad (g_{RX}(t) = g_{TX}^*(-t)) \\
&= \sum_{k=0}^{L_0-1} x_k \cdot r(t) \Big|_{t = kT + \tilde{\tau}}
\end{aligned}
\tag{8.32}
$$

[†] BPSK 允许我们在更简单的实数模型下做数学推导；二维调制情形下（比如 QPSK 等）的推导稍微复杂，但是原理是相通的，只需在等效基带模型上通过式(8.24)来进行推导。

[‡] 比方说可以认为 $\mathcal{T}_0 = [0, T_0]$，其中 T_0 的取值大于 L_0 个符号时间 $L_0 T$ 外加滤波器 $g_{TX}(t)$ 在时域上的波形占用时间。

我们很高兴地看到这里的代价函数是接收机匹配滤波器输出 $r(t) := y(t) * g_{RX}(t)$ 的函数，因此从接收机的实现角度看，参数估计部分与数据解调过程（见第 4 章）有着相同的结构！

有了式(8.32)，时延 τ 的最大似然估计则可以表示为：

$$\hat{\tau}_{\mathrm{ML}} = \arg\max_{\tilde{\tau}} J(\tilde{\tau}) \tag{8.33}$$

而具体的求解过程则可以通过对上式右边对 $\tilde{\tau}$ 求导，然后置零求解而得：

$$\frac{\mathrm{d}J(\tilde{\tau})}{\mathrm{d}\tilde{\tau}} = 0 \quad \Rightarrow \quad \sum_{k=0}^{L_0-1} x_k \cdot \frac{\mathrm{d}\, r(kT + \hat{\tau}_{\mathrm{ML}})}{\mathrm{d}\tilde{\tau}} = 0 \tag{8.34}$$

如何实现式(8.34)呢？当 L_0 比较小时，理论上可以直接实现式(8.34)的计算来寻找 $\hat{\tau}_{\mathrm{ML}}$。然而当 L_0 取值比较大时（甚至训练序列连续发送的情形），需要接收完整个训练序列之后才能对时延作出判决，因此直接实现式(8.34)并不是很实际。在这些情形下人们往往采用一种递归的实现方式，即随着接收信号的接收不断地更新判决结果。这种实现方式在数学上有着

$$\hat{\tau}_{k+1} = \hat{\tau}_k + \alpha \tau_{e,k}, \quad k = 0, 1, \cdots \tag{8.35}$$

的形式，其中 $\tau_{e,k} := \tau - \hat{\tau}_k$ 为时刻 k 上的误差信号，α 作为设计参数用于控制收敛速度。

通常人们习惯用时间跟踪环路（time tracking loop）来实现式(8.35)。如图8-22所示，在结构上时间跟踪环路和我们之前介绍过的锁相环是非常类似的（见表8-1），也由三部分组成：

- **定时误差计算**（TED: timing error detector）
  类似于锁相环中鉴相器计算相位误差。定时误差计算理想采样时刻与实际采样时刻的差异。这既可以是理想值 $\tau_{e,k} = \tau - \hat{\tau}_k$，也能够反映理想误差信号的其他形式。

- **环路滤波器**
  对 $\tau_{e,k}$ 滤波，以减小噪声的影响，并可以控制环路的瞬时／稳定状态的属性。

- **压控时钟**（VCC: voltage controlled clock）
  根据输入值（定时误差）调整输出时钟的相位（即 $\hat{\tau}_{k+1}$）。

表 8-1　锁相环原理在时间跟踪环路中的应用

锁相环		时间跟踪环路
鉴相器	$\Longleftrightarrow$	定时误差计算
环路滤波器	$\Longleftrightarrow$	环路滤波器
压控振荡器	$\Longleftrightarrow$	压控时钟

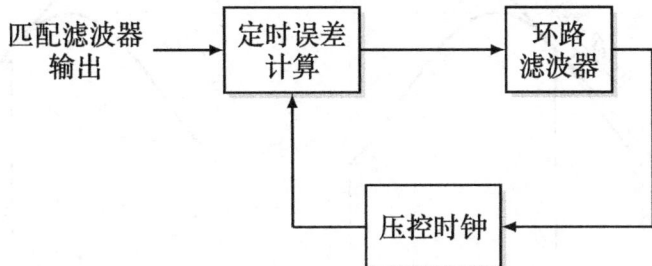

图 8-22　时间同步的闭环实现

具体到模型 (见式(8.32))，假设选择如下的误差信号：

$$\tau_{e,k} = x_k \frac{\mathrm{d}\,r(kT + \hat{\tau}_k)}{\mathrm{d}\tau} \tag{8.36}$$

那么式(8.35)可以表示为：

$$\hat{\tau}_{k+1} = \hat{\tau}_k + \alpha \cdot x_k \frac{\mathrm{d}\,r(kT + \hat{\tau}_k)}{\mathrm{d}\tau}, \quad k = 0, 1, \cdots \tag{8.37}$$

式(8.37)所对应的时间跟踪环路实现如图8-23所示。可以看出这是一个一阶环路，在实际应用中还可以使用其他的环路滤波器。

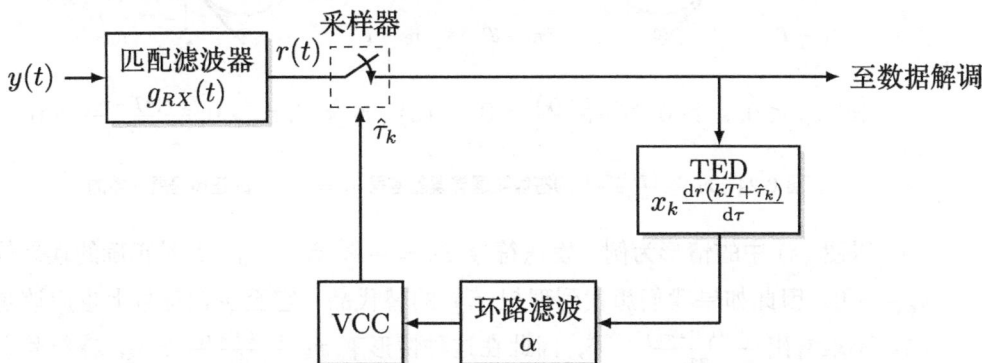

图 8-23　式(8.37)的时间跟踪环路实现

概念 8.5 为什么 $x_k \frac{\mathrm{d}\,r(kT+\hat\tau_k)}{\mathrm{d}\tilde\tau}$ 可以作为误差信号？

    图8-24的解释或许可以帮助我们理解为什么在时间跟踪环路的框架中，$x_k \frac{\mathrm{d}\,r(kT+\hat\tau_k)}{\mathrm{d}\tilde\tau}$ 可以替代理想误差信号 $\tau_{e,k}=\tau_0-\hat\tau_k$ 作为环路滤波器的输入。

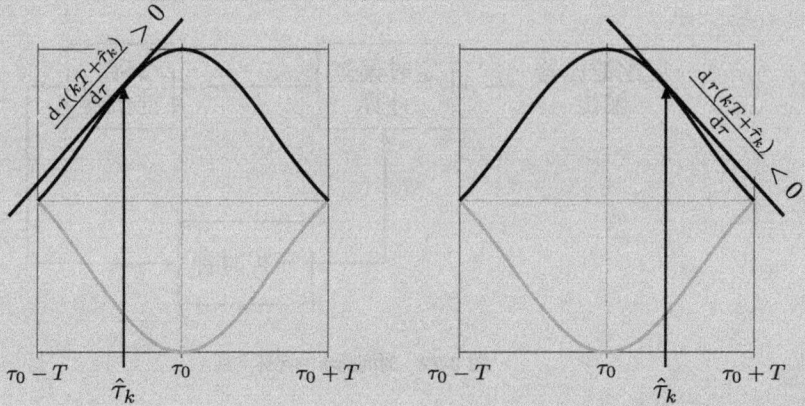

(a) $x_k>0, \tau_e>0, \frac{\mathrm{d}\,r(kT+\hat\tau_k)}{\mathrm{d}\tau}>0$ (b) $x_k>0, \tau_e<0, \frac{\mathrm{d}\,r(kT+\hat\tau_k)}{\mathrm{d}\tau}<0$

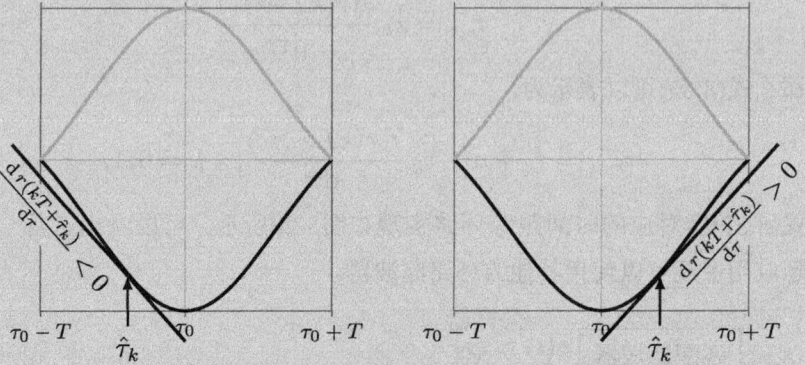

(c) $x_k<0, \tau_e>0, \frac{\mathrm{d}\,r(kT+\hat\tau_k)}{\mathrm{d}\tau}<0$ (d) ,$x_k<0, \tau_e>0, \frac{\mathrm{d}\,r(kT+\hat\tau_k)}{\mathrm{d}\tau}>0$

图 8-24 $x_k \frac{\mathrm{d}\,r(kT+\hat\tau_k)}{\mathrm{d}\tau}$ 的符号和理想误差信号 $\tau_e=\tau-\hat\tau$ 的正负号是一致的

    以图 (a) 中的情形为例：发送符号 $x_k=+1$，$\hat\tau_k<\tau_0$，此时正确的误差信号 $\tau_{e,k}>0$。因此如果我们想找到理想 $\tau_{e,k}$ 的替代品，它至少在符号上也应该是正的。不难看出 $\frac{\mathrm{d}\,r(kT+\hat\tau_k)}{\mathrm{d}\tau}>0$，因此在这种情形下 $x_k \frac{\mathrm{d}\,r(kT+\hat\tau_k)}{\mathrm{d}\tau}>0$，在符号上和理想误差信号是一样的，因此满足我们的设计要求。

事实上如果我们把从图 (b) 到图 (d) 的结果做一总结，不难看出：

$$x_k \frac{\mathrm{d}\, r(kT + \hat{\tau}_k)}{\mathrm{d}\tilde{\tau}} > 0 \quad \Leftrightarrow \quad \tau_{e,k} > 0$$

$$x_k \frac{\mathrm{d}\, r(kT + \hat{\tau}_k)}{\mathrm{d}\tilde{\tau}} < 0 \quad \Leftrightarrow \quad \tau_{e,k} < 0$$

因此 $x_k \frac{\mathrm{d}\, r(kT+\hat{\tau}_k)}{\mathrm{d}\tilde{\tau}}$ 的正负号与理想误差信号 $\tau_{e,k}$ 的正负号是一致的，因此可以取代理想 $\tau_{e,k}$ 用于驱动环路滤波器。

当 $x_k \frac{\mathrm{d}\, r(kT+\hat{\tau}_k)}{\mathrm{d}\tau} = 0$ 时，意味着匹配滤波器输出的倒数为 0。从图中还可以看出：这对应于波形的最高点，此时 $\tau_{e,k} = 0$，对应于理想的采样时刻。

8.4.2 实用算法举例：早迟门

在最大似然算法中需要计算 $r(t)$ 的导数。导数的计算不但与 $r(t)$ 的具体波形有关，而且严格意义下的导数计算未必有闭合表达式。因此在实际应用中需要去寻求更简单的最大似然的近似实现方法。下面就来介绍一种定时同步中的经典算法——早迟门（early-late gate）算法。

为了理解早迟门算法，让我们首先来看看如何对 $\frac{\mathrm{d}\, r(kT+\hat{\tau}_k)}{\mathrm{d}\tilde{\tau}}$ 进行近似。我们知道，在数学上任意函数 $x(t)$ 在 t_0 处的导数的定义可以表示为：

$$\frac{\mathrm{d}\, x(t_0)}{\mathrm{d}t} = \lim_{\Delta \to 0} \frac{x(t_0 + \Delta) - x(t_0 - \Delta)}{2\Delta}$$

回到我们的问题中，如图8-25所示中可以看出：

$$\frac{\mathrm{d}\, r(kT + \hat{\tau}_k)}{\mathrm{d}\tilde{\tau}} \approx \frac{r(kT + \hat{\tau}_k + \Delta T) - r(kT + \hat{\tau}_k - \Delta T)}{2\Delta T}$$

$$\propto r(kT + \hat{\tau}_k + \Delta T) - r(kT + \hat{\tau}_k - \Delta T)$$

因此，可以把式(8.36)简化为[†]：

$$\tau_{e,k} = x_k \cdot \Big(r(kT + \hat{\tau}_k + \Delta T) - r(kT + \hat{\tau}_k - \Delta T) \Big)$$

当 x_k 是 BPSK 符号时，可以把上式进一步简化到不依赖 $\{x_k\}$ 具体取值的形式

[†]我们不必过分担心常数项 $1/(2\Delta T)$，因为我们可以把它当作环路系数的一部分。

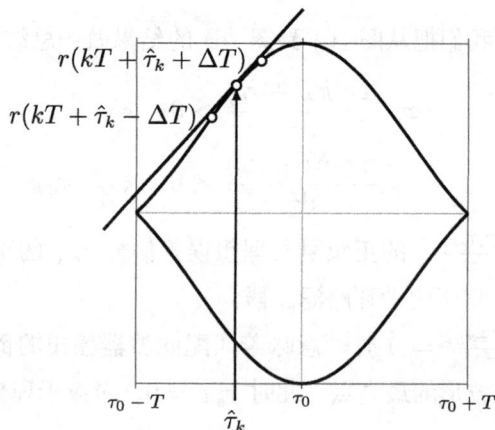

图 8-25　早迟门通过在 $\hat{\tau}_k$ 左右 ΔT 处的采样点的差值近似实现数学上的 $\frac{\mathrm{d}x(t_0)}{\mathrm{d}t} = \lim_{\Delta \to 0} \frac{x(t_0+\Delta)-x(t_0-\Delta)}{2\Delta}$

（读者可参见图8-24中验证这个性质）：

$$\tau_{e,k} = \left| r(kT + \hat{\tau}_k + \Delta T) \right| - \left| r(kT + \hat{\tau}_k - \Delta T) \right| \tag{8.38}$$

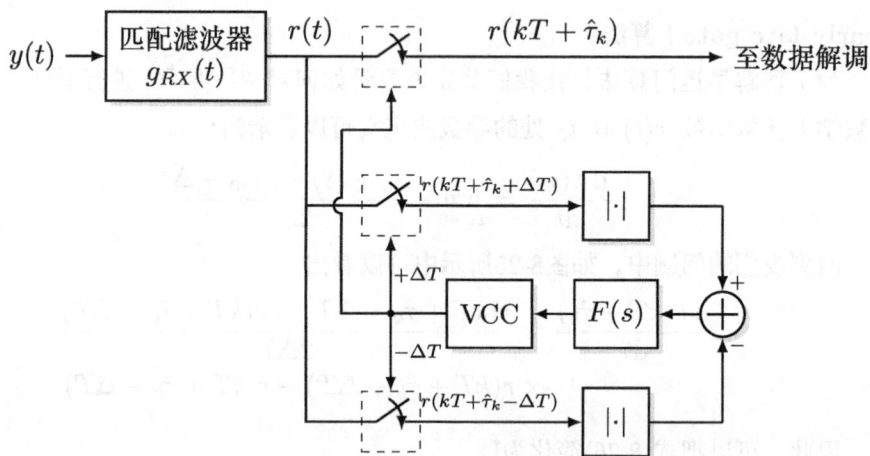

图 8-26　早迟门示意

从上面的式子我们不难理解"早迟门"名字的由来：在计算 k 时刻误差信号时，分别在当前定时 $\hat{\tau}_k$ 之前 ΔT 时刻和之后 ΔT 时刻对匹配滤波器的输出进行采样，这一早一晚的差值作为定时误差信号。

例子 8.8　早迟门定时算法在 CDMA 系统中的应用

早迟门定时算法在 CDMA 系统中得到了广泛采用。让我们将 CDMA 系统中的码片周期表示为 T_c。在下面的 CDMA 接收机中，匹配滤波器的输出 $r(t)$ 将通过采样间隔为 $T_c/8$ 的模 / 数转换（ADC），因此我们看到，在每个码片时间内需要 8 个寄存器用于存储该码片的离散采样值。

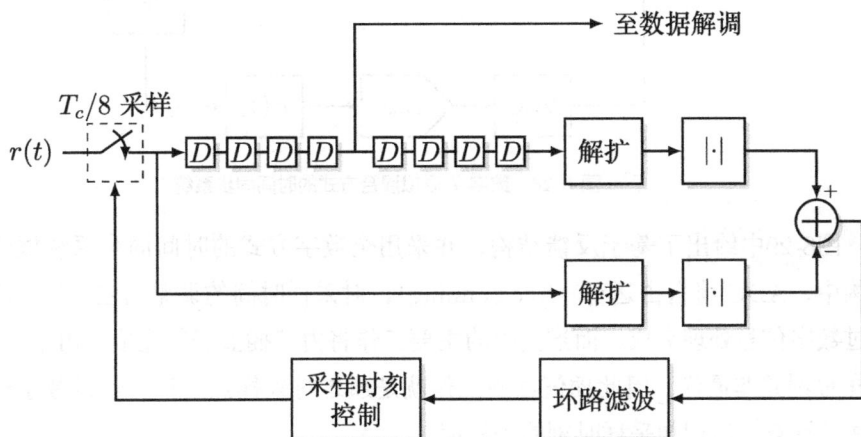

图 8-27　CDMA 系统中的早迟门定时算法

早迟门算法选择 $\Delta T = T_c/2$，因此在选定当前定时之后，早迟门在间隔 ± 4 个寄存器处按照码片周期取得数据，解扩后再取绝对值，最后相减得到误差信号。误差信号经过环路滤波器之后最终通过调整 ADC 输出样点到寄存器的写入时间的方式完成定时的更新。

8.4.3　全数字实现：插值滤波器

当得到了时间同步的误差信号之后，如何来相应地做调整呢？如我们在本章开始所讲到的那样，可以选择数字 / 模拟混合方式或者全数字方式两种方法。

图 8-28 中给出了基于反馈结构，并采用数字 / 模拟混合方式的时间同步系统框图。如图所示，在基带完成了误差的估计以及环路滤波之后，对时间采样点的调整通过控制 VCC 的相位以改变 ADC 的触发时钟。尽管这种方式从概念上比较容易理解（即直接调整采样时间 $t = kT + \tau$ 中的 τ 以达到最优值），但是从实用角度看，这种数字 /

模拟混合结构有如下一些的缺点：比如实现过程中需要将基带的输出信号转化为模拟信号用于控制模拟器件（ADC）。

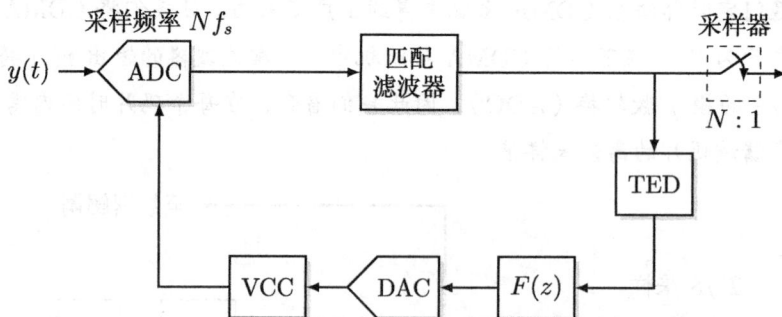

图 8-28　数字／模拟混合方式的时间同步系统

图8-29中给出了基于反馈结构，并采用全数字方式的时间同步系统框图。在这个结构中，ADC 将自由运行（free running），对采样时间的调整将在 ADC 之后的基带通过数字信号处理完成。而这其中的主要工作将由"插值器"完成。由于这里的 ADC 采样时刻并非最优，因此插值器的工作就是通过对采样点运算再通过数字信号处理的方法"计算"出理想采样时刻的采样值。

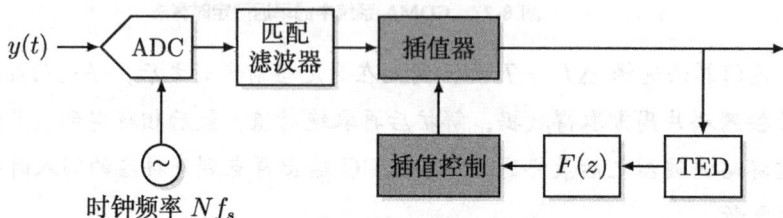

图 8-29　全数字方式的时间同步系统

如何设计插值器是一门学问，有兴趣的读者可以从参考文献[120]了解更多插值在通信系统设计中的应用。这里，我们给出一个基于多相滤波器组（polyphase filter bank）的例子。

例子 8.8　早迟门定时算法在 CDMA 系统中的应用（续）

在之前的例8.8中，我们假设 ADC 的采样频率是码片速率的 8 倍，以提供 $T_c/8$ 的时间同步的最小调整步长。ADC 作为一个器件，速率越高成本越高。在掌握了插值技术之后，我们可以有一个更加"经济"的做法：可以将 ADC 的采样频率降低到码片速率的 2 倍，然后通过插值操作得到 $T_c/8$ 的时间调整精度。图8-30给出了一个基于线性插值的 CDMA 系统的时间同步系统框图。

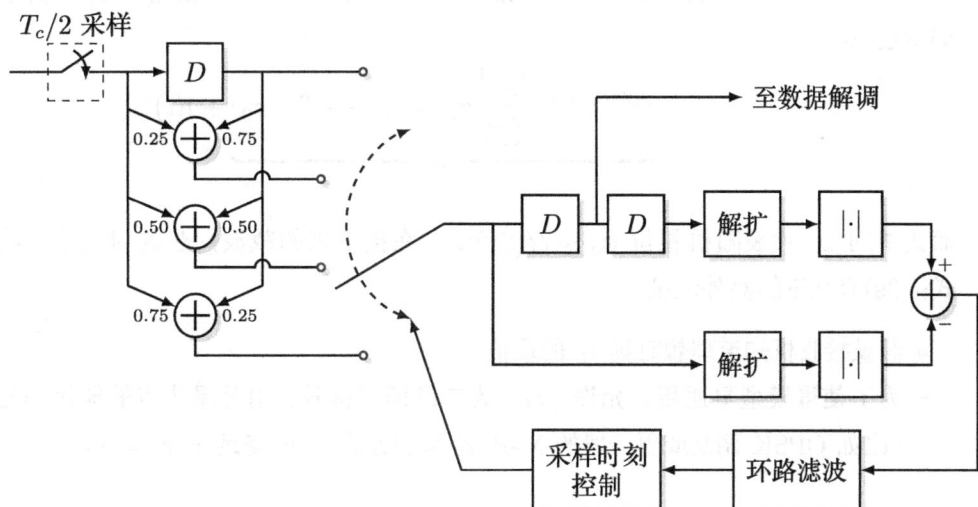

图 8-30　采用了插值器的 CDMA 系统中的早迟门定时算法

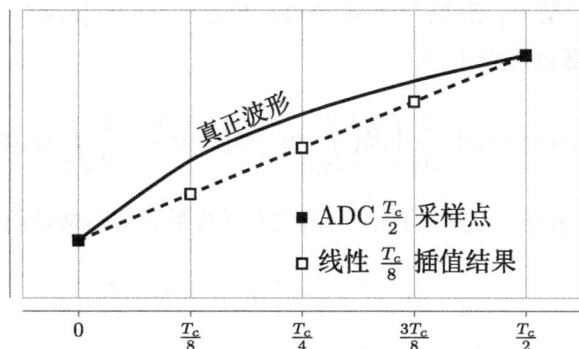

图 8-31　线性插值的图形解释

　　相比于例8.8中的实现方式，这里的实现方式中 ADC 的采样间隔只有 $T_c/2$。因此不但简化了对 ADC 的控制要求，工作在更低的 ADC 时钟，还节省了功耗。为了能够得到和例8.8中一样的 $T_c/8$ 精度，这里我们选择了简单的线性插值（对相邻两个点进行线性合并）。在实际应用中如若需要更高的信噪比，人们还可以根据设计要求选择性能更好（代价则是复杂度的增加）的插值器。

8.5 载波同步

下面我们将目光转向载波同步。沿用第8.4节的系统模型 (见式(8.30))，并引入频偏参数 ν_0：

$$y(t) = e^{i(2\pi\nu_0 t + \phi_0)} \underbrace{\sum_{k=0}^{L_0-1} x_k \, g_{TX}(t - kT - \tau_0)}_{s_\theta(t)} + n(t) \tag{8.39}$$

而式中的 ϕ_0 代表随机相位 $\phi_0 \sim \mathcal{U}(0, 2\pi)$。在接下来的载波同步的讨论中，我们对式(8.39)有如下的额外假设：

- 假设接收机知道理想时延 τ_0 的取值[†]。
- 为了使得模型更通用，允许 $\{x_k\}$ 为二维调制符号，但是星座点的能量是相同的 (比如 QPSK 调制或更一般的 M-PSK 调制方式)，即满足 $x_k x_k^* = 1$。

8.5.1 最大似然算法

在这样的模型下，有两个未知参数，相应的 $\Theta = \{\nu, \phi\}$。给定一组可能的取值 $(\tilde{\nu}, \tilde{\phi})$，似然函数可以表示为：

$$\Lambda(y(t)|\tilde{\nu}, \tilde{\phi}) = \exp\left(\frac{1}{N_0}\left(\Re\left\{ \int_{\mathcal{T}_0} y(t) s_\theta^*(t)\, dt \right\} - \frac{1}{2}\int_{\mathcal{T}_0} |s_\theta(t)|^2 \, dt \right) \right) \tag{8.40}$$

为了简化，我们通过下面的代价函数来寻找最大似然估计解：

$$J(\tilde{\nu}, \tilde{\phi}) = \Re\left\{ \int_{\mathcal{T}_0} y(t) s_\theta^*(t)\, dt \right\}$$

让我们仔细看看上面的积分式：

$$\int_{\mathcal{T}_0} y(t) s_\theta^*(t)\, dt = e^{-i\tilde{\phi}} \sum_{k=0}^{L_0-1} x_k^* \int_{\mathcal{T}_0} y(t) e^{-i2\pi\tilde{\nu}t} g_{TX}^*(t - kT - \tau_0)\, dt$$

$$= e^{-i\tilde{\phi}} \sum_{k=0}^{L_0-1} x_k^* \, r(k) \tag{8.41}$$

[†]在实际的接收机设计中，通常时间同步会在频率同步之前完成[122]。如果我们假设时间同步足够准确，那么这个假设就可以成立了。

其中

$$r(k) := \int_{\mathcal{T}_0} y(\eta) \mathrm{e}^{-\mathrm{i}2\pi\tilde{\nu}\eta} g_{RX}(kT + \tau_0 - \eta)\, \mathrm{d}\eta \tag{8.42}$$

可以理解为接收信号 $y(t)$ 与 $\mathrm{e}^{-\mathrm{i}2\pi\tilde{\nu}t}$ 的乘积通过匹配滤波器后在 $t = kT + \tau_0$ 时刻的采样值（如图8-32所示）。

式(8.41)中的 $\sum_{k=0}^{L_0-1} x_k^* r(k)$ 通常是一个复数，若定义[†]

$$\Gamma(\tilde{\nu}) := \left| \sum_{k=0}^{L_0-1} x_k^* r(k) \right|, \quad \psi(\tilde{\nu}) := \arg\left(\sum_{k=0}^{L_0-1} x_k^* r(k) \right)$$

这样 $\sum_{k=0}^{L_0-1} x_k^* r(k) = \Gamma(\tilde{\nu}) \mathrm{e}^{\mathrm{i}\psi(\tilde{\nu})}$，而式(8.41)可以表示为：

$$\mathrm{e}^{-\mathrm{i}\tilde{\phi}} \sum_{k=0}^{L_0-1} x_k^* r(k) = \Gamma(\tilde{\nu})\, \mathrm{e}^{\mathrm{i}(\psi(\tilde{\nu}) - \tilde{\phi})}$$

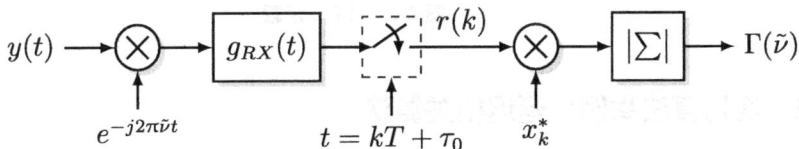

图 8-32 $\Gamma(\tilde{\nu})$ 的计算流程

回到最大似然的定义，有：

$$\hat{\nu}_{\mathrm{ML}} = \arg\max_{\tilde{\nu},\tilde{\phi}} J(\tilde{\nu}, \tilde{\phi}) = \arg\max_{\tilde{\nu},\tilde{\phi}} \Re\left\{ \Gamma(\tilde{\nu})\, \mathrm{e}^{\mathrm{i}(\psi(\tilde{\nu}) - \tilde{\phi})} \right\}$$
$$= \arg\max_{\tilde{\nu}}\, \Gamma(\tilde{\nu}) \tag{8.43}$$

让我们通过一组具体的参数来看看 $\Gamma(\tilde{\nu})$ 的性质。图8-33给出了 $\nu = 0$，QPSK 调制，$E_s/N_0 = 30\,\mathrm{dB}$，$g_{TX}(t)$ 为滚降系数为 0.22 的条件下不同 $\tilde{\nu}$ 所对应的 $\Gamma(\tilde{\nu})$ 曲线。从图中不难看出，$\Gamma(\tilde{\nu})$ 中包含很多局部最大值，因此之前在时延参数中的求导、置 0 的方法不再适用。尽管理论上我们可以用穷举的方法来找到 $\hat{\nu}_{\mathrm{ML}}$，但是显然在实际应用中这不是一个非常实用的办法。

[†]$\arg(|x|\mathrm{e}^{\mathrm{i}y}) = y$

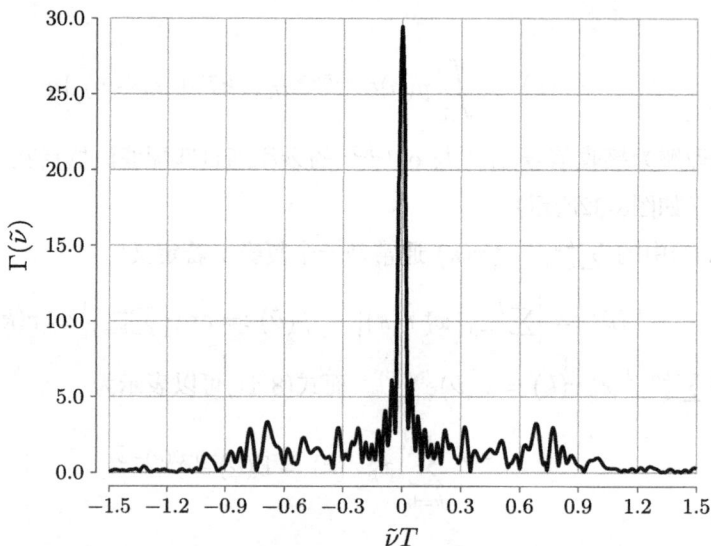

图 8-33 $\Gamma(\tilde{\nu})$ 示意

8.5.2 实用算法举例：延迟相关算法

考虑下面的模型（在此忽略噪声以突出讨论重点）：将带有频偏的接收信号（式(8.39)）通过匹配滤波器 $g_{RX}(t) = g_{TX}^*(-t)$，那么如果把在 $t = \ell T + \tau_0$ 采样点记作 y_ℓ 的话，则有[†]：

$$y_\ell = \int y(\eta) g_{RX}(\ell T + \tau_0 - \eta)\,\mathrm{d}\eta$$

$$= \sum_{k=0}^{L_0-1} x_k \int \mathrm{e}^{\mathrm{i}(2\pi\nu_0\eta+\phi_0)} g_{TX}(\eta - kT - \tau_0) g_{RX}(\ell T + \tau_0 - \eta)\,\mathrm{d}\eta$$

$$= \mathrm{e}^{\mathrm{i}\phi_0} \sum_{k=0}^{L_0-1} x_k \int \mathrm{e}^{\mathrm{i}(2\pi\nu_0\eta)} g_{TX}(\eta - kT - \tau_0) g_{TX}^*(\eta - \ell T - \tau_0)\,\mathrm{d}\eta$$

通常滤波器的长度都是有限的，因此当 $\nu \ll 1/T$ 时，可以认为上式中 $\mathrm{e}^{\mathrm{i}(2\pi\nu\eta)}$ 的变化小到可以用一个常数 $\mathrm{e}^{\mathrm{i}2\pi\nu(\ell T+\tau_0)}$ 来近似，因此：

$$y_\ell \approx \mathrm{e}^{\mathrm{i}[2\pi\nu_0(\ell T+\tau_0)+\phi_0]} \sum_{k=0}^{L_0-1} x_k \int g_{TX}(\eta - kT - \tau_0) g_{TX}^*(\eta - \ell T - \tau_0)\,\mathrm{d}\eta \tag{8.44}$$

[†] 这里为了简化符号，我们假设接收端的观察区间 T_0 足够大（比如大于训练序列的长度与滤波器长度的和），因此省略了积分的上、下限。

若滤波器满足 Nyquist 准则（$\int g_{TX}(t-kT)g_{TX}^*(t-\ell T)\,\mathrm{d}t = \delta_{k,\ell}$），则有：

$$y_\ell \approx \mathrm{e}^{\mathrm{i}[2\pi\nu_0(\ell T+\tau_0)+\phi]}\, x_\ell$$

最后，通过对上式左右两侧同乘以 x_ℓ^*，可得：

$$z_\ell := y_\ell x_\ell^* = \mathrm{e}^{\mathrm{i}[2\pi\nu_0(\ell T+\tau_0)+\phi]}, \quad 0 \leqslant \ell \leqslant L_0 - 1 \tag{8.45}$$

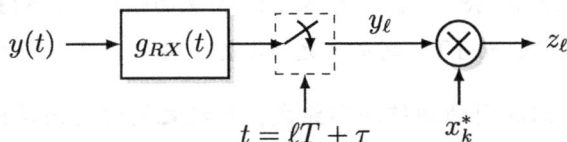

图 8-34 实用的频偏估计的度量计算

相比于如图8-32所示的结构，这里的处理流程（直接将接收信号通过匹配滤波器）更加利于实现，并且在结构上和第 4 章相一致。现实中一种非常流行的频偏估计算法就是在 $\{z_\ell, \quad \ell = 0,\ldots,L_0-1\}$ 的基础上，通过延迟相关的方法对频偏进行估计[122]。给定 $m \neq \ell$，

$$\boxed{R(m) := z_\ell z_{\ell-m}^* = \mathrm{e}^{\mathrm{i}\,2\pi\nu_0 mT}}$$

不难看出 $R(m)$ 的相位将只取决于待估计参数 ν_0（而和 τ_0,ϕ_0 无关），且与 m 成正比：

$$\arg\big(R(m)\big) = 2\pi\nu_0 mT, \quad 1 \leqslant m \leqslant L_0 - 1$$

因此 $R(m)$ 的相位在闭环实现中可以直接作为误差信号，或者在开环方式中直接对频偏作出估计：

$$\hat\nu_0 = \frac{1}{2\pi mT}\arg\big(R(m)\big) \tag{8.46}$$

这种通过 $\arg\big(R(m)\big)$ 方式来估计 $\hat\nu$ 的方法对 m 的取值有一定限制。这是因为 $\arg(\cdot)$ 的取值范围是 $[-\pi,+\pi)$，因此当 m 太大时 $|2\pi\nu mT|$ 可能大于 π 而造成估计错误。给定 m 之后，系统所能估计的频偏满足：

$$|\nu_{\max}| < \frac{1}{2mT} \tag{8.47}$$

换句话说，如果想增大对 $\nu_{\max}$ 支持，就要减小 m。

例子 8.9　802.11 系统的有效频率估计范围

Wi-Fi 由 IEEE 定义，其规定系统的频率误差在 $5\,\mathrm{GHz}$ 频段应小于 $\pm20\times10^{-6}$、在 $2.4\,\mathrm{GHz}$ 频段应小于 $\pm25\times10^{-6}$，因此 Wi-Fi 系统中的训练符号的设置至少需要能估计 $\pm100\,\mathrm{kHz}$ 的频偏。下面我们就来看看 Wi-Fi 的设计者是如何完成这个设计目标的。

回顾我们之前在例8.1中提到的 802.11 系统的帧结构，STF 用于系统的初始的粗略时间／频率同步，而 LTF 则用于更细化的时间／频率同步（以及信道估计）。

- STF 由 10 组相同的训练序列组成，每组之间的时间间隔为 $0.8\,\mu\mathrm{s}$，因此 STF 中相邻组的 $\arg(R(m))$ 所对应的有效频率估计在 $\pm625\,\mathrm{kHz}$ 范围间，足以应对 Wi-Fi 系统的频率误差。

- 在系统通过 STF 对频偏作出粗略估计并补偿之后，就可以通过 LTF 序列的相关来更精确地对频偏进行估计。LTF 中含有两组相同的序列，间隔 $3.2\,\mu\mathrm{s}$，对应 $\pm156.25\,\mathrm{kHz}$ 的估计范围。

例子 8.10　LTE 系统在高速铁路情形下的频率估计

相比于 Wi-Fi，LTE 系统对系统频偏有着更加苛刻的要求：宏蜂窝基站频偏需要小于 $\pm0.05\times10^{-6}$，而手机终端频偏需要小于 $\pm0.1\times10^{-6}$。这么高的规格保证了系统在正常工作环境下的性能。然而，相比于 Wi-Fi 这种局域网，LTE 作为移动网络需要支持终端的移动。高速移动环境下由于多普勒频移造成的频偏对接收机设计带来更大的挑战：高铁上可能会看到多个具有不同多普勒频移的基站信号；由于不同多普勒的符号可能相反，因此之间的频差会很大。

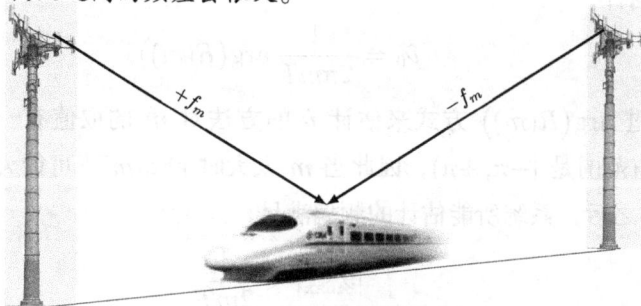

图 8-35　LTE 高速铁路的频偏模型

考虑高速机车的车速 $350\,\mathrm{km/h}$，简单计算可以看出从机车的角度看，前方基站和后方基站间的多普勒频差可以高达 $2 \sim 3\,\mathrm{kHz}$。

在 LTE 系统中，小区参考符号用于 OFDM 信道估计、时间/频率同步、小区强度测量等。如图5-9所示，在 $1\,\mathrm{ms}$ 时间内发射端发射 4 个载有 CRS 的 OFDM 符号。假设采用延迟—相关算法来估计频率误差，并假设用第一、三个 CRS 做频偏估计，那么估计范围是 $\pm 1/(2 \cdot 0.5\,\mathrm{ms}) = \pm 1\,\mathrm{kHz}$，无法满足高速铁路的要求。事实上，即使采用相邻两个 CRS 的相关做频偏估计，也是无法满足设计要求的。

当前，高速铁路环境下的 LTE 系统设计正成为标准化组织 3GPP 的研究内容之一[123]。

8.5.3　闭环形式的实现：频率跟踪环路

在有了频偏的估计之后，下一步就是如何纠正频偏了。在实际应用中根据应用场合不同我们会看到不同的纠正频偏的方式。

- 典型的开环方式对接收到的每一帧独立纠错。以 Wi-Fi 为例，在通过 STF 和 LTF 得到频偏估计 (式(8.46)) 之后，可以直接对接收数据进行补偿，然后进行数据符号的解调。

- 相比于开环纠错方式，在系统中存在连续训练序列（比如 CDMA 和 LTE 系统）时，更多采用的是以闭环形式来实现对频偏的纠正。

闭环纠错中，接收机将现有对频偏的估计进行补偿，然后估计残余频偏用于驱动 VCO，最终达到残余频偏趋于 0 的目的。数学上（为了突出重点暂时忽略噪声）假设输入信号为：

$$y(t) = \mathrm{e}^{\mathrm{i}(2\pi\nu t+\phi)} \sum_{k} x_k\, g_{TX}(t - kT - \tau)$$

并假设 VCO 的输出为 $\mathrm{e}^{-\mathrm{i}2\pi\hat{\nu}t}$，如图8-36所示，乘法器的输出可以表示为：

$$y'(t) = \mathrm{e}^{\mathrm{i}(2\pi f_e t+\phi)} \sum_{k} x_k\, g_{TX}(t - kT - \tau)$$

其中在上式中我们定义 $f_e := \nu - \hat{\nu}$ 为残余频偏。

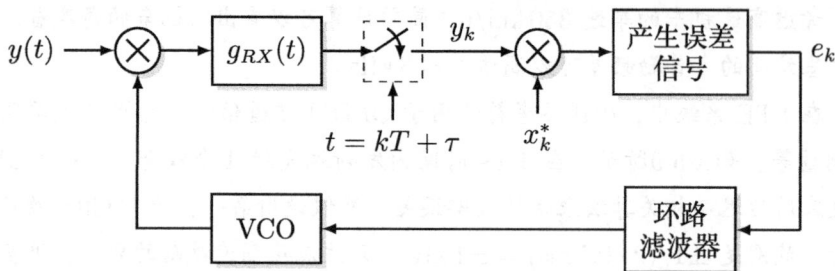

图 8-36 误差信号的产生

类似式(8.44)、式(8.45)的推导，$y'(t)$ 在通过匹配滤波器并在 $t = kT + \tau$ 时刻的采样值可以表示为：

$$z_k = \mathrm{e}^{\mathrm{i}[2\pi f_e(kT+\tau)+\phi]} \tag{8.48}$$

在闭环实现中，重要的环节之一就是误差信号的产生用以驱动 VCO。在当下的例子中，任何能表达 f_e 的度量都可以作为误差函数。作为一个例子，我们选择

$$\begin{aligned} e_k &:= \arg(z_k) - \arg(z_{k-\Delta}) \\ &= 2\pi f_e \Delta T \end{aligned}$$

作为环路滤波器的输入。而整个频率跟踪环路的原理和锁相环的原理是相通的，因此在此就不赘述了。

8.6 OFDM 系统中的同步

在本章到目前为止的讨论中，读者可能会发现我们关于时间同步的叙述是以单载波系统为基础的，而没有讲述 OFDM 系统中的同步。从概念上说，OFDM 中的频率同步和单载波系统没有什么本质不同。然而，如果我们回顾第 5 章第5.4.3.2节的内容，可以看出 OFDM 系统与单载波系统对时间同步的要求有着本质上的区别；OFDM 系统中的时间同步实际上就是 FFT 窗口的选择——以第5.4.3.2节中的情形 II 为例，我们知道 OFDM 窗口的选择并不唯一。正因为如此，或许我们可以（不是很严谨）地说：OFDM 系统的时间同步要比单载波系统更容易。对 OFDM 系统中的时间 / 频率同步有兴趣的读者，可以参考综述性文献[124]或者[120]，在此就不展开讨论了。

8.7　结束语

我们在之前的章节中讨论过调制／解调、编码／译码技术，可以看到这些技术多多少少的"标准化"——我们可以写出最佳的解调、译码准则，并通过数学推导加以细化。在实际应用中，人们也确实可以精确或近似地实现这些最优准则。然而，从实际系统设计的角度看，人们只有在满足一定的"假设"下，才有资本来进行解调和译码工作。通信系统中的时间和频率同步就是通信系统能够工作的重要前提之一。相比于调制／解调、编码／译码这些相当"标准化"的操作，系统的时间和频率同步的实现方式则有着"百花齐放"的特点。也正因为这个原因，我们在本章的叙述不得不有所取舍——意在介绍同步的基本概念，而不会去试图穷举所有的实现可能。具体地说，我们围绕最大似然准则来设计时间和频率同步算法；在该准则的基础上，介绍时间同步和频率同步的系统模型以及实现方式，并通过一些例子来巩固理解。

篇幅所限，我们对每一个概念的讲述都只是停留在入门层次而已。比如我们对锁相环的讨论局限于平稳状态的误差以及响应函数，而没有涉及诸如噪声带宽、锁定范围（pull-in range）等重要概念。对锁相环有兴趣的读者可以参考文献[118, 125, 119, 126]以更深入的了解掌握。想对通信系统中的同步技术有更深入了解的读者可参考[122, 127, 119, 120]，我们尤其推荐[120]，其全面、系统地讲述了当今流行的通信系统（Wi-Fi、CDMA 以及 OFDM 系统）的同步设计。

8.8　本章小结

本章重要概念

- 在实际的通信系统系统中，同步过程是可靠数据解调的先决条件。
- 相比于调制／解调、编码／译码技术，同步技术的实现方式随着系统的不同而不同。实际应用中的同步设计不但需要考虑算法复杂度，更体现着系统结构的考虑。

衰落信道中的分集技术

9.1 为什么需要分集

回顾单个 BPSK 调制符号在 AWGN 信道下的传输系统模型：

$$y = x + n \tag{9.1}$$

其中发射符号 $x \in \{+\sqrt{E_b}, -\sqrt{E_b}\}$，$n \sim \mathcal{CN}(0, N_0)$ 为接收机噪声；我们把每比特信噪比（SNR per bit）定义为：

$$\text{SNR} := \frac{E_b}{N_0}$$

从第 3 章中我们知道，BPSK 在 AWGN 信道下的误码率为 $Q(\sqrt{2\text{SNR}})$。由于 $Q(x)$ 在参数取值增大时呈现 $e^{-x^2/2}$ 的趋势，因此 BPSK 在 AWGN 信道下的误码率随着 SNR 的增加以 $e^{-\text{SNR}}$ 趋势下降：

$$P_{\text{b,AWGN}} \approx e^{-\text{SNR}} \tag{9.2}$$

我们知道无线通信的一大特点就是衰落信道。下面我们就来看看 BPSK 在瑞利衰落信道下的误码率性能。在模型

$$y = hx + n$$

中 $h \sim \mathcal{CN}(0, 1)$ 表示信道响应（相应的信道增益 $\gamma := |h|^2$ 具有指数分布 $f(\gamma) =$

$e^{-\gamma}$）。当信道的瞬时取值为 h 时，相应的误码率为 $Q(\sqrt{2\mathsf{SNR}\gamma})$，而衰落信道下的平均误码率可以通过对 γ 的积分而得：

$$P_{\mathrm{b,fading}} = \int_0^{+\infty} Q(\sqrt{2\mathsf{SNR}\gamma})f(\gamma)\,\mathrm{d}\gamma \tag{9.3}$$

代入瑞利信道的 $f(\gamma) = e^{-\gamma}$，通过上面积分式的计算可得[†]：

$$P_{\mathrm{b,Rayleigh}} = \frac{1}{2}\left(1 - \sqrt{\frac{\mathsf{SNR}}{1 + \mathsf{SNR}}}\right) \approx \frac{1}{4\mathsf{SNR}} \quad （高信噪比） \tag{9.4}$$

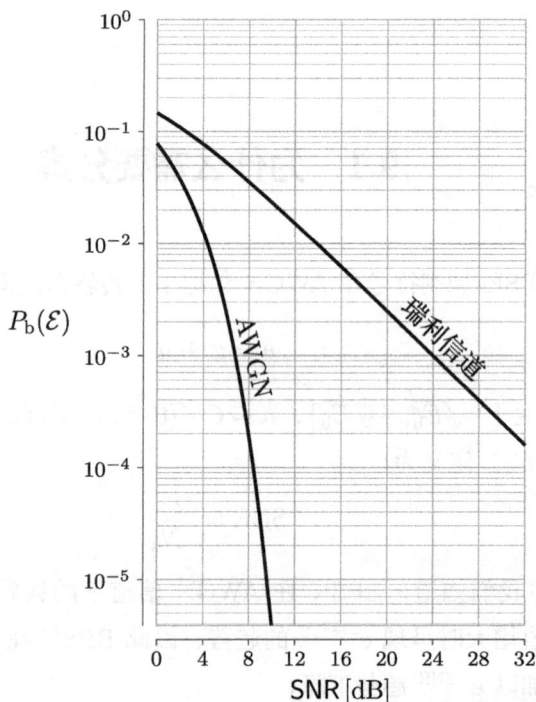

图 9-1　BPSK 调制在 AWGN 信道和瑞利衰落信道中的误码率性能比较

图 9-1 中给出了 $P_{\mathrm{b,AWGN}}$ 和 $P_{\mathrm{b,Rayleigh}}$ 随 SNR 的变化曲线。从图中我们不难看出这两条曲线的走势（尤其在高信噪比条件下）截然不同。为什么衰落信道的误码率性能远远劣于高斯信道呢？产生误码的可能性无非下面两种：

[†]在此省去具体的推导步骤。读者可以通过 $Q(x)$ 的定义式(3.33)，并通过交换积分次序的方法自行推导。

- 瞬时的噪声功率太大，造成信噪比过低
- 瞬时的信道处于深衰落，造成信噪比过低

Tse 和 Viswanath 告诉我们：**信道处于深衰落（γ 很小）而造成误码的概率是产生误码率的主要原因**[11]。在[11]中作者将事件 $\{\gamma\text{SNR} < 1\}$ 称作造成误码的"典型事件"（typical event），对应的概率值：

$$
\begin{aligned}
P(\gamma\text{SNR} < 1) &= \int_0^{1/\text{SNR}} e^{-\gamma}\,d\gamma \\
&= \frac{1}{\text{SNR}} + O\left(\frac{1}{\text{SNR}^2}\right)
\end{aligned}
\tag{9.5}
$$

通过比较式(9.4)和式(9.5)不难发现：尽管典型事件所对应的概率值没能"定量"地计算误码率，但是**典型事件所对应的概率值却与信道处于深衰落的概率和误码率的大小在同样一个量级上**，因此"定性"地揭示了衰落信道下发生误码的根本原因。

概念 9.1　分集阶数（diversity order）的概念

在通信系统的误码率分析研究中，人们常常提到分集阶数的概念，用以描述误码率曲线在高信噪比条件下相对于 SNR 的变化趋势。

数学上人们把分集阶数 d 定义为误码率（以对数单位衡量）与信噪比（以 dB 单位衡量）在高信噪比条件下的比值：

$$
-d := \lim_{\text{SNR}\to\infty} \frac{\log P_e(\text{SNR})}{\log \text{SNR}}
$$

在这样的定义下，分集阶数为 d 的误码率将有着 $P_e(\text{SNR}) \sim \text{SNR}^{-d}$ 的形式。

人们在误码率曲线的作图中，习惯采用 $\log - \log$ 的形式：

- 横坐标中的信噪比采用 dB 表示 $\text{SNR}_{\text{dB}} = 10\log_{10}\text{SNR}$;
- 纵坐标中的误码率也用对数刻度来表示。

在这样的约定下，分集阶数 d 则体现在误码率曲线的斜率上。显然，更大的分集阶数对应着更陡的误码率曲线。以图9-1为例，让我们通过图形来看看瑞利信道的分集阶数：$P_b(\mathcal{E})$ 从 10^{-2} 到 10^{-3} 的变化过程中，所对应的信噪比从 14 dB 增加到 24 dB。因此，根据分集阶数的定义，有 $d = 10/10 = 1$，即分集阶数为 1。

9.1.1 分集技术的基本原理

在理解了误码率是如何产生之后，我们就不难想到解决方法了——尽量避免信道的深衰落。**分集技术**就是实现这个目标的重要手段。

概念 9.2　分集技术的基本原理

尽管具体的分集技术的实现方式会有很多种，但是其基本原理是相同的——**通过发射机或 / 和接收端的设计，使得接收机"看到"待检测信号的多个"拷贝"，这样就可以降低所有拷贝都处于深衰落的概率。**

让我们考虑下面这样一个最简单的分集接收的模型：假设发射机的发送信道 x 经过信道传输后，接收端共接收到 L 个拷贝（暂且不去追究这 L 个拷贝究竟是以何种方式到达接收机的）：

$$
\begin{cases}
y_0 = h_0 x + n_0 \\
\quad\vdots \\
y_{L-1} = h_{L-1} x + n_{L-1}
\end{cases}
\tag{9.6}
$$

我们知道，信道的深衰落是造成误码的主要原因。当有了 L 个接收信号时，只有当这 L 个信道都同时处于深衰落时才会造成误码。假设不同信道相互独立，那么这个概率为：

$$
\begin{aligned}
& P(|h_1|^2 \mathsf{SNR} < 1, \ldots, |h_L|^2 \mathsf{SNR} < 1) \\
& = \prod_{\ell=1}^{L} P(|h_\ell|^2 \mathsf{SNR} < 1) \\
& \approx \frac{1}{\mathsf{SNR}^L} \qquad \text{（高信噪比条件）}
\end{aligned}
\tag{9.7}
$$

相比于单个接收信号的 $P(|h|^2\mathsf{SNR} < 1) \approx \frac{1}{\mathsf{SNR}}$，我们看到发生误码的概率随着 SNR 的增大将以 SNR^{-L} 的速度减小。根据分集阶数的定义，分集阶数 $d = L$。举例来说，若 $\mathsf{SNR}^{-1} = 10^{-1}$，当 $L = 5$ 时有 $\mathsf{SNR}^{-5} = 10^{-5}$。不难看出，通过分集技术来降低深衰落是非常有效的。

9.1.2 分集合并技术

在上面的介绍中，只是从概念上说明分集接收技术有利于改善信道处于深衰落的概率，本节中将从算法角度讨论如何具体地进行分集合并。为此，首先简化符号，把式(9.6)表示为向量形式：

$$\boldsymbol{y} = \boldsymbol{h}x + \boldsymbol{n} \tag{9.8}$$

不失一般性，假设发射信号的功率为 $\sigma_X^2 := \mathbb{E}\left[|x|^2\right]$，并假设 $\boldsymbol{n}$ 的均值为 0，相关矩阵为 $\boldsymbol{\Sigma}_{nn}$。至于信道 $\boldsymbol{h}$，假设 $\boldsymbol{h}$ 是随机变量，但是在符号周期内其取值不随时间变化，并且假设接收机知道 $\boldsymbol{h}$ 的取值。

我们将在**线性接收机**

$$\hat{x} = \boldsymbol{\omega}^{\mathsf{H}}\boldsymbol{y} = \sum_{\ell=0}^{L-1} \omega_\ell^* y_\ell$$

的前提下来讨论如何设计 $\boldsymbol{\omega}$。因为通信质量的好坏取决于接收机所看到的信噪比，所以首先来看看合并输出的信噪比的表达形式。在合并输出中，

$$\hat{x} = \boldsymbol{\omega}^{\mathsf{H}}\boldsymbol{y} = \boldsymbol{\omega}^{\mathsf{H}}\boldsymbol{h}x + \boldsymbol{\omega}^{\mathsf{H}}\boldsymbol{n}$$

信号部分和噪声部分分别为 $\boldsymbol{\omega}^{\mathsf{H}}\boldsymbol{h}x$ 和 $\boldsymbol{\omega}^{\mathsf{H}}\boldsymbol{n}$。因此可以把信噪比定义为：

$$\text{SNR} = \frac{\mathbb{E}\left[|\boldsymbol{\omega}^{\mathsf{H}}\boldsymbol{h}x|^2\right]}{\mathbb{E}\left[|\boldsymbol{\omega}^{\mathsf{H}}\boldsymbol{n}|^2\right]} = \frac{|\boldsymbol{\omega}^{\mathsf{H}}\boldsymbol{h}|^2 \sigma_X^2}{\boldsymbol{\omega}^{\mathsf{H}}\boldsymbol{\Sigma}_{nn}\boldsymbol{\omega}} \tag{9.9}$$

下面就来看看几种比较常见的合并方式，并着重讨论它们之间的关系。

1. **最大信噪比意义下的合并方式**

首先来看看什么样的合并方式能够得到最大的信噪比。假设噪声的相关矩阵可以分解为 $\boldsymbol{\Sigma}_{nn} = \boldsymbol{\Sigma}_{nn}^{\mathsf{H}/2}\boldsymbol{\Sigma}_{nn}^{1/2}$，那么式(9.9)可以表示为：

$$
\begin{aligned}
\text{SNR} &= \frac{|(\boldsymbol{\Sigma}_{nn}^{1/2}\boldsymbol{\omega})^{\mathsf{H}}(\boldsymbol{\Sigma}_{nn}^{-\mathsf{H}/2}\boldsymbol{h})|^2 \sigma_X^2}{(\boldsymbol{\Sigma}_{nn}^{1/2}\boldsymbol{\omega})^{\mathsf{H}}(\boldsymbol{\Sigma}_{nn}^{1/2}\boldsymbol{\omega})} \\
&\leqslant \frac{\|(\boldsymbol{\Sigma}_{nn}^{1/2}\boldsymbol{\omega})^{\mathsf{H}}\|^2 \|\boldsymbol{\Sigma}_{nn}^{-\mathsf{H}/2}\boldsymbol{h}\|^2 \sigma_X^2}{\|(\boldsymbol{\Sigma}_{nn}^{1/2}\boldsymbol{\omega})^{\mathsf{H}}\|^2} \\
&= \|\boldsymbol{\Sigma}_{nn}^{-\mathsf{H}/2}\boldsymbol{h}\|^2 \sigma_X^2 \\
&= \boldsymbol{h}^{\mathsf{H}}\boldsymbol{\Sigma}_{nn}^{-1}\boldsymbol{h}\, \sigma_X^2
\end{aligned}
\tag{9.10}
$$

其中式(9.10)由柯西－施瓦茨不等式（Cauchy-Schwartz inequality）而得，其等号成立条件为 $\boldsymbol{\Sigma}_{nn}^{1/2}\boldsymbol{\omega} = \beta\boldsymbol{\Sigma}_{nn}^{-H/2}\boldsymbol{h}$ （这里 β 为任意不为 0 的常数）。当等号成立时，得到最大信噪比（MSNR: max SNR）意义下的合并向量：

$$\boxed{\boldsymbol{\omega}_{\max} = \beta\boldsymbol{\Sigma}_{nn}^{-1/2}\boldsymbol{\Sigma}_{nn}^{-H/2}\boldsymbol{h} = \beta\boldsymbol{\Sigma}_{nn}^{-1}\boldsymbol{h}} \tag{9.11}$$

而对应的最大信噪比为

$$\boxed{\text{SNR}_{\max} = \boldsymbol{h}^{H}\boldsymbol{\Sigma}_{nn}^{-1}\boldsymbol{h}\,\sigma_X^2} \tag{9.12}$$

2. 线性最小均方误差（LMMSE）合并

我们对线性最小均方误差准则不应该感到陌生，根据式(1.43)：

$$
\begin{aligned}
\hat{x}_{\text{MMSE}} &= \boldsymbol{\Sigma}_{xy}\boldsymbol{\Sigma}_{yy}^{-1}\boldsymbol{y} \\
&= \sigma_X^2\boldsymbol{h}^{H}(\boldsymbol{h}\boldsymbol{h}^{H}\sigma_X^2 + \boldsymbol{\Sigma}_{nn})^{-1}\boldsymbol{y} \\
&= \frac{\sigma_X^2}{1 + \sigma_X^2\boldsymbol{h}^{H}\boldsymbol{\Sigma}_{nn}^{-1}\boldsymbol{h}}\,\boldsymbol{h}^{H}\boldsymbol{\Sigma}_{nn}^{-1}\boldsymbol{y}
\end{aligned}
\tag{9.13}
$$

其中上面最后一式由 Woodbury 等式推导而得。

经过简单的推导可以发现，线性最小均方误差意义下的合并方式所对应的信噪比为

$$\text{SNR} = \boldsymbol{h}^{H}\boldsymbol{\Sigma}_{nn}^{-1}\boldsymbol{h}\,\sigma_X^2$$

和最大信噪比意义下得到的信噪比（见式(9.12)）相同。

3. 最大似然（ML）合并

若假设噪声服从高斯分布 $\boldsymbol{n} \sim \mathcal{CN}(\boldsymbol{0}, \boldsymbol{\Sigma}_{nn})$，那么可以把似然函数写为：

$$f(\boldsymbol{y}|\boldsymbol{h}, x) = \frac{1}{\det(\pi\boldsymbol{\Sigma}_{nn})}\exp\left(-(\boldsymbol{y} - \boldsymbol{h}x)^{H}\boldsymbol{\Sigma}_{nn}^{-1}(\boldsymbol{y} - \boldsymbol{h}x)\right)$$

根据定义，最大似然意义下的合并输出为：

$$
\begin{aligned}
\hat{x}_{\text{ML}} &= \arg\max_{x}\ f(\boldsymbol{y}|\boldsymbol{h}, x) \\
&= \arg\min_{x}\ (\boldsymbol{y} - \boldsymbol{h}x)^{H}\boldsymbol{\Sigma}_{nn}^{-1}(\boldsymbol{y} - \boldsymbol{h}x) \\
&= (\boldsymbol{h}^{H}\boldsymbol{\Sigma}_{nn}^{-1}\boldsymbol{h})^{-1}(\boldsymbol{\Sigma}_{nn}^{-1}\boldsymbol{h})^{H}\boldsymbol{y}
\end{aligned}
$$

其中最后一步的结论由式(4.84)得到的（见第146页）。

由于 $\boldsymbol{h}^{\mathsf{H}}\boldsymbol{\Sigma}_{nn}^{-1}\boldsymbol{h}$ 是个标量，因此 ML 合并器同样有着 $\alpha'\boldsymbol{h}^{\mathsf{H}}\boldsymbol{\Sigma}_{nn}^{-1}\boldsymbol{y}$ 的形式。尽管表面上看 ML 与最大信噪比、线性最小均方误差意义下的形式相一致。然而这个结论并不具有一般性：为了得到和最大信噪比一样的结果，在 ML 中需要额外的高斯噪声的假设，而在 LMMSE 中这个假设并不必须。

4. **最大比合并（MRC: maximal raito combining）**

让我们进一步对噪声的分布进行简化。若假设噪声是独立同分布的高斯噪声 $\boldsymbol{n} \sim \mathcal{CN}(\boldsymbol{0}, N_0\mathbf{I})$，那么从上面的推导（无论是最大信噪比准则，还是 LMMSE 或者 ML），都将得到下面的形式：

$$\boldsymbol{\omega}_{\mathrm{MRC}} = \frac{1}{\|\boldsymbol{h}\|^2}\boldsymbol{h}$$

对应着

$$\hat{x}_{\mathrm{MRC}} = \frac{1}{\|\boldsymbol{h}\|^2} \sum_{\ell=0}^{L-1} h_\ell^* y_\ell \tag{9.14}$$

在通信理论中，式(9.14)常常被人们称作为最大比合并[†]。最大比合并器所对应的信噪比可以表示为：

$$\mathrm{SNR}_{\mathrm{MRC}} = \frac{\|\boldsymbol{h}\|^2 \sigma_X^2}{N_0}$$

$$= \mathrm{SNR} \sum_{\ell=0}^{L-1} \gamma_\ell \qquad (\gamma_\ell := |h_\ell|^2) \tag{9.15}$$

需要特别指出的是：尽管最大比合并对噪声的分布作出严格的假设，但是其最优性（独立高斯噪声下最大化信噪比）却和 $\boldsymbol{h}$ 之间的元素是否相关没有任何关系。换句话说，最大比合并的最优性在信道并非完全不相关的条件下仍然成立！

通过上面对不同准则下的合并器的讨论（尤其是输出信噪比的比较）我们知道：在独立高斯噪声的假设下，最大信噪比合并 /LMMSE 合并 / 最大似然合并与最大比合并的性能是相同的。尽管独立高斯噪声的假设在关于分集接收的研究中非常常见，但我们还是需要提醒读者在实际应用中一定要注意假设是否成立，有兴趣的读者可以参考附录中给出了一个例子来理解假设的重要性。

[†]其名字的由来可以理解如下：在独立同分布的高斯噪声模型下，若从最大化信噪比的角度出发，那么式(9.14)将最大化信噪比的表达式(9.9)，因此得名最大比合并。

在我们开始关于分集技术在实际系统中的应用讨论之前，让我们在独立瑞利信道的条件下来具体看看最大比合并（见式(9.15)）是如何改善信噪比的。数学上，独立瑞利信道意味着 $h_\ell, 0 \leqslant \ell \leqslant L-1$ 为相互独立的 $\mathcal{CN}(0,1)$，此时 $\gamma := \sum_{\ell=0}^{L-1}|h_\ell|^2$ 为自由度为 $2L$ 的开方分布 χ_{2L}^2，其概率分布函数为：

$$f(\gamma) = \frac{1}{(L-1)!}\gamma^{L-1}\mathrm{e}^{-\gamma}, \quad \gamma \geqslant 0$$

从图9-2中可以看出，随着分集阶数 L 的增加，信噪比的分布 χ_{2L}^2 将越来越趋向更大的取值，因此处于深衰落的概率也越来越小。

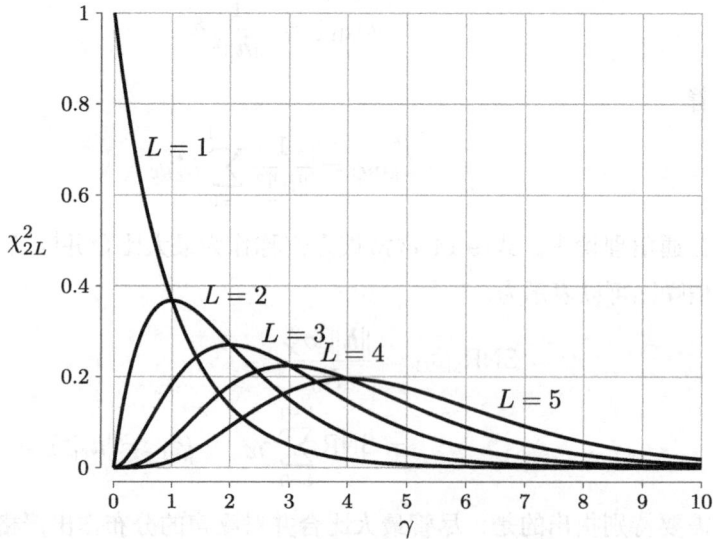

图 9-2 分集阶数 L 与信噪比的分布 χ_{2L}^2 的关系

回到误码率的计算上，在高信噪比条件下，由式(9.3)可得（推导过程可参考[128]）：

$$P_{e,\mathrm{MRC}} = \int_0^{+\infty} Q(\sqrt{2\mathrm{SNR}\gamma})f(\gamma)\,\mathrm{d}\gamma$$

$$\approx \binom{2L-1}{L}\frac{1}{(4\mathrm{SNR})^L}$$

相比于式(9.4)，我们看到最大比合并的误码率的改善确实如典型事件分析（见式(9.7)）的那样，把误码率从 $1/\mathrm{SNR}$ 量级降低到 $1/\mathrm{SNR}^L$ 量级。

好了，在了解了为什么需要分集技术以及基本的分集合并原理之后，现在让我们看看在实际的无线通信系统中分集技术是如何实现的。分集技术的基本思想是使得接收机得到多个发送符号的拷贝，因此系统设计者面临的挑战就是如何在实际系统中能够使得接收机得到多个拷贝。我们将会看到：现代无线系统中利用了时间／频率／或多天线技术的结合以获得最佳的分集增益。

9.2 时间分集

9.2.1 基本的时间分集方案

让我们从时间分集开始。在实际应用中，我们可以把时间分集的具体实现分为三类：重复码、自动重传请求、信道编码与交织器的组合。

- **重复码（repetition coding）**

在重复码方案中，我们在时间轴上的不同符号时间发送相同的符号。也就是分集传输模型（见式(9.6)）中，不同的 ℓ 在重复码中将由不同的传输时间来得到。为了保证不同传输时间的信号彼此独立，不同传输时刻之间的间隔应不小于信道的相关时间。

重复码尽管实现了分集功能，但是它是以牺牲传输效率为代价的。具体来说，在 L 个符号时间内，只传输的一个发送符号而已。频谱效率的降低限制了重复码在实际系统中的应用。

- **信道编码与交织器**

曾在第 6 章介绍过（前向）信道编码，其核心思想正是通过增加冗余已取得更低的误码率。在基本原理的层面分集技术和信道编码是相同的，而两者的不同只是如何实现冗余。

当把信道编码应用到无线通信时，为了保证编码后的数据不会"大面积"地处于深衰落而使性能下降，信道编码器通常都是和交织器一起使用的。交织器的作用就是在发射端把编码后的数据流"打乱"，这样即使信道存在深衰落，在接收机的解交织完成之后，从待译码数据流看来他们所经历的信道不会出现成块的深衰落。

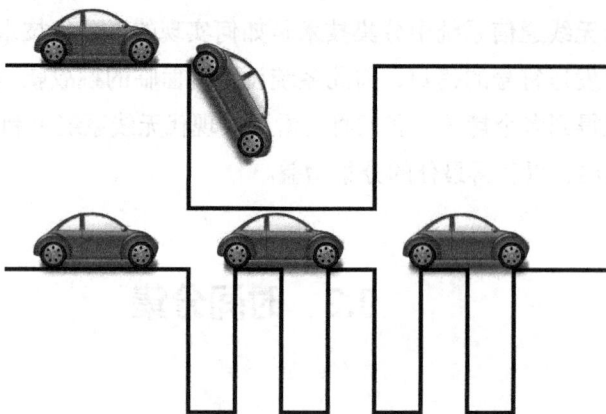

图 9-3　交织器的卡通解释

理论上交织器越长越好，然而实际应用中交织器将引入处理时延。正如[39]所指出的那样，人们对现代通信系统的要求除了更高的峰值速率、更高的频谱效率之外，更小的传输时延也是改善用户体验的重要指标。可以想见，对于某些对时延非常敏感的业务（比如线上游戏）是无法忍受因为交织而带来几十毫秒的时延的。因此现代通信系统的一个特征就是数据块传输时间的减小。以 LTE 为例信息数据经过编码、交织以及调制后，将在 1ms 时间内传输（在 LTE 中这个时间单位被称作传输时间间隔）。由于传输时间间隔的减小，在这么短的时间内是比较不容易得到时间分集效果的（此时信道编码带来的增益也无法补偿信道深衰落的影响）。因此，我们需要接下来讲述的自动重传请求技术[†]。

例子 9.1　块交织器

块交织器是一种在实际应用中经常看到的交织器。如图9-4所示，在发射端的交织过程中，数据按列写入，然后按行读出。相应地，在接收机的解交织过程中，数据将按行写入，然后按列读出。

[†]我们将在下一章讲到链路自适应技术。在那里我们将会看到，实际系统中可以通过编码速率以及调制方式的变化来"适应"信道的变化。

按列
写入

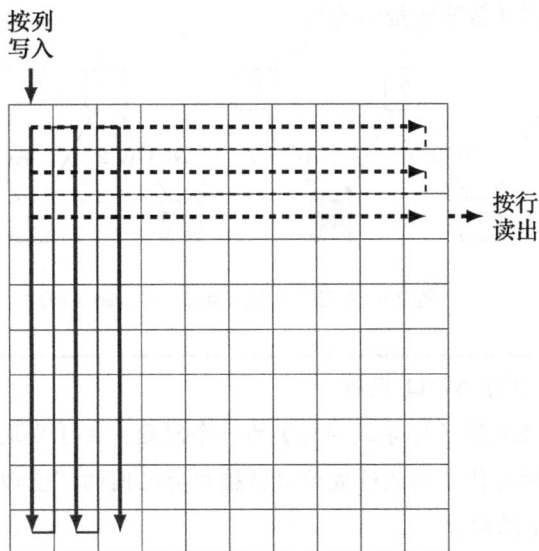

按行
读出

图 9-4　块交织器

- **自动重传请求（ARQ: Auto Repeat reQuest）**

　　Turbo 码或 LDPC 码在编码理论中属于前向纠错编码（FEC: forward error correction），意为在发送数据之前就通过加入冗余以使得接收端进行纠错。然而前向纠错编码可能面临的一个问题就是加入过多的冗余，从而牺牲了频谱效率。自动重传请求技术可以理解为一种通过"点播"方式来增加冗余（diversity on demand）：只有当接收机无法成功地对数据进行译码时，才会通过反馈信道告知发送端要求重传，相应地，发送端会重新发射之前的数据。

　　图9-5中我们给出了**停等式 ARQ**（Stop-and-wait ARQ）的工作流程。发送数据经过传输时延之后到达接收机，然后接收机对该数据进行解调／译码，若接收机译码成功，那么接收机将通过反馈信道发送成功确认信息 ACK（acknowledgement）。相应地，发送端在下一次传输机会出现时会发送一个新的比特流；若接收机译码不成功，那么接收机将通过反馈信道发送失败确认 NACK（Negative ACK）。相应地，发送端在下一次传输机会出现时会重新传输之前失败的比特流。读者应该不难通过上面的叙述来理解停等式 ARQ 中"停等"的含义——发送机每发射一个数据块之后，就将等待接收机的反馈，然后才能决定接下

来发什么数据（新的还是旧的）。

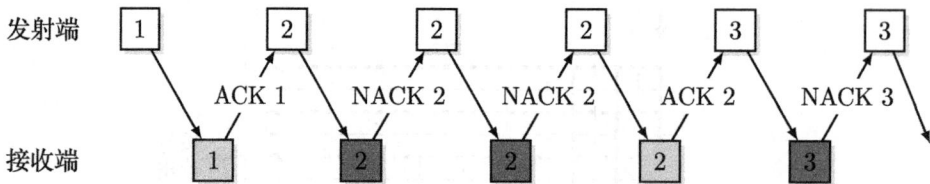

图 9-5　停等式 ARQ（stop-and-wait ARQ）

例子 9.2　LTE 中的 ARQ 进程

读者可能已经发现了停等式 ARQ 的一个问题：由于发送端在接收到反馈信息之前无法确认下面的动作，因此造成两次传输机会之间的"空白"。这使得停等式 ARQ 的传输效率受到了限制。

这个问题在实际应用中通过定义多个 ARQ 进程得以解决。以 FDD LTE 的上行链路为例，如图9-6所示的那样，系统中总共由 8 个停等式 ARQ 进程组成，这 8 个进程在时间上连续发送，因此可以理解为 8 个并行的 ARQ。在 LTE 中，每次传输的时间固定为 $1\,\mathrm{ms}$，在 LTE 的术语中被称作为传输时间间隔（TTI: Transmission Time Interval）。在 TTI 的时间单位上，LTE 的上行链路中的 ARQ 工作流程可以总结为：

- 对于发送机（手机）在第 n 个 TTI 发送的数据块，接收机（此处为 LTE 基站）将根据译码结果在第 $(n+4)$ 个 TTI 发送反馈确认信息。

- 若反馈信息为 ACK，那么发送机将在第 $(n+8)$ 个 TTI 发送新数据；否则，发送机将在第 $(n+8)$ 个 TTI 重发之前的数据。

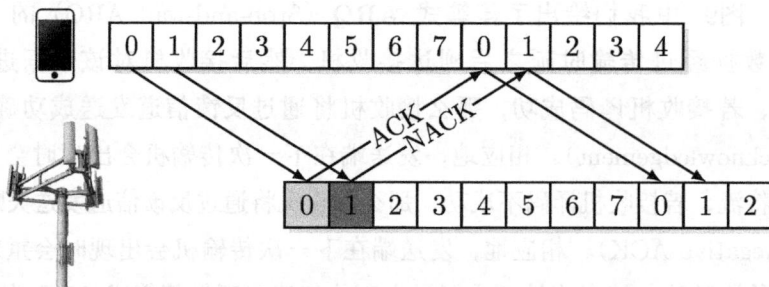

图 9-6　LTE 上行链路中由 8 个停等式 ARQ 进程组成

概念 9.3　循环冗余校验（CRC: Cyclic Redundancy Check）

在 ARQ 的工作过程中，接收机是如何知道译码是否成功呢？在实际应用中这个任务多由循环冗余校验完成。

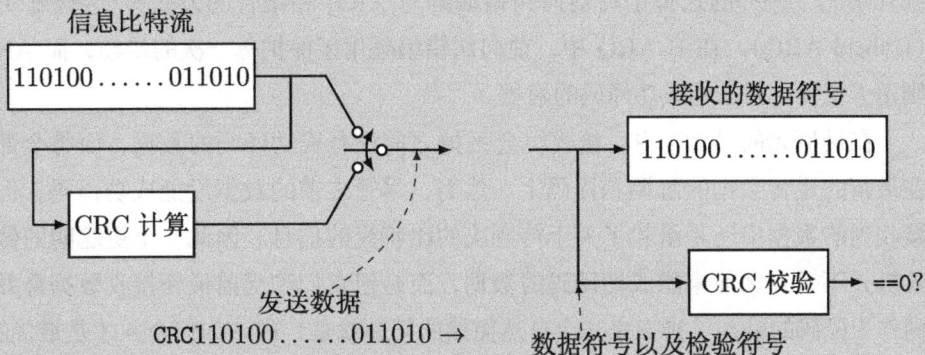

信息比特流

```
110100……011010
```

CRC 计算

发送数据

CRC110100……011010 →

接收的数据符号

```
110100……011010
```

CRC 校验 —— ==0?

数据符号以及检验符号

图 9-7　CRC 的检验过程

从图9-7中可以看出，CRC 检验信息由发射端产生，并随信息一起发送到接收机；接收机在判决输出比特流的基础上按照发射机同样的方式来计算本地检验信息。当接收机对信息的判决是完全正确的话，那么本地产生的检验信息也将和接收机所接收到的校验信息相一致。

让我们通过图9-7中的例子从概念层面上来解释 CRC 的检验过程：

- 发送机会根据待发送的信息比特流 010110……001011计算出一组校验信息 CRC，发送时信息流连同 CRC 一起发送至接收机
- 接收机在完成对所有接收比特进行判决后，得到信息数据的判决输出 010110……001011以及 CRC 的判决输出 CRC'。为了验证信息数据的判决是否正确，接收机将采用和发端同样的方法以判决出来的比特流作为输入来计算接收机本地所看到的校验信息 CRC''，并与 CRC' 相比较。如果 CRC''==CRC'，接收机认为译码成功；否则接收机认为译码不成功。

实际系统中的循环冗余校验不但有着高效的硬件实现，也有着更简单的检验 CRC''==CRC' 的方法。篇幅所限，在此就不对 CRC 展开讨论了。

9.2.2　H-ARQ 与软信息合并

从实际系统设计的角度看，ARQ 提供了一种通过数据重传来对抗信道衰落的办法。然而每一次的传输还是会受到噪声或其他干扰的影响。因此，现代无线通信系统几乎无一例外的选择了将前向纠错编码与 ARQ 相结合的方式——这就是 **H-ARQ**（Hybrid ARQ）。在 H-ARQ 中，前向纠错编码用于保护每一次的传输，而 ARQ 过程则用于重传之前未能成功译码的数据。

在最原始的 ARQ 中，接收机会丢掉之前没有成功译码的数据，而将全部精力放在最新的重传数据的解调和译码上。然而，尽管之前的数据没能成功译码，但是这些接收到的数据中还是承载了关于待判决的比特流的信息。因此一个更聪明的做法是接收机并不丢弃之前未能成功译码的数据，而是把它们和当前最新接收数据合并起来一同作为译码的输入。接下来一个自然而然的问题就是：应该如何合并才是最优的呢？

让我们通过数学分析来回答这个问题。为此，首先细化式(9.6)所代表的分集模型：假设不同分集链路的噪声为相互独立的高斯噪声 $\mathcal{CN}(0, N_0)$，因此有：

$$p(y_\ell | h_\ell, x) = \frac{1}{\pi N_0} \exp\left(-\frac{|y_\ell - h_\ell x|^2}{N_0}\right), \quad 0 \leqslant \ell \leqslant L-1 \tag{9.16}$$

不失一般性，假设调制符号 x 取自 QAM 调制方式，每个调制符号中承载 M 个比特 $b_0, \ldots, b_{M-1}$。从式(3.41)我们知道，对比特的最优检测可以由 LLR 的正负号判决而得。在分集接收中，当接收机有了 L 个 x 的拷贝之后，若定义：

$$\boldsymbol{b} := (b_0, \ldots, b_{M-1})^\top$$
$$\boldsymbol{y} := (y_0, \ldots, y_{L-1})^\top$$
$$\boldsymbol{h} := (h_0, \ldots, h_{L-1})^\top$$

那么可以把比特 b_i 所对应的 LLR 表示为：

$$LLR(b_i) = \log \frac{P(b_i = +1 | \boldsymbol{y}, \boldsymbol{h})}{P(b_i = -1 | \boldsymbol{y}, \boldsymbol{h})}, \quad 0 \leqslant i \leqslant M-1$$
$$= \log \frac{\sum_{x \in \mathcal{X}_i^{(+1)}} P(x(\boldsymbol{b}) | \boldsymbol{y}, \boldsymbol{h})}{\sum_{x \in \mathcal{X}_i^{(-1)}} P(x(\boldsymbol{b}) | \boldsymbol{y}, \boldsymbol{h})}$$

其中用 $x(\boldsymbol{b})$ 来突出符号 x 的取值实际上由 $\boldsymbol{b}$ 的取值所决定。和以往一样，用 $\mathcal{X}_i^{(+1)}$ 来表示所有 $b_i = +1$ 的调制符号 $x(\boldsymbol{b})$ 的集合；$\mathcal{X}_i^{(-1)}$ 来表示所有 $b_i = -1$ 的调制符号

$x(\boldsymbol{b})$ 的集合。假设我们没有先验信息，因此所有 $\boldsymbol{b}$ 具有相同概率，那么上式可以写为：

$$
\begin{aligned}
LLR(b_i) &= \log \frac{\sum_{x \in \mathcal{X}_i^{(+1)}} P(\boldsymbol{y}|x(\boldsymbol{b}), \boldsymbol{h})}{\sum_{x \in \mathcal{X}_i^{(-1)}} P(\boldsymbol{y}|x(\boldsymbol{b}), \boldsymbol{h})} \\
&= \log \frac{\sum_{x \in \mathcal{X}_i^{(+1)}} \exp\left(-\frac{\sum_{\ell=0}^{L-1}|y_\ell - h_\ell x(\boldsymbol{b})|^2}{N_0}\right)}{\sum_{x \in \mathcal{X}_i^{(-1)}} \exp\left(-\frac{\sum_{\ell=0}^{L-1}|y_\ell - h_\ell x(\boldsymbol{b})|^2}{N_0}\right)}
\end{aligned}
\tag{9.17}
$$

我们固然可以按照定义式(9.17)来计算比特 LLR，但是有没有其他（或许更简单些的）方法呢？让我们试试下面两种方案。

- **调制符号层次的软信息合并**

  首先根据式(9.14)对所有接收到的信号做 MRC 合并：

  $$
  \hat{x}_{\mathrm{MRC}} = \frac{1}{\|\boldsymbol{h}\|^2} \boldsymbol{h}^{\mathsf{H}} \boldsymbol{y}
  $$

  根据定义式(9.6)有

  $$
  \hat{x}_{\mathrm{MRC}} = x + w
  \tag{9.18}
  $$

  其中在上式中 $w := \frac{1}{\|\boldsymbol{h}\|^2} \boldsymbol{h}^{\mathsf{H}} \boldsymbol{n}$，不难推导 $w \sim \mathcal{CN}(0, N_0/\|\boldsymbol{h}\|^2)$。如果在式(9.18)基础上来计算 x 中所承载比特的 LLR，从第 3 章知道：

  $$
  LLR(b_i) = \log \frac{\sum_{x \in \mathcal{X}_i^{(+1)}} \exp\left(-\frac{(\hat{x}_{\mathrm{MRC}} - x(\boldsymbol{b}))^2}{N_0/\|\boldsymbol{h}\|^2}\right)}{\sum_{x \in \mathcal{X}_i^{(-1)}} \exp\left(-\frac{(\hat{x}_{\mathrm{MRC}} - x(\boldsymbol{b}))^2}{N_0/\|\boldsymbol{h}\|^2}\right)}
  \tag{9.19}
  $$

  式(9.17)中计算从 LLR 的定义式出发，因此是最优的。在基于 MRC 符号合并的实现中，不同传输的信号先合并，然后在合并量的基础上计算比特 LLR。有兴趣的读者如果加以验证会发现两者的结果是一样的。也就是说，**基于 MRC 符号合并输出的比特 LLR 计算是最优的。**

- **比特层次的软信息合并**

  假设接收机在接收到第 ℓ 次的重传之后，在当前接收信号 y_ℓ 的基础上计算比特 LLR：

  $$
  llr_\ell(b_i) = \log \frac{\sum_{x \in \mathcal{X}_i^{(+1)}} \exp\left(-\frac{|y_\ell - h_\ell x(\boldsymbol{b})|^2}{N_0}\right)}{\sum_{x \in \mathcal{X}_i^{(-1)}} \exp\left(-\frac{|y_\ell - h_\ell x(\boldsymbol{b})|^2}{N_0}\right)}
  \tag{9.20}
  $$

这里用 llr 来突出表示式中的对数比只是根据当前接收信号计算出来的，用以区别式(9.17)中的 LLR。

可以想象：若接收机在初始传输中（$\ell = 0$）在计算完 $llr_0(b_i)$ 之后的信道译码没能成功，接收机反馈 NACK；相应地，发送端作出第一次重传（$\ell = 1$），接收机通过计算得到 $llr_1(b_i)$。系统设计人员现在需要回答这样一个问题：我们能不能在 llr 层次上进行合并呢？具体来说，当收到第一次重传之后，如果以 $llr_0(b_i) + llr_1(b_i)$ 作为第 i 个比特的译码器输入，这个方案如何呢？

例子 9.3　BPSK 调制方式下的比特层次的 LLR 合并

假设发送信息 $b \in \{-1, +1\}$ 经过两条分集链路到达接收机：

$$\begin{cases} y_0 = h_0 b + n_0 \\ y_1 = h_1 b + n_1 \end{cases}$$

其中 n_0, n_1 为彼此独立高斯噪声 $\mathcal{CN}(0, N_0)$。下面以 y_0, y_1 为基础来计算比特 x 的 LLR：

$$LLR(b|y_0, y_1) = \log \frac{P(b = +1|y_0, y_1)}{P(b = -1|y_0, y_1)} \tag{9.21}$$

$$= \log \frac{P(y_0, y_1|b = +1)}{P(y_0, y_1|b = -1)} + \log \frac{P(b = +1)}{P(b = +1)}$$

$$= \log \frac{P(y_0|b = +1)}{P(y_0|b = -1)} + \log \frac{P(y_1|b = +1)}{P(y_1|b = -1)} + \log \frac{P(b = +1)}{P(b = +1)} \tag{9.22}$$

$$= llr_0(b|y_0) + llr_1(b|y_1) + LLR_{\text{prior}} \tag{9.23}$$

其中在式(9.22) 中用到了在给定 b 的取值之后 y_0 和 y_1 彼此独立的性质。通过第 3 章的学习我们知道：

$$llr_\ell(b|y_\ell) = \frac{4\Re\{h_\ell^* y_\ell\}}{N_0} \tag{9.24}$$

从式(9.23)我们可以看到（假设先验等概率，因此 $LLR_{\text{prior}} = 0$）：

$$LLR(b|y_0, y_1) = llr_0(b|y_0) + llr_1(b|y_1) \tag{9.25}$$

因此我们得到结论：**BPSK 调制方式下的比特层次的 LLR 合并是最优的**。由于 QPSK 调制可以理解为 I 路和 Q 路上的 BPSK 的组合，因此应该不难理解上面的结论将同样适用于 QPSK。

式(9.25)的意义在于简化了接收机的解调器的设计。具体来说，解调器只需专心处理当前接收数据下的 LLR 计算，然后在 LLR 层面累加合并。读者是否正在问自己这样的一个问题：这样的性质在其他条件（比如更高阶调制方式或 MIMO 传输）下是否仍然成立呢？

例子 9.4 一般条件下比特层次的 LLR 合并

假设发送信息符号 x 取自高阶 QAM 的星座图，并经过两条分集链路到达接收机：

$$\begin{cases} y_0 = h_0 x + n_0 \\ y_1 = h_1 x + n_1 \end{cases}$$

这时，对于 x 中的任意一个比特 b，LLR 的准确定义式

$$LLR(b|y_0, y_1) = \log \frac{\sum_{x \in \mathcal{X}_i^{(+1)}} \exp\left(-\frac{\sum_{\ell=0}^{1}|y_\ell - h_\ell x(\boldsymbol{b})|^2}{N_0}\right)}{\sum_{x \in \mathcal{X}_i^{(-1)}} \exp\left(-\frac{\sum_{\ell=0}^{1}|y_\ell - h_\ell x(\boldsymbol{b})|^2}{N_0}\right)}$$

是否等于

$$llr_0(b|y_0) + llr_1(b|y_1) = \log \frac{\sum_{x \in \mathcal{X}_i^{(+1)}} \exp\left(-\frac{|y_0 - h_0 x(\boldsymbol{b})|^2}{N_0}\right)}{\sum_{x \in \mathcal{X}_i^{(-1)}} \exp\left(-\frac{|y_0 - h_0 x(\boldsymbol{b})|^2}{N_0}\right)}$$
$$+ \log \frac{\sum_{x \in \mathcal{X}_i^{(+1)}} \exp\left(-\frac{|y_1 - h_1 x(\boldsymbol{b})|^2}{N_0}\right)}{\sum_{x \in \mathcal{X}_i^{(-1)}} \exp\left(-\frac{|y_1 - h_1 x(\boldsymbol{b})|^2}{N_0}\right)}$$

呢？

答案是否定的——在一般条件下，$LLR(b|\boldsymbol{y}) \neq \sum llr_\ell(b|y_\ell)$，**因此比特 LLR 层次上的合并不再是最优的**。至于例9.3，对于 BPSK，$llr(b|y)$ 是 y 的线性函数，此时在符号级别的合并或者比特级别的合并是一样的；到了高阶调制方式时，$llr(b|y)$ 不再是线性函数，因此比特层次上的 LLR 合并就不再是最优的了。

通过上边两个例子的学习我们看到，符号层次的合并是最优的；比特层级的合并在某些情况（比如 BPSK/QPSK）是最优的，但在其他条件下（高阶调制或 MIMO 传输†）不再最优。文献[130]中的 3G HSPA 系统仿真结果表明：对于 16QAM 调制方式，取决于重传次数的不同，相比于最优的符号合并，比特 LLR 合并可能会造成 0.2

---

†篇幅所限，我们就不对 MIMO 情况展开讨论了。有兴趣的读者可以在[129]或其他文献中找到具体的描述。

$\sim 0.8\,\mathrm{dB}$ 的性能损失。

符号合并策略中实际上隐含着一个重要假设：初始传输以及重传中必须发送相同的符号（见式(9.6)），这在通信术语中被称作 **Chase 合并**。在实际应用中，很多情况同一个比特在不同传输中以不同的形式（比如不同的调制方式）出现[†]，此时就没办法在符号层次上进行合并了，比特 LLR 的合并将是唯一的选择。

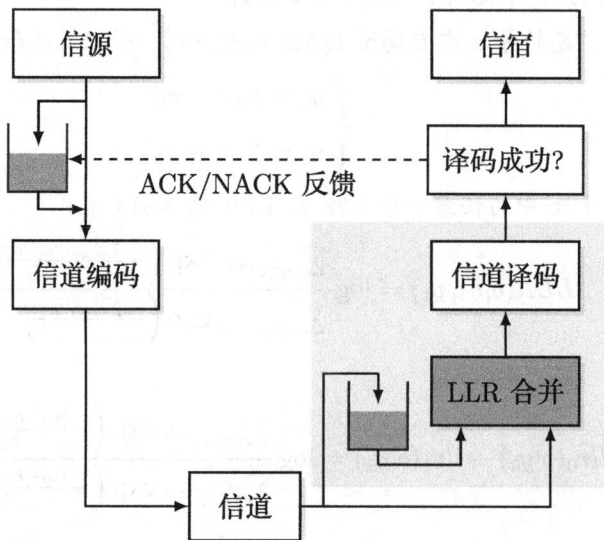

图 9-8　H-ARQ 包括的主要功能模块

我们会在下一章详细讨论 H-ARQ 在当代无线系统中的重要地位。实际应用中的 H-ARQ 包括下面几个主要功能模块：**软信息的保存及合并、CRC 检测及 ACK/NACK 反馈**。如图9-8所示。

● 发射机的操作

当发射机发送新数据时，会在发射机留下备份以备重传。备份既可以是在信道编码之前的原始比特流（如图所示），也可以是信道编码之后的编码后数据流。

● 接收机的操作

当接收到新数据时，经过解调之后得到比特 LLR 作为信道译码器的输入：

[†]我们将在下一章链路自适应的讨论中看到，实际系统设计中不同传输中编码速率、调制方式等都可能随着信道条件的变化而不同。

◇ 如果译码成功（CRC 匹配），通过反馈信道发送 ACK 到发射机，请求发送下一个新的数据块；

◇ 如果译码不成功（CRC 不匹配），通过反馈信道发送 NACK 到发射机，请求重传，并且将软信息（MRC 合并后的符号或者比特 LLR）保存。

当接收重传数据时，计算当前传输的比特 LLR，并和之前保存的 LLR 加以合并后作为译码器输入，然后重复上面的译码／反馈过程。

9.3 频率分集

我们知道，当系统带宽 W 大于信道的相关带宽 W_c（等效的时域关系则为信道的最大时延 T_d 大于系统的符号周期 T）时，传输符号在频域将经历一个频率选择性信道：

$$h(\tau) = \sum_{\ell=0}^{L-1} h_\ell \delta(\tau - \ell T) \qquad (T = 1/W)$$

假设 $\{h_\ell\}$ 为相互独立的复高斯随机变量，在这个模型下，通信系统的连续时间输入－输出系统模型可以表示为：

$$y(t) = \sum_{\ell=0}^{L-1} h_\ell x(t - \ell T) + n(t) \tag{9.26}$$

其中 $n(t)$ 是一个零均值的复高斯随机过程。也可以把式(9.26)所对应的符号级的离散输入／输出系统模型可以表示为：

$$y[m] = \sum_{\ell=0}^{L-1} h_\ell x[m - \ell] + n[m], \qquad m = 0, 1, \cdots \tag{9.27}$$

上式中 m 代表符号索引；噪声为独立同分布 $n[m] \sim \mathcal{CN}(0, N_0)$。由于 $h_\ell, 0 \leqslant \ell \leqslant L-1$ 彼此独立，得到分集增益的最简单的方法就是在每 L 个符号时间内只在最开始的时候发射一个符号，然后在接下来的 $L-1$ 个符号时间内保持沉默。这样在接收机正好得到式(9.6)，因此可以获得分集增益。尽管这个方法得到了分集阶数 L，但是是以牺牲系统效率为代价的——在 L 个符号时间只传输了一个符号。这个行业中的前辈显然不会满足这样的"naïve"的传输方案。下面就让我们来通过 2G/3G/4G 系统为例来了解人们是如何能在获得分集增益的同时又不牺牲传输效率的。

9.3.1 单载波系统中的时域均衡

我们曾在第 4 章中提及过最大似然序列估计（MLSE）在单载波系统中的应用。下面我们就来证明 MLSE 接收机的分集阶数为 L。

我们知道，MLSE 准则下，接收机（比如通过 Viterbi 算法）将得到最有可能的发送符号序列（见式(4.34)）。为了方便计算误码性能，让我们把式(9.27)表达为向量 / 矩阵形式：

$$\boldsymbol{y}^\top = \boldsymbol{h}^\top \boldsymbol{X} + \boldsymbol{n}^\top$$

其中

$$\boldsymbol{y}^\top := (y[0], y[1], y[2], \cdots)$$
$$\boldsymbol{n}^\top := (n[0], n[1], n[2], \cdots)$$
$$\boldsymbol{h}^\top := (h_0, h_1, \cdots, h_{L-1})$$

而

$$\boldsymbol{X} := \begin{pmatrix} x[0] & x[1] & x[2] & \cdots & x[L-1] & x[L] & \cdots \\ 0 & x[0] & x[1] & \cdots & x[L-2] & x[L-1] & \cdots \\ 0 & 0 & x[0] & \cdots & x[L-3] & x[L-2] & \cdots \\ \vdots & \vdots & \vdots & \vdots & \vdots & \vdots & \vdots \\ 0 & 0 & 0 & \cdots & x[0] & x[1] & \cdots \end{pmatrix}$$

不难看出，在上面的定义中 $\boldsymbol{X}$ 和发送符号序列 $\boldsymbol{x} = (x[0], x[1], x[2], \cdots)^\top$ 有着一一对应的关系。

把 MLSE 的输出表示为 $\hat{\boldsymbol{x}} = (\hat{x}[0], \hat{x}[1], \hat{x}[2], \cdots)^\top$，由 MLSE 的定义不难得到：

$$\hat{\boldsymbol{x}} = \arg\min_{\boldsymbol{x}} \|\boldsymbol{y}^\top - \boldsymbol{h}^\top \boldsymbol{X}\|^2$$

从概念上说 MLSE 将穷举所有可能的发送序列 $\boldsymbol{x}$，然后比较 $\boldsymbol{y}^\top$ 和 $\boldsymbol{h}^\top \boldsymbol{X}$ 之间的距离，并选择距离最小的 $\boldsymbol{x}$ 作为判决输出。

如果把 $\boldsymbol{h}^\top \boldsymbol{X}$ 看作一个"超级符号"，那么 MLSE 检测过程与第 3 章中单个调制符号在 AWGN 信道中的检测问题相比较的话，两个在本质上是相同的，都是寻找最小距离。下面就把单个符号检测下的成对符号错误概率的计算推广到成对"超级

符号"错误概率的计算。如果把已知 $\boldsymbol{h}$ 的前提下接收机将 $\boldsymbol{X}$ 误判为 $\hat{\boldsymbol{X}}$ 的概率记作 $P(\boldsymbol{X} \to \hat{\boldsymbol{X}}|\boldsymbol{h})$ 的话，那么在高斯噪声模型下，有（参见式(3.34)）：

$$P\left(\boldsymbol{X} \to \hat{\boldsymbol{X}}|\boldsymbol{h}\right) = Q\left(\frac{\|\boldsymbol{h}^\top(\boldsymbol{X} - \hat{\boldsymbol{X}})\|}{2\sqrt{N_0/2}}\right) \tag{9.28}$$

在衰落信道下的平均成对序列错误概率可以通过上式对 $\boldsymbol{h}$ 求均值而得：

$$P\left(\boldsymbol{X} \to \hat{\boldsymbol{X}}\right) = \mathbb{E}_{\boldsymbol{h}}\left[Q\left(\sqrt{\frac{\mathrm{SNR}\boldsymbol{h}^\top(\boldsymbol{X} - \hat{\boldsymbol{X}})(\boldsymbol{X} - \hat{\boldsymbol{X}})^\mathsf{H}\boldsymbol{h}^*}{2}}\right)\right]$$

其中在上式中需定义 $\boldsymbol{h}^* := (h_0, \ldots, h_{L-1})^\mathsf{H}$。

从第 3 章的学习知道：成对误码率的大小取决于两个符号之间的距离以及噪声功率。在式(9.28)中两个符号（$\boldsymbol{h}^\top\boldsymbol{X}$ 和 $\boldsymbol{h}^\top\hat{\boldsymbol{X}}$）之间的距离为 $\sqrt{\boldsymbol{h}^\top(\boldsymbol{X} - \hat{\boldsymbol{X}})(\boldsymbol{X} - \hat{\boldsymbol{X}})^\mathsf{H}\boldsymbol{h}^*}$。由于 $(\boldsymbol{X} - \hat{\boldsymbol{X}})(\boldsymbol{X} - \hat{\boldsymbol{X}})^\mathsf{H}$ 是一个共轭对称矩阵，根据《线性代数》理论知道，可以把它分解为 $\boldsymbol{U}\boldsymbol{\Lambda}\boldsymbol{U}^\mathsf{H}$ 的形式，其中 $\boldsymbol{U}$ 为酉矩阵；对角矩阵 $\boldsymbol{\Lambda} = \mathrm{diag}\{\lambda_0^2, \ldots, \lambda_{L-1}^2\}$，其中 λ_ℓ 则为 $(\boldsymbol{X} - \hat{\boldsymbol{X}})(\boldsymbol{X} - \hat{\boldsymbol{X}})^\mathsf{H}$ 矩阵的奇异值。在这样的分解下，有：

$$P\left(\boldsymbol{X} \to \hat{\boldsymbol{X}}\right) = \mathbb{E}_{\boldsymbol{h}}\left[Q\left(\sqrt{\frac{\mathrm{SNR}\sum_{\ell=0}^{L-1}|\tilde{h}_\ell|^2\lambda_\ell^2}{2}}\right)\right] \tag{9.29}$$

其中 $\tilde{h}_\ell$ 为 $\tilde{\boldsymbol{h}} := \boldsymbol{U}^\mathsf{H}\boldsymbol{h}$ 的第 ℓ 个元素。

回到我们熟悉的瑞利衰落信道模型中，假设 $h_\ell, 0 \leqslant \ell \leqslant L-1$ 为独立同分布的 $\mathcal{CN}(0,1)$，此时 $\tilde{h}_\ell, 0 \leqslant \ell \leqslant L-1$ 也为独立同分布的 $\mathcal{CN}(0,1)$。根据关系式 $Q(x) \leqslant \mathrm{e}^{-x^2/2}$，有：

$$P\left(\boldsymbol{X} \to \hat{\boldsymbol{X}}\right) \leqslant \mathbb{E}_{\boldsymbol{h}}\left[\exp\left(-\frac{\mathrm{SNR}\sum_{\ell=0}^{L-1}|\tilde{h}_\ell|^2\lambda_\ell^2}{2}\right)\right]$$

$$= \prod_{\ell=0}^{L-1}\mathbb{E}_{\tilde{h}_\ell}\left[\exp\left(-\frac{\mathrm{SNR}|\tilde{h}_\ell|^2\lambda_\ell^2}{2}\right)\right] \tag{9.30}$$

$$= \prod_{\ell=0}^{L-1}\frac{1}{1 + \mathrm{SNR}\lambda_\ell^2/4} \tag{9.31}$$

其中在式(9.30)中用到了 $\tilde{h}_\ell$ 相互独立的性质；而在式(9.31)中则用到了 $|\tilde{h}_\ell|^2$ 是一个标准指数分布，具有这样分布的随机变量 X 在 $k < 1$ 时具有 $\mathbb{E}_X\left[\mathrm{e}^{kX}\right] = 1/(1-k)$ 的

性质。

我们讨论的重点是分集阶数。如果所有的 λ_ℓ 都不为 0，那么由式(9.31)不难看出在高信噪比下平均成对错误概率将和 $1/\text{SNR}^L$ 成正比，因此将具有 L 分集阶数。接下来需要讨论的问题则是：$\lambda_\ell, 0 \leqslant \ell \leqslant L-1$ 到底是不是都不为 0 呢？不失一般性，让我们假设判决输出 $\hat{X}$ 和真实发送符号 X 相比错误只发生在第一个元素上 ($\hat{x}[0] \neq x[0]$)，此时：

$$
X - \hat{X} := \begin{pmatrix} x[0] - \hat{x}[0] & 0 & \cdots & 0 & 0 & \cdots \\ 0 & x[0] - \hat{x}[0] & \cdots & 0 & 0 & \cdots \\ 0 & 0 & \cdots & 0 & 0 & \cdots \\ \vdots & \vdots & \vdots & \vdots & \vdots & \vdots \\ 0 & 0 & \cdots & x[0] - \hat{x}[0] & 0 & \cdots \end{pmatrix}
$$

不难看出，这个矩阵的秩等于行数 L，因此必然有 L 个不为 0 的奇异值。因此可以说在高信噪比下：

$$
P\left(X \to \hat{X}\right) \approx \frac{4^L}{\prod_{\ell=0}^{L-1} \lambda_\ell^2} \cdot \frac{1}{\text{SNR}^L} \tag{9.32}
$$

上面的式子告诉我们，在上述例子中，MLSE 输出中符号 $\hat{x}[0]$ 不等于实际 $x[0]$ 的概率随着 SNR 的增加以 SNR^{-L} 的速度减小，因此分集阶数为 L。简单一推广就可以得到 **MLSE 可以取得全部的分集阶数**的结论[†]。

9.3.2 CDMA 中的 Rake 接收机

CDMA 也是单载波传输系统。在传统的单载波系统中，发送符号 $\{x[m]\}$ 多由信息比特流经过信道编码、交织，最后通过调制而得到，在这个过程中信息比特速率与系统所占带宽（通常与符号速率成正比）大多在同一个量级上；在 CDMA 中信息比特流除了经过信道编码、交织以及调制之外，还经过了"扩频"操作之后，才最终被调制。由于扩频操作（稍等片刻，我们马上将通过数学来解释什么是扩频），CDMA 系统所占带宽将远远大于比特速率。以 IS-95 系统为例，在这个以话音业务为主的通信

[†]细心的读者可能会注意到，我们在推导过程中假设不同信道 h_ℓ 具有相同的平均功率这样一个假设，这个假设在现实世界中可能是不成立的（比如多径信道的功率可能随着时延的增大而减小）。幸运的是[11]指出这个结论成立与否并不依赖多径信道必须有相同功率这个条件。换句话说，只要多径信道是彼此独立的瑞利衰落，MLSE 就将获得全部的分集增益。

系统中，信息数据的速率是 $9.6\,\mathrm{kbit/s}$，而系统所占带宽却为 $1.2288\,\mathrm{MHz}$，两者相差了 128 倍！为什么要采用扩频通信呢？从单用户角度看，扩频过程极大地浪费了系统自由度（尽管有着抗窄带干扰、更高保密性等优点[131]），但是当把扩频通信与多址接入相结合时，人们将在同样的 $1.2288\,\mathrm{MHz}$ 通过扩频序列的辨认来传输多个用户，因而从整个系统的效率来看并没有浪费自由度。

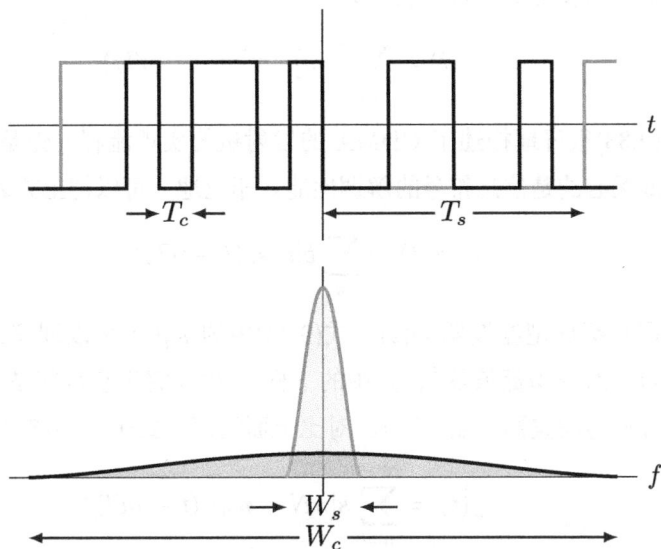

图 9-9　扩频通信的基本原理

从图9-9中可以看出，时域上每一个信息比特将调制到具有更高频率的码片流上，反映到频域上系统所占带宽将由码片速率决定，因此相对于信息比特的速率，信息被扩展到了更宽的频带上，因此得名"扩频通信"。

篇幅所限，在本书中不对 CDMA 系统展开讨论，有兴趣的读者可以参阅[131, 132]等文献书籍。这里我们把精力放在单用户的系统模型下的 Rake 接收机的设计与分析上。由于在 CDMA 中涉及到从符号到码片在时间上的转化，我们发现连续时间模型（而不是离散模型）更容易表现这种关系。

- n: 符号索引；
- m: 码片索引；
- ℓ: 多径信道索引。

如图9-9所示，每一个符号周期为 T_s 的信息符号 $b[n]$ 将被映射到 N 个码片周期为 T_c 的码片上（在 CDMA 术语中 $N = T_s/T_c$ 被称之为扩频增益）[†]：

$$\tilde{b}[m] = b[n], \qquad nN \leqslant m \leqslant (n+1)N - 1$$

若将扩频序列在整个时间轴上表示为 $s[m], m = 0, 1, 2, \cdots$，那么经过扩频，并经过成型滤波器之后发射信号可以表示为：

$$x(t) = \sum_m \tilde{b}[m]s[m]\psi(t - mT_c) \tag{9.33}$$

尽管式(9.33)很好地描述了 CDMA 的发射机的实现流程，但是从理论分析的角度我们追根结底关心的是信息符号的解调性能。相应地，可以把上式表示为：

$$x(t) = \sum_n b[n]s_n(t - nT_s) \tag{9.34}$$

相比于码片级成型滤波器 $\psi(t)$，式(9.34)中的 $s_n(t)$ 可以理解为第 n 个调制符号所对应的"符号级成型滤波器"，其中的下标 n 用以突出它可能是 n 的函数（不同调制符号的符号成型滤波器可能不同）。对比上面的两个式子，不难得到：

$$s_n(t) = \sum_{m=0}^{N-1} s[nN + m]\psi(t - mT_c) \tag{9.35}$$

概念 9.4　短扩频码和长扩频码

在实际应用中，我们会看到两种不同的扩频码：短扩频码和长扩频码。

TD-SCDMA 中的扩频因子 $N = 16$，并且不同符号时间上扩频序列 $\{s[m], m = 0, \ldots, 15\}$ 是相同的。也就是说这里的 $s_n(t)$ 是时不变的：

$$s_n(t) \equiv s(t) = \sum_{m=0}^{N-1} s[m]\psi(t - mT_c) \tag{9.36}$$

IS-95 以及 WCDMA 中则采用了长扩频码。所谓的"长"，指的是扩频码的重复周期时间远远大于符号时间，因此从理论分析角度可以认为 $\{s[m]\}$ 是完全随机的。

[†]为了和大多数的 CDMA 著作中的符号标记相统一，我们只在本小节中用 T_c 表示码片周期，在本书其他章节，T_c 将被用于表示信道的相关时间。

在接下来关于 Rake 接收机的讨论中，我们将讨论范围局限在长扩频码上（需要指出的是采用短扩频码的系统通常采用更加先进的均衡接收机[5]而不是 Rake 接收机）。

接收信号可以表示为：

$$y(t) = (x \star h)(t) + n(t) = \sum_n b[n]\tilde{s}_n(t - nT_s) + n(t) \tag{9.37}$$

其中

$$\tilde{s}_n(t) = s_n(t) \star h(t) = \sum_{\ell=0}^{L-1} h_\ell s_n(t - \ell T_c) \tag{9.38}$$

若将式(9.37)与式(9.34)相比较，可以把 $\tilde{s}_n(t)$ 理解为接收机所看到的等效符号成型滤波器。

在 CDMA 中当符号速率很低时（比如语音业务），符号时间 T_s 将远大于信道的最大传输时延 T_d。此时可以在理论分析中

$$\boxed{\text{忽略由于多径信道所带来的符号间的干扰}} \tag{9.39}$$

有了这个假设，我们可以把不同符号的检测独立分析。既然如此，让我们考虑符号 $b[0]$ 的检测，并省略掉符号索引以简化符号标记。这样式(9.37)将简化为：

$$y(t) = b\,\tilde{s}(t) + n(t) \tag{9.40}$$

其中 $\tilde{s}(t) = \sum_{\ell=0}^{L-1} h_\ell s(t - \ell T_c)$。

从第 3 章的学习我们知道，对于这样的单个符号在 AWGN 信道中的检测，理想的接收机前端操作包括了对接收信号和成型滤波器相关，其输出为：

$$z := \Re\left\{ \int y(t)\tilde{s}^*(t)\,\mathrm{d}t \right\} = \Re\left\{ \sum_{\ell=0}^{L-1} h_\ell^* \int y(t)s^*(t - \ell T_c)\,\mathrm{d}t \right\} \tag{9.41}$$

公式(9.41)所对应的具体实现有一个大名鼎鼎的名字——Rake 接收机。Rake 接收机最早由林肯实验室的 Price 和 Green 在 1958 年的《A communication technique for multipath channels》提出[133]，文献的名字"一种多径信道中的通信方法"很好地解释了 Rake 接收机的目标。

概念 9.5　用一个公式来理解 CDMA 中的 Rake 接收机

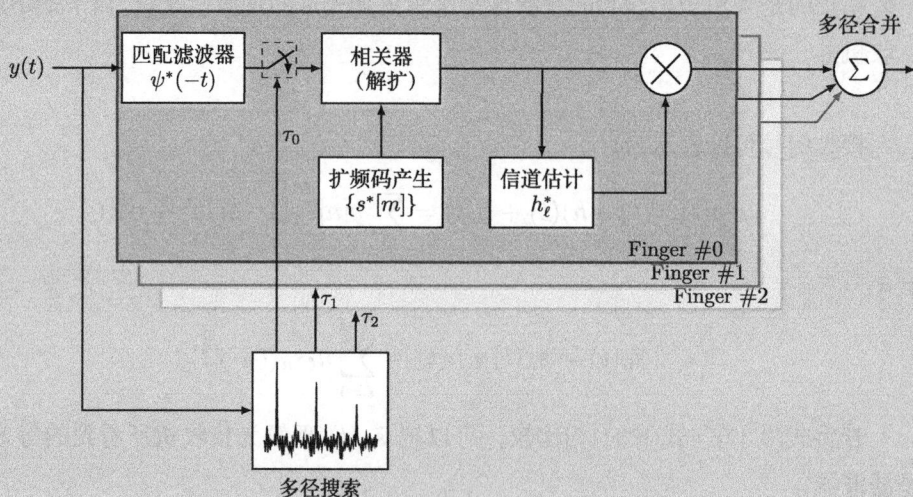

图 9-10　CDMA 系统中的 Rake 接收机

式(9.41)中对 CDMA 接收机的描述定义在符号级波形上，这种描述方式可能更有利于概念的理解。但是对于系统设计人员来说，还需要关心算法的具体实现。从实现角度，可以把式(9.36)和式(9.38)代入式(9.41)：

$$z = \Re\left\{\overbrace{\sum_{\ell=0}^{L-1} h_\ell^* \left(\underbrace{\sum_{m=0}^{N-1} s^*[m] \underbrace{\int y(t)\psi^*(t - mT_c - \ell T_c)\,\mathrm{d}t}_{\text{码片级操作}}}_{\text{解扩操作}}\right)}^{\text{多径合并}}\right\} \tag{9.42}$$

不难看出，Rake 接收机由以下三部分组成：

1. **码片级操作：** 包括码片级匹配滤波及以码片周期采样。这个操作完成了从连续时间波形提取出所有含有待解调符号的码片级信息。从实现角度看，这个操作的重点在于采样时间是信道时延 $\tau_\ell = \ell T_c$ 的函数。这正是我们之前所学习过的时间同步的用武之地，还记得第 8 章中的例子8.8吗？

2. **解扩操作：** 这可以认为是发射端扩频操作的逆操作。通过对 N 个码片的合并，接收机得到符号级信息。

3. **多径合并**：在此之前无论是码片级操作还是解扩操作，都是针对某一条被锁定的信道上（即在某一个 τ_ℓ 上）进行的。因此现在对所有多径上所计算出来的判决量进行合并，得到最终的判决量 z。

从 Rake 接收机的工作流程上不难看出，如果信道有 L 径，那么 Rake 接收机也将有对应的 L 个采样 / 解扩处理单元分别对应不同的信道时延，然后对 L 个支路加以合并。从图9-10不难看出，从概念上将，Rake 接收机就像是一个耙子，把信息从不同的多径信道中搜罗到一起。实际上，Rake 这个英文单词的含义就是耙子的意思。

让我们回到关于分集增益的讨论上。我们想知道的是 Rake 接收机是否能够提供 L 分集阶数。为此将式(9.40)代入到式(9.41)中，经过简单的整理可以得到：

$$z = \Re\left\{ b\sum_{\ell=0}^{L-1} h_\ell^* \sum_{\ell'=0}^{L-1} h_{\ell'} \int s(t-\ell'T_c)s^*(t-\ell T_c)\,\mathrm{d}t \right\}$$
$$+ \Re\left\{ \sum_{\ell=0}^{L-1} h_\ell^* \int n(t)s^*(t-\ell T_c)\,\mathrm{d}t \right\} \tag{9.43}$$

在针对 Rake 接收机性能分析的研究中（比如见[128, 11]），为了简化推导，人们常常假设扩频序列具有理想的自相关特性：

$$\boxed{\int s(t-\ell'T_c)s^*(t-\ell T_c)\,\mathrm{d}t = 0, \quad \ell \neq \ell'} \tag{9.44}$$

我们暂且认为这个假设是成立的（稍后我们再回头来讨论它），这样有：

$$z = \Re\left\{ b\sum_{\ell=0}^{L-1} |h_\ell|^2 E_{\mathrm{s}} + w \right\} \tag{9.45}$$

其中 $E_{\mathrm{s}} := \int |s(t-\ell T_c)|^2\,\mathrm{d}t$，噪声分量 $w := \sum_{\ell=0}^{L-1} h_\ell^* \int n(t)s^*(t-\ell T_c)\,\mathrm{d}t$ 服从复高斯分布 $\mathcal{CN}(0, \sum_{\ell=0}^{L-1}|h_\ell|^2 E_{\mathrm{s}}N_0)$。可见发送符号 b 的等效信道有着 $\sum_{\ell=0}^{L-1}|h_\ell|^2$ 的形式，这和式(9.14)的形式一致，因此可以取得 L 分解阶数。事实上，**在式(9.39)和式(9.44)的假设下，Rake 接收机的系统模型与第9.1.2节中 MRC 的模型一致（不同分支的噪声是独立高斯分布的），因此 Rake 接收机是最优的，并可以获得 L 分集阶数**。

现在是仔细审视式(9.44)的时候了。如果这个假设不成立会产生怎样的后果呢？

- Rake 接收机不同径将会产生串扰。这是由于当 $\int s(t - \ell'T_c)s^*(t - \ell T_c)\,\mathrm{d}t \neq 0$ 时，不再得到类如式(9.14)模型所代表的 L 个并行（互不干扰）支路。这实际上带来了和发送信号相关的噪声——自噪声（self noise）。相比于高斯噪声，自噪声的功率与有用信号成正比。因此在自噪声的作用下系统的 SINR 不会无限增大。

- Rake 接收机不同径的噪声不再独立，因此 MRC 模型下的最优接收机的假设也将不再成立。

传统的 Rake 接收机在实现过程中（见式(9.42)）忽略了这两个问题。正如[128]所指出的那样：上面对式(9.45)的性能分析实际上是实际接收机的性能上界。传统的 CDMA 工作在低信噪比环境下，因此相比于试图去消除自噪声或去白化噪声，或许对信号的相干合并可以更直接地增强信号强度（低信噪比条件下这更加有效）。或许是这个原因，在实际的系统设计中（尤其在以语音通信为主、工作在信噪比条件下的）对式(9.42)的采用并不感到惊讶。

在以数据业务为主的 CDMA 系统（例如 HSPA）中，采用了更高阶的调制方式并且减小了扩频增益（比如 HSPA 系统中的 $N = 16$），此时我们可能对信噪比要求比较高。这时候可以对传统 Rake 接收机加以改进以对付自噪声以及有色噪声。比如爱立信的研究人员所提出的 G-Rake（generalized Rake）[134]就属于这一类的接收机。简单来说，G-Rake 以 Rake 为基础，并在此基础之上对系统中的噪声相关矩阵 $\boldsymbol{\Sigma}_{nn}$ 做出估计，最终完成最大化信噪比的合并 $\boldsymbol{\omega} = \boldsymbol{\Sigma}_{nn}^{-1}\boldsymbol{h}$（见式(9.11)）。

9.3.3　OFDM 中的频率分集

我们在第 5 章曾经讲述 OFDM 的基本原理，从那里我们知道，OFDM 可以把时域的 ISI 信道转化为频域子载波上互不干扰的传输，因此在 OFDM 中可以很容易地得到类似式(9.6)这样的系统模型。特别的，当用于承载数据的子载波之间的间隔大于信道的相干带宽时，不同载波上的信道将是不相关的，因而提供了分集效果。此时之前适用于时间分集的很多传输方案，比如在频率上采用重复码。或把编码 / 交织后的数据分布在整个系统带宽上，都可以通过 OFDM 得到频率分集的效果。

9.4 天线分集

无论是时间分集还是频率分集，多多少少要牺牲一些自由度。下面我们将会看到，空间上的天线分集可以在不牺牲自由度的前提下获得分集效果。

9.4.1 接收天线分集

考虑单发射天线、多接收天线的传输。当接收天线的间距大于相关距离时（我们曾在第7.3.2节了解到相关距离取决于信道的角度扩展），就可以在不牺牲自由度的前提下实现式(9.6)模型。

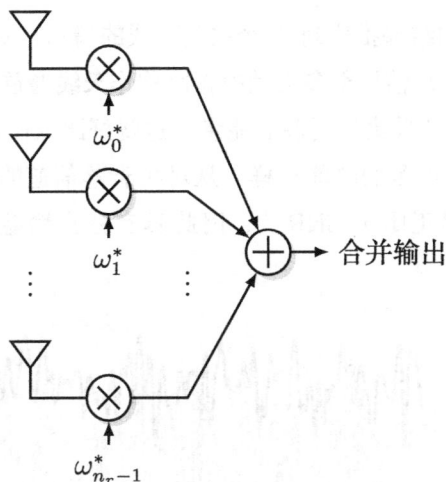

图 9-11 接收天线分集

下面以接收天线数目 $n_r = 2$ 为例，再次看看独立瑞利衰落信道下的 MRC 合并以及相对应的信噪比表达式。在瑞利信道模型下有：

$$\begin{cases} y_0 = h_0 x + n_0 \\ y_1 = h_1 x + n_1 \end{cases} \tag{9.46}$$

其中 $\mathbb{E}\left[|x|^2\right] = E_s$，$h_i \sim \mathcal{CN}(0,1), i = 0, 1$，$n_i \sim \mathcal{CN}(0, N_0), i = 0, 1$；定义 SNR $:= E_s / N_0$。

假设接收机知道信道信息，在 MRC 合并中 $\omega_0^* = h_0^*, \omega_1^* = h_1^*$：

$$\hat{x} = \frac{1}{|h_0|^2 + |h_1|^2}\left(\omega_0^* y_0 + \omega_1^* y_1\right)$$

$$= x + \frac{1}{|h_0|^2 + |h_1|^2}\left(h_0^* n_0 + h_1^* n_1\right) \tag{9.47}$$

不难看出上式中的等效噪声：

$$w := \frac{1}{|h_0|^2 + |h_1|^2}\left(h_0^* n_0 + h_1^* n_1\right) \sim \mathcal{CN}(0, N_0/(|h_0|^2 + |h_1|^2)$$

因此式(9.47)所对应的信噪比为 $\text{SNR}_{\text{MRC}} = \text{SNR}(|h_0|^2 + |h_1|^2)$。如果考虑平均信噪比则有

$$\mathbb{E}\left[\text{SNR}_{\text{MRC}}\right] = 2 \cdot \text{SNR} \tag{9.48}$$

如果把式(9.48)的结果推广到 L 个接收天线的情形，MRC 合并后的信噪比将是单天线情形下信噪比的 L 倍！很多文献中将此称作**天线增益**。从概念理解的角度，多天线的主要作用是可以"采集"更多的能量，这就好比太阳能发电，可以通过配置更多的太阳能板以期获得更多的电能一样。从对抗衰落信道的角度看，接收天线的 MRC 合并所对应的误码率正比于 SNR^{-L}，因此具有分集增益 L。 对比瑞利衰落信道下

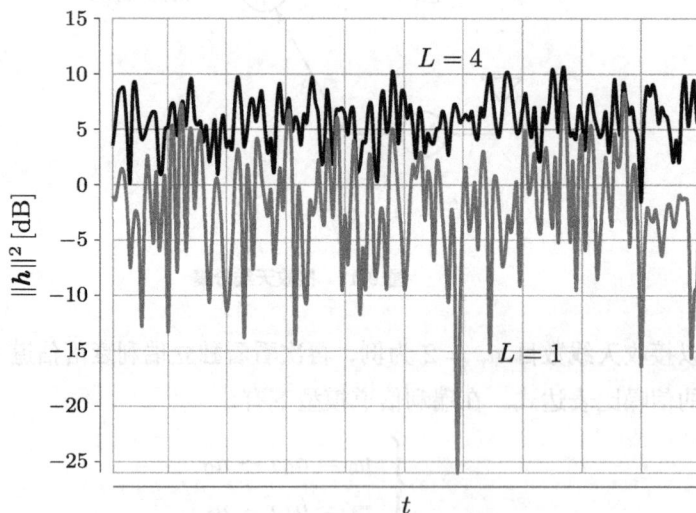

图 9-12 $\|\boldsymbol{h}\|^2$ 随时间变化的曲线

$L = 1$ 及 $L = 4$ 的等效信道增益 $\|\boldsymbol{h}\|^2$ 随时间变化的曲线，我们可以看到当 L 增大后，不但可以取得更大的信道平均增益（天线增益），还可以减小信道的衰落范围（分集增益）。

相比于时间分集或频率分集，接收天线的分集接收不需要对发送信号做任何的改变——分集所需要的不同支路将由空间域的天线得到。正是由于这种不依赖于发射过程的特点，理论上可以把接收天线分集技术应用到任一现有系统中，因此长久以来接收天线分集就是一种得到广泛应用的提高系统性能的手段。最早的接收天线分集技术可以追溯到 1920 年，而在移动通信领域，从第一代蜂窝系统起就已经在基站侧配置多天线了。在手机侧多天线接收技术的采用由于受到手机尺寸（尤其是功能机时代）的限制出现得较晚，直至 4G LTE 的出现才要求手机侧也必须支持至少两个天线（智能手机的大屏化意味着手机尺寸变大、因此比较容易实现多天线）。

9.4.2　发射天线分集

为简单起见，还是以两天线为例来开始发射天线分集的讨论。和之前一样，两个发射天线到接收天线间的信道是平坦衰落的瑞利信道 h_0 和 h_1。

首先考虑发射端知道理想信道信息 h_0 和 h_1 的情形。在这个条件下，可以在发射端实现 MRC，并获得分集增益。具体来说，发射机将对两个发射天线上的信号做加权操作，这样接收信号可以表示为：

$$y = \omega_0^* h_0 x + \omega_1^* h_1 x + n$$

若选择 $\omega_0^* = \frac{h_0^*}{\sqrt{|h_0|^2 + |h_1|^2}}, \omega_1^* = \frac{h_1^*}{\sqrt{|h_0|^2 + |h_1|^2}}$（这里 $|\omega_0|^2 + |\omega_1|^2 = 1$ 以保证发射功率不因加权操作而变化），经过简单推导不难得到

$$y = x + \mathcal{CN}(0, N_0/(|h_0|^2 + |h_1|^2))$$

的形式。这和接收天线分集的模型（见式(9.47)）在形式上一致（唯一的不同是这里 x 的平均能量是 $E_\mathrm{s}/2$，而不是接收天线分集情形下的 E_s）。因此当**发射端知道理想信道信息时，发射端的 MRC 可以得到分集效果**。

尽管上面的结果看起来很美，但并不是特别实用。下面我们来讨论一个更为实际的假设：**发射端不知道信道信息，只有接收机知道 h_0 和 h_1**。这个假设的主要考虑因

素是在实际应用中我们很难在发射端得到理想的信道信息，而在接收端则可以通过信道估计得到信道信息。

概念 9.6　TDD 系统中的信道互逆？

以基站（发射端）到移动台（接收机）的通信为例：在 FDD 系统中，两个方向的通信链路工作在不同的频率上，因此基站想得到下行信道的唯一可能，就是由移动台将信道估计结果反馈报告给基站，这种开销是实际系统无法承受的；在 TDD 系统中，上下行工作在同一个频率上，尽管理论上基站可以从上行信道的估计得到下行信道信息，但是实际中上下行通信所看到的干扰等状况是不同的，因此即使在 TDD 系统中往往也不能假设发射端知道理想下行信道信息。

除了关于信道的假设之外，我们在发射天线分集的讨论中假设每个天线上的发射符号的能量为 E_s/n_t，这样多天线发射时的总发射能量等于单发射天线时的能量（都为 E_s）。

概念 9.7　发射天线功率归一化的假设

读者可能已经注意到，在文献中这种对发射天线功率进行归一化的假设非常普遍。事实上在无线通信系统的标准规范中，人们通常对总发射功率有着明确的限制（而不去区分到底有多少个发射天线）。比如说在 LTE 的标准中，要求基站的最大发射功率为 $43\,\mathrm{dBm}\,(20\,\mathrm{W})$。读者可能会有这样的疑问：在移动通信中，频谱无论是通过拍卖得来的还是由监管机构分配的，从运营商的角度看这段频谱都是专属的。既然如此，为何人们还要限制这段频谱上的发射功率呢？这其中的原因既有从电磁辐射危害角度的考虑，也需要考虑系统对邻近频带的干扰（以 WiFi 系统为例，如图1-17所示，当前带宽所发射的功率总会泄漏到邻近的频带造成邻带干扰。不难看出，邻带干扰的功率正比于系统的发射功率）。

假设系统中有两个发射天线、一个接收天线，由于发射端不知道信道信息，我们无法像例子中那样做发射端的 MRC。在我们开始"严肃"的讨论之前，先做几个简单的尝试：

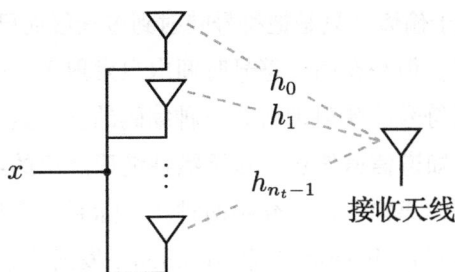

图 9-13 #1 尝试

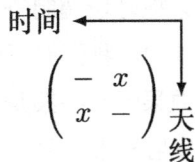

图 9-14 #2 尝试

- **#1 尝试**

  和接收分集一样，不对发送符号 x 做任何改变，直接在两个天线将信号发射至接收天线（保证总发射功率不增加）。

$$y = h_0 \frac{x}{\sqrt{2}} + h_1 \frac{x}{\sqrt{2}} + n = \frac{h_0 + h_1}{\sqrt{2}} x + n \qquad (9.49)$$

其中瑞利信道 $h_\ell \sim \mathcal{CN}(0,1), \ell = 0, 1$ 且彼此相互独立；$n \sim \mathcal{CN}(0, N_0)$ 为高斯噪声。而 x 为平均能量为 E_s 的调制符号。

现在一个自然而然的问题是：式(9.49)所对应的发射策略能不能得到分集增益呢？从概率论的学习中我们知道，高斯分布加上高斯分布的结果还是高斯分布，因此发射符号所看到的信道为 $\frac{h_0 + h_1}{\sqrt{2}} \sim \mathcal{CN}(0,1)$，其功率分布仍然是自由度为 2 的开方分布 χ_2^2，与单天线情形没有什么不同，得不到天线分集效果。

- **#2 尝试**

  考虑下面的发射方案：在第一个符号时间只在第一个天线发射调制符号（第二个天线什么也不发）；在第二个符号时间只在第二个天线发射同样的调制符号（第一个天线什么也不发）。

  这个发射方案所对应的系统模型为：

$$y_0 = h_0 x + n_0$$

$$y_1 = h_1 x + n_1$$

很显然这个发射策略将得到分集阶数 2，但在两个符号时间内只发送了一个符号而已。

在上面的两个尝试中，第一个尝试过于偷懒（只是把符号映射到多天线而已），得不到增益；第二个尝试中得到了分集效果，但是在两个符号时间内只发射了一个调制符号。如果把时域调制符号到天线上发射符号的映射理解为一种编码的话，这里的编码速率为 1/2。我们能不能够在**发射机不知道信道信息，且不牺牲编码速率的条件下得到分集效果呢**？答案是肯定的。在下面的篇幅中，将介绍两种在实际系统设计中非常流行的发射分集方案：天线延迟分集（delay diversity）和 Alamouti 发射分集。

9.4.2.1 天线延迟分集

天线延迟分集技术由 Wittneben 在 1993 年提出[135]。以如图9-15所示的 $n_t = 2$ 两根发射天线为例：发射符号正常地经过第一根发射天线，而同样的信号在经过一个符号时延之后才经过第二根发射天线。

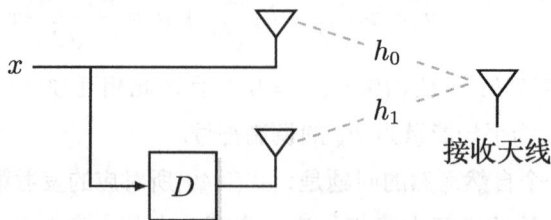

图 9-15　天线延迟分集

让我们来看看为什么上面的发射策略可以带来分集效果。假设物理上的发射天线到接收天线之间的信道是平坦衰落信道，分别记作 h_0 和 h_1，那么延迟分集下的接收信号（暂时忽略噪声）可以表示为 $y(t) = h_0 x(t) + h_1 x(t - T)$。如果把系统的输入 / 输出表示为 $y(t) = h(t) \star x(t)$ 的形式，那么等效信道 $h(t, \tau)$ 将有如下的形式；

$$h(t, \tau) = h_0 \, \delta(\tau) + h_1 \, \delta(\tau - T)$$

我们看到，延迟分集的本质是人为地（通过第二根天线上的延迟传输）创造了一个多径信道，从而提供了频率分集的可能性。

延迟分集中发射端的操作相对于接收机来说是"透明的"。换句话说接收机只是看到了一个多径信道，而不必区分（事实上也无法区分）这些多径是人为的，还是传播环境中所固有的。这个性质意味着可以把延迟分集的发射策略应用在任何现有的系统中。

如果把延迟分集应用到 OFDM 系统中，可能有读者已经意识到一个问题啦——我们知道，在 OFDM 中 CP 用于保护有用符号不受 ISI 的影响（以确保载波间的正交性）。而当人为增大了多径时延之后将会减弱 CP 对有用符号的保护，甚至有可能由于产生的时延超过 CP 范围而产生载波间干扰。这个问题由 Bossert 等人在[136]中所提出的循环延迟分集（CDD: cyclic delay diversity）的传输方案得以解决。

如图9-16所示，和正常的 OFDM 系统一样，IFFT 之后的数据通过加 CP 之后发往第一根天线，但是 IFFT 之后的数据是经过循环移位之后再加上 CP 并最终发往第二根天线。在加 CP 之前的循环移位是 CDD 的关键，这样做既得到了延迟效果，又不牺牲 CP 抗多径时延的作用。

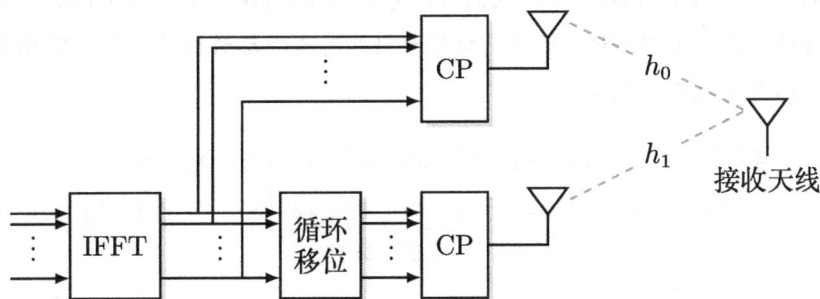

图 9-16　CDD 天线发射分集技术

例子 9.5　CDD 与 CP

假设 OFDM 系统中 CP 长度为 2，IFFT 长度为 4，考虑两个连续的时域 OFDM 符号 (x_0, x_1, x_2, x_3) 和 (z_0, z_1, z_2, z_3)，加上 CP 之后在第一根天线的实际发射符号流为

$$(x_2, x_3, x_0, x_1, x_2, x_3, z_2, z_3, z_0, z_1, z_2, z_3)$$

首先考虑如图9-15所示的非 CDD 的时域延迟分集。

$$
\begin{array}{llll|cccc|cc|cccc|}
\text{\#0 天线输出} & x_2 & x_3 & \boxed{x_0\ x_1\ x_2\ x_3} & z_2 & z_3 & \boxed{z_0\ z_1\ z_2\ z_3} \\
\text{\#1 天线输出} & \times & \times & \boxed{\times\ x_2\ x_3\ x_0}\ x_1\ x_2 & \boxed{x_3\ z_2\ z_3\ z_0}\ z_1\ z_2\ z_3
\end{array}
$$

#0 天线输出 x_2 x_3 | x_0 x_1 x_2 x_3 | z_2 z_3 | z_0 z_1 z_2 z_3 |
#1 天线输出 $\times$ $\times$ | $\times$ x_2 x_3 x_0 | x_1 x_2 | x_3 z_2 z_3 z_0 | z_1 z_2 z_3

FFT 窗口

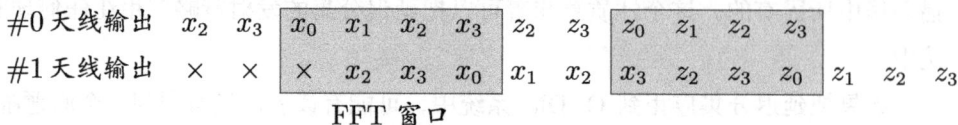

图 9-17　OFDM 系统中的非 CDD 延迟天线分集

假设在第二根天线上有 $D = 3$ 的时延，那么接收机将得到如图9-17所示的信号。不失一般性，让我们考虑第二个 OFDM 符号的解调，并假设接收机 FFT 窗口如图9-17所示。不难看出，由于延迟分集所人为引入的时延超过了 CP 长度，因此 FFT 窗口内将含有干扰信号 x_3！

再来考虑如图9-18所示的 CDD 分集策略。由于第二根天线上的时延是循环移位而得，尽管循环延迟分集而引入的时延超过了 CP 长度，但接收机的 FFT 窗口内却不含有符号 x 带来的干扰。因此我们可以得到结论：OFDM 中的 CDD 并不会牺牲 CP 抗多径的作用，并且 FFT 窗口内的信号仍然有着循环移位的性质，因此 OFDM 调制符号间的正交性得以保存。

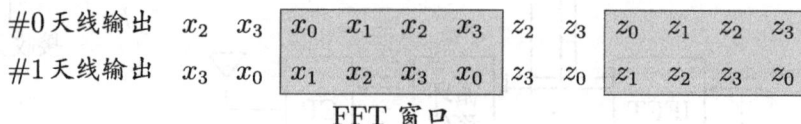

#0 天线输出 x_2 x_3 | x_0 x_1 x_2 x_3 | z_2 z_3 | z_0 z_1 z_2 z_3 |
#1 天线输出 x_3 x_0 | x_1 x_2 x_3 x_0 | z_3 z_0 | z_1 z_2 z_3 z_0 |

FFT 窗口

图 9-18　OFDM 系统中的 CDD 延迟天线分集

我们知道，FFT 具有这样的性质：时域信号序列的循环移位对应于频域信号序列的相移：若把长度为 N 的序列 $\{x_n\}$ 的 N 点 FFT 的第 k 个元素记作 X_k，即 $\mathcal{F}(\{x_n\})_k = X_k$，那么 $\mathcal{F}(\{x_{n-m}\})_k = X_k \mathrm{e}^{-\mathrm{i}\frac{2\pi}{N}km}$。这个性质告诉我们：例9.5中 OFDM 的 CDD 分集可以通过 OFDM 调制之前的相移操作来实现。

例子 9.6　LTE 系统中的 TM3

曾在第 7 章提到过 LTE 系统中的开环方式的空间复用传输方式。这种传输方式简称 TM3（Transmission Mode 3），大名叫作 Large delay CDD，实际上正是一种通过 CDD 来人为提高频率信道的选择性，以防止信道深衰落的传输策略。

以 $n_t = 2$ 的情形为例，在 TM3 中发射端不同发射天线上第 k 个子载波的 IFFT

的输入信号可以表示为[49]：

$$\boldsymbol{y}[k] = \boldsymbol{D}[k]\boldsymbol{U}\boldsymbol{x}[k]$$

其中：

- 2×1 的 $\boldsymbol{x}[k]$ 代表两个传输层（Layer）上的调制符号。
- $\boldsymbol{U} = \frac{1}{\sqrt{2}}\left(\begin{smallmatrix} 1 & 1 \\ 1 & e^{-i2\pi/2} \end{smallmatrix}\right)$ 是一个固定的矩阵，不随子载波的索引而变化，主要目的是把两个数据流打散、并分配到不同的发射天线上
- 矩阵 $\boldsymbol{D}[k]$ 的定义为：

$$\boldsymbol{D}[k] = \begin{pmatrix} 1 & 0 \\ 0 & e^{-i2\pi k/2} \end{pmatrix}$$

在这个定义下，映射到第二个发射天线上的数据流将按照其子载波的索引 k 被乘以相位 $e^{-i2\pi k/2}$。根据我们之前提到的 FFT 的循环移位的性质，不难看出，矩阵 $\boldsymbol{D}[k]$ 的作用正是用于实现 CDD！，如图9-19所示。

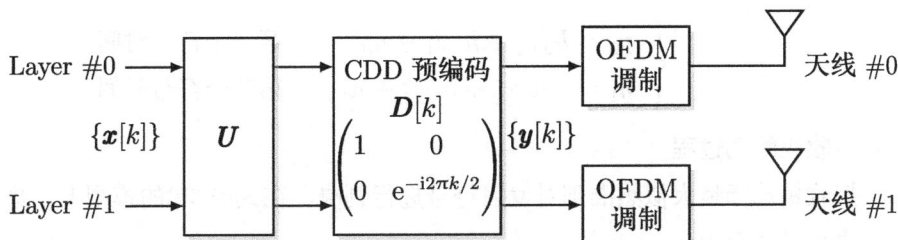

图 9-19 LTE 开环空间复用中的 CDD 实现[137]

9.4.2.2 Alamouti 发射分集

Alamouti 在文献[138]中提出了一种适用于 $n_t = 2$ 的发射方式，并证明该发射方式可以在线性接收机的前提下取得分集增益。下面以 $n_r = 1$ 为例来了解 Alamouti 码的工作流程。

- 发射过程

Alamouti 方案将在两个符号时间内传输两个调制（比如 M-QAM 调制）符号 x_0 和 x_1。如图9-20所示的那样，将在第一个符号时间上在两个发射天线上分别发送

x_0 和 x_1，在第二个符号时间上则在两个发射天线上分别发送 $-x_1^*$ 和 x_0^*。为了保证总发射功率一定，假设每个发射符号 $x_i, i = 0, 1$ 的发射功率为 $E_s/2$，而系统的总发射功率为 E_s。

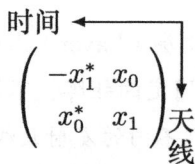

$$\begin{pmatrix} -x_1^* & x_0 \\ x_0^* & x_1 \end{pmatrix}$$

时间 ←

天线

图 9-20 $n_t = 2$ 下的 Alamouti 发射方案

- **信道**

我们将发射天线到接收天线间的信道记作 h_0, h_1。假设发射天线到接收天线间的信道是平坦衰落的瑞利信道，即 $h_i \sim \mathcal{CN}(0, 1), i = 0, 1$，因此在两个符号时间上的接收信号可以表示为：

$$\begin{cases} y_0 = h_0 x_0 + h_1 x_1 + n_0 & \text{第一个符号时间} \\ y_1 = -h_0 x_1^* + h_1 x_0^* + n_1 & \text{第二个符号时间} \end{cases} \tag{9.50}$$

- **接收机解调过程**

接收机选择最大似然准则对发射符号进行判决。在式(9.50)的模型下，最大似然判决可以表示为：

$$\hat{x}_0, \hat{x}_1 = \underset{x_0, x_1}{\arg\max} \ P(y_0, y_1 | x_0, x_1, h_0, h_1)$$

$$= \underset{x_0, x_1}{\arg\min} \ \left(|y_0 - h_0 x_0 - h_1 x_1|^2 + |y_1 + h_0 x_1^* - h_1 x_0^*|^2 \right) \tag{9.51}$$

可以验证（请读者自己完成这个简单的任务）：如果把式(9.51)展开，会发现展开式中那些含有 $\pm x_0$（或 $\pm x_0^*$）与 $\pm x_1$（或 $\pm x_1^*$）的乘积项将互相抵消掉，这时式(9.51)中对 (x_0, x_1) 的联合判决可以分解为对 x_0 和 x_1 的单独判决：

$$\hat{x}_0 = \underset{x_0}{\arg\min} \left(|x_0|^2 \left(|h_0|^2 + |h_1|^2 \right) \right.$$

$$\left. - \left(y_0 h_0^* x_0^* + y_0^* h_0 x_0 + y_1 h_1^* x_0 + y_1^* h_1 x_0^* \right) \right)$$

$$\hat{x}_1 = \arg\min_{x_1}\bigg(|x_1|^2 \Big(|h_0|^2 + |h_1|^2 \Big)$$

$$- \Big(y_0 h_1^* x_1^* + y_0^* h_1 x_1 - y_1 h_0^* x_1 - y_1^* h_0 x_1^* \Big)\bigg)$$

在了解了接收机的判决过程之后，读者可能关心的一个问题就是在最大似然判决准则下，发送符号的分集阶数是多少？如果仿照第9.3.1节计算成对符号错误概率的过程，将很轻松地证明 Alamouti 码将会得到分集阶数等于二。请读者自己完成这个证明过程。从图9-21中所示的仿真结果中读者不难看出这个结论的正确性。

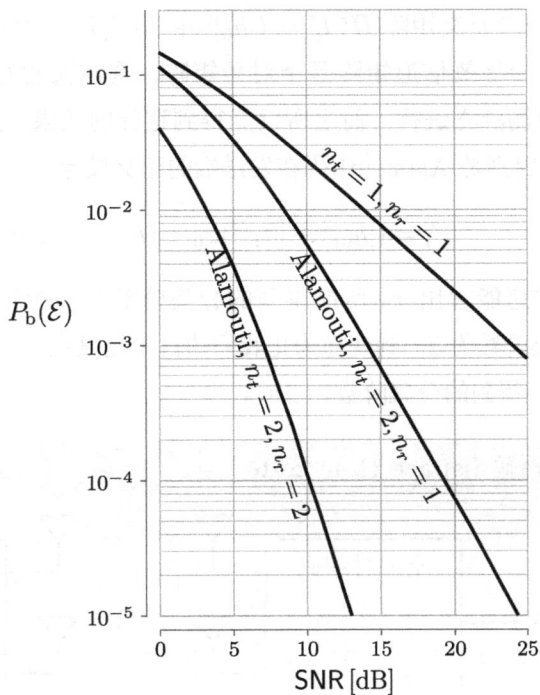

图 9-21 相比于 $n_t = n_r = 1$ 的系统（分集增益等于 1），$n_t = 2$ 的 **Alamouti** 发射方案分集增益为 $2n_r$

到目前为止，关于 Alamouti 码的介绍非常的"学术化"。下面让我们试试用一个更"接地气"的 Alamouti 码的译码方式。为此，把式(9.50)中的 y_1 取共轭，并将式(9.50)表达为矩阵／向量形式：

$$\underbrace{\begin{pmatrix} y_0 \\ y_1^* \end{pmatrix}}_{\boldsymbol{y}} = \underbrace{\begin{pmatrix} h_0 & h_1 \\ h_1^* & -h_0^* \end{pmatrix}}_{\boldsymbol{H}} \underbrace{\begin{pmatrix} x_0 \\ x_1 \end{pmatrix}}_{\boldsymbol{x}} + \underbrace{\begin{pmatrix} n_0 \\ n_1^* \end{pmatrix}}_{\boldsymbol{n}} \tag{9.52}$$

如果把 $\boldsymbol{y} = \boldsymbol{Hx} + \boldsymbol{n}$ 等式两侧都乘以 $\boldsymbol{H}^{\mathsf{H}}$，那么有：

$$\begin{pmatrix} y_0' \\ y_1' \end{pmatrix} = \boldsymbol{H}^{\mathsf{H}} \boldsymbol{y} = \begin{pmatrix} |h_0|^2 + |h_1|^2 & 0 \\ 0 & |h_0|^2 + |h_1|^2 \end{pmatrix} \begin{pmatrix} x_0 \\ x_1 \end{pmatrix} + \boldsymbol{H}^{\mathsf{H}} \boldsymbol{n} \tag{9.53}$$

由于 $\boldsymbol{H}$ 是一个正交矩阵 $\boldsymbol{H}^{\mathsf{H}} \boldsymbol{H} = (|h_0|^2 + |h_1|^2)\mathbf{I}_2$，因此 $\boldsymbol{H}^{\mathsf{H}} \boldsymbol{n} \sim \mathcal{CN}\big(\mathbf{0}, (|h_0|^2 + |h_1|^2)N_0\mathbf{I}_2\big)$。由于等效信道矩阵是个对角矩阵，噪声又相互独立，因此可以把符号 $x_i, i = 0, 1$ 的检测独立进行。而之所以能得到这样的效果，原因是 $\boldsymbol{H}$ 的两列相互正交，而其根本原因则是 Alamouti 码在发送端的正交设计。以 x_0 的检测为例，有：

$$y_0' = (|h_0|^2 + |h_1|^2)x_0 + (h_0 n_0 + h_1 n_1^*) \tag{9.54}$$

从这个公式您能看出 x_0 所能得到的分集阶数是多少呢？x_0 的信道为 $(|h_0|^2 + |h_1|^2)$，因此分集阶数为 2。到现在为止我们的讨论局限在 $n_r = 1$，不难证明 Alamouti 码在 $n_r > 1$ 时能得到的分集阶数为 $2n_r$。

概念 9.8   空时码（space time code）

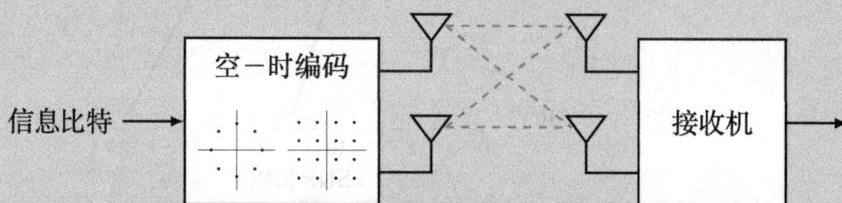

图 9-22   空时码

Alamouti 码的提出实实在在地开启了一个在 20 世纪 90 年代非常红火的研究方向——空时码。空时码的设计目标和 Alamouti 码一样：通过多个发射天线为系统提供分集效果以抵消衰落信道的影响。

空时码研究的重点就是设计发射端的空时编码方案。以 Alamouti 码为例，该矩阵可以表示为：

$$\mathcal{G}_2 = \begin{matrix} & 时间 \quad \rightarrow \\ 天线 \\ \downarrow \end{matrix} \begin{pmatrix} x_0 & -x_1^* \\ x_1 & x_0^* \end{pmatrix}$$

在这样的编码方案下，Alamouti 码具有如下的性质：

- **编码速率为 1**。在两个符号时间内传输了两个调制符号，因此速率为 1。
- **分集阶数为 2**。由于在模型中总共只有 2 个信道传播路径，因此取得了全部的分集阶数。
- **线性接收机下的独立符号检测**。在最大似然准则下可以对每个发射符号对进行独立地判决。

Alamouti 码所具有的这些优异的性质来自于其编码方案 $\mathcal{G}$ 所具有的性质。

$$\boxed{\mathcal{G}_2\mathcal{G}_2^{\mathsf{H}} = (|x_0|^2 + |x_1|^2)\mathbf{I}_2}$$

在 Alamouti 码取得了极大的成功之后，一个自然而然的问题就是寻求是否把 Alamouti 的成功推广到 $n_t > 2$ 的情形。在空时码的研究中，研究重点则在于寻找满足

$$\mathcal{G}_{n_t}\mathcal{G}_{n_t}^{\mathsf{H}} = (|x_0|^2 + \cdots + |x_{n_t}|^2)\mathbf{I}_{n_t} \tag{9.55}$$

性质的 $\mathcal{G}_{n_t}$——这在文献中被称之为**正交设计准则**（orthogonal design）。不幸的是，文献[139]告诉我们，式(9.55)这样的编码矩阵只在 $n_t = 2$ 时才会存在。当 $n_t > 2$ 时，将不得不牺牲编码速率来获得全部分集阶数。

Alamouti 是如何想到了这样一个看似巧妙，却具有诸多理论上的最优性的传输方案呢？或许只能用天才的灵光闪现解释了。Alamouti Magic!

例子 9.7　LTE 系统中的 TM2

我们知道 LTE 系统是一个基于 OFDM 调制的系统。在 LTE 的下行数据传输过程中定义了发送分集技术（在 3GPP 的术语中称作 TM2：transmission mode 2）。TM2 采用了空频码（SFBC: space-frequency block code），可以理解为 Alamouti 码

在 OFDM 中的应用。

如图9-23所示,在 SFBC 中,调制符号的映射在空间(天线)和频率(子载波)上进行。具体来说,经过信道编码和调制之后的调制符号流 $x_i, x_{i+1}, x_{i+2}, x_{i+3} \cdots$ 两两分组进行空间和频率上的符号映射。不失一般性,让我们考虑 x_i, x_{i+1} 的具体映射过程。

- 在第一根天线上:符号 x_i 和 x_{i+1} 将映射到两个相邻的子载波上
- 在第二根天线上:符号 $-x_{i+1}^*$ 和 x_i^* 将映射到与第一根天线相同的两个子载波上

根据这样的映射关系,可以把编码矩阵描述为:

$$\mathcal{G} = \begin{array}{c} \text{天线} \\ \downarrow \end{array} \overset{\text{频率} \quad \longrightarrow}{\begin{pmatrix} x_i & x_{i+1} \\ -x_{i+1}^* & x_i^* \end{pmatrix}}$$

不难看出上面的 $\mathcal{G}$ 矩阵满足正交设计准则(见式(9.55)),因此将继承所有 Alamouti 码的各种性质。

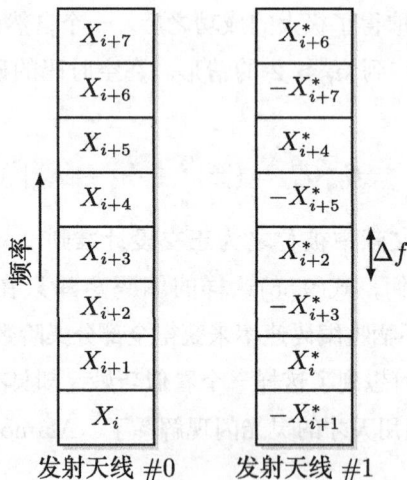

图 9-23 LTE 系统中的 SFBC 发射方案

在 SFBC 中,我们用频率轴代替了 Alamouti 码中的时间轴来配合多天线完成符号的映射。这样做的好处之一就是减小了符号的检测时延,因为接收机在同一个 OFDM 符号时间内就可以完成 $x_i, x_{i+1}, x_{i+2}, x_{i+3} \cdots$ 的检测。然而,在原始

Alamouti 码的建模过程中，我们曾假设信道在两个符号时间上保持不变。当应用到 OFDM 中，相应地需要假设信道在两个相邻子载波上保持不变。为了满足这个条件，需要保证信道的相干带宽大于两个子载波的带宽。

9.5 本章小结

本章重要概念

- 如果说调制／解调、编码／译码这些技术并非无线通信所特有（因为人们在有线通信中也同样会采用这些技术），那么本章所讨论的分集技术则可以认为是为无线系统量身定做的。
- 一个好的系统设计中将融合各种分集技术，包括时间、频率以及天线分集。
- 本章的讨论局限于点到点的通信链路上的分集技术，我们将会在下一章多用户条件下看到另外一种分集方式：多用户分集。

附录：不同合并技术在非独立高斯噪声下的表现

在第9.1.2节关于合并技术的讨论中，曾提到当噪声满足独立高斯噪声分布的条件下，最大信噪比合并 /LMMSE 合并 / 最大似然合并，以及最大比合并的性能是相同的。然而在实际应用中，"大胆假设、小心求证"是非常必要的。下面就让我们通过一个例子来说明当上述条件不成立时，不同合并器之间的性能会有很大的差别。

例子 9.8　干扰抑制合并接收机（IRC: interference rejection combining）

考虑这样一个具体的例子。接收机有 $L = 4$ 个天线，均匀直线阵列，相邻天线间隔为半波长。目标用户从 $15°$ 和 $50°$ 两个方向到达接收天线阵列，信道增益分别为 1.0 和 0.9。数学上我们可以把信道表示为：

$$\boldsymbol{h}_1 = \mathbf{e}(15°) + 0.9\,\mathbf{e}(50°)$$

假设系统中总共有 4 个用户，其信道分别为：

$$\boldsymbol{h}_2 = \mathbf{e}(30°), \ \boldsymbol{h}_3 = 0.5\,\mathbf{e}(70°), \ \boldsymbol{h}_4 = 0.6\,\mathbf{e}(80°)$$

在上面的定义中，$\mathbf{e}(x°)$ 对应于(7.24)中的 $\mathbf{e}_r(\cos(x°))$。

接收信号可以表示为

$$\boldsymbol{y} = \boldsymbol{h}_1 x_1 + \boldsymbol{h}_2 x_2 + \boldsymbol{h}_3 x_3 + \boldsymbol{h}_4 x_4 + \boldsymbol{n}$$
$$= \boldsymbol{h}_1 x_1 + \boldsymbol{n}'$$

其中 $\boldsymbol{n}' := \boldsymbol{h}_2 x_2 + \boldsymbol{h}_3 x_3 + \boldsymbol{h}_4 x_4 + \boldsymbol{n}$。

我们来比较两种接收机方案：

- MRC 接收机：$\boldsymbol{\omega}_{1,\mathrm{MRC}} = \alpha \boldsymbol{h}_1$
- MMSE 接收机：$\boldsymbol{\omega}_{1,\mathrm{MMSE}} = \beta \boldsymbol{\Sigma}_{\boldsymbol{n}'\boldsymbol{n}'}^{-1} \boldsymbol{h}_1$

其中 α, β 分别为归一化系数，保证 $|\boldsymbol{\omega}^{\mathsf{H}} \boldsymbol{h}_1| = 1$。

为了更加直观地对两种方案进行比较，我们来看看不同 $\boldsymbol{\omega}$ 在不同方向上的响应（即第 7 章提到的波形图）。不难看出，MRC 接收机只注重来自 $15°$ 和 $50°$ 的有用信号成分，而完全忽视干扰信号；MMSE 接收机则对干扰信号的方向（$30°, 70°, 80°$）作出明显的抑制。

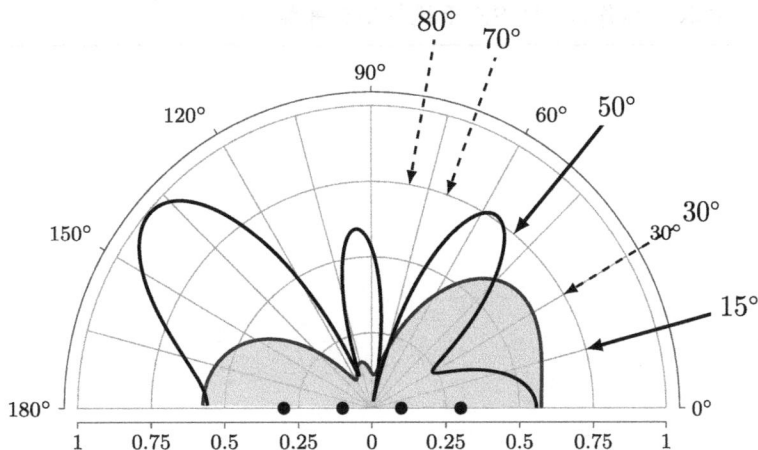

图 9-24　MRC 接收机（带阴影的曲线）和 MMSE 接收机的图形化比较

再来看看合并输出所对应于 x_1 的星座图（假设 QPSK 调制方式，$N_0 = 0.08$）：

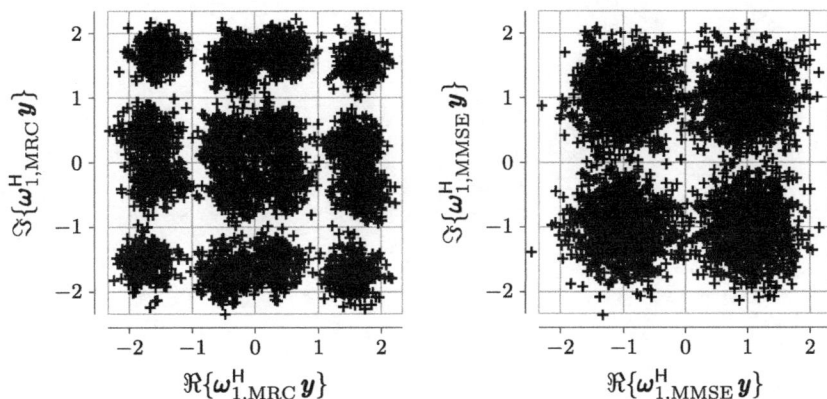

图 9-25　（左图）MRC 接收机的输出星座图；（右图）MMSE 接收机的输出星座图

　　从图中可以看出，当实际系统的噪声不是独立、高斯噪声时，MRC 接收机不再等同于 MMSE 接收机。理想的输出星座点应该是 $\pm 1 \pm i$ 位置，但是我们从图中可以看出 MRC 的输出明显是有偏的（biased），这是因为 MRC 的系统模型中没有考虑噪声是"有色"的，因此会有性能损失；相反，我们看到 MMSE 接收机考虑了噪声的特性（由 $\sum_{n'n'}$ 表示），因此对干扰用户的信号有抑制作用（表现为波形图上的衰减），反映在星座图上可以明显地看出 QPSK 的调制方式。正是因为这个性质，人们常把基于(9.13)的接收机称作为 MMSE 干扰抑制合并接收机[140, 141]。

调度机制与链路适应

无线通信的特征之一就是信道在时间／频率／空间上的变化，即信道衰落。截至目前，我们在之前章节所讨论的内容主要集中在如何设计接收机，以便能抵抗衰落信道带来的影响。如果我们现在作个问卷调查"信道的衰落是好事还是坏事呢（To Fade or Not to Fade)？"相信一定会有不少读者会选择"坏事"的答案。这并不难理解，正是因为衰落信道的原因，我们才会有信道均衡、分集接收等技术。

之前章节中的讨论实际上隐含着这样一个假设：发射机的发送流程不随信道的变化而变化。换句话说，发射机都是很"教条的"、按部就班地完成编码、调制过程，而把抵抗信道衰落和噪声的工作交给接收机完成。相应地，到目前为止我们讨论的重点也都集中在接收机的算法设计上。

在本章中，我们来讨论这样一个问题：**如果发射机知道信道信息，那么能否利用这些信息使得整个系统的容量得以提高呢？** 在本章余下的篇幅中，我们首先将试图通过《信息论》中信道容量的分析来从理论层面上来寻找"信道的衰落是好事还是坏事呢？"的答案，我们将在第10.1节和第10.2节分别讨论单用户和多用户情形。《信息论》的分析结果的一个重要意义就是从理论层面上给出了"最佳通讯方式"，然而从理论到实践的过程中，还是需要工程技术人员的聪明智慧。我们将在第10.3节和第10.4节来介绍这些用于实际系统的一些关键技术。

10.1 单用户情形下的信道容量分析

不失一般性，让我们考虑一个（复数）离散等效基带模型：

$$y[m] = h[m]x[m] + w[m] \tag{10.1}$$

其中 $\{h[m]\}$ 为信道衰落（在数学上由随机过程所描述）。假设其具有归一化的平均功率 $\mathbb{E}\left[|h[m]|^2\right] = 1$；$\{w[m]\}$ 为独立统分布的噪声 $\sim \mathcal{CN}(0, N_0)$，并假设发射信号 $\{x[m]\}$ 是由带宽为 W、功率为 P 的连续波形经采样而得，因此接收机每个采样值所对应的平均信噪比 $\mathrm{SNR} = P/N$，其中 $N = N_0 W$。

在第 2 章的学习中我们曾对慢衰信道与快衰信道进行过分类（见表2-4）。快和慢是个相对的概念。在本节中，我们将重点考虑被称之为**块衰落信道**的快衰信道：把时间分为 L 个时间段，每一时间段由 T_c（$T_c \gg 1$）个符号时间组成，并且假设信道在时间段内保持不变 $h[m] = h_\ell$，但在不同时间段上独立变化。块衰落信道在实际应用中很常见。以数据业务为例，时延要求比较低，因此可以允许编码长度跨跃多个相干时间，因此接收机（在时间上）可以看到多个具有不同衰落的信道响应。

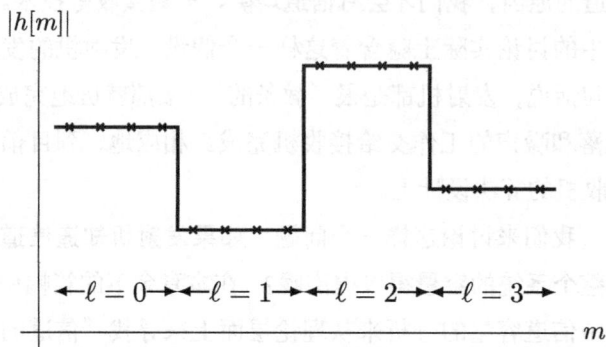

图 10-1 块衰落信道示意图

10.1.1 接收端信道状态信息（CSIR）

首先考虑只有接收机知道信道状态信息的情形（CSIR: channel-state information at the receiver）。我们知道对于时不变信道 h_ℓ，系统 $y[m] = h_\ell x[m] + w[m]$ 的信道容量 $C = \log\left(1 + |h_\ell|^2 P/N\right)$。在块衰落信道中，有 L 个这样的 h_ℓ，通过取平均得到块

衰落信道的平均信道容量：

$$\frac{1}{L}\sum_{\ell=0}^{L-1}\log\left(1+|h_\ell|^2 P/N\right)$$

当 $L\to\infty$ 时，将得到信息论意义下的块衰落信道的信道容量：

$$\frac{1}{L}\sum_{\ell=0}^{L-1}\log\left(1+|h_\ell|^2 P/N\right)\to\mathbb{E}\left[\log\left(1+|h_\ell|^2 P/N\right)\right]:=C_{\text{CSIR}} \tag{10.2}$$

其中均值操作相对于随机信道 h_ℓ 而言。

相比于 AWGN 信道的信道容量 $C_{\text{AWGN}}=\log\left(1+P/N\right)$，由 Jensen 不等式可知：

$$\boxed{C_{\text{CSIR}}\leqslant C_{\text{AWGN}}} \tag{10.3}$$

也就是说，**在 CSIR 条件下，衰落是不好的。**

概念 10.1   Jensen 不等式

为了在数学上定义 Jensen 不等式，需要首先定义凸函数。作者留意到有时数学界和其他领域（比如经济学）中对凸函数和凹函数的定义会有相反的解释。为了避免歧义，在此按照图形解释，将类似 $\psi(x)=-x^2$ 和 $\psi(x)=\log x$ 定义为凸函数。

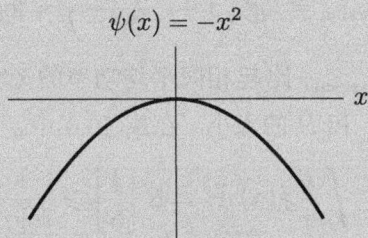

图 10-2   凸函数举例

Jensen 不等式告诉我们：对于随机变量 X，凸函数 $\psi(x)$，下列不等式成立：

$$\boxed{\psi(\mathbb{E}\left[X\right])\geqslant\mathbb{E}\left[\psi(X)\right]} \tag{10.4}$$

在此省去了具体的证明过程，或许通过图10-2可以帮助大家理解为什么该不等式是成立的。设想 x 均匀分布，那么 $\psi(\mathbb{E}\left[X\right])$ 将取得整个曲线的最大值，因此不等式(10.4)显然成立。

10.1.2　发送端信道状态信息（CSIT）

在之前的讨论中，假设发射端不知道信道状态信息，因此我们并没有对 $\{x[m]\}$ 在发射功率上做变化。现在的问题是：如果发射机知道信道信息（CSIT: channel-state information at the transmitter），那么能否得到更高的信道容量呢？

10.1.2.1　功率控制——信道取反

在开始寻求最佳功率分配方案之前，让我们考虑一个简单的**信道取反**（channel inversion）方案。顾名思义，该方案下发射功率为信道强度的倒数，因此在接收机看来将得到一个恒定的接收功率。用数学标记来描述的话，定义 $\gamma_\ell := |h_\ell|^2$ 并假设其概率分布函数为 $f(\gamma)$，那么信道取反策略下的发射功率为：

$$P_\ell(\gamma_\ell) = \frac{\sigma}{\gamma_\ell} \tag{10.5}$$

其中上式中的 σ 由平均发射功率所决定，即满足：

$$\int P_\ell(\gamma) f(\gamma)\,\mathrm{d}\gamma = \int \frac{\sigma}{\gamma} f(\gamma)\,\mathrm{d}\gamma = P \tag{10.6}$$

在这样的策略下，不难得到接收机所能得到的信道容量：

$$C_{\text{Inversion}} = \log\left(1 + \frac{P_\ell |h_\ell|^2}{N}\right) = \log\left(1 + \frac{\sigma}{N}\right) \tag{10.7}$$

我们不禁要问：$C_{\text{Inversion}}$ 比起相同平均功率的 C_{AWGN} 如何呢？对比式(10.7)和 $\log(1 + \frac{P}{N})$，需要比较 σ 和 P 的大小。在式(10.6)中，根据 Jensen 不等式，有：

$$\int \frac{1}{\gamma} f(\gamma)\,\mathrm{d}\gamma = \mathbb{E}\left[\frac{1}{\gamma}\right] \geqslant \frac{1}{\mathbb{E}[\gamma]} = 1$$

由式(10.6)有 $\int \frac{1}{\gamma} f(\gamma)\,\mathrm{d}\gamma = \frac{P}{\sigma}$，因此由上式可知 $\sigma \leqslant P$，所以 $C_{\text{Inversion}} \leqslant C_{\text{AWGN}}$。

作为一个例子，下面我们来看看信道取反在大家比较熟知的瑞利信道下的性能。然而我们遇到一个技术问题：在瑞利模型下 $\int \frac{1}{\gamma} f(\gamma)\,\mathrm{d}\gamma = \infty$，因此 $\sigma = 0$，$C_{\text{Inversion}} = 0$，信道取反在瑞利信道下的信道容量为 0! 用语言来描述，瑞利信道中存在深衰落，在信道取反的过程中，发射机的发射功率将全部浪费在对深衰落的取反上。抛开 $C_{\text{Inversion}} = 0$ 不说，即使从实际应用的角度看，在深衰落时，发射机的极大发射功率也是不现实的。因此在实际系统中（比如 CDMA 系统中的功率控制）可以引入发射功率受限条件下的信道取反。具体地说，人们预先定义门限值 γ_0，发射机只有当 $\gamma_\ell > \gamma_0$ 时才进行取反，否则（当信道衰落低于门限值时）发射机按照 γ_0 分配功率：

$$P_\ell'(\gamma_\ell) = \begin{cases} \dfrac{\sigma'}{\gamma_\ell}, & \text{当 } \gamma_\ell > \gamma_0 \\[2mm] \dfrac{\sigma'}{\gamma_0}, & \text{当 } \gamma_\ell \leqslant \gamma_0 \end{cases} \tag{10.8}$$

相应的，σ' 由平均发射功率 P 的约束条件 $\int P_\ell'(\gamma) f(\gamma)\,\mathrm{d}\gamma = P$ 给出。

10.1.2.2　功率控制——最佳功率分配

现在我们来讨论什么样的功率分配方案才能最大化信道容量。这个问题在数学上可以描述为：在保证平均发射功率的条件下，通过发射端的功率分配来取得最大的系统容量。

$$(\text{目标函数}) \qquad \max_{P_0,\dots,P_{L-1}} \frac{1}{L} \sum_{\ell=0}^{L-1} \log\left(1 + \frac{|h_\ell|^2 P_\ell}{N}\right) \tag{10.9}$$

$$(\text{约束条件}) \qquad \frac{1}{L} \sum_{\ell=0}^{L-1} P_\ell = P$$

这实际上是一个如何对并行信道分配发射功率以最大化所有并行信道的总信道容量的优化问题。我们对这样的优化问题并不陌生，在第 7 章的第7.2.2节中就曾经在 MIMO 的研究中遇到过这样的问题，并知道它的求解有着"注水原理"的解释。回到式(10.9)问题，最佳的功率分配为：

$$P_\ell^* = \left(\frac{1}{\lambda} - \frac{N}{|h_\ell|^2}\right)^+ \tag{10.10}$$

其中 λ 的取值需满足平均功率的约束条件 $\frac{1}{L} \sum_{\ell=0}^{L-1} \left(\frac{1}{\lambda} - \frac{N}{|h_\ell|^2}\right)^+ = P$。和之前一样，对于有限值的 L，式(10.10)的具体取值需要"预先"知道 $\{h_\ell\}$ 的取值，然后才能去计算 λ。也就是说，这里存在一个因果关系（我们不可能在传输之前就知道未来时间的信道响应）。这个因果问题可以通过 $L \to \infty$，以消除有限 L 所带来的问题。具体来说，把式(10.9)中的约束条件放宽到：

$$\mathbb{E}\left[\left(\frac{1}{\lambda} - \frac{N}{|h_\ell|^2}\right)^+\right] = P \tag{10.11}$$

这样在计算 λ 时，就只需要知道 $\{h_\ell\}$ 的统计特性。在有了式(10.10)和式(10.11)之后，就可以得到 CSIT 条件下的信道容量了：

$$C_{\text{CSIT}} = \mathbb{E}\left[\log\left(1 + \frac{|h_\ell|^2 P_\ell^*}{N}\right)\right] \tag{10.12}$$

好了，在有了信道容量的表达式之后，一个自然而然的问题就是 C_{CSIT} 与 C_{AWGN} 相比谁大谁小。我们可以分高信噪比和低信噪比两种情况展开讨论。

- **高信噪比情形**

  相比于 CSIR 情形，CSIT 所带来的好处无非是在时间上根据信道强弱进行功率分配的可能性。根据第 7 章中第7.2.2节的讨论我们知道，注水原理所带来的好处随着信噪比的增大而减小（因为高信噪比下根据注水原理所计算出来的功率差异变小，从而更接近恒定功率分配）。因此不难想象，在高信噪比下，将会有 $C_{\text{CSIT}} \to C_{\text{CSIR}} \leqslant C_{\text{AWGN}}$。

- **低信噪比情形**

  当低信噪比足够低的时候，注水原理下的功率分配会把所有的可用功率全部分配到那个最强信道上，这时，相比于 CSIR 情形下的恒定功率分配，CSIT 将和 CSIR 表现出最大的性能差异。

  图10-3给出了不同信噪比条件下的 C_{CSIT}、C_{CSIR} 以及 C_{AWGN} 随 SNR 的变化曲线。从图中可以看出（正如我们所分析的那样），C_{CSIT} 在低信噪比条件下确实会带来好处（事实上可以得到 $C_{\text{CSIT}} > C_{\text{AWGN}}$）。然而，这么低的信噪比并不是我们所想要工作的区域；在频谱资源如此珍贵的今天，人们更希望想尽办法提高信噪比，从而获得更高的频谱效率。正是这个原因，可以说 **CSIT 对于单用户通信没有什么吸引力。**

10.2 多用户情形下的信道容量分析

10.1节讲到 CSIT 对于单用户通信没有什么吸引力，那么 CSIT 在多用户环境下有没有用处呢？在展开讨论之前，请容许我们暂时"跑个题"来聊聊 3G 标准之一的 cdma2000 1x EV-DO 标准中引入的一些技术。

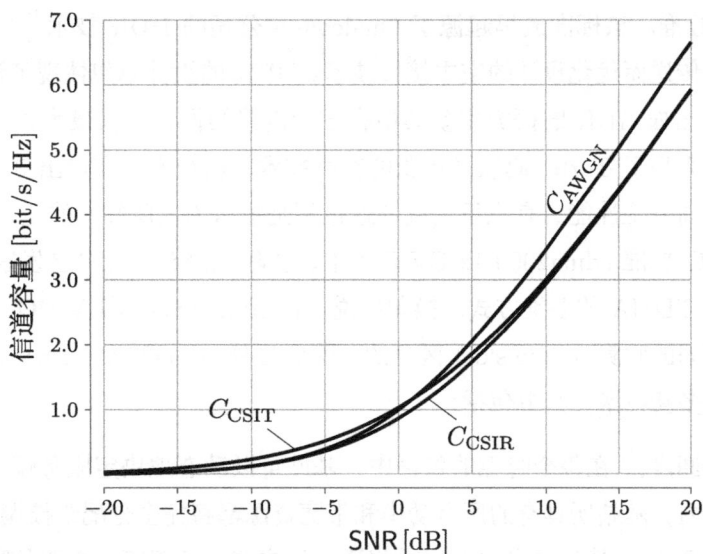

图 10-3 瑞利衰落信道下，单用户信道容量 C_{CSIR}、C_{CSIT} 与 AWGN 信道容量 C_{AWGN} 的比较

10.2.1 cdma2000 1x EV-DO 标准中的技术革新

在传统的以语音业务为主的 CDMA 系统中，多用户同时传输，并且每一个用户都有着独一无二的一个扩频码作为自己的"名片"。由于多个用户同时传输，在接收机看来这些信号相互干扰，但是接收机可以通过这些名片来对用户进行分离。以 CDMA 系统的下行方向为例，中低速数据业务和语音业务是码分复用的，共享基站的发射功率、扩频码和频率这些共享资源。对于中低速数据及语音业务而言，CDMA 具有较高的频谱利用效率，是个很好的选择。

到了 3G 时代人们对数据业务的需求增大。相比于语音业务，数据业务有两个特点：

- 上、下行业务流量的不对称性，通常下载远远大于上传。
- 对时延不敏感。

对于高速分组数据业务，传统 CDMA 中的快速功率控制并不能保证系统具有很高的频谱利用效率，尤其是当高速分组数据业务与传统的语音业务采用码分方式共享频率和基站功率资源时，系统效率会较低。在这样的背景下，产生了 cdma2000 1x

EV-DO 标准。该标准最早起源于 Qualcomm 公司的 HDR 技术[142]，是一种专为高速分组数据传送而优化设计的空中接口技术。HDR 的设计思想体现了设计者对数据业务的理解，比如 HDR 的研究主要集中在下行链路的设计上以最大化下行高速下载的效率，并且采用了 Turbo 码以及更长的交织技术等新技术（在付出更长时延代价的基础上）来提高系统性能。有意思（或许这也不是那么为人所知）的是，在 Qualcomm 所主导的 3G 标准 cdma2000 1x EV-DO 中，实际上摒弃了让自己发家的 CDMA 技术，而采用了 TDMA 的多址方式。换句话说，在 cdma2000 1x EV-DO 中不同用户的数据是通过不同的时隙（time slot）区分的。除此之外 cdma2000 1x EV-DO 标准中还首次引入了众多新技术，其中包括：

- **用户调度**：在每个时隙的传输中，基站可以动态地决定服务哪个用户。在每一个时隙内，基站所具有的所有功率和带宽资源都将完全分配给被调度的用户。

- **链路适应**：基站在发送数据时将通过用户的（基于下行链路信噪比测量结果）的反馈信息来动态地调整调制和编码速率，简称自适应调制 / 编码技术。由于下行的信噪比反映了信道链路的质量，因此该技术亦被称作链路适应。

- **H-ARQ**：通过前向纠错编码与重传合并相结合，增加通信可靠性，并可以更有效地利用系统资源。

朋友们应该对这些技术并不陌生，因为它们出现在当今所有的 3G/4G 系统中[143, 10]。不但如此，我们有理由相信这些技术也必然出现在未来的系统设计中。接下来的讨论或许可以在理论层面上给出一个解释。

10.2.2 信息论意义下的单小区系统容量

过去的 20 年《信息论》在无线通信领域中的应用达到了一个小高潮。下面让我们从《信息论》的角度来回答上小节所提出的问题。出于数学模型的简化以及方便理解的原因，我们选择回答"如何最大化单小区上行链路的系统容量"的问题。但需要指出的是，文献[144]告诉我们同样的结论也适用于单小区下行链路（因此之前的问题将得以解答）。

首先把单小区的上行链路的模型具体化：考虑 K 个用户与单天线的基站通信，用户 k（$0 \leqslant k \leqslant K-1$）到基站的信道为 $h_k[m]$，其中 m 为符号时间索引。在这个模型下，基站天线的接收信号可以表示为[†]：

$$y[m] = \sum_{k=0}^{K-1} h_k[m]x_k[m] + n[m] \tag{10.13}$$

其中发送符号的平均功率为 $P_k, k = 0, \ldots, K-1$，而噪声功率为 N。

首先考虑一个简单情形。如果信道 $h_k[m]$ 不随时间变化（$h_k[m] = h_k, \forall m$），那么可以得到一个 AWGN 下的多址接入信道。《信息论》告诉我们，该系统中所有用户所能得到的最大传输速率之和的上限为：

$$\sum_{k=0}^{K-1} R_k \leqslant C_{\mathrm{MAC}} = \log\left(1 + \frac{\sum_{k=0}^{K-1} P_k|h_k|^2}{N}\right) \quad \text{bit/s/Hz} \tag{10.14}$$

不难看出为了最大化 C_{MAC}，所有用户都应该全功率发射。

现在考虑一个更有意思的情形。**假设块衰落信道**：把时间分为 L 个时间段，每一时间段由 T_c（$T_c \gg 1$）个符号时间组成，并且假设信道在时间段内保持不变 $h_k[m] = h_{k,\ell}$，但在不同时间段上独立变化。为方便起见，我们考虑对称（symmetric）情形：所有用户的信道 $h_{k,\ell}$ 具有相同分布，且所有用户具有相同的平均功率 P。在这样的衰落信道模型下，信道容量的计算可由式(10.14)推广而得：

$$\text{（目标函数）} \quad \max_{\substack{P_{k,\ell}:k=0,\ldots,K-1 \\ \ell=0,\ldots,L-1}} \frac{1}{L} \sum_{\ell=0}^{L-1} \log\left(1 + \frac{\sum_{k=0}^{K-1} P_{k,\ell}|h_{k,\ell}|^2}{N}\right) \tag{10.15}$$

$$\text{（约束条件）} \quad \frac{1}{L} \sum_{\ell=0}^{L-1} P_{k,\ell} = P, \quad k = 0, \ldots, K-1$$

这个优化问题比起之前的式(10.9)多了用户上的功率分配可能。为了简化求解过程，把式(10.15)中的约束条件由每个用户的功率约束放宽松为所有用户的平均功率之和

$$\frac{1}{L} \sum_{\ell=0}^{L-1} \sum_{k=0}^{K-1} P_{k,\ell} = KP$$

由于所有用户是对称的，因此对功率约束条件的放松并不会影响最终结果。换句话说，在满足总功率和条件下，每个用户也将自然满足单用户的功率约束。将式(10.15)理解为时间上的 L 个互不干扰的子信道，下面分两步来解决这个问题。

[†]式(10.13)所描述的模型在信息论的术语中被称作为多址接入信道（MAC: multiple access channel）。

- **每个子信道内的最强用户传输**

  在第 ℓ 个子信道上的信道容量为：

  $$\log\left(1 + \frac{\sum_{k=0}^{K-1} P_{k,\ell}|h_{k,\ell}|^2}{N}\right)$$

  假设该子信道内所分配的总功率为 $\sum_{k=0}^{K-1} P_{k,\ell}$ 已经给定，并暂且记为 p_ℓ。那如何才能最大化第 ℓ 个子信道的最大速率呢？从上式应该不难看出，**应该把这些功率全部分配给那个最强的用户**：

  $$k_\ell^* = \arg\max_k |h_{k,l}|^2 \tag{10.16}$$

  $$P_{k,\ell} = \begin{cases} p_\ell, & \text{当 } k = k_\ell^* \\ 0, & \text{当 } k \neq k_\ell^* \end{cases} \tag{10.17}$$

  相应地，得到第 ℓ 段传输的最大速率为 $\log\left(1 + \frac{p_\ell|h_{k_\ell^*,\ell}|^2}{N}\right)$。

- **（时间轴上）不同子信道间的注水原理下的功率分配**

  我们在每一个子信道上都选择那个最强的用户进行数据传输（其他用户什么不传输）时，实际上得到了 L 个并行信道，每一个信道上的功率是 p_ℓ。而接下来的任务就是把总功率 KP 分配到这些并行信道上以最大化总的传输速率，即 $\frac{1}{L}\sum_{\ell}^{L-1} p_\ell = KP$。我们知道最佳的功率方案是满足注水原理的。

  总结上面对优化问题(10.15) 的解答过程，其中一个重要的结论就是应该在任何时间上只服务那个最强的用户并独享系统资源。这种策略和 CDMA 中多用户同时传输、共享系统资源的方式大不相同！换句话说，**为了最大化系统容量，应当采用 TDMA 的多址接入方式**，并在每个传输时间上调度最强用户进行传输。

概念 10.2   多用户分集（multiuser diversity）

以单小区下行链路为例，让我们通过计算机仿真的方式来看看在 TDMA 的基础上，选择最强用户传输在提高系统容量上所能带来的好处。

为方便起见，假设所有用户与基站间的信道服从瑞利衰落，并具有相同的信噪比 SNR = 0 dB。在任一传输间隔中所有用户的信道有强有弱，基站总是选择最强用户进行传输，并以最大功率 P 进行传输。在这样一个传输策略下，系统总容量随着用户数目 K 的变化曲线如图10-4所示。

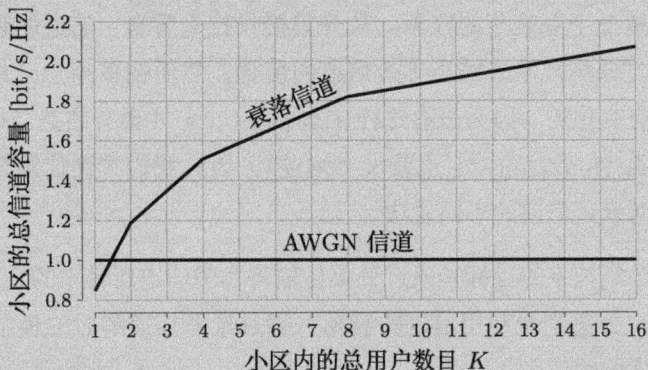

图 10-4　多用户分集：衰落信道下，通过用户的调度，可以得到超过 AWGN 信道的信道容量

当 $K = 1$ 时，我们得到的是单用户在瑞利信道下的系统容量，根据式(10.3)，小于 AWGN。有意思的是：当 $K > 1$ 时，我们发现系统容量将大于 AWGN，并且随着 K 的增大而增大。从式(10.16)可以看出，多用户情形下，系统中所看到的"有效传输"的信道并不是单用户情形下的瑞利衰落的一个随机实现，而是多用户衰落信道中取值最大的那个值 $\{\max_k |h_{k,l}|^2\}$。由于系统中有多个用户，因此其信道强度最大值要强于平均值，因此带来了系统增益，这被称之为**多用户分集**[145]。换句话说，有效传输中的衰落信道不再是瑞利分布了，而只是取决于分布中的尾巴部分。图10-5中给出了不同的 K 取值时的有效信道的分布，可以看出它和瑞利信道所对应的指数分布有着很大的不同。

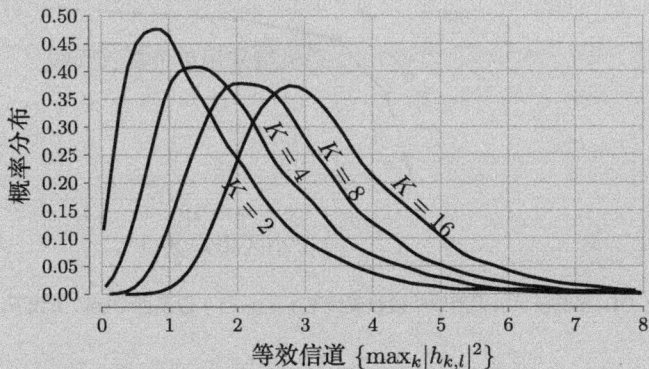

图 10-5　多用户分集下的"等效"信道分布

我们曾在上一章讨论过衰落信道下的分集技术。在那里为了对付信道的衰落，利用各种方法以使得接收机能看到发送符号的多个版本，从而减小了接收符号所对应的信道处于深衰落的概率。从分集接收技术看来，信道的衰落是不好的，所以需要通过分集技术来减小等效信道的变化。然而在多用户分集中，我们却希望信道是具有变化的，因为只有这样 $\{\max_k |h_{k,l}|^2\}$ 才会有增益（如果信道是恒定不变的，那么 $\{\max_k |h_{k,l}|^2\}$ 也就没了增益）。因此我们看到传统分集技术和多用户分集技术对衰落信道的不同看法：

- 传统分集技术的目标是通过分集传输将物理信道所带来的衰落尽量最小化；
- 多用户分集则是利用信道的衰落，通过选择信道瞬时取值强的时间对用户进行调度传输。

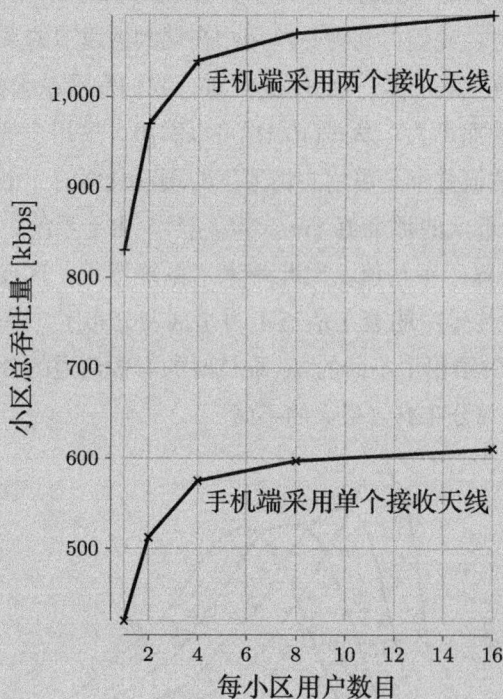

图 10-6 EV-DO 系统在手机采用单个接收天线下（$n_r = 1$）以及两个接收天线下（$n_r = 2$）的小区的总吞吐容量[146]

我们看到两种对待信道衰落的截然不同的看法，那么读者可能会有这样的疑问：在实际的系统设计中到底是采用传统分集还是多用户分集呢？让我们引用[146]的 cdma2000 1x EV-DO 系统的仿真结果。图10-6给出了基站采用单个全向天线，而移动终端分别采用单天线和两天线时的系统容量。从图中我们可以看到，一个好的系统设计应该是在传统分集（保证了通信的可靠性）的基础上，再利用信道的衰落"机会性"得到多用户分集增益。

10.2.3　理论联系实际：再看 cdma2000 1x EV-DO

第10.2.2节的理论分析中一个最有意义的结论：推导过程告诉我们**最佳的多址接入方案应该是时分多址（TDMA），并且在每一个传输时间内都应该确保只有最强的用户在传输**。尽管理论推导是以上行链路为基础的，文献[144]告诉我们同样的传输策略在单发射天线的下行链路被证明也是最优的†。

在掌握了这些理论知识后，让我们回过头再看看第10.2.1节中所提及的 cdma2000 1x EV-DO 系统。首先我们注意到 cdma2000 1x EV-DO 中的 TDMA 的多址方式与理论分析完全一致。然而，如果想把这个非常酷的理论转化为实际系统，在选择了 TDMA 的多址接入方式下，还要解决／考虑如下一些实际问题／因素：

- 在 TDMA 的每一个传输时间单元上，除了需要解决如何才能使得系统（基站和所有用户）通过控制信息完成最强用户的调度之外，还需要考虑实际应用中不同用户之间的非对称性。我们将在第10.3节讨论用户的调度机制。

- 当某一个用户被调度时，它应该以什么样的速率来发送信息呢？显然，为了最大化系统的传输速率，应该在当前的信道条件以及功率分配的前提下尽可能地逼近香农极限。我们将在第10.4节了解实际中是怎样通过自适应编码调制技术来"显性"地实现这个目标，或者通过 H-ARQ 来"隐性"地实现这个目标。

现在我们看到，cdma2000 1x EV-DO 系统所提出的一系列新技术（用户调度机制、自适应调制／编码技术、H-ARQ 技术等）与我们将理论转化为实际的目标完全一

---

†需要提醒读者：这个结论是在基站处采用单个接收天线下得到的；当基站采用多个接收天线时，从信息论角度看只调度最强用户进行传输不再具有最大化系统总传输速率的性质[11]。然而，从实际应用角度看，这种单个最强用户的调度策略大大简化了基站调度算法的实现。因此读者若在商用网络上看到这种单个用户的调度机制也不该感到奇怪。

致！尽管在移动网络向宽带化发展的大趋势下，cdma2000 1x EV-DO 这种窄带系统已开始逐渐退出历史舞台，但是这些技术在 4G，甚至即将到来的 5G 系统中也将发挥重要作用。

可以说：相比于把调度机制、链路适应及 HARQ 理解为不同门派的功夫，我们更倾向于把它们看作是一套组合拳。这套上层武功可是有着相当深厚的基础的！

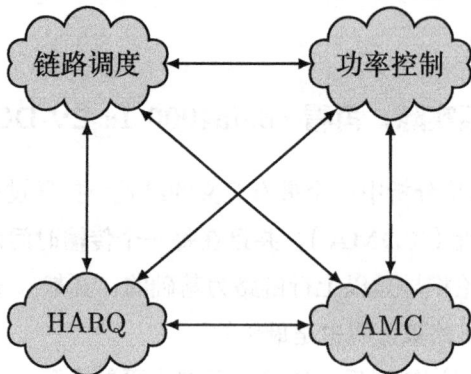

图 10-7 链路调度、功率控制、HARQ 以及 AMC 相互联系，共同出现在现代通信系统的设计中

10.3 资源利用的最大化与公平性——调度原理

让我们考虑如何在单个小区的下行链路实现最优的用户调度。我们知道，为了取得小区所有用户总传输速率的最大化，首先需要解决的问题是如何找到最强用户。在实际系统设计中（比如 3G/4G 系统），用户将对下行信道的质量（通常由信噪比来衡量）进行测量，然后通过上行链路将测量结果报告给基站，这样基站就可以进行相应的用户调度了。

为了最大化系统的总容量，最佳的用户调度将会选择最强的用户进行传输。在所有用户的信道环境都"平等"的条件下（数学上表现为具有相同的分布），所有用户从概率意义上都会得到相同的传输机会，因此大家是"公平"的（如图10-8的左图所示）。考虑 K 个用户的单小区下行链路，并假设在第 n 个传输间隔时不同用户所能支持的速率分别为 $R_0[n], \ldots, R_{K-1}[n]$（显然 $R_k[n]$ 决定于用户 k 的信道强弱）。假设所有用户都将各自的可支持速率 $R_k[n]$ 反馈给基站，然后基站在此基础上决定用户的调度。如果基站在每个时隙 n 都去调度那个最强的用户：

$$k^*_{\max}[n] = \arg\max_k R_k[n] \tag{10.18}$$

那么可以获得最大的小区总传输速率。

然而，在无线通信中所有用户相互平等的假设更多情形下是不成立的——比如有的用户离基站近一些，有的远一些，这样大家的信道是不一样的。考虑到这样的实际环境后，我们发现了最强用户调度算法的一个问题：它不一定公平。考虑系统中只有一强一弱两个用户，当采用了最强用户调度算法之后，可能那个信道弱的用户将永远得不到被调度的机会（如图10-8的右图所示）！

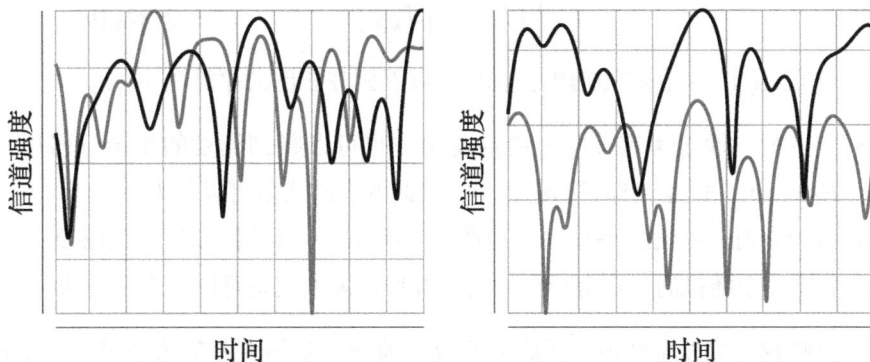

图 10-8　用户调度所带来的公平性问题

正比公平意义下的用户调度策略

不难看出，从理论意义上通过调度最强的用户得到最大的系统效率固然好，但是从实际考虑，还需要考虑系统的公平性。在兼顾多用户分集带来的增益与用户之间的公平性的算法当中，最著名的当属由著名学者 Tse 提出的**正比公平算法**（proportional fair scheduler）了[147]。正比公平算法不但有着坚实的理论基础（稍后讲到），同时也非常的直观，容易理解。不失一般性，假设用户 k 所对应的基站到用户的点到点信道所对应的平均速率 $T_k := \mathbb{E}[R_k[n]]$，不同用户的信道天生不同，因此 $T_k, k = 0, \ldots, K-1$ 也天生不同。**如果我们把最强用户调度理解为调度器在所有用户基础上找寻"用户间"**

最大值的话，那么则可以把正比公平算法理解为调度器在每个用户上找寻"时间轴上"的最大值。具体来说，在正比公平算法中，当基站在传输时间 n 决定究竟调度哪个用户时，不但考虑瞬时的速率 $R_0[n], \ldots, R_{K-1}[n]$，还会考虑每个用户到目前为止已经得到服务的总速率 $T_k[n]$。具体来说，在时隙 n 基站将会选择比值 $R_k[n]/T_k[n]$ 最大的那个用户进行调度：

$$k_{\mathrm{PF}}^*[n] = \arg\max_k \frac{R_k[n]}{T_k[n]} \tag{10.19}$$

在实际应用中，理论层面的均值 $T_k = \mathbb{E}[R_k[n]]$ 可以通过简单的一阶 IIR 滤波器近似而得：

$$T_k[n+1] = \begin{cases} \left(1 - \frac{1}{t_c}\right) T_k[n] + \frac{1}{t_c} R_k[n] & k = k_{\mathrm{PF}}^*[n] \\ \left(1 - \frac{1}{t_c}\right) T_k[n] & k \neq k_{\mathrm{PF}}^*[n] \end{cases}$$

对比式(10.18)和式(10.19)，我们可以看到在正比公平算法中：

- 一方面，通过考虑 $T_k[n]$ 使得弱用户也可以得到调度的机会（弱用户尽管分子 $R_k[n]$ 小，但是分母 $T_k[n]$ 也小，因此两者的比值可以很大）。

- 另一方面，正比公平算法还是通过考虑 $R_k[n]$ 利用了用户信道的瞬时变化，因此相比完全随机的（不考虑用户信道好坏）调度还是可以带来增益的。

因此我们可以总结说：正比公平算法兼顾了对信道峰值的利用以及用户之间的公平性。事实上，文献[147]告诉我们，如果把任一调度器下用户 k 的吞吐量表示为 R_k，那么最强用户调度算法在所有调度算法中有着最大的 $\sum_k R_k$，而正比公平算法在所有的调度算法中则最大化了 $\sum_k \log R_k$。

表10-1中将正比公平用户调度和最强用户调度还有随机调度做出比较。

表 10-1　不同调度策略之间的比较

调度策略	优点	缺点
最强用户调度	✓ 最大化系统效率 $\sum_k R_k$	✗ 发射端需知道信道强弱 ✗ 不公平
正比公平调度	✓ 最大化 $\sum_k \log R_k$ ✓ 公平	✗ 发射端需知道信道强弱
随机用户调度	✓ 发射端不需知道信道强弱 ✓ 公平　✓ 简单	✗ 不能有效利用信道的峰值

尽管在实际应用中厂商可能用不同的调度器来实现（这往往是基站实现中的核心部分，通常是绝对保密的，甚至不会申请专利），但我们相信其具体实现必然有着正比公平算法的思想（既追求信道峰值，也考虑用户公平），但可能在其基础上还考虑了不同业务的时延要求等 QoS 因素，如图10-9所示。

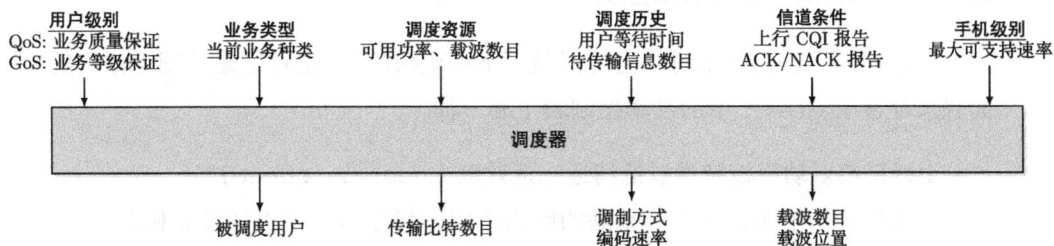

| 用户级别
QoS: 业务质量保证
GoS: 业务等级保证 | 业务类型
当前业务种类 | 调度资源
可用功率、载波数目 | 调度历史
用户等待时间
待传输信息数目 | 信道条件
上行 CQI 报告
ACK/NACK 报告 | 手机级别
最大可支持速率 |

调度器

| 被调度用户 | 传输比特数目 | 调制方式
编码速率 | 载波数目
载波位置 |

图 10-9　实用中的资源调度器举例

10.4　链路适应

链路适应是英文 link adaptation 的直译，其意思实际上就是如何根据信道（发射机和接收机之间的链路）去调整发射策略。具体在衰落信道下，我们的任务就是如何根据衰落信道的瞬时取值来改变发射机的参数。通常的链路适应方法有：

- 功率控制；
- 自适应调制与编码（AMC: Adaptive Modulation and Coding）；
- H-ARQ。

10.4.1　功率控制

熟悉 CDMA 技术的读者想必对**功率控制**这个名词并不陌生。作为 CDMA 中的关键技术之一，功率控制实际上就是一种链路适应——发射机根据信道的衰落取值以反方向改变发射功率大小，以使得接收机的接收功率接近恒定。我们曾经在第10.1.2.1节中单用户条件下讨论过这种信道取反的操作，并且从讨论中知道，信道取反的功率控制从最大化系统容量的角度并不是最优的。既然如此，为什么以信道取反方式的功率控制仍然成为 CDMA 系统中的关键技术之一呢？为什么到了 4G 时代，人们就不再"鼓吹"功率控制呢？

10.4.1.1　CDMA 中的功率控制

当我们讨论任何技术时，它可能是"不可或缺的"，也可能是"锦上添花的"。下面就来看看在 CDMA 中的功率控制属于哪一种。

- **上行链路**。功率控制用以抵消远—近效应（near-far effect）

  在无线通信中不同用户离基站的距离不同，相应的路径损耗可能相差几十个 dB，这就是人们常说的远－近效应。远－近效应将带来下面两个问题：

  ◇ 在 CDMA 通信中，不同用户同时传输，基站通过对不同用户的扩频序列的相关操作完成解扩，从而将每个用户的数据得以提取。然而现实环境下不同用户之间的扩频序列不是完全正交的（即式(9.44)是不成立的），因此在基站的解扩过程中不同用户间的信号将相互产生干扰。由于远－近效应，离基站近的用户所产生的干扰可能会完全淹没离基站远的用户数据，而造成基站无法对远用户的数据解调。

  ◇ 从实际的接收机实现角度看，在接收机的模数转换过程中，强用户的信号将淹没弱用户。以图10-10为例，考虑 3 bit 的 ADC。这时 ADC 的输出共含有 $2^3 = 8$ 个可能取值。如图所示。如果 ADC 的动态范围以强用户为基准，那么 ADC 的输出是无法准确表示弱用户的（图10-10中有一强一弱两个用户，强度相差 24 dB）。

  为了解决远－近效应所带来的问题，在 CDMA 的上行链路中引入了快速的闭环功率控制，目的是（由基站通过下行的控制信道）调整所有用户的发射功率，以抵偿无线传播环境中的路径损耗／阴影效应／快衰落，这样在基站的所有用户得以和谐共处，不会出现强用户淹没弱用户的情况。由于需要抵消快衰落，所以功率控制的调整频率必须足够快；以 WCDMA 为例，每秒钟移动台要做 1500 次的发射功率调整！

- **下行链路**。功率控制用以控制小区间干扰

  在下行方向，基站同时对多个用户发射数据，然而对于任一用户而言，它所看到

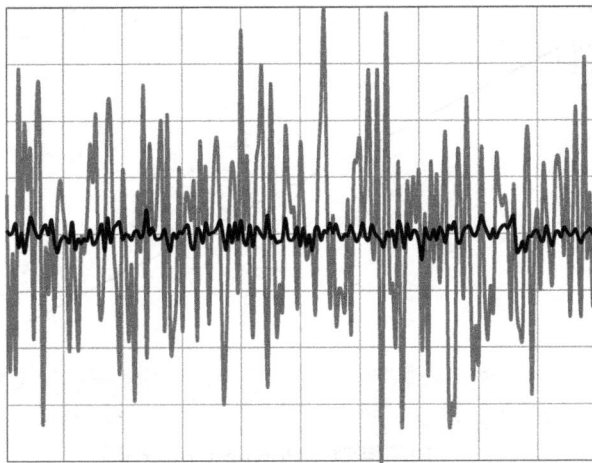

图 10-10　由于远——近效应，ADC 的输出中可能会损失掉弱用户的数据

的信号（无论是自己的，还是其他用户的），都是经过同样的信道到达接收机的。尽管理论上 CDMA 的下行链路上不存在远－近效应的问题，但是人们意识到，在 CDMA 系统下行链路加入功率控制还是会帮助控制不同小区间的干扰，从而提高系统容量[142]。

10.4.1.2　LTE 中的功率控制

之前讲到，CDMA 上行链路中的快速功控之所以必要，根本原因是不同用户之间不正交。从系统设计角度看，除了不同用户的扩频码本身就不正交之外，多径传播也会破坏正交性。在 LTE 系统中，不同用户的数据映射到 OFDM 的不同载波上。根据我们在第 5 章的了解，理论上 OFDM 系统中的不同载波相互正交，即使在实际的系统中不同载波之间的泄漏也会小于 $35\,dB$。这样高的正交性允许人们在 LTE 系统的上行链路中不必采用快速、闭环功率控制，只需要采用开环的功控来抵偿路径损耗和阴影效应即可。在下行方向，LTE 标准中甚至没有定义功率控制，而将具体的实现留给设备厂商来决定（往往速率控制取代功率控制以最大化系统容量）。

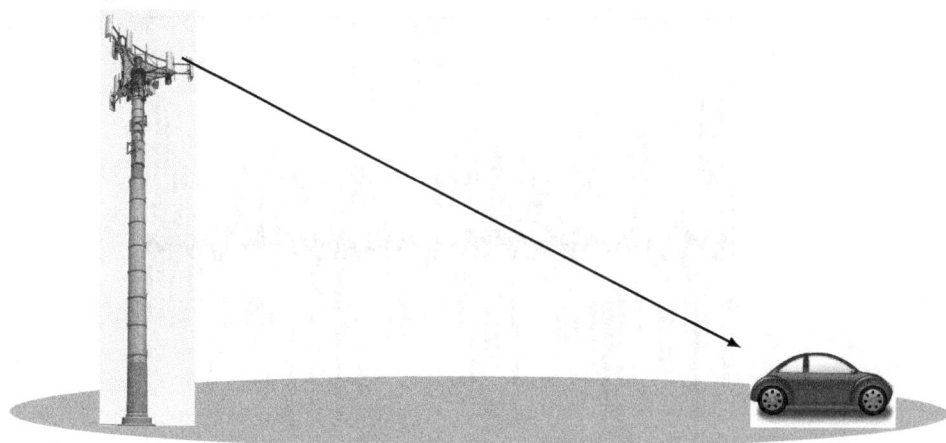

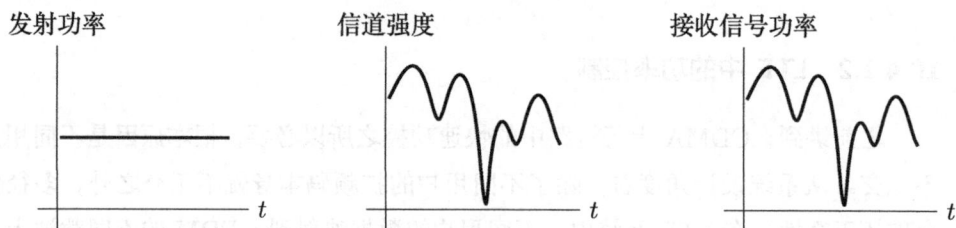

图 10-11　功率控制（上图）vs 速率控制（下图）中发射信号功率与接收信号功率随信道强度的变化关系

10.4.2　速率控制——自适应调制与编码

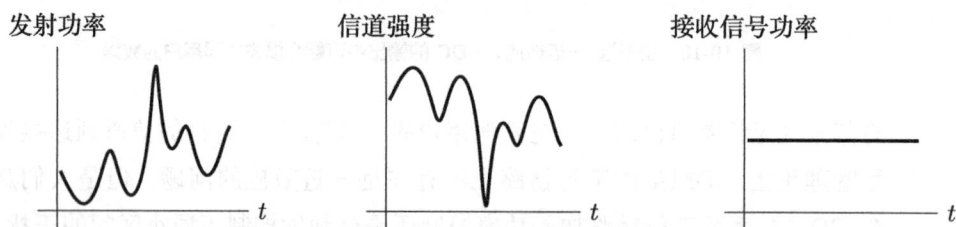

上边讲到 CDMA 中的功率控制更多的是一种不得已而为之的选择；相比于功率控制，速率控制（rate control 或 rate adaptation）在提高系统容量上更加有效。当系统中的调度器选择了服务用户之后，接下来的工作就是在当前信道条件下得到尽可能

大的传输速率。我们知道香农极限 $\log(1 + \text{SNR})$ 是点到点的传输的性能极限，因此下面就来看看如何才能逼近香农极限。

如图10-13所示，信道容量的曲线是 SNR 的连续函数，因此首先需要实现不同频谱效率的传输[†]。根据我们在之前章节的学习可知，有两种方式来改变传输的速率：改变调制方式（比如 QPSK、16QAM 或 64QAM 等），或者改变信道编码的速率。举例来说，如果采用 64QAM，加上编码速率为 0.83 的信道编码，那么等效的传输速率为 $6\,\text{bit/符号} \times 0.83 = 5\,\text{bit/符号}$。假设 Nyquist 采样，那么在带宽 W Hz 的带通系统中每秒中系统可以传输 W 个符号，因此在上面的例子中系统的频谱效率为 $5\,\text{bit/s/Hz}$。类似的，如果采用 16QAM，外加编码速率为 0.25 的信道编码，那么就可以得到等效传输速率为 $1\,\text{bit/s/Hz}$。

相比于调制方式的改变，编码速率的改变看起来没那么直接。比如根据在第 6 章 Turbo 码的介绍可知：编码器本身的速率往往是恒定的（这样可以简化硬件实现），比如若每一个系统比特将产生两个校验比特，那么等效的信道编码速率为 1/3。在实际应用中，为了改变信道编码的编码速率，人们通常通过速率匹配（rate matching）的方法在 1/3 的基础上"推导出"其他的编码速率。

例子 10.1　LTE 系统中的速率匹配

我们来看看 LTE 系统中的速率匹配过程[148]。

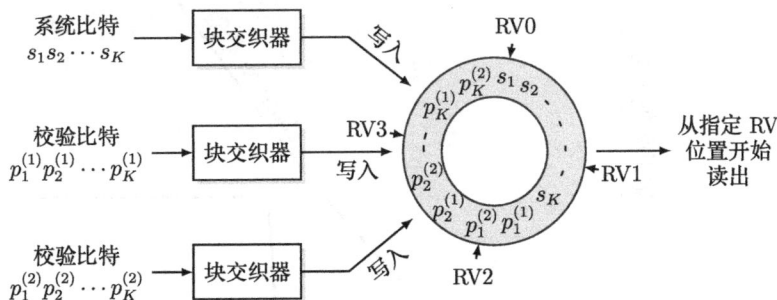

图 10-12　LTE 系统中的循环缓冲器

LTE 系统采用了编码速率为 1/3 的 Turbo 码。如果信息比特序列的长度为 N，那么编码器除了输出系统比特之外，还将产生两组长度为 N 的校验比特序列。从概念理解的角度，编码器的输出将写入一个长度为 $3N$ 的**循环缓冲器**（circular buffer）：

[†]我们在本章的讨论以概念讲述为主，因此在作图过程中，未给出横 / 纵坐标的具体取值。

首先写入 N 个系统比特，然后按比特交替写入来自两组校验序列的比特。为了实现 H-ARQ（稍后讲到），我们在循环缓冲器上定义了 4 个冗余版本（RV：redundancy versions），在数据的读出过程中，将从某个指定的 RV 开始位置读出一定量的数据传输。根据读出数据量的多少，事实上就改变了等效的编码速率。

举例来说，如果系统的资源分配（在 LTE 系统中由 MCS 和频率上分配的载波数共同决定）正好允许把整个循环缓冲器里的数据进行传输，那么等效信道编码为 1/3；如果资源分配不够，只允许传输循环缓冲器中一半的校验比特，那么等效信道编码为 1/2；相反如果资源分配很多，在传送整个循环缓冲器里的数据之后还有剩余，那么将采用"循环"的方式继续传输缓冲器里的数据，这样最终的等效信道编码将小于 1/3。可以看出，循环缓冲器为我们提供了一种非常简单的进行速率匹配的方法。

通常人们把特定调制方式与特定编码速率的组合称之为一个 MCS（Modulation and Coding Scheme）。假设我们有了一系列的 MCS，现在的问题是：如何才能逼近香农曲线呢？我们从最简单的方式开始：暂时忽略信道信息，而采用某一个固定的调制 / 编码方式进行传输。对于任意某一个 MCS，不难想象，它所对应的吞吐量的曲线如图10-13所示：SNR 很大时，将取得它所能取得的最大速率；SNR 很小时，无法成功译码，吞吐量为 0。可以看出，除了在拐点外，是无法近似香农函数的[†]。

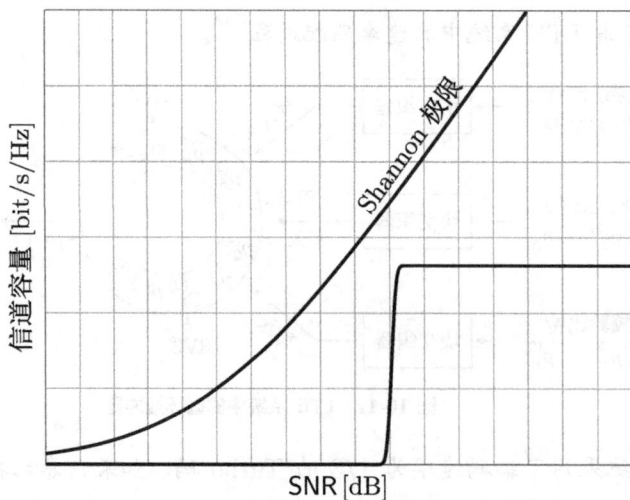

图 10-13 单个 MCS 只能在某个 SNR 附近才能逼近 Shannon 极限

[†]本节中我们以概念的讲述为主，因此在作图时省去了横轴和纵轴的具体取值。

为了能够在更大的 SNR 范围上逼近极限性能，让我们考虑更多的 MCS。比方说在 LTE 系统中，人们就定义了 31 个不同的调制／编码速率的组合[149]。如图10-14所示，所有曲线的包络比起图10-13来对香农曲线有了更好的近似。从实现的角度看，为了得到这个包络，发射机需要知道信道强弱，并相应地选择适当的 MCS 进行数据传输。这意味着发射策略将随着信道条件的不同而不同（channel dependent），因此被称之为**自适应编码／调制方式**（AMC: adaptive modulation and coding）。

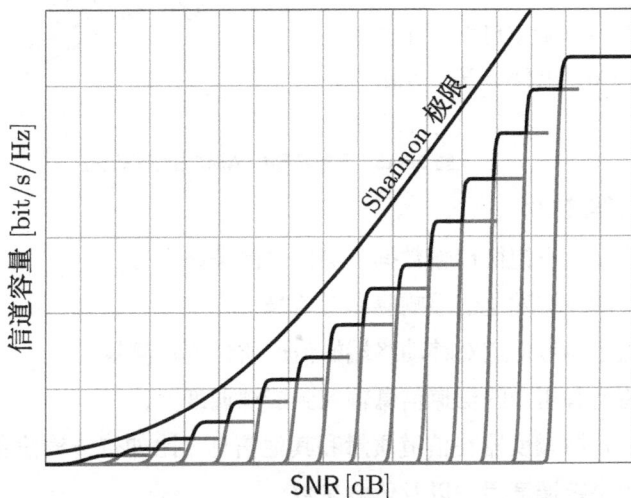

图 10-14　信道容量与 SNR 的关系

概念 10.3　实际应用中 AMC 的工作流程

以 FDD 系统为例，我们来分别看看实际系统中 AMC 是如何实现的。

在下行链路中：

1. 移动终端对下行信道进行测量（通常为信噪比的估计）；
2. 移动终端通过上行的控制信道将测量（CQI: channel quality indicator）结果反馈到基站；
3. 基站得到所有用户的 CQI 反馈信息；
4. 基站的资源调度器在 CQI 和其他用户信息（比如待传输信息量、业务类型等）基础上决定调度用户以及传输参数；
5. 基站根据调度器的输出参数对被调度用户进行传输。

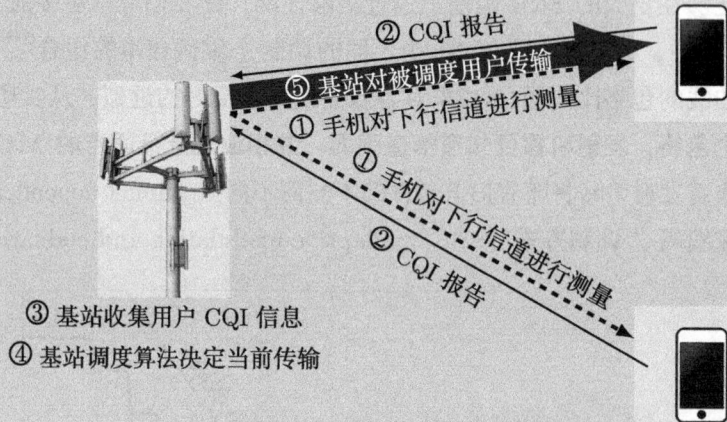

图 10-15　下行链路中 AMC 的工作流程

在上行链路中：

1. 移动终端首先把待传输数据量等信息向基站报告；
2. 同时移动终端发送信道响应参考信号；
3. 基站通过参考信道对移动终端的信道质量进行测量；
4. 基站将所有用户的信道信息输入到资源调度器；
5. 基站的资源调度器在信道质量和其他信息（比如待传输信息量、业务类型等）基础上决定调度用户以及传输参数；
6. 基站通过控制信道把调度器的结果（即被调度用户的发射参数）告知用户；
7. 最后被调度用户根据接收到的发射参数进行数据发射。

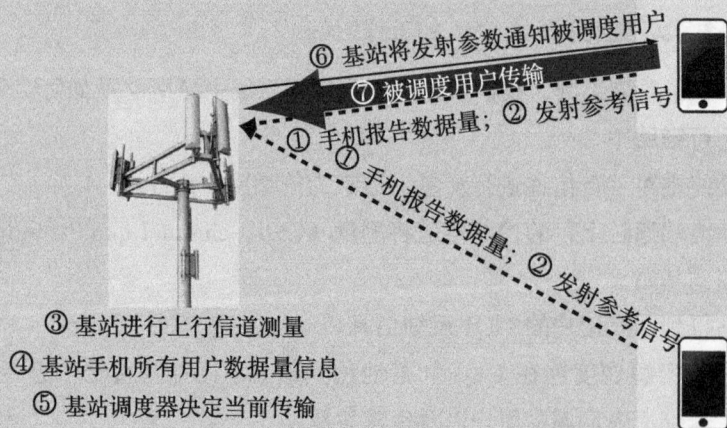

图 10-16　上行链路中 AMC 的工作流程

我们看到 AMC 在实际应用中往往需要由接收机对信道状态进行估计，并将估计结果反馈给发射机。正是因为这种工作机制，从实际应用的角度看，AMC 面临一些限制：

- **只适用于静止 / 低速移动环境**

  从接收机根据信道条件计算，然后报告 CQI，到发射机真正应用这个信息用于数据的传输，这之间存在着时延（这个时延既包括发射机用于组织发射过程的时间，更需要考虑调度器的影响）。为了使得接收机的反馈信息能够反映真正数据传输时的信道条件，该时延应远小于信道的相干时间。这意味着 **AMC 只在静止环境或低速移动环境中工作**。

- **信道状态的估计误差**

  发射机根据接收机的信道好坏的报告来决定发射效率。如果接收机的估计不准怎么办？显然将不再能够完美地工作在如图10-14所示的包络上，因此有性能损失。

  下面就来了解一种不受这些限制的链路适应方法。

10.4.3 H-ARQ

我们曾经在第 9 章第9.2.2节从时间分集的角度讨论到 H-ARQ。在那里，我们把 H-ARQ 理解为一种通过重传来提高系统可靠性的手段。在本节中我们从链路适应的角度来理解 H-ARQ，但是在此之前有必要先花一点篇幅介绍一下 H-ARQ 的两种形式。

- **Chase 合并（Chase combining）机制下的 H-ARQ**

  如图10-17所示，在 Chase 合并机制下，重传的信息与之前传输的信息完全一致。因此虽然可以得到分集增益（包括接收信噪比的增大），但是从信道编码的角度看，重传并没有给接收机带来更多的冗余信息。也就是说 Chase 合并机制增大了信噪比，但是没有减小编码速率。

- **递增冗余合并（IR：incremental redundancy）机制下的 H-ARQ**

  与 Chase 合并机制不同，在递增冗余合并中（如图10-18所示），重传信息中包含有新的冗余信息。因此递增冗余的重传机制可能不会带来信噪比的增加，但是却会减小编码速率，从而使得译码更加可靠。假设每次传输的编码率为 3/4，但是每次重传采用不同的冗余版本。因此随着重传数目的增加，不但等效编码速率减

信息比特

编码后序列　　　编码器的编码速率为 1/3
　　　　　　　假设阴影部分的的等效速率为 3/4

发送比特

初始传输　　第 1 次重传　　第 2 次重传　　第 3 次重传

接收比特

累计接收能量	E_b	$2E_b$	$3E_b$	$4E_b$
等效编码速率	$R = 3/4$	$R = 3/4$	$R = 3/4$	$R = 3/4$

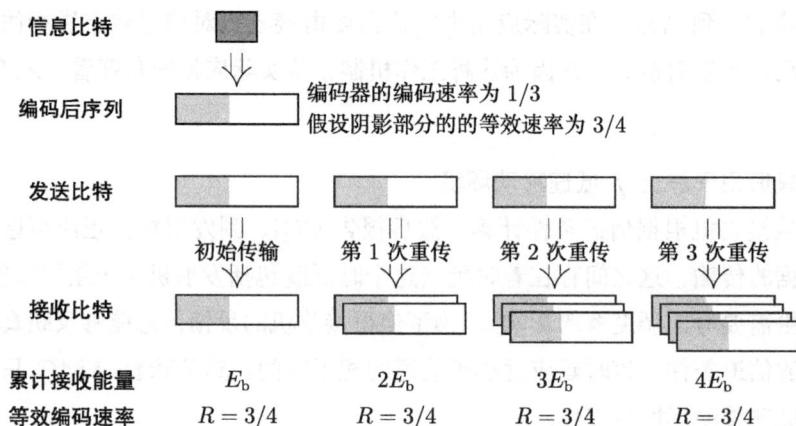

图 10-17　Chase 合并的重传策略

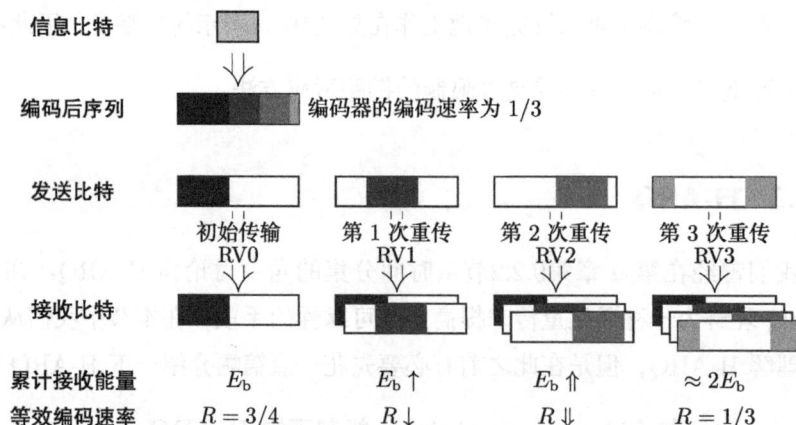

信息比特

编码后序列　　　编码器的编码速率为 1/3

发送比特

初始传输　　第 1 次重传　　第 2 次重传　　第 3 次重传
RV0　　　　RV1　　　　RV2　　　　RV3

接收比特

累计接收能量	E_b	$E_b \uparrow$	$E_b \Uparrow$	$\approx 2E_b$
等效编码速率	$R = 3/4$	$R \downarrow$	$R \Downarrow$	$R = 1/3$

图 10-18　增量冗余的重传策略

小，而且每比特的累计能量也在增大。在我们的例子中，在三次重传后，接收机将看到所有的编码比特，因此 $R = 1/3$，并且每比特将累计接近 $2E_b$ 的能量。

例子 10.2　LTE 系统中的 H-ARQ 重传机制

　　LTE 系统中既支持 Chase 合并也支持递增冗余合并。有了之前了解过的循环缓冲器（如图10-12所示），LTE 系统可以非常灵活地实现不同的重传机制。

如图10-12所示，LTE 在循环缓冲器的基础上定义了 4 个冗余版本（RV：redundancy version），近乎均匀地将整个循环缓冲器分为 4 部分。在 LTE 的初始传输中，发射端总是从 RV0 开始（这是由于 RV0 部分包含更多的系统比特），按照实际分配的资源（载波数目），按顺时针方向读出比特流给予传输。以下行链路为例，如果初始传输不成功，那么在重传时基站可以选择从 RV0 开始传输（这样实现了 Chase 合并机制下的传输），或者选择从其他的冗余版本的位置开始传输（这样实现了递增冗余机制下的传输）。无论选择哪种传输方式，基站会通过控制信道将重传时所采用的冗余版本告知移动终端，这样终端就可以进行相应的合并了。在重传过程中，基站不但可以选择不同的冗余版本，还可以改变所用的调制方式以及编码速率。

现在让我们回到链路适应的讨论上。之前讲到，链路适应的最终目的就是在所有信噪比下逼近香农曲线。图10-19给出了某一特定的调制 / 编码组合所对应的 H-ARQ 频谱效率曲线。正如我们可以想象的那样，在 SNR 很高时，可以取得最大吞吐量；随着 SNR 的降低，可能需要两次传输才能成功译码，这时有效的吞吐量为最大吞吐量的一半。以此类推，随着 SNR 的进一步降低，将会依赖更多的重传（相应的吞吐量也更低）。

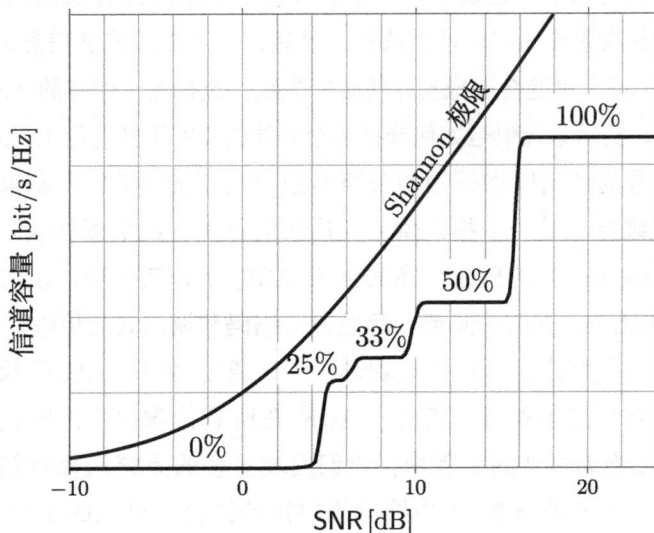

图 10-19　有了 HARQ 之后，对比图10-13，即使是单个 MCS 也可以在整个 SNR 范围内更加接近 Shannon 极限

我们发现图10-19也在一定程度上给出了香农曲线的近似，虽然不如图10-14准确，但是却比图10-13好得多。我们知道，为了能够取得如图10-14所示的包络，发射端需要知道信噪比（通常由接收机反馈而来）以便能够根据信道条件选择适当的 MCS 进行传输。作为比较，图10-19的取得却不依赖发射端知道信噪比的条件——假设发射机在不知道信道条件的前提下选择了该 MCS 进行传输。

- 如果当前的信噪比足够大，那么初始传输就能够成功，此时可以取得该 MCS 所能达到的峰值效率；
- 如果当前的信道条件没这么好（信噪比变小），需要一次重传才能取得成功，此时取得的频率效率为峰值效率的一半；
- 如果当前信道条件比这还差，可能需要两次重传，此时只能得到 1/3 的峰值效率；
- 以此类推，将得到峰值效率的 1/4, 1/5 ···。

如果我们把通过 AMC 方式逼近香农曲线的方式理解为一种"显性"的对信道状态的利用，那么 H-ARQ 提供了一种"隐性"的链路适应的实现。

概念 10.4 H-ARQ 中的目标 BLER

在上面的例子中通过 H-ARQ 的重传机制来逼近香农曲线。在实际应用中，设计者往往有多个 MCS 可供选择。显然，在不知道信道信息的条件下，选择过于激进的 MCS 可能会造成初始传输的失败；选择过于保守的 MCS 则造成资源浪费。那么，实际系统中是如何选择某个具体的 MCS 来进行 H-ARQ 传输过程呢？

大多数的商用网络采用的策略是通过动态的 MCS 调整来使得初始传输的错误概率维持在某一个指定值上。让我们首先介绍数据块错误概率，即 BLER（block error rate）的概念。在实际 H-ARQ 工作流程中，发射数据块首先加上 CRC 校验比特，并随信息流一起经信道编码和调试之后传输；接收端通过 CRC 的校验可以判断出是否已经成功译码，并通过 ACK/NACK 反馈的形式报告给发射机。这样发射机可以统计 NACK 在所有传输中所占比例，就可以计算出 BLER。在绝大多数的实现中，我们发现更多的系统选择将初始传输的 BLER 作为调整 MCS 的依据——如果当前的初始传输所对应的 BLER 高于指定目标值（BLER target），发射机将减小 MCS；相反，如果当前的初始传输所对应的 BLER 低于指定目标值，发射机将增大 MCS。

　　如何选择初始传输的 BLER 目标值呢？尽管选择更高的 BLER 可能会在系统的吞吐量上有好处，但是当前商用网络中的初始传输的 BLER 目标值大多在 10% ～ 30% 之间（也就是要保证初始传输的成功概率在 70% ～ 90% 之间），这样做尽管可能损失了一部分系统的吞吐量，但是却可以减小过多重传所可能带来的时延。

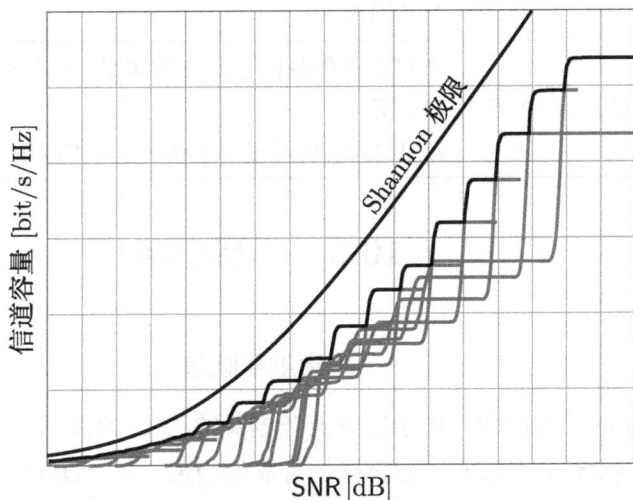

图 10-20　H-ARQ 加上 AMC，可以在整个 SNR 范围上接近 Shannon 极限

　　基于 H-ARQ 的链路适应非常鲁棒，不受相干时间和信道状态估计误差的影响；并且在系统传输效率上可能会优于 AMC 方案。尽管如此，在几乎所有的商用系统中，我们会看到 AMC 与 H-ARQ 两种链路适应共同存在。这样，就有可能同时得到两种技术所各自带来的好处，比如 AMC 提供了即时的信道条件，可以使得 H-ARQ 更快地调整 MCS 以达到减小传输时延的目的。在这样的组合下，可以得到如图10-20所示的包络。

　　现在我们可以将 AMC、H-ARQ 以及两者的结合作一简单的小结，见表10-2。

表 10-2　不同链路适应策略的比较

策略	优点（✓）/ 缺点（✗）
AMC	✓ 可取得如图10-14所示的包络，很好地逼近香农曲线 ✗ 只适用于低速移动环境 ✗ 需要接收机的信道状态反馈
H-ARQ	✓ 可取得如图10-19所示的包络，很好地逼近香农曲线 ✓ 可在高速移动环境中应用 ✗ 时延大
H-ARQ 配合 MCS	✓ 可取得如图10-20所示的包络，很好地逼近香农曲线 ✓ 时延小； ✓ H-ARQ 仍可在高速移动环境中应用

10.5　本章小结

本章重要概念

- 在 2G 的语音时代，由于语音业务本身的 QoS 的要求（比如时延要求等），使得系统设计多以点到点链路的可靠性为主。在 CDMA 系统中，人们通过快速的功率控制来保证链路的可靠性。

- 跨越到 3G，数据业务的一大特点就是（相对而言）对时延的要求降低。对于这样的系统，在理论层面，多用户的信息论信道容量的分析从理论上证明了用户调度可能会带来的好处；在应用层面，从 cdma 2000 1x EV-DO 系统开始一直到今天的 4G LTE，人们通过自适应编码调制技术、H-ARQ 技术以及相应的多用户调度机制来取得更高的系统级的吞吐量。

- 鉴于它的理论背景的支持，我们相信上面提到的这些物理层的关键技术在未来的无线通信系统设计中仍将起到主要作用。

参考文献

[1] C. E. Shannon, "A mathematical theory of communication," in *Bell Labs Technical Journal*, vol. 27, no. 3, Jul. 1948, pp. 379–423.

[2] X. Wang and H. V. Poor, "Iterative (turbo) soft interference cancellation and decoding for coded CDMA," *IEEE Transactions on Communications*, vol. 47, no. 7, pp. 1046–1061, Jul. 1999.

[3] H. V. Poor, *An Introduction to Signal Detection and Estimation*, 2nd ed. Springer, 1998.

[4] J. R. Barry, E. A. Lee, and D. G. Messerschmitt, *Digital Communication*, 3rd ed. New York: Springer, 2004.

[5] M. Vollmer, M. Haardt, and J. Götze, "Comparative study of joint-detection techniques for TD-CDMA based mobile radio systems," *IEEE Journal on Selected Areas in Communications*, vol. 19, no. 8, pp. 1461–1475, Aug. 2001.

[6] 3GPP TS 36.101, "Evolved universal terrestrial radio access (E-UTRA); user equipment (UE) radio transmission and reception." [Online]. Available: http://www.3gpp.org.

[7] Y. Okumura, E. Ohmori, T. Kawano, and K. Fukuda, "Field strength and its variability in VHF and UHF land mobile radio service," *Review of the Electrical Communication Laboratory*, vol. 16, no. 9–10, pp. 825–873, 1968.

[8] M. Hata, "Empirical formula for propagation loss in land mobile radio services," *IEEE Transactions on Vehicular Technology*, vol. 29, no. 8, pp. 317–325, 1980.

[9] T. S. Rappaport, *Wireless Communications: Principles and Practice*, 2nd ed. Upper Saddle River, NJ: Prentice Hall PTR, 2002.

[10] 3GPP TS 25.814, "Physical layer aspects for evolved universal terrestrial radio access (UTRA)." [Online]. Available: http://www.3gpp.org.

[11] D. N. C. Tse and P. Viswanath, *Fundamentals of Wireless Communication*. Cambridge, U.K.: Cambridge University Press, 2005.

[12] P. Bello, "Characterization of randomly time-variant linear channels," *IEEE Transactions on Communications*, vol. 11, no. 6, pp. 360–393, Dec. 1963.

[13] R. H. Clarke, "A statistical theory of mobile radio reception," *Bell Labs Technical Journal*, vol. 47, no. 6, pp. 957–1000, 1968.

[14] R. H. Etkin and D. N. C. Tse, "Degrees of freedom in some underspread MIMO fading channels," *IEEE Transactions on Information Theory*, vol. 52, no. 4, pp. 1576–1608, Apr. 2006.

[15] A. F. Molisch, *Wireless Communications*, 2nd ed. New York: Wiley, 2010.

[16] W. C. Jakes, Ed., *Microwave Mobile Communications*, 2nd ed. Piscataway, NJ: IEEE Press, 1993.

[17] M. F. Pop and N. C. Beaulieu, "Limitations of sum-of-sinusoids fading channel simulators," *IEEE Transactions on Communications*, vol. 49, no. 4, pp. 699–708, Apr. 2001.

[18] C. Xiao, Y. R. Zheng, and N. Beaulieu, "Statistical simulation models for Rayleigh and Rician fading," in *IEEE International Conference on Communications (ICC)*, 2003, pp. 3524–3529.

[19] C. S. Patel, G. L. Stüber, and T. G. Pratt, "Comparative analysis of statistical models for the simulation of Rayleigh faded cellular channels," *IEEE Transactions on Communications*, vol. 53, no. 6, pp. 1017–1026, Jun. 2005.

[20] 3GPP2 C. R1002-0, "cdma2000 evaluation methodology," Dec. 2004. [Online]. Available: http://www.3gpp2.org/Public_html/specs/C.R1002-0_v1.0_041221.pdf.

[21] Qualcomm, "The JTC fader," Nov., 3GPP2 C30-20021209-051.

[22] R. G. Lyons, *Understanding Digital Signal Processing*, 2nd ed. Pearson Education, 2010.

[23] J. M. Wozencraft and I. M. Jacobs, *Principles of Communication Engineering*. New York, NY: Wiley, 1965.

[24] U. Madhow, *Fundamentals of Digital Communication*. Cambridge, U.K.: Cambridge University Press, 2008.

[25] G. D. Forney Jr., *Principles of Digital Communication II*. MIT 6.451 Course Note, 2005.

[26] 3GPP TS 25.101, "User equipment (UE) radio transmission and reception (FDD)." [Online]. Available: http://www.3gpp.org.

[27] R. G. Gallager, *Principles of Digital Communication*. Cambridge, U.K.: Cambridge University Press, 2008.

[28] J. F. Hayes, "The Viterbi algorithm applied to digital data transmission," *IEEE Communications Magazine*, vol. 40, no. 5, pp. 26–32, 2002.

[29] G. Ungerboeck, "Adaptive maximum-likelihood receiver for carrier-modulated data-transmission systems," *IEEE Transactions on Communications*, vol. 22, no. 5, pp. 624–636, May 1974.

[30] G. D. Forney Jr., "Maximum-likelihood sequence estimation of digital sequences in the presence of intersymbol interference," *IEEE Transactions on Information Theory*, vol. 18, no. 3, pp. 363–378, May 1972.

[31] J. G. Proakis, *Digital Communications*, 4th ed. Boston, MA: McGraw-Hill, 2001.

[32] G. D'Aria, F. Muratore, and V. Palestini, "Simulation and performance of the pan-European land mobile radio system," *IEEE Transactions on Vehicular Technology*, vol. 41, no. 2, pp. 177–189, May 1992.

[33] G. E. Bottomley, *Channel Equalization for Wireless Communications: From Concepts to Detailed Mathematics*. New York: Wiley-IEEE Press, 2011.

[34] M. Vollmer, J. Götze, and M. Haardt, "Joint-detection using fast fourier transforms in TD-CDMA based mobile radio systems," in *International Conference on Telecommunications (ICT)*, Cheju, Korea, Jun. 1999, pp. 405–411.

[35] S. M. Kay, *Fundamentals of Statistical Signal Processing, Volume 1: Estimation Theory*. Upper Saddle River, NJ: Prentice Hall, 1993.

[36] D. D. Falconer, "History of equalization 1860-1980," *IEEE Communications Magazine*, vol. 49, no. 10, pp. 42–50, Oct. 2011.

[37] J. M. Cioffi, *Stanford University EE379 Course Note.* [Online]. Available: http://www.stanford.edu/group/cioffi.

[38] ITU-R M.2134, "Requirements related to technical performance for IMT-Advanced radio interface(s)." [Online]. Available: http://www.itu.int/pub/R-REP-M.2134-2008.

[39] E. Dahlman, S. Parkvall, J. Sköld, and P. Beming, *4G: LTE/LTE-Advanced for Mobile Broadband.* Academic Press, 2011.

[40] R. Negi and J. Cioffi, "Pilot tone selection for channel estimation in a mobile OFDM system," *IEEE Transactions on Consumer Electronics*, vol. 44, no. 3, pp. 1122–1128, 1998.

[41] I. Barhumi, G. Leus, and M. Moonen, "Optimal training design for MIMO OFDM systems in mobile wireless channels," *IEEE Transactions on Signal Processing*, vol. 51, no. 6, pp. 1615–1624, Jun. 2003.

[42] M. Russell and G. L. Stüber, "Interchannel interference analysis of OFDM in a mobile environment," in *IEEE Vehicular Technology Conference (VTC)*, Jul. 1995, pp. 820–824.

[43] P. Robertson and S. Kaiser, "The effects of Doppler spreads in OFDM(A) mobile radio systems," in *IEEE Vehicular Technology Conference (VTC)*, Sep. 1999, pp. 329–333.

[44] Y. Li and L. J. Cimini, "Bounds on the interchannel interference of OFDM in time-varying impairments," *IEEE Transactions on Communications*, vol. 49, no. 3, pp. 401–404, 2001.

[45] T. Pollet, P. Spruyt, and M. Moeneclaey, "The BER performance of OFDM systems using non-synchronized sampling," in *IEEE Global Communications Conference (GLOBECOM)*, Nov. 1994, pp. 253–257.

[46] M. Speth, S. A. Fechtel, G. Fock, and H. Meyr, "Optimum receiver design for wireless broadband systems using OFDM, part I," *IEEE Transactions on Communications*, vol. 47, pp. 1668–1677, Nov. 1999.

[47] S. Mohan and Y. Rahmatallah, "Peak-to-average power ratio reduction in OFDM systems: A survey and taxonomy," *IEEE Communications Surveys and Tutorials*, vol. 15, pp. 1567–1592, Nov. 2013.

[48] 3GPP TS 25.913, "Requirements for evolved UTRA (E-UTRA) and evolved UTRAN (E-UTRAN)." [Online]. Available: http://www.3gpp.org.

[49] 3GPP TS 36.211, "Evolved universal terrestrial radio access (E-UTRA); physical channels and modulation." [Online]. Available: http://www.3gpp.org.

[50] H. Yaghoobi, "Scalable OFDMA physical layer in IEEe 802.16 WirelessMAN," *Intel Technology Journal*, vol. 08, no. 3, pp. 201–212, Aug. 2004.

[51] H. Bölcskei, D. Gesbert, C. B. Papadias, and A.-J. van der Veen, Eds., *Space-Time Wireless Systems: From Array Processing to MIMO Communications.* Cambridge, U.K.: Cambridge University Press, 2006.

[52] 3GPP TS 25.701, "Study on scalable UMTS frequency division duplex (FDD) bandwidth." [Online]. Available: http://www.3gpp.org.

[53] ETSI, "Final report of 3GPP TSG RAN1 #86 v1.0.0," 3GPP TSG-RAN WG1 Tdoc R1-1608562, Tech. Rep., Oct. 2016.

[54] ——, "Final report of 3GPP TSG RAN1 #86bis v1.0.0," 3GPP TSG-RAN WG1 Tdoc R1-1611081, Tech. Rep., Oct. 2016.

[55] M. K. Ozdemir and H. Arslan, "Channel estimation for wireless OFDM systems," *IEEE Communications Surveys and Tutorials*, vol. 9, no. 2, pp. 18–48, 2007.

[56] S. Litsyn, *Peak Power Control in Multicarrier Communications.* Cambridge, U.K.: Cambridge University Press, 2012.

[57] T. M. Cover and J. A. Thomas, *Elements of Information Theory.* New York: Wiley, 1991.

[58] R. G. Gallager, *Information Theory and Reliable Communication.* New York, NY: Wiley, 1968.

[59] J. G. Proakis and M. Salehi, *Communication Systems Engineering*, 2nd ed. Englewood Cliffs, NJ: Prentice Hall, 2001.

[60] G. Caire, G. Taricco, and E. Biglieri, "Bit-interleaved coded modulation," *IEEE Transactions on Information Theory*, vol. 44, no. 3, pp. 927–946, Aug. 2002.

[61] R. Y. Shao, S. Lin, and M. P. C. Fossorier, "Two decoding algorithms for tailbiting codes," *IEEE Transactions on Communications*, vol. 51, pp. 1658–1665, Oct. 2003.

[62] Y.-P. E. Wang and R. Ramesh, "To bite or not to bite? a study of tail bits versus tail-biting," in *IEEE International Symposium on Personal, Indoor and Mobile Radio Communications (PIMRC)*, Taipei, Oct. 1996, pp. 317–321.

[63] 3GPP TS 36.212, "Evolved universal terrestrial radio access (E-UTRA); multiplexing and channel coding." [Online]. Available: http://www.3gpp.org.

[64] Wikipedia. [Online]. Available: https://en.wikipedia.org/wiki/International_Conference_on_Communications.

[65] C. Berrou, A. Glavieux, and P. Thitimajshiwa, "Near shannon limit error-correcting coding and decoding: Turbo-codes," in *IEEE International Conference on Communications (ICC)*, Geneva, Switzerland, May 1993, pp. 1064–1070.

[66] 百度百科, "涡轮增压发动机." [Online]. Available: http://baike.baidu.com/view/1251343.htm.

[67] L. Bahl, J. Cocke, F. Jelinek, and J. Raviv, "Optimal decoding of linear codes for minimizing symbol error rate," *IEEE Transactions on Information Theory*, vol. 20, no. 2, pp. 284–287, Mar. 1974.

[68] P. Robertson, P. Hoeher, and E. Villebrun, "Optimal and sub-optimal maximum a posteriori algorithms suitable for turbo decoding," *European Transactions on Telecommunications*, vol. 8, pp. 119–125, Mar./Apr. 1997.

[69] J. Vogt and A. Finger, "Improving the max-log-MAP turbo decoder," *Electronics Letters*, vol. 36, no. 23, pp. 1937–1939, Aug. 2000.

[70] T. A. Summers and S. G. Wilson, "SNR mismatch and online estimation in turbo decoding," *IEEE Transactions on Communications*, vol. 46, pp. 421–423, Apr. 1998.

[71] A. Worm, P. Hoeher, and N. Wehn, "Turbo-decoding without SNR estimation," *IEEE Communications Letters*, vol. 4, pp. 193–195, Jun. 2000.

[72] J. Sun and O. Y. Takeshita, "Interleavers for turbo codes using permutation polynomials over integer rings," *IEEE Transactions on Information Theory*, vol. 51, pp. 101–119, Jan. 2005.

[73] O. Y. Takeshita, "On maximum contention-free interleavers and permutation polynomials over integer rings," *IEEE Transactions on Information Theory*, vol. 52, no. 3, pp. 1249–1253, Mar. 2006.

[74] D. Divsalar and F. Pollara, "Turbo codes for PCS applications," in *IEEE International Conference on Communications (ICC)*, Seattle, WA, Jun. 1995, pp. 54–59.

[75] Y. Sun and J. R. Cavallaro, "Efficient hardware implementation of a highly-parallel 3GPP LTE/LTE-advance turbo decoder," *Integration, the VLSI Journal*, vol. 44, pp. 305–315, 2011.

[76] R. G. Gallager, *Low Density Parity Check Codes*. Cambridge, MA: M.I.T. Press, 1963.

[77] E. Boutillon, J. Castura, and F. R. Kschischang, "Decoder-first code design," in *International Symposium On Turbo Codes and Related Topics*, Brest, France, Sep. 2000, pp. 459–462.

[78] T. J. Richardson and R. L. Urbanke, "Efficient encoding of low–density parity–check codes," *IEEE Transactions on Information Theory*, vol. 47, no. 2, pp. 638–656, Feb. 2001.

[79] P. Schläfer, C. Weis, N. Wehn, and M. Alles, "Design space of flexible multigigabit LDPC decoders," *VLSI Design*, pp. 1–10, 2012.

[80] M. M. Mansour and N. R. Shanbhag, "High-throughput LDPC decoders," *IEEE Transactions on Very Large Scale Integration Systems*, vol. 11, no. 6, pp. 976–996, Dec. 2003.

[81] D. Hocevar, "A reduced complexity decoder architecture via layered decoding of LDPC codes," in *IEEE Workshop on Signal Processing Systems (SiPS)*, Oct. 2004, pp. 107–112.

[82] D. J. Costello Jr., J. Hagenauer, H. Imai, and S. B. Wicker, "Applications of error-control coding," *IEEE Transactions on Information Theory*, vol. 44, no. 6, pp. 2531–2560, Oct. 1998.

[83] D. J. Costello Jr. and G. D. Forney Jr., "Channel coding: The road to channel capacity," *Proceedings of the IEEE*, vol. 95, no. 6, pp. 1150–1177, Jun. 2007.

[84] G. D. Forney Jr., "The Viterbi algorithm: A personal history," 2005. [Online]. Available: http://arxiv.org/abs/cs/0504020.

[85] C. Berrou and A. Glavieux, "Reflections on the prize paper: "near optimum error-correcting coding and decoding: turbo codes"," in *IEEE Information Theory Society Newsletter*, vol. 48, no. 2, 1998, pp. 24–21.

[86] S. ten Brink, "Convergence of iterative decoding," *Electronics Letters*, vol. 35, no. 10, pp. 806–808, May 1999.

[87] Orange, "Improved LTE turbo codes for NR," 3GPP TSG-RAN WG1 Tdoc R1-164635, Tech. Rep., May 2016.

[88] ——, "Enhanced turbo codes for NR: Implementation details," 3GPP TSG-RAN WG1 Tdoc R1-167413, Tech. Rep., Aug. 2016.

参考文献

[89] ZTE, CATT, RITT, Huawei, "Comparison of structured LDPC codes and 3GPP Turbo codes," 3GPP TSG-RAN WG1 Tdoc R1-051360, Tech. Rep., Nov. 2005.

[90] S. Lin and D. J. Costello Jr., *Error Control Coding*, 2nd ed. Upper Saddle River, NJ: Prentice Hall, 2004.

[91] W. E. Ryan and S. Lin, *Channel Codes: Classical and Modern*. Cambridge, U.K.: Cambridge University Press, 2009.

[92] T. Richardson and R. Urbanke, *Modern Coding Theory*. Cambridge, U.K.: Cambridge University Press, 2008.

[93] S. J. Johnson, *Iterative error correction: turbo, low-density parity-check and repeat-accumulate codes*. Cambridge, U.K.: Cambridge University Press, 2010.

[94] D. J. Costello Jr., "An introduction to low-density parity check codes," Aug. 2009. [Online]. Available: http://www.itsoc.org/conferences/past-schools/na-school-2009/lecture-files/Costello-3.pdf.

[95] E. Arikan, "Channel polarization: A method for constructing capacity-achieving codes for symmetric binary-input memoryless channels," *IEEE Transactions on Information Theory*, vol. 55, no. 7, pp. 3051—3073, Jul. 2009.

[96] Huawei, "5G: New air interface and radio access virtualization," Apr. 2015. [Online]. Available: http://www.huawei.com/minisite/has2015/img/5g_radio_whitepaper.pdf.

[97] İ. E. Telatar, "Capacity of multi-antenna Gaussian channels," *European Transactions on Telecommunications*, vol. 10, no. 1, pp. 585–595, Nov. 1999.

[98] A. F. Naguib, "Adaptive antennas for CDMA wireless networks," Dissertation, Stanford University, 1996.

[99] J. Salz and J. H. Winters, "Effect of fading correlation on adaptive arrays in digital mobile radio," *IEEE Transactions on Vehicular Technology*, vol. 43, pp. 1049–1057, Nov. 1994.

[100] W. Weichselberger, M. Herdin, H. Özcelik, and E. Bonek, "A stochastic MIMO channel model with joint correlation of both link ends," *IEEE Transactions on Wireless Communications*, vol. 5, no. 1, pp. 90–100, Jan. 2006.

[101] J. P. Kermoal, L. Schumacher, K. I. Pedersen, P. E. Mogensen, and F. Frederiksen, "A stochastic MIMO radio channel model with experimental validation," *IEEE Journal on Selected Areas in Communications*, vol. 20, no. 6, pp. 1211–1226, Aug. 2002.

[102] 3GPP TS 25.996, "Spatial channel model for multiple input multiple output (MIMO) simulations." [Online]. Available: http://www.3gpp.org.

[103] J. Salo, G. D. Galdo, J. Salmi, P. Kyösti, M. Milojevic, D. Laselva, and C. Schneider, "MATLAB implementation of the 3GPP spatial channel model (3GPP TR 25.996)," Jan. 2005. [Online]. Available: http://www.ist-winner.org/3gpp_scm.html.

[104] Y. Lomnitz and D. Andelman, "Efficient maximum likelihood detector for MIMO systems with small number of streams," *Electronics Letters*, vol. 43, no. 22, pp. 1–2, Oct. 2007.

[105] P. Robertson, E. Villebrun, and P. Hoeher, "A comparison of optimal and sub-optimal MAP decoding algorithms operating in the log domain," in *IEEE International Conference on Communications (ICC)*, Seattle, WA, Jun. 1995, pp. 1009–1013.

[106] J. M. Cioffi, G. P. Dudevoir, M. V. Eyuboglu, and G. D. Forney Jr., "MMSE decision-feedback equalizers and coding— Part I: Equalization results; Part II: Coding results," *IEEE Transactions on Communications*, vol. 43, no. 10, pp. 2581–2604, Oct. 1995.

[107] L. Zheng and D. N. C. Tse, "Diversity and multiplexing: a fundamental tradeoff in multiple-antenna channels," *IEEE Transactions on Information Theory*, vol. 49, no. 5, pp. 1073–1096, May 2003.

[108] B. Hassibi, "An efficient square-root algorithm for BLAST," in *IEEE International Conference on Acoustics, Speech, and Signal Processing (ICASSP)*, Istanbul, Jun. 2000, pp. 737–740.

[109] D. Wübben, R. Böhnke, V.Kühn, and K. D. Kammeyer, "MMSE extension of V-BLAST based on sorted QR decomposition," in *IEEE Vehicular Technology Conference (VTC)*, Orlando, Florida, Oct. 2003, pp. 508–512.

[110] B. Hochwald and S. ten Brink, "Achieving near-capacity on a multiple-antenna channel," *IEEE Transactions on Communications*, vol. 51, no. 3, pp. 389–399, Mar. 2003.

[111] K. J. Kim and J. Yue, "Joint channel estimation and data detection algorithms for MIMO-OFDM systems," in *Asilomar Conference on Signals, Systems, and Computers*, Monterey, CA, Nov. 2002, pp. 1857–61.

[112] J. Hagenauer, "The Turbo principal in mobile communications," in *IEEE International Symposium on Information Theory and Its Applications (ISITA)*, Xi'an, China, Oct. 2002, pp. 7–11.

[113] G. J. Foschini, "Layered space-time architecture for wireless communication in a fading environment when using multi-element antennas," *Bell Labs Technical Journal*, vol. 1, no. 2, pp. 41–59, 1996.

[114] P. W. Wolniansky, G. J. Foschini, G. D. Golden, and R. A. Valenzuela, "V-BLAST: An architecture for realizing very high data rates over the rich-scattering wireless channel," in *Proc. ISSSE*, Sep. 1998, pp. 295–300.

[115] E. Biglieri, R. Calderbank, A. Constantinides, A. Goldsmith, A. Paulraj, and H. V. Poor, Eds., *MIMO Wireless Communications*. Cambridge, U.K.: Cambridge University Press, 2007.

[116] D. Gesbert, M. Shafi, D.-S. Shiu, P. J. Smith, and A. Naguib, "From theory to practice: An overview of MIMO space–time coded wireless systems," *IEEE Journal on Selected Areas in Communications*, vol. 21, no. 3, pp. 281–302, 2003.

[117] E. Perahia and R. Stacey, *Next Generation Wireless LANs: 802.11n and 802.11ac*, 2nd ed. Cambridge, U.K.: Cambridge University Press, 2013.

[118] F. M. Gardner, *Phaselock Techniques*, 3rd ed. New York, NY: John Wiley & Sons, 2005.

[119] M. Rice, *Digital Communications: A Discrete-Time Approach*. Upper Saddle River, New Jersey: Pearson Prentice Hall, 2008.

[120] F. Ling, *Synchronization in Digital Communication Systems*. Cambridge, U.K.: Cambridge University Press, 2017.

参考文献

[121] H. L. V. Trees, *Detection, Estimation, and Modulation Theory, Part I: Detection, Estimation, and Linear Modulation Theory.* Wiley Interscience, 2001.

[122] U. Mengali and A. N. D'Andrea, *Synchronization Techniques for Digital Receivers.* New York: Plenum Press, 1997.

[123] 3GPP TR 36.878, "Study on performance enhancements for high speed scenario in LTE." [Online]. Available: http://www.3gpp.org.

[124] M. Morelli, C.-C. J. Kuo, and M.-O. Pun, "Synchronization techniques for orthogonal frequency division multiple access (OFDMA): A tutorial review," *Proceedings of the IEEE*, vol. 95, no. 7, pp. 1394–1427, Jul. 2007.

[125] A. J. Viterbi, *Principles of Coherent Communication.* New York: McGraw-Hill, 1966.

[126] D. R. Stephens, *Phase-Locked Loops for Wireless Communications: Digital, Analog and Optical Implementations*, 2nd ed. New York, NY: Springer, 2002.

[127] H. Meyr, M. Moeneclaey, and S. A. Fechtel, *Digital Communication Receivers: Synchronization, Channel Estimation, and Signal Processing.* New York, NY: Wiley, 1998.

[128] J. G. Proakis and M. Salehi, *Digital Communications*, 5th ed. Boston, MA: McGraw-Hill, 2007.

[129] E. W. Jang, J. Lee, H.-L. Lou, and J. M. Cioffi, "On the combining schemes for MIMO systems with hybrid ARQ," *IEEE Transactions on Wireless Communications*, vol. 8, no. 2, pp. 836–842, Feb. 2009.

[130] Texas Instruments, "Performance comparison of bit level and symbol level Chase combining," 3GPP TSG-RAN WG1 Tdoc R1-01-0472, Tech. Rep., May 2001.

[131] A. J. Viterbi, *CDMA Principles of Spread Spectrum Communication.* Reading, MA: Addison-Wesley, 1995.

[132] J. S. Lee and L. E. Miller, *CDMA Systems Engineering Handbook.* Boston, MA: Artech House, 1998.

[133] R. Price and P. E. Green, "A communication technique for multipath channels," *Proceedings of the Institute of Radio Engineers (IRE)*, vol. 46, no. 3, pp. 555–570, Mar. 1958.

[134] G. E. Bottomley, D. A. Cairns, C. Cozzo, T. L. Fulghum, A. S. Khayrallah, P. Lindell, M. Sundelin, and Y.-P. E. Wang, "Advanced receivers for WCDMA terminal platforms and base stations," *Ericsson Review*, no. 2, pp. 54–58, 2006.

[135] A. Wittneben, "A new bandwidth efficient transmit antenna modulation diversity scheme for linear digital modulation," in *IEEE International Conference on Communications (ICC)*, Geneva, Switzerland, May 1993, pp. 1630–1634.

[136] M. Bossert, A. Huebner, F. Schuehlein, H. Haas, and E. Costa, "On cyclic delay diversity in OFDM based transmission schemes," in *Proc. of the 7th International OFDM-Workshop (InOWo)*, 2002.

[137] Samsung, "MIMO precoding for E-UTRA downlink," 3GPP TSG-RAN WG1 Tdoc R1-070944, Tech. Rep., Feb. 2007.

[138] S. M. Alamouti, "A simple transmit diversity technique for wireless communications," *IEEE Journal on Selected Areas in Communications*, vol. 16, no. 8, pp. 1451–1458, Oct. 1998.

[139] V. Tarokh, H. Jafarkhani, and A. R. Calderbank, "Space-time block codes from orthogonal designs," *IEEE Transactions on Information Theory*, vol. 45, no. 5, pp. 1456–1467, Jul. 1999.

[140] 3GPP TR 36.829, "Enhanced performance requirement for LTE User Equipment (UE), V.11.1.0." [Online]. Available: http://www.3gpp.org.

[141] Renesas Mobile Europe Ltd, "Receiver structure feasibility for LTE Rel-12," 3GPP TSG-RAN WG4 Tdoc R4-131791, Tech. Rep., Apr. 2013.

[142] P. Bender, P. Black, M. Grob, R. Padovani, N. Sindhushayana, and A. Viterbi, "CDMA/HDR: A bandwidth–efficient high–speed wireless data service for nomadic users," *IEEE Communications Magazine*, vol. 38, pp. 70–78, Jul. 2000.

[143] 3GPP TS 25.848, "Physical layer aspects of UTRA high speed downlink packet access." [Online]. Available: http://www.3gpp.org.

[144] D. N. C. Tse, "Optimal power allocation over parallel Gaussian broadcast channels," in *IEEE International Symposium on Information Theory (ISIT)*, Ulm, Germany, Jun. 1997, p. 27.

[145] R. Knopp and P. A. Humblet, "Information capacity and power control in single-cell multi-user communications," in *IEEE International Conference on Communications (ICC)*, Seattle, WA, Jun. 1995, pp. 331–335.

[146] A. Jalali, R. Padovani, and R. Pankaj, "Data throughput of CDMA-HDR a high efficiency-high data rate personal communication wireless system," in *IEEE Vehicular Technology Conference (VTC)*, Tokyo, May 2000, pp. 1854–1858.

[147] P. Viswanath, D. N. C. Tse, and R. Laroia, "Opportunistic beamforming using dumb antennas," *IEEE Transactions on Information Theory*, vol. 48, no. 6, pp. 1277–1294, Jun. 2002.

[148] J.-F. Cheng, A. Nimbalker, Y. Blankenship, B. Classon, and T. K. Blankenship, "Analysis of circular buffer rate matching for LTE turbo code," in *IEEE Vehicular Technology Conference (VTC)*, Calgary, BC, Sep. 2008, pp. 1–5.

[149] 3GPP TS 36.213, "Evolved universal terrestrial radio access (E-UTRA); physical layer procedures." [Online]. Available: http://www.3gpp.org.

参考文献